噪声与振动控制技术及其应用

第2版

杨贵恒　主编
徐嘉锋　刘鹏　杨玉祥　彭中　李猛　副主编

化学工业出版社
·北京·

内 容 简 介

本书分为上、中、下三篇。上篇：基础篇，主要内容包括噪声与振动控制基础知识、噪声评价及其标准、噪声测量与分析、振动评价与测量；中篇：技术篇，主要内容包括噪声源及其控制方法概论、吸声技术、隔声技术、消声技术、有源噪声控制技术、振动控制技术；下篇：应用篇；主要内容包括噪声控制技术应用与振动控制技术应用。各章均有习题与思考题，书中通过较多设计计算例题和工程应用实例，阐述了噪声与振动控制的基本理论与方法，从而提高读者分析和解决实际问题的能力。

本书可作为高等院校机械工程、环境科学与工程及其他相关专业的教学用书，也可作为噪声与振动控制方面的培训教材，还可供从事噪声与振动控制方面的工程技术人员学习参考。

图书在版编目（CIP）数据

噪声与振动控制技术及其应用/杨贵恒主编；徐嘉锋等副主编．—2版．—北京：化学工业出版社，2023.10

ISBN 978-7-122-43947-5

Ⅰ．①噪…　Ⅱ．①杨…　②徐…　Ⅲ．①噪声控制②振动控制　Ⅳ．①TB53

中国国家版本馆CIP数据核字（2023）第145905号

责任编辑：高墨荣　于成成　　文字编辑：温潇潇
责任校对：王　静　　装帧设计：王晓宇

出版发行：化学工业出版社（北京市东城区青年湖南街13号　邮政编码100011）
印　　装：三河市延风印装有限公司
787mm×1092mm　1/16　印张25¼　字数704千字　2024年1月北京第2版第1次印刷

购书咨询：010-64518888　　售后服务：010-64518899
网　　址：http://www.cip.com.cn
凡购买本书，如有缺损质量问题，本社销售中心负责调换。

定　　价：98.00元

主　　编：杨贵恒

副 主 编：徐嘉锋　刘　鹏　杨玉祥　彭　中　李　猛

参　　编：杨兴旺　张　伟　苏红春　李海明　龚利红

前言 PREFACE

随着现代工业的飞速发展，噪声与振动如同水污染、大气污染、废弃物污染一样，已成为一种社会公害，影响着人们的正常工作、学习和生活。噪声与振动控制已成为劳动保护和环境科学中一门重要学科，越来越受到人们的重视。

隔声罩、隔声屏、隔声间、消声器、减振器等都是噪声与振动控制的高效工程应用设备，设备的设计受多种因素的制约。如何更好地利用材料的吸声、隔声、消声、隔振特性，阻碍噪声与振动的传播，或让噪声与振动的能量耗散掉，从而达到高效降噪与减振的目的是作者撰写本书的主要目的。

本书第一版自出版以来，很多高校将其作为本科或研究生教材，深受读者好评。根据读者反馈意见，紧跟技术发展水平，第二版主要增加了有源噪声控制技术方面的内容，并根据内容体系结构将全书分为上（基础篇）、中（技术篇）、下（应用篇）三篇。在编写过程中，力求由浅入深、循序渐进、理论联系实际，并引入许多设计例题和应用实例。通过工程应用实例，可提高读者分析问题、解决问题的能力，从而可将噪声与振动控制技术更好地应用于工程实践。

本书共12章，上篇（第1章~第4章），主要内容包括噪声与振动控制基础知识、噪声评价及其标准、噪声测量与分析、振动评价与测量；中篇（第5章~第10章），主要内容包括噪声源及其控制方法概论、吸声技术、隔声技术、消声技术、有源噪声控制技术、振动控制技术；下篇（第11章和第12章），主要内容包括噪声控制技术应用与振动控制技术应用。

本书由杨贵恒（陆军工程大学）主编，徐嘉锋、刘鹏、杨玉祥（重庆市公安局科技信息化总队）、彭中（31680部队）、李猛（32142部队）副主编，杨兴旺（61035部队）、张伟、苏红春、李海明和龚利红参编。在编写过程中，李光兰、温中珍、杨胜、汪二亮、杨蕾、杨沙沙、杨洪、杨楚渝、温廷文、杨昆明和邓红梅等做了大量的资料收集与整理工作，在此一并致谢！

本书内容通俗易懂、实用性强，可作为高等院校机械工程、环境科学与工程及其他相关专业的教学用书，也可作为噪声与振动控制方面的培训教材，还可供从事噪声与振动控制方面的工程技术人员学习参考。

随着噪声与振动控制技术的快速发展，其新理论与新技术不断涌现，限于编者水平，书中难免有疏漏和不妥之处，恳请广大读者批评指正。

编　者

目录 CONTENTS

上篇　基础篇

下篇 应用篇

上篇 基础篇

第1章

噪声与振动控制基础知识

人类处在声音的包围之中，我们从日常生活中可以体会到声音总是有三个表征量，即音量、音调与音色。这些都是与声音的物理特性密切相关的。我们所能听到的声音中有些是人们需要的、想听的，如语言上的相互交谈或是音乐欣赏；而有些声音则是工作和生活中不想听的，这些声音就称为“噪声”，其中也包括有人想听但干扰其他人休息的音乐声。心理学的观点认为噪声和乐声是很难区分的，它们会随着人们主观判别的差异而改变，因此噪声与乐声是没有绝对界限的。在《中华人民共和国环境噪声污染防治法》中，环境噪声是指在工业生产、建筑施工、交通运输和社会生活中所产生的干扰周围生活环境的声音。环境噪声污染，是指所产生的环境噪声超过国家规定的环境噪声排放标准，并干扰他人正常生活、工作和学习的现象。

噪声污染是当代的世界性问题。我国古代就有噪声污染问题，《说文解字》中就有对噪的解释：扰也；《玉篇》：群乎烦扰也。这是一千多年以前的记载，当时仅指人声喧哗的噪声；而近代的噪声污染则是大规模工业化的后果，随着各种机械设备、交通工具的急剧增加，噪声污染问题也越来越严重，它已经成为当今社会的四大公害（空气污染、水污染、废物污染和噪声污染）之一。振动与噪声控制技术就是减少噪声与振动对人们生活的危害，控制噪声与振动对人们的影响。

1.1　基本名词术语

1.1.1　声波及其传播术语

声［波］——指弹性媒质中传播的压力、应力、质点位移、质点速度的变化或几种变化的综合。

声学——研究声波的产生、传播、接收和效应的科学。

平面波——波阵面为与传播方向垂直的平行平面的波。平面波传播时，声压和质点速度同相位。

球面波——波阵面为同心球面的波。球面波传播时，声压与球面波半径成反比，当波阵面半径很大时，局部性质接近平面波。

柱面波——波阵面为同轴柱面的波。柱面波传播时，声压近似地与距离的平方根成反比。

声场——媒质中有声波存在的区域。声源向自由场辐射时，声源附近声压和质点速度不同相的声场，称为近场。在远处，声压与质点同相的声场称为远场。

驻波——由于频率相同的同类声波互相干涉而形成的空间分布固定的周期波。

冲击波——由于物体高速运动或爆炸在媒质中引起强烈压缩，导致能量以超声速传播的过程。冲击波产生时，经过冲击面有空气压力、密度和温度的突变。物理量变化仍然是连续的，只是发生在很短距离内。飞行体产生的冲击波有飞行体前端产生的压缩冲击波和尾端产生的消失冲击波。

轰声——以超声速运动的物体所引起的冲击波噪声。轰声的压力扰动是一种首先突然压缩，然后缓慢膨胀，最后是另一个快速压缩的过程。超声速飞机前端和尾端产生的波具有 N 形，它传播到地面时听起来像爆炸声。

反射——当声波从一媒质入射到声学特性不同的另一媒质时，在两种媒质的界面处发生反射，使入射波的一部分能量返回第一种媒质。在斜入射时反射角等于入射角。在反射点处，反射波声压与入射波声压之比称为反射系数。

回声——大小和时差都足够大，在主观感觉上可以和直达声区别的反射声或因其他原因返回的声波。同一声源所发声音的一串可区别的回声，称为多重回声。由同一原始脉冲引起的一串紧跟着的反射脉冲，称为颤动回声，是多重回声的一种。在室内声学中回声有时可泛指由反射面传来的声波。

衰减——声波在媒质中传播，由波阵面的几何扩展、吸收、散射和声能泄漏等原因所引起的声能损失。

衍射——由于媒质中的障碍物或其他不连续性而引起的传播方向改变的现象。波长和障碍物尺度的比值越大，衍射越明显。声衍射波是波阵面改变了的波，一般不计反射和折射作用。

散射——声波向许多方向的不规则反射、折射或衍射。在声场内有比波长小的刚体障碍物则产生散射。在距障碍物较远处的散射波，其振幅与障碍物的体积成正比，与波长平方成反比，与障碍物到观察点的距离成反比。当媒质中存在弹性与密度不同的障碍物时声波也产生散射。

折射——声波在传播过程中，由一媒质进入另一媒质时传播方向发生改变的过程。声波折射满足折射定律，即入射角的正弦和折射角的正弦之比等于两媒质中声速的比值。折射也指在同类媒质中，由于媒质不均匀而使传播方向改变的现象。透射声能与入射声能之比，称为声透射系数，它是声波入射角的函数。

干涉——由两个或两个以上波源发出的具有相同频率、相同的振动方向和恒定的相位差的波在空间叠加时，在叠加区不同地点出现加强或减弱的现象。

多普勒效应——当波源和观察者有相对运动时，观察者接收到的波的频率和波源发出的频率不同的现象。两者互相接近时，观察者收到的频率升高；互相远离时，频率降低。由多普勒效应而引起的频率变化数值称为多普勒频移。

1.1.2 振动与冲击术语

振动——一个物理量的值在观测时间内不停地经过平衡位置而往复变化的过程。完成一次振动所需的时间称为周期，单位时间内完成的振动数称为频率。振动是非常普遍的物理现象。

冲击——机械系统中的一种暂态运动，随着力、位移、速度和加速度的非周期性突然变化。

冲击脉冲——加速度在短时间内，由一恒值上升和衰变的重大扰动。冲击脉冲一般是加速度的时间函数。

撞击——运动质量与另一个运动或静止质量的单次冲击。

受迫振动——系统受外力作用而被强迫进行的振动。如果外加激励是周期性和连续的，则受迫振动就是稳态振动。

自激振动——机械系统中，由非周期性激励和反馈转换为周期性激励所形成的振动。维持自激振动的交变力由运动本身产生或控制。振动的频率称为系统的固有频率。

自由振动——又称固有振动。一个系统在不受外力作用，而阻尼可忽略的情况下，自然进行的振动。其振幅取决于振动开始时系统所具有的能量，而振动频率则取决于系统本身的参量。

随机振动——对于任一给定时刻，其瞬时振动状态不能预先确定的振动。频带宽度等于或大于一个倍频程的随机振动，称为宽带随机振动。

阻尼振动——系统振动时受到阻力作用，形成能量损失而使系统的振动幅值逐渐减小的振动。

自由度——在任何时候为了确定机械系统各部分运动状态所需要的最少数目的独立的广义位移数。

固有频率——系统自由振动时的频率。在多自由度系统中，它就是简正振动方式的频率。

共振——系统在受迫振动时，如激励频率有任何微小的变化都会使系统响应减小的现象。如外加力的频率有任何微小改变都会引起策动点速度的降低，也就是激励频率恰使策动点阻抗的绝对值为极小，这时称为物体或系统与外加力发生速度共振。如外加力的频串有任何微小改变都会引起策动点位移振幅的减小，这时称为物体或系统与外加力发生位移共振。

反共振——系统做受迫振动时，如激励频率有任何微小变化都会使系统响应增加的现象，如外加力频率有任何微小改变都会引起策动点速度的增加，也就是频率恰使策动点阻抗的绝对值为极大时，这时称为物体或系统与外加力发生速度反共振。如外加力的频率有任何微小改变都会引起策动点位移振幅增加，这时就称物体或系统与外加力发生位移反共振。

振型——在一个振动的系统中，假定在某一特定频率下系统每个质点的运动为简谐运动时，表征波峰和波节的特征图形，它在声学中称为振动方式。系统以某一固有频率振动时的振型，称为固有振型。系统的每个自由度都有一个固有振型。具有最低固有频率的振型，称为基本固有振型。如能量可以从一个振型转移到另一个振型，则这种互相影响的独立振型即为耦合振型。如从一个振型到另一个振型没有能量转移，则这种在一个系统中同时存在相互无关的振型称为非耦合振型。

隔振——应用弹性材料和阻尼材料来减弱振动沿固体传播的一种措施。对于本身是振源的机器，为了减少它对周围设备及建筑的影响，将它与地基隔离，称为积极隔振。对于允许振动很小的精密仪器和设备，为了避免周围振源对它的影响，将它与地基隔离，称为消极隔振。两种隔振的原理是相似的，基本方法都是把需要隔离的设备和机器安装在合适的弹性装置上，使振动为弹性装置所减弱。

阻尼器——用损耗能量的方法减弱冲击和振动幅度的一种装置。它的结构简单，适用于减小共振时的振幅。

动力吸振器——又称共振阻尼器。可把能量转移到调谐在振动频率的附加共振系统上以降低原系统振动的一种设备。

隔振器——使系统与稳态激励隔离的一种弹性装置。常用的有橡胶隔振器、软木、金属弹簧、空气弹簧、泡沫橡胶和毛毡等。

1.1.3 噪声与振动控制术语

（1）生理声学和心理声学

生理声学——研究发声和听声生理过程的科学。它与心理声学密切相关，但着重听觉器官和发音器官的生理效应，因此涉及的范围较窄。其研究重点是防治发音器官和听觉器官的疾病。

心理声学——研究声音的主观感觉和物理量关系的科学。它讨论声音的主观评价，有助于人们对各种感觉系统的探讨。心理声学和生理声学密切相关，重点研究声刺激和反应的关系。它和语言声学的关系也很密切，因为两者都需要研究语言声的形声意关系，都要考察声刺激和主观评价问题。

听觉器官——听觉器官由外耳、中耳和内耳组成。外耳包括耳壳和一端由鼓膜封住的耳道。外耳道的直径为3~14mm，平均约7mm，长约27mm。在自由声场中，外耳道的共振是决定听力灵敏度的一个因素，共振频率约3000Hz。中耳包括耳膜、鼓室和通入内耳的两个开口，即卵形窗和圆形窗。耳膜的直径约7mm，是向内倾斜的圆锥膜，有较大的刚性，在低于2400Hz的声波振动下与相连的锤骨一起运动。鼓室内有三个小听骨：锤骨、砧骨和镭骨，它们组成一个杠杆机构，除特别强的声压外，总是一起运动的。中耳的部分作用是使外耳阻抗和内耳中流体阻抗匹配，使空气中声能更有效地传到内耳。中耳的空腔还和口腔有一欧氏管相连以保持平衡。内耳中听觉的感受器是耳蜗。它为蜗牛状螺旋形结构，其中听觉神经沿耳蜗长度方向伸展，形成螺旋形神经节。耳蜗的每一段对应于某一振动频率，是一个检频系统。此外，内耳中尚有位于半规管和前庭中掌管平衡机能的感觉器官。

响度——听觉判断声音强弱的属性，根据它可以把声音排列成由轻到响的序列。人耳感觉到的响度主要取决于声音的强度，但与声音的频率和波形也有关。响度的单位是宋（sone）。

音高——也称音调。听觉分辨声音高低的属性，根据音高可以把声音按高低排列成音阶。音高反映人耳对声音频率的感受，但它与频率不成正比关系，且还与声压及波形有关。音高的单位是美。

音色——人们在主观感觉上借以区别具有同样响度的音高的两个声音的特性。它是一种复杂的感觉，主要取决于声音的波形，但也同响度和音高有关。

听觉区域——听觉区域有两种意义：①大脑对声刺激有感觉的部分；②以频率为横坐标，声压级为纵坐标的平面内，听阈曲线和痛阈曲线之间的区域。听觉区域的频率范围约为20~20000Hz，强度范围约为10~12W/m^2。

等响曲线——许多典型听者认为听起来响度相同的纯音的声压级与频率的关系曲线。

听阈——指某信号在多次试验中能引起听觉的最小有效声压。通常指等响曲线族中最低的一条零方曲线，它是纯音的最低可听声压的频率响应。

痛阈——指某信号在多次试验中刺激人耳到不舒适程度的极小有效声压。必要时可以区别人耳的感觉为不舒适、痒和痛等而相应地称为不适阈、痒阈和痛阈。

噪声剂量——与噪声强度和暴露时间有关的量，它等于两者的乘积。

掩蔽效应——一个声音的听阈因另一个声音的存在而上升的现象称为掩蔽。当一个复合声信号作用到人耳时，如果其中有响度较高的频率分量，则人不易觉察到那些低响度的频率分量。这种生理现象称为掩蔽效应。

临界带宽——宽带连续噪声的一部分频带的宽度，这时频带内全部声功率等于在连续噪声中刚能听到，而频率为该频带中心频率的纯音功率，两个连续噪声互相掩蔽而频谱不同时，仍可用临界频带内的能量进行比较。

空气传导——指声音在空气中经过耳道传到内耳的过程。

骨传导——指声音经由头骨直接传到内耳的过程。在800Hz以下，刺激方式是听骨与耳蜗之间的相对运动，称为惯性骨传导；在较高的频率，头骨共振，刺激方式主要是耳蜗的压缩，称为压缩性骨传导。

阈上值——声音用听阈（听阈是受试者个人的听阈）以上的分贝数来计量的声压级。

听力损失——也称聋度。人耳在某一频率的听力损失是它的听阈较正常听阈所提高的分贝数。

语言听力损失——达到同样可懂度所需语言声级较正常人耳所需语言声级提高的百分数。可懂度常任意取为50%。语言听力损失的测量方法有三种：①用纯音500Hz、1000Hz、2000Hz三个频率的听力损失的平均值表示；②直接用语言测量，把记录下的语言信号通过耳机传给听众，每个词都比前面一个低5dB，听众有50%时间听懂某一个词就可求出听力损失；③改变发音人和听众之间的距离，听力损失是听懂50%的声压级减去12dB。

听觉疲劳——因声音过度刺激而使听力减退的现象。听力减退可反应为听阈提高，同一声音的响度降低或双耳定位能力减弱。由听觉疲劳引起的听力损失经一定时期后能够恢复，故又称为暂时性听力损失。

听力图——表述听力损失或听阈作为频率的函数而画成的曲线。

老年性耳聋——随着年龄增长而增加的正常听力损失，高频率的听力损失随年龄增长比低频要迅速。

噪声性耳聋——由于职业性噪声引起的听力损失。噪声引起的听力损失有两类：①噪声引起的暂时性听阈上移，充分休息后可以恢复；②噪声引起的永久性听阈上移，它是在噪声中重复暴露形成的听力损失，一般不能恢复。

病理性耳聋——由耳病引起的听力损失。

(2) 建筑声学

建筑声学——研究建筑物中和广场内声学问题的科学。它研究建筑物的声学特性，使建筑内有一个不受外界干扰的环境，以有利于语言清晰度和音乐的音质。由于大型建筑多是多用途的，用电声技术控制室内音质的方法，已成为建筑声学的重要辅助手段。

室内声学——建筑声学的一部分，它是研究室内音质控制的科学技术，包含封闭空间内声波传播和音质评价标准问题。

音质设计——在建筑设计过程中，从音质上保证建筑符合要求所采取的措施。目的是使语言清晰、音乐动听。

混响——室内声源停止发声后，由于房间边界面或其中障碍物使声波多次反射或散射而产生声音延续的现象。混响现象可理解为简正振动方式的衰变，室内声能逐渐被吸收的过程，或者脉冲激发后入射到室内某点反射声总和。适当的混响有助于改善音质，但过量的混响会损害房间音质。

声聚焦——室内声能由于凹面聚焦而发生集中于某点（或某区域）以致声音过响的现象。

声场模拟——模拟厅堂音质的技术，例如用光学、超声或计算机模拟等。

扩散声场——空间各点声能密度均匀，从各方向到达某一点声能流的概率相同，以及在各个传播方向声波的相位作无规分布的声场。

扩散度——表述声场扩散程度的概念。在稳态情况下，扩散使声压的空间分布均匀并改善房间内声音增长和衰变过程的均匀性。

扩散场距离——也称混响半径，指各方向平均的直达声均方声压与声源所在的有混响房间内混响声均方声压相等的点与声源的声中心的距离。

声耦合——两室间的声耦合指两室互相连通交换声能的过程。在耦合房间内，声音不按简单的指数规律下降，两个房间的混响过程互有影响。

哈斯效应——也称优先效应。是一种分辨来自不同声源的同样声音的听觉效应。它表明如果两个不同声源发出同样的声音，并在同一时刻以同样强度到达听者，则声音表现的方向大约在两个声源之间。如果其中一个略有延迟，约5~35ms，则所有声音听起来似乎是来自未延迟声源，被延迟声源是否在工作就不明显了。如果延迟在35~50ms之间，则延迟声源的存在可以被识别出来，但其方向仍在未延迟声源的方向。只有延迟时间超过大约50ms时，第二个声源听起来才像清晰的回声。

声锁——又称声阱，是具有大量声吸收的小室，用来使两房间连通，但其耦合很小。

侧向传声——空气声自声源室不经过共同墙壁而传到接收室的情况。

房间常数——房间内总吸声量以1减去平均吸声系数来除所得的商。

空气声——建筑中经过空气传播而来的噪声。

固体声——建筑中经过固体（建筑结构）传播而来的机械振动引起的噪声。

电子吸声器——利用电子线路供给反相声音，以降低局部噪声的装置，适用于低频范围。

(3) 噪声及其控制

噪声——噪声有两种意义：①在物理上指不规则的、间歇的或随机的声振动；②在心理上指任何难听的、不谐和的声或干扰，有时也指在有用频带内任何不需要的干扰，这种噪声干扰不仅是由声音的物理性质决定，还与人们的心理状态有关。在电路中，噪声指由电子持续的杂乱运动形成频率范围很宽的干扰，例如散粒噪声、热噪声等。在可能混淆时应该注明声噪声或电噪声。

无规噪声——也称随机噪声。瞬时值不能预先确定的噪声。它可以是幅值对时间分布满足正态（高斯）分布的声或电信号。无规噪声在很宽频率范围内具有连续的频谱，但不一定是均匀的。

白噪声——指频谱连续而均匀的噪声，但不一定是无规的。白噪声有两种含义：①指加于声源上的电信号具有白噪声的特性；②指声场具有白噪声的特性。

粉红噪声——指在很宽频率范围内用等比例频带宽度测量时，频谱连续而均匀的噪声。它相对白噪声具有较多的低频成分。粉红噪声有两种含义：①指加于声源上的电信号具有粉红噪声的特性；②指声场具有粉红噪声的特性。

噪声学——研究噪声的发生、测试、评价、作用和控制的学科。

环境声学——研究对人适宜的声学环境的科学。它包括噪声的发生、测试、评价、作用和控制等问题，还包含噪声污染规律、噪声对人体健康影响的机理等。

噪声控制——研究获得能为人所容忍的噪声环境的科学技术。它包含与噪声问题有关的政策、行政措施、社会措施，以及噪声防治技术等。它通过采用吸声、隔声、隔振、减振等方法，使各种环境下的噪声低于允许的噪声级标准。与噪声控制紧密相关的是振动控制技术，包括隔振、振动阻尼和冲击隔离等。

隔声——指利用间壁构件防止空气声传入室内的措施。构件隔声性能可用传声损失、声压级差和隔声指数等描述。

隔声量——又称传声损失。墙或间壁等构件的隔声量是入射声能与透射声能相差的分贝数。

声压级差——建筑构件一侧声源室内的平均声压级和另一侧接收室内的平均声压级之差。

降噪系数——建筑构件表面在噪声降低中所使用的吸收系数。它等于250Hz、500Hz、1000Hz和2000Hz四个频率的吸收系数的平均值。

噪声降低——在建筑物中利用吸声材料使室内噪声降低的过程。其降低程度用声级降低的分贝数表示。

质量定律——决定墙和间壁等构件隔声特性的基本定律，它表明墙和间壁的隔声量与其面密度成正比。

吻合效应——当墙壁的受迫弯曲波速度与自由弯曲波速度相吻合时发生的效应，此时墙失去了传声的阻力。应该注意吻合效应与共振效应有本质的差别。

声桥——双层或多层隔声结构中两层间的连接物。声能以振动形式通过它而在两层之间传播。

撞击声——由于撞击固体而在室内引起的一种噪声。脚步声是最常听到的撞击声。

空气动力声——指由于空气扰动、气体与物体相互作用而产生的噪声。从声源特性来说主要有单极子声源、偶极子声源和四极子声源。

附面层噪声——当物体以高速通过气体时，气体的黏滞性在物体表面引起了压力起伏（即流）。这种湍流沿着运动物体产生一个起伏的压力场，迫使物体的壁面做类似于辐射声场那样形成的运动。

交通噪声——运载工具（如汽车等）经过时产生的噪声。

A声级——用声级计的A计权网络测得的声压级。由于A声级能很好表述人们对噪声感到烦恼的程度，因此广泛用于噪声评价中。

等效［连续］噪声级——等效噪声级是在时间过程中A声级按能量平均。它客观地反映人们实际接受的噪声能量。

噪声响度——听觉判断噪声强弱的属性。计算复合噪声的响度有Stevens法和Zwieker法。

感觉噪声级——飞机噪声的评价参数，单位是PNdB 。

语言干扰级——中心频率为500Hz、1000Hz、2000Hz和4000Hz四个倍频带声压级的算术平均，单位为dB。

噪声污染级——交通噪声的评价参数。用统计分布来描述。例如，交通噪声可用L10、L50、L90来表述，它们分别是出现时间为10%、50%、90%的噪声级。

环境噪声——在人们关心的场所出现的残余噪声的总和。它是所处环境中由多个不同位置声源产生的总噪声。当讨论的一个特定声源不起作用时，往往用背景噪声一词来描述环境噪声。

暴露声级——在某一规定时间内或对某一噪声事件，其A计权声压的平方的时间积分与基准声

压的平方和基准持续时间的乘积的比以10为底的对数，即

$$L_{AE} = 10\lg\left[\frac{1}{t_2 - t_1}\int_{t_1}^{t_2}\frac{p_a^2(t)}{p_0^2}\mathrm{d}t\right] \tag{1-1}$$

式中 L_{AE}——暴露声级，dB；

p_0——基准声压（=0），μPa；

p_a——瞬时A计权声压，Pa；

t_2-t_1——基准持续时间（=1），s。

噪声冲击——噪声对人类生活和社会环境的短期或长期的影响，可用总计权人数TWP描述。

$$TWP = \sum_i W_i P_i \tag{1-2}$$

式中 P_i——全年昼夜平均声级范围（例如60~85dB）内受冲击的人数；

W_i——在该声级范围内的计权因数。

噪声冲击指数——总计权人数除以总人数。

$$NII = \frac{TWP}{\sum_i P_i} \tag{1-3}$$

式中 NII——噪声冲击指数；

TWP——噪声冲击的总计权人数；

P_i——全年昼夜平均声压级范围内受冲击的人数。

噪声源鉴别——在同时有几个噪声源，或包含许多振动发声的情况下，为了确定各个噪声源或振动部件的声辐射，区别噪声源并根据其对总声场所起作用加以分等的方法。

消声器——用于降低气流噪声的一种部件。它可看作是管道的一部分，在内部做声学处理后减弱噪声的传输或产生，但允许气流通过。

声失效——指电子器件或设备，在强噪声作用下，性能改变甚至不能工作，但当强噪声消失后，其性能仍然恢复的现象。

声疲劳——指在声场中交变负载反复作用下所引起的一种破坏现象，它使金属板材产生裂纹，而且会发生突然的断裂。

包扎——指在管道、门、混合室等以及飞机机身壳体内，为降低管道辐射噪声和飞机舱内噪声所采取的措施。

（4）噪声测量

声学测量——指用机电换能器把声学量（或振动量）转换成电量，然后用电子仪表放大到一定电压再进行测量和分析的技术。在进行声学测量时通常要求特殊的测量环境，常用的有消声室、混响室等，用来提供测量用的行波声场和混响声场。

频率分析——分析复杂信号频谱的技术，在频率分析中求信号能量（或功率）分布与频率关系的基本方法是滤波，采用带通滤波器。常用的频率分析有两类：恒带宽频率分析与恒比例带宽频率分析。

数字滤波——一种用数学运算来实现滤波的方法，由于滤波器的频率响应$H(\omega)$和其单位脉冲响应$h(t)$之间存在着单一的对应关系，因此可采用下述算法。如果令被滤波的信号$x(t)$与$h(t)$作褶积，则得到一个新的时间函数$y(t)$。

$$y(t) = \int_0^{\infty} x(t-\tau)h(t)\mathrm{d}\tau \tag{1-4}$$

另一方面，根据褶积定理可知，

$$Y(\omega) = X(\omega)H(\omega) \tag{1-5}$$

式（1-4）和式（1-5）表明，$y(t)$相当于$x(t)$通过频率特性为$H(\omega)$的滤波器的输出。因此可以用褶积运算实现滤波。

相关函数——两个波形时间间隔的函数，用来描述两个波的相似性。相关分析有自相关和互相关两类，其本质也是一种线性滤波。随机信号是不确定的，但它的相关函数是确定的，因此可用相关函数表征一个平稳随机过程的统计特性。

快速傅里叶变换——一种计算离散傅里叶变换的有效方法。它利用$W^N=1$的性质，把计算离散傅里叶变换系数所需的乘法运算次数从N^2次压缩到（$N/2)\log_a N$次，其中$W=e^{-j2\pi/N}$，a为任取的正整数，一般取a=2。采用计算机计算离散傅里叶变换，推动了相关函数、频谱、功率谱传递函数等的实际应用。

计权网络——声级计的测量需要反映人耳的响度感觉，因此声级计中配有三条频率响应曲线分别与40方、70方和100方等响曲线的反曲线相对应的电网络，分别称为A、B、C 计权网络， IEC对计权网络给出了标准响应曲线。近来国际上有人提出D网络和E网络。前者是与40呐等噪度曲线的反曲线对应的网络，用于航空噪声测量；后者是根据Stevens响度计算公式设计的网络。

标准偏差——实验中标准偏差是对同一被测量的n次测量中，表征测量结果分散的参数。

$$S=\sqrt{\sum_i (x_i-\bar{x})^2/(n-1)} \tag{1-6}$$

式中　S——标准偏差；

x_i——第i次测量结果；

$\bar{x}$——所考虑的n个数值的平均。

置信度——将置信限与置信概率结合起来说明测量的可信赖程度。

准确度——被测量的结果与真值间的符合程度。

1.2　机械振动简介

机械振动，是物体沿直线或曲线并经过平衡位置的往复的周期性运动。在自然界，机械振动是广泛存在的。

1.2.1　自由振动

最简单的机械振动是自由振动。自由振动（也称简谐振动）是物体经过平衡位置所做的往复的周期性运动。它是一种假定仅在振动初始时刻有外力作用的振动。如图1-1所示为一个自由振动系统，这个系统由一个重球和一个弹簧构成。

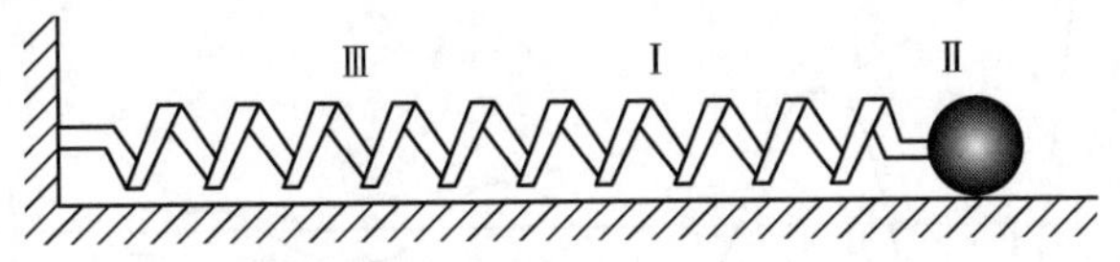

图1-1　自由振动系统

在这里还要假定：重球可视为具有一定质量的质点，弹簧的弹性是均匀的并假定没有质量，该振动系统视为质点振动系统。

在上述假定下，由胡克定律可知：在弹性限度内，弹力与弹簧的伸长和压缩成正比。因此，当振动物体离开平衡位置，随着位移的增加，则弹簧的弹力也成正比地增加，弹力的大小与位移的大小成正比，弹力的方向与位移的方向相反。假设物体离开平衡位置的位移为x，它在此位置上所受

的弹力F可表示为

$$F=-kx \tag{1-7}$$

式中，负号表示力与位移的方向相反；k是弹簧的弹性系数，亦称倔强系数或劲度系数。它在数值上等于弹簧伸长或压缩单位长度时所产生的弹力。k值越大，表示弹簧越“硬”，越不容易变形。有时用其倒数C_M来表示，$C_M=1/k$，称为顺性系数，或称力顺。

如果振动物体的质量为m，加速度a为d^2x/dt^2，根据牛顿第二定律$F=ma$，将$F=md^2x/dt^2$代入式(1-7)可得

$$m\frac{d^2x}{dt^2}=-kx \tag{1-8}$$

重球振动是自由振动的典型例子，从式（1-7）、式（1-8）可知，自由振动是指物体在与位移的大小成正比并且总是指向平衡位置的力的作用下的振动。在自由振动中，加速度的大小与位移的大小成正比，加速度的方向与位移的方向相反。值得注意的是，自由振动是假设外力仅在开始时起作用，只有在这种假设条件下，物体所做的振动才是自由振动。用图形表示物体位移随时间变化的曲线，称为振动曲线，如图1-2所示。

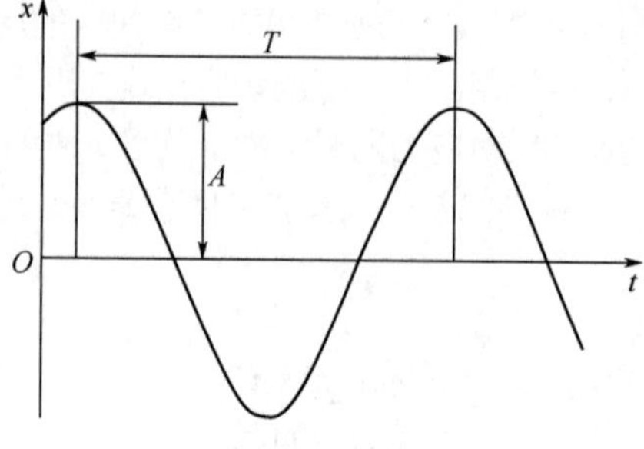

图1-2　振动曲线

在图1-2所示的振动曲线中：A为振幅，它是振动物体离开平衡位置的最大位移；T为周期，即物体完成一次全振动（往返一次）所需的时间；f为频率，即物体在单位时间内完成全振动的次数，单位是赫兹（Hz），周期和频率的关系是

$$T=1/f \tag{1-9}$$

1.2.2　阻尼振动

自由振动只是一种理想情况，也称为无阻尼振动或固有振动。实际上，由于摩擦和其他阻力无法避免，振动物体最初获得的能量，在振动过程中会不断消耗，振幅也越来越小，最后振动就会停止。这种由于克服摩擦或其他阻力而逐渐减少能量和振幅的现象称为振动的阻尼。这种能量或振幅随时间减少的振动称为阻尼振动，也称为减幅振动。如图1-3所示为阻尼振动的典型振动曲线。

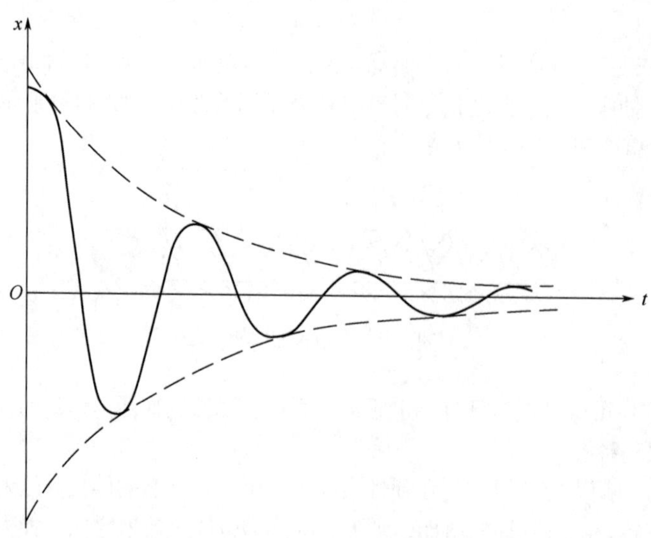

图1-3　阻尼振动的典型振动曲线

通常能量减少的方式有两种。一种是由于摩擦阻力的存在，或者是振动物体与周围媒质之间的黏滞摩擦，或者是物体自己的内摩擦，使振动的能量逐渐转变为热能。摩擦阻力越大，能量减少得越快，振动停止得越快，这种阻尼称为摩擦阻尼。另一种是由于物体的振动引起邻近质点的振动，使振动的能量逐渐向周围辐射出去，变为波动的能量，它使振动能逐渐转化为声能。这种阻尼称为辐射阻尼。

严格地说，没有阻尼的自由振动才是周期性的振动，存在阻尼时便不是周期性振动，因为在经过一个周期后，振动物体并不会回到原来的状态。但是，如果阻尼不大，可以把阻尼振动近似看作是简谐的自由振动。它也有一定的周期，不过这个周期应理解为在同一方向连续通过平衡位置两次的时间间隔。这个周期由振动物体本身的性质和阻尼的大小两个因素共同决定。对于一定的振动物体或系统，有阻尼的周期要比无阻尼的周期长，即完成一次振动的时间要久些。阻尼增加，周期也相应地增大。

一般来说，阻力是速度的函数，对于小振幅的振动而言，可以近似认为阻力与速度成线性关系，即

$$F_R = -R\mathrm{d}x/\mathrm{d}t \tag{1-10}$$

式中，R为阻力系数，也称力阻。式中出现的负号表示阻力总是与系统的运动方向相反，将这一阻力项加到式（1-8）中，振动方程将变为如下形式：

$$m\frac{\mathrm{d}^2x}{\mathrm{d}t^2} + R\frac{\mathrm{d}x}{\mathrm{d}t} + kx = 0 \tag{1-11}$$

这就是阻尼振动方程，式中第一项为惯性力，第二项为阻力，第三项为弹性力。

1.2.3 强迫振动

在自然界中，摩擦和辐射产生的阻尼作用，只能减小而不能完全消除。因此，系统要持续不断地振动，就必须不断地补充能量，这就是通常说的强迫振动，亦称受迫振动。

设强迫力为

$$F = F_0\sin(\omega t) \tag{1-12}$$

式中　F_0——强迫力幅值；

ω——强迫力角频率，$\omega = 2\pi f$，f为强迫力的频率。

则强迫振动方程为

$$m\frac{\mathrm{d}^2x}{\mathrm{d}t^2} + R\frac{\mathrm{d}x}{\mathrm{d}t} + kx = F_0\sin(\omega t) \tag{1-13}$$

解式（1-13）强迫振动方程可知：强迫振动的振幅和相位由强迫力的频率ω、物体固有振动频率ω_0（ω_0=k/ω）之间的关系决定，即由$\omega m - k/\omega$决定。如果系统的阻尼作用不大，当强迫力的频率趋近振动系统的固有频率时，系统的振动特别强烈，振幅将达到最大值，这种现象称之为“共振”。反之，当强迫力的频率远离振动系统的固有频率时，振动就减弱。如果系统的阻尼较大，即式（1-13）中R的作用不能忽略，则系统的振动就较弱，共振现象也就不明显。

如图1-4所示为强迫振动时的共振曲线，共振系统的阻尼α越小，共振曲线的最大值就越高，峰值也越明显。由于α不会等于零，所以共振振幅不会无限大。

ωm-k/ω的大小与振动状态有极大关系，一般分为以下三种情况：

① 当$\omega m \ll k/\omega$（即$\omega \ll \omega_0$）时，式（1-13）左侧的第三项远远大于其他两项，则振动系统的特性主要由弹性力决定，此时称其为弹性控制或劲度控制。要实现弹性控制，就应当提高系统的固有频率ω_0，或降低工作频率ω。

② 当$\omega m \gg k/\omega$（即$\omega \gg \omega_0$）时，式（1-13）左侧的第一项远远大于其他两项，则振动系统的特

性主要由物体的质量决定，此时称其为质量控制。要实现质量控制，就必须提高工作频率ω或降低系统的固有频率ω_0。

③ 当$\omega m \approx k/\omega$（即$\omega \approx \omega_0$）时，式（1-13）左侧第一项与第三项相抵消，振动系统的特性主要由阻尼决定，此时称其为阻尼控制。要实现阻尼控制，就应当增大系统的阻尼，并使工作频率ω接近系统的固有频率ω_0。

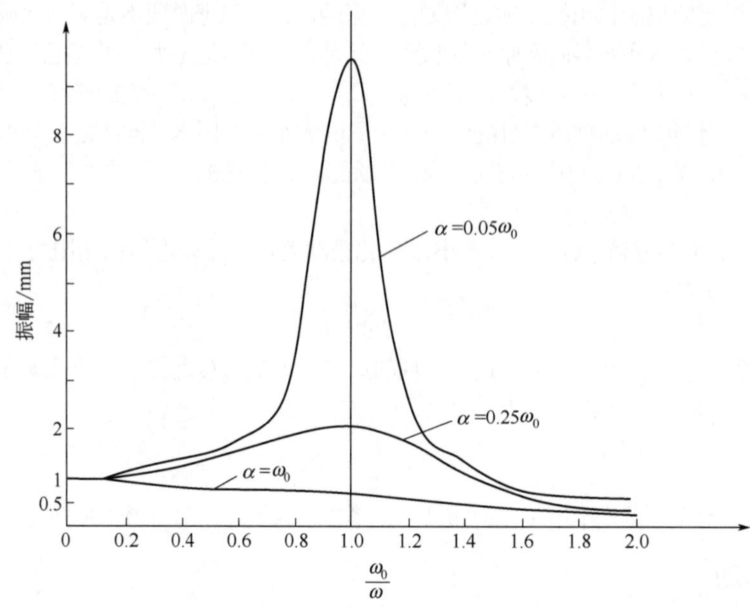

图1-4 强迫振动时的共振曲线

1.3 声波的基本性质

1.3.1 声波方程

声波传播的一般情况涉及三维空间，下面给出三维空间内在理想流体媒质中声波传播的一般关系式，然后讨论它们的应用。声场的特征可以通过媒质中的声压、质点速度和密度的变化量来表证。为了使问题简化必须对媒质和声波方程作出一些假定，例如：①媒质为理想流体，即媒质中不存在黏滞性，声波在这种理想媒质中传播时没有能量耗损；②没有声扰动时，媒质在宏观上是静止的，同时媒质是均匀的，因此媒质中静态压强P_0静态密度ρ_0都是常数；③声波传播时，媒质中稠密和稀疏的过程是绝热的；④媒质中传播的是小振幅声波，各声学参量都是一级微量，即声压P甚小于媒质中静态压强P_0，质点速度v甚小于声速c_0，质点位移ξ甚小于声波波长λ，媒质密度增量甚小于静态密度ρ_0。

（1）连续方程

连续方程是物质在媒质中不增也不减的数学描述，它说明进入一个小体积边界的物质量等于小体积内所增加的量，即

$$\frac{\partial \rho}{\partial t} = -\rho_0 \nabla \bar{v} \tag{1-14}$$

（2）运动方程

运动方程是声压对于距离的梯度等于媒质密度和质点振动速度乘积的负值，即

$$\nabla p = -\rho_0 \frac{\partial v}{\partial t} \tag{1-15}$$

(3) 物态方程

声波在理想媒质中传播时没有热交换，因此满足绝热定律，即$\nabla\gamma=$常数。

由此求得物态方程为：

$$\frac{\partial p}{\partial t} = \frac{\gamma p}{\rho_0} \times \frac{\partial \rho}{\partial t} \tag{1-16}$$

(4) 声速

$$c = \sqrt{\frac{\gamma p}{\rho_0}} = \sqrt{\gamma RT} \tag{1-17}$$

代入数值，可得

$$c = 331.45 + 0.61t$$

一般计算声速可取340m/s（t=15℃），在各种媒质中的声速参看表1-1。

表1-1　各种媒质中的声速

媒质	声速/(m/s)	媒质	声速/(m/s)
空气(15℃)	340	棕木	4700
氢	1270	橡木	4100
氨	415	白杨	4600
二氧化碳	258	枫木	4300
水	1410	胡桃木	4600
水蒸气(100℃)	405	醋酸纤维板	1000
砖	3700	纸、羊皮纸	2200
黏土岩	3400	硬橡皮	1400
混凝土	3100	软橡皮	70
玻璃	5000	羊皮	470
花岗岩	6000	虫胶化合物	1500
石灰石	3300	铝	5820
大理石	3800	钢	4905
瓷器	4200	铜	4500
松木	3600	铅	1260
榉木	3900	铁	4800
软木	500	锡	4900
榆木	4300	锌	3400

(5) 波动方程

由上述三个基本方程，可以导出声波传播方程，即波动方程：

$$\frac{\partial^2 p}{\partial t^2} = c^2 \nabla^2 p \tag{1-18}$$

式中，拉普拉斯算符为直角坐标：

$$\nabla^2 = \frac{\partial^2}{\partial x^2} + \frac{\partial^2}{\partial y^2} + \frac{\partial^2}{\partial z^2} \tag{1-19}$$

柱面坐标：

$$\nabla^2 = \frac{1}{r} \times \frac{\partial}{\partial r}\left(r\frac{\partial}{\partial r}\right) + \frac{1}{r^2} \times \frac{\partial^2}{\partial \phi^2} + \frac{\partial^2}{\partial z^2} \tag{1-20}$$

球面坐标：

$$\nabla^2 = \frac{1}{r^2} \times \frac{\partial}{\partial r}\left(r^2 \frac{\partial}{\partial r}\right) + \frac{1}{r^2 \sin\theta} \times \frac{\partial}{\partial \theta}\left(\sin\theta \frac{\partial}{\partial \theta}\right) + \frac{1}{r^2 \sin^2\theta} \times \frac{\partial^2}{\partial \phi^2} \tag{1-21}$$

1.3.2 平面波

在平面波情况下，ϕ只与x有关。

$$\nabla^2 p = \frac{\partial^2 p}{\partial x^2} \tag{1-22}$$

故平面波的波动方程为：

$$\frac{\partial^2 p}{\partial t^2} = c^2 \frac{\partial^2 p}{\partial x^2} \tag{1-23}$$

其解为：

$$p = Af\left(t \pm \frac{x}{c}\right) \tag{1-24}$$

式中 “+”——反向行波；

“–”——正向行波，声波在无限媒质中传播时不存在反向行波。

对于简谐振动，声压的形式为：

$$p = A\sin\left[\omega\left(t \pm \frac{x}{c}\right) + \phi\right] \tag{1-25}$$

或者用复数形式表示：

$$p = \mathrm{Re}\,(Ae^{\mathrm{j}\omega t}e^{\pm \mathrm{j}kx}e^{\mathrm{j}\phi}) \tag{1-26}$$

式中 k——波数，$k = \frac{\omega}{c}$。

平面波的特性阻抗是：

$$Z_{\mathrm{c}} = \frac{p}{v} = \rho_0 c \tag{1-27}$$

平面波的声强是：

$$I = pv = \frac{p_m}{2\rho_0 c} \tag{1-28}$$

平面波的声功率是：

$$W_{\mathrm{A}} = IS = \frac{{p_m}^2 S}{2\rho_0 c} \tag{1-29}$$

1.3.3 球面波

声波以球面波传播时，p只是和球面坐标的r有关，其波动方程为：

$$\frac{\partial^2}{\partial t^2}(rp) = c^2 \frac{\partial^2}{\partial r^2}(rp) \tag{1-30}$$

其解为：

$$rp = Af\left(t \pm \frac{x}{c}\right) \tag{1-31}$$

式中 “–”——以速度c沿半径向外发散的球面波；

“+”——向球心汇聚的球面波（反射波），在无限空间条件下不存在反射波。

如果振动是简谐方式，则：

$$p=\frac{\mathrm{j}\omega\rho}{r}Ae^{\mathrm{j}\omega t}e^{-\mathrm{j}kr} \tag{1-32}$$

$$v=\left(\frac{\mathrm{j}k}{r}+\frac{1}{r^2}\right)Ae^{\mathrm{j}\omega t}e^{-\mathrm{j}kr} \tag{1-33}$$

球面波的声阻抗率为：

$$Z_{\mathrm{s}}=\frac{p}{v}=\rho_0c\frac{\mathrm{j}kr}{1+\mathrm{j}kr}=\rho_0c\frac{\mathrm{j}2\pi\frac{r}{\lambda}}{1+\mathrm{j}2\pi\frac{r}{\lambda}} \tag{1-34}$$

辐射球面波时，媒质的声阻抗率是复数，它具有纯阻和纯抗两部分，并且与半径r和波长λ有关。因此声压与质点速度不同相。球面波声阻抗率的幅值为$\rho_0c\cos\theta$，它比平面波的声阻抗率要小。当球面波半径很大时，纯抗分量可以忽略。在半径很大时，声强$I=p_m^2/2\rho_0c$，$\phi_m=\omega\rho_0\frac{A}{r}$，声强与距离平方成反比，辐射的声功率$W=\frac{(r\phi_m)^2 2\pi}{\rho_0c}$。

1.3.4　柱面波

若声源为长圆柱面声波，这时$S=2\pi rl$，其中l为圆柱体长度，柱面波的波动方程为：

$$\frac{\partial^2p}{\partial t^2}=c^2\left(\frac{\partial^2p}{\partial r^2}+\frac{1}{r}\frac{\partial p}{\partial r}\right) \tag{1-35}$$

上述方程最简单的解为：

$$p=Ae^{\mathrm{j}\omega t}\left[J_0(kr)\pm\mathrm{j}N_0(kr)\right] \tag{1-36}$$

式中　J_0，N_0——两种零阶贝塞尔函数；

“-”——相当于向外传播的柱面波；

“+”——相当于向轴集中的柱面波。

当kr较大时，可以求出近似的行波解：

$$p=\frac{A}{\sqrt{\pi kr/2}}e^{\mathrm{j}\omega t}e^{-\mathrm{j}krt\frac{\pi}{4}} \tag{1-37}$$

$$v=\frac{p}{\rho_0c}\left(\frac{1}{\mathrm{j}2kr}+1\right) \tag{1-38}$$

柱面波的声阻抗率在$kr\gg1$时：

$$Z_{\mathrm{s}}=\rho_0c \tag{1-39}$$

在距离较大时，柱面波的声强

$$I=\frac{1}{\pi kr}\times\frac{A}{\rho_0c} \tag{1-40}$$

声强与距离成反比，每单位长度辐射的声功率

$$W=2\pi rI=\frac{2A}{k\rho_0c} \tag{1-41}$$

1.4　声音的传播特性

噪声源总是安装在一定的空间中（在开阔空间或室内空间），因此必须研究声音在空间中传播的特性。声波在传播过程中，能量的逐渐减少称为衰减。声能衰减的原因较多，由声波传播范围扩

大引起的衰减，由空气吸收引起的衰减，由地面植物、各种构筑物及气象因素等引起的衰减。声波在传播过程中，方向可能发生改变。本节介绍与声波传播有关的基本知识，包括声场的基本概念，声波的反射、折射、散射、绕射和干涉现象以及声波在传播过程中的衰减等基本知识。

1.4.1　声场的基本概念

声波从声源发出，在媒质中向各方向传播，声波的传播方向称为声线（波线）。某一时刻，相位相同的各点连成的轨迹曲线面称为波前（或波阵面）。在各向同性的均匀媒质中，波线与波前垂直。按波前的形状，声波可分为球面波和平面波，即波前是球面的称为球面波，波前是平面的称为平面波，如图1-5所示为波前、波面、波线示意图。

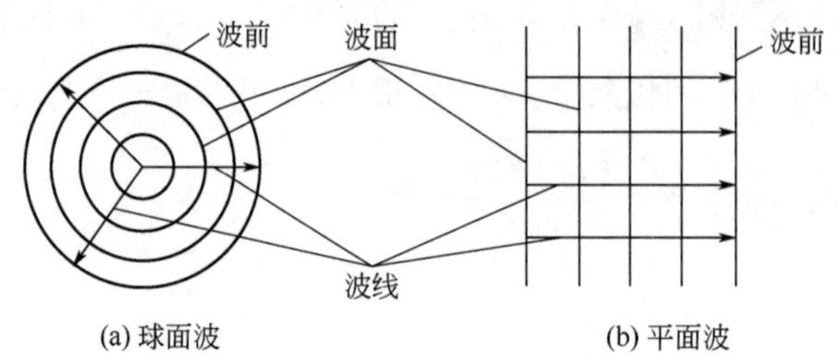

图1-5　波前、波面、波线

声波的传播范围相当广泛，声波影响和波及的范围称为声场。声场可分为自由声场、扩散声场和半自由声场（或称半扩散声场）。

（1）自由声场

声波在介质中传播时，在各个方向上都没有反射，介质中任何一点接受的声音，都只是来自声源的直达声，这种可以忽略边界影响，由各向同性均匀介质形成的声场称为自由声场。自由声场是一种理想化的声场，严格地说在自然界中不存在这种声场，但是我们可以近似地将空旷的野外看成是自由声场。在声学研究中为了克服反射声和防止外来环境噪声的干扰，研究人员专门创造了一种自由声场的环境，即消声室，它可以用来做听力实验，检验各种机器产品的噪声指标，测量声源的声功率，校准一些电声设备，等等。

（2）扩散声场

扩散声场与自由声场完全相反。在扩散声场中，声波接近全反射的状态。例如，在室内，人听到的声音除来自声源的直达声外，还有来自室内各表面的反射声。如果室内各表面非常光滑，声波传到壁面上会完全反射回来。如果室内各处的声压几乎相等，声能密度也处处均匀相等，那么这样的声场就叫作扩散声场（混响声场）。在声学研究中，可以专门创建具有扩散声场性能的房间，即混响室。它可用来做各种材料的吸声系数测量，测试声源的声功率和做不同混响时间下语言清晰度试验等。

（3）半自由声场

在实际工程中，遇到最多的情况，既不是完全的自由声场，也不是完全的混响声场，而是介于二者之间，这就是半自由声场。在工厂的车间厂房里，壁面和吊顶是用普通砖石土木结构建造的。它有部分吸声能力，但不是完全吸收，这就是半自由声场的情况。根据环境吸声能力的不同，有些半自由声场接近自由声场一些，有的更接近扩散声场。

1.4.2　声源声辐射的指向特性

绝大多数的声源，既不是点声源，也不是球面声源，因此声源向其周围辐射的声能不均等。有的方向强些，有的方向弱些，呈现出一定的指向特性，可用指向性因数Q来描写声源的指向特性。指向性因数Q定义为给定方向和距离的声压平方对同一距离的各方向平均声压平方的比值，即

$$Q = p_\theta^2/p^2 \tag{1-42}$$

式中　p_θ——给定方向和距离的声压，Pa；

p——同一距离的各方向平均声压，Pa。

描述声源指向特性的另一参量为指向性指数DI，即

$$DI = L_{p_\theta} - L_p \tag{1-43}$$

式中　L_{p_θ}——距声源某距离的θ方向的声压级，dB；

L_p——在同样距离上发出与本声源相等功率的假想点声源的声压级，dB。

显然，Q=1或DI=0，表现为声源的无指向性或全指向性。

声源的指向性与自身几何尺寸有密切关系，当声源的几何尺寸大到与波长可以相比拟时，指向性就变得很显著。

很明显，指向性因数Q与指向性指数DI虽然表述方法不一样，但本质上都反映了声源辐射声能的方向性，两者之间的关系是：

$$DI = 10\lg Q \tag{1-44}$$

1.4.3　声波的传播

声波在实际传播过程中，经常遇到障碍物、不均匀介质和不同介质，它们都会使声波反射、折射、散射、绕射和干涉等。

（1）声波的反射

噪声声波在传播过程中经常会遇到障碍物，这时声波将从一个媒质（空气）入射到另一个媒质中去。由于这两种媒质的声学性质不同，一部分声波从障碍物表面上反射回去，部分声波则透射到障碍物里面去。反射声强I_r与入射声强I_0之比称为声强反射系数r_I。

$$r_I = I_r / I_0 \tag{1-45}$$

透射声强I_t与入射声强I_0之比叫透射系数t_I。

若有两种媒介互相接触，媒介的密度与其间声速的乘积即特性阻抗分别为ρ_1c_1与ρ_2c_2，则声波垂直入射到交界面上时声强反射系数为

$$r_I = \left(\frac{\rho_2 c_2 - \rho_1 c_1}{\rho_2 c_2 + \rho_1 c_1}\right)^2 \tag{1-46}$$

由上述公式可知，反射系数取决于介质的特性阻抗ρ_1c_1与ρ_2c_2，当两种媒质特性阻抗接近时，即$\rho_1c_1 \approx \rho_2c_2$时，$r_I \approx 0$。声波没有反射而全部透射至第二种媒介。当$\rho_2c_2 \gg \rho_1c_1$时，$r_I \approx 1$，这表示当两种媒介的特性阻抗相差很大时，声波的能量将从分界面全部反射回原媒质中去。当$\rho_2c_2 \ll \rho_1c_1$时，$r_I \approx -1$，这表明声波几乎全部反射，但反射波与入射波的相位相反。

根据以上原理，利用介质不同的特性阻抗，可以达到减噪目的。例如，在室外测量噪声时，坚硬的地面、公路和建筑物表面都是反射面，如果在反射面上铺以吸声材料，那么反射的声能将减少。由于声波的这种反射特性，在室内安装的机器所发出的噪声就会从墙面、地面、天花板上及室内各种不同物体上多次反射，这种反射声的存在使噪声源在室内的声压级比在露天中相同距离上的声压级要提高10~15dB。为了降低室内反射声的影响，在房间的内表面覆盖一层吸声性能良好的材料，就可大大降低反射声，从而使整个房间的噪声得到减弱，这也是经常采用的降低厂房噪声的一种方法。

（2）声波的折射

声波在传播途中遇到不同介质的分界面时，除了发生反射外，还会发生折射（如图1-6所示）。声波折射时传播方向将改变，声波从声速大的介质折射入声速小的介质时，声波传播方向折向分界

面的法线；反之，声波从速度小的介质折射入声速大的介质时，声波传播方向折离法线。由此可见，声波的折射是由声速决定的，即使在同一介质中如果存在着速度梯度各处的声速不同，同样会产生折射。例如大气中白天地面温度较高，因而声速大，声速随离地面高度的增加而降低；反之，晚上地面温度较低，因而声速较小，声速随高度增加而增加。这种现象可用来解释为什么声音在晚上要比白天传播得远些。此外，当大气中各点风速不同时，噪声传播方向也会发生变化。当声波顺风传播时声波传播方向即声线向下弯曲，当声波逆风传播时，声线向上弯曲并产生影区，这一现象可解释为什么逆风传播的声音常常难以听清。

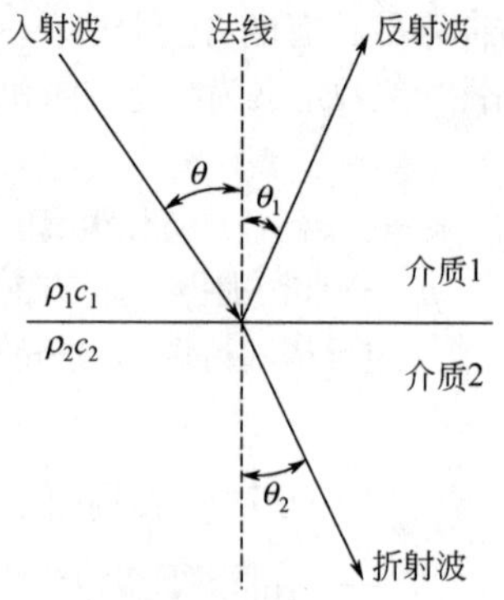

图1-6　声波的入射、反射、折射

ρ_1，ρ_2—声波在介质1和介质2中的密度；c_1，c_2—声波在介质1和介质2中的传播速度

（3）声波的散射

若声波在传播过程中，遇到的障碍物表面较粗糙或者障碍物的大小与波长差不多，则当声波入射时，就产生各个方向的反射，这种现象称为散射。散射情况较复杂，而且频率稍有变化，散射波图就会有较大的改变。

（4）声波的绕射

当声波遇到障碍物时，除了发生反射和折射外还会产生绕射现象。绕射现象与声波的频率、波长及障碍物的大小都有关系。如果声波的频率比较低、波长较长，而障碍物的大小比波长小得多，这时声波能绕过障碍物，并在障碍物的后面继续传播，图1-7（a）上的障碍物是一堵墙。而图1-7（b）为一小孔，当小孔比波长小得多时，尽管小孔很小，但声波仍可以通过小孔继续传播。这种情况为低频绕射。

如果声波的频率较高，波长较短，而障碍物又比波长大得多，这时绕射现象不明显。在障碍物的后面声波到达得就较少，形成一个明显的“影区”。图1-8（a）为障碍物后面的影区，而图1-8（b）为小孔两旁出现的影区。

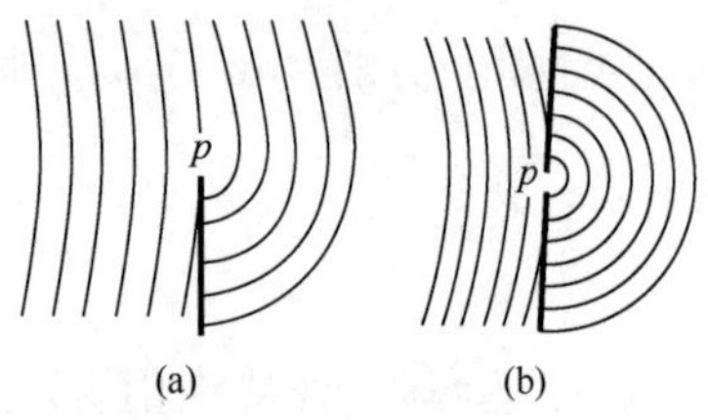

图1-7　低频绕射

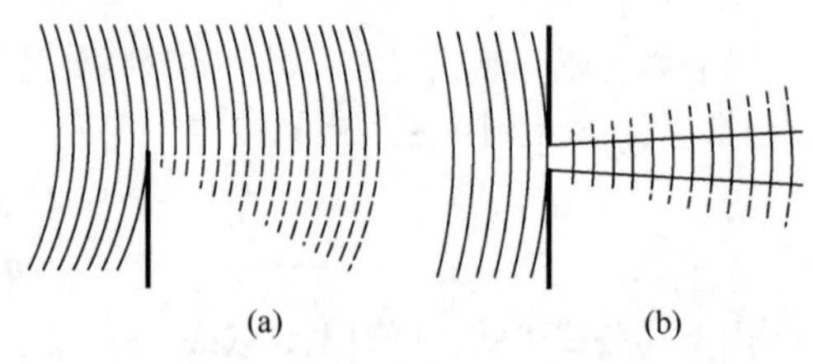

图1-8　高频绕射

绕射现象在噪声控制中很有用处。隔声屏障可以用来隔住大量的高频噪声，它常被用来减弱高频噪声的影响。例如可以在辐射噪声的机器和工作人员之间，放置一道用金属板或胶合板制成的声屏障，就可减弱高频噪声。屏障的高度愈高、面积愈大，效果就愈好，如果在屏障上再覆盖一层吸声材料则效果更好。

（5）声波的干涉

两个或数个声波同时在一媒质中传播并在某处相遇，在相遇区内任一点上的振动将是两个或数个波所引起振动的合成。一般地说，振幅、频率和相位都不同的波在某点叠加时比较复杂。但如果两个波的频率相同、振动方向相同、相位相同或相位差固定，那么这两个波叠加时在空间某些点上振动加强，而在另一些点上振动减弱或相互抵消，这种现象称为波的干涉现象（如图1-9所示）。能产生干涉现象的声源称为相干声源。声波的这种干涉现象在噪声控制技术中被用来抑制噪声。

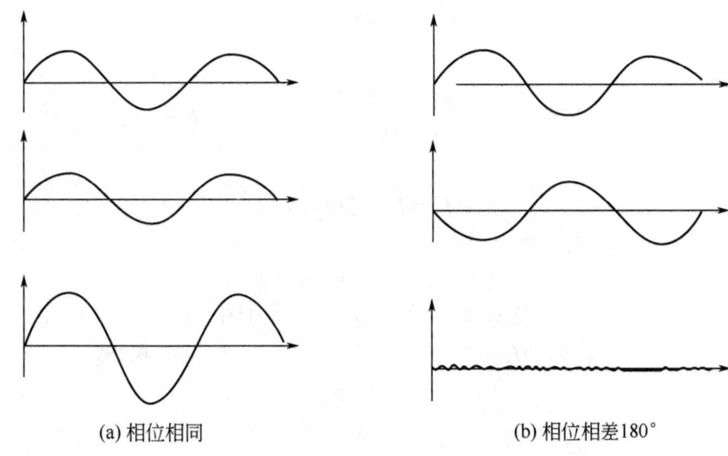

图1-9　波的干涉

1.4.4　声波的自然衰减

声波在任何声场中传播都会有衰减。究其原因有以下两点：一是由于声波在声场传播过程中，波前的面积随着传播距离的增加而不断扩大，声能逐渐扩散，从而使单位面积上通过的声能相应减少，使声强随着离声源距离的增加而衰减，这种衰减称为扩散衰减；二是声波在介质中传播时，由于介质的内摩擦、黏滞性、导热性等特性使声能不断被介质吸收转化为其他形式的能量，使声强逐渐衰减，这种衰减称为吸收衰减。

声源的形状和大小不同时，其衰减的快慢不一样。通常根据声源的形状和大小，可将声源分为三类：点声源、线声源和面声源。

点声源是指声源尺寸相对于声波的波长或传播距离而言比较小的声源。点声源的波前是球面。例如，在较远处有一个噪声较大的工厂，通过厂围墙所辐射的噪声均等，就可当成位于厂中心的一个点声源来处理。面声源是指尺寸为一个长方形的声源。如一座教学楼的声音，在窗前1m处测试时，就是一个面源。线声源则指在一个方向上的尺寸远远大于其他两个方向尺寸的声源，它发出的是柱面波。例如，行驶中的汽车和列车噪声，就是由许多声源并列形成的线声源。如图1-10所示为声源类型及波面形状。

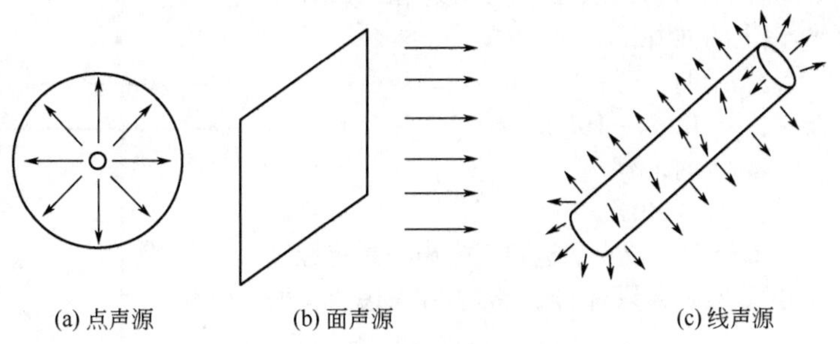

图1-10　声源类型及波面形状

（1）声波的扩散衰减

① 点声源声波的扩散衰减　理想的点声源是声源表面各点的振动具有相同的振幅和相位，它向周围辐射的声波是球面波。实际声源与理想的点声源有明显差别，当某实际声源的几何尺寸与其所辐射的声波波长相比很小时，或在其远场时，可近似看作是点声源。

在自由声场中，点声源辐射的波是球面波，根据第1.6.3节式（1-67）：

$$W=I\times 4\pi r^2$$

则

$$L_W=10\lg\frac{W}{W_0}=10\lg\frac{I\times 4\pi r^2}{10^{-12}}=L_I+10\lg 4\pi+20\lg r$$

所以

$$L_p=L_I=L_W-20\lg r-11 \tag{1-47}$$

同理，若点声源置于半自由声场，可得

$$L_p=L_I=L_W-20\lg r-8 \tag{1-48}$$

式（1-47）、式（1-48）给出已知点声源的声功率级，求距点声源r处的声压级。若点声源有方向性，则在两式中加上指向性指数DI，则

$$L_p=L_I=L_W-20\lg r-11+DI \tag{1-49}$$

或

$$L_p=L_I=L_W-20\lg r-11+10\lg Q \tag{1-50}$$

根据式（1-67）还可求出点声源声场中任意两点的声压级差。令距点声源r_1处的声强为I_1，r_2处的声强为I_2，则

$$I_1=\frac{W}{4\pi r_1^2}$$

$$I_2=\frac{W}{4\pi r_2^2}$$

$$\Delta L=L_{I_1}-L_{I_2}=10\lg\frac{I_1}{I_2}=10\lg\left(\frac{r_2}{r_1}\right)^2=20\lg\frac{r_2}{r_1} \tag{1-51}$$

若已知r_1处的声压级，则r_2处的声压级为：

$$L_{p_2}=L_{p_1}-20\lg\frac{r_2}{r_1} \tag{1-52}$$

由上式可知，若$r_2=2r_1$，则ΔL=6dB。即在点声源的声场中，距声源的距离加倍，声级衰减6dB，这是用来检验声源是否可作为点声源处理的简便方法。式（1-52）同样适用于半自由声场。

② 线声源声波的扩散衰减 下面根据线声源的不同组成，讨论线声源的衰减规律。

a. 离散声源组成的线声源。一队汽车在平直公路上行驶，就是一个由离散声源组成的线声源。如果各车与前后相邻车的距离为d，声功率一样，且每辆车都可看作是一个点声源，则距离这个线声源r_0处的O点声压级为各声源在该点的声压级之和，如图1-11所示。

O点的声压级分以下两种情况。

第一种情况：当$r_0>d/\pi$时，有

$$L_p=L_W-10\lg r_0-10\lg d-6 \tag{1-53}$$

第二种情况：当$r_0\leqslant d/\pi$时，有

$$L_p=L_W-20\lg r_0-11 \tag{1-54}$$

上述分析说明，$r_0\leqslant d/\pi$时，仅有靠近O点的声源影响最显著，相当于点声源的扩散衰减；只有$r_0>d/\pi$时，才考虑所有声源的影响。

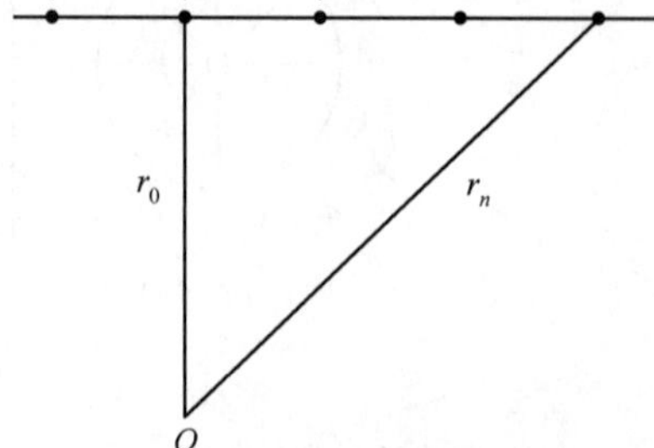

图1-11 离散声源组成的线声源

在线声源声场中某两点r_1、r_2的声压级差为：

$$\Delta L=L_{p_1}-L_{p_2}=10\lg\frac{r_2}{r_1} \tag{1-55}$$

或

$$L_{p_2}=L_{p_1}-10\lg\frac{r_2}{r_1} \tag{1-56}$$

从式（1-55）或式（1-56）可知，已知线声源声场中距声源r_1处的声压级L_{p_1}，即可求出r_2处的声压级；当$r_2=2r_1$时，ΔL=3dB，说明在线声源声场中，距离加倍，声级衰减3dB。

b.有限长连续线声源。列车在轨道上运行，可以看作是彼此靠得很近的离散声源组成的连续线声源。有限长连续线声源的总声功率W均匀地分布在有限长l上，单位长度的声功率为W/l。距声源r_0处测点O的声压级分两种情况，如图1-12所示。

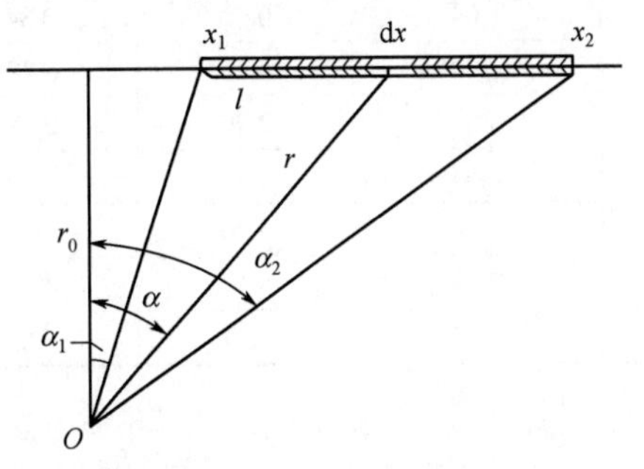

图1-12 有限长连续线声源

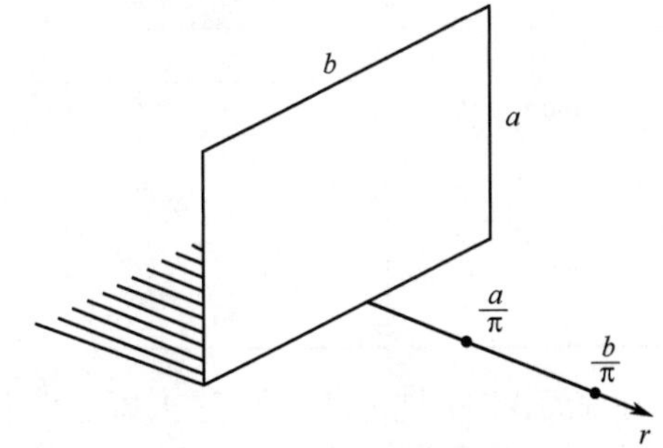

图1-13 面声源声波衰减示意图

第一种情况：当$r_0>l/\pi$时，有

$$L_p = L_W - 20\lg r_0 - 11 \tag{1-57}$$

第二种情况：当$r_0 \leqslant l/\pi$时，有

$$L_p = L_W - 10\lg r_0 - 10\lg l - 6 \tag{1-58}$$

③ 面声源声波的扩散衰减 在工厂车间内的生产性噪声通过车间墙体向外辐射声能，假设墙体表面辐射的声能分布是均匀的，则可近似看作是一个面声源。设车间高a（单位为m），长（宽）b（单位为m），如图1-13所示。设离开声源中心的距离为r，其声压级随距离衰减可按下面三种情况考虑：

a.当$r \leqslant a/\pi$时，衰减值为0dB，也就是说在面声源附近，声源发射的是平面波，距离变化时，声压级无变化。

b.当$a/\pi \leqslant r \leqslant b/\pi$时，则按线声源来处理，由式（1-56）计算其衰减值，即距离每增加一倍衰减3dB。

c.当$r \geqslant b/\pi$时，则可按点声源来处理，由式（1-52）计算其声波衰减量，距离每增加一倍，声压级衰减6dB。

（2）声波的吸收衰减

声波在传播过程中，一部分声能被介质吸收转化成其他形式的能量，造成声波的吸收衰减。吸收衰减与介质的成分、温度、湿度等有关，此外还与声波的频率有关，频率越高，衰减越快。表1-2给出了由于空气的吸收，声波每100m衰减的分贝数。

表1-2 空气吸收引起的噪声衰减 单位：dB/100m

频率/Hz	温度/℃	相对湿度			
		30%	50%	70%	90%
500	0	0.28	0.19	0.17	0.16
	10	0.22	0.18	0.16	0.15
	20	0.21	0.18	0.16	0.14
1000	0	0.96	0.55	0.42	0.38
	10	0.59	0.45	0.40	0.36
	20	0.51	0.42	0.38	0.34

续表

频率/Hz	温度/℃	相对湿度			
		30%	50%	70%	90%
2000	0	3.23	1.89	1.32	1.03
	10	1.96	1.17	0.97	0.89
	20	1.29	1.04	0.92	0.84
4000	0	7.70	6.34	4.45	3.43
	10	6.58	3.85	2.76	2.28
	20	4.12	2.65	2.31	2.14
8000	0	10.54	11.34	8.90	6.84
	10	12.71	7.73	5.47	4.30
	20	8.27	4.67	3.97	3.63

在前面我们分别讨论了噪声在传播过程中，声波扩散衰减和吸收衰减的机理及其估算方法，但在实际问题中，两种衰减是同时存在的。因此，在实际问题中计算噪声的衰减时，要同时考虑声波的扩散衰减和吸收衰减两种情况。

1.5 噪声及其分类

1.5.1 声音的产生

在日常生活中充满着各种各样的声音，有谈话声、广播声、各种车辆运动声、工厂的各种机器声等。人们的一切活动离不开声音，正因为有了声音，人们才能进行交谈，才能从事各种生产和社会实践活动。如果没有声音，整个世界将处于难以想象的寂静之中。可见声音对人类是非常重要的。那么，声音是怎样产生的呢？空气中的各种声音，不管它们具有何种形式，它们都是物体的振动所引起的。敲锣时听到了锣声，同时能摸到锣面的振动。喇叭发出声音是由于纸盆（音膜）在振动。人能讲话是由于喉头声带的振动。汽笛声、喷气飞机的轰鸣声，是因为排气时气体振动而产生的。总之，物体的振动是产生声音的根源。发出声音的物体称为声源。声源发出的声音必须通过中间媒质才能传播出去。人们最熟悉的传声媒质就是空气。除了气体外，液体和固体也都能传播声音。

声音是如何通过媒质传播的呢？现以敲锣为例，当人们用锣锤敲击锣面时，锣面振动，即向外（右）运动，使靠近锣面的空气介质受压缩，空气介质的质点密集，空气密度加大；当锣面向内（左）运动时，又使这部分空气介质体积增大，从而使空气介质的质点变稀，空气密度减小。锣面这样往复运动，使靠近锣面附近的空气时密时疏，带动邻近空气的质点由近及远地依次推动起来，这一密一疏的空气层就形成了传播的声波，声波作用于人耳鼓膜使之振动，刺激内耳的听觉神经，就产生了声音的感觉。声音在空气中产生和传播如图1-14所示。

声音在介质中传播只是运动的形式，介质本身并不被传走，只是在它平衡的位置来回振动。声音传播就是物体振动形式的传播，故声音亦称为声波。产生声波的振动源为声源。介质中有声波存在的区域称为声场。声波传播的方向称为声线。

物体振动产生声音，如果物体振动的幅度随时间的变化如正弦曲线那样，那么这种振动称为简谐振动。物体做简谐振动时周围的空气质点也做简谐振动。物体离开静止位置的距离称位移x，最大的位移叫振幅a，简谐振动位移与时间的关系可表示为$x=\sin(2\pi ft+\varphi)$，其中f为频率，表示物体每秒振动的次数，单位为赫兹（Hz）。$(2\pi ft+\varphi)$称作简谐振动的相位角，它是决定物体运动状态的重要物理量，φ表示t=0时的相位角，叫初相位。振幅a的大小决定了声音的强弱。

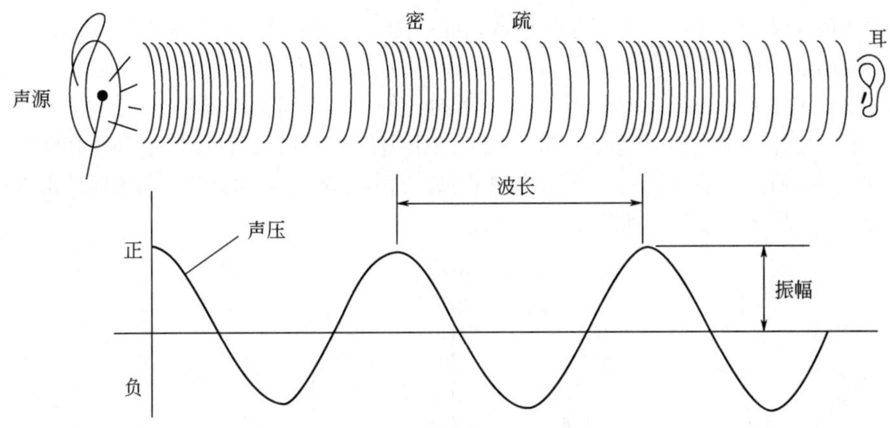

图1-14 声音的产生和传播

在图1-14中，声波两个相邻密部或两个相邻疏部之间的距离称为波长，或者说，声源振动一次，声波传播的距离称为波长。波长用λ表示，单位为米（m）。声波每秒在介质中传播的距离称为声速，用c表示，单位为米/秒（m/s）。波长λ、频率f和声速c是三个重要的物理量，它们之间的关系为：

$$\lambda = c/f \tag{1-59}$$

人耳并不是对所有频率的振动都能感受到的。一般来说，人耳只能听到频率为20~20000Hz的声音，通常把这一频率范围的声音叫音频声（波）；低于20Hz的声音叫次声（波），高于20000Hz的声音叫超声（波）。次声（波）和超声（波）人耳都听不到，但有一些动物却能听到，例如老鼠能听到次声（波），蝙蝠能感受到超声（波）。

声音不仅可以在空气中传播，也可以在水、钢铁、混凝土等固体中传播。不同的介质有不同的声速。如钢铁中的声速约为5000m/s，水中约为1450m/s，橡胶中为40~150m/s。声速大小与介质有关，而与声源无关。空气是一种主要介质，其弹性与温度有关。

当温度高于30℃或低于-30℃时，声速由下式计算：

$$c = 20.05\sqrt{T} \tag{1-60}$$

式中 T——绝对温度，K，$T = 273 + t$；

t——摄氏温度，℃。

当$-30℃ \leqslant t \leqslant 30℃$时，声速由下式计算：

$$c = 331.5 + 0.61t \tag{1-61}$$

1.5.2 噪声的基本概念

物体的振动能产生声音，声波经空气媒介的传递使人耳感觉到声音的存在。但是，我们听到的声音有的很悦耳，有的却很难听甚至使人烦躁，那是什么道理呢？从物理学的角度讲，声音可分为乐音和噪声两种。当物体以某一固定频率振动时，耳朵听到的是具有单一音调的声音，这种以单一频率振动的声音称为纯音。但是，实际物体产生的振动是很复杂的，它是由各种不同频率的许多简谐振动所组成的，把其中最低的频率称为基音，比基音高的各频率称为泛音。泛音的多少决定声音的音色。人们能够区别不同人、不同乐器或不同物体发出的音调、强度一样的声音，靠的就是这些声音的泛音不同。如果各次泛音的频率是基音频率的整数倍，那么这种泛音称为谐音。基音和各次谐音组成的复合声音听起来很和谐悦耳，这种声音称为乐音。钢琴、提琴等各种乐器演奏时发出的声音就具有这种特点。这些声音随时间变化的波形是有规律的，而它所包含的频率成分中基音和谐音之间成简单整数比。所以凡是有规律振动产生的声音就叫乐音。

如果物体的复杂振动由许许多多频率组成，而各频率之间彼此不成简单的整数比，这样的声音听起来就不悦耳也不和谐，还会使人烦躁。这种频率和强度都不同的各种声音杂乱地组合而产生的声音就称为噪声。如图1-15所示是乐音与噪声的波形及其频谱。各种机器噪声之间的差异就在于它所包含的频率成分和其相应的强度分布都不相同，因而使噪声具有各种不同的种类和性质。从环境和生理学的观点分析，凡使人厌烦、不愉快和不需要的声音都统称为噪声，它包括危害人们身体健康、干扰人们工作与休息以及其他不需要的声音。

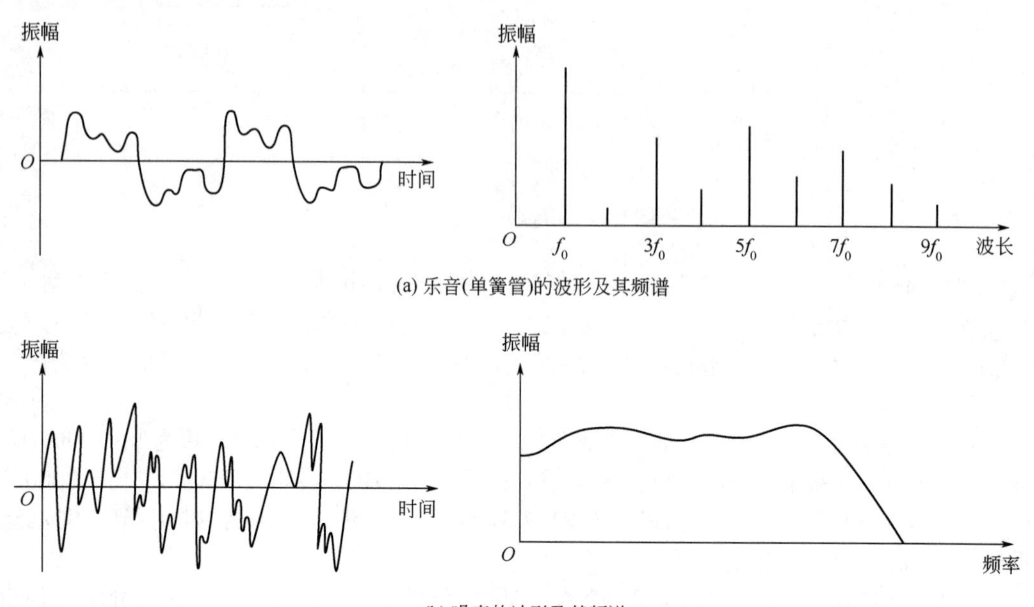

(a) 乐音(单簧管)的波形及其频谱

(b) 噪声的波形及其频谱

图1-15　乐音与噪声的波形及其频谱

1.5.3　噪声的分类

噪声因其产生条件不同而分为很多种类，既有来源于自然界的（如火山爆发、地震、潮汐和刮风等自然现象所产生的空气声、地声、水声和风声等），又有来源于人为活动的（如工业生产、建筑施工、交通运输、社会生活等）。日常生活中噪声主要有过响声、妨碍声、不愉快声、无影响声等。过响声是指很响的声音，如喷气发动机排气声、大炮轰鸣声等；妨碍声是指一些声音虽不太响，但妨碍人们的交谈、思考、学习和睡眠；摩擦声、刹车声、吵闹声等称不愉快声；人们生活中习以为常的室外风声、雨声、虫鸣声等称无影响声。环境中出现的噪声，按辐射噪声能量随时间的变化可分为稳定噪声、非稳定噪声和脉冲噪声，按噪声的频率特性可分为高频噪声、低频噪声、宽带噪声、窄带噪声等。

影响城市声环境质量的噪声源按人的活动方式分为以下几类：

(1) 工业噪声

所谓工业噪声，是指在工业生产活动中使用固定的设备时产生的干扰周围生活环境的声音。工业噪声按其产生的机理可分为气体动力性噪声、机械噪声、电磁性噪声三种。

① 气体动力性噪声　叶片高速旋转或高速气流通过叶片，会使叶片两侧的空气发生压力突变，激发声波，如通风机、鼓风机、空气压缩机、发动机和锅炉等迫使气体通过进、排气口时传出的声音，此为气体动力性噪声。

② 机械噪声　机械噪声是由固体结构物振动产生的。物体间的撞击、摩擦，交变机械力作用下

的金属板、旋转机件的动力不平衡，以及运转的机械零件轴承、齿轮等都会产生机械噪声，如球磨机、粉碎机、织布机、机床、机车和锻锤等产生的噪声。

③ 电磁性噪声 电磁性噪声是由电磁振动、电机等的交变力相互作用产生的噪声，如电流和磁场的相互作用产生的噪声，交流同步发电机、变压器的噪声。

工厂噪声不仅直接危害生产工人，也影响附近的居民。工业噪声中，电子工业和轻工业噪声在90dB（A）以下；纺织厂噪声为90~110dB（A）；机械工业噪声为80~120dB（A），凿岩机、大型球磨机达120dB（A），风铲、风铆、大型鼓风机在130dB（A）以上。

在城市范围内向周围生活环境排放工业噪声的，应当符合国家规定的《工业企业厂界环境噪声排放标准》(GB 12348—2008)。

在工业生产中因使用固定设备造成环境噪声污染的工业企业，必须按照国务院环境保护行政主管部门的规定，向所在地的县级以上地方人民政府环境保护行政主管部门申报拥有的造成环境噪声污染的设备的种类、数量以及在正常作业条件下所发出的噪声值和防治环境噪声污染的设施情况，并提供防治噪声污染的技术资料。造成环境噪声污染的设备的种类、数量、噪声值和防治设施有重大改变的，必须及时申报，并采取应有的防治措施。

产生环境噪声污染的工业企业，应采取有效措施，减轻噪声对周围生活环境的影响。

国务院有关主管部门对可能产生环境噪声污染的工业设备，应当根据声环境保护的要求和国家的经济、技术条件，逐步在依法制定的产品国家标准、行业标准中规定噪声限值。工业设备运行时发出的噪声值，应当在有关技术文件中予以注明。

(2) 建筑施工噪声

所谓建筑施工噪声，是指在建筑施工过程中产生的干扰周围生活环境的声音。

在城市市区范围内向周围生活环境排放建筑施工噪声的，应当符合国家规定的《建筑施工场界环境噪声排放标准》(GB 12523—2011)。

在城市市区范围内，建筑施工过程中使用机械设备，可能产生环境噪声污染的，施工单位必须在工程开工15日以前向工程所在地县级以上地方人民政府环境保护行政主管部门申报该工程的项目名称、施工场所和期限、可能产生的环境噪声值以及所采取的环境噪声污染防治措施的情况。

在城市市区噪声敏感建筑物集中区域内，禁止夜间进行产生环境噪声污染的建筑施工作业，但抢修、抢险作业和因生产工艺上要求或者特殊需要必须连续作业的除外。因特殊需要必须连续作业的，必须有县级以上人民政府或者其有关主管部门的证明，并且必须公告附近居民。

(3) 交通运输噪声

所谓交通运输噪声，是指机动车辆、铁路机车、机动船舶、航空器等交通运输工具在运行时所产生的干扰周围生活环境的声音。

交通工具（如汽车、火车、飞机等）是活动的噪声源，对环境影响较广。我国城市交通噪声主要是汽车行驶中发出的噪声。随着城市规模逐渐扩大，人口密度（社会活动）的不断增加，交通运输量不断增长，城市环境噪声污染日益加重。汽车噪声除喇叭外，主要来自发动机、冷却风扇、进排气口、轮胎等。当车速超过50km/h时，轮胎与路面接触所产生的噪声就成为交通噪声的主要组成部分。

禁止制造、销售或者进口超过规定噪声限值的汽车。

在城市市区范围内行驶的机动车辆的消声器和喇叭必须符合国家规定的要求。机动车辆必须加强维修和保养，保持技术性能良好，防治环境噪声污染。

机动车辆在城市市区范围内行驶，机动船舶在城市市区的内河航道航行，铁路机车驶经或者进入城市市区、疗养区时，必须按照规定使用声响装置。警车、消防车、工程抢险车和救护车等机动车辆安装、使用警报器，必须符合国务院公安部门的规定；在执行非紧急任务时，禁止使用警报器。

城市人民政府公安机关可以根据本地城市市区区域声环境保护的需要，划定禁止机动车辆行驶

和禁止其使用声响装置的路段和时间，并向社会公告。

建设经过已有的噪声敏感建筑物集中区域的高速公路和城市高架、轻轨道路，有可能造成环境噪声污染的，应当设置声屏障或者采取其他有效的控制环境噪声污染的措施。

在已有的城市交通干线的两侧建设噪声敏感建筑物的，建设单位应当按照国家规定间隔一定距离，并采取减轻、避免交通噪声影响的措施。

在车站、铁路编组站、港口、码头、航空港等地指挥作业时使用广播喇叭的，应当控制音量，减轻噪声对周围生活环境的影响。

穿越城市居民区、文教区的铁路，因铁路机车运行造成环境噪声污染的，当地城市人民政府应当组织铁路部门和其他有关部门，制定减轻环境噪声污染的规划。铁路部门和其他有关部门应当按照规划的要求，采取有效措施，减轻环境噪声污染。

除起飞、降落或者依法规定的情形以外，民用航空器不得飞越城市市区上空。城市人民政府应当在航空器起飞、降落的净空周围划定限制建设噪声敏感建筑物的区域；在该区域内建设噪声敏感建筑物的，建设单位应当采取减轻、避免航空器运行时产生的噪声影响的措施。民航部门应当采取有效措施，减轻环境噪声污染。

(4) 社会生活噪声

所谓社会生活噪声，是指人为活动所产生的除工业噪声、建筑施工噪声和交通运输噪声之外的干扰周围生活环境的声音。

社会活动噪声和家庭生活噪声普遍存在，如宣传用高音喇叭、家庭缝纫机、电视机、音响等对邻居干扰的噪声。缝纫机噪声为50~80dB（A），电视机噪声为60~85dB（A），洗衣机噪声为50~80dB（A）。

在城市市区噪声敏感建筑物集中区域内，因商业经营活动中使用固定设备造成环境噪声污染的商业企业，必须按照国务院环境保护行政主管部门的规定，向所在地的县级以上地方人民政府环境保护行政主管部门申报拥有的造成环境噪声污染的设备的状况和防治环境噪声污染的设施的情况。

新建营业性文化娱乐场所的边界噪声必须符合国家规定的环境噪声排放标准；不符合国家规定的环境噪声排放标准的，文化行政主管部门不得核发文化经营许可证，工商行政管理部门不得核发营业执照。经营中的文化娱乐场所，其经营管理者必须采取有效措施，使其边界噪声不超过国家规定的环境噪声排放标准。

禁止在商业经营活动中使用高音广播喇叭或者采用其他发出高噪声的方法招揽顾客。在商业经营活动中使用空调器、冷却塔等可能产生环境噪声污染的设备、设施的，其经营管理者应当采取措施，使其边界噪声不超过国家规定的环境噪声排放标准。

禁止任何单位、个人在城市市区噪声敏感建筑物集中区域内使用高音广播喇叭。在城市市区街道、广场、公园等公共场所组织娱乐、集会等活动，使用音响器材可能产生干扰周围生活环境的过大音量的，必须遵守当地公安机关的规定。

使用家用电器、乐器或者进行其他家庭室内娱乐活动时，应当控制音量或者采取其他有效措施，避免对周围居民造成环境噪声污染。

在已竣工交付使用的住宅楼进行室内装修活动，应当限制作业时间，并采取其他有效措施，以减轻、避免对周围居民造成环境噪声污染。

1.6 噪声的物理量度

噪声与乐音相比，它们具有许多相同的声学特征，也有不同的特点。为了对噪声进行控制和治理，必须对噪声的声学特征、噪声频谱进行分析。本节主要学习噪声的物理度量，包括声压、声强、声功率；声压级、声强级、声功率级；噪声级的合成与噪声频谱。

1.6.1 声压与声压级

当没有声波存在、大气处于静止状态时，其压强为大气压强p_0。当有声波存在时，局部空气产生压缩或膨胀，在压缩的地方压强增加，在膨胀的地方压强减少，这样就在原来的大气压上又叠加了一个压强的变化。这个叠加上去的压强变化是由声波引起的，称为声压，用p表示，单位为帕（Pa）。一般情况下，声压与大气压相比是极弱的。声压的大小与物体的振动有关，物体振动的振幅愈大，则压强的变化也愈大，因而声压也愈大，我们听起来就愈响，因此声压的大小表示了声波的强弱。

当物体做简谐振动时，空间各点产生的声压也随时间做简谐变化，某一瞬间的声压称为瞬时声压。在一定时间间隔中将瞬时声压对时间求均方根值即得有效声压。一般用电子仪器测得的声压即是有效声压。因此习惯上所指的声压往往是指有效声压，用p表示，其数学表达式为：

$$p=\sqrt{\frac{1}{T}\int_0^T p^2(t)\,\mathrm{d}t} \tag{1-62}$$

式中　$p(t)$——瞬时声压；

t——时间；

T——声波完成一个周期所用的时间。

对于正弦波，有效声压等于瞬时声压的最大值除以$\sqrt{2}$，如未加说明，即指有效声压。

日常生活中所遇到的各种声音，其声压数据举例如下。

正常人耳能听到的最弱声音	2×10^{-5}Pa
普通说话声（1m远处）	2×10^{-2}Pa
公共汽车内	0.2Pa
织布车间	2Pa
柴油发动机、球磨机	20Pa
喷气飞机起飞	200Pa

从以上列举的数据可以看到，正常人耳能听到的最弱声压为2×10^{-5}Pa，称为人耳的“听阈”声压。当声压达到20Pa时，人耳就会产生疼痛的感觉，20Pa为人耳的“痛阈”声压。“痛阈”与“听阈”的声压之比为100万倍。

由于正常人耳能听到的最弱声音的声压与能使人耳感到疼痛的声音的声压大小之间相差约100万倍，因此，用声压的绝对值表示声音的强弱是很不方便的。同时，人耳对声音大小的感受也不是线性的，它不是正比于声压绝对值的大小，而是同它的对数近似成正比。因此如果将两个声音的声压之比用对数的标度来表示，那么不仅应用简单，而且也接近于人耳的听觉特性。这种用对数标度来表示的声压称为声压级，它用分贝来表示。某一声音的声压级定义是：该声音的声压p与某一参考声压p_0的比值取以10为底的对数再乘20，即

$$L_p=20\lg(p/p_0) \tag{1-63}$$

式中，L_p为声压级，单位为分贝，记作dB；p_0是参考声压，国际上规定p_0=2×10^{-5}Pa，这就是人耳刚能听到的最弱声音的声压值。

当声压用分贝表示时，巨大的数字就可以大大地简化。听阈的声压为2×10^{-5}Pa，其声压级就是0dB。普通说话声的声压大约为2×10^{-2}Pa，代入式（1-63）可得与此声压相应的声压级为60dB。使人耳感到疼痛的声压是20Pa，代入式（1-63）可得与此声压相应的声压级为120dB。由此可见，当采用声压级后，痛阈与听阈从声压100万倍的变化范围变成了声压级0~120dB的变化范围。所以“级”的大小能衡量声音的相对强弱。

1.6.2 声强与声强级

声波的强弱可以用好几种不同的方法来描述，最方便的一般是测量它的声压，这要比测量振动位移或振动速度更方便、更实用。但是有时我们却需要直接知道设备所发出噪声的声功率，这时就要用声能量和声强来描述。

任何运动的物体包括振动物体在内都能够做功，通常说它们具有能量，这个能量来自振动的物体，因此声波的传播也必须伴随着声振动能量的传递。当振动向前传播时，振动的能量也跟着转移。在声传播方向上单位时间内垂直通过单位面积的声能量，称为声音的强度或简称声强，通常用I表示，单位是W/m^2。声强的大小可用来衡量声音的强弱，声强愈大，我们听到的声音愈响；声强愈小，我们感觉的声音愈轻。声强与离开声源的距离有关，距离越远，声强就越小。例如火车开出月台后，愈走愈远，传来的声音也愈来愈轻。

与声压一样，声强也可用“级”来表示，即声强级L_I，声强的单位也是分贝（dB），其定义为：

$$L_I = 10\lg(I/I_0) \tag{1-64}$$

式中，I_0为参考声强，$I_0=10^{-12}$W/m^2，它相当于人耳能听到最弱声音的强度。声强级与声压级的关系为：

$$L_I = L_p + 10\lg(400/\rho_c) \tag{1-65}$$

媒质的ρ_c（声阻抗率）随媒介的温度和气压而改变。如果恰好在ρ_c=400的情况下进行测量，则L_I=L_p。对一般情况，声强级与声压级相差一修正项10lg(400/ρ_c)，数值是比较小的。

例如在室温20℃和标准大气压（101325Pa）的条件下，声强级比声压级约小0.1dB，这个差别可略去不计。因此，在一般情况下认为声强级与声压级的值相等。

1.6.3 声功率与声功率级

声功率为声源在单位时间内辐射的总能量，用符号W表示，通常采用瓦（W）作为声功率的单位。声强与声源辐射的声功率有关，声功率愈大，在声源周围的声强也大，两者成正比，两者之间的关系为：

$$I = W/S \tag{1-66}$$

式中，S为波阵面面积。如果声源辐射为球面波，那么在离声源距离为r（m）处的球面上各点的声强为：

$$I = W/(4\pi r^2) \tag{1-67}$$

从上式可以知道，声源辐射的声功率是恒定的，但声场中各点的声强是不同的，它与距离的平方成反比。如果声源放在地面上，声波只向空中辐射，这时：

$$I = W/(2\pi r^2) \tag{1-68}$$

声功率是衡量噪声源声能输出大小的基本量。声压常依赖于很多外在因素，如接受者的距离、方向、声源周围的声场条件等，而声功率不受上述因素影响，可广泛用于鉴定和比较各种声源。但是在声学测量技术中，到目前为止，可以直接测量声强和声功率的仪器都比较复杂和昂贵，它们可以在某种条件下利用声压测量的数据进行计算得到。当声音以平面波或球面波传播时声强与声压间的关系为：

$$I = \frac{p^2}{\rho_c} \tag{1-69}$$

式中 I——声强，W/m^2；

p——有效声压，Pa；

ρ_c——声阻抗率，kg/（m^2·s）。

常见介质的声速、密度和声阻抗率见表1-3。

表1-3 常见介质的声速、密度和声阻抗率

名称	温度t/℃	密度ρ/(kg/m^3)	声速c/(m/s)	声阻抗率ρ_c/[kg/(m^2·s)]
空气	20	1.205	344	410
水	20	1×10^3	1450	1.45×10^6
玻璃	20	2.5×10^3	5200	1.38×10^7
铝	20	2.7×10^3	5100	1.30×10^7
钢	20	7.8×10^3	5000	3.90×10^7
铅	20	11.4×10^3	1200	1.37×10^7
木材	—	0.5×10^3	2400	1.20×10^6
橡胶	—	1×10^3~2×10^3	40~150	—
混凝土	—	2.6×10^3	4000~5000	1.3×10^7
砖	—	1.8×10^3	2000~4300	6.5×10^6
石油	—	70	1330	9.3×10^6

由式（1-69）可以看出，根据声压的测量值就可以计算声强和声功率。

声功率用级来表示时称为声功率级L_W，单位也是分贝（dB），功率为W的声源，其声功率级为：

$$L_W = 10\lg(W/W_0) \tag{1-70}$$

式中，W_0为参考声功率，取W_0=10^{-12}W。

由此我们可以看到，分贝是一个相对比较的对数单位，它没有量纲。其实任何一个变化范围很大的噪声物理量都可以用分贝这个单位来描述它的相对变化。为了方便起见，图1-16列出了声压、声强、声功率与其级之间的换算关系。

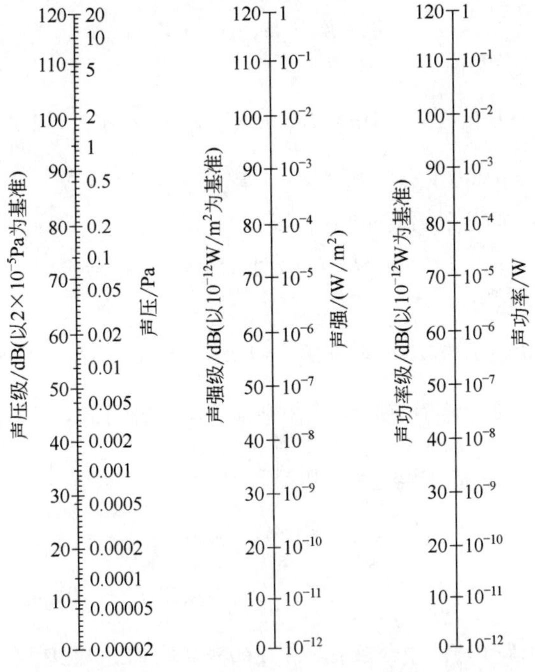

图1-16 声压、声强、声功率与其级之间的换算关系

表1-4列出了常见声源或噪声环境的声压级，表1-5列出了常见声源或噪声环境的声功率和声功率级，以使人们对声压级、声功率（级）大小有初步的印象。

表1-4 常见声源或噪声环境的声压级

声源	声压级/dB	声源	声压级/dB
锅炉排气放空，离喷口1m	140	内燃机车机房，走道中	115
汽车喇叭，距离1m	120	织布机车间，走道中	105
冲床车间，离冲床1m	100	大声讲话，距离0.3m	80
发电机组机房，离机组1m	95	城市噪声，街道上	75
卡车，车厢内	90	住宅内的厨房	60

表1-5 常见声源或噪声环境的声功率和声功率级

声源	声功率/W	声功率级/dB	声源	声功率/W	声功率级/dB
宇宙火箭	4×10^{7}	195	织布机	10^{-1}	110
喷气飞机	10^{4}	160	钢琴	2×10^{-3}	95
大型鼓风机	10^{2}	140	小电钟	2×10^{-8}	45
气锤	1	120	轻声耳语	10^{-9}	30

1.6.4 声级的计算

（1）声级的合成

在实际工作、生活中，声源往往不止一个，它们发出声波的频率、相位以及传播的方向没有固定的联系，具有随机的特性，称为不相干声波。不相干声波的叠加应按照能量叠加的法则进行。

令W、W_1、W_2、…为总声功率和各声源声功率，则：

$$W=W_1+W_2+\cdots+W_n \tag{1-71}$$

根据声功率级的定义，可知：

$$\begin{aligned}L_W&=10\lg\frac{W}{W_0}=10\lg(W_1+W_2+\cdots+W_n)-10\lg W_0\\&=10\lg(W_1+W_2+\cdots+W_n)+120\end{aligned} \tag{1-72}$$

令I、I_1、I_2、…为总声强和各声源的声强，则：

$$I=I_1+I_2+\cdots+I_n \tag{1-73}$$

根据声强级的定义，可知：

$$L_I=10\lg\frac{I}{I_0}=10\lg(I_1+I_2+\cdots+I_n)-10\lg I_0=10\lg(I_1+I_2+\cdots+I_n)+120 \tag{1-74}$$

令p、p_1、p_2、…为总声压和各声源的声压，则根据声压级的定义，得：

$$L_p=20\lg\frac{p}{p_0}=10\lg\left(\frac{p_1^2+p_2^2+\cdots+p_n^2}{p_0^2}\right) \tag{1-75}$$

在声级的计算中，式（1-75）是用得比较多的，例如当$p_1=p_2=\cdots=p_n$时：

$$L_p=10\lg\frac{np_1^2}{p_0^2}=20\lg\frac{p_1}{p_0}+10\lg n=L_{p_1}+10\lg n \tag{1-76}$$

【例1-1】 有7台机器工作时，每台在某测点处的声压级都是92dB，求该点的总声压级。

【解】 根据式（1-76），总声压级为：

$$L_p = L_{p_1} + 10\lg n = 92 + 10\lg 7 \approx 100.4\ (\mathrm{dB})$$

若某点的n个声压级不同，求总声压级应用下述方法。

令某声压级为L_{p_i}，i=1，2，3，…，n，则：

$$L_{p_i} = 10\lg\frac{p_i^2}{p_0^2},\quad \frac{p_i^2}{p_0^2} = 10^{0.1L_{p_i}}$$

根据式（1-76），总声压级为：

$$\begin{aligned} L_p &= 20\lg\frac{p}{p_0} = 10\lg\left(\frac{p_1^2 + p_2^2 + \cdots + p_n^2}{p_0^2}\right) \\ &= 10\lg(10^{0.1L_{p_1}} + 10^{0.1L_{p_2}} + \cdots + 10^{0.1L_{p_n}}) = 10\lg\sum_{i=1}^{n}10^{0.1L_{p_i}} \end{aligned} \tag{1-77}$$

【例1-2】 已知4台机器运转时的声压级分别为90dB、85dB、83dB、88dB，求4台机器同时运转时的总声压级。

【解】 根据式（1-77）得：

$$L_p = 10\lg(10^9 + 10^{8.5} + 10^{8.3} + 10^{8.8}) = 93.3\ (\mathrm{dB})$$

由上述计算过程可知，如果声源太多，用上式计算总声级比较麻烦，下面介绍一种较简单的方法。

若两个声源在声场中某一点的声压级分别为L_{p_1}、L_{p_2}，且$L_{p_1}>L_{p_2}$，总声压级L_p与L_{p_1}的差值为：

$$L_p - L_{p_1} = 10\lg\left(\frac{p_1^2 + p_2^2}{p_0^2}\right) - 10\lg\left(\frac{p_1^2}{p_0^2}\right) = 10\lg\left(\frac{p_1^2 + p_2^2}{p_1^2}\right) = 10\lg\left(1 + \frac{p_2^2}{p_1^2}\right)$$

又因为

$$10\lg\frac{p_2^2}{p_1^2} = 10\lg\left(\frac{p_2^2}{p_0^2} \times \frac{p_0^2}{p_1^2}\right) = 10\lg\frac{p_2^2}{p_0^2} - 10\lg\frac{p_1^2}{p_0^2} = L_{p_2} - L_{p_1}$$

所以$\dfrac{p_2^2}{p_1^2} = 10^{0.1(L_{p_2} - L_{p_1})} = 10^{-0.1(L_{p_1} - L_{p_2})}$

所以$L_p - L_{p_1} = 10\lg[1 + 10^{-0.1(L_{p_1} - L_{p_2})}]$

令

$$\Delta L = 10\lg[1 + 10^{-0.1(L_{p_1} - L_{p_2})}] \tag{1-78}$$

则

$$L_p = L_{p_1} + \Delta L \tag{1-79}$$

由上式可知，求声压级合成时，其总声压级等于两声级中较大的值加上由两声级决定的一个附加值。根据式（1-78）可求出附加值，如表1-6、图1-17所示。

表1-6 两声压级合成时的附加值

$L_{p_1}-L_{p_2}$/dB	0	1	2	3	4	5	6	7	8	9	10	11 12	13 14	≥15
ΔL/dB	3	2.5	2.1	1.8	1.5	1.2	1.0	0.8	0.6	0.5	0.4	0.3	0.2	0.1

从表1-6和图1-17中可以看出，当两个声压级相差比较大时，总声压与两声压级中较大的值近似相等，而较小的声压级可以忽略不计。利用上述方法，不仅可以求两个声压级的合成，实际上可求出若干个声压级的合成。只要将其两两分组，求出差值，查表1-6或图1-17即可求出附加值，加在每组中声压级较大的值上，然后将得出的数值再两两分组，继续用上述办法，最终即可求出总声压级。

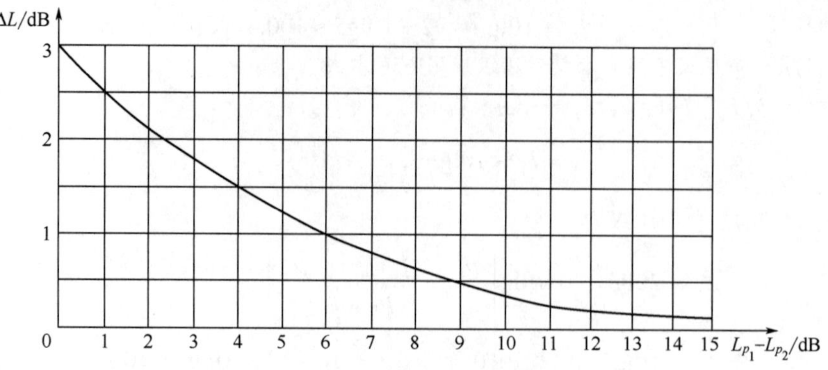

图1-17　两声压级合成时的附加值

【例1-3】 用查表法计算例1-1和例1-2。

【解】

例1-1：

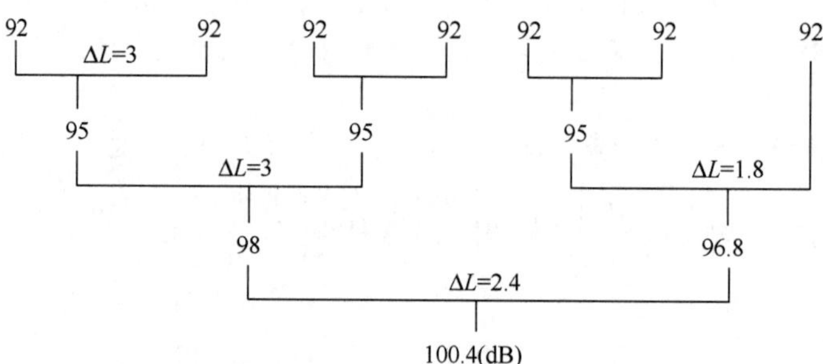

例1-2：

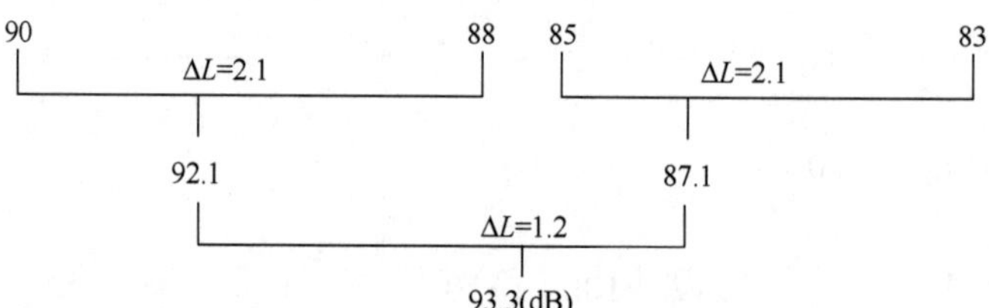

声级的合成不仅仅限于多个声源发出声音的合成，对同一个声源发出的不同频率成分的声音也可以用上述办法求其总声级。因为一般声源发出的声音是由不同频率成分组合的复合音，相当于发出不同频率声音的若干个“纯声源”发出声音的组合，所以可以用声级合成的办法求其总声级。

（2）声级的分解

声级的分解主要用在有本底噪声时对被测声压级的确定。在噪声监测中，由于本底噪声的存在，被测对象的噪声级无法直接测定，只能测到它们合成的噪声级。要确定被测对象的噪声级，可从测得的总声级中减去本底噪声级后得出。如车间内有2台机器工作，在某测点测得声压级为L_p，关闭其中一台机器，在同一测点测得声压级为L_{p_1}，求关闭的那台机器单独工作时在该点的声压级L_{p_2}，即可用声级的分解方法求得。

若已知L_{p_1}与L_{p_2}的总声压级L_p以及L_{p_1}，求L_{p_2}。

因为
$$p^2=p_1^2+p_2^2$$

所以
$$p_2^2=p^2-p_1^2$$

$$10\lg\frac{p_2^2}{p_0^2}=10\lg\left(\frac{p^2-p_1^2}{p_0^2}\right)$$

$$L_{p_2}=10\lg\left(\frac{p^2-p_1^2}{p_0^2}\right)=10\lg\left(\frac{p^2}{p_0^2}-\frac{p_1^2}{p_0^2}\right)$$

又因为
$$\frac{p^2}{p_0^2}=10^{0.1L_p};\quad \frac{p_1^2}{p_0^2}=10^{0.1L_{p_1}}$$

所以
$$L_{p_2}=10\lg\left(10^{0.1L_p}-10^{0.1L_{p_1}}\right) \tag{1-80}$$

【例1-4】 当2台机器工作时，在某点测得声压级为80dB，其中一台停止工作后，在该点测得的声压级为76dB，求停止的那台机器单独工作时在该点的声压级。

【解】 已知$L_p=80$dB，$L_{p_1}=76$dB，则

$$L_{p_2}=10\lg(10^{0.1L_p}-10^{0.1L_{p_1}})=10\lg(10^8-10^{7.6})\approx 77.8\ (\text{dB})$$

同前述声级的合成一样，如果利用查表法则比较简便，下面介绍这一方法。

设总声压级为L_p，本底噪声的声压级为L_{p_1}，待求的声压级为L_{p_2}，令

$$\Delta L_1=L_p-L_{p_1}$$
$$\Delta L_2=L_p-L_{p_2}$$

$$\Delta L_2=10\lg\left(\frac{p_1^2+p_2^2}{p_0^2}\right)-10\lg\frac{p_2^2}{p_0^2}=10\lg\left(\frac{p_1^2+p_2^2}{p_2^2}\right)=10\lg\left(\frac{p_1^2}{p_2^2}+1\right)$$

将$p_2^2=p^2-p_1^2$代入上式得

$$\Delta L_2=10\lg\left(\frac{p_1^2}{p_2^2}+1\right)=10\lg\left(\frac{p_1^2}{p^2-p_1^2}+1\right)=10\lg\left(\frac{1}{\frac{p^2}{p_1^2}-1}+1\right)$$

又因为
$$\frac{p^2}{p_1^2}=10^{0.1(L_p-L_{p_1})}=10^{0.1\Delta L_1}$$

故
$$\Delta L_2=10\lg\left(\frac{1}{\frac{p^2}{p_1^2}-1}+1\right)=10\lg\left(\frac{1}{10^{0.1\Delta L_1}-1}+1\right) \tag{1-81}$$

所以
$$L_{p_2}=L_p-\Delta L_2 \tag{1-82}$$

由式（1-82）可以看出，欲求L_{p_2}，只需用总声压级L_p减去由总声级与本底噪声声压级之差决定的修正值ΔL_2，即可求出。

为了计算简便，根据式（1-81）求出ΔL_1和ΔL_2的对应值，如表1-7所示，并根据两者的关系绘出曲线，如图1-18所示。

表1-7 ΔL_2对应于ΔL_1的修正值 单位：dB

ΔL_1	1	2	3	4	5	6	7	8	9	10	11
ΔL_2	6.90	4.40	3.00	2.30	1.70	1.25	0.95	0.75	0.60	0.46	0.34

【例1-5】 查表1-7或图1-18计算例1-4。

【解】 $\Delta L_1=L_p-L_{p_1}=80-76=4$（dB），查表1-7或图1-18可知

$$\Delta L_2=2.3\ (\text{dB})$$
$$L_{p_2}=80-2.3=77.7\ (\text{dB})$$

（3）平均声压级

在噪声测量控制中，如果一个车间有多个噪声源，各个操作点的声压级不相同，一台机器在不同的时间里发出的声压级不同，或者在不同时间内，接受点的声压级不同。这时，就需要求出一天内的平均声压级；在测量一台机器的声压级时，由于机器各方向的声压级不同，因此，需要测量若

干个点的声压级，然后求平均声压级。

设有N个声压级，分别为L_{p_1}、L_{p_2}、…、L_{p_N}。因为声波的能量可以相加，故N个声压级的平均值$\overline{L}_p$可由式（1-83）表示：

$$\overline{L}_p = 10\lg\left(\frac{1}{N}\sum_{i=1}^{N}10^{0.1L_{p_i}}\right) \tag{1-83}$$

平均声压级的计算是由声能的平均原理导出的，与人耳对噪声的主观感受基本相符。

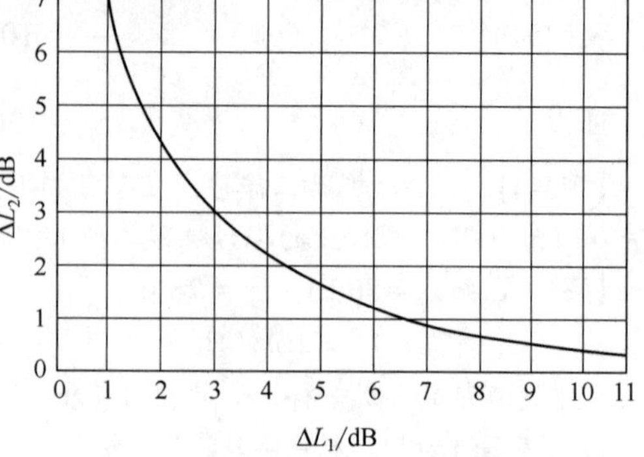

图1-18　ΔL_2对应于ΔL_1的修正值

【例1-6】 某风机工作时，在机体周围四个方向测得的噪声级分别为L_{p_1}=96dB，L_{p_2}=100dB，L_{p_3}=90dB，L_{p_4}=97dB，试求噪声声压级的平均值$\overline{L}_p$是多少？

【解】 由式（1-83），有

$$\begin{aligned}\overline{L}_p &= 10\lg\left(\frac{1}{N}\sum_{i=1}^{N}10^{0.1L_{p_i}}\right)\\ &= 10\lg\left[\frac{1}{4}\times(10^{0.1\times96}+10^{0.1\times100}+10^{0.1\times90}+10^{0.1\times97})\right]\\ &= 10\lg\left[\frac{1}{4}\times(10^{9.6}+10^{10}+10^{9}+10^{9.7})\right]\\ &= 97\,(\text{dB})\end{aligned}$$

如果求上述4个声压级的算术平均值，则有：

$$(96+100+90+97)/4 = 95.75\ (\text{dB})$$

算术平均值不能很好地反映人耳对噪声的主观感受，因此，在评价操作岗位的噪声对人们的影响时，宜采用平均声压级。

1.6.5　噪声频谱与频带

反映声音客观特性的物理量还有频率特性。声音的频率特性通常用频谱分析方法描述，它可以较细致地分析出在不同频率范围内声音能量的分布情况。

（1）频谱

由于可听声频率的范围宽广，以及各种声音波形的复杂性，频谱的形状也多种多样，大致可分为三种：线状谱、连续谱、复合谱。

① 线状谱　线状谱是由频率离散的一些单音组成的。一般情况下，其波形呈周期性声音的频谱为线状谱，如图1-15（a）所示。一些乐器所发出声音的频谱一般为线状谱。

② 连续谱　连续谱是由频率在一定范围内的连续的分音组成的。在这样的频谱中，声能连续地分布在频率很广的一个范围内，成一条连续的曲线，称为连续谱。组成连续谱的各成分之间，其频率没有简单的整数比关系，其频率和声强都随机变化，如图1-15（b）所示。环境噪声的频谱一般多为连续谱。

③ 复合谱　复合谱由线状谱和连续谱叠加而成，如图1-19所示。组成这种谱的声音听起来有明显的音调，如鼓风机工作时发出的声音。机械噪声的频谱一般多为连续谱或复合谱。

（2）倍频程

频谱分析是通过对声音频谱的研究，了解声音的能量在不同频率上分布的情况，从而了解声源的特性及深入研究声波的产生、传播、接收和对听者的影响等方面的问题，为噪声的控制和治理提供依据。但是，对声音的连续谱或复合谱中的每个频率成分都进行分析是件不容易的事情，也是没

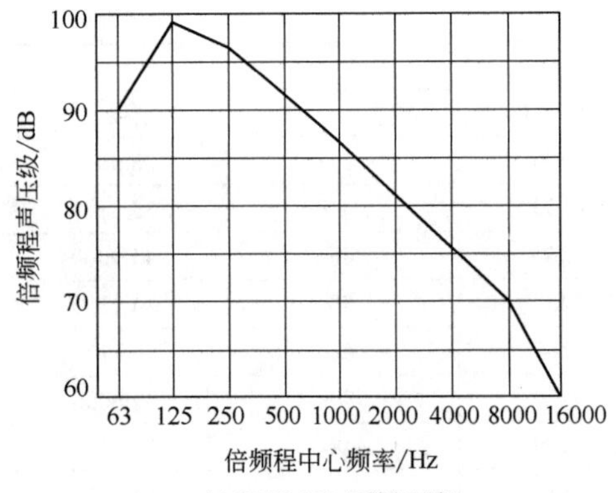

(a) 2D12-100/8型空压机

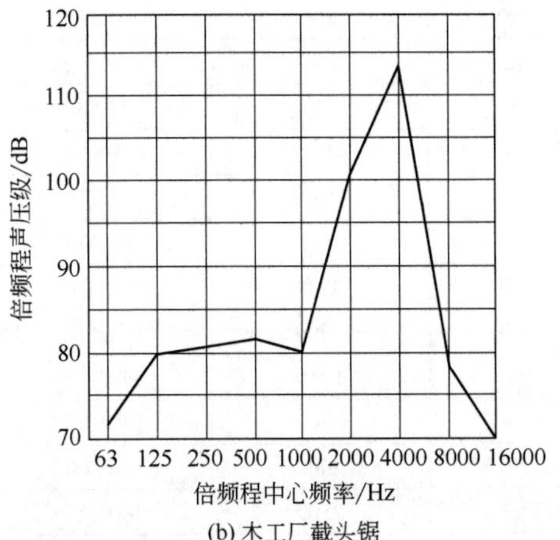

(b) 木工厂截头锯

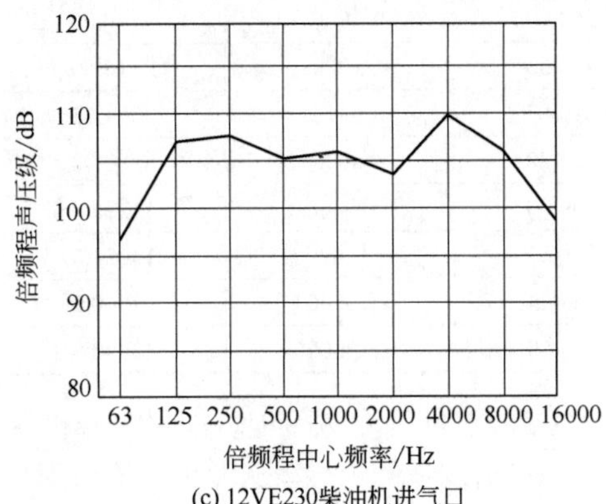

(c) 12VE230柴油机进气口

图1-19　几种常见机械噪声频谱（复合谱）

有必要的。为了研究方便，常把整个音频范围按一定规律划分为若干个相连的频段，每一频段称为一个频带。根据相邻两个频带之间的关系，划分的方法常有等带宽、等比带宽等。

在噪声研究中，常用等比带宽的方法划分频段，即按倍频程划分频率区间。例如音乐中C调的6，基频是440Hz，$\underset{\cdot}{6}$是220Hz，$\dot{6}$是880Hz。显然，从$\underset{\cdot}{6}$到6，或从6到$\dot{6}$，频率正好提高1倍，可称这两个频率间相差一个倍频程。

若两个频率分别为f_1、f_2，令

$$f_2/f_1=2^n \tag{1-84}$$

式中　f_1——任一频程的下限截止频率，Hz；

f_2——任一频程的上限截止频率，Hz。

当n=1，称为1倍频程，简称倍频程。当n=1/3时，称之为1/3倍频程。从式（1-84）可以看出，按倍频程均匀划分频率区间，相当于对频率按对数关系加以标度。

（3）频带和中心频率

由f_1到f_2称为一个频带。每个频带用一个中心频率f_m表示，f_m的数值为：

$$f_m=\sqrt{f_1 f_2} \tag{1-85}$$

频带宽度为Δf，根据前述可知：

$$\Delta f=f_2-f_1$$

由式（1-84）和式（1-85）可得：

$$f_2=2^n f_1$$

$$f_m=\sqrt{f_1 f_2}=\sqrt{2^n f_1^2}=2^{n/2} f_1$$

由此可得：

$$f_1=2^{-n/2} f_m$$

$$f_2=2^{n/2} f_m$$

所以

$$\Delta f=(2^{n/2}-2^{-n/2}) f_m$$

对于倍频程，n=1，故

$$\Delta f=0.707 f_m \tag{1-86}$$

对于1/3倍频程，$n=1/3$，故

$$\Delta f=0.231 f_m \tag{1-87}$$

表1-8列出了倍频程和1/3倍频程的频率范围和中心频率。

表1-8　倍频程和1/3倍频程的频率范围和中心频率　　单位：Hz

倍频程			1/3倍频程		
下限频率(f_1)	中心频率(f_m)	上限频率(f_2)	下限频率(f_1)	中心频率(f_m)	上限频率(f_2)
11.3136	16	22.6272	14.2544	16	17.9600
			17.8180	20	22.4500

续表

倍频程			1/3倍频程		
下限频率(f_1)	中心频率(f_m)	上限频率(f_2)	下限频率(f_1)	中心频率(f_m)	上限频率(f_2)
22.2737	31.5	44.5473	22.2725	25	28.0625
			28.0634	31.5	35.5875
			35.6360	40	44.9000
44.5473	63	89.0946	44.5450	50	56.1250
			56.1267	60	70.7175
			71.2720	80	89.8000
88.3875	125	176.775	89.0900	100	112.250
			111.363	125	140.313
			142.544	160	179.600
176.775	250	353.550	178.180	200	224.500
			222.725	250	280.625
			280.634	315	353.588
353.550	500	707.100	356.360	400	449.000
			445.450	500	561.250
			561.267	630	707.175
707.100	1000	1414.20	721.720	800	898.000
			890.900	1000	1122.50
			1113.63	1250	1403.10
1414.20	2000	2828.40	1425.44	1600	1796.00
			1781.80	2000	2245.00
			2227.23	2500	2806.25
2828.40	4000	5656.80	2806.30	3150	3535.88
			3563.60	4000	4490.00
			4454.50	5000	5612.50
5656.80	8000	11313.6	5612.67	6300	7071.75
			7027.20	8000	8980.00
			8909.00	10000	11225.0
11313.6	16000	22627.2	11136.3	12600	14031.0
			14254.4	16000	17960.0
			17780.0	20000	22390.0

倍频带和1/3倍频带的关系是，把一个倍频带再分为3段，在一个频带内，能量分布被认为是均匀的。若倍频带声压级为L_p，则该倍频带内的3个1/3倍频带的声压级从低至高依次为：

$$L_{p_1}=L_p-5.85\ (\text{dB})$$

$$L_{p_2}=L_p-4.85\ (\text{dB})$$

$$L_{p_3}=L_p-3.85\ (\text{dB})$$

注意，一个声音的倍频带频谱图和1/3倍频带频谱图是不一样的。主要表现在1/3倍频带的频带声压级一般都比倍频带声压级低，这是因为1/3倍频带的频带宽度比倍频带的频带宽度窄，所包含的能量少。经过计算可知，总声压级是一样的。

(4) 频带声压级

为了进行声音的频谱分析，必须按照倍频率频程（倍频程）划分及频带宽度的要求，制成一定的滤波器。滤波器是一种能让一部分频率成分通过，其余频率成分衰减的仪器或电路。滤波器一般分为四种，即高通滤波器、低通滤波器、带通滤波器和带阻滤波器。在声学测量的频谱分析中经常使用带通滤波器，这种滤波器只允许一定频率范围，即频带内的信号通过，高于或低于这一频率范围的信号不能通过。倍频程滤波器和1/3倍频程滤波器是一种恒比带宽滤波器，它们的带宽分别是中心频率的70.7%和23.1%。根据实际需要，还有更窄频带宽度的滤波器用于频谱分析。

在测量仪器中，设置若干滤波器，每个滤波器以其中心频率作为标记。如进行倍频程频谱分析时，声音频率从11Hz到22627Hz共划分11个频段，在仪器中应设置11个滤波器，分别标为16Hz、31.5Hz、…、16000Hz。在测量时，依次选用。

通过滤波器测得的声压级称为频带声压级，它表示的既不是被测噪声的总声压级，也不是某单个频率的声压级，而是某一频带的总声压级。如选用中心频率为63Hz的滤波器进行测量，其结果表示的是44~89Hz之间所有声压级的总和。

将一个噪声所有的频带声压级求和，可得出这个噪声的总声压级。频带声压级和由其得出的总声压级均属于噪声的客观量度。

将频带声压级加上相应衰减量，得到频带计权声级，将一个噪声的所有频带计权声级求和，可得出该噪声的计权声级。

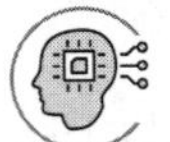

习题与思考题

1. 什么是机械振动？常用的机械振动有哪几类？
2. 什么是声源？声音是怎么产生的？
3. 什么是噪声？简述噪声的分类。
4. 什么是声压和声压级？什么是声强和声强级？什么是声功率和声功率级？
5. 空气中距机器1m处测得的声压为0.6Pa，求此处的声强。假定机器发出的声波是半球面波，求机器的声功率（已知：空气密度ρ=1.21kg/m^3，空气中声速c=340m/s）。
6. 在某点测得的声压级为60dB，试求该点处声波的声压和声强。
7. 某测点的背景噪声为60dB，周围有3台机器，单独工作时，在测点处测得的声压级分别为71dB、75dB、78dB，试求这3台机器同时工作时，在测点的总声压级。
8. 某点附近有2台机器，当机器都未工作时，该点的声级为55dB，若2台机器同时工作，该点的声级为85dB（A）；若1台机器工作，则该点的声级只有80dB（A），试求另1台机器单独工作时该点的声级。
9. 什么叫自由声场、扩散声场和半自由声场？
10. 什么叫声波的反射、声波的折射、声波的绕射和声波的干涉？
11. 一台机器置于平地上，其声功率级为110dB，求距其30m处的声压级。
12. 在线声源声场中，距声源12m处的声压级是75dB，求距该声源24m处的声压级。

第2章

噪声评价及其标准

2.1 噪声的危害

声音带给人们各种信息。依靠语言声音的交流，人类的知识才能得以连续地传递、积累和发展。和谐的声音对人来说是一种美的享受。然而，噪声影响人们的正常工作和休息，危害人体健康。研究表明，噪声的危害是多方面的。

2.1.1 对听力系统的影响

人在较强的噪声环境下暴露一定时间后，会出现听力下降。研究表明，长期接触80dB以上的噪声，听力就有可能受损害；在大于85dB的环境中工作20年，将有10%的人出现耳聋现象；大于90dB，耳聋的比例将超过20%。

人从高噪声环境回到安静场所停留一段时间，听力还能恢复，叫暂时性听阈偏移，也叫听觉疲劳。但长年累月地在强噪声环境中工作，长期不断地受高强噪声刺激，听觉就不能复原，内耳感觉器官会发生器质性病变，导致所谓噪声性耳聋或永久性听力损失。

一般听力损失在20dB以内，对生活和工作不会有什么影响。国际标准化组织（ISO）于1964年规定在500Hz、1000Hz、2000Hz三个倍频程内听阈提高的平均值在25dB以上时，即认为听力受到损伤，又称轻度噪声性耳聋。按照听力损失的大小，国际标准化组织对耳聋性程度进行分级，见表2-1。据统计，当今世界上有7000多万的耳聋者，其中相当部分是环境噪声所致。专家研究证明，家庭室内噪声是造成儿童听障的主要原因。

表2-1 听力损失级别

级别	听觉损失程度	听力损失平均值/dB	对谈话的听觉能力
A	正常(损害不明显)	<25	可听清低声谈话
B	轻度(稍有损伤)	25~40	听不清低声谈话
C	中度(中等程度损伤)	40~55	听不清普通谈话
D	高度(损伤明显)	55~70	听不清大声谈话
E	重度(严重损伤)	70~90	听不到大声谈话
F	最重度(几乎耳聋)	>90	很难听到声音

如图2-1所示为噪声暴露下若干年所形成的听力损失（500Hz、1000Hz和2000Hz三个频率听力损失的数学平均值），但以听力损失中值（在4000Hz暴露下，全部听者的听力损失中值，有一半人超过此值，另一半人则低于此值）标出。这样符合规律，因为一般在4000~5000Hz听力损失最早出现，并且增长最快，频率更高或更低则逐渐降低，用听力损失中值更为灵敏。图2-1的横坐标则是形成听力损失的人占听者的百分数。

图2-1（a）中是在不同声级（80dB、90dB、100dB和110dB）下工作10年、20年、30年、40

年形成听力损伤的百分数。由图可见，在80dB噪声下工作40年所形成的听力损失只有25dB左右，无听话困难。噪声为90dB时，工作10年听力损失为13dB左右，工作20年升为20dB左右，工作30年听力损失为30dB左右，工作40年则为35dB左右。所以工作时间较短并无危险，但到30年、40年则颇有危险（注意所给的是平均听力损失，个别人可能超过）。如果工作场所达到100dB，工作10年听力损失即已超过25dB，工作20年为35dB左右，工作30年已达到45dB，可能造成轻度耳聋，工作40年听力损失达55dB，已是接近中等耳聋的数值。110dB的工作场所则更为严重。从以上数据可以看出，90dB的工作场所，10年的听力损失大致等于80dB下30年的听力损失，13dB左右。100dB下工作10年约为90dB下工作30年的听力损失，30dB左右。110dB条件下工作10年接近100dB下工作30年，45dB左右。这个关系非常有趣，大概每增高工作场所噪声10dB相当工作于低噪声等级的3倍时间。而10dB的相差，A声压比为3.15。换一句话说，就是工作时间比与声压的倒比基本相等，或声压与工作时间相乘与听力损失密切相关。有这个关系不但可以把图2-1（a）的几条声级不同的曲线统一（有些近似），更重要的是如果经过声级不同的工作环境，就可以把不同的声压乘以经过的时间（年数）以后加起来得到总值，由此求得听力损失。

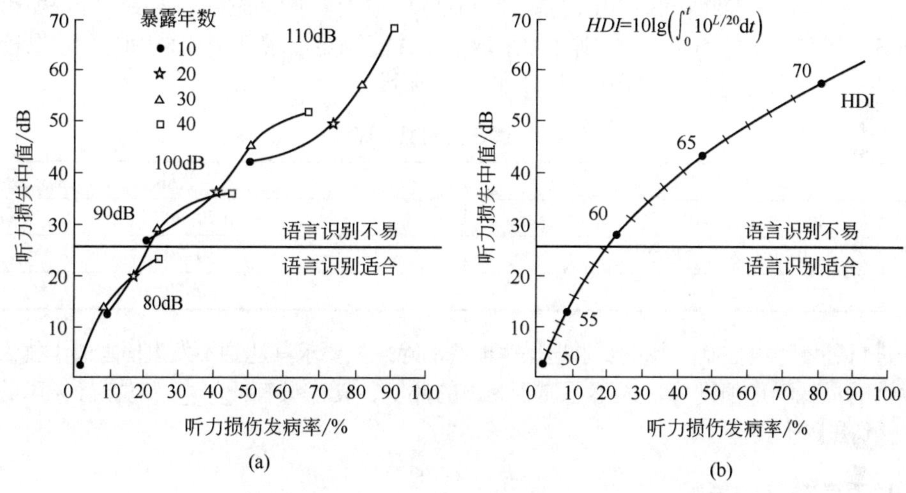

图2-1　听力损伤与噪声暴露的关系

如图2-1（b）所示是听力恶化指数*HDI*对听力损失的影响。听力恶化指数实际是噪声级与时间乘积的指数：

$$HDI = 10\lg\left(\int_0^t 10^{L/20}\mathrm{d}t\right)$$

式中，L为A声级，dB；t为时间，年数。听力恶化与声压$10^{L/20}$有关，而不是与功率或声强有关。这表示听力受噪声影响如同一个机械系统，不断重复地外加应力，使其振动疲劳而破坏。如果听力损伤是一种疲劳现象，声压应该有一个最高值，根本不发生疲劳现象，如同一般的机械系统。如果声压超过这个最高值，听力就会恶化，并且越来越严重。从图2-1（b）中可以看出，要保证80%的听者不致耳聋，听力恶化指数*HDI*应小于59（在一个人的一生中）。注意：上述所说的声压均指有效值。

2.1.2　对睡眠和休息的干扰

睡眠对人体极为重要，它能使人们的新陈代谢得到调节。人的大脑通过睡眠得到充分休息，消除体力和脑力疲劳。

睡眠受噪声影响，在不同阶段有所不同。人的睡眠一般分为四个阶段：Ⅰ和Ⅰ（REM）、Ⅱ、Ⅲ、Ⅳ。开始第Ⅰ阶段只是有些模糊、朦胧。第Ⅰ（REM）阶段，人仍处于朦胧状态并有眼球迅速转动的现象。第Ⅱ阶段人才入睡，但人仍处于似睡非睡状态，有些模糊。第Ⅲ阶段人睡得较熟，第Ⅳ阶段人睡得最熟。脑电波活动渐少，人得到休息。一般年轻人，第Ⅰ阶段5min，Ⅰ（REM）阶段大约需要20min，随即进入入睡阶段（第Ⅱ阶段），时间大约45min，第Ⅲ、Ⅳ睡熟阶段共约20min，以后就回到Ⅰ或Ⅰ（REM）阶段，周而复始。每一个周期大约是90min。年龄渐大，半睡状态增加，熟睡阶段缩短，做梦总是在半睡状态Ⅰ（REM）。噪声对睡眠的影响有两个方面：一是缩短熟睡阶段Ⅲ、Ⅳ，很快回到Ⅰ或Ⅰ（REM）阶段，甚至难以入睡；二是有时会惊醒，特别是噪声有变化时，有时噪声并不大，稍有变化人即被惊醒。产生这些影响在声级为50dB时已比较严重，所以应以50dB作为最高限度。在有些工厂，工人受噪声损伤十分严重，甚至引起神经衰弱、血压升高。其实工作场所噪声虽高，经过一夜休息完全可以得到恢复。只是若夜间也不得到很好的休息，即使噪声只有60~70dB，人的睡眠也大受干扰，问题就严重了。

在一般房间，开窗时室外噪声传入房间可降低10dB左右，所以城市噪声（在建筑物前1m处测量）如果是50~70dB，晚间降低10dB，就可以满足白天工作、晚间睡眠的需要。如果城市噪声达到70~90dB（如在繁华的市街上），则必须采取措施才能满足需求（例如采用隔音效果较好的门窗）。根据以上介绍可得适合人的噪声环境，如表2-2所示。

表2-2　适合人的噪声环境

情况	A声级/dB
体力劳动（听力保护）	70~90
脑力劳动（语言清晰度）	50~70
睡眠、休息	30~50

我们进行环境噪声控制，并不要求把噪声彻底消除，只要求其达到不发生伤害或干扰人的正常工作和生活的最低噪声值即可。人不习惯于无声的环境，真正没有任何声音（寂静无声的环境），反而使人感到焦躁不安。

2.1.3　对语言交流的影响

通常情况下，人们相对交谈距离1m时，平均声强级大约为65dB。但是，环境噪声会掩蔽语言声，使语言清晰度降低。噪声级比语言声级低较多时，噪声对语言交谈几乎没有影响。噪声级与语言声级相当时，正常交谈将受到干扰。噪声级高于语言声级10dB时，谈话声会被完全掩蔽，当噪声级大于90dB时，即使大声讲话也难以进行正常交谈。

用口头语言交流不是听得见、听不见的问题，而是听得清、听不清，或听得懂、听不懂的问题。聆听的质量通常用“可懂度”表示。可懂度是指：说话者所说的任意100个音节（字），听者所能听得正确的百分数。可懂度最好的情况大概是说话者说100句话，听者可以听懂95句。这相当于音节可懂度80以上，语言交往的情况较好。如果音节可懂度低到30以下，那听者就根本听不懂说话者所说的意思了。可懂度用于当面讲话，也可用于电话中通信。脑力劳动大半通过语言进行（或明或暗），所以也适用于脑力劳动。

语言频谱的范围是200~6000Hz。如果只包括可懂度必需的频率，则是500~4000Hz，这就是电话系统设计的要求，也是破坏交谈最有效的频率范围。不过为了技术上的原因，用白噪声（频谱在一定范围内平直，各频率强度相同）也很有效。有时为了保密，或以免其他人听到隐蔽讲话（面对面讲话，或电话），250~2500Hz噪声最有效，有时就用具有大量谐波的500Hz噪声，最为简便。

如图2-2所示是语言可懂度受噪声的影响示意图，由图示可以看出：30dB的白噪声不影响面对面的交谈，60dB的白噪声也不太影响65dB的正常谈话，不过一般室内讲话声音比面对面谈话声稍低一点，而女声只有60dB左右，则可交谈。在90dB白噪声下，高声（80dB）交谈也几乎不可能，大声喊（95dB）才能听清楚。但语言声过大有可能发生畸变，戴上耳塞把语言声和噪声同时降低，可以得到满意的可懂度。图2-2中几个干扰线（30dB、60dB和90dB白噪声）形状都相似，所以中间值可用插入法求得，图上画出的是45dB白噪声线，它对于低声（50dB）讲话影响不大。也就是说，谈话在同样声压级白噪声下仍可进行，如果谈话声比白噪声低5dB以上就听不清了，比语言低10dB的白噪声基本不影响谈话。

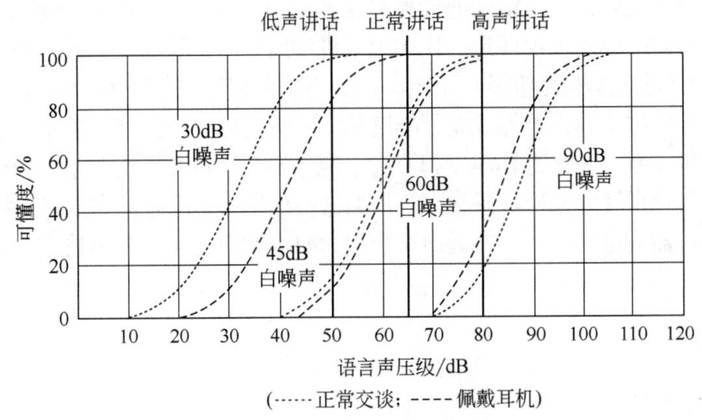

图2-2　语言可懂度与噪声的关系

2.1.4　对人的生理和心理的影响

噪声对人的生理影响除前面介绍的听觉系统外，还涉及对人的心血管系统、消化系统、神经系统和其他脏器的影响及危害。

美国匹兹堡的一位心理学家研究发现，在洛杉矶机场附近学校就读的孩子与在较“安静”的学校就读的孩子相比，前者血压较高，数学作业速度较慢。不少人认为，20世纪生活中的噪声是造成心脏病多发的一个重要原因。

噪声能引起消化系统方面的疾病，早在20世纪30年代，就有人注意到长期暴露在噪声环境下的工作者消化功能有明显的改变。在某些吵闹的工业行业里，溃疡症的发病率比安静环境的发病率高5倍之多。

在神经系统方面，神经衰弱症是最明显的症状，噪声引起失眠、疲劳、头晕、头痛、记忆力减退等症状。古代教会用钟声惩处异教徒，第二次世界大战期间法西斯用噪声折磨战俘就是利用噪声使受害者的神经错乱。

噪声引起的心理影响，主要是使人烦恼、激动、易怒甚至失去理智。因噪声干扰发生的厂群纠纷、邻里纠纷事件是常见的，甚至导致极端的人命案。

研究表明，噪声会使孕妇产生紧张反应，引起子宫血管收缩，以致影响供给胎儿发育所必需的养料和氧气。噪声还会影响胎儿的体重。此外，因儿童发育尚未成熟，各组织器官十分娇嫩和脆弱，不论是体内的胎儿还是刚出世的孩子，噪声均可损伤其听觉器官，使其听力减退或使其完全丧失听力。

总之，噪声对人的危害和影响是多方面的，有些可用科学实验、临床观察、流行病学方法来加以调查验证，有的则比较困难，尚无有效的客观方法来调查分析，尤其是某些心理上的影响，尽管受害者诉述甚多，也只能采取一般性调查的方法，而这里难免掺杂各种人为或生理因素的影响。

此外，噪声还可引起劳动生产率下降；高噪声可能导致自动化生产线、高精度仪表失灵；强噪声可使墙面震裂、屋顶上的瓦震落、门窗破坏，甚至使烟囱及建筑物倒塌等。

2.2 噪声的评价

噪声评价是环境声学重要的研究内容之一，噪声评价的目的是有效地提出适合于人们对噪声反应的主观评价量。由于噪声变化特性的差异和人们对噪声主观反应的复杂性，噪声的评价较为复杂。在噪声的客观物理量中，可以精确地计算和测量出噪声的声压、声强、频率、相位、速度、谐波成分等参量，可是对噪声的主观评定，比如说某机器所发出的噪声（声音）很响、很烦，然而到底响到什么程度，烦到什么程度却因人而异。在对声音的研究中，逐渐建立了心理物理学实验方法，除了音色很难定量评价外，首先建立了响度相同声音的频率与强度的关系，进一步又求得响度与强度、频率的定量关系，并求得其规律和一般主观感知和客观参数的关系。同样也求得音调与频率的关系并与人的听觉系统的构造联系起来。根据这些结果，提出接近主观感知的客观量——计权声级，成为可以用仪器测量的参量，并提出符合听力要求的声波频谱分析技术，使声音的分析和合成有了办法。

2.2.1 人的听觉

（1）听觉的基本构造

人耳可以分成三个主要部分，即外耳、中耳和内耳，其剖面示意图如图2-3所示。声波通过人耳转化成听觉神经纤维中的神经脉冲信号，传到人脑中的听觉中枢，引起听觉。

外耳由耳壳和听道构成，到耳鼓为止。耳壳的作用是使听道和声音之间阻抗匹配，从而使更多的声能进入听道，这种匹配作用在800Hz左右最佳，在高频也有效，在低于400Hz时匹配就差了。听道的平均长度为25~27mm，平均直径为6~8mm，共振频率约为3000Hz。听道的共振特性使响应最灵敏的频率在2000~5000Hz。听道末端是耳鼓（亦称鼓膜），声波通过听道作用于耳鼓，耳鼓在声的激励下产生振动。耳鼓的振动传至中耳室内的三块小骨头，这三块小骨头分别叫锤骨、砧骨、镫骨。当振动由锤骨传至镫骨时，压强被放大约60倍。中耳室内充满空气，体积约为2cm^3。中耳室通过欧氏管与鼻腔相连，平常欧氏管封闭。当欧氏管打开时，可以形成一个沟通耳腔和口鼻腔的大气通道，用以宣泄耳腔中剧增的压强。中耳室内侧壁上有内耳的两个开口：卵形窗和圆形窗。圆形窗有膜封闭，卵形窗被镫骨的底板和联系韧带封闭。两个窗口内侧就是充满液体的内耳耳蜗。

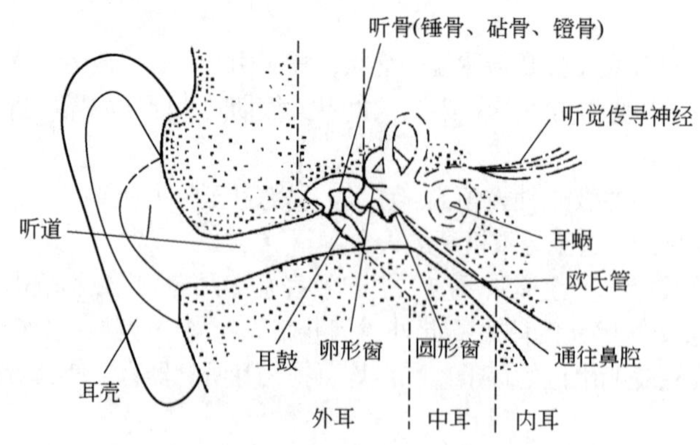

图2-3 人耳剖面示意图

中耳的作用就是通过听骨的运动把外耳的空气振动与内耳中的液体运动有效地耦合在一起。此外，听骨一方面起了传递声能的作用，另一方面又能限制传至卵形窗过大的振动，对其起一定的保护作用。

内耳的主要组成部分是耳蜗。耳蜗的外形有点像蜗牛壳，它围绕着一骨质中轴盘旋了2.75转，展开长度约为35mm。中轴是中空的，是神经纤维的通道。耳蜗中间有骨质层和基底膜把其隔成两半：前庭阶和耳鼓阶。

前庭阶和耳鼓阶的内部充满淋巴液，听骨的振动通过卵形窗，使淋巴液运动，引起基底膜振动。沿着基底膜附着有柯氏螺旋器官，此器官上有大量的神经末梢——毛细胞，它们在液体作用下变形，形成神经脉冲信号，通过听觉传导神经传到大脑听觉中枢。在较强声压的作用下，毛细胞会因为应力拉伸而疲劳以至损坏，这种损坏是不能恢复的。

声音除了从外耳和中耳这一途径传到内耳外，还可通过颅骨的振动使内耳液体运动，这一传导途径叫骨传导。骨的振动可以由振动源直接引起，也可以由极强声压的声波引起，此外也可由身体组织和骨骼结构把身体其他部分的振动传到颅骨。通常空气中声波的声压级超过空气传导途径的听阈60dB时，就能由骨传导途径听到。所以，骨传导的存在有时就会使外耳防护器的防噪作用受到限制。

（2）声音的主观感受

① 听阈与痛阈　人耳可以接受的声音强度的变化范围很大。正常年轻人听到的最小声音叫听阈。人耳听阈的测试值与测试方法有关。表2-3是国际标准化组织（ISO）公布的自由声场纯音听阈（minimum audible field，MAF），听者是18~25岁的年轻人，听力正常，面对声波，用双耳听。声压听阈是在外耳道口或鼓膜上纯音声压的可听最低限。为了测量声压，把耳机用一定压力夹于听者耳上，求出听者刚能听到的声音，用探管传声器测量出声压级（刚能听到是指在多次实验中50%次数能听到的声音）。声压听阈是平均值。

表2-3　自由声场纯音听阈（MAF）

听阈		纯音频率/Hz											
		20	40	60	120	250	500	1k	2k	4k	8k	12k	15k
自由声压听阈/dB		74.5	48.4	36.8	21.4	11.2	6.0	4.2	1.0	−3.9	−15.3	12.0	24.1
不同情况另加数/dB	混响场听阈					−0.6	−1.6	−3	1.4	1.0	−4.0		
	外耳道口声压听阈				−1.0	−0.5	2.0	4.0	11.0	12.5	3.0		
	鼓膜声压听阈				−1.0	−0.5	1.5	3.0	6.5	2.0	0.5		

感觉阈代表人耳可容忍的最高声压，超出可容忍程度即为不适阈，即感觉不适，使人耳发痒或疼痛等。感觉阈与个人的习惯有关，未经过强噪声刺激的人，其极限为120~125dB，有经验的人为135~140dB。在一般情况下，取120dB为不适阈，130dB为痛阈。

② 最小可辨阈

a. 对声压的分辨能力。对于频率在50~10000Hz之间的纯音，在声压级超过正常人的听阈50dB时，人耳大约可分辨1dB的声压级变化。在理想隔声室中，用耳机提供声音时，在中频范围内，人耳可察觉到0.3dB的声压级变化。表2-4给出了一组试验结果。

表2-4　最小可辨声压级差　　单位：dB

声压级高于听阈的分贝数	纯音频率/Hz							白噪声
	35	70	200	1000	4000	7000	10000	
5			4.75	3.03	2.48	4.05	4.72	1.80
10	7.24	4.22	3.44	2.35	1.79	2.83	3.34	1.20
20	4.31	2.38	1.93	1.46	0.97	1.49	1.70	0.47
30	2.72	1.54	1.24	1.00	0.68	0.90	1.10	0.44

续表

声压级高于听阈的分贝数	纯音频率/Hz							白噪声
	35	70	200	1000	4000	7000	10000	
40	1.26	1.04	0.86	0.72	0.49	0.68	0.86	0.42
50		0.75	0.68	0.53	0.41	0.61	0.75	0.41
60		0.61	0.53	0.41	0.29	0.53	0.68	0.41
70		0.57	0.45	0.33	0.25	0.49	0.61	
80			0.41	0.29	0.25	0.45	0.57	
90			0.41	0.29	0.21	0.41		
100				0.29	0.21			
110				0.25				

b. 对频率的分辨能力。当频率为1000Hz而声压级超过听阈10dB时，人耳能觉察到的频率变化约为0.3%。当然，人经过的训练不同，测量方法不同，其辨别能力也有较大差别。例如专业音乐工作者，其辨别能力显然要比无音乐素养的人强得多。表2-5是一组频率分辨率的试验结果。声压级相同，但频率小于1000Hz时，人耳能觉察到3Hz的变化。

表2-5　最小可辨相对频率差阈（$\Delta f/f$）　　单位：%

声压级高于听阈的分贝数/dB	纯音频率/Hz						
	60	125	250	500	1000	2000	4000
5	2.52	1.10	0.97	0.65	0.49	0.40	0.77
10	1.40	0.60	0.53	0.35	0.27	0.22	0.42
15	0.92	0.40	0.35	0.24	0.18	0.14	0.28
20	0.37	0.32	0.28	0.19	0.14	0.12	0.22
30		0.32	0.28	0.19	0.14	0.11	0.22

③ 听觉定位　人耳的一个重要特性是能够判断声源的方向与远近。人耳判断声源远近的准确度比较小，而确定声源的方位相当准确。听觉定位特性是由双耳听闻而得到的，由声源发出的声波到达两耳，可以产生时间差和强度差。通常，当频率高于1400Hz时，强度差起主要作用；而低于1400Hz时则时间差起主要作用。人耳对声源方位的辨别在水平方向上比竖直方向上要好。当声源处于正前方（即水平方位角为0°）时，一个听觉正常的人在安静和无回声的环境中，可辨别1°~3°的方位变化；在水平方位角0°~60°范围内，人耳有良好的方位辨别能力；超过60°迅速变差。在竖直平面内人耳定位能力相对较差，但可以通过摆动头部而大大改善。双耳定位能力有助于人们在存在背景噪声的情况下倾听所需注意的声音。

④ 掩蔽效应　人耳在倾听一个声音的同时，存在另一个声音，则会影响到对所听声音的听阈效果，即对所听声音的听阈要提高。人耳对一个声音的听觉灵敏度因为另一个声音的存在而降低，这一现象称为掩蔽效应，听阈所提高的分贝数称为掩蔽阈。例如在吵闹的织布车间中，人们听不见对方的谈话，这是语言被织布机噪声所掩蔽。为了有效地控制噪声，保证语言信息的传递，就要找出不同声音之间的掩蔽规律。

一个声音被听到的条件是这个声音的声压级不仅要超过听者的听阈，而且要超过其所在背景噪声环境中的掩蔽阈。一个声音被另一个声音所掩蔽的程度，即掩蔽量，取决于这两个声音的频谱、两者声压级差和两者到达听者耳朵的时间和相位差。在噪声控制中，可利用掩蔽效应来抑制人耳敏感的噪声。

掩蔽的现象和规律很复杂。通常，被掩蔽纯音的频率接近掩蔽音时，掩蔽量大，即频率相近的纯音掩蔽效果显著；掩蔽音的声压级越高，掩蔽量越大，掩蔽的频率范围越宽。掩蔽音对比其频率低的纯音掩蔽作用小，而对比其频率高的纯音掩蔽作用大。也就是说，低频音对高频音掩蔽作用大，而高频音对低频音的掩蔽作用小；低频音的声压级越高，对高频音的掩蔽作用越大，且作用的频率范围也越宽。

2.2.2 响度级和等响曲线

(1) 响度级

人耳对声音的感觉不仅与声压有关，而且与其频率也有关。声压级相同而频率不同的声音，听起来会不一样响。如90dB高频噪声（如水泵噪声）就比90dB低频噪声（如空调机噪声）听起来要响得多。这是人耳对高频声敏感对低频声不敏感的特性决定的。人耳对2~5kHz的声音最敏感；在低于1kHz时，人耳的灵敏度随频率降低而降低，而在5kHz以上，人耳的灵敏度也逐渐下降。也就是说，不同频率的声音要使其听起来一样响，应具有不同的声压级。例如，大型空气压缩机的噪声和公共汽车内的噪声级都是90dB，但由于前者高频成分多，而后者低频成分多，听起来前者比后者响得多。

考虑到人耳的频率特性，依照声压级的概念，引入一个与频率有关的物理量——响度级，响度级的单位是phon（方）。"phon"就是以1kHz纯音为基准声音，任何声音如果听起来与某个1kHz纯音一样响，那么这个1kHz纯音声压级的分贝值就是该声音的响度级"phon"值。可见响度级是表示声音响度的主观量，它与声压级和频率有关。例如，某声音听起来与1kHz的80dB的纯音一样响，则该声音的响度级就是80phon。

(2) 等响曲线

在听觉实验中，如果把某个频率的纯音与一定声压级的1kHz纯音很快地交替比较，当听者感觉两者一样响时，把该频率的声压级标在图上。在许多频率与该1kHz纯音相比之后都把声压级标出时，便可连出一条等响曲线。这条曲线的响度级即是1kHz的声压级，如图2-4所示是国际标准化

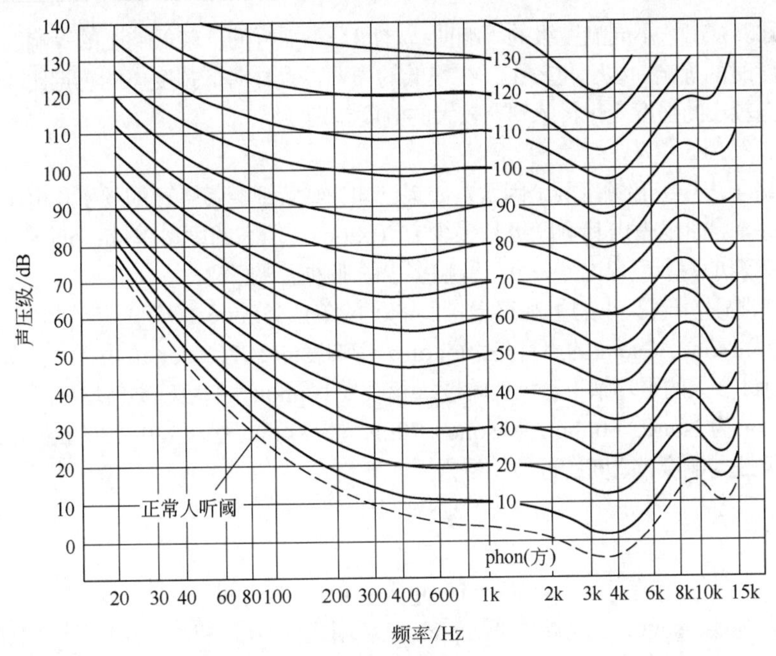

图2-4 等响曲线

组织（ISO）推荐的一组在人耳可听频率范围内的等响曲线，该曲线是对18~25岁的120名具有正常听力的人，在消声室内测量得到的。从等响曲线可以看出1kHz纯音的声压级即等于响度级。人耳最敏感的频率范围是2~5kHz，对低频声音则不是很敏感。例如60dB的1kHz的声音，响度级为60phon；4kHz等响度的声音，其声压级是52dB；100Hz等响度的声压级为67dB；30Hz等响度的声压级是90dB。等响曲线（图2-4）中最下面一条曲线是可听阈曲线，人耳的可听阈也是频率的函数。响度级与声压级和频率的关系如表2-6所示。

表2-6 响度级（phon）与声压级和频率的关系

声压级/dB	各频率下的响度级/phon											
	20Hz	40Hz	60Hz	100Hz	250Hz	500Hz	1000Hz	2000Hz	4000Hz	8000Hz	12000Hz	15000Hz
120	81.5	108.5	112.5	117.0	119.4	119.9	120.0	128.6	136.5	113.0	110.9	103.4
110	74.5	97.1	102.1	107.8	111.1	111.3	110.0	117.0	124.7	103.4	104.5	99.0
100	57.0	84.7	90.8	98.3	102.3	102.4	100.0	105.7	113.1	93.7	97.3	94.4
90	37.4	71.2	78.9	88.0	93.1	93.2	90.0	94.6	101.7	83.8	89.5	87.6
80	17.0	56.7	66.4	77.3	83.4	83.7	80.0	83.6	90.5	73.7	80.9	79.3
70	(−5.8)	41.2	53.1	66.1	73.2	74.0	70.0	72.6	79.5	63.5	71.7	69.4
60		24.7	39.2	54.4	62.6	63.9	60.0	62.3	68.7	53.0	61.7	58.0
50		7.1	24.6	47.1	51.5	53.5	50.0	52.0	58.5	42.4	51.7	45.0
40		(−11.5)	9.3	25.6	40.0	42.8	40.0	41.9	47.6	31.6	39.7	30.5
30			(−6.6)	16.0	28.0	31.8	30.0	31.9	37.4	20.7	27.7	14.4
20				2.2	15.5	20.5	20.0	22.2	27.4	9.5	14.9	(−3.2)
10				(−12.1)	2.6	8.9	10.0	12.4	17.5	(−1.8)	1.5	
0					(−10.8)	(−3.0)	0	3.3	7.9		(−12.7)	
−10								(−5.9)	(−1.6)			

由图2-4可以看出，不同响度级的等响曲线之间是不平行的，较低响度的等响度曲线弯曲得厉害些，较高响度时的等响曲线变化较小，在很低的频率，人耳对低强度声的感觉比较迟钝。但在一定强度以上，则较小的强度变化将感到有较大的响度差别。

（3）响度

响度级考虑了声压级和频率两个因素，如果已知一纯音或窄带噪声的频率和声压级，就可以利用图2-4所示的等响曲线查出其响度级是多少方（phon）。但它的度量单位“phon”仍基于客观量“dB”，所以不能表示一个声音比另一个声音响多少的那种主观感觉。

响度是用来描述声音大小的主观感觉量。响度的单位是sone（宋），定义1kHz纯音声压级为40dB时的响度为1sone。2sone的声音是40phon声音响度的2倍，4sone的声音是40phon声音响度的4倍，……对许多人的平均结果，大约响度级每改变10phon，响度感觉就增加了1倍，即40phon为1sone，50phon为2sone，60phon为4sone，70phon为8sone……在20~120phon之间的纯音或窄带噪声，响度级L_N与响度N之间的近似关系为

$$N=2^{0.1(L_N-40)} \tag{2-1}$$

或

$$L_N=40+10\log_2 N=40+33.3\lg N \tag{2-2}$$

式中，N为响度，sone；L_N为响度级，phon。利用式（2-1）和式（2-2）计算响度仅适合于纯音或窄带噪声。

对于宽频带的连续谱噪声的响度计算方法，国际标准化组织推荐了标准的计算方法（ISO

532—1975)：Stevens（史蒂文斯，美国）和Zwicker方法。两种方法的计算结果比较接近，在这里仅介绍Stevens方法。

该方法假定是扩散声场，以实际测量的倍频程、1/2倍频程或1/3倍频程声压级为基础进行计算。计算步骤如下：

① 测量各频带（1/3，1/2或1倍频程）的声压级。

② 根据各频带中心频率的声压级，利用图2-5确定各频带响度指数。

③ 利用下式计算总响度：

$$N_t = N_{max} + k\left(\sum N_i - N_{max}\right) \tag{2-3}$$

式中　N_{max}——各频带中最大的响度指数；

N_i——第i个频带的响度指数；

k——与频程宽度有关的常数，对于倍频程等于0.3，对于1/2倍频程等于0.2，对于1/3倍频程等于0.15。

④ 利用图2-5和图2-6或表2-7以及式（2-2）计算响度级。

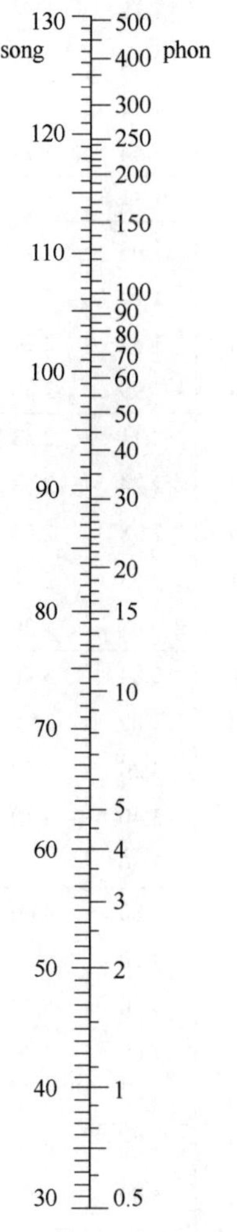

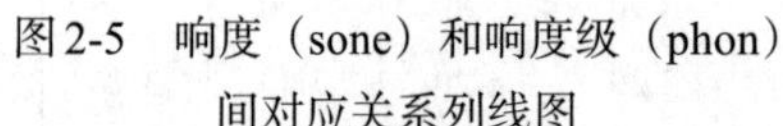

图2-5　响度（sone）和响度级（phon）间对应关系列线图

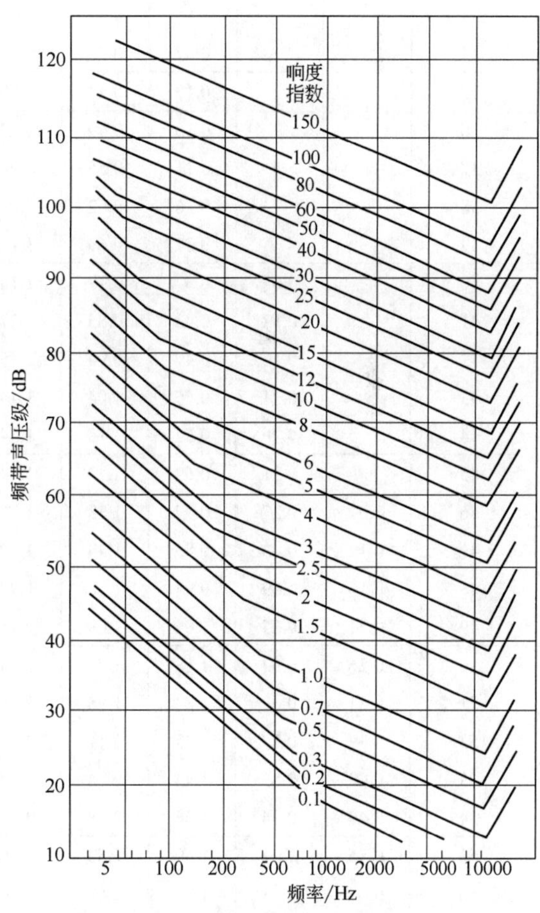

图2-6　等响度曲线指数

表2-7　声压级与响度指数、响度、响度级的换算

倍频带声压级/dB	各频率下的响度指数/sone									响度/sone	响度级/phon
	31.5Hz	63Hz	125Hz	250Hz	500Hz	1000Hz	2000Hz	4000Hz	8000Hz		
20						0.18	0.30	0.45	0.61	0.25	20
21						0.22	0.35	0.50	0.67	0.27	21
22					0.07	0.26	0.40	0.55	0.73	0.29	22
23					0.12	0.30	0.45	0.61	0.80	0.31	23
24					0.16	0.25	0.50	0.67	0.87	0.33	24
25					0.21	0.40	0.55	0.73	0.94	0.35	25
26					0.26	0.45	0.61	0.80	1.02	0.38	26
27					0.31	0.50	0.67	0.87	1.10	0.41	27
28				0.07	0.37	0.55	0.73	0.94	1.18	0.44	28
29				0.12	0.43	0.61	0.80	1.02	1.27	0.47	29
30				0.16	0.49	0.67	0.87	1.10	1.35	0.50	30
31				0.21	0.55	0.73	0.94	1.18	1.44	0.54	31
32				0.26	0.61	0.80	1.02	1.27	1.54	0.57	32
33				0.31	0.67	0.87	1.10	1.35	1.64	0.62	33
34			0.07	0.37	0.73	0.94	1.18	1.44	1.75	0.66	34
35			0.12	0.43	0.80	1.02	1.27	1.54	1.87	0.71	35
36			0.16	0.49	0.87	1.10	1.35	1.64	1.99	0.76	36
37			0.21	0.55	0.94	1.18	1.44	1.75	2.11	0.81	37
38			0.26	0.62	1.02	1.27	1.54	1.87	2.24	0.87	38
39			0.32	0.69	1.10	1.35	1.64	1.99	2.38	0.93	39
40		0.07	0.37	0.77	1.18	1.44	1.75	2.11	2.53	1.00	40
41		0.12	0.43	0.85	1.27	1.54	1.87	2.24	2.68	1.07	41
42		0.16	0.49	0.94	1.35	1.64	1.99	2.38	2.84	1.15	42
43		0.21	0.55	1.04	1.44	1.75	2.11	2.53	3.00	1.23	43
44		0.26	0.62	1.13	1.54	1.87	2.24	2.68	3.20	1.32	44
45		0.31	0.69	1.23	1.64	1.99	2.38	2.84	3.40	1.41	45
46	0.07	0.37	0.77	1.33	1.75	2.11	2.53	3.00	3.60	1.52	46
47	0.12	0.43	0.85	1.44	1.87	2.24	2.68	3.20	3.80	1.62	47
48	0.16	0.49	0.94	1.56	1.99	2.38	2.84	3.40	4.10	1.74	48
49	0.21	0.55	1.04	1.69	2.11	2.53	3.00	3.60	4.30	1.87	49
50	0.26	0.62	1.13	1.82	2.24	2.68	3.20	3.80	4.60	2.00	50
51	0.31	0.69	1.23	1.96	2.38	2.84	3.40	4.10	4.90	2.14	51
52	0.37	0.77	1.33	2.11	2.53	3.00	3.60	4.30	5.20	2.30	52
53	0.43	0.85	1.44	2.24	2.68	3.20	3.80	4.60	5.50	2.46	53
54	0.49	0.94	1.56	2.38	2.84	3.40	4.10	4.90	5.80	2.64	54
55	0.55	1.04	1.69	2.53	3.00	3.60	4.30	5.20	6.20	2.83	55
56	0.62	1.13	1.82	2.68	3.20	3.80	4.60	5.50	6.60	3.03	56
57	0.69	1.23	1.96	2.84	3.40	4.10	4.90	5.80	7.00	3.25	57
58	0.77	1.33	2.11	3.00	3.60	4.30	5.20	6.20	7.40	3.48	58
59	0.85	1.44	2.27	3.20	3.80	4.60	5.50	6.60	7.80	3.73	59

续表

倍频带声压级/dB	各频率下的响度指数/sone									响度/sone	响度级/phon
	31.5Hz	63Hz	125Hz	250Hz	500Hz	1000Hz	2000Hz	4000Hz	8000Hz		
60	0.94	1.56	2.44	3.4	4.1	4.9	5.8	7.0	8.3	4.00	60
61	1.04	1.69	2.62	3.6	4.3	5.2	6.2	7.4	8.8	4.29	61
62	1.13	1.82	2.81	3.8	4.6	5.5	6.6	7.8	9.3	4.56	62
63	1.23	1.96	3.00	4.1	4.9	5.8	7.0	8.3	9.9	4.92	63
64	1.33	2.11	3.20	4.3	5.2	6.2	7.4	8.8	10.5	5.28	64
65	1.44	2.27	3.5	4.6	5.5	6.6	7.8	9.3	11.1	5.66	65
66	1.56	2.44	3.7	4.9	5.8	7.0	8.3	9.9	11.8	6.06	66
67	1.69	2.62	4.0	5.2	6.2	7.4	8.8	10.5	12.6	6.50	67
68	1.82	2.81	4.3	5.5	6.6	7.8	9.3	11.1	13.5	6.96	68
69	1.96	3.00	4.7	5.8	7.0	8.3	9.9	11.8	14.4	7.46	69
70	2.11	3.2	5.0	6.2	7.4	8.8	10.5	12.6	15.3	8.0	70
71	2.27	3.5	5.4	6.6	7.8	9.3	11.1	13.5	16.4	8.6	71
72	2.44	3.7	5.8	7.0	8.3	9.9	11.8	14.4	17.5	9.2	72
73	2.62	4.0	6.2	7.4	8.8	10.5	12.6	15.3	18.7	9.8	73
74	2.81	4.3	6.6	7.8	9.3	11.1	13.5	16.4	20.0	10.6	74
75	3.0	4.7	7.0	8.3	9.9	11.8	14.4	17.5	21.4	11.3	75
76	3.2	5.0	7.4	8.8	10.5	12.6	15.3	18.7	23.0	12.1	76
77	3.5	5.4	7.8	9.3	11.1	13.5	16.4	20.0	24.7	13.0	77
78	3.7	5.8	8.3	9.9	11.8	14.4	17.5	21.4	26.5	13.9	78
79	4.0	6.2	8.8	10.5	12.6	15.3	18.7	23.0	28.5	14.9	79
80	4.3	6.7	9.3	11.1	13.5	16.4	20.0	24.7	30.5	16.0	80
81	4.7	7.2	9.9	11.8	14.4	17.5	21.4	26.5	32.9	17.1	81
82	5.0	7.7	10.5	12.6	15.3	18.7	23.0	28.5	35.3	18.4	82
83	5.4	8.2	11.1	13.5	16.4	20.0	24.7	30.5	38.0	19.7	83
84	5.8	8.8	11.8	14.4	17.5	21.4	26.5	32.9	41.0	21.1	84
85	6.2	9.4	12.6	15.3	18.7	23.0	28.5	35.3	44	22.6	85
86	6.7	10.1	13.5	16.4	20.0	24.7	30.5	38.0	48	24.3	86
87	7.2	10.9	14.4	17.5	21.4	26.5	32.9	41.0	52	26.0	87
88	7.7	11.7	15.3	18.7	23.0	28.5	35.3	44.0	56	27.9	88
89	8.2	12.6	16.4	20.0	24.7	30.5	38.0	48.0	61	29.9	89
90	8.8	13.6	17.5	21.4	26.5	32.9	41	52	66	32.0	90
91	9.4	14.8	18.7	23.0	28.5	35.3	44	56	71	34.3	91
92	10.1	16.0	20.0	24.7	30.5	38.0	48	61	77	36.8	92
93	10.9	17.3	21.4	26.5	32.9	41.0	52	66	83	39.4	93
94	11.7	18.7	23.0	28.5	35.3	44.0	56	71	90	42.2	94

续表

倍频带声压级/dB	各频率下的响度指数/sone									响度/sone	响度级/phon
	31.5Hz	63Hz	125Hz	250Hz	500Hz	1000Hz	2000Hz	4000Hz	8000Hz		
95	12.6	20.0	24.7	30.5	38	48	61	77	97	45.3	95
96	13.6	21.4	26.5	32.9	41	52	66	83	105	48.5	96
97	14.8	23.0	28.5	35.3	44	56	71	90	113	52.0	97
98	16.0	24.7	30.5	38.0	48	61	77	97	121	55.7	98
99	17.3	26.5	32.9	41.0	52	66	83	105	130	59.7	99
100	18.7	28.5	35.3	44	56	71	90	113	139	64.0	100
101	20.3	30.5	38.0	48	61	77	97	121	149	68.6	101
102	22.1	32.9	41.0	52	66	83	105	130	160	73.5	102
103	24.0	35.3	44.0	56	71	90	113	139	171	78.8	103
104	26.1	38.0	48.0	61	77	97	121	149	184	84.4	104
105	28.5	41	52	66	83	105	130	160	197	90.5	105
106	31.0	44	56	71	90	113	139	171	211	97	106
107	33.9	48	61	77	97	121	149	184	226	104	107
108	36.9	52	66	83	105	130	160	197	242	111	108
109	40.3	56	71	90	113	139	171	211	260	119	109
110	44	61	77	97	121	149	184	226	278	128	110
111	49	66	83	105	130	160	197	242	298	137	111
112	54	71	90	113	139	171	211	260	320	147	112
113	59	77	97	121	149	184	226	278	343	158	113
114	65	83	105	130	160	197	242	298	367	169	114
115	71	90	113	139	171	211	260	320		181	115
116	77	97	121	149	184	226	278	343		194	116
117	83	105	130	160	197	242	298	367		208	117
118	90	113	139	171	211	260	320			223	118
119	97	121	149	184	226	278	343			239	119
120	105	130	160	197	242	298				256	120
121	113	139	171	211	260	320				274	121
122	121	149	184	226	278	343				294	122
123	130	160	197	242	298	367				315	123
124	139	171	211	260	320					228	124
125	149	184	226	278	343					362	125

【例2-1】 某计算机房内采用吊挂吸声体进行吸声降噪。治理前后的倍频程声压级的测试数据见表2-8，试求治理前后机房内的总响度及总响度级是多少？治理前后机房内的总响度降低的百分率是多少？

表2-8　计算机房噪声治理前后的声压级与响度指数和频率的关系

倍频程频率/Hz		125	250	500	1000	2000	4000	A声级
治理前	声压级/dB	68	76	88	84	82	80	88
	响度指数/sone	4.3	8.8	23.0	21.4	23.0	24.7	
治理后	声压级/dB	67	71	73	74	72	71	76
	响度指数/sone	4.0	6.6	8.8	11.1	11.8	13.5	

【解】 先根据噪声治理前后的倍频程声压级，利用表2-7查得各倍频程的响度指数N_i，汇总于表2-8；然后根据式（2-2）和式（2-3）计算治理前后的总响度、总响度级；最后计算总响度降低的百分率。

治理前的总响度：

$$N_t=N_{max}+k(\sum N_i-N_{max})$$
$$=24.7+0.3\times[4.3+8.8+23.0+21.4+23.0+24.7-24.7]$$
$$=48.85\text{（sone）}$$

治理前的总响度级：

$$L_N=40+33.3\lg N=40+33.3\lg 48.85=96.1\text{（phon）}$$

治理后的总响度：

$$N_t=N_{max}+k(\sum N_i-N_{max})$$
$$=13.5+0.3\times[4.0+6.6+8.8+11.1+11.8+13.5-13.5]$$
$$=26.19\text{（sone）}$$

治理后的总响度级：

$$L_N=40+33.3\lg N=40+33.3\lg 26.19=87.2\text{（phon）}$$

治理前后的总响度降低的百分率为：

$$\frac{48.85-26.19}{48.85}\times 100\%=46.39\%$$

2.2.3 频率计权

相同声压级的声音，因频率不同而使人听觉感受上有不同的响度，因此，要用声学仪器测得的量来表示人耳感受到的响度的大小，是一个相当复杂的问题。

为了使仪器测得的分贝值与人们主观上的响度感觉有一定的相关性，需要在仪器上安装一个“频率计权网络”。例如，人耳听某一种具有连续谱的噪声，对其中的低频声感觉不灵敏，则在仪器上附加一个电路来衰减这种频率的声音，使仪器对该低频声也变得像人耳一样不灵敏，人耳对其中的中高频声比较灵敏，则这个附加电路对噪声中的中高频成分适当加以提升，使得它对中高频的声音也变得像人耳一样灵敏，这样的仪器测得的分贝值就与人耳的主观响度感觉十分接近。这个附加的电路就叫“频率计权网络”。“频率计权网络”按对不同频率的提升和衰减要求设计，由电容器和电阻器等电子元件组装而成。针对不同的应用场合，常见的有四种不同的“频率计权网络”，分别叫A、B、C、D计权网络，它们测得的声级分别叫A声级、B声级、C声级、D声级。

A计权网络是模拟人耳对40phon纯音的响应，即以40phon等响曲线为基础，经规整化后倒置，得到图2-7中的“A”计权曲线。经A计权网络测量得到的分贝数，称为A计权声压级，简称A声级，单位也是分贝，记作dB（A），通常将其简记为dB。

B计权网络是模拟人耳对70phon纯音的响应，即以70phon等响曲线为基础，加以规整化后倒置，得到图2-7中的“B”计权曲线。经过B计权网络测量得到的分贝数，称其为B计权声压级，简称B声级，单位也是分贝，记作dB（B）。

C计权网络是人耳对100phon纯音的响应，即以100phon等响曲线为基础，加以规整化后倒置，得到图2-7中的“C”计权曲线。同样经C计权网络测量得到的分贝数简称为C声级，单位也是分贝，记作dB（C）。

D声级主要用于航空噪声的测量。在航空噪声测量中，常用“感觉噪声级”对其进行评价。当受声者对周围环境的吵闹程度的感觉与某一个来自其正前方的中心频率为1kHz的倍频带的噪声对其的感觉相同时，就把该1kHz噪声的声压级，叫作受声者所处环境的“感觉噪声级”。感觉噪声级

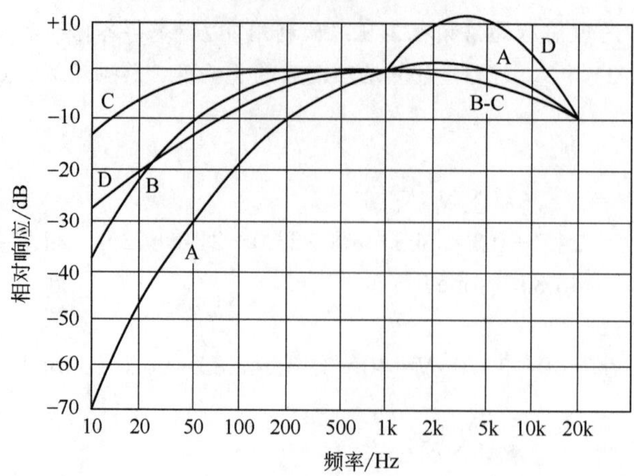

图2-7　计权网络的特性曲线

的单位也是分贝，记作dB（D）。把40dB的等感觉噪声级曲线倒置并规整化，即为图2-7中的“D”计权曲线。

如果不对频率计权，即仪器对不同频率的响应都相同，测得的分贝数即为线性声级。为方便起见，表2-9列出了A、B、C、D计权网络频率的计权衰减值，表中各数值均为相对于1kz的衰减量。

表2-9　A、B、C、D计权曲线频率响应特性的修正值

频率/Hz	响应/dB			
	A计权	B计权	C计权	D计权
12.5	−63.4	−33.2	−11.2	−24.6
16	−56.7	−28.5	−8.5	−22.6
20	−50.5	−24.2	−6.2	−20.6
25	−44.7	−20.4	−4.4	−18.7
31.5	−39.4	−17.1	−3.0	−16.7
40	−34.6	−14.2	−2.0	−14.7
50	−30.5	−11.6	−1.3	−12.8
63	−26.5	−9.3	−0.8	−10.9
80	−22.5	−7.4	−0.5	−9.0
100	−19.9	−5.6	−0.3	−7.2
125	−16.2	−4.2	−0.2	−5.5
160	−13.4	−3.0	−0.1	−4.0
200	−10.9	−2.0	0	−2.6
250	−8.6	−1.3	0	−1.6
315	−6.6	−0.8	0	−0.8
400	−4.8	−0.5	0	−0.4
500	−3.2	−0.3	0	−0.3
630	−1.9	−0.1	0	−0.5
800	−0.8	0	0	−0.6
1000	0	0	0	0
1250	0.6	0	0	2.0
1600	1.0	0	−0.1	4.9

续表

频率/Hz	响应/dB			
	A计权	B计权	C计权	D计权
2000	1.2	−0.1	−0.2	7.9
2500	1.3	−0.2	−0.3	10.4
3150	1.2	−0.4	−0.5	11.6
4000	1.0	−0.7	−0.8	11.1
5000	0.5	−1.2	−1.3	9.6
6300	−0.1	−1.9	−2.0	7.6
8000	−1.1	−2.9	−3.0	5.5
10000	−2.5	−4.3	−4.4	3.4
12500	−4.3	−6.1	−6.2	1.4
16000	−6.6	−8.4	−8.5	−0.5
20000	−9.3	−11.1	−11.2	−2.5

2.2.4　噪声基本评价量

评价噪声对人的影响程度是一个十分复杂的问题，迄今为止，噪声评价量和评价方法已有上百种。本书介绍几种基本公认的评价量。

(1) A声级

有关噪声评价的长期实践表明，时间上连续，频谱比较均匀，无显著纯音成分的宽频带噪声，若以它们的A声级值的大小次序排列，则与人们主观听觉感受的响度次序有较好的相关性。从评价工作来看，人们很希望有一个简单的单一量来表示。所以经过几十年噪声评价工作的实践，国际、国家标准中凡与人有联系的各种噪声评价量，绝大部分都是以A声级为基础的。

以A声级作为噪声的评价量，其优点是简便实用，但A声级是对低频信号有较大衰减的频率计权测量值，测量结果中不提供频率成分信息，因此存在两个明显的缺点：其一，由于缺少频率成分信息，不可能作出经济合理的科学的噪声控制设计；其二，对于低频成分占优势的强噪声环境，其A声级符合噪声劳动卫生标准，但对长期暴露于该环境的工作人员会有患高血压、心脏病等症状的可能。

(2) 等效连续A声级

对于稳态连续噪声的评价，用A声级就能比较好地反映人耳对噪声强度与频率的主观感受。但对于随时间而变化的非稳态噪声就不合适。比如说，一个人在80dB (A) 的噪声环境里工作3h，而另一个人在90dB (A) 的噪声环境下工作3h，其所受的噪声影响肯定不一样。但是，如果一个人在90dB (A) 的噪声环境下连续工作8h，而另一个人在85dB (A) 噪声环境下工作2h，在90dB (A) 下工作3h，在95dB (A) 下工作2h，在100dB (A) 下工作1h，这就不易比较两者中谁受到噪声的影响大。为此，引入了等效连续声级的概念，其定义为：在声场中的某定点位置，取一段时间内能量平均的方法，将间歇暴露的几个不同的A声级噪声，用一个在相同时间内声能与之相等的连续稳定的A声级来表示该段时间内噪声的大小，这种声级称为等效连续A声级，记为L_{eq}，可由下式表述：

$$L_{eq}=10\lg\left[\frac{1}{T}\int_0^T\frac{p_A^2(t)}{p_0^2}dt\right]=10\lg\frac{1}{T}\int_0^T10^{0.1L_A}dt \qquad (2\text{-}4)$$

式中　$p_A(t)$——A计权瞬时声压值；

p_0——基准声压；

L_A——在T时间内，A声级变化的瞬时值。

在实际测量中，往往不是连续采样，而是离散采样，且采样的时间间隔一定时，式 (2-4)

可表示为：

$$L_{eq} = 10\lg\left(\frac{1}{n}\sum_{i=1}^{n}10^{0.1L_{A_i}}\right) = 10\lg\left(\sum_{i=1}^{n}10^{0.1L_{A_i}}\right) - 10\lg n \tag{2-5}$$

式中 n——在规定的时间T内采样的总数；

L_{A_i}——第i次测量的A声级。

为了运算方便，可任选一参考声级L_s，以减少指数运算的幂次，即

$$L_{eq} = L_s + 10\lg\left(\frac{1}{n}\sum_{i=1}^{n}10^{0.1L_{A_i}-L_s}\right) \tag{2-6}$$

应用“积分式声级计”可以自动测量某一时间段内的等效声级，无须进行人工统计和计算。

【例2-2】 某电厂发电机房的操作工人，每天工作8h，2h在机组旁巡回检查，噪声级为105dB，4h在观察室工作，室内声级为75dB，其他时间在65dB以下的环境工作。求该工人每天接触的噪声级。

【解】 应用式（2-5），有

$$L_{eq,\ 8h}=10\lg\left[\frac{1}{8}\times(2\times10^{10.5}+4\times10^{7.5}+2\times10^{6.5})\right]$$
$$=10\lg\left(\frac{1}{8}\times6.3218\times10^{10}\right)$$
$$=99\ (dB)$$

（3）暴露声级L_{AE}

对于单次或离散噪声事件，如锅炉排空放气，飞机的一次起飞或降落过程，一辆汽车驶过，等等，可以用“暴露声级”L_{AE}来表示这一噪声事件的大小，即

$$L_{AE} = 10\lg\left[\frac{1}{T_0}\int_0^T\frac{p_A^2(t)}{p_0^2}dt\right] \tag{2-7}$$

式中，$p_A(t)$ 为A计权瞬时声压值；p_0为基准声压；T_0为参考时间，一般不注明时取T_0为1s；T为该噪声事件对声能有显著贡献的足够长的时间间隔。

暴露声级本身是单次噪声事件的评价量。知道了它，也可由它计算ΔT时段内的等效声级，如果在ΔT时段内有n个单次噪声事件，其暴露声级分别为L_{AE_i}，则ΔT时段内的等效声级为

$$L_{eq,\ \Delta T} = 10\lg\left(\frac{T_0}{\Delta T}\sum_{i=1}^{n}10^{0.1L_{AE_i}}\right) \tag{2-8}$$

（4）昼夜等效声级L_{dn}

考虑到噪声在夜间比昼间（白天）更吵人，因此在研究24h环境噪声水平时，引入昼夜等效声级这个评价量。将夜间的等效声级增加10dB来计算24h的等效声级，即

$$L_{dn} = 10\lg\left\{\frac{1}{24}\left[T_d10^{0.1L_d} + T_n10^{0.1(L_n+10)}\right]\right\} \tag{2-9}$$

式中，L_d指白天（一般为早上7：00至晚上22：00）16h内的A声级；L_n指夜间（晚上22：00至次日早晨7：00）8h内的等效A声级；T_d指昼间时段；T_n指夜间时段。昼间和夜间的时间由当地政府按当地习惯和季节划定，不同地方和不同季节可不相同。

（5）累计百分声级L_N（统计声级）

对于随机起伏的噪声，例如道路交通噪声，可以用概率统计的方法来处理，即在一段时间T内进行随机采样，获得一组测量值，将其分级统计，如表2-10所示。声级取样值以5dB或2dB更细的档归并。并从小到大或从大到小将L_i顺序排列，统计各档级出现次数n_i，然后计算各档级的出现百分数以及累计出现百分数。

表2-10　随机噪声统计

取样值(可分级)	出现次数	出现百分数	累计出现百分数
L_1	n_1	$C_1=n_1/\sum_1^m n_i$	$S_1=n_1/\sum_1^m n_i$
L_2	n_2	$C_2=n_2/\sum_1^m n_i$	$S_2=(n_1+n_2)/\sum_1^m n_i$
⋮	⋮	⋮	⋮
L_i	n_i	$C_i=n_i/\sum_1^m n_i$	$S_i=\sum_1^i n_i/\sum_1^m n_i$
⋮	⋮	⋮	⋮
L_m	n_m	$C_m=n_m/\sum_1^m n_i$	$S_m=\sum_1^m n_i/\sum_1^m n_i=100\%$

将声级L_i及其出现百分数C_i绘图，得到如图2-8所示的概率分布直方图。如果这一时段内噪声大小的出现概率符合高斯分布（正态分布）规律，则直方图的包络接近于“钟”形分布，中心是最大概率的声级值，也是全部声级数据的平均值$\overline{L}_i$。中心值两侧的分布是对称的。其分布函数为

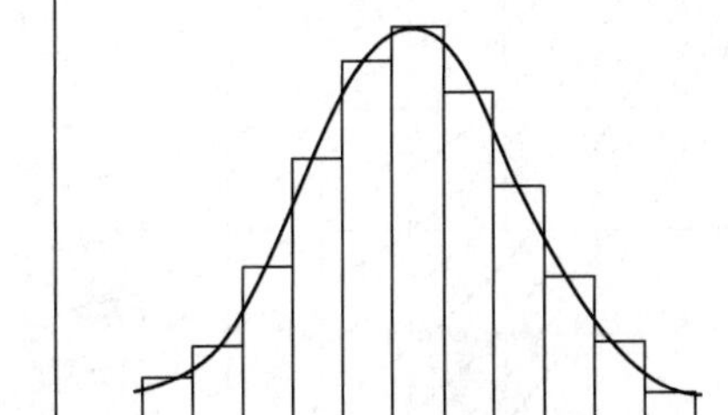

图2-8　声级出现概率分布图

$$f(L_i)=\frac{1}{\sqrt{2\pi}\,\sigma}\exp\left[-\frac{\left(L_i-\overline{L}_i\right)^2}{2\sigma^2}\right] \tag{2-10}$$

式中，σ是平均值的标准偏差。若总的采样数为n，则有限个测量的标准偏差为

$$\sigma=\sqrt{\frac{1}{n-1}\sum_{i=1}^{n}(L_i-\overline{L}_i)^2} \tag{2-11}$$

根据正态分布的特点，落在$\overline{L}_i\pm\sigma$范围内的数据占总数的68%，落在$\overline{L}_i\pm2\sigma$范围内的占总数的95%。σ越小，图2-8所示的“钟形”越显得瘦而高，表示数据越集中。所以平均值$\overline{L}_i$和标准偏差σ是表示在这一时间间隔内噪声大小分布基本上呈正态分布的两个特征量。车流量较大情况下的道路交通噪声，就接近于正态分布。

在实际处理过程中，当数据量较大并较好地符合正态分布时，可将测量的数据从大到小排列（统计声级计内设置此程序），将第N%的数据算作百分声级L_N。例如L_{10}=87dB，表示在整个测量时间内，10%的测量时间噪声超过87dB；L_{50}=75dB，表示50%的测量时间，噪声超过75dB；L_{90}=62dB，表示90%的测量时间，噪声超过62dB。

交通噪声常采用统计声级L_N作为评价量，有的国家以L_{10}作为道路交通噪声的评价量，近年来也有采用L_5和L_{95}作为评价量的。

在正态分布的情况下，根据式（2-10）的分布函数，可以求出等效连续A声级与同一时段内的统计声级。计算关系式如下：

$$L_{eq}=L_{50}+\frac{(L_{10}-L_{90})^2}{60}=L_{50}+\frac{d^2}{60} \tag{2-12}$$

式中，$d=L_{10}-L_{90}$。等效声级的标准偏差σ为

$$\sigma=(L_{16}-L_{84})^2/2 \tag{2-13}$$

等效声级、累积百分声级和标准偏差都是区域环境噪声和交通干线噪声的评价量。等效声级是评价值，累积百分声级和标准偏差反映噪声的起伏情况。

（6）噪声评价数NR及噪声评价曲线

A声级、等效声级、统计声级等评价量，都是建立在A计权的基础上并不考虑具体频率成分的单位评价量。但在噪声评价和控制设计中，常需了解噪声频谱。

1962年，C.W.Kosten和Vanos基于等响曲线，提出了一组噪声评价曲线，如图2-9所示。曲线号与该曲线1kHz的声压级值相同。1971年，*NR*曲线被国际标准化组织（ISO）在1996号文件的附录中采用，因而逐渐在国际上被广泛地采用。

噪声评价曲线主要有两个方面的用途。第一个用途就是对某种噪声环境，主要是室内环境作出评价。其方法是将一组要评价的倍频程噪声谱叠在噪声评价曲线上，确定各倍频程声压级的*N*值，选取各倍频程*N*值中最大值再加上1，为该噪声的*NR*值。各倍频程的声压级和*NR*值之间有如下关系：

$$N=(L_p-a)/b \tag{2-14}$$

$$L_p=a+bN \tag{2-15}$$

式中，*N*为*NR*值；*a*，*b*为各中心频率对应的系数，其值可查表2-11；L_p为各中心频率下*NR*值对应的声压级，dB。

*NR*值与A声级有较好的相关性，它们之间有如下近似关系：

$$L_A \approx N+5 \tag{2-16}$$

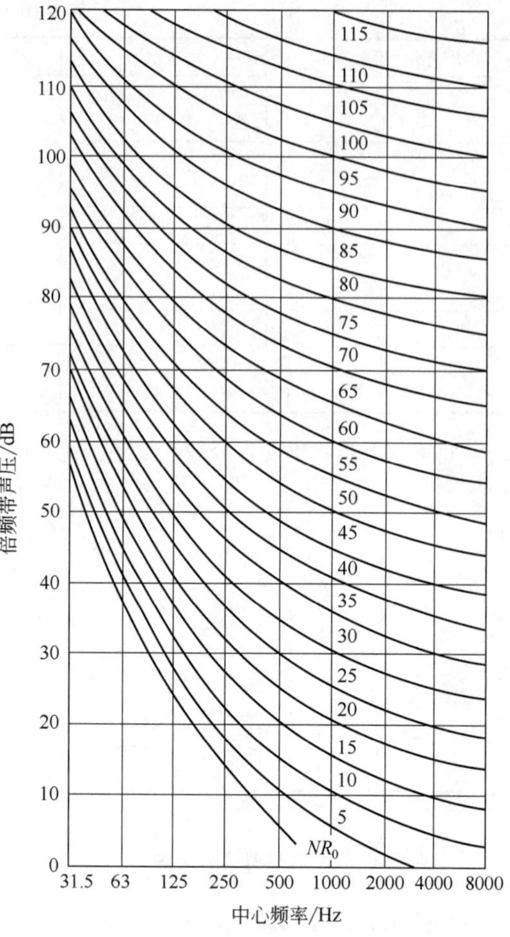

图2-9 噪声评价曲线*NR*

近年来，各国规定的噪声标准都以A声级或等效连续A声级作为评价标准，如生产车间噪声标准规定为90dB，则根据式（2-16），90dB相当于*NR*-85。由此可知，*NR*-85曲线上各倍频程声压级的值即为允许标准。*NR*曲线与对应的倍频程声压级见表2-12。

表2-11 不同中心频率的系数*a*和*b*

中心频率/Hz	63	125	250	500	1000	2000	4000	8000
a/dB	35.5	22.0	12.0	4.8	0	−3.5	−6.1	−8.0
b/dB	0.790	0.870	0.930	0.974	1.000	1.015	1.025	1.030

表2-12 噪声评价数*NR*的倍频程声压级数值表（*NR*≤50）

NR	中心频率下的倍频程声压级/dB							
	63Hz	125Hz	250Hz	500Hz	1000Hz	2000Hz	4000Hz	8000Hz
10	43.4	30.7	21.3	14.5	10	6.7	4.2	2.2
15	47.4	35.1	26.0	19.4	15	11.7	9.3	7.4
16	48.1	35.9	26.9	20.4	16	12.7	10.3	8.4
17	48.9	36.8	27.8	21.4	17	13.8	11.3	9.4
18	49.7	37.7	28.7	22.3	18	14.8	12.4	10.4
19	50.5	38.5	29.7	23.3	19	15.8	13.4	11.5
20	51.3	39.4	30.6	24.3	20	16.8	14.4	12.5

续表

NR	中心频率下的倍频程声压级/dB							
	63Hz	125Hz	250Hz	500Hz	1000Hz	2000Hz	4000Hz	8000Hz
21	52.1	40.3	31.5	25.3	21	17.8	15.4	13.5
22	52.9	41.1	32.5	26.2	22	18.8	16.5	14.6
23	53.7	42.0	33.4	27.2	23	19.8	17.5	15.6
24	54.5	42.9	34.3	28.2	24	20.9	18.5	16.6
25	55.3	43.8	35.3	29.2	25	21.9	19.5	17.7
26	56.0	44.6	36.2	30.1	26	22.9	20.6	18.7
27	56.8	45.5	37.1	31.1	27	23.9	21.6	19.7
28	57.6	46.4	38.0	32.1	28	24.9	22.6	20.7
29	58.4	47.2	39.0	33.0	29	25.9	23.6	21.8
30	59.2	48.1	39.9	34.0	30	27.0	24.7	22.8
31	60.0	49.0	41.0	35.0	31	28.0	25.7	23.8
32	60.8	49.8	41.8	36.0	32	29.0	26.7	24.9
33	61.6	50.7	42.7	36.9	33	30.0	27.7	25.9
34	62.4	51.6	43.6	37.9	34	31.0	28.8	26.9
35	63.2	52.5	44.6	38.9	35	32.0	29.8	28.0
36	63.9	53.3	45.5	39.9	36	33.0	30.8	29.0
37	64.7	54.2	46.4	40.8	37	34.1	31.8	30.0
38	65.5	55.1	47.3	41.8	38	35.1	32.9	31.0
39	66.3	55.9	48.3	42.8	39	36.1	33.9	32.1
40	67.1	56.8	49.2	43.8	40	37.1	34.9	33.1
41	67.9	57.7	50.1	44.7	41	38.1	35.9	34.1
42	68.7	58.5	51.1	45.7	42	39.1	37.0	35.2
43	69.5	59.4	52.0	46.7	43	40.1	38.0	36.2
44	70.3	60.3	52.9	47.7	44	41.2	39.0	37.2
45	71.1	61.2	53.9	48.6	45	42.2	40.0	38.3
46	71.8	62.0	54.8	49.6	46	43.2	41.1	39.3
47	72.6	62.9	55.7	50.6	47	44.2	42.1	40.3
48	73.4	63.8	56.6	51.6	48	45.2	43.1	41.3
49	74.2	64.6	57.6	52.5	49	46.2	44.1	42.4
50	75.0	65.5	58.5	53.5	50	47.3	45.2	43.4

【例2-3】 测得一台风机的倍频程声压级列于表2-13第2行，求该噪声频谱的*NR*数。要对噪声进行治理后达到*NR*-80，计算各中心频率下应降低的分贝值。

表2-13 某风机的相关噪声参数

中心频率/Hz	63	125	250	500	1000	2000	4000	8000
声压级/dB	109	112	104	115	116	108	104	94
*NR*数	93.0	103.5	98.9	113.1	116	109.9	107.4	99.0
NR-80/dB	99	92	86	83	80	78	76	74
应降低的值/dB	10	20	18	32	36	30	28	20

【解】 按表2-13中数据可以在*NR*图中绘出噪声频谱图，最高穿透点在*NR*-116（这里省略频谱图），亦可按式（2-14）计算各中心频率谱的*NR*数，其中最大值为*NR*-116，故该风机的*NR*为116。查图2-9得*NR*-80的各声压级，列于表中第4行［也可按式（2-15）计算］；第2行减去第4行

得到各中心频率下应降低的分贝值，列于第5行。

噪声评价曲线的另一用途是用于室内环境噪声控制设计。如各类厅堂音质设计，公共场所、宾馆、旅店等的噪声控制，可以设定室内环境噪声不高于第几号*NR*曲线。有些标准中只规定A声级限值。因此，在噪声控制设计时，按式（2-16）将允许声级值降低5dB来得到*NR*值。由此确定各频率噪声级的控制值。例如工厂企业中的设计室，噪声限制值为60dB，在进行噪声控制设计时，可按*NR*-55曲线所对应的各倍频程的声压级进行设计。

2.3 噪声评价标准

城市环境噪声不但影响人的身心健康，也干扰人们工作、学习和休息，使正常的工作生活环境受到破坏。噪声对人的影响不但与噪声的物理特征（如声强、频率、噪声持续时间等）有关，而且还与噪声暴露时间、个体差异等因素有关。因此必须对环境噪声加以控制，但控制到什么程度是一个复杂问题，既要考虑听力保护、对人体健康的影响以及人们对噪声的烦恼，又要考虑当前的经济、技术条件。为此，要对不同场所和不同时间的噪声暴露加以限制，这一限制值就是噪声标准。噪声标准是指在不同情况下所允许的最高噪声声压级。通过噪声标准可以对噪声进行行政管理，并在技术上为控制噪声污染提供依据。我国和其他各国相继颁布了一系列噪声标准，这些标准可概括为三类：第一类是环境噪声允许标准；第二类是听力和健康保护标准；第三类是声源噪声控制标准。

2.3.1 环境噪声允许标准

为了提供满意的声学环境，保证人们正常工作和休息，世界各国都颁布了一系列环境噪声标准。各国的环境噪声标准不完全相同，同一国家也因各地区情况不同而有所差别。有的按地区性质，如工业区、商业区、住宅区等分类制定允许声级；有的根据房间用途规定允许声级，并针对不同时间如白天和夜间、夏天和冬天以及不同的噪声特性对允许声级进行修正。

1971年，国际标准组织提出的环境噪声允许标准中规定：住宅区室外环境噪声的允许声级为35~45dB（A），对不同的时间，白天、晚上和深夜其修正值分别为0dB（A）、-5dB（A）和-15~-10dB（A），对于不同区域的环境噪声按表2-14进行修正。对于非住宅区的室内噪声允许标准见表2-15。

表2-14 不同区域环境噪声的声级修正值

区域	修正值/dB(A)	区域	修正值/dB(A)
田园住宅区	0	商业住宅区	+15
郊区住宅区	+5	商业区	+20
城市住宅区	+10	工业区	+25

表2-15 非住宅区的室内噪声允许标准

场所	允许标准/dB(A)	场 所	允许标准/dB(A)
办公室、酒店、会议室、教室、小餐厅	35	大的打字室	55
大餐厅、带打字机的办公室、体育馆	45	车间(根据不同用途)	65~75

（1）声环境质量标准

我国在1982年8月1日颁布了《城市区域环境噪声标准》（试行），在试行的基础上，1993年颁布了《城市区域环境噪声标准》（GB 3096—1993）。2008年我国对《城市区域环境噪声标准》（GB 3096—1993）和《城市区域环境噪声测量方法》（GB/T 14623—1993）进行了修订，颁布了《声环境质量标准》（GB 3096—2008），将标准适用范围从城市区域扩展至乡村地区，填补了城市区域以外广大地区无环境噪声标准保护的空白。该标准是我国环境保护工作噪声领域重要的标准之一，是判断噪声事件（飞机噪声除外）是否违反相关环境法律法规的重要依据；除飞机噪声事件以外，有关噪声的管理、评价、规划、监测、控制治理等都应该参考和符合该标准的相关规定。因此，它也是噪声控制工程中非常重要的一个参考标准，它所规定的环境噪声限值，往往是一个与环境相关的噪声控制工程的底线。该标准定义了五类声环境功能区（见表2-16），并规定了这五类声环境功能区的环境噪声限值（见表2-17）及测量方法。

表2-16　五类声环境功能区

声环境功能区类别	定义
0类	康复疗养区等特别需要安静的区域
1类	以居民住宅、医疗卫生、文化教育、科研设计、行政办公为主要功能，需要保持安静的区域
2类	以商业金融、集市贸易为主要功能，或者居住、商业、工业混杂，需要维护住宅安静的区域
3类	以工业生产、仓储物流为主要功能，需要防止工业噪声对周围环境产生严重影响的区域
4类	交通干线两侧一定距离之内，需要防止交通噪声对周围环境产生严重影响的区域，包括4a类和4b类两种类型。4a类为高速公路、一级公路、二级公路、城市快速路、城市主干路、城市次干路、城市轨道交通（地面段）、内河航道两侧区域；4b类为铁路干线两侧区域

表2-17　五类声环境功能区的环境噪声限值　　单位：dB（A）

声环境功能区类别		时段	
		昼间	夜间
0类		50	40
1类		55	45
2类		60	50
3类		65	55
4类	4a类	70	55
	4b类	70	60

注：1.表中4b类声环境功能区环境噪声限值，适用于2011年1月1日起环境影响评价文件通过审批的新建铁路（含新开廊道的增建铁路）干线建设项目两侧区域。

2.在下列情况下，铁路干线两侧区域不通过列车时的环境背景噪声限值，按昼间70dB（A）、夜间55dB（A）执行：

a.穿越城区的既有铁路干线；

b.对穿越城区的既有铁路干线进行改建、扩建的铁路建设项目。

既有铁路是指2010年12月31日前已建成运营的铁路或环境影响评价文件已通过审批的铁路建设项目。

3.各类声环境功能区夜间突发噪声，其最大声级超过环境噪声限值的幅度不得高于15dB（A）。

新的国家标准GB 9660《机场周围区域飞机噪声环境标准》由GB 9660—1988《机场周围飞机噪声环境标准》和GB 9661—1988《机场周围飞机噪声测量方法》修订合并而成，其主要修改内容为：

——将机场周围区域飞机噪声评价量“一昼夜的计权等效连续感觉噪声级（L_{WECPN}）”更改为“昼夜等效声级（L_{dn}）”，并给出了两者的换算关系；

——区分机场周围区域不同土地利用类型，规定相应的飞机噪声控制要求；

——提出了监测机场周围区域飞机噪声暴露声级（L_{AE}）并以此确定昼夜等效声级（L_{dn}）的方法。

机场周围区域各类城乡用地按噪声敏感性差异，分为以下四种类型。

Ⅰ类用地：对飞机噪声敏感的城乡用地，包括居民住宅、教育科研、医疗卫生及其他类似用地。

Ⅱ类用地：对飞机噪声较敏感的城乡用地，包括行政办公、文化设施、金融商务及其他类似用地。

Ⅲ类用地：对飞机噪声较不敏感的城乡用地，包括工业生产、商业服务、体育娱乐、公园广场及其他类似用地。

Ⅳ类用地：对飞机噪声不敏感的城乡用地，包括矿业生产、物流仓储、交通设施、公用设施及其他类似用地。

机场周围区域不同土地利用类型，应符合表2-18规定的飞机通过（起飞、降落、低空飞越）时的噪声等级要求，以及敏感建筑物噪声防护要求。

表2-18　机场周围区域飞机噪声控制要求

机场周围区域土地利用类型	机场周围区域飞机噪声等级/dB(A)					
	L_{dn}≤57	57<L_{dn}≤62	62<L_{dn}≤67	67<L_{dn}≤72	72<L_{dn}≤77	L_{dn}>77
Ⅰ	Y	Y-20	N-25	N	N	N
Ⅱ	Y	Y	Y-25	Y-30	N	N
Ⅲ	Y	Y	Y	Y-25	Y-30	N
Ⅳ	Y	Y	Y	Y	Y	Y

注：Y表示允许；N表示禁止；Y-20表示允许，但建筑物的围护结构降噪量（NLR）应不低于20dB（A）；Y-25表示允许，但建筑物的围护结构降噪量（NLR）应不低于25dB（A）；Y-30表示允许，但建筑物的围护结构降噪量（NLR）应不低于30dB（A）；N-25表示新建不允许，已有建筑物的围护结构降噪量（NLR）应不低于25dB（A）。

（2）环境噪声排放标准

噪声方面的环保污染物排放标准共分两大类，其中一类是针对四大噪声类型中的工业噪声、建筑施工噪声与社会生活噪声等制定的，是工程中较为常用的参考标准；而第二类则是针对车辆、摩托车和火车等交通噪声类型而制定的。本节将着重讲述前者，而第二类相关标准将在后续章节中作详细介绍。

① GB 12348—2008《工业企业厂界环境噪声排放标准》 该标准规定了工业企业和固定设备厂界环境噪声排放限值及其测量方法。它适用于工业企业噪声排放的管理、评价及控制，也特别声明了机关、事业单位、团体等对外环境排放噪声的单位也按本标准执行。这个标准也是环境监测、评价和工程验收时，除《声环境质量标准》外常用的参考标准。

这个标准要求噪声监测点设于工业企业及标准适用单位的法定厂界外1m的位置，测量一段时间的等效连续A声级。根据《声环境质量标准》给出的五类声环境功能区，该标准给出了工业企业向各个声环境功能区的排放限值，如表2-19所示。

表2-19　工业企业厂界环境噪声排放限值　　单位：dB（A）

厂界外声环境功能区类别	时　段	
	昼间	夜间
0类	50	40
1类	55	45
2类	60	50
3类	65	55
4类	70	55

注：1.夜间频发噪声的最大声级超过限值的幅度不得高于10dB（A）。

2.夜间偶发噪声的最大声级超过限值的幅度不得高于15dB（A）。

3.工业企业若位于未划分声环境功能区的区域，当厂界外有噪声敏感建筑物时，由当地县级以上人民政府参照GB 3096—2008《声环境质量标准》和GB/T 15190—2014《声环境功能区划分技术规范》的规定确定厂界外区域的声环境质量要求，并执行相应的厂界环境噪声排放限值。

4.当厂界与噪声敏感建筑物距离小于1m时，厂界环境噪声应在噪声敏感建筑物的室内测量，并将表中相应的限值减10dB（A）作为评价依据。

考虑到现在普遍出现的同一建筑物或小区商住混合或生产居住混合的情况，商用或生产用楼层中的固定设备通过建筑物结构传播至其他楼层或其他居民楼的居民产生噪声污染，而这种噪声污染主要是低频噪声污染。为此，《工业企业厂界环境噪声排放标准》针对这种情况，规定此时噪声监测点位于敏感建筑物室内，并在窗户关闭状态下测量。并同时从全音频域的A声级和31.5~500Hz范围内的倍频带声压级两个方面作出了限值要求。表2-20和表2-21所示为噪声敏感建筑物室内噪声的限值。

表2-20 结构传播固定设备室内噪声排放限值 单位：dB（A）

噪声敏感建筑物所处声环境功能区类别	A类房间		B类方间	
	昼间	夜间	昼间	夜间
0类	40	30	40	30
1类	40	30	45	35
2、3、4类	45	35	50	40

注：A类房间——指以睡眠为主要目的，需要保证夜间安静的房间，包括住宅卧室、医院病房、宾馆客房等。

B类房间——指主要在昼间使用，需要保证思考与精神集中、正常讲话不被干扰的房间，包括学校教室、会议室、办公室、住宅中卧室以外的其他房间等。

表2-21 结构传播固定设备室内噪声排放限值（倍频带声压级） 单位：dB（A）

噪声敏感建筑物所处声环境功能区类别	时段	房间类别	室内噪声倍频带声压级限值				
			倍频带中心频率/Hz				
			31.5	63	125	250	500
0类	昼间	A、B类房间	76	59	48	39	34
	夜间	A、B类房间	69	51	39	30	24
1类	昼间	A类房间	76	59	48	39	34
		B类房间	79	63	52	44	38
	夜间	A类房间	69	51	39	30	24
		B类房间	72	55	43	35	29
2、3、4类	昼间	A类房间	79	63	52	44	38
		B类房间	82	67	56	49	43
	夜间	A类房间	72	55	43	35	29
		B类房间	76	59	48	39	34

② GB 22337—2008《社会生活环境噪声排放标准》 该标准规定了营业性文化娱乐场所和商业经营活动中可能产生环境噪声污染的设备、设施边界噪声排放限值和测量方法。它适用于对营业性文化娱乐场所和商业经营活动中使用的向环境排放噪声的设备、设施的管理、评价与控制。

这个标准要求噪声监测点一般设于社会生活噪声排放源边界外1m的位置，当边界有围墙时，测点则应高于围墙0.5m以上；当边界无法测量到声源实际排放状况时（如声源位于高空、边界设有声屏障等），应在受影响的噪声敏感建筑物户外1m处增设一个测点，测量一段时间的等效连续A声级。根据《声环境质量标准》给出的五类声环境功能区，该标准给出了各个声环境功能区的排放限值，同表2-19。

与《工业企业厂界环境噪声排放标准》相似，考虑到现在普遍出现的同一建筑物或小区商住混合的情况，经营性文化娱乐场所和商业经营活动楼层中的固定设备产生的噪声，通过建筑物结构可能传播至其他楼层或其他居民楼的居民，造成噪声污染，而这种噪声污染主要是低频噪声污染。为此，《社会生活环境噪声排放标准》针对这种情况，也采取了类似的方法，规定此时噪声监测点位于敏感建筑物室内，并在窗户关闭状态下测量。同时从全音频域的A声级和31.5~500Hz范围内的倍频带声压级两个方面作出了限值要求。噪声敏感建筑物室内噪声的限值如表2-20和表2-21所示。

③ GB 12523—2011《建筑施工场界环境噪声排放标准》 该标准适用于城市建筑施工期间施工场地产生的噪声测量、评价和管理等。测量时，一般先根据城市建设部门提供的建筑方案和其他与施工现场情况有关的数据确定建筑施工场地边界线，然后根据被测建筑施工场地的建筑作业方位

和活动形式，确定噪声敏感建筑或区域的方位，并在施工场地边界线上选择离敏感建筑物或区域最近的点作为测点，记录测量时间内的等效连续A声级作为评价量。标准根据不同施工阶段作业，给出了不同的噪声限值，昼间为70dB（A），夜间为55dB（A）。夜间噪声最大声级超过限值的幅度不得高于15dB（A）；当场界距噪声敏感建筑物较近，其室外不满足测量条件时，可在噪声敏感建筑物室内测量，并将上述限值减10（A）作为评价依据。

（3）声环境评价标准

生态环境部颁发的《环境影响评价技术导则 声环境》（HJ 2.4—2021）标准规定了噪声环境影响评价的一般性原则、方法、内容和要求，适用于建设项目环境影响评价及规划环境影响评价中的声环境影响评价。

2.3.2 听力和健康保护标准

1971年国际标准化组织（ISO）公布的噪声允许标准：为了保护人们的听力和健康，规定每天工作8h，允许等效连续A声级为85~90dB，时间减半，允许噪声提高3dB（A）。例如，按照此噪声标准，每天工作8h，允许噪声为90dB（A），那么，每天累积时间减至4h，允许噪声可提高到93dB（A），每天工作2h，允许噪声为96dB（A）……但允许噪声最高不得超过115dB（A）。ISO推荐的噪声允许标准见表2-22。

表2-22 ISO推荐的噪声允许标准

累积噪声暴露时间/h	8	4	2	1	0.5	0.25	0.125	最高值
噪声级/dB(A)	85	88	91	94	97	100	103	115
	90	93	96	99	102	105	108	115

1979年8月31日卫生部（现卫健委）和国家劳动总局颁发了我国《工业企业噪声卫生标准（试行草案）》并从1980年1月1日起实施。本标准基本参照ISO公布的噪声允许标准，并规定：对于新建、扩建、改建的工业企业的生产车间和作业场所的工作地点，其噪声标准为85dB（A）；对于一些现有老企业经过努力，暂时达不到标准，其噪声允许值可取90dB（A）。对于每天接触噪声不到8h的工种，根据企业种类和条件、噪声标准可按表2-22相应放宽。

由表2-22可以看出，暴露时间减半，允许噪声可相应提高3dB（A），此标准也是按“等能量”原理制定的。执行这个标准，一般可以保护95%以上的工人长期工作不致耳聋，绝大多数工人不会因噪声而引起血管和神经系统等方面的疾病。

2.3.3 声源噪声控制标准

前述两类标准分别以保护人体健康和保障人们有比较安宁的生活环境为目的。从积极的方面考虑，应该控制噪声声源。我国对噪声声源控制的标准主要有机动车辆（摩托车、汽车、铁道机车和船舶）噪声标准、工程机械噪声标准和家用电器噪声标准等。

（1）摩托车噪声标准

① GB 4569—2005《摩托车和轻便摩托车 定置噪声限值及测量方法》 该标准为环保排放标准，规定了摩托车（赛车除外）和轻便摩托车定置噪声限值及测量方法。定置是指车辆不行驶，发动机处于空载运转状态；定置噪声便是车辆处于定置状态下的噪声排放。应选择表面干燥的由混凝土、沥青或具有高反射能力的硬材料（不包括压实泥土或其他天然材料）构成的平坦地面作为测试场地；且受试车至少3m的范围内不得有人和障碍物存在。测试时，根据受试车辆的排气管道位置放置传声器，如图2-10所示。按不同的指定发动机转速进行，在发动机稳定在指定转速后，测量由稳定转速尽快减到怠速过程的最大A声级作为测量结果。表2-23为摩托车和轻便摩托车定置噪声排放限值。

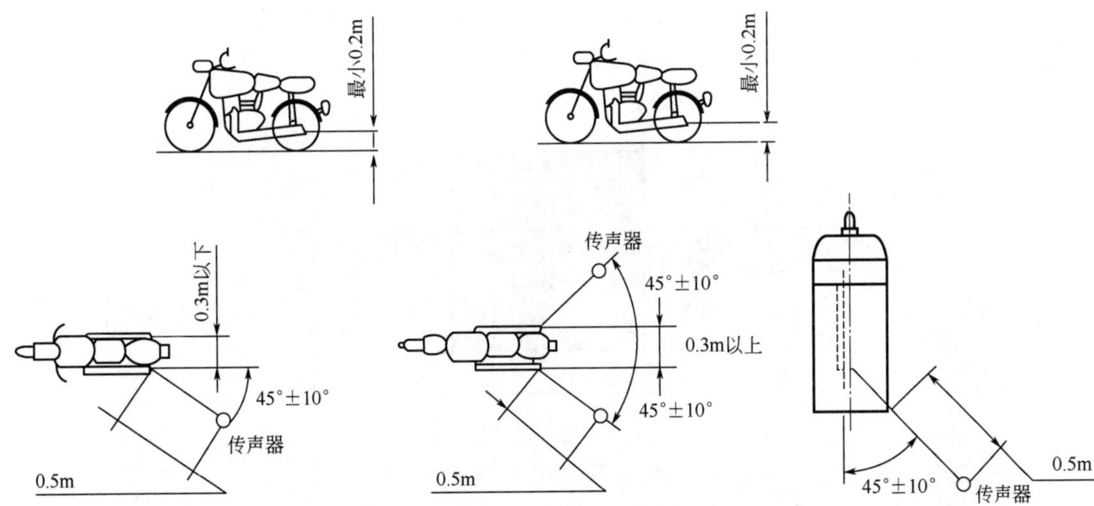

图2-10　摩托车和轻便摩托车定置噪声测量时传声器放置示意图

表2-23　摩托车和轻便摩托车定置噪声排放限值

发动机排量(V_h)/mL	噪声限值/dB(A)	
	第一阶段	第二阶段
	2005年7月1日前生产的摩托车和轻便摩托车	2005年7月1日起生产的摩托车和轻便摩托车
≤50	85	89
50<V_h≤125	90	88
>125	94	92

② GB 16169—2005《摩托车和轻便摩托车　加速行驶噪声限值及测量方法》　该标准规定了摩托车（赛车除外）和轻便摩托车加速行驶噪声限值（见表2-24和表2-25）及测量方法，适用于摩托车和轻便摩托车的型式核准和生产一致性检查。摩托车和轻便摩托车应在长100m以上的平直混凝土或沥青路面上进行加速行驶噪声测试。在测试路段的中心点50m半径范围内应没有大的声反射物，如建筑物、围栏、树木、岩石、桥梁、停放的车辆等。路面应基本水平、平整、干燥，并满足标准中规定的各个参数（如反射系数、吸声系数等）要求。在路面选定测试路段范围，并画出加速起始线*AA′*和加速终端线*BB′*，如图2-11所示。车辆以指定速度和发动机转速进入测试路段的起始线，然后将节气门尽快全部打开，并保持在全开位置，直至车辆离开测试路段的结束线，此时应尽快关闭节气门使车辆降至怠速状态。噪声测试点共设两个，分别放置于距离车辆行驶中心线*CC′*线中点两侧7.5m处。在测量过程中，记录车辆加速行驶过程中的最大A声级作为测量结果。

表2-24　摩托车型式核准试验加速行驶噪声限值

发动机排量(V_h)/mL	噪声限值/dB(A)			
	第一阶段		第二阶段	
	2005年7月1日前		2005年7月1日起	
	两轮摩托车	三轮摩托车	两轮摩托车	三轮摩托车
50<V_h≤80	77	82	75	80
80<V_h≤175	80		77	
>175	82		80	

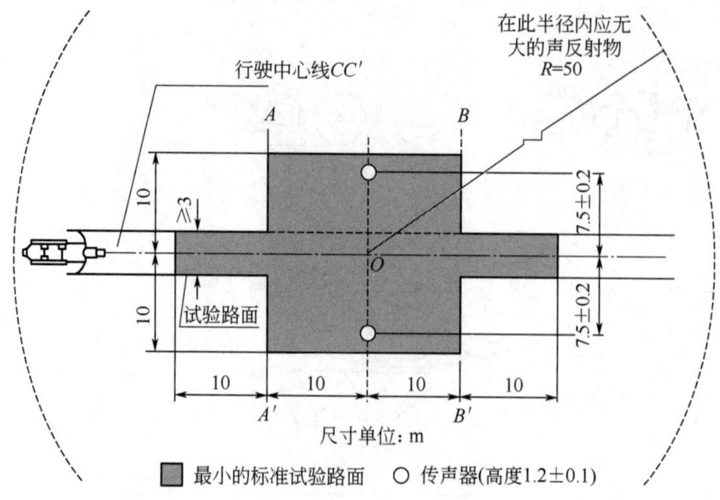

图2-11 行驶噪声测量场地、测量区域及传声器布置

表2-25 轻便摩托车型式核准试验加速行驶噪声限值

发动机排量（V_h）/mL	噪声限值/dB(A)			
	2005年7月1日前		2005年7月1日起	
	两轮摩托车	三轮摩托车	两轮摩托车	三轮摩托车
V_h≤25	70	76	66	76
25<V_h≤50	73		71	

（2）汽车噪声标准

① GB 16170—1996《汽车定置噪声限值》和GB/T 14365—2017《声学 机动车辆定置噪声声压级测量方法》 这两个标准规定了汽车定置噪声的限值（见表2-26）及其测量方法，适用于道路上行驶的各类型机动车辆。其中，前者为环保排放标准，而后者不属于环保标准范畴通过定置噪声测量得到的数据，不能表征车辆行驶时最大的噪声级。

表2-26 汽车定置噪声限值 单位：dB（A）

车辆类型	燃料类型	车辆出厂日期	
		1998年1月1日前	1998年1月1日起
轿车	汽油	87	85
微型客车、货车	汽油	90	88
轻型货车 货车越野车	汽油 n_r≤4300r/min	94	92
	n_r>4300r/min	97	95
	柴油	100	98
中型客车、 货车、大型客车	汽油	97	95
	柴油	103	101
重型货车	N≤147kW	101	99
	N>147kW	105	103

注：N——按厂家规定的额定功率，kW。

机动车辆的定置噪声测量包括排气噪声测量与发动机噪声测量两方面内容。测试场地应选择表面干燥的由混凝土、沥青或具有高反射能力的硬材料（不包括压实泥土或其他天然材料）构成的平坦地面；并且受试车周围至少3m的范围内不得有人和障碍物存在。

测试时（如图2-12和图2-13所示），将传声器分别放置在排气口和发动机附近。将发动机稳定在指定转速上，测量由稳定转速尽快减到怠速过程的最大A声级作为测量结果。

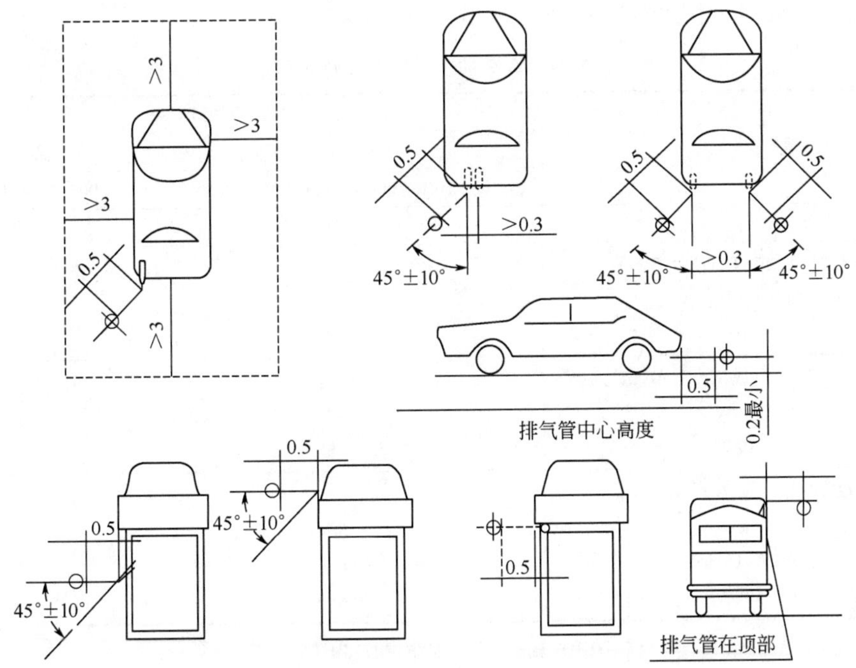

图2-12　排气噪声的测量场地和传声器位置（单位：m）

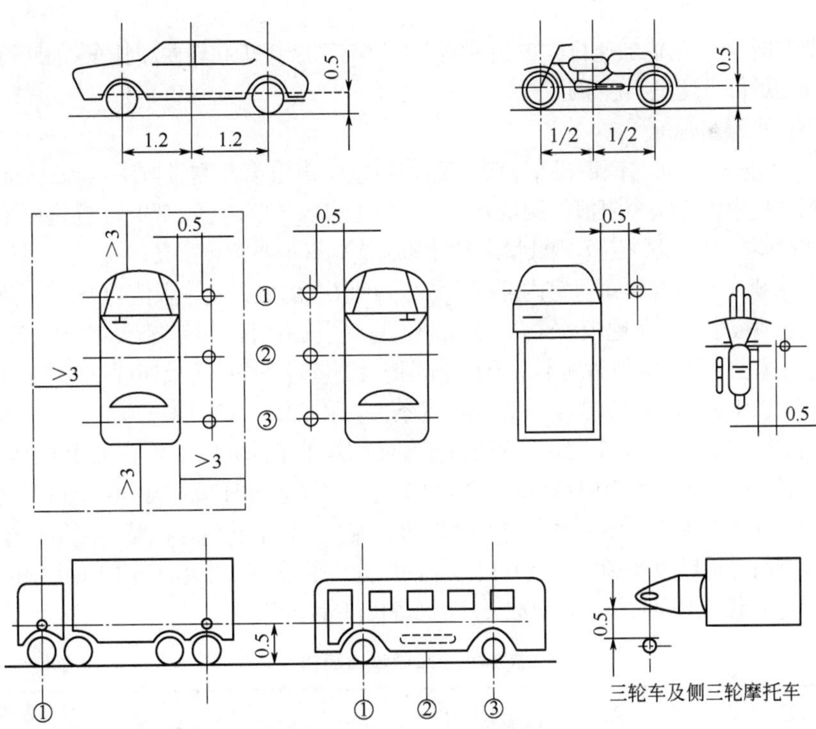

图2-13　发动机噪声的测量场地和传声器位置（单位：m）

①—前置发动机；②—中置发动机；③—后置发动机

② GB 1495—2002《汽车加速行驶车外噪声限值及测量方法》 该标准为环保排放标准，规定了新生产汽车加速行驶车外噪声的限值（见表2-27）与测量方法，适用于GB/T 15089—2001《机动车辆及挂车分类》中规定的M和N类汽车。

表2-27 汽车加速行驶车外噪声限值

汽车分类	噪声限值/dB(A)	
	第一阶段	第二阶段
	2002.10.1~2004.12.31期间生产的汽车	2005.1.1起生产的汽车
M_1	77	74
M_2($GVM\le3.5t$)，或N_1($GVM\le3.5t$)：		
$GVM\le2t$	78	76
$2t<GVM\le3.5t$	79	77
M_2($3.5t<GVM\le5t$)，或M_3($GVM>5t$)：		
$P<150kW$	82	80
$P\ge150kW$	85	83
N_2($3.5t<GVM\le12t$)，或N_3($GVM>12t$)：		
$P<75kW$	83	81
$75kW\le P<150kW$	86	83
$P\ge150kW$	88	84

注：1.M_1、M_2（$GVM\le3.5t$）和N_1类汽车装用直喷式柴油机时，其限值增加1dB（A）。

2.对于越野汽车，其$GVM>2t$时，如果$P<150kW$，其限值增加1dB（A）；如果$P\ge150kW$，其限值增加2dB（A）。

3.M_1类汽车，若其变速器前进挡多于四个，$P>140kW$，P/GVM之比大于75kW/t，并且用第二挡测试时其尾端出线的速度大于61km/h，则其限值增加1dB（A）。

测量场地的选择、车辆加速行驶方法及测点布置与《摩托车和轻便摩托车 加速行驶噪声限值及测量方法》相类似，这里不再赘述。

（3）铁道机车噪声标准

① GB/T 3450—2006《铁道机车和动车组司机室噪声限值及测量方法》 该标准规定了铁道机车、动车组司机室内部噪声限值、测量方法、试验报告等主要内容，适用于铁道机车、动车组的设计、制造和检验。对有关铁道车辆低噪声设计和制造具有重要指导意义。

该标准要求机车和动车组司机室内部噪声等效声级L_{Aeq}的最大允许限值为78dB。测量时，将传声器置于司机室地板中部、距地板表面高1.2m的位置。司机室门、窗应关闭，室内人员不超过四人。列车以最高运行速度行驶，测量时间不小于1min，记录测量时间内的等效连续声级作为测量结果。

② GB/T 12817—2021《铁路客车通用技术条件》和GB/T 12818—2021《铁路客车组装后的检查与试验规则》 GB/T 12817—2021《铁路客车通用技术条件》要求车辆在线路上以最高运营速度运行和车辆静止时，车内噪声应符合表2-28的规定。车辆运行时车内噪声限值指车辆以最高运营速度运行，所有辅助设备正常使用时车内所允许的噪声。车辆静止时车内噪声限值指车辆静止，空调机组、发电机组等辅助设备额定负载开启时车内所允许的噪声。发电车车内噪声限值指空调机组与靠近配电室的发电机组同时按额定负载开启时车内所允许的噪声。

表2-28 车内噪声限值 单位：dB（A）

序号	车种及部位	噪声限值	
		运行时	静止时
1	软座车，软卧车及高级软卧客室	≤65	≤60

续表

序号	车种及部位	噪声限值	
		运行时	静止时
2	硬座车、硬卧车、餐车餐厅、行李车及邮政车的乘务员室及其他车种的客室	≤68	≤62
3	行李车及邮政车的办公室，发电车的乘务员室	≤70	≤62，发电车≤65
4	司机室、发电车配电室，餐车的厨房	≤75	≤70

GB/T 12818—2021《铁路客车组装后的检查与试验规则》要求测量时间不少于20s，记录测量时间内的等效连续A声级为测量结果。根据不同类型的车厢，测量位置有所不同，详见表2-29（测量时，传声器面朝上，其轴线与地板面垂直）。

表2-29 铁路客车内部噪声试验测试位置

车厢类型	测点位置
卧车	在车辆中央、两端的3个包间中央距地板面1.2m高度处各设1个测点。同时，在车辆中央、两端的下层卧铺上方各设1个测点，测点距侧墙0.25m，距铺面0.2m
座车	在客室中央、两端两排座椅中央与车体纵向中心线相交处各设1个测点，测点距地板面高1.2m
餐车	在餐厅两端的餐桌中央与车体纵向中心线相交点，距地板面1.2m高度处各设1个测点。同时，在厨房中央距地板面1.6m高度处设1个测点
行李车、邮政车	在办公室及乘务员室中央距地板面1.2m高度处各设1个测点。同时，在乘务员室下层铺位上方各设1个测点，测点距侧墙0.25m，距铺面0.2m
发电车	在配电室和乘务员室中央距地板面1.2m高度处各设1个测点。同时，在乘务员室下层铺位上方设1个测点，测点距侧墙和间壁均为0.25m，距铺面0.2m
双层客车	双层客车上层和下层的测点一致。测点位置与上述相应车种相同
司 机 室	在司机室地板中央距地板面1.2m高度处设一个测点

③ GB 13669—1992《铁道机车辐射噪声限值》 该标准规定了铁道机车运行时的辐射噪声限值及评价方法，适用于新设计、新制造或经大修后出厂的铁道电力、内燃和蒸汽机车的辐射噪声检验。该标准规定电力机车、内燃机车和蒸汽机车的辐射噪声限值分别为90dB（A）、95dB（A）和100dB（A）。

（4）城市轨道交通噪声标准

① GB 14892—2006《城市轨道交通列车噪声限值和测量方法》 该标准规定了城市轨道交通列车噪声限值（见表2-30），测量方法和试验报告的主要内容，适用于城市轨道交通系统中地铁和轻轨列车的设计、制造和检验。在司机室内或客室内测量时，传声器都应置于室内中部。

表2-30 列车噪声等效声级最大允许限值 单位：dB（A）

车辆类型	运行线路	位置	噪声限值
地铁	地下	司机室内	80
	地下	客室内	83
	地上	司机室内	75
	地上	客室内	75
轻轨	地上	司机室内	75
	地上	客室内	75

② GB 14227—2006《城市轨道交通车站站台声学要求和测量方法》 该标准规定了城市轨道

交通车站列车进、出站时站台的噪声限值（列车进站、出站的噪声限值为80dB）、混响时间、测量方法和试验报告的主要内容，适用于城市轨道交通系统中地铁和轻轨车站的声学环境设计和评价。

测量时，要求先测量站台空间无人情况下的混响时间（倍频程中心频率为500Hz的混响时间），然后将传声器置于车站站台中部，传声器前端朝向被测列车轨道一侧，分别记录列车进站、出站时的等效A声级作为测量结果。

（5）船舶噪声标准

① GB 5980—2009《内河船舶噪声级规定》 该标准规定了内河船舶舱室噪声级的限值（见表2-31），适用于干货船、液货船、集装箱船、客船、推（拖）船、供应船及耙吸式和绞吸式挖泥船。该标准按船长和连续航行时间，将其划分为三类，如表2-32所示。其测量方法由GB/T 4595—2020《船上噪声测量》规定。

表2-31 内河船舶各舱室噪声限值 单位：dB（A）

<table>
<tr><th colspan="2" rowspan="2">部位</th><th colspan="4">限制值</th></tr>
<tr><th>Ⅰ</th><th>Ⅱ</th><th>Ⅲ</th><th>内河高速船</th></tr>
<tr><td rowspan="4">机舱区</td><td>有人值班机舱主机操纵处</td><td colspan="3">90</td><td>—</td></tr>
<tr><td>有控制室的或无人的机舱</td><td colspan="3">110</td><td>—</td></tr>
<tr><td>机舱控制室</td><td colspan="2">75</td><td>—</td><td>—</td></tr>
<tr><td>工作间</td><td colspan="3">85</td><td>—</td></tr>
<tr><td rowspan="2">驾驶区</td><td>驾驶室</td><td colspan="2">65</td><td>69</td><td>70</td></tr>
<tr><td>报务室</td><td colspan="2">65</td><td>—</td><td>—</td></tr>
<tr><td rowspan="4">起居区</td><td>卧室</td><td>60</td><td>65</td><td>70</td><td>—</td></tr>
<tr><td>医务室</td><td>60</td><td>65</td><td>—</td><td>—</td></tr>
<tr><td>办公室、休息室、座席客舱</td><td>65</td><td>70</td><td>75</td><td>78/75①</td></tr>
<tr><td>厨房</td><td colspan="2">80</td><td>85</td><td>—</td></tr>
</table>

① 内河船长大于等于25m的高速船客舱：连续航行时间不超过4h噪声限制值为78dB（A）；连续航行时间超过4h时，噪声限制值为75dB（A）。船长小于25m的高速船可参照执行。

表2-32 内河船舶分类

类别	船长（两柱间长）L/m	连续航行时间 T/h
Ⅰ	$L \geqslant 70$	$T \geqslant 24$
Ⅱ	$L \geqslant 70$	$12 \leqslant T < 24$
	$30 \leqslant L < 70$	$T \geqslant 12$
Ⅲ	$L < 30$	—
	—	$2 \leqslant T < 12$

注：1. 表中不包括内河高速船。

2. 连续航行小于2h的船舶，参照第Ⅲ类船舶执行。

② 船上噪声等级规则 为了让船员远离噪声之扰，在船上享有安静的工作和生活环境，2012年5月结束的国际海事组织（IMO）海上安全委员会（MSC）第90次会议批准了《船上噪声等级规则》（以下简称《规则》）修订草案，对《规则》适用的船型、船舶不同区域的噪声限值、舱壁和甲板隔声指数、噪声的测量仪器和测量方法等进行了修订，对船舶的降噪性能提出了更高要求。国际海事组织第91届海上安全委员会通过了关于SOLAS（国际海上人命安全公约）修正案的决议，自2014年7月1日起生效，要求船舶构造应符合最近审议通过的《船上噪声等级规则》，以保护人员免受噪声伤害。如表2-33所示。

表2-33　船舶不同处所的噪声级限值　单位：dB（A）

舱室和处所的名称	船舶尺度	
	1600~10000总吨	≥10000总吨
工作处所		
机器处所	110	110
机器控制室	75	75
并非机器处所组成部分的工作间	85	85
未规定的工作处所(其他工作区域)	85	85
驾驶处所		
驾驶室和海图室	65	65
瞭望位置,包括驾驶室两翼和窗口	70	70
无线电室(无线电设备工作,但不产生声响信号)	60	60
雷达室	65	65
居住处所		
居住舱室和医务室	60	55
餐厅	65	60
娱乐室	65	60
露天娱乐区域(外部娱乐区域)	75	75
办公室	65	60
服务处所		
厨房(食物加工设备不工作)	75	75
备膳室和配膳间	75	75
通常无人处所	90	90

③ GB 11871—2009《船用柴油机辐射的空气噪声限值》　该标准规定了船用柴油机在台架试验时辐射空气噪声的A声功率级限值，只适用于船用柴油机台架试验。

该标准规定船用柴油机在标定功率和标定转速下辐射空气噪声的A声功率级限值不大于下式计算所得的数值。

$$L_W = 10\lg(n_r P_r) + C$$

式中，L_W为标定工况下辐射空气噪声的A声功率级限值，dB（A）；n_r为标定转速，r/min；P_r为标定功率，kW；C为常数，dB（A）。当P_r<736kW时，C=62.0dB（A）；当P_r>736kW时，C=64.1dB（A）（n_r≤300r/min）或C=63.0dB（A）（n_r>300r/min）。

（6）家用电器噪声标准

一些在使用过程中可能产生噪声的家用电器产品，亦有相关的国家标准对其噪声作出规定，如GB 19606—2004《家用和类似用途电器噪声限值》、GB/T 8059—2016《家用和类似用途制冷器具》、GB/T 7725—2004《房间空气调节器》等国家标准列出了常用家用电器的噪声限值。例如，家用冰箱的噪声限值：当容积小于等于250L时为52dB（A）；当容积大于250L时为55dB（A）。洗衣机在洗涤和脱水时的噪声限值分别为：62dB（A）和72dB（A）。房间空调器、电风扇和吸油烟机的噪声限值分别见表2-34~表2-36。

表2-34　房间空调器的噪声限值

额定制冷量P_N/kW	室内噪声/dB(A)		室外噪声/dB(A)	
	整体式	分体式	整体式	分体式
P_N<2.5	52	40	57	52
2.5≤P_N<4.5	55	45	60	55

续表

额定制冷量P_N/kW	室内噪声/dB(A)		室外噪声/dB(A)	
	整体式	分体式	整体式	分体式
$4.5 \leqslant P_N < 7.1$	60	52	65	60
$7.1 \leqslant P_N < 14$	—	55	—	65

表2-35　电风扇的噪声限值

台扇、壁扇、台地扇、落地扇		吊扇	
规格（风扇叶片旋转时所形成圆的直径d)/mm	噪声/dB(A)	规格（风扇叶片旋转时所形成圆的直径d)/mm	噪声/dB(A)
$d \leqslant 200$	59	$d \leqslant 900$	62
$200 < d \leqslant 250$	61	$900 < d \leqslant 1050$	65
$250 < d \leqslant 300$	63	$1050 < d \leqslant 1200$	67
$300 < d \leqslant 350$	65	$1200 < d \leqslant 1400$	70
$350 < d \leqslant 400$	67	$1400 < d \leqslant 1500$	72
$400 < d \leqslant 500$	70	$1500 < d \leqslant 1800$	75
$500 < d \leqslant 600$	73	—	—

表2-36　吸油烟机的噪声限值

风量N/(m^3/min)	声功率级/dB
$7 \leqslant N < 10$	71
$10 \leqslant N < 12$	72
$N \geqslant 12$	73

2.4　声环境影响评价

2.4.1　评价工作程序

声环境影响评价的基本任务是：评价建设项目实施引起的声环境质量的变化和外界噪声对需要安静建设项目的影响程度；提出合理可行的防治措施，把噪声污染降低到（现有国家或行业标准）允许水平；从声环境影响角度评价建设项目实施的可行性；为建设项目优化选址、选线、合理布局以及城市规划提供科学依据。

(1) 评价类别

① 按评价对象划分，可分为建设项目声源对外环境的环境影响评价和外环境声源对需要安静建设项目的环境影响评价。

② 按声源种类划分，可分为固定声源和流动声源的环境影响评价。

固定声源的环境影响评价：主要指工业（工矿企业和事业单位）和交通运输（包括航空、铁路、城市轨道交通、公路、水运等）固定声源的环境影响评价。

流动声源的环境影响评价：主要指在城市道路、公路、铁路、城市轨道交通上行驶的车辆以及从事航空和水运等运输工具，在行驶过程中产生的噪声环境影响评价。

注意：建设项目既拥有固定声源，又拥有流动声源时，应分别进行噪声环境影响评价；同一敏感点既受到固定声源影响，又受到流动声源影响时，应进行叠加环境影响评价。

(2) 工作程序

声环境影响评价的工作程序如图2-14所示。

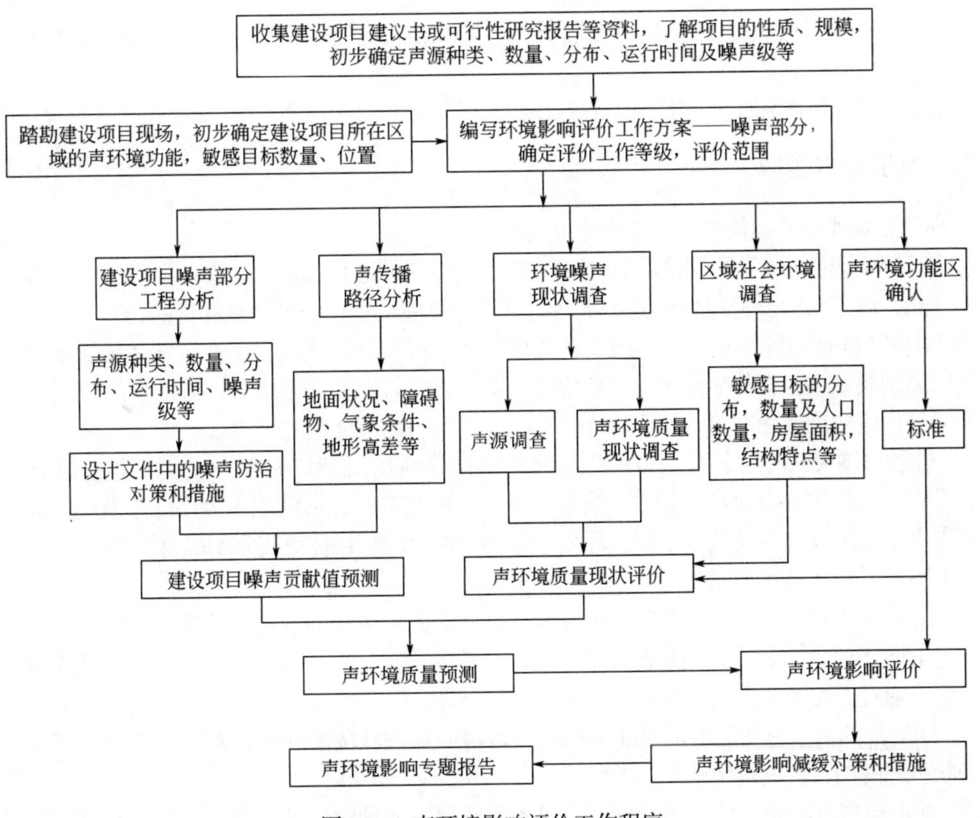

图2-14　声环境影响评价工作程序

(3) 评价时段

根据建设项目实施过程中噪声的影响特点，可按施工期和运行期分别开展声环境影响评价。运行期声源为固定声源时，固定声源投产运行后作为环境影响评价时段；运行期声源为流动声源时，将工程预测的代表性时段（一般分为运行近期、中期、远期）分别作为环境影响评价时段。

2.4.2 评价工作等级

(1) 划分的依据

声环境影响评价工作等级划分依据包括：

① 建设项目所在区域的声环境功能区类别。

② 建设项目建设前后所在区域的声环境质量变化程度。

③ 受建设项目影响人口的数量。

(2) 评价等级划分

声环境影响评价工作等级一般分为三级，一级为详细评价，二级为一般性评价，三级为简要评价。

评价范围内有适用于GB 3096规定的0类声环境功能区域，以及对噪声有特别限制要求的保护区等敏感目标，或建设项目建设前后评价范围内敏感目标噪声级增高量达5dB（A）以上［不含5dB（A）］，或受影响人口数量显著增多时，按一级评价。

建设项目所处的声环境功能区为GB 3096规定的1类、2类地区，或建设项目建设前后评价范围内敏感目标噪声级增高量达3~5dB（A）［含5dB（A）］，或受噪声影响人口数量增加较多时，按二级评价。

建设项目所处的声环境功能区为GB 3096规定的3类、4类地区，或建设项目建设前后评价范

围内敏感目标噪声级增高量在3dB（A）以下［不含3dB（A）］，且受影响人口数量变化不大时，按三级评价。

在确定评价工作等级时，如建设项目符合两个以上级别的划分原则，按较高级别的评价等级评价。

2.4.3 评价基本要求

声环境影响评价范围依据评价工作等级确定。

① 对于以固定声源为主的建设项目（如工厂、港口、施工工地、铁路站场等）以及城市道路、公路、铁路、城市轨道交通地上线路和水运线路等建设项目等：满足一级评价的要求，一般以建设项目边界向外200m为评价范围；二级、三级评价范围可根据建设项目所在区域和相邻区域的声环境功能区类别及敏感目标等实际情况适当缩小；如依据建设项目声源计算得到的贡献值到200m处，仍不能满足相应功能区标准值时，应将评价范围扩大到满足标准值的距离。

② 机场周围飞机噪声评价范围应根据飞行量计算到L_{WECPN}为70dB（A）的区域。满足一级评价的要求，一般以主要航迹离跑道两端各5~12km、侧向各1~2km的范围为评价范围；二级、三级评价范围可根据建设项目所处区域的声环境功能区类别及敏感目标等实际情况适当缩小。

（1）一级评价的基本要求

① 在工程分析中，给出建设项目对环境有影响的主要声源的数量、位置和声源源强，并在标有比例尺的图中标识固定声源的具体位置或流动声源的路线、跑道等位置。在缺少声源源强的相关资料时，应通过类比测量取得，并给出类比测量的条件。

② 评价范围内具有代表性的敏感目标的声环境质量现状需要实测。对实测结果进行评价，并分析现状声源的构成及其对敏感目标的影响。

③ 噪声预测应覆盖全部敏感目标，给出各敏感目标的预测值及厂界（边界）噪声值。固定声源评价、机场周围飞机噪声评价、流动声源经城镇建成区和规划区路段的评价应绘制等声级线图，当敏感目标高于（含）三层建筑时，还应绘制垂直方向的等声级线图。给出建设项目建成后不同类别的声环境功能区内受影响的人口分布、噪声超标的范围及其程度。

④ 当工程预测的不同代表性时段噪声级可能发生变化的建设项目，应分别预测其不同时段的噪声级。

⑤ 对工程可行性研究和评价中提出的不同选址（选线）和建设布局方案，应根据不同方案噪声影响人口数量和噪声影响程度进行比选，并从声环境保护角度提出推荐方案。

⑥ 针对建设项目的工程特点和所在区域的环境特征提出噪声防治措施，并进行经济、技术可行性论证，明确防治措施的最终降噪效果和达标分析。

（2）二级评价的基本要求

① 在工程分析中，给出建设项目对环境有影响的主要声源的数量、位置和声源源强，并在标有比例尺的图中标识固定声源的具体位置或流动声源的路线、跑道等位置。在缺少声源源强的相关资料时，应通过类比测量取得，并给出类比测量的条件。

② 评价范围内具有代表性的敏感目标的声环境质量现状以实测为主，可适当利用评价范围内已有的声环境质量监测资料，并对声环境质量现状进行评价。

③ 噪声预测应覆盖全部敏感目标，给出各敏感目标的预测值及厂界（或场界、边界）噪声值，根据评价需要绘制等声级线图。给出建设项目建成后不同类别的声环境功能区内受影响的人口分布、噪声超标的范围和程度。

④ 当工程预测的不同代表性时段噪声级可能发生变化的建设项目，应分别预测其不同时段的噪声级。

⑤ 从声环境保护角度对工程可行性研究和评价中提出的不同选址（选线）和建设布局方案的

环境合理性进行分析。

⑥ 针对建设项目的工程特点和所在区域的环境特征提出噪声防治措施，并进行经济、技术可行性论证，给出防治措施的最终降噪效果和达标分析。

(3) 三级评价的基本要求

① 在工程分析中，给出建设项目对环境有影响的主要声源的数量、位置和声源源强，并在标有比例尺的图中标识固定声源的具体位置或流动声源的路线、跑道等位置。在缺少声源源强的相关资料时，应通过类比测量取得，并给出类比测量的条件。

② 重点调查评价范围内主要敏感目标的声环境质量现状，可利用评价范围内已有的声环境质量监测资料，若无现状监测资料时应进行实测，并对声环境质量现状进行评价。

③ 噪声预测应给出建设项目建成后各敏感目标的预测值及厂界（或场界、边界）的噪声值，分析敏感目标受影响的范围和程度。

④ 针对项目工程特点和所在区域环境特征提出噪声防治措施，并进行达标分析。

2.4.4 声环境现状调查及其评价

(1) 主要调查内容

① 影响声波传播的环境要素　调查建设项目所在区域的主要气象特征：年平均风速和主导风向、年平均气温、年平均相对湿度等。

收集评价范围内1 : (2000~50000) 地理地形图，说明评价范围内声源和敏感目标之间的地貌特征、地形高差及影响声波传播的环境要素。

② 声环境功能区的划分　调查评价范围内不同区域的声环境功能区的划分情况，调查各声环境功能区的声环境质量现状。

③ 敏感目标　调查评价范围内的敏感目标的名称、规模、人口的分布等情况，并以图、表相结合的方式说明敏感目标与建设项目的关系（如方位、距离、高差等）。

④ 现状声源　建设项目所在区域的声环境功能区的声环境质量现状超过相应标准要求或噪声值相对较高时，需对区域内的主要声源的名称、数量、位置、影响的噪声级等相关情况进行调查。

有厂界（或场界、边界）噪声的改、扩建项目，应说明现有建设项目厂界（或场界、边界）噪声的超标、达标情况及超标原因。

(2) 调查方法

环境现状调查的基本方法是：①收集资料法；②现场调查法；③现场测量法。评价时，应根据评价工作等级的要求确定需采用的具体方法。

(3) 现状监测

1) 监测布点原则

① 布点应覆盖整个评价范围，包括厂界（或场界、边界）和敏感目标。当敏感目标高于（含）三层建筑时，还应选取有代表性的不同楼层设置测点。

② 评价范围内没有明显的声源（如工业噪声、交通运输噪声、建设施工噪声、社会生活噪声等），且声级较低时，可选择有代表性的区域布设测点。

③ 评价范围内有明显的声源，并对敏感目标的声环境质量有影响，或建设项目为改、扩建工程的，应根据声源种类采取不同的监测布点原则。

a. 当声源为固定声源时，现状测点应重点布设在可能既受到现有声源影响，又受到建设项目

声源影响的敏感目标处，以及有代表性的敏感目标处；为满足预测需要，也可在距离现有声源不同距离处设衰减测点。

b. 当声源为流动声源，且呈现线声源特点时，现状测点位置选取应兼顾敏感目标的分布状况、工程特点及线声源噪声影响随距离衰减的特点，布设在具有代表性的敏感目标处。为满足预测需要，也可选取若干线声源的垂线，在垂线上距声源不同距离处布设监测点。其余敏感目标的现状声级可通过具有代表性的敏感目标实测噪声的验证并结合计算求得。

c. 对于改、扩建机场工程，测点一般布设在主要敏感目标处，测点数量可根据机场飞行量及周围敏感目标情况确定，现有单条跑道、两条跑道或三条跑道的机场可分别布设3~9个、9~14个或12~18个飞机噪声测点，跑道增多可进一步增加测点。其余敏感目标的现状飞机噪声级可通过测点飞机噪声级的验证和计算求得。

2）监测执行的标准

声环境评价监测常用的国家标准如下：

① GB 3096《声环境质量标准》；

② GB 12348《工业企业厂界环境噪声排放标准》；

③ GB 22337《社会生活环境噪声排放标准》；

④ GB 12523《建筑施工场界环境噪声排放标准》；

⑤ GB 12525《铁路边界噪声限值及其测量方法》；

⑥ GB 14227《城市轨道交通车站站台声学要求和测量方法》；

⑦ GB 9660《机场周围区域飞机噪声环境标准》。

（4）现状评价

① 以图、表结合的方式给出评价范围内的声环境功能区及其划分情况，以及现有敏感目标的分布情况。

② 分析评价范围内现有主要声源种类、数量及相应的噪声级、噪声特性等，明确主要声源分布，评价厂界（或场界、边界）超、达标情况。

③ 分别评价不同类别的声环境功能区内各敏感目标的超、达标情况，说明其受到现有主要声源的影响状况。

④ 给出不同类别的声环境功能区噪声超标范围内的人口数及分布情况。

2.4.5 声环境影响预测

（1）预测范围

应与评价范围相同。

（2）预测点的确定原则

建设项目厂界（或场界、边界）和评价范围内的敏感目标应作为预测点。

（3）预测需要的基础资料

① 声源资料　建设项目的声源资料主要包括：声源种类、数量、空间位置、噪声级、频率特性、发声持续时间和对敏感目标的作用时间段等。

② 影响声波传播的各类参量　影响声波传播的各类参量应通过资料收集和现场调查取得。各类参量如下：

a. 建设项目所处区域的年平均风速和主导风向，年平均气温，年平均相对湿度。

b. 声源和预测点间的地形、高差。

c. 声源和预测点间障碍物（如建筑物、围墙等；若声源位于室内，还包括门、窗等）的位置及长、宽、高等数据。

d. 声源和预测点间树林、灌木等的分布情况，地面覆盖情况（如草地、水面、水泥地面、土质地面等）。

(4) 声环境影响预测步骤

① 建立坐标系，确定各声源坐标和预测点坐标，并根据声源性质以及预测点与声源之间的距离等情况，把声源简化成点声源，或线声源，或面声源。

② 根据已获得的声源源强的数据和各声源到预测点的声波传播条件资料，计算出噪声从各声源传播到预测点的声衰减量，由此计算出各声源单独作用在预测点时产生的A声级（L_p）或有效感觉噪声级（L_{EPN}）。

2.4.6 评价的主要内容

应根据声源的类别和建设项目所处的声环境功能区等确定声环境影响评价标准，没有划分声环境功能区的区域由地方环境保护部门参照国家标准GB 3096—2008《声环境质量标准》和GB/T 15190—2014《声环境功能区划分技术规范》的规定划定声环境功能区。声环境影响评价的主要内容如下：

(1) 评价方法和评价量

根据噪声预测结果和环境噪声评价标准，评价建设项目在施工、运行期噪声的影响程度、影响范围，给出边界（厂界、场界）及敏感目标的达标分析。

进行边界噪声评价时，新建建设项目以工程噪声贡献值作为评价量；改扩建建设项目以工程噪声贡献值与受到现有工程影响的边界噪声值叠加后的预测值作为评价量。

进行敏感目标噪声环境影响评价时，以敏感目标所受的噪声贡献值与背景噪声值叠加后的预测值作为评价量。

(2) 影响范围、影响程度分析

给出评价范围内不同声级范围覆盖下的面积，主要建筑物类型、名称、数量及位置，影响的户数、人口数。

(3) 噪声超标原因分析

分析建设项目边界（厂界、场界）及敏感目标噪声超标的原因，明确引起超标的主要声源。对于通过城镇建成区和规划区的路段，还应分析建设项目与敏感目标间的距离是否符合城市规划部门提出的防噪声距离的要求。

(4) 对策建议

分析建设项目的选址（选线）、规划布局和设备选型等的合理性，评价噪声防治对策的适用性和防治效果，提出需要增加的噪声防治对策、噪声污染管理、噪声监测及跟踪评价等方面的建议，并进行技术、经济可行性论证。

2.4.7 噪声防治对策

(1) 噪声防治措施的一般要求

① 工业（工矿企业和事业单位）建设项目噪声防治措施应针对建设项目投产后噪声影响的最大预测值制订，以满足厂界（场界、边界）和厂界外敏感目标（或声环境功能区）的达标要求。

② 交通运输类建设项目（如公路、铁路、城市轨道交通、机场项目等）的噪声防治措施应针对建设项目不同代表性时段的噪声影响预测值分期制订，以满足声环境功能区及敏感目标功能要求。其中，铁路建设项目的噪声防治措施还应同时满足铁路边界噪声排放标准的相关要求。

(2) 防治途径

① 规划防治对策　主要指从建设项目的选址（选线）、规划布局、总图布置和设备布局等方面

进行调整，提出减少噪声影响的建议。如采用“闹静分开”和“合理布局”的设计原则，使高噪声设备尽可能远离噪声敏感区；建议项目重新选址或提出城乡规划中有关防治噪声的建议等。

② 技术防治措施

a. 声源上降低噪声的措施。主要包括：改进机械设计，如在设计和制造过程中选用发声小的材料来制造机件，改进设备结构和形状，改进传动装置以及选用已有的低噪声设备等；采取声学控制措施，如对声源采用消声、隔声、隔振和减振等措施；维持设备处于良好的运转状态；改革工艺、设施结构和操作方法等。

b. 噪声传播途径上降低噪声措施。主要包括：在噪声传播途径上增设吸声、声屏障等措施；利用自然地形物（如利用位于声源和噪声敏感区之间的山丘、土坡、地堑、围墙等）降低噪声；将声源设置于地下或半地下的室内等；合理布局声源，使声源远离敏感目标等。

c. 敏感目标自身防护措施。主要包括：受声者自身增设吸声、隔声等措施；合理布局噪声敏感区中的建筑物功能和合理调整建筑物平面布局。

③ 管理措施　管理措施主要包括：提出环境噪声的管理方案（如制订合理的施工方案、优化飞行程序等），制订噪声监测方案，提出降噪减噪设施的运行使用、维护保养等方面的管理要求，提出跟踪评价要求等。

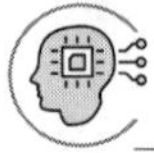

习题与思考题

1. 简述噪声对人体的危害。

2. 某机械加工厂操作工，每天工作8h，6h在机械设备前工作检查，声级为92dB，1h在休息室休息，声级为75dB，另外1h在55dB以下的环境下就餐等，求该工人每天接触噪声的等效声级。

3. 甲每天在82dB的噪声环境下工作8h；乙在81dB下工作2h，在84dB下工作4h，在86dB下工作2h。试求谁受到的噪声污染大。

4. 某工人，在一天8h工作时间内，4h接触100dB的噪声，2h接触90dB的噪声，2h接触80dB的噪声，求一天的等效连续A声级。

5. 某卡拉OK厅，女声演唱时平均声级为100dB，占总时长30%，男声演唱时的平均声级为96dB，占总时长20%，其余时间在85dB左右，一场共计6h，求该场卡拉OK厅的等效连续声级。

6. 为考查某工作车间8h的等效声级，每5min测量一次A声级，共有96个数据。经统计，12次是85dB（包括83~87dB），12次是90dB（包括90~92dB），48次是95dB（包括93~97dB），24次是100dB（包括98~102dB）。试求该车间的等效声级。

7. A生活小区白天的等效声级为75dB，夜间为50dB；B生活小区白天为70dB，夜间为60dB。试问哪一生活小区的环境噪声对人的影响大?

8. 简述声环境影响评价的主要内容。

第3章

噪声测量与分析

噪声测量是在声场中指定的位置或区域内进行的。测量时，所使用的声学仪器应当满足测量目标的精度要求。噪声测量仪器品种繁多，精度与性能各有不同，但各类仪器的基本组成是相同的，几乎都可以用图3-1所示的噪声测量基本系统框架概括。

如图3-1所示，一个噪声测量系统基本包含三大组成部分：接收部分、信号处理部分和指示、记录部分。

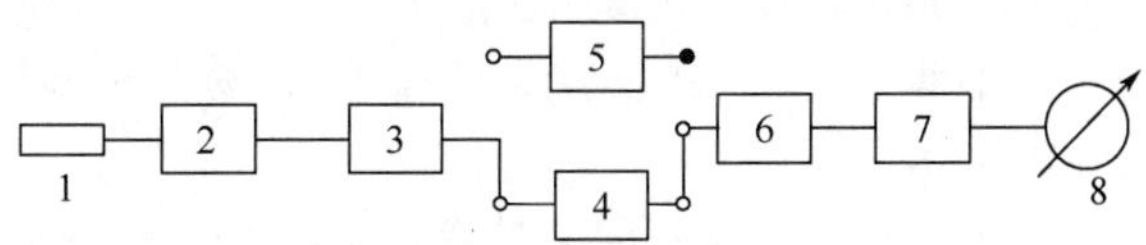

图3-1　噪声测量的基本系统

1—传声器；2，6—衰减器；3，7—放大器；4—带通滤波器；5—计权网络；8—指示仪表

接收部分包括传声器和前置放大器。其中，传声器是一个能够将声信号转化为电信号的能量转换器，其作用是对声信号进行采集，并将之转化为电信号以供下一级系统进行分析处理，因此，它是整个测量系统的核心元件。对接收到的信号进行分析是在信号处理部分进行的。对于传统的模拟电路分析装置，通常包括带通滤波器、输入或输出放大器和衰减器、计权网络等。其中，带通滤波器用于分析噪声的频率成分，计权网络是对声信号进行计权运算的滤波线路，放大器和衰减器配合使用是为了将相当大范围的电信号不失真地放大，使前后级电路在正常状态下运作。对于采用了数字技术分析装置的，则一般由采样系统和信号处理系统两个基本系统组成。采样系统是对传声器收集到的声信号按一定频率进行采样，从而实现信号的离散化、数字化；信号处理系统则是通过中央数字处理器执行各种运算程序，对采样得到的数字声信号进行分析。指示、记录部分是测量结果的显示和记录，主要通过指示仪表和记录元件实现。指示仪表有很多种，从简单的读数电表到复杂的具有记忆装置的自动化数据处理计算机系统。进行噪声测量前，应根据测量对象、测量目的和要求以及环境条件的需要来选择适宜的仪器或设备组成测量系统。

3.1　常用噪声测量仪器

根据不同的使用功能，市场上常见的噪声测量设备一般有声级计、噪声剂量仪、声强测量仪等，其中，声级计应用最为广泛。

3.1.1　声级计

测量噪声，尤其是测量各类环境噪声、机械噪声，使用最广泛、最普遍的是声级计，它是集噪声测量系统各个组成部分于一体的产品。传统的模拟信号声级计体积大、功能少，一般只能测量声压级或进行简单的时域统计分析，而频谱分析、实时分析或录音等都需要其他辅助仪器配合使用，这些辅助仪器有频率分析仪、实时分析仪或磁带等。近年来，随着数字化技术的发展，通过声信号

的数字化处理，这些功能都完全实现了程序化和模块化，集成到了微型晶片上，使得声级计的体积大大减小，更为轻便，而且操作简单，大大提高了测量效率。数字化声级计已经广泛应用到声学测量的各个领域。一些高端的数字声级计甚至可安装操作系统，具有较好的人机交互性能，使噪声的测量和分析更加便利、高效、人性化。

（1）声级计的基本组成

传统声级计的基本组成如图3-1所示。对于数字化的声级计，由于噪声分析功能的数字化和程序化，其组成便简化为传声器、前置放大器、主机系统（包括中央处理器、内存、记录元件、显示器等）以及电源等。

① 传声器　传声器也称话筒或麦克风，是将声能转换成电能的元件。声级计上使用的传声器要求频率范围宽，频率响应应当平直，失真小，动态范围大，尤其要求稳定性好。

在噪声测量中，声级计使用的传声器有四种：晶体式传声器、电动式传声器、电容传声器和驻极体传声器。

晶体式传声器灵敏度较高，频率响应较平直，结构简单，价格便宜，但它受温度影响较大，即在-10~45℃范围内可使用；动态范围较窄，一般用于普通声级计。

电动式传声器的频率响应不够平直，灵敏度较低、体积大，易受磁场干扰，稳定性较差，但固有噪声低，能在低温和高温环境下工作。

电容传声器是目前较理想的传声器，其结构如图3-2所示。电容传声器主要由紧靠着的后极板2和绷紧的金属膜片3所组成，后极板和膜片之间相互绝缘，从而构成一个以空气为介质的电容器的两个极板，当声波作用在膜片上时，后极板与膜片间距发生变化，随之电容也变化，从而产生一个电信号输送到仪器中，这个电信号的大小和形式取决于声压的大小。电容传声器灵敏度高，一般为10~50mV/Pa；在很宽的频率范围内（10~20000Hz），频率响应平直，稳定性良好，可在-50~150℃、相对湿度为0~100%的范围内使用。它多用于精密声级计及标准声级计。

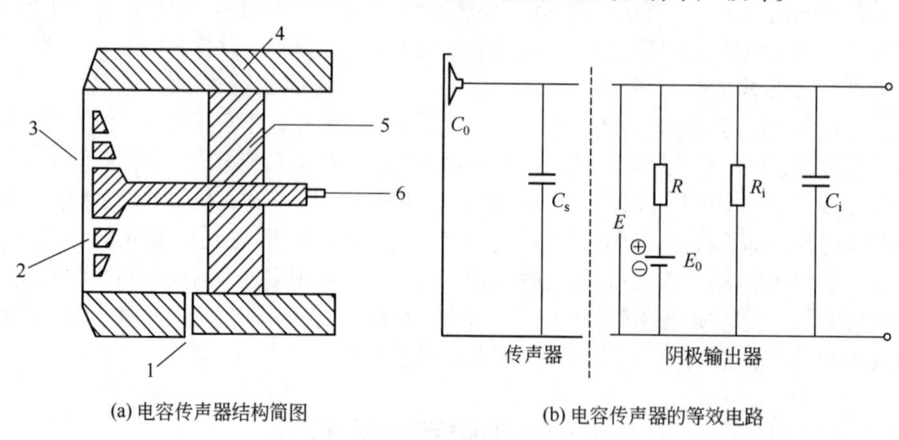

(a) 电容传声器结构简图　　(b) 电容传声器的等效电路

图3-2　电容传声器

1—均压孔；2—后极板；3—膜片；4—外壳；5—绝缘体；6—输出端子

驻极体传声器不用极化电压，结构简单，价格低廉，但灵敏度较低，频率响应不够平直，动态范围较窄。

传声器对整个声级计的稳定性和灵敏度影响很大，因此，使用声级计时要合理选择传声器。表3-1列出了若干传声器的主要指标。

② 前置放大器　声信号通过传声器转换成的电信号非常微弱，必须把信号增强以驱动下级电路正常工作，因此，在传声器与主机系统之间设置前置放大器。除了信号增益功能外，前置放大器

表3-1 若干传声器的主要指标

厂商	型号	直径/mm	动态范围/dB	频率范围/Hz	灵敏度/(mV/Pa)
丹麦B&K	4191	12.7	21.4~161	3.15~40000	12.5
	4189	12.7	14.6~146	6.3~20000	50
声望	M201	12.7	16~146	6.3~20000	50
	M215	12.7	23~146	20~12500	40
爱华	14423	12.7	16~140	10~20000	50
	14425	12.7	17~140	10~16000	40
丹麦GRAS	40AN	12.7	15~146	1~20000	50
	40BF	6.35	40~174	10~100000	4
美国PCB	130E21	6.35	>120	1~20000	45
	377B02	12.7	15~146	3.15~20000	50

还有阻抗变换的功能，使传声器与主机系统电路之间实现阻抗匹配。表3-2所示为一些常见的传声器前置放大器参数。

表3-2 常见传声器前置放大器参数

厂商	型号	频率范围/Hz	增益/dB	输入阻抗	输出阻抗/Ω	工作电压	工作温度范围/℃
丹麦B&K	2669C	3~200000	0.35	15GΩ, 0.45pF	<25	28~120V	-20~+60
	2673	30~200000	0.05	1GΩ, 0.05pF	25	28~120V	-20~+60
声望	MA231	19~150000	-0.1~0	20GΩ, 0.1pF	<50	2~20mV	-40~+80
	MV201	1~1000000	-0.5~0	10GΩ, 0.2pF	<80	28~120VDC	-10~+50
爱华	AWA14601	10~200000	-0.2	≥10GΩ, 0.5pF	≤150	15~45VDC	-20~+70
	AWA14604	20~50000	-0.3	≥2GΩ, 0.5pF	≤50	24V	-10~+60
丹麦GRAS	26CA	2~200000	-0.25	20GΩ, 0.4pF	<50	28~120V	-30~+70
美国PCB	426A10	80~125000	-0.1	2GΩ, 0.2pF	<50	20~32VDC	-40~+80
	426E01	6.3~126000	-0.06	9.4GΩ, 0.06pF	<55	20~32VDC	-40~+120

③ 信号处理系统　数字化声级计的信号处理系统相当于声级计的大脑部分。它将采集到的信号通过模数转换（采样与量化）得到离散信号，利用预设程序进行分析处理，如频率计权、倍频程和FFT——快速傅里叶变换（fast Fourier transform）分析、剂量计算以及其他声学分析，最终获得测试结果。得益于数字化处理方法和元件的发展，目前的数字化声级计都具备实时分析的能力，在测量过程中对噪声信号进行即时处理，测量结束时便可得到测试结果，具有极高的效率和准确度。信号处理系统常用的分析功能有：频率计权、统计分析和频率分析等。频率计权在2.2.3节已详细讲述，在此不再赘述。下面仅对统计分析和频率分析作简单介绍。

a. 统计分析。统计分析是对噪声的时间变换特点进行分析。声级计中常见的统计量包括测量时间内的等效连续A声级、最大声级、最小声级、峰值与累计百分比声级（一般为5%、10%、50%、90%、95%）。这些统计量仅仅是对测量时间内的噪声信号进行时域分析的结果，计算简单，在测量结束时，即可同时读出结果。一些声级计还可以同时读出这些统计量在不同计权网络下对应的值。

$$L_{eq} = 10\lg \frac{1}{T}\int_0^T 10^{0.1L_A}\,dt \tag{3-1}$$

式中，L_A为在T时间内，A声级变化的瞬时值。

在实际测量中，往往不是连续采样，而是离散采样，且采样的时间间隔Δt一定时，式（3-1）

可表示为：

$$L_{eq}=10\lg\left(\frac{1}{n}\sum_{i=1}^{n}10^{0.1L_{A_i}}\right)=10\lg\left(\sum_{i=1}^{n}10^{0.1L_{A_i}}\right)-10\lg n \tag{3-2}$$

式中，n为在规定的时间T内采样的总数；L_{A_i}为第i次测量的A声级。

累积统计声级L_N（L_{10}、L_{50}、L_{90}）：在规定的测量时间T内，有N%（10%、50%、90%）的时间，声级超过某一L_A值，这个L_A值称累积统计声级L_N（L_{10}、L_{50}、L_{90}）。累积统计声级表示随时间起伏的无规噪声的声级分布特性。

按上述定义，累积统计声级L_N（L_{10}、L_{50}、L_{90}）的计算方法为：将在规定的时间内测得的所有瞬时A声级数据（如共100个数据），按声级大小的顺序排列（由大到小），则第一个值L_1就是最大值，第10个值L_{10}表示规定的时间内有10%的时间声级超过此声级，它相当于规定时间内噪声的平均峰值；L_{50}为第50个数据，表示在规定时间内有50%的时间声级超过此声级，它是在规定时间内噪声的中值，L_{90}为第90个数据，表示在规定时间内有90%的时间声级超过此声级，它相当于在规定时间内噪声的平均背景值。

要注意，当在规定时间内采样总数不是100个，而是200个时，则第20个数据就是L_{10}，第100个数据就是L_{50}，第180个数据就是L_{90}，以此类推，如果测量得到的数据L_N遵循正态分布，则等效连续A声级可用下式来近似计算：

$$L_{eq}=L_{50}+\frac{d^2}{60} \tag{3-3}$$

式中，$d=L_{10}-L_{90}$。

b. 频率分析。频率分析是对噪声的频率成分进行分析。一般的声学测量中，使用较多的是倍频带分析、1/3倍频带分析和FFT分析。传统的频率分析需要使用由放大器和滤波器共同组成的频率分析仪进行，其测试效率比较低。目前，频率分析作为功能模块已集成到声级计中，其测试效率比较高。

④ 指示与记录　利用电表对噪声测量结果进行指示是最简单、最传统的方法。现代数字化声级计一般将测量结果显示到液晶数字显示屏上，其优点在于能够显示更多更丰富的内容，如噪声的时间谱线、频谱、各类统计结果的列表等，一些高端的声级计中，如B&K2250型声级计，其显示屏为触摸式液晶显示屏，能够直接在显示屏上对仪器进行操作，提高了仪器与用户之间的交互能力。

噪声测量结果的记录方式一般有磁带记录、电平记录和数字信号储存等。磁带记录与电平记录是最传统的记录方式，而数字声级计更多地使用数字信号储存的方式对测量结果进行记录，常见的储存卡有CF卡、SD卡等。它们具有数据储存量大，体积小，安装、使用方便，成本低，可重复使用性高等特点，远远优于电平记录和磁带记录方式。

(2) 声级计的分类

原IEC 651标准按测量精度和稳定性把声级计分为0、Ⅰ、Ⅱ、Ⅲ四种类型。0型声级计用作实验室参考标准；Ⅰ型声级计除供实验室使用外，还可供在符合规定的声学环境或严加控制的场合使用；Ⅱ型声级计适合一般室外使用；Ⅲ型声级计主要用于室外噪声调查。按习惯称0和Ⅰ型声级计为精密声级计，Ⅱ和Ⅲ型声级计为普通声级计。

2002年新发布的IEC 61672取代了原IEC 651标准，并在2010年被我国等效采用为GB/T 3785.1—2010《电声学 声级计 第1部分：规范》。该标准按声级计性能将声级计分为1级和2级两类，两类声级计的差别主要是允差极限和工作温度范围不同，2级规范的允差极限大于或等于1级规范。一台2级的声级计可以具有1级的部分性能，但是，若声级计的任一性能只符合2级标准，那么它只能是2级声级计。一台声级计可以在某种配置下是1级声级计，而在另一种配置下是2级声级计。

1级和2级声级计的方向特性必须满足表3-3所示的要求。表3-4和表3-5分别给出了1级和2级声级计的频率计权和允差，以及其在不同环境下的性能。

表3-3　1级和2级声级计指向性响应的限值

频率f/kHz	在偏离参考方向±θ内的任意两个声入射角，指示声级的最大绝对差值/dB					
	θ=30°		θ=90°		θ=150°	
	级别					
	1	2	1	2	1	2
0.25≤f<1	1.3	2.3	1.8	3.3	2.3	5.3
1≤f<2	1.5	2.5	2.5	4.5	4.5	7.5
2≤f<4	2.0	4.5	4.5	7.5	6.5	12.5
4≤f<8	3.5	7.0	8.0	13.0	11.0	17.0
8≤f<12.5	5.5	—	11.5	—	15.5	—

表3-4　1级和2级声级计频率计权和允差

标称频率/Hz	频率计权/dB			允差/dB	
	A	C	Z	1级	2级
10	−70.4	−14.3	0.0	+3.5；−∞	+5.5；−∞
12.5	−63.4	−11.2	0.0	+3.0；−∞	+5.5；−∞
16	−56.7	−8.5	0.0	+2.5；−4.5	+5.5；−∞
20	−50.5	−6.2	0.0	±2.5	±3.5
25	−44.7	−4.4	0.0	±2.5；−2.0	±3.5
31.5	−39.4	−3.0	0.0	±2.0	±3.5
40	−34.6	−2.0	0.0	±1.5	±2.5
50	−30.2	−1.3	0.0	±1.5	±2.5
63	−26.2	−0.8	0.0	±1.5	±2.5
80	−22.5	−0.5	0.0	±1.5	±2.5
100	−19.1	−0.3	0.0	±1.5	±2.0
125	−16.1	−0.2	0.0	±1.5	±2.0
160	−13.4	-0.1	0.0	±1.5	±2.0
200	−10.9	0.0	0.0	±1.5	±2.0
250	−8.6	0.0	0.0	±1.4	±1.9
315	−6.6	0.0	0.0	±1.4	±1.9
400	−4.8	0.0	0.0	±1.4	±1.9
500	−3.2	0.0	0.0	±1.4	±1.9
630	−1.9	0.0	0.0	±1.4	±1.9
800	−0.8	0.0	0.0	±1.4	±1.9
1000	0	0	0	±1.1	±1.4
1250	0.6	0.0	0.0	±1.4	±1.9
1600	1.0	−0.1	0.0	±1.6	±2.6
2000	1.2	−0.2	0.0	±1.6	±2.6
2500	1.3	−0.3	0.0	±1.6	±3.1
3150	1.2	−0.5	0.0	±1.6	±3.1
4000	1.0	−0.8	0.0	±1.6	±3.6
5000	0.5	−1.3	0.0	±2.1	±4.1

续表

标称频率/Hz	频率计权/dB			允差/dB	
	A	C	Z	1级	2级
6300	−0.1	−2.0	0.0	±2.1；−2.6	±5.1
8000	−1.1	−3.0	0.0	±2.1；−3.1	±5.6
10000	−2.5	−4.4	0.0	±2.6；−3.6	±5.6；−∞
12500	−4.3	−6.2	0.0	±3.0；−6.0	±6.0；−∞
16000	−6.6	−8.5	0.0	±3.5；−17.0	±6.0；−∞
20000	−9.3	−11.2	0.0	±4.0；−∞	±6.0；−∞

表3-5 声级计在不同环境下的性能

声级计类型	环境因素				
	规定的温度范围/℃	指示声级偏离参考静压时指示声级的差值/dB		指示声级偏离参考温度时指示声级的差值/dB	指示声级偏离参考湿度时指示声级的差值/dB
		在85~108kPa内变化	在65~85kPa内变化		
1级	−10~+50	不应超过±0.7	不应超过±1.2	不应超过±0.8	不应超过±0.8
2级	0~+40	不应超过±1.0	不应超过±1.9	不应超过±1.3	不应超过±1.3

除了1级和2级的分类外，为区分不同声级计的射频场发射和对射频场的敏感度，该标准又将声级计分为3类。

X类声级计：标称工作模式规定由内部电池供电，测量声级不需连接到其他外部设备；Y类声级计：标称工作模式规定需连接到公共电源，测量声级不需连接到其他外部设备；Z类声级计：标称工作模式需要由两台或多台设备组成，并通过某些方式连接到一起。单台设备可以是内部电池或是公共电源供电。

（3）声级计的使用

在决定选用某种声级计后，应首先熟悉其特性和使用方法。倘若不熟悉，应按声级计的使用说明书的要求，一一实践后方可使用。否则会产生不应出现的测量误差，甚至可能因为使用不当而损坏仪器。

① 校准　声级计是一种计量仪器，其校准方式一般有声校准和电校准两种。电校准就是利用声级计自身产生的一个标准电信号，从前端输入，以校准仪器内部电子线路的增益。但电校准仅仅是对内部电路的校准方法，而声级计的关键部件——传声器有时性能不稳定，或受环境条件的影响其声级计读数产生偏差（少则1~2dB，多的可达5dB），对其进行声校准才是最为重要的。因此，为了减少这种偏差，必须在测量以前，对传声器或声级计整机进行校准，必要时测量完成以后再校准一次。目前，我国有关环境噪声测量的大部分标准要求在测量前后都必须进行校准，以保证测量的准确性。电容传声器常用的校准器是活塞发生器，例如B&K4231型声学校准器，其校准精度在0.2dB以内。

② 仪器设置　噪声测量前，应根据实际情况与要求对声级计进行设置，如“快”“慢”挡或时间常数、计权方法、测量值、测量时间等的选择。

所谓的“快”“慢”挡是指指数平均过程中，时间常数分别选择在0.125s和1s两种情况。在读数指示器（电表或液晶屏幕）上，噪声测量值的实时显示快慢能反映出“快”“慢”挡的选择，选择“快”挡时，数值实时显示变化较快，选择“慢”挡，则反之。目前，最新的IEC等标准已经不再使用这个概念，一些噪声测量要求也不再局限于这两个时间常数的选择。但是，由于历史原因，许多国家的相关标准仍在沿用该概念，国产噪声测量设备一般也保留着“快”“慢”挡供使用者选取。实际测量时，使用“快”挡的情况较多，因为0.125s的时间常数与人耳对声音的反应时间较接近。传统的声级计上往往还有一个“脉冲”挡，它对应的时间常数为0.035s，一般用于测量具有高分贝脉冲型噪声，捕捉噪声的峰值。

值得注意的是，声级计上的峰值与最大值两个挡位（或选项）是有区别的。前者指没有进行时间计权处理之前信号的最大值。而后者则是信号经时间计权处理后，声级计主机得到的最大值。因此，从声级计上读取到的峰值要比最大值高。

③ 传声器的指向　传声器是有指向性的，因此，在使用声级计进行噪声测量时，一定要根据测量所处声场的特点，选择指向性合适的传声器。例如自由场型传声器的特点是高频端的方向性较强，在0°入射时具有最佳的频率响应。因此，在室外测量车辆噪声或在消声室内测量机器设备噪声时，应使用场型传声器，并将其指向声源。而在混响室内或近似混响室的较小车间内测量噪声时，由于噪声的传播方向是无规杂散的，适宜使用扩散场型的传声器，也可以在场型传声器上加装无规杂散入射校正器，改变这些无规入射使之接近于垂直零度入射，以适应和弥补场型传声器具有较强指向性的特点。美国ANSI标准中建议，声级计一般配置扩散场型传声器进行噪声测量。

在自由场测量噪声时，为避免测试者对声场的干扰，测试者应远离传声器，最好使用接有较长电缆的传声器。若不具备条件，手持声级计的测试者应伸直手臂，尽量保证身体和声级计保持最大距离。如图3-3所示为测试者对自由场的干扰而引起的测量起伏。

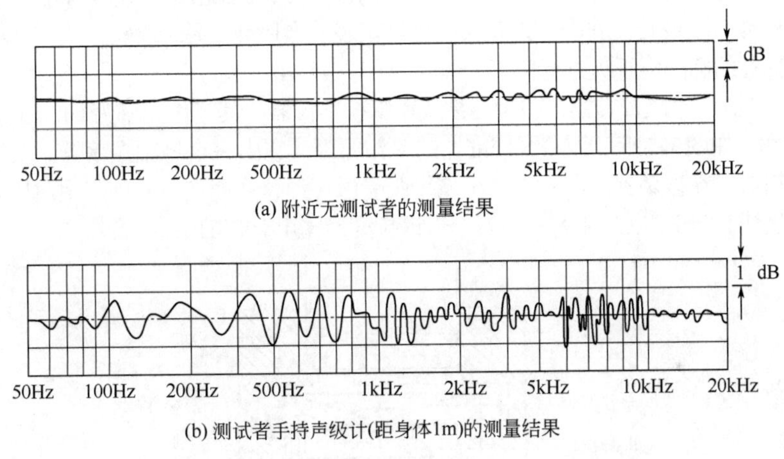

图3-3　测试者对自由场的干扰而引起的测量起伏

④ 使用注意事项 对传声器的日常维护包括：确保膜片不产生破损、划痕，避免灰尘在膜片上堆积。因此，在不使用声级计时，要将声级计放在相对洁净的环境中，尽量避免在灰尘较多或湿度过高的环境中使用声级计。不能随意取下传声器的保护罩，不能用手触摸输入触点，以防止人体静电损坏仪器。

测量前，最好避免在接通电源的情况下，将传声器与前置放大器安装到声级计上；测量结束，在拆除电池或断开电源时，声级计应处于“关”的状态。不使用声级计时，应将电池拆除或断开电源。

若传声器遇水，不可对其直接擦拭，应放置在干燥的地方使其自然晾干；在传声器自然晾干前，不得安装到声级计上使用。

(4) 声校准器

声校准器就是对声学测量仪器进行校准的仪器，是一种能在一个或几个频率点上产生一个或几个恒定声压的声源。它用于校准测试传声器、声级计及其他声学测量仪器的绝对声压灵敏度。按照校准的工作原理，声校准器主要有活塞发声器和声级校准器两种。

① 活塞发声器　如图3-4所示为活塞发声器的工作原理。当电动机以一定转速转动时，带动

一个活塞在空腔内以一定频率做往复运动，使空腔的压力发生周期性变化，从而产生稳定的声压。可以证明，空腔内生产的等效声压为

$$p = p_0 \gamma \frac{A_p s}{\sqrt{2} V} \tag{3-4}$$

式中，γ为腔中气体的比热容；p_0为大气压；A_p为活塞面积；s为活塞从中间位置开始移动的最大振幅；V为活塞在中间位置时空腔的容积加上传声器的等效容积。

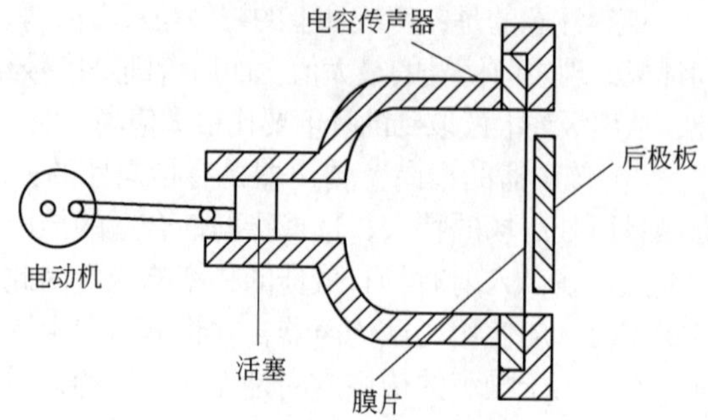

图3-4 活塞发声器原理图

一般来说，A_p、s和V都是与外界环境变化无关的量，而γ受温度的影响也很小。因此，在一定大气压下，活塞发声器所产生的声压是恒定的，可以作为恒定声源来对声级计进行校准。

活塞发声器产生的声音频率取决于电动机的转速，当转速为250r/s时，产生的声压频率为250Hz。调节电动机的转速可得到不同频率点的声压。但是，转速太高后，转子的自激振动及噪声将急剧增加，一方面影响电动机的寿命，另一方面影响校准的效果。因此，活塞发声器产生的声压频率不可能太高，常用250Hz作为校准频率，产生的声压级为124dB。一般活塞发声器产品都会给出工作频率、标准声压级及其准确度以及大气压修正表。当环境不是一个标准大气压时，应根据大气压修正表对标称的标准声压级进行修正。

② 声级校准器 声级校准器是一种便携式声学校准仪器，其工作频率为1000Hz，适用于声学仪器的现场校准。如图3-5所示为声级校准器的工作原理，它由一个稳幅振荡器、亥姆霍兹共振腔和金属振膜等组成。在振荡器的激励下，金属振膜受激振动，从而在空腔内产生声压。亥姆霍兹共振腔的作用是过滤1000Hz以外频率的声音，保证校准器输出1000Hz的纯音。

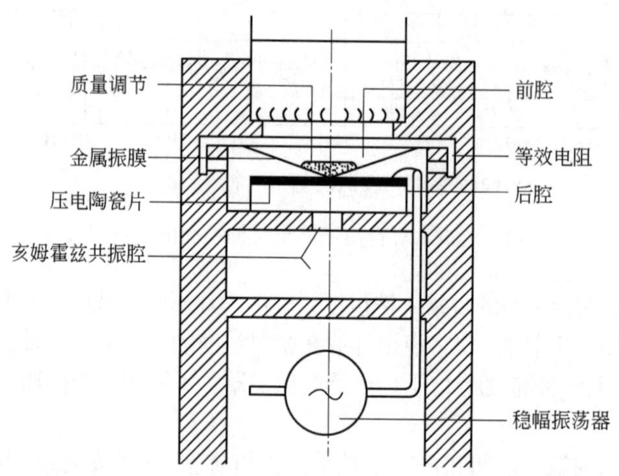

图3-5 声级校准器的工作原理示意图

当声级校准器工作在谐振点上时，其等效容积很大，可达200cm²。此时，校准传声器的等效容积对系统的影响相对较小，可以忽略不计。因此，声级校准器对传声器的放入要求不高，使用更加方便。在声级校准器中加入负反馈，能够得到性能更加稳定的校准器。B&K公司生产的4231型声级校准器就是使用了负反馈技术的新型产品，其工作原理如图3-6所示。在该校准器中配置了一个具有极高稳定性的参考传声器，它接收校准器产生的声压，并将之反馈到激励控制源，从而调节扬声器上的电压，使其产生的声压保持高度稳定。

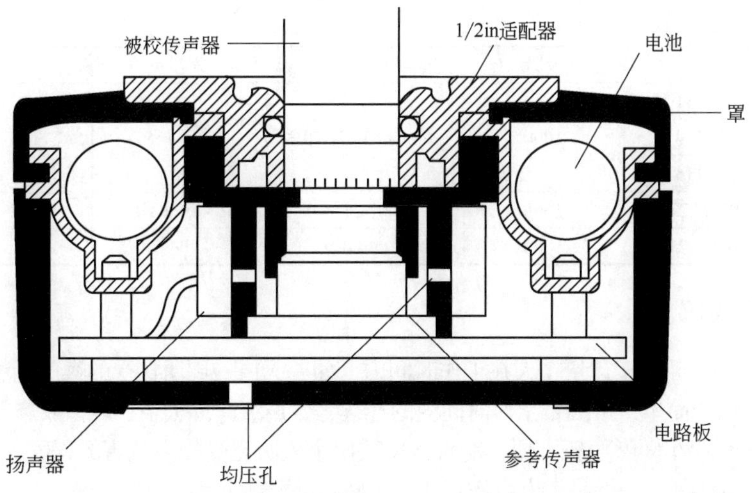

图3-6　B&K4231型声级校准器（负反馈技术）

③ 声校准器的分级　我国对声校准器进行了分级，并对各级别仪器的性能作了详细的规定。该标准为GB/T 15173—2010《电声学 声校准器》，将声校准器分成了LS级、1级和2级三个级别。表3-6和表3-7所示为不同级别声校准器的若干技术指标规定。其中，声压级允差是指在标准大气压附近（97~105kPa）、温度为20~26℃、相对湿度为40%~65%的参考环境条件下，经过生产厂家规定的稳定时间后，声校准器在20s内的平均声压级偏离标称值的允许误差。表3-8为不同声学校准器的性能参数。

表3-6　在参考环境条件及附近时声压级和短期级漂移的允差限

标称频率f范围/Hz	声压级允差限/dB			短期级漂移允差限/dB		
	LS级	1级	2级	LS级	1级	2级
31.5≤f<160	—	0.50	—	—	0.20	—
160≤f<1250	0.20	0.40	0.75	0.05	0.10	0.20
1250≤f<4000	—	0.60	—	—	0.10	—
4000≤f<8000	—	0.80	—	—	0.10	—
8000≤f<16000	—	1.00	—	—	0.10	—

注：1. 声压级允差限是声校准器产生的声压级与规定声压级之差的绝对值，加上测量扩展不确定度。
2. 短期级漂移允差限是相应测量得到的短期级漂移，加上测量扩展不确定度。
3. 对于LS级或者2级声校准器，表中符号“—”表示对此标称频率范围本标准没有给出允差限。

表3-7　在参考环境及其附近时频率的允差限

允差限/%		
LS级	1级	2级
1.0	1.0	2.0

注：1. 允差限是声校准器产生的声信号频率与相应规定频率之差的绝对值（百分数），加上测量扩展不确定度。
2. 允差限用规定频率上的百分数表示。

表3-8　不同声学校准器的性能参数

厂商	型号	工作频率/Hz	标准声压级/dB(A)	工作温度/℃	工作电压/V	准确度
丹麦B&K	4231	1000	94.0±0.2	−10~+50	3	1级
GRAS	42AB	1000	114.0±0.2	−10~+50	9	1级

续表

厂商	型号	工作频率/Hz	标准声压级/dB(A)	工作温度/℃	工作电压/V	准确度
声望	CA111	1000	94.0或114.0±0.3	-10~+50	3	1级
	CA114					
	CA115					
爱华	AWA6221A	1000	94.0或114.0	-10~+50	9	1级
	AWA6221B	1000	94.0	-10~+50	9	2级

3.1.2 噪声剂量仪

噪声剂量仪是专门用于计量个人在工作时间内，如一天或一周所接受的噪声剂量。噪声剂量仪体积一般很小，功能简单，可测量工作时间内的连续等效声级、最大值、峰值及暴露量等。用噪声剂量仪测量工矿企业车间噪声较方便，能直接反映出个人听觉受噪声危害的程度。在实际应用中，噪声剂量仪通常有两种，一种是个人声暴露计，一种是噪声剂量计。

个人声暴露计由传声器、具有A频率计权的放大器、平方频率计权声压信号的装置、时间积分器、声暴露指示器和自锁过载指示器等组成。测量期间所积累的声暴露保留在存储器中，直至仪器被复位，且不会因自锁过载指示器的触发而清除。

由于重要的是整体性能，因此实际仪器并不需要分成单独的功能单元。但为便于描述所需的特性，可将仪器看作图3-7所示的分离单元的组合。

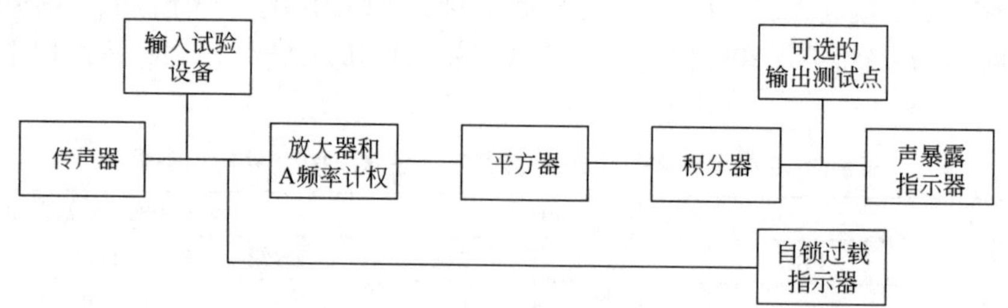

图3-7　个人声暴露计的功能单元

个人声暴露计是佩戴在个人身上测量噪声暴露的仪器。IEC 61252—2002《个人声暴露计规格》和GB/T 15952—2010《电声学 个人声暴露计规范》对个人声暴露计有关技术要求作出了规定。个人声暴露计既能测量个人的声暴露量（$Pa^2 \cdot h$），也能测量声暴露级（dB）。声暴露计使用的传声器一般佩戴于人体上，尽可能地靠近人耳，而暴露计的主体可佩戴于腰后，以连接线与传声器相连。常见的传声器佩戴的位置是胸前的口袋、衣领或肩上，以不妨碍作业人员正常工作为前提。

个人声暴露计的频率范围一般要求为63Hz~8kHz，声级范围至少应为80~130dB，声暴露指示范围应为0.1~99.9$Pa^2 \cdot h$。不同声暴露计性能参数如表3-9所示。

表3-9　不同声暴露计性能参数

厂商	型号	频率范围/Hz	动态范围/dB(A)	峰值范围/dB(C)	工作温度/℃
丹麦B&K	4444	20~20000	30~100	63~103	0~40
	4445		50~120	83~123	
	4445E		70~140	103~143	
爱华	AWA5910	20~12500	60~143	80~143	0~40
01dB	Wed007	20~20000	40~120	93~143	-10~+50
			60~140		

噪声剂量计是一种能够指示出测量噪声暴露与法定声暴露限定的百分比的仪器。例如规定每天工作8h的工人，允许噪声暴露标准为85dB，也就是声暴露为2.85Pa²·h，而实际噪声暴露级为80dB，即1.6Pa²·h，则噪声剂量为56%。当噪声剂量等于或大于100%时，表示工作环境噪声水平达到了法定限制水平，需根据相关法规或标准采取措施。

3.1.3　声强测量仪

声强的测量能够有效地解决许多现场声学测量的问题。空间某一点处的声强就是声场在该点处的声能密度。测量声源包络面上的声强分布，可以计算出声源的辐射声功率级。声强是一个矢量，具有方向性，一般考虑的是指向声源和背向声源两个方向。因此，通过声强的测量，可以达到声源定位的目的。

国际标准化组织ISO已公布了利用声强测量噪声源声功率的国际标准，即ISO 9614-1和ISO 9614-2，前者是离散点测量方法，后者是扫描法。IEC 61043—1993《电声学 声强测量仪 用声压传声器对测量》和GB/T 17561—1998《声强测量仪用声压传声器对测量》对声强测量仪作了相关的技术要求。

(1) 声强测量原理

声场中某一点上，在单位时间内，在与指定方向（或声波传播方向）垂直的单位面积上通过的平均声能量，称为声强。在静止介质中，任一点的声强等于该点处的声压$p(t)$与质点速度$u(t)$的乘积：

$$I(t)=p(t)u(t) \tag{3-5}$$

在指定方向的声强矢量的分量是

$$I_0(t)=p(t)u_0(t) \tag{3-6}$$

式中，$u_0(t)$表示质点速度在指定方向上的分量。

在声波传播方向r上，质点速度与声压的梯度的关系满足下式：

$$\frac{\partial u_r(t)}{\partial t}=-\frac{1}{\rho_0}\times\frac{\partial p(t)}{\partial r} \tag{3-7}$$

式中，ρ_0为周围介质密度。

因此，有

$$u_r(t)=-\frac{1}{\rho_0}\int\frac{\partial p(t)}{\partial r}\mathrm{d}t \tag{3-8}$$

由上式可得，只要测量出声场某一点处的声压梯度，对其进行时间积分即可求得该点处的质点速度，再利用式（3-6）即可求得声强。在Δr很小（远小于波长）的情况下，上式中的声压梯度$\partial p(t)/\partial r$可用差分$\Delta p/\Delta r$代替。因此，声场中某点的声强测量可通过两个安放适当的传声器组成的探头来进行，如图3-8所示。声强探头的两个传声器的距离很小，远小于声波的波长，测点位置在两传声器连线的中点，那么测点处的声压可近似表示为：

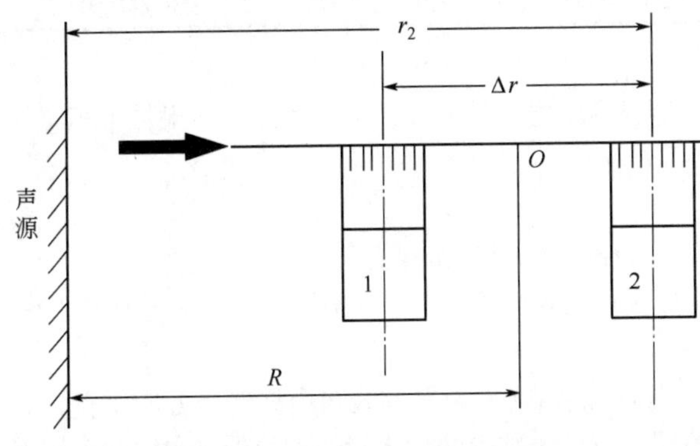

图3-8　双传声器声强探头示意图

$$p(t)=\frac{p_1(t)+p_2(t)}{2} \tag{3-9}$$

式中，p_1和p_2分别表示在点1和点2处测量得到的声压。质点速度为

$$u_r(t)=-\frac{1}{\rho_0}\int\frac{p_2(t)-p_1(t)}{\Delta r}\mathrm{d}t \tag{3-10}$$

因此，声强为

$$I(t)=p(t)u(t)=-\frac{1}{\rho_0}\times\frac{p_1(t)+p_2(t)}{2}\int\frac{p_2(t)-p_1(t)}{\Delta r}\mathrm{d}t \tag{3-11}$$

若声波传播方向是从点1指向点2，则I为正值，表示能量输出。反之，传播方向是从点2指向点1，则I为负值，表示能量输入。实际应用中，式（3-11）中的不定积分用一段时间Δt的积分值代替：

$$I=-\frac{1}{\rho_0}\times\frac{p_1(t)+p_2(t)}{2T}\int_0^{\Delta t}\frac{p_2(t)-p_1(t)}{\Delta r}\mathrm{d}t \tag{3-12}$$

当声场比较平稳时，Δt可取较小的值；当声场波动比较大时，应取较大的Δt值。

这种声强测量方法的误差主要来源于以下几个方面。

① 传声器对测点附近声场的影响。两个传声器的距离对测点所处的声场是有一定影响的，因此，并不是两个传声器距离越接近越好。

② 两个传声器不可能完全相同，传声器之间会存在一定的相位差，这等效于在传声器上附加了一个干扰相位差θ_e。这个干扰相位差会给测量带来一定的误差，该误差与干扰相位差满足如下关系：

$$\varepsilon_e=10\lg\left(1\pm\frac{\theta_e}{\Delta\varphi}\right) \tag{3-13}$$

式中，$\Delta\varphi=f\Delta r/c$，为所测声波在两个传声器处的相位差。从式（3-13）可以看到，若保持两个传声器位置不变，即θ_e不变，f越大对应的$\Delta\varphi$越大，$\Delta\varphi$越大引起的ε_e越小，故高频时相位误差较小，反之，低频时相位失配带来的误差较大。因此，所有声强测量都有一个低端的截止频率，两个传声器的匹配程度越高，则低端截止频率越低。一般声强测量的低端截止频率不小于50Hz。

③ 式（3-12）中，有限差分代替了原来的微分计算，这本身带来了计算误差。可以证明，由有限差分引起的声强测量误差ε_x为

$$\varepsilon_x=10\lg\left[\frac{\sin(2\pi f\Delta r/c)}{2\pi f\Delta r/c}\right] \tag{3-14}$$

当$f\Delta r/c\ll 1/(2\pi)$时，ε_x趋于零，因此，f不能太大，否则误差ε_x变大。因此，式（3-14）表明声强测量有一个高端截止频率。

由于ε_e和ε_x都与$f\Delta r$的值相关，因此，为了准确地得到噪声的声强频谱，对于不同的频段可使用不同的传声器间隔进行测量。表3-10所示为不同Δr值对应的频率响应。

表3-10　不同Δr值对应声强探头的频率范围

传声器外径	Δr/mm			
	6	12	25	50
1/4in①	250Hz~10kHz	125Hz~5kHz	—	—
1/2in	—	125Hz~5kHz	63Hz~2.5kHz	31.5Hz~1.25kHz

① 1in=0.0254m。

④ 传声器自身的指向性和标定，两个传声器灵敏度之间的差异，也会给测量结果带来相应的误差。

（2）声强探头

按质点速度的测量原理，声强测量探头可以分为p-p探头和p-u探头两种。

① p-p探头　利用两个传声器组成的声强探头称为p-p探头。传声器的组合方式通常有4种：并列式、顺置式、面对面式和背靠背式。

并列式声强探头的两个传声器的中心轴线平行，测量时传声器轴线与声波传播方向垂直，如图3-8所示。这种形式比较方便调整传声器的位置，有利于减少两者之间的相位误差。但两个传声器之间的距离受限于两者的外径大小，不利于提高测量的高端截止频率。

顺置式探头的两个传声器前后布置在一根轴线上，声波对传声器反向入射。这种结构能产生较大的声压梯度，但是会导致前置放大器与传声器分开安装，不利于产品化，也增加了测试实验的难度。

面对面式探头是把两个传声器面对面地布置在一根轴线上，测量时传声器中心轴线与声波传播方向一致，如图3-9所示。这种组合方式是目前应用最为广泛的一种方式，因为它几乎可以任意地调节两个传声器之间的距离，在使用上十分方便。

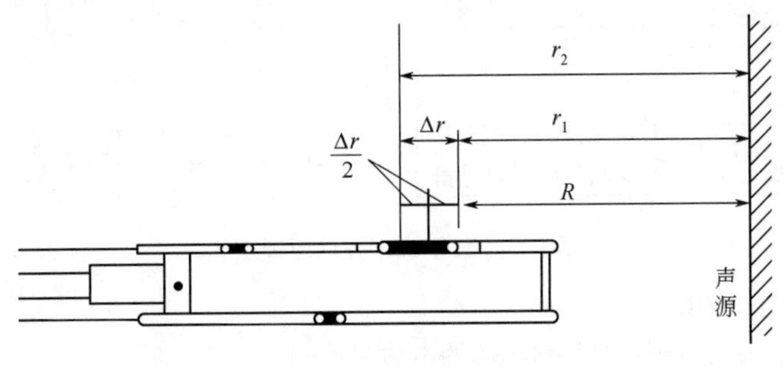

图3-9 面对面式声强探头

背靠背式探头仅仅适用于两个薄型的驻极体传声器的组合，否则无法保证两传声器之间有足够小的距离。因此，这种组合方式在实际中甚少采用。

② p-u探头 p-u探头是由直接测量质点速度的Microflown传感器和声压传声器组成的。它同时测量声场中某点的质点速度和声压，通过式（3-5）便可以得到该点的声强。这是对声强最直接的测量方法。

(3) 声强测量仪工作原理

声强测量仪也称为声强计，是测量声强的仪器。声强计的组成与声级计相似，所不同的是，声强计安装有两个声传感器（组成声强探头），把测量得到的声压信号换算为声强信号。声强计大致有三种：第一种是模拟式声强计，利用模拟电路技术对信号进行处理，能提供线性或A计权声强或声强级的单值结果，也能对声强进行倍频程或1/3倍频程分析；第二种是利用数字滤波技术的数字式声强计，利用两个相同的1/3倍频程数字滤波器对声强进行频谱实时分析；第三种是通过互功率谱计算声强的双通道FFT分析仪，能够进行窄带分析。

如图3-10所示为小型模拟式声强计原理框图。这种仪器通过模拟电路能够实时地测量声压级、质点速度和声强级。但是，这种声强计功能较少，数据存储和调阅能力较差而且由于采用模拟滤波器，因两传声器的相位失配引起的误差将大大增加，所以对组成探头的两传声器的匹配度有很高的要求。

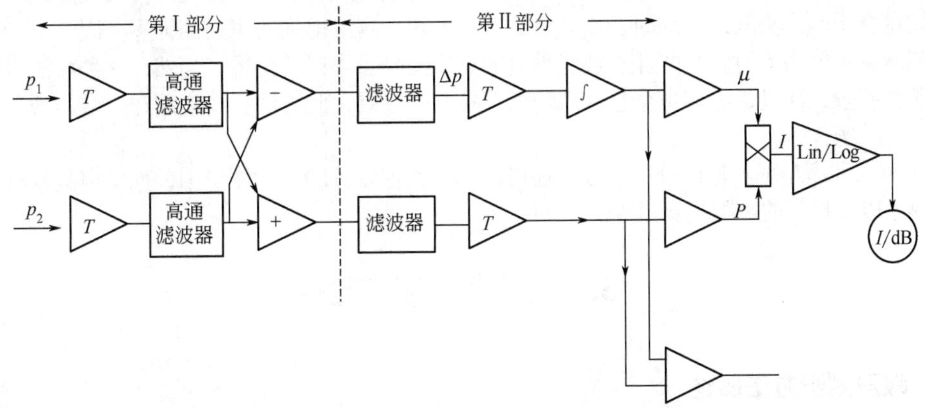

图3-10 模拟式声强计原理框图

如图3-11所示为数字式声强计原理框图。声信号经过1/3倍频程数字滤波器被输入到求和、求差及积分电路后，再由乘法器、线性/对数转换器等处理，最后便得到1/3倍频程声强级的实时值。由于数字滤波器是将同一滤波器单元在同一时间接收到的两个通道的信号进行平分，使两个滤波器通道的相位函数完全相同，因此可避免相位失配带来的误差问题。

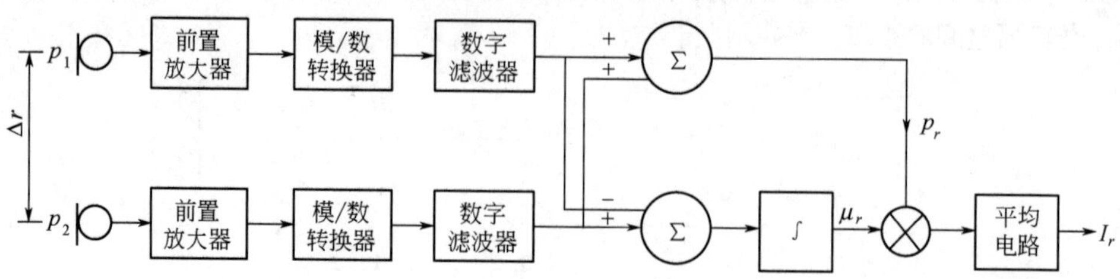

图3-11　数字式声强计原理框图

（4）声强测量仪的应用

声强测量技术的最大应用就是测量声源的声功率。

声强是一个声能密度的概念，是指通过单位面积的声能，因此测量一个包围声源的包络面上的声强之和就是该声源的声功率。可用下式表示：

$$W=\oint_S I_n \mathrm{d}S \tag{3-15}$$

式中，W为辐射声功率；I_n为声强在面元$\mathrm{d}S$的法线方向分量；S为包含整个声源的包络面。

若包络面外存在其他声源，其辐射声场并不影响测量。这是因为对于简单封闭的包络面来说，除非其内部存在吸声物，否则根据能量守恒定律，从某一位置传入的声能，必然从包络面的其他位置传出。而声强的方向性正好体现了这种能量进出包络面的关系，因此，包络面外任一声源辐射声场在包络面上的声强分布，在式（3-15）的积分中都将为零，完全不影响包络面内声源声功率的测量。

在实际测量过程中，不可能对包络面上的所有点进行声强测量，而是把包络面按一定的规则划分为若干大小的面元，然后将声强计逐一置于这些面元中心点进行测量，这些中心点的声强代表了对应面元的声强值，那么式（3-15）的积分便可用有限求和代替：

$$W=\sum_{i=1}^{n} I_{ni} S_i \tag{3-16}$$

当然，有限求和给测量带来了一定的误差，但是只要测量点数足够多，误差是可以接受的。测量点数越多，结果就越精确，但是测量效率也越低，因此，实际的测试需要在测量的精度和效率之间进行权衡。

噪声源识别则是声强计的另一个重要的应用。在自由声场中，当声源与两探头间连线中心点所在的直线垂直于两探头间的连线时，由式（3-12）可知，测量得到的声强值为零。因此，转动声强探头，当测量示值为零时，与两探头连线垂直的方向便是噪声源的位置。当然，这种声源辨识方法的使用条件有限，而且，随着声全息、声阵列等技术的发展，此方法主要应用在一些声源单一、测试要求不高的场合中。

除了声强和声功率测量以外，声强计还可以用于其他多种的声学测量中，如噪声吸收测量、隔声特性测量以及材料的声阻抗测量等。

3.2　噪声测量方法

3.2.1　噪声测量方法概述

在进行噪声测量时，首先要明确测量目的，要想得到什么信息，这样才能有的放矢，选择正确的方法、标度和单位。同时为了能得到一致的结果，还要注意一些事项。

大部分噪声问题可以分为两大类。一类是要确定噪声源所辐射的噪声的大小和特性，或者是在规定条件下，声源性能预测的问题。对于这类问题，噪声测量的目的是要确定某些物理量，通常是在一定点处的声压级或声源的声功率级。噪声的特性可通过频谱和声级与时间的关系，以及声场的特性来描述。另一类是噪声对人们各种影响的评价和预测问题。对于这类问题，噪声测量的目的是要得到一个表示声级大小与噪声对人影响的关系的量，这往往不能直接用现有的物理仪器测量，还应考虑人的主观效应，所以是麻烦而复杂的。一个具体的噪声问题通常与这两类问题都有关。例如，许多噪声处理的目的是把声源辐射的噪声减小到人们可接受（允许）的程度。

噪声可按其各种特征进行分类：按其频谱特征分，可分为连续谱和具有可听单频声的频谱；按其声级（或声压级）和时间关系分，可分为稳态噪声（在观察时间内，具有可忽略不计的声级起伏的噪声）、非稳态噪声（在观察过程中，声级变化很大的噪声）、间歇噪声（在观察过程中，声级多次突然下降到背景噪声级的噪声。声级保持在不同于环境声级的常值的时间为1s或1s以上）、脉冲噪声（由一个或多个猝发声组成的噪声，每次猝发声的持续时间通常小于1s）等。

在选择测量方法时，要根据上述噪声问题特性以及描述噪声问题所需要的严密程度。一般有下列三种方法。

① 调查法　这种方法要求最少的时间和设备。它可用于性质相似噪声源之间的比较。用声级计测得的声级来描述，准确程度要求不高，只用有限的测点数，对声学环境不做详细的分析，但要记录被测噪声的时间关系。

建议采用A或C声级。因为C声级是总声压级很好的近似。A声级对评价人的响应是有用的。一般说来，调查法对评价降低噪声措施提供的信息是有限的。

② 工程法　在这种方法中，声级或声压级的测量要比较准确并补充以频带声压级的测量，并记录声级的时间关系。声学环境要做分析，以求出其对测量的影响。测点和频率范围根据噪声源的特性及其工作环境选择。此方法提供的资料，对许多情况下采取工程措施，例如噪声治理方案，通常是够用的。

③ 精密法　这种方法对噪声问题进行了完全的描述。声级或声压级的测量更为准确并补充以频带声压级的测量。按照噪声的持续时间和起伏特性，在适当的时间段上做记录。声学环境要做仔细分析，测点和频率范围根据噪声源的性质和工作环境选择。如有可能，环境对测量的影响要做定量分析。这可以在能控制的实验室条件下，例如在消声室或混响室中进行测量。这种方法在要求对声场进行严密描述的情况下使用。

不论用哪种方法，有一点要注意，即测量位置的选择，应避免别的声源或其他物体的影响，或声源形状的细小不规则性对结果的重大影响。如果这些干扰不能消除的话，则必须考虑并求出它们对结果的影响。

3.2.2　环境噪声测量

环境噪声测量包括城市区域环境噪声测量、道路交通噪声测量、机动车辆噪声测量和航空噪声测量等。

（1）城市区域环境噪声测量方法

为了掌握城市区域环境噪声的总体水平，为制订噪声控制规划和管理提供依据，需要对城市区域环境噪声进行测量。GB 3096—2008《声环境质量标准》规定了具体方法。

① 城市区域环境噪声普测——网格测量法　先在城市某一区域或整个城市的地图上做网格，使网格完全覆盖住被普查的区域，每一网格中的工厂、道路及非住宅建筑面积之和不得大于网格面积的50%，否则视为该网格无效。有效网格总数不应少于100个。通常以500m×500m为网格单元，

如果城市区域小，可按250m×250m划分网格单元。测量点在每个网格中心，若中心点的位置不宜测量（如房顶、污沟和禁区等），可移到旁边能测量的位置。

测量仪器是精密声级计或普通声级计。测量一般应选在无雨、无雪的天气（特殊情况除外），测量时加防风罩，以避免风噪声干扰和保持传声器膜片清洁。在大风天气（4级以上）应停止测量。测量时要判断噪声的来源，记录周围声学环境。

测量时间分白天和夜间两部分。每次每个测点测量10min的连续等效A声级（L_{eq}）。将全部网格中心测点测得的10min连续等效声级做算术平均运算，所得平均值就代表某一区域或全市的噪声水平。

测量结果通常以等效声级L_{eq}绘出的区域噪声污染图表示。一般以5dB为一个等级（如61~65dB，66~70dB，71~75dB，……），可用不同颜色或阴影表示各噪声等级。如对白天和夜间的噪声分别做了测量，可分别绘制白天和夜间的噪声污染图，也可将昼夜等效声级绘制成噪声污染图。

还可用全部各网点的等效声级L_{eq}和累计声级L_{10}、L_{50}、L_{90}的算术平均值、最大值及其标准偏差δ表示城市或区域的噪声水平，与各城市区域噪声水平作比较。

② 城市区域环境噪声监测——定点测量方法　在标准规定的城市建设区中，优化选取一个或多个能代表某一区域或整个城市建设区域环境噪声平均水平的测点，进行噪声定点监测。白天测量应分别在规定的早晚时间各取样一次，代表该监测点白天的噪声分布；夜间测量在规定时间内取样一次，代表该点夜间的噪声分布。必要时进行24h测量，测量每小时的等效声级及白天A声级的能量平均值L_d、夜间A声级的能量平均值L_n。某一区域城市白天（或夜间）的环境噪声平均水平为：

$$L=\sum_{i=1}^{n}L_i\frac{S_i}{S} \tag{3-17}$$

式中　L_i——第i个测点测得的白天或夜间连续等效A声级，dB；

S_i——第i个测点所代表的区域面积，m^2；

S——整个区域或城市的总面积，m^2。

将每小时测得的连续等效A声级按时间排列，得到24h时间变化图形，可用于表示某一区域或城市环境噪声的时间分布规律。

当需要了解城市环境噪声随时间的变化时，应选择具有代表性的测点进行长期监测。测点的选择应根据条件决定，一般不能少于7个，分别布置为：繁华市区1点，典型居民区1点，交通干线两侧各1点，工厂区1点，混合区2点。

测量仪器选用普通声级计或精密声级计，也可选用自动监测系统。传声器位置和高度没有限制，但必须高于地面1.2m。

测量次数最好每月一次，至少每季度一次，分别在白天和夜间进行。不同测点测量时间可以不同，但同一测点每次测量的时间必须保持一致。如果设置自动监测系统，可长年进行观测，测量次数不受限制。

每次测量结果的等效声级表示该测点每月或每季的噪声水平。一年内测量结果表示该测点噪声随月、季度的变化情况；由每年的测量结果，可观察噪声污染的逐年变化情况。

（2）道路交通噪声测量方法

根据GB/T 3222.1—2022《声学　环境噪声的描述、测量与评价　第1部分：基本参量与评价方法》和GB/T 3222.2—2022《声学　环境噪声的描述、测量与评价　第2部分：环境噪声级测定》的规定进行测量。

城市交通噪声的测点必须选择在市区交通干线一侧的人行道上距马路20cm处，测点距路口大于50m。该测点的噪声可代表两路口间该段马路的噪声。交通干线指的是机动车辆流量在100辆/h以上的马路。

测量仪器选用普通声级计或精密声级计，传声器距地面1.2m，垂直指向公路，可以手持，也可用三脚架。

由于测量点设在人行道上，应尽量避免人群围观或有意在声级计附近大声喧哗。在测量时段内，应记录车流量。在测量前或测量后，应测量路面宽度和两路口间的路长。

测量结果可按有关规定绘制成交通噪声污染图，并以全市各交通干线的等效声级L_{eq}和累计声级L_{10}、L_{50}、L_{90}的算术平均值、最大值及其标准偏差δ表示全市交通噪声水平，用于城市间交通噪声的比较。

交通噪声等效声级和累计声级的平均值用加权算术平均方法计算，即

$$L=\frac{1}{l}\sum_{i=1}^{n}L_i l_i \tag{3-18}$$

式中 l——全市交通干线的总长度，km；

l_i——第i段干线的长度，km；

L_i——第i段干线测得的等效声级或统计声级，dB。

(3) 机动车辆噪声测量方法

机动车辆包括各类型汽车、拖拉机、摩托车等。要降低城市交通噪声，主要应降低车辆噪声，GB 1495—2002《汽车加速行驶车外噪声限值及测量方法》和GB/T 18697—2002《声学 汽车车内噪声测量方法》分别规定了机动车辆的车外噪声、车内噪声的测试规范。

1) 汽车加速行驶车外噪声的测量方法

① 测量仪器 所有测量仪器均应按国家有关计量仪器的规定进行定期检验。

a.声学测量。测量用声级计或其他等效的测量系统应不低于GB/T 3785.1—2010《电声学 声级计 第1部分：规范》规定的1级声级计的要求。测量时应使用“A”频率计权特性和“F”时间计权特性。当使用能自动采样测量A声级的系统时，其读数时间间隔不应大于30ms。

测量前后，必须用符合GB/T 15173—2010《电声学 声校准器》规定的1级声校准器按制造厂的规定对声级计进行校准。在没有再做任何调整的条件下，如果后一次校准读数相对前一次校准读数的差值超过0.5dB，则认为前一次校准后的测量结果无效。校准时的读数应记录在表3-11中。

表3-11 汽车加速行驶车外噪声测量记录表

测量日期____________ 测量地点_____________ 路面状况 ________________

天气_______________ 气温（℃）___________ 风速（m/s）______________

汽车：型号__________ 出厂日期____________ 已驶里程（km）___________

额定载客人数或最大总质量（kg）________汽车分类（$M_{1\text{-}3}$，$N_{1\text{-}3}$）___________

发动机：型式_________________ 型号_________________________

额定功率（kW）______________ 额定转速（r/min）______________

变速器：型号_______前进挡位数_______型式（手动、自动或其他）__________

声级计：型号_______准确度等级_______检定有效日期_____________

校准器：型号_______准确度等级_______检定有效日期_____________

校准值：测量前______dB 测量后______dB 背景噪声___________dB（A）

转速（车速）仪：型号_________准确度__________检定有效日期_______

温度计：型号___________准确度__________检定有效日期__________

风速仪：型号___________准确度__________检定有效日期__________

选用挡位或车速	位置	次数	发动机转速或车速(r/min或km/h)		测量结果/dB(A)	各侧平均值/dB(A)	中间结果/dB(A)	备注
			入线	出线				
	左侧	1						
		2						
		3						
		4						

续表

选用挡位或车速	位置	次数	发动机转速或车速(r/min或km/h)		测量结果/dB(A)	各侧平均值/dB(A)	中间结果/dB(A)	备注
			入线	出线				
	右侧	1						
		2						
		3						
		4						
	左侧	1						
		2						
		3						
		4						
	右侧	1						
		2						
		3						
		4						
	左侧	1						
		2						
		3						
		4						
	右侧	1						
		2						
		3						
		4						

汽车加速行驶最大噪声级［dB（A）］________测量人员________驾驶人员________

其他说明____

b. 转速、车速测量。必须选用准确度优于±2%的发动机转速表或车速测量仪器来监测转速或车速，不得使用汽车上的同类仪表。

c. 气象参数测量。温度计的准确度应在±1℃以内。风速仪的准确度应在±1.0m/s以内。

② 测量条件

a. 测量场地。测量场地（如图3-12所示）应达到的声场条件是：在该场地的中心（*O*点）放置一个无指向小声源时，半球面上各方向的声级偏差不超过±1dB。如果下列条件满足，则可以认为该场地达到了这种声场条件。

第一，以测量场地中心（*O*点）为基点、半径为50m的范围内没有大的声反射物，如围栏、岩石、桥梁或建筑物等。

第二，试验路面和其余场地表面干燥，没有积雪、高草、松土或炉渣之类的吸声材料。

第三，传声器附近没有任何影响声场的障碍物，并且在声源与传声器之间没有任何人站留。进行测量的观察者也应站在不致影响仪器测量值的位置。

测量场地应基本上水平、坚实、平整，并且试验路面不应产生过大的轮胎噪声。该路面应符合噪声测量试验路面的要求。

b. 气象。测量应在良好天气中进行。测量时传声器高度的风速不应超过5m/s。必须注意测量结果不受阵风的影响。可以采用合适的风罩，但应考虑到其对传声器灵敏度和方向性的影响。气象参数的测量仪器应置于测量场地附近，高度为1.2m。

c. 背景噪声。背景噪声（A声级）至少应比被测汽车噪声低10dB。

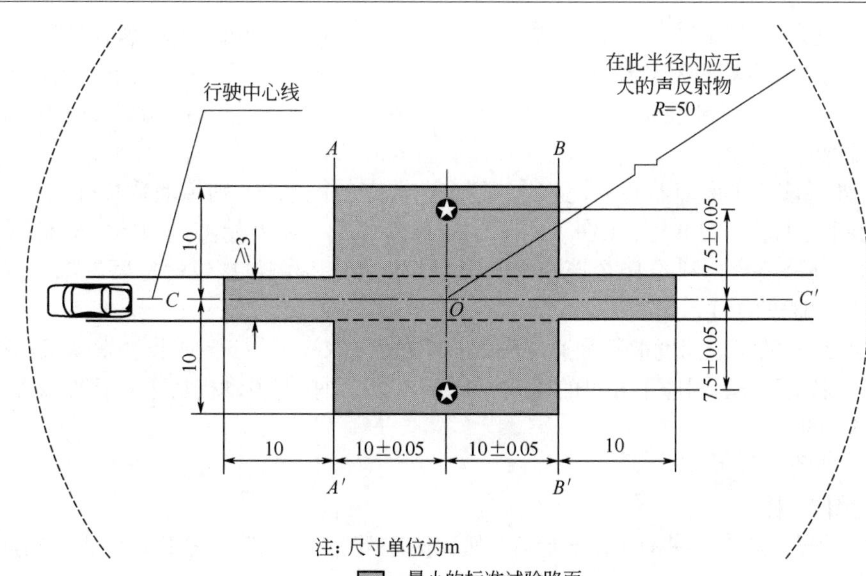

图3-12　测量场地和测量区及传声器的布置

d. 汽车。被测汽车应空载，不带挂车或半挂车（不可分解的汽车除外）；被测汽车装用的轮胎由汽车制造厂选定，必须是该车型指定选用的型式之一，不得使用任一部分花纹深度低于1.6mm的轮胎。必须将轮胎充至厂定的空载状态气压；在开始测量之前，被测汽车的技术状况应符合该车型的技术条件（特别是该车的加速性能）和GB/T 12534—90《汽车道路试验方法通则》的有关规定(包括发动机温度、调整、燃油、火花塞等)。

如果汽车有两个或更多的驱动轴，测量时应采用道路上行驶常用的驱动方式。

如果汽车装有带自动驱动机构的风扇，在测量期间应保持其自动工作状态。如果该车装有诸如水泥搅拌器，空气压缩机（非制动系统用）等设备，测量期间不要启动。

③ 测量方法

a. 测量区和传声器的布置。加速行驶测量区域按图3-12确定。O点为测量区的中心，加速段长度为2×（10m±0.05m），AA'线为加速始端线，BB'线为加速终端线，CC'为行驶中心线。

传声器应布置在离地面高1.2m±0.02m，距行驶中心线CC' 7.5m±0.05m处，其参考轴线必须水平并垂直指向行驶中心线CC'。

b. 汽车挡位选择和接近速度的确定。

• 手动变速器。

第一，挡位选择。

对于M_1和N_1类汽车，装用不多于四个前进挡的变速器时，应用第二挡进行测量。

对于M_1和N_1类汽车，装用多于四个前进挡的变速器时，应分别用第二挡和第三挡进行测量。如果用第二挡测量时，汽车尾端通过BB'线时发动机转速超过了发动机额定转速S，则应逐次按5%S降低接近AA'线时发动机的稳定转速N_A，直到通过BB'线时的发动机转速不再超过S。如果N_A降到了怠速，通过BB'线时的转速仍超过S，则只用第三挡测量。但是，对于前进挡多于四个并装用额定功率大于140kW的发动机，且额定功率与最大总质量之比大于75kW/t的M_1类汽车，假如该车用第三挡其尾端通过BB'线时的速度大于61km/h，则只用第三挡测量。

对于除M_1和N_1类以外的汽车，前进挡总数为X（包括由副变速器或多级速比驱动桥得到的速

比）的汽车，应该用等于或大于X/n的各挡分别进行测量。对于发动机额定功率不大于225kW的汽车，取n=2；对于额定功率大于225kW的汽车，取n=3。如果X/n不是整数，则应选择较高整数对应的挡位。从第X/n挡开始逐渐升挡测量，直到该车在某一挡位下尾端通过BB'线时发动机转速第一次低于额定转速时为止。

注意：如果该车主变速器有8个速比，副变速器有2个速比，则传动系共有16个挡位。如果发动机的额定功率为230kW，$(X/n)=(8\times2)/3=16/3=5.33$，则开始测量的挡位就是第6挡（也就是由主副变速器组合得到的16个挡位中的第6挡），下一个测量挡位就是第7挡，等等。

第二，接近速度的确定。

接近AA'线时的稳定速度取下列速度中的较小值：50km/h；对于M_1类和发动机功率不大于225kW的其他各类汽车：对应于3S/4的速度；对于M_1类以外的且发动机功率大于225kW的各类汽车：对应于S/2的速度。

- 自动变速器。

第一，挡位选择。

如果该车的自动变速器装有手动选挡器，则应使选挡器处于制造厂为正常行驶而推荐的位置来进行测量。

第二，接近速度的确定。

对于有手动选挡器的汽车，其接近速度按手动变速器接近速度的确定方法确定。

如果该车的自动变速器有两个或更多的挡位，在测量中自动换到了制造厂规定的在市区正常行驶时不使用的低挡（包括慢行或制动用的挡位），则可采取以下任一措施。

将接近速度提高，最大到60km/h，以避免换到上述低挡的情况。

保持接近速度为50km/h，加速时将发动机的燃油供给量限制在满负荷所需的95%。以下操作可以认为满足这个条件：对于点燃式发动机，将节气门开到全开角度的90%；对于压燃式发动机，将喷油泵上供油位置控制在其最大供油量的90%。

装设防止换到上述低挡的电子控制装置。

对于无手动选挡器的汽车，应分别以30km/h、40km/h、50km/h（如果该车道路上最高速度的3/4低于50km/h，则以其最高速度3/4的速度）的稳定速度接近AA'线。

c. 加速行驶操作。汽车应以上述规定的挡位和稳定速度接近AA'线，其速度变化应控制在±1km/h之内；若控制发动机转速，则转速变化应控制在±2%或±50r/min之内（取两者中较大值）。

当汽车前端到达AA'线时，必须尽可能地迅速将加速踏板踩到底（即节气门或油门全开），并保持不变，直到汽车尾端通过BB'线时再尽快地松开踏板（即节气门或油门关闭）。

汽车应直线加速行驶通过测量区，其纵向中心平面应尽可能接近中心线CC'。

如果该车是由牵引车和不易分开的挂车组成，确定尾端通过BB'线时不考虑挂车。

d. 声级测量。在汽车每一侧至少应测量四次；应测量汽车加速驶过测量区的最大声级。每一次测得的读数值应减去1dB（A）作为测量结果；如果在汽车同侧连续四次测量结果相差不大于2dB（A），则认为测量结果有效；将每一挡位（或接近速度）条件下每一侧的四次测量结果进行算术平均，然后取两侧平均值中较大的作为中间结果。

e. 汽车最大噪声级的确定。对于手动变速器而言，有以下确定方法。

对于M_1和N_1类汽车，装用不多于四个前进挡的变速器时的挡位条件，直接取中间结果作为最大噪声级。

对于M_1和N_1类汽车，装用多于四个前进挡的变速器时的挡位条件，如果用了第二挡和第三挡测量时，取两挡中间结果的算术平均值作为最大噪声级。如果只用了第三挡测量时，则取该挡位的中间结果作为最大噪声级。

对于除M_1和N_1类以外的汽车的挡位条件，取发动机未超过额定转速的各挡中间结果中最大值作为最大噪声级。

对于有手动选挡器的汽车，取中间结果作为最大噪声级。

对于无手动选挡器的汽车，取各速度条件下中间结果中最大值作为最大噪声级。

如果按上述规定确定的最大噪声级超过了该车型允许的噪声限值，则应在该结果对应的一侧重新测量四次，此四次测量的中间结果应作为该车型的最大噪声级。

应将最大噪声级的值按有关规定修约到一位小数。

④ 测量记录　有关被测汽车和测量仪器的技术参数、测量条件和测量结果等数据都应填写在表3-11中。测量中其他需要说明的情况，应填写在“其他说明”一栏中。

2）汽车匀速行驶车外噪声测量方法

① 车辆用直接挡位，油门保持稳定，以50km/h的车速匀速通过测量区域。拖拉机以最高挡位、最高车速的3/4匀速驶过测量区域。

② 声级计用“A”计权网络、“快”挡进行测量，读取车辆驶过时声级计表示的最大读数。

③ 同样的测量往返进行2次，车辆同侧2次测量结果之差不应大于2dB，把测量结果记入相关表格中。若只用一个声级计测量，同样的测量应进行4次，即每侧测量2次。

3）车内噪声测量

① 车内噪声测量条件　测量跑道应有足够试验需要的长度，应是平直、干燥的沥青路面或混凝土路面；测量时风速（指相对于地面）应不大于20km/h；测量时车辆门窗应关闭；车内环境噪声必须比所测车内噪声低10dB以上，并保证测量不被偶然的其他声源干扰；车内除驾驶员和测量人员外，不应有其他无关人员。

② 传声器位置　由于汽车车内噪声级明显与测量位置有关，应该选择能够代表驾驶员和乘客耳旁的车内噪声分布的足够的测点。

一个测量点必须选在驾驶员座位。

对于轿车来说，也可以在后排座位上追加一个测量点。

注意：对于公共汽车来说，应该考虑在中间和后部追加测量点，在汽车的纵向轴线附近。

合适的座位和站立位置都应作为测量点。测量点的确切位置应该标示在简图中。在测试过程中，除驾驶员位置外，所选的测量位置上不得有人。

传声器离车厢壁或座椅垫的距离必须大于0.15m。

传声器应以最大灵敏度的方向（具体方向按照制造厂规定）水平指向测量位置坐着或站立的乘客视线方向。如果不能定义这个方向，则应指向行驶方向。只要声级计的制造厂家未做说明，则（传声器）最大灵敏度的方向应与其中心方向一致。

所采用的传声器在测试噪声过程中必须按一定形式安装，以使其不会受到汽车振动的影响。（传声器）安装应能防止其与汽车之间产生过大（振幅约为20mm）的相对运动。

a. 座位处的传声器位置（如图3-13所示）。传声器的垂直坐标是（无人）座椅的表面与靠背表面的交线以上（0.70±0.05）m处（如图3-13所示）。水平坐标应在座椅的中心面（或对称面）上。

在驾驶员座位上，水平横坐标向右（右置方向盘的汽车则向左）到座位中心面的距离为（0.20±0.02）m。可调节的座椅应该调节到水平和垂直的中间位置，如果座椅的靠背也是可调的，则应尽可能使其处于垂直位置，可调节的头枕应该处于中间位置。

b. 站立处的传声器位置。垂直坐标应在地板以上（1.6±0.1）m处。水平坐标应在所选测点站立的位置上。

c. 卧姿的传声器位置。卧姿指处于汽车或货车的卧铺和救护车的担架等状态。传声器须放在（无人）枕头的中部以上（0.15±0.02）m处。

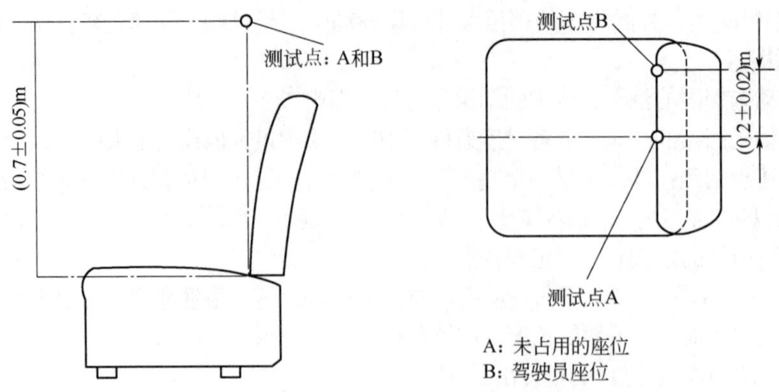

图3-13 传声器相对于座椅的位置

③ 测量步骤

a. 对于匀速行驶试验，从60km/h或最高车速的40%（取两者较小值）到120km/h或最高车速的80%（取两者较小值）范围内，至少以等间隔的5种车速进行A声级测量。

b. 对于油门全开加速试验，应记录在所规定的加速范围内出现的A声级最大值，并应在测试报告中加以说明。

c. 对于定置噪声试验，应记录怠速时A声级读数和油门全开过程中最大声级读数，并要在测试报告中加以说明。在稳定的高速空转转速时声级值可作为附加读数。

d. 对于验证性试验，必须在每一个测点上，对每一种运转工况，至少测量2次。如果A声级在任何一种运转工况下，两次测量值之差超过3dB，则必须继续测试，一直到两次连续的测量读数差值在3dB范围内为止，这两次测量的平均值便可作为测试结果。对符合匀速行驶的噪声测试来说，这样的平均值将被用来得到回归曲线（见步骤f）。

在试验报告中给出的数值，应该修约到最接近的整数（单位为dB）。对于检查性试验，在所选择的测点上，在每一个规定的测试条件下，各进行一次测试便可。不符合一般声级特性的异常读数应予以忽略。

e. 如果所显示的声级计读数有波动，则应该确定读数的平均值。个别很高的峰值可不予考虑。

f. 匀速行驶时噪声测试的评定方法，如以下所述。

声级是汽车速度的函数，此函数可用线性回归曲线来说明。将此回归曲线绘入同一图中，此图是借助线性刻度表示的L_{eq}和车速的关系，而此车速是按步骤a和步骤d得出的。为了测定此（回归）曲线，建议采用最小二乘法。

从这个回归曲线中，可以得出当速度为120km/h或最大车速的80%时（取较小值）的声级L_{eq}的数值。如果在此速度或小于此速度下测得的声压级超过上述数值3dB以上，则必须对这些测量数值中的最大值加以说明。

在尽可能接近选择的速度上测量倍频程或1/3倍频程谱。使得由频谱的A计权值在上述规定的回归直线的2dB之内。对应这些频谱的车速，必须在试验报告中加以说明。

注意：此方法的目的是，避免在规定的速度下由于车内共鸣导致的对车内噪声的过高估计；为了对汽车车内的A声级进行更加概括的描述，可以在回归曲线中得出车速为60km/h或为最大车速的40%时（取两者中较小值）的A声级，并给予附加说明。

g. 如果存在明显可听见的纯音或具有明显脉冲特征的噪声，则应在试验报告中加以特别说明。

3.2.3 工业企业噪声测量

工业企业噪声测量分为工业企业生产环境噪声测量、机器设备噪声现场测量和工业企业边界噪声测量三种。

(1) 工业企业生产环境噪声测量

安装传声器的高度要求：测量时，传声器位置应在操作人员的耳朵位置，但人需离开。

测点选择的原则：若车间内各处A声级波动小于3dB，只需在车间内选择1~3个测点；若车间内各处声级波动大于3dB，应按声级大小，将车间分成若干区域，任意两区域的声级应大于或等于3dB，每个区域内的声级波动必须小于3dB，每个区域取1~3个测点。这些区域必须包括工人经常工作、活动的地点和范围。

对稳态噪声测量A声级，记为dB（A）；对非稳态噪声，测量等效连续A声级或测量不同A声级下的暴露时间，计算等效连续A声级，测量时使用慢挡，取平均读数。

测量时要注意减少环境因素对测量结果的影响，应避免或减少气流、电磁场、温度和湿度等因素对测量结果的影响。

测量结果记录于表3-12和表3-13。在表3-13中，A声级暴露时间必须填入对应的中心声级下面，以便计算。如78~82dB（A）的暴露时间填在中心声级80dB（A）栏之下，83~87dB（A）的暴露时间填在中心声级85dB（A）栏之下。

表3-12 工业企业噪声测量记录表

______厂______车间，厂址______，____年____月____日

<table>
<tr><td colspan="2" rowspan="4">测量仪器</td><td colspan="2">名称</td><td colspan="2">型号</td><td colspan="6">校准方法</td><td colspan="2">备注</td></tr>
<tr><td colspan="2"></td><td colspan="2"></td><td colspan="6"></td><td colspan="2"></td></tr>
<tr><td colspan="2"></td><td colspan="2"></td><td colspan="6"></td><td colspan="2"></td></tr>
<tr><td colspan="2"></td><td colspan="2"></td><td colspan="6"></td><td colspan="2"></td></tr>
<tr><td colspan="2" rowspan="5">车间设备状况</td><td colspan="2" rowspan="2">机器名称</td><td colspan="2" rowspan="2">型号</td><td colspan="2" rowspan="2">功率</td><td colspan="4">运转状态</td><td colspan="2" rowspan="2">备注</td></tr>
<tr><td colspan="2">开(台)</td><td colspan="2">停(台)</td></tr>
<tr><td colspan="2"></td><td></td><td></td><td></td><td></td><td colspan="2"></td><td colspan="2"></td><td colspan="2"></td></tr>
<tr><td colspan="2"></td><td></td><td></td><td></td><td></td><td colspan="2"></td><td colspan="2"></td><td colspan="2"></td></tr>
<tr><td colspan="2"></td><td></td><td></td><td></td><td></td><td colspan="2"></td><td colspan="2"></td><td colspan="2"></td></tr>
<tr><td colspan="2">测点分布图</td><td colspan="2"></td><td></td><td></td><td></td><td></td><td colspan="2"></td><td colspan="2"></td><td colspan="2"></td></tr>
<tr><td rowspan="6">数据记录</td><td rowspan="2">测点</td><td colspan="2">声级/dB</td><td colspan="10">倍频带声压级/dB</td></tr>
<tr><td>A</td><td>C</td><td>31.5</td><td>63</td><td>125</td><td>250</td><td>500</td><td>1000</td><td>2000</td><td>4000</td><td>8000</td><td>16000</td></tr>
<tr><td></td><td></td><td></td><td></td><td></td><td></td><td></td><td></td><td></td><td></td><td></td><td></td><td></td></tr>
<tr><td></td><td></td><td></td><td></td><td></td><td></td><td></td><td></td><td></td><td></td><td></td><td></td><td></td></tr>
<tr><td></td><td></td><td></td><td></td><td></td><td></td><td></td><td></td><td></td><td></td><td></td><td></td><td></td></tr>
<tr><td></td><td></td><td></td><td></td><td></td><td></td><td></td><td></td><td></td><td></td><td></td><td></td><td></td></tr>
</table>

表3-13 等效连续声级记录表

<table>
<tr><td rowspan="9">暴露时间/min</td><td rowspan="2">测点</td><td colspan="10">中心声级/dB(A)</td><td rowspan="2">等效连续声级</td></tr>
<tr><td>80</td><td>85</td><td>90</td><td>95</td><td>100</td><td>105</td><td>110</td><td>115</td><td>120</td><td>125</td></tr>
<tr><td></td><td></td><td></td><td></td><td></td><td></td><td></td><td></td><td></td><td></td><td></td><td></td></tr>
<tr><td></td><td></td><td></td><td></td><td></td><td></td><td></td><td></td><td></td><td></td><td></td><td></td></tr>
<tr><td></td><td></td><td></td><td></td><td></td><td></td><td></td><td></td><td></td><td></td><td></td><td></td></tr>
<tr><td></td><td></td><td></td><td></td><td></td><td></td><td></td><td></td><td></td><td></td><td></td><td></td></tr>
<tr><td></td><td></td><td></td><td></td><td></td><td></td><td></td><td></td><td></td><td></td><td></td><td></td></tr>
<tr><td></td><td></td><td></td><td></td><td></td><td></td><td></td><td></td><td></td><td></td><td></td><td></td></tr>
<tr><td></td><td></td><td></td><td></td><td></td><td></td><td></td><td></td><td></td><td></td><td></td><td></td></tr>
<tr><td>备注</td><td colspan="12"></td></tr>
</table>

（2）机器设备噪声现场测量

测量现场机器噪声，是为了掌握机器正常运转时整体机器噪声源的声学特性，以便采取有效的控制措施。

现场测量机器噪声，必须避免或减少环境背景噪声反射的影响，可使测点尽可能接近机器噪声源，关闭其他无关的机器，减少测量环境的反射面，增加吸声面积等。对于室外或高大车间内的机器噪声，没有其他声源影响时，测点可选在距机器稍远的位置。选择测点应使被测机器的直达声大于本底噪声10dB，当条件受限时至少要大3dB。对于大小不同的机器和空气动力机械进排气噪声的测点位置和数目，可参考以下建议。

① 外形尺寸小于30cm的小型机器，测点距设备表面的距离为30cm。

② 外形尺寸为30~100cm的中型机器，测点距设备表面的距离为50cm。

③ 尺寸大于100cm的大型机器，测点距设备表面的距离为100cm。

④ 特大型或危险性设备，测点可选在较远的位置。

⑤ 各类型机器噪声的测量，需按规定距离在机器周围均匀选点，测点数目视机器尺寸大小和发声部位的多少而定，可取4~6个；测点高度应以机器的1/2高度为准或选择在机器轴水平线的水平面上，测量A、C声级和倍频带声压级，并在相应测点上测量背景噪声。

⑥ 测量各种类型的通风机、鼓风机、压缩机等空气动力性机械的进排气噪声和内燃机、燃气轮机的进排气噪声时，进气噪声测点应在吸气口轴向，与管口平面距离不小于1倍管口直径，也可选在距离管口平面0.5m或1m等位置；排气噪声测点应选在与排气口轴线夹角成45°方向，或在管口平面上距管口中心0.5m、1m、2m处。进排气噪声应测量A、C声级和倍频带声压级，必要时测量1/3倍频程声压级。

机器设备噪声测量的结果，随测点位置的不同而异。为了便于对比，各国的测量规范对测点位置都有专门规定，有时由于具体情况不能按规范要求布置测点，应注明测点位置，必要时应标示出测量场地的声学环境。

（3）工业企业边界噪声测量

GB 12348—2008《工业企业厂界环境噪声排放标准》规定了工业企业和固定设备厂界环境噪声测量方法，分别在昼间、夜间两个时段测量。夜间有频发、偶发噪声影响时同时测量最大声级。被测声源是稳态噪声，采用1min的等效声级。被测声源是非稳态噪声，测量被测声源有代表性时段的等效声级，必要时测量被测声源整个正常工作时段的等效声级。

① 测量仪器及测量项目　测量仪器为积分平均声级计或环境噪声自动监测仪，其性能应不低于GB/T 3785.1—2010《电声学 声级计 第1部分：规范》和GB/T 3785.2—2010《电声学 声级计 第2部分：型式评价试验》对2级仪器的要求。测量35dB以下的噪声应使用1级声级计，且测量范围应满足所测量噪声的需要。校准所用仪器应符合GB/T 15173—2010《电声学 声校准器》对1级或2级声校准器的要求。当需要进行噪声频谱分析时，仪器性能应符合GB/T 3241—2010《电声学 倍频程和分数倍频程滤波器》中对滤波器的要求。

测量仪器和校准仪器应定期检定合格，并在有效使用期限内使用；每次测量前后必须在测量现场进行声学校准，其前后校准示值偏差不得大于0.5dB，否则测量结果无效。

测量时传声器加防风罩。

测量仪器时间计权特性设为“F”挡，采校时间间隔不大于1s。

② 测量条件　气象条件：测量应在无雨雪、无雷电天气，风速为5m/s以下时进行。不得不在特殊气象条件下测量时，应采取必要措施保证测量的准确性，并同时注明当时所采取的措施及气象的详细情况。测量工况：测量应在被测声源正常工作时间进行，同时注明当时的工况。

③ 布点　一般情况下，测点选在工业企业厂界外1m、高度1.2m以上、距任一反射面距离不

小于1m的位置。

当厂界有围墙且周围有受影响的噪声敏感建筑物时，测点应选在厂界外1m、高于围墙0.5m以上的位置。

当厂界无法测量到声源的实际排放状况时（例如声源位于高空或者厂界设置有声屏障等），应按界外1m、高度1.2m以上的位置设置测点，同时在受影响的噪声敏感建筑物户外1m处另外设置测点。

室内噪声测量时，室内测量点位设在距任一反射面至少0.5m、距地面1.2m高度的位置处，在受噪声影响方面的窗户开启状态下测量。

固定设备结构传声至噪声敏感建筑物室内，在噪声敏感建筑物室内测量时，测点应距任一反射面至少0.5m、距地面1.2m、距外窗1m以上，窗户处于关闭状态。被测房间内的其他可能干扰测量的声源（如电视机、空调机、排气扇以及镇流器较响的日光灯、运转时出声的时钟等）应关闭。

④ 背景噪声测量　测量环境：不受被测声源影响且其他声环境与测量被测声源时保持一致。测量时段：与被测声源测量的时间长度相同。

⑤ 测量记录　进行噪声测量时需做测量记录。记录内容应主要包括：被测量单位名称、地址、厂界所处声环境功能区类别、测量时气象条件、测量仪器、校准仪器、测点位置、测量时间、测量时段、仪器校准值（测前、测后）、主要声源、测量工况、示意图（厂界、声源、噪声敏感建筑物、测点等位置）、噪声测量值、背景值、测量人员、校对人、审核人等相关信息。

⑥ 测量数据处理　噪声测量值与背景噪声值相差大于10dB（A）时，噪声测量值不做修正。噪声测量值与背景噪声值相差在3~10dB（A）之间时，对噪声测量值与背景噪声值的差值取整后，按表3-14进行修正。

表3-14　背景噪声值修正表　　单位：dB（A）

噪声测量值与背景噪声值的差值	3	4~6	6~10
修正值	−3	−2	−1

当噪声测量值与背景噪声值相差小于3dB（A）时，应采取措施降低背景噪声值后，视情况按上述情况处理；若经处理后，仍无法满足前两款要求，则应按环境噪声监测技术规范的有关规定执行。

3.3　噪声信号分析

前面两节分别介绍了噪声测量的常用仪器及噪声测量方法。当声级计与滤波器（倍频程或1/3倍频程）联用时，可测得各频率的声压级，并绘出频谱曲线；也可根据测试要求，测得A、B、C、D声级。这些测得量基本可以满足工程上的需要，但随着电子技术的发展及计算机的应用，人们用信号处理来鉴别噪声源成为了一种有效的手段。它对测得的噪声数据和信号进行科学分析与处理，从中提取尽可能多的反映噪声源特性和传播规律的有用信息，用来识别设备的噪声源和寻找产生原因，为开发新产品及采取有效噪声控制提供依据。

噪声信号一般都具有随机性，随机过程各个样本记录都不一样。因此，一般不能用明确的数学关系式来表达噪声信号。但这些样本都有共同的统计特性，随机信号可以用概率统计的特性来描述。

常用的统计函数有均方值$\psi^2(x)$、均值m_x和方差σ_x^2；概率密度函数$P(x)$；自相关函数$R_x(\tau)$；功率谱密度函数$S_x(f)$；随机信号的联合统计特性，如互相关函数$R_{xy}(\tau)$、互谱密度函数$S_{xy}(f)$与相干函数等。

噪声信号的分析处理就是对现场采集的原始数据信号，运用概率统计的方法进行分析和运算，这些过程的工作量较大，但利用快速傅里叶变换，使随机信号数据能够很快地进行处理，从而使相关函数、功率谱密度函数、相干函数和传递函数等能在机械设备噪声源的鉴别、噪声控制技术中得到广泛的应用。经常采用的分析设备有统计分析仪、相关分析仪以及快速傅里叶分析仪，也可用专门编制的程序（软件）、转换装置，在微型计算机和专用处理机上分析，这些仪器操作简便、运算速度快、体积小、重量轻、专用性强。

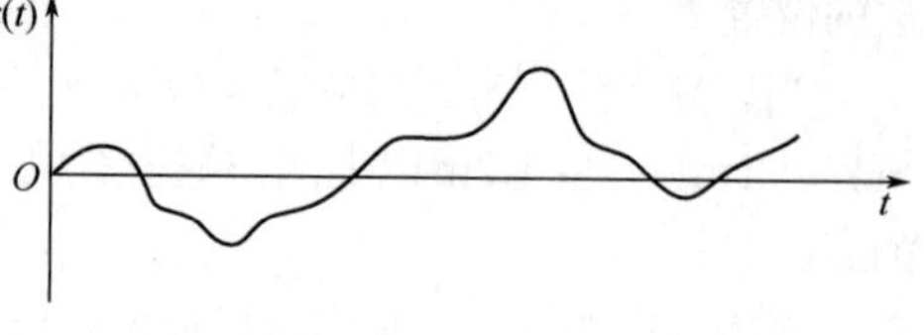

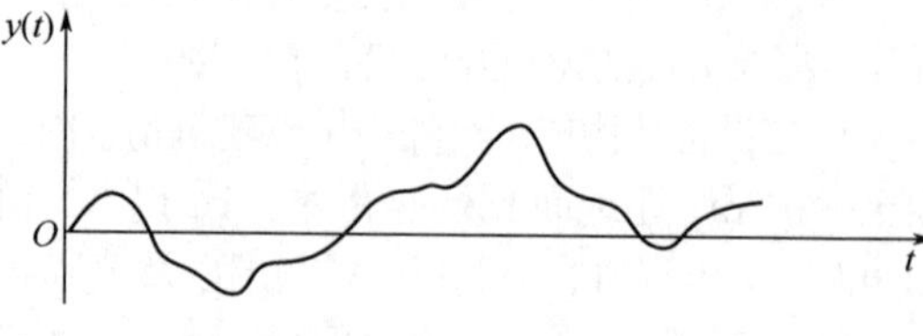

图3-14 $x(t)$、$y(t)$ 波形

3.3.1 相关性概念

相关是两个波形或信号（即样本函数的图形记录）间相似程度的一种度量。

设有两个随机过程的两个波形$x(t)$、$y(t)$，如图3-14所示。把两个波形记录$x(t)$、$y(t)$ 等时间隔地分成n个离散值，见表3-15。

表3-15 $x(t)$、$y(t)$ 的离散值

t	$t_1,t_2,t_3,\cdots,t_n$
$x(t)$	$x_1,x_2,x_3,\cdots,x_n$
$y(t)$	$y_1,y_2,y_3,\cdots,y_n$

求其两波形记录的方差：

$$\sigma_x^2=\lim\frac{1}{n}\sum_{n=1}^{n}(x_i-y_i)^2 \tag{3-19}$$

式（3-19）表明，σ_x^2愈小，两波形记录愈相似；反之，σ_x^2愈大，两波形记录愈不相似。再进一步分析σ_x^2的各项，将上式展开得：

$$\begin{aligned}\sigma_x^2&=\lim_{n\to\infty}\frac{1}{n}\sum_{n=1}^{n}x_i^2+\lim_{n\to\infty}\frac{1}{n}\sum_{n=1}^{n}y_i^2-2\lim_{n\to\infty}\frac{1}{n}\sum_{n=1}^{n}x_iy_i\\&=x^2(t)+y^2(t)-2x(t)y(t)\end{aligned} \tag{3-20}$$

对于一个确定波形其总能量是一定的，上式前两项是代表各自波形的能量，为均方值，是常量。可见两波形相似程度取决于第三项的大小，即：

$$R_{xy}=\lim_{n\to\infty}\frac{1}{n}\sum_{n=1}^{n}x_iy_i=x(t)\,y(t) \tag{3-21}$$

显而易见，当两波形记录相类似或完全相同时，所求R_{xy}最大，σ_x^2最小。反之，当两波形记录不太相似或完全不同时，所求R_{xy}较小，σ_x^2较大。

又设有一个随机过程的两个波形记录$x_1(t)$、$x_2(t)$，可将图3-14中的$x(t)$ 代换为$x_1(t)$，$y(t)$ 代换为$x_2(t)$，考虑两个完全相似的波形向左移过一个时间τ的情况。即当$x_1(t)$ 是$x(t)$，$x_2(t)$ 是$x(t+\tau)$ 时，则有：

$$R_x=\lim_{n\to\infty}\frac{1}{n}\sum_{n=1}^{n}x_{1i}x_{2i}=x(t)\,x(t+\tau) \tag{3-22}$$

由此可见，这时相似程度将由$x(t)x(t+\tau)$ 决定，如果$\tau=0$，这两个波形完全相似，当τ增加时，则其相似程度将减小。

3.3.2 自相关和互相关函数

利用相关性概念来描述两个波形或信号（即样本函数的图形记录）之间的相似程度的函数，称为相关函数；而描述一个随机信号在两个不同时刻状态间的相互依赖关系的函数，则称为自相关函数。

设函数在t瞬时取值为$x(t)$，在$t+\tau$的间隔时间后取值为$x(t+\tau)$，如图3-15所示的时间信号与自相关函数。

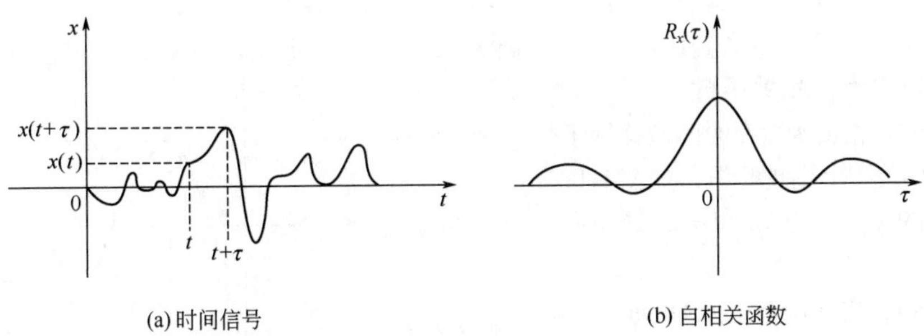

(a) 时间信号　　(b) 自相关函数

图3-15　时间信号与自相关函数

自相关函数$R_x(\tau)$定义为

$$R_x(\tau)=\lim_{n\to\infty}\frac{1}{n}\sum_{i=1}^{n}[x_i(t)\,x_i(t+\tau)] \tag{3-23}$$

上式即为离散化计算式，可由下式表示：

$$R_x(\tau)=\lim_{T\to\infty}\frac{1}{T}\int_0^T[x_i(t)\,x_i(t+\tau)]\,\mathrm{d}t \tag{3-24}$$

式中　T——$x(t)$和$x(t+\tau)$的周期；

τ——在$(-\infty,+\infty)$中变化，是与T无关的连续时间变量，称为时间位移或时延。

自相关函数$R_x(\tau)$是以τ为自变量的实值偶函数，可正可负，当$\tau=0$时：

$$R_x(0)=\lim_{T\to\infty}\frac{1}{T}\int_0^T x^2(t)\,\mathrm{d}t=\psi_x^2 \tag{3-25}$$

在式(3-25)中ψ_x^2是随机信号的均方值，即$\tau=0$时，自相关函数等于均方值，此时相关程度最大，即完全相关，反映在自相关图上，如图3-15(b)所示纵轴上的最高点，这说明，对周期性信号这种特殊情况来说，自相关函数仍为同周期的周期函数。当$\tau\to\infty$时，则$R_x(\infty)=m_x^2$（m_x为平均值)，即没有相关关系。利用自相关函数上述的性质，可以找出和提取混杂在噪声信号中的周期信号。因为随机信号随着时延τ增加很快时，则自相关函数趋于零（设平均值为零时)，而周期信号的自相关函数仍然为周期函数，并且其周期与原信号的周期一致。

在旋转机械中，如内燃机、风机、燃气轮机等噪声中的叶轮旋转频率、齿轮的啮合频率等，都可以通过相关函数的信号处理求出。如某大型离心风机，风机转速n=600r/min，叶片为12片，为寻找风机排风口是否有确定的信号，现把现场录制的风机排风口噪声信号送入信号处理机中，进行自相关函数运算，得出自相关函数图形，如图3-16所示。

由图3-16可见，图形中含有周期T=(8.4+8.2)/2=8.3(ms)，由$f=1/T$，即可求出f=120Hz的周期信号。由风机的叶频基频可得，$f=nz/60$=(600×12)/60=120(Hz)。

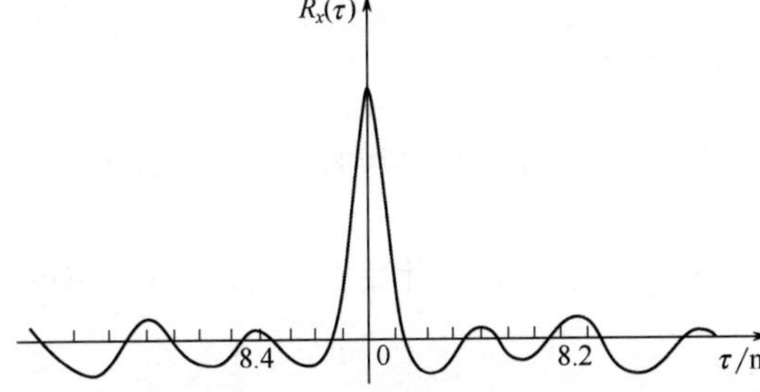

图3-16　某大型风机排气口噪声自相关函数

由此可见，自相关函数可用于检测混杂于噪声中的周期信号。

将系统中某一测点所得的信号与同一系统的另外一些测点的信号相互比较，可以通过互相关函数找出它们之间的关系。

互相关函数$R_{xy}(\tau)$是表示两个随机过程$x(t)$和$y(t)$相关性的统计量，即

$$R_{xy}(\tau)=\lim_{T\to\infty}\frac{1}{T}\int_{0}^{T}[x(t)y(t+\tau)]\mathrm{d}t \tag{3-26}$$

互相关函数$R_{xy}(\tau)$是时延τ的函数，对于不相同的时间历程记录来说，它是可正可负的实值函数。但是$R_{xy}(\tau)$不一定在τ=0处具有最大值，也不一定是偶函数。当$x(t)=y(t)$时，则$R_{xy}(\tau)=R_x(\tau)$成为自相关函数。

两信号的互相关函数在时间位移等于时延时，在相关图上出现峰值，如图3-17所示。图中的$R_{xy}(\tau)$与$\sigma_x\sigma_y$和m_xm_y的关系可表示为：

$$-\sigma_x\sigma_y+m_xm_y\leqslant R_{xy}(\tau)\leqslant\sigma_x\sigma_y+m_xm_y$$

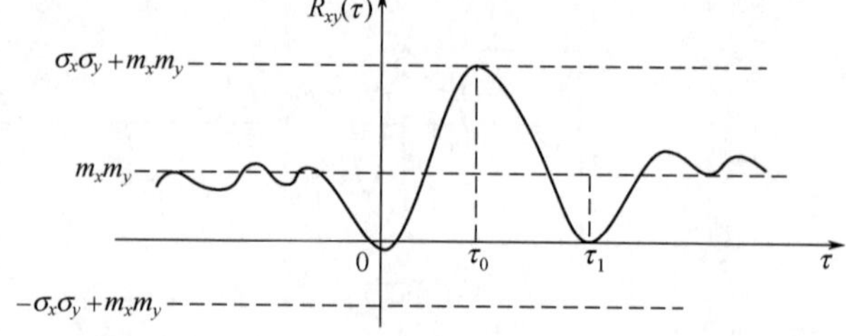

图3-17　时延的确定

工程上常用互相关函数$\rho_{xy}(\tau)$来表示两个信号的相关性，表达式为：

$$\rho_{xy}(\tau)=\frac{R_{xy}(\tau)-m_xm_y}{\sigma_x\sigma_y} \tag{3-27}$$

式中　σ_x——$x(t)$的均方差；

σ_y——$y(t)$的均方差；

m_x——$x(t)$的均值；

m_y——$y(t)$的均值。

当$\rho_{xy}(\tau)=1$时，即$R_{xy}(\tau)=\sigma_x\sigma_y+m_xm_y$，表示$x(t)$、$y(t)$完全相关；当$\rho_{xy}(\tau)=0$时，即$R_{xy}(\tau)=m_xm_y$，表示$x(t)$与$y(t)$是独立的；$\rho_{xy}(\tau)$在$0<\rho_{xy}(\tau)<1$之间时，表示$x(t)$与$y(t)$部分相关。

上述某大型离心风机排风口一测点与进风口一测点的互相关函数图形如图3-18所示。由图可以看出，它仍是一个周期信号，周期T=157/3=52.3(ms)，$f=1/T$=19.1Hz。该频率约为风机转频［$f=n/60$=600/60=10(Hz)］的2倍。由图还可以看出在此周期信号之上还有很多高频周期信号，且随时延τ的增加无明显减弱。由此可知，噪声信号中包含丰富的周期信号，风机噪声以空气动力噪声为主。

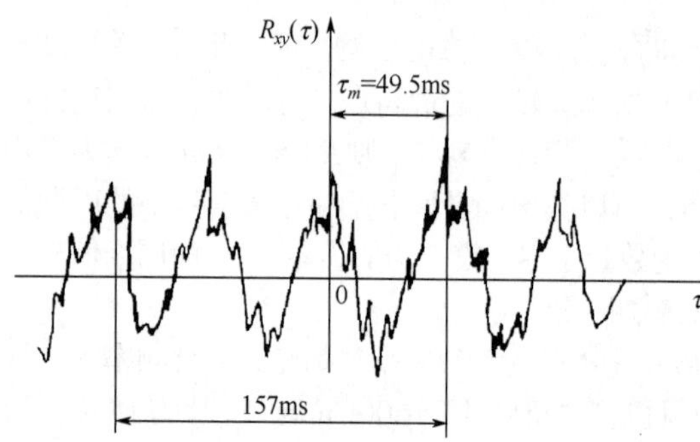

图3-18　某大型风机进、排风口某两点的互相关函数

由图3-18可见，最大峰值偏离0点的时延τ_m=49.5ms，这个滞后时间是噪声在空中沿风道传输所造成的。也就是进、排风口两测点传输所需的时间。

利用互相关函数可分析噪声传播途径，在采取有效噪声控制前，必须明确传递通道，当传递通道是多个时，则$R_{xy}(\tau)$曲线上将出现多个峰值，相互间距正是传递滞后时间。

3.3.3 功率谱密度函数

互相关函数是在时延域内分析的，当频率对噪声信号的传输有很大影响时，互相关函数的峰值可能不明显，这就要用功率谱密度函数。

功率谱密度函数简称功率谱。随机信号的自相关函数$R_x(\tau)$的傅里叶变换，则为功率谱密度，定义式为：

$$S_x(f)=\int_{-\infty}^{+\infty}R_x(\tau)\mathrm{e}^{-\mathrm{j}2\pi f\tau}\mathrm{d}\tau \tag{3-28}$$

式中　$S_x(f)$——功率谱，亦称自功率谱；

e——自然对数的底；

j——$\sqrt{-1}$。

相关函数$R_x(\tau)$和功率谱所含有的信息是相同的，不同的是功率谱在频域内的分析。功率谱是通过均方值的谱密度来描述信号的频率结构的，即功率谱用来表示功率（能量）按频率分布的状况。

自相关函数$R_x(\tau)$和功率谱密度$S_x(f)$互为傅里叶变换偶对，即逆变换有：

$$R_x(\tau)=\int_{-\infty}^{+\infty}S_x(f)\mathrm{e}^{\mathrm{j}2\pi f\tau}\mathrm{d}f \tag{3-29}$$

根据傅里叶变换的时延性质和乘法性质则有：

$$R_x(\tau)=\lim_{T\to\infty}\frac{1}{T}\int_{-\infty}^{+\infty}X(f)\overline{X}(f)\mathrm{e}^{\mathrm{j}2\pi f\tau}\mathrm{d}f \tag{3-30}$$

式中　$X(f)$——$x(t)$的傅里叶变换；

$\overline{X}(f)$——$x(f)$的共轭复数。

由有限傅里叶变换，得：

$$X(f)=\int_0^T x(t)\mathrm{e}^{-\mathrm{j}2\pi ft}\mathrm{d}t \tag{3-31}$$

$$\overline{X}(f)=\int_0^T x(t)\mathrm{e}^{\mathrm{j}2\pi ft}\mathrm{d}t \tag{3-32}$$

因此有：

$$S_x(f)=\lim\frac{1}{T}|X(f)|^2 \tag{3-33}$$

式中　$|x(f)|$——$x(t)$的幅值谱。

由式（3-33）可以看出，功率谱密度是幅值谱的平方，因此，它使频率结构更加明显。由于$R_x(\tau)$和$S_x(f)$都是实偶函数，因此工程中功率谱密度常用单位谱表示，即：

$$G_x(f)=2S_x(f) \tag{3-34}$$

式中　$G_x(f)$——$x(t)$的单边功率谱密度。

在实际应用中，功率谱还可以用均方根谱（又称振幅谱）以及单位为分贝的对数谱来表示。

振幅谱：$x_{\mathrm{rms}}(f)=\sqrt{G_x(f)}$。

对数振幅谱：$20\lg x_{\mathrm{rms}}(f)$。

对数功率谱：$10\lg G_x(f)$。

由式（3-29）~式（3-32）可见，当$\tau=0$时，有：

$$R_x(0)=\int_{-\infty}^{+\infty}S_x(f)\mathrm{e}^{\mathrm{j}2\pi ft}\mathrm{d}f=\lim_{T\to\infty}\frac{1}{T}\int_0^T x^2(t)\mathrm{d}t=\psi_x^2 \tag{3-35}$$

一般均方值ψ_x^2为平均功率，而$S_x(f)$表示平均功率随频率f的分布密度，所以$S_x(f)$为功率谱密度，它具有能量的量纲，单位是均方值/单位频率。此外，由于$S_x(f)$与f轴所围成的面积等于均方值ψ_x^2，且ψ_x^2表示随机过程$x(t)$的平均功率，所以又称$S_x(f)$为均方功率谱密度函数。例如，某功率谱如图3-19所示，在频率为f_0处截取Δf频率间隔，则得：

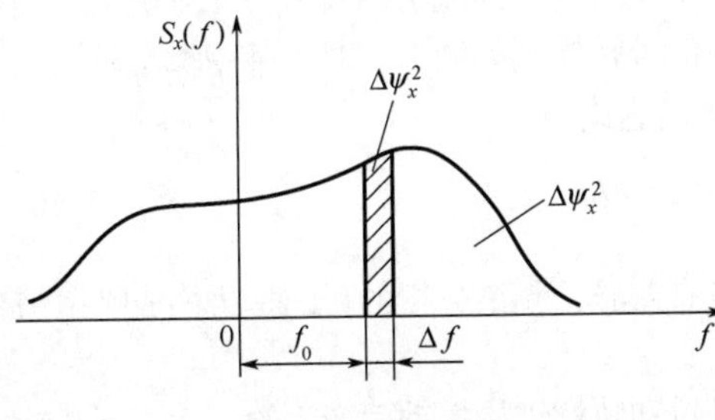

图3-19　功率谱图

$$\Delta\psi_x^2=\int_{f_0}^{f_0+\Delta f}S_x(f)\mathrm{d}f \tag{3-36}$$

积分$\Delta\psi_x^2$为一小微面积，它是整个功率谱所围成

的面积ψ_x^2的一部分，所以，随机信号的均方值ψ_x^2所表示的总面积，就是由各频率分隔的小微面积的总和，而各频率所占有的面积，可以理解为随机信号中各频率占总功率ψ_x^2的大小。

功率谱密度恰好反映了噪声能量按频率分布的情况，因而通过对功率谱的调查，分析其频率组成和相应量的大小，可以帮助人们判断机械噪声源和寻找产生噪声的原因。这种方法通常也称为频谱分析，但要与声压级与频率关系的频谱区别开，功率谱也为产品的鉴定和故障诊断从频域上提供了依据。

3.3.4 相干函数

在相关分析技术中，常用互相关函数描述两个随机信号之间的相关关系，而在解决实际问题中，常把在时域中的互相关函数转换成频域中的互谱密度函数，与自谱相似，它是互相关函数的傅里叶变换，有：

$$S_{xy}(f)=\int_{-\infty}^{+\infty}R_{xy}(\tau)\,\mathrm{e}^{-\mathrm{j}2\pi f\tau}\mathrm{d}\tau \tag{3-37}$$

逆变换有：

$$R_{xy}(\tau)=\int_{-\infty}^{+\infty}S_{xy}(f)\,\mathrm{e}^{\mathrm{j}2\pi f\tau}\mathrm{d}f \tag{3-38}$$

式中 $S_{xy}(f)$ ——随机信号$x(t)$、$y(t)$ 的互谱密度函数；

$R_{xy}(\tau)$ ——随机信号$x(t)$、$y(t)$ 的互相关函数。

在实际测试系统中，为表示两随机信号的相关程度，常用相干函数，即：

$$r_{xy}^2(f)=\frac{|S_{xy}(f)|^2}{S_x(f)\,S_y(f)} \tag{3-39}$$

式（3-39）中，$0\leqslant r_{xy}^2(f)\leqslant 1$。当$x(t)$ 为输入信号，$y(t)$ 为输出信号时，若$r_{xy}^2(f)=1$，表示$y(t)$在这个频率上全部由$x(t)$ 引起；若$r_{xy}^2(f)=0$，表示$y(t)$ 在这个频率上与$x(t)$ 无关；当在$0<r_{xy}^2(f)<1$的范围内时，则表示$y(t)$ 对$x(t)$ 的依赖程度，并表明测量时有外界噪声等其他输入的影响或系统是非线性的。

在噪声源识别中，常用相干函数法来鉴别噪声功率谱上的峰值频率与各噪声源频率的相关程度，以进一步控制主噪声源。

3.3.5 频谱与倒频谱分析法

（1）频谱分析

根据噪声源的频谱特性确定主要噪声源的方法，称为频谱分析法。通过噪声频谱图，一方面可以了解噪声源的频率分布，确定该噪声是以低频为主，还是以中频或高频为主等；另一方面，可以确定一些峰值噪声的来源。频谱分析的基础是傅里叶积分，它由傅里叶级数转换而来。

频谱分析是应用傅里叶变换将时域问题转换为频域，其原理是把复杂的时间波形，经傅里叶变换为若干单一的谐波分量，以获得信号的频谱结构以及各谐波幅值、相位、功率及能量与频率的关系。

目前，频谱分析方法是在计算机上用快速傅里叶变换来实现的，因此又称其为FFT分析法。用频谱分析识别电机噪声源时，首先要用傅里叶变换将时域信号转换到频域上。对于某一瞬态时域信号$x(t)$，可设定其周期T趋向无穷大，其傅里叶变换的数学表达式为

$$F(f)=\frac{1}{\sqrt{2\pi}}\int_{-\infty}^{+\infty}x(t)\,\mathrm{e}^{-\mathrm{j}\pi f t}\mathrm{d}t \tag{3-40}$$

声源噪声的形成机理不同，使得每个声源的噪声特点有差异，频谱分析的目的是将构成噪声信号的各种频率成分分解开来，便于与各声源对比识别。

例如，轮轨噪声是由于轮轨表面粗糙度激发车轮、钢轨和轨枕结构振动而产生的，为了判断轮

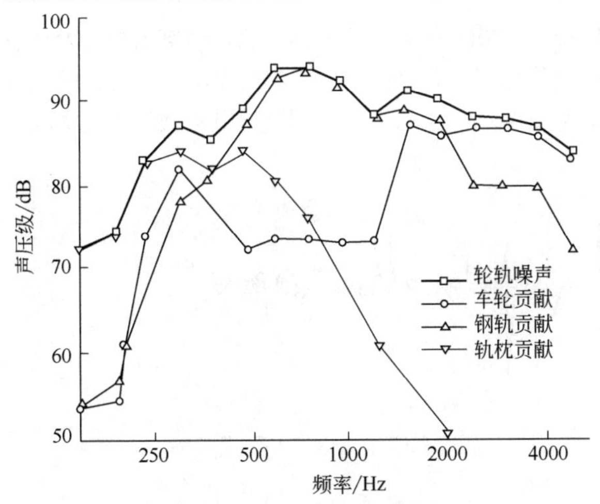

图3-20 轮轨噪声频谱分析

轨噪声中各噪声源，对轮轨噪声进行频谱分析，如图3-20所示。

由图3-20可以看出，频率低于500Hz的轮轨滚动噪声主要来自轨枕，频率在500~1600Hz的范围主要来自钢轨，频率大于1600Hz的主要来自车轮。

频率分析法可以粗略地估计噪声评价点的声能来源，但不能准确地估计其影响程度，为了使声源识别结果更加准确，可综合采用其他噪声源识别技术。

(2) 倒频谱分析

倒频谱（cepstrum）分析技术是近代信号处理学科领域中的重要部分，它能用于分析复杂频谱上的周期结构，分离和提取信号中的周期成分。

对于时域信号$x(t)$，经过傅里叶变换后，可得到频域函数$X(f)$或功率谱密度函数$S_x(f)$。对功率密度函数取对数，并进行傅里叶变换后取平方，则可以得到倒频谱函数$C_p(q)$（power cepstrum)，其数学表达式为

$$C_p(q) = |F\{\lg S_x(f)\}|^2 \tag{3-41}$$

$C_p(q)$又称为功率倒频谱，或对数功率谱。工程上常用的是式（3-41）的开方形式，即

$$C_p(q) = \sqrt{C_p(q)} = |F\{\lg S_x(f)\}| \tag{3-42}$$

$C_p(q)$称为幅值倒频谱，有时简称倒频谱。自变量q称为倒频率，其具有与自相关函数$R_x(\tau)$中的自变量τ相同的时间量纲，单位一般取为s或ms。

当被测系统有声反射等情况时，其噪声频谱图中的周期性成分，用常规的频谱分析法很难提取。从倒频谱分析的原理中可以看出，假如功率谱$S_x(f)$中包含周期性成分，倒频谱分析首先取对数以加强线性频谱中被弱化的成分，在取其傅里叶变换后，$S_x(f)$的周期分量表现在倒频谱上就会出现一个峰值。采用倒频谱分析技术可以从复杂的波形中分离并提取信号源。这种技术加强了频谱中不易识别的周期信号的识别能力。因而，这种技术成为了一种很有用的噪声源识别方法。

同时在功率谱中，一些边频间距的分辨率受分析频带的限制，分辨频带越宽其分辨率越低，可能使某些边频信号不能分辨；若提高分辨率，则可能丢失信号。倒频谱分析在整个功率谱范围内采取边频的平均间距，因而既不会漏掉信号，又能给出非常精确的间距结果。

(3) 频谱分析法的应用

例如，某型号电机需要进行噪声检测分析。检测时，首先在被测电机的轴向一个点安装型号为LC0103的压电加速度传感器，采集振动信号并进行信号分析，得到主要噪声源。如图3-21所示为测试分析流程图。

对采集到的电机振动信号进行处理，并提取信号的相关参数进行计算，得到该电机噪声声功率级图如图3-22所示。对此电机的噪声信号进行傅里叶变换计算得到频谱图。

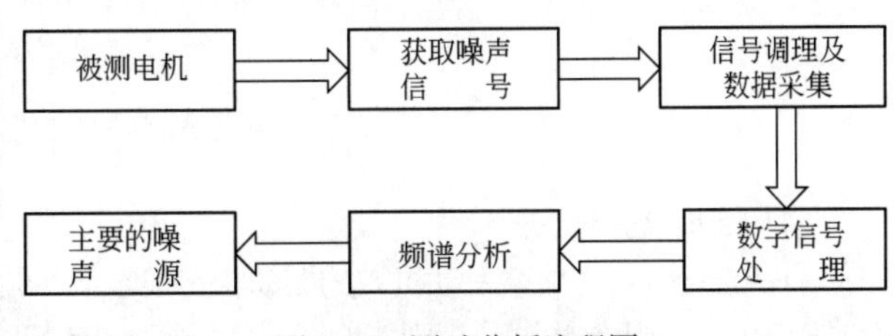

图3-21 测试分析流程图

由傅里叶变换计算得出电机的频谱图

如图3-23所示。从图中可以看出只有在f=50Hz和f=270Hz时有明显峰值，而在频谱图中并无其他明显峰值出现。通过分析可知，在f=50~100Hz内明显峰值是轴向窜动引起的噪声。重新装配该电机后再测试该电机的噪声，得到的声功率级如图3-24所示。由图3-24可以看出电机噪声明显降低。

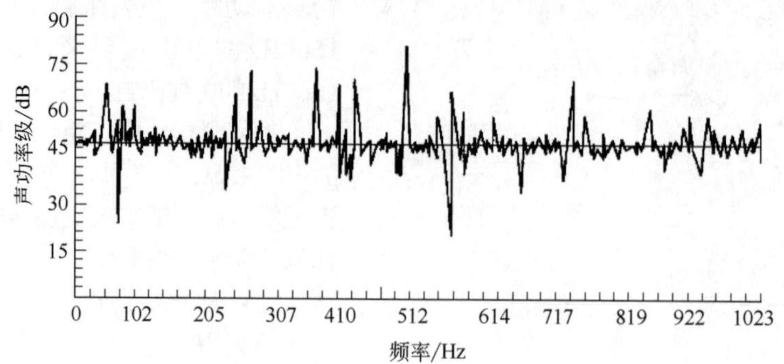

图3-22 电机噪声声功率级

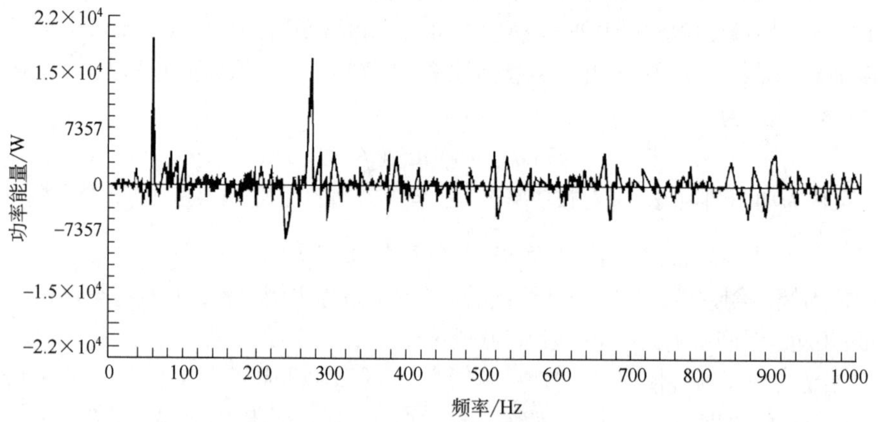

图3-23 电机噪声频谱图

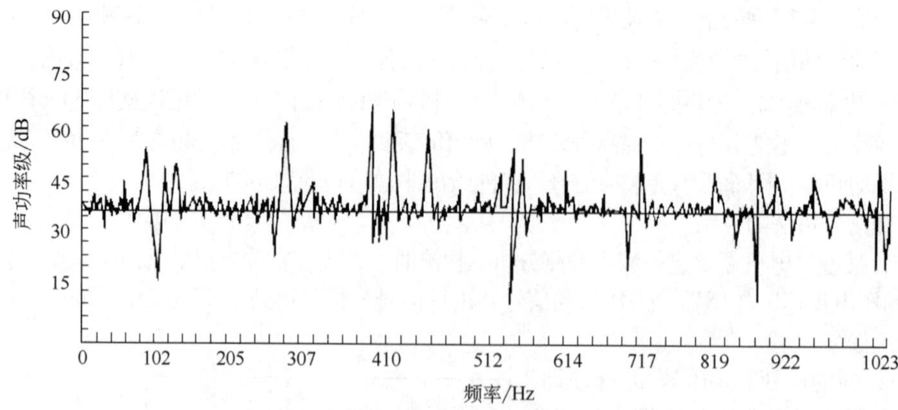

图3-24 重新装配后的电机噪声声功率级

（4）倒频谱分析法的应用

有些设备（如：航空发动机）的振动状态很复杂，频率成分众多。有些周期性频率成分在频谱图上难以辨识。应用倒频谱分析则能增强一些特征频率识别能力，能够更有效监测发动机的振动状态。

如图3-25（a）与图3-25（b）所示分别为某涡桨发动机振动的频谱图和倒频谱图。该振动测点位于发动机压气机机匣和减速器机匣的安装边上。该型发动机转子基频f =207Hz，同时减速器输入轴基频也为207Hz，减速器输出基频为f =18Hz。

从图3-25（a）中可以看出，频谱图呈现出多个峰值梳状波，包括了众多频率成分，无明显突出波峰，而且多数频率成分与发动机机械状态无法对应，可能为噪声或传递中导致的频差、混频等，这都会给特征信号的提取与识别造成困难。而从图3-25（b）中可以看出，在倒频谱图上的倒频率τ=1.201ms、2.403ms、4.805ms等处均存在较明显波峰，其对应频率为f=207Hz及其倍频。该频率对应发动机转子基频或减速器输入轴基频，由此可见发动机转子或减速器输入轴为其主要振动源。

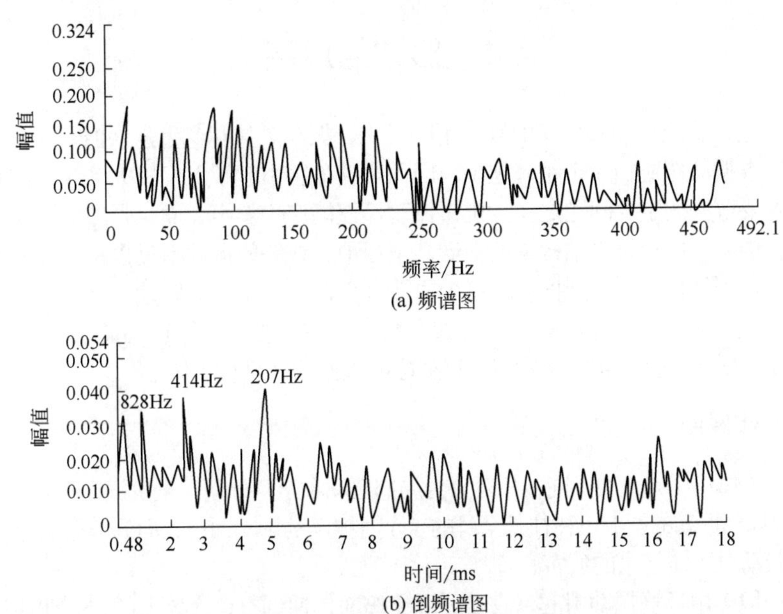

(a) 频谱图

(b) 倒频谱图

图3-25　某涡桨发动机振动频谱图与倒频谱图

随着现代电子技术的发展，测量和分析手段不断提高，识别噪声源的方法也较多，如自回归谱法、全息照相诊断法、自适应降噪技术等。这些新技术发展的趋势是使测试方法能简便实用，更适合现场测量的要求；能实时分析和处理所得到的测量信号；能提高测试结果的精确性和可靠性。

习题与思考题

1. 简述声级计的构造、工作原理和使用方法。
2. 简述声强测量仪的工作原理及其应用。
3. 简述噪声测量的基本方法有哪些?
4. 举例说明在噪声测量中背景噪声的修正方法。
5. 简述城市区域环境噪声的测量方法。
6. 简述道路交通噪声的测量方法。
7. 简述汽车噪声的测量方法。
8. 工业企业厂界环境噪声测量时的布点有何要求？测量条件是怎样的?
9. 简述频谱分析法及其应用。
10. 简述倒频谱分析法及其应用。

第4章

振动评价与测量

4.1 振动的危害

随着现代工业、交通运输和建筑业等的不断发展，振动工具和产生强烈振动的大型机械动力设备不断增多，从事振动作业的人也越来越多，因而振动危害引起了人们极大关注。控制振动是当前环境保护迫切需要解决的重要问题之一。机械振动不仅能产生噪声，而且强烈的振动本身又能引起机械部件疲劳和损坏，使建筑物结构强度降低甚至变形，在一般振源附近也常会因振动造成精密仪器和仪表失灵。特别是长期在强烈振动环境中作业（手持风动工具和转动工具）的工人，会引起职业性危害，产生振动病。在非生产环境中（如学校、医院、居民区等），由各种机械设备和地面运输工具带来的环境振动，会引起振动公害，直接影响人们的休息和工作。

4.1.1 影响人体健康

根据振动对人体作用方式的不同，相对分为局部振动和全身振动。全身振动和局部振动都会损害人体健康，而且局部振动的影响也往往是全身的。全身振动的影响面广，而局部振动的危害程度大。

（1）全身振动对人体健康的危害

全身振动一般多由环境振动引起，它是通过支撑面传递到整个人体上的，例如通过站着的人的脚，坐着的人的臀部或斜躺着的人的支撑面，这种情况多发生在运载工具中的飞机、火车、汽车、轮船上，或振动着的建筑物中和生产车间中振动比较强烈的机械附近。有些大型机械操作者，如拖拉机手、收割机手等从座椅或地面上接受全身振动的同时，还接受由方向盘传来的局部振动，一般情况下还是全身振动起主导作用。

全身振动对人体健康影响是多方面的。①机械损伤：强烈的振动能造成骨骼、肌肉、关节及韧带的严重损伤，当振动频率和人体内脏某个器官的固有频率接近时，会引起共振，造成内脏器官的损害。②对循环器官的影响：会导致呼吸加快、血压改变、心率加快、心肌收缩输出的血量减少等。③对消化系统的影响：能使胃肠蠕动增加、收缩加强、胃下垂、胃液分泌和消化能力下降、肝脏的解毒功能代谢发生障碍等。④对神经系统的影响：主要表现为使交感神经兴奋、腱反射减退或消失、手指颤动和失眠等。⑤对脚部和腿部的损伤：如果足部长期接触振动，即使振动强度不高，但由于长期作用也会造成脚痛、麻木或过敏及脚部肌肉有触痛，脚背动脉搏动减弱，趾甲床毛细血管痉挛，等等。⑥对血液系统的影响：会使血液系统发生变化，如血细胞比容值、中性粒细胞增加，嗜酸性粒细胞增加或减少；血清转氨酶、钾、钙、钠增加等。⑦对代谢的影响：耗氧量、能量代谢率增加等。⑧对妇女的特殊影响：可发生阴道与子宫脱垂、生殖器充血和炎症、自然流产、早产、月经失调及异常分娩等。

此外，振动加速度为前庭器官所感受，使其功能兴奋性异常，随着年龄的增加而更加明显，其临床表现为协调障碍、可见眼球浮动等。在全身振动作用下由前庭和内脏的反射，可引起植物神经症状，如脸色苍白、出冷汗、唾液分泌增加、恶心呕吐、头痛、头晕、食欲不振、呼吸表浅而频繁、体温下降等症状。

(2) 局部振动对人体健康的危害

局部振动是振动只施加在人体某个部位。如通过振动着的手柄、踏板或头枕等，常见的如手持各种风动工具（如风镐、凿岩机）的工人，振动直接加在他们的手和手臂上。局部振动的特点是频率高，振幅大。由于工作性质的要求，肢体紧张，使肌体关节腔不能发挥自然防振作用，结果使振动作用加强，造成骨骼、肌肉、关节及韧带损伤较严重，并且通过肌体组织特别是骨骼系统而传到全身。

长期接触强烈的局部振动引起的振动病，目前一般主要指局部振动所致的以末梢循环障碍为主的全身性疾病。局部振动对人体健康的影响一般首先表现为末梢神经功能障碍，然后逐渐出现末梢循环功能、末梢运动、中枢神经系统及骨关节系统的障碍。

① 末梢神经，末梢循环，末梢运动机能障碍

a. 振动性白指、白手（也称为雷诺现象）。末梢机能障碍中最典型的症状是振动性白指的出现，其特点是出现一过性（“一过性”是指某一临床症状或体征在短时间内一次或数次出现，往往有明显的诱因，如发生在进食某种食物、服用某种药物、接受某种临床治疗或其他对身体造成影响的因素之后。随着诱因的去除，这种症状或体征会很快消失）的手指发白。变白部分一般由指尖开始，进而波及全指，界限分明，形如白蜡，或出现苍白、灰白和紫绀，故又称“白蜡病”“死指”。严重者可扩展至手掌、手背，故又称“死手”。一般中指的发病率最高，其次为无名指和食指，最低为小指和拇指。双手白指病，可对称出现，也可在受振动作用较大的一侧先出现。一般发病率右手略大于左手。在天气寒冷时更容易发生白指。白指发作时常伴有手麻木、发僵等症状，加热可缓解。其发作时间不等，轻者5~10min，重者20~30min。发作次数也随病情的加重而增多。轻者一年发作数次，重者每日发作数次。此种振动性白指恢复起来比较缓慢，少数病人即使脱离振动作业岗位，病情仍会有所发展，但一般尚不至于引起肢端的溃烂和坏死。

b. 手麻、手痛。手部除出现白指外，还呈现“手套”型、“袜套”型感觉障碍，手麻，手痛以及手冷感等症状，而且在出现白指前上述症状就已出现。手麻、手痛常常影响人体的整个上肢，下班后尤其是夜晚更加明显。疼痛可呈钝痛或刺痛。此外，还常见手胀、手僵、手抽筋、手无力、手多汗、手颤、手持物易掉以及手腕关节、肘关节和肩关节酸痛等症状。

② 中枢神经系统机能障碍

a. 神经衰弱综合征。振动病患者比较常见的神经精神症状为头重感、头晕、头痛、记忆力衰退、睡眠障碍、易疲劳、全身乏力、耳鸣、抑郁感以及性欲减退等。头痛发作常为肌肉挛缩性头痛和血管性头痛。睡眠障碍为入睡和熟睡困难，这可能与大脑边缘系统睡眠中枢的机能异常有关。当然，头痛、心理上烦恼等也是影响正常睡眠的原因。耳鸣往往在夜间更加明显，还常伴有听力损失，其原因可能与血管运动性障碍、神经末梢的刺激有关。

b. 手掌多汗。手掌发汗增多是振动病的突出症状之一，也是振动病的早期症状。手掌及足底部位多汗，反应交感神经机能亢进，这与外界气温无关。

③ 骨关节肌肉系统症状 此障碍主要是对骨关节的影响。振动对骨关节的影响主要表现在骨刺的形成、变形性骨节病、骨质破坏，以及颈椎、腰椎骨质增生等。因而振动病患者常主诉腰背痛，手、腕、肘、肩关节疼痛。由于肘关节骨质的改变，骨刺的形成，可以压迫和刺激尺神经，使神经纤维发生肥厚和变性，引起尺神经麻痹。尺神经完全麻痹时，可出现手部骨间肌、手指骨骼肌以及导致大鱼际肌、小鱼际肌萎缩，甚至前壁肌肉萎缩。

此外，由于振动工具对作业姿势的影响，以及关节受到的冲击，可引起上肢肌肉的硬度增加，血流量减少，营养异常，肌肉疲劳，肌力及持久力低下。在前臂、肩脚部位可发生肌肉的索条状硬结，还会引起肌膜炎、腱鞘炎、关节囊炎、蜂窝组织炎等病变，有自发疼痛和运动疼痛等表现。

④ 其他系统症状 局部振动还会引起心血管、消化等系统功能失调和病变。如振动病患者常有心慌、胸闷、心律不齐、脉搏过缓、血压升高以及上腹痛、消化不良、食欲欠佳等症状。

4.1.2 干扰日常生活

如果振源离居民区较近，则居民的日常生活将会受到不同程度的干扰。振动会影响居民的睡眠，干扰居民的学习，妨碍居民的正常休息，引起居民的烦恼，损伤居民的房屋，等等。对于居民来说，感受振动的主要方式是全身振动。与此同时，间接振动也起着重要作用。居民站在室内地面上、坐在椅子上，则振动会由脚或臀部向全身传递；人躺在床上，头部或身体其他接触床面的部分都会感受振动。除此之外，振动会使室内家具、摆设、门窗等也发生振动，尤其是当振动频率与这些东西的固有频率接近时，会发生共振。人们可通过视觉感受到这些振动，同时这些东西振动时会发生一定的响声，使居民通过听觉也能感受到振动。在调查中，居民反映，间接振动也是造成居民心烦的重要原因之一。

4.1.3 影响工作效率

4.1.3.1 振动影响工作效率的原因

人们在振动环境里工作，其效率往往下降，其主要原因为：

（1）影响视觉

视觉有阅读仪表刻度，注视加工工件的移动，观察某种现象，等等。有些场合被阅读或被观察的对象在振动；有些场合是观察者或阅读者的支撑面在振动；有些场合是被阅读或被观察的对象以及观察者或阅读者的支撑面两者都在振动。在振动状况下，视觉机能会有不同程度的下降，这主要与振动强度和频率有关。即使是频率很低，也能使视力下降。对2.5Hz以下的振动，由于视野和眼的相对运动，视网膜上的影像变得模糊不清；如振动频率升高，则会由于头部、眼球、眼球周围组织的共振，使视力机能下降。

研究振动对视觉的影响，可通过实验来进行。观察对象采用点光源，刚刚观察到点光源发生模糊的振动级称为模糊级。小于此值时不会影响阅读效率；大于此值，则会出现阅读差错及阅读速度降低现象。这当然会降低工作效率。

此外，需要指出的是，在实际工作中，对视觉能力的影响除了振动本身的性质外，还与视距（被阅读对象和眼球之间的距离）以及被阅读对象的形状和大小有关。

（2）干扰手的操作

操作者处于振动环境或被操作的对象处于振动状态以及两者兼而有之的情况，则会妨碍手的操作，造成操作不准确，速度下降，甚至出现误操作，酿成人身、设备或质量事故。

（3）妨碍精力集中

在振动作业环境里，尤其是振动和噪声共存的环境，人的大脑思维会受到干扰，难以集中精力进行判断、思考、运算和操作，从而造成工作效率下降，甚至出现差错。

4.1.3.2 振动危害人体的因素

（1）振动频率

振动对人体不良影响中，频率起着主要作用，不同频率的振动所引起的感受和病变特征是不同的。人体能感知的振动频率范围是1~1kHz，对于环境振动，人们所关心的是人体反应特别敏感的1~80Hz的振动，这主要是由于各种组织的共振频率集中在这个范围，站立的人对4~8Hz的振动最敏感，躺卧的人对1~2Hz的振动最敏感。频率不同，局部振动引起的危害部位也不相同，如表4-1所示。

表4-1 振动频率与振动损害的关系

频率/Hz	位移振幅	接触时间	损害
<30	毫米级		骨、关节损害
30~300	1mm左右	数年后	血管运动神经损害；发生振动性白指
≥300		数周后	手、上臂及肩部持续性损害

（2）振动强度

当频率一定时，振幅越大，对肌体的影响越大。对于人体对振动的感受程度，目前国际上趋于用速度和加速度来评价，尤其是用加速度来评价。振动工具的加速度越大，冲击力越大，对人体危害就越大。

（3）接触振动的时间

振动按时间特性可分为三类：稳态振动、间歇振动和冲击振动，如图4-1所示。稳态振动的强度是不随时间变化的振动。间歇振动是指时有时无的振动，如汽车驶过而引起的公路振动。靠冲击力做功的机械（如锻锤、打桩机等）产生的振动称为冲击振动。冲击振动的时间越短，振幅越大，则对肌体的作用也越强。人体无论受哪种振动作用，接触振动的时间越长，对肌体的不良影响越大。

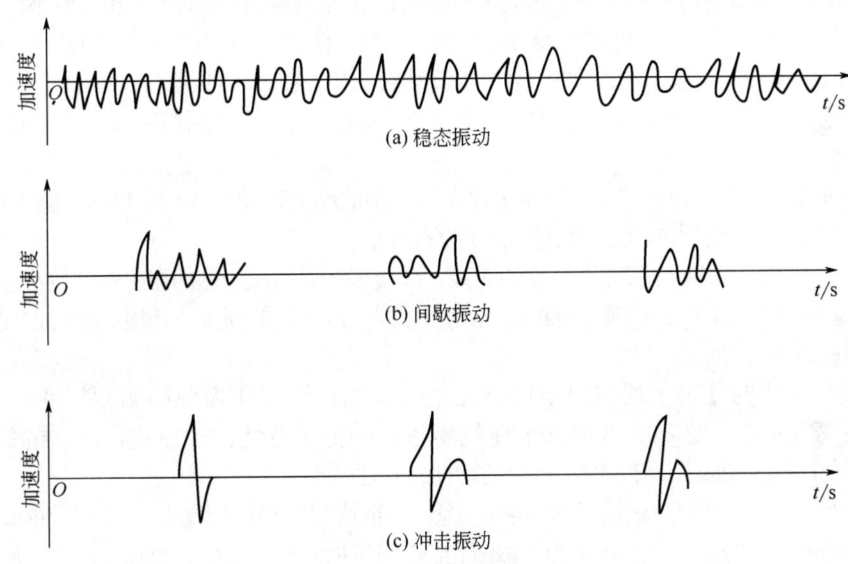

图4-1 振动的时间特性

（4）工作方式

人体对振动的敏感程度与工作方式也有很大关系。如操作者通过他的手施加在工具或工件上的力的大小和方向，手传振动的方向，在振动中暴露期间手、手臂和身体位置姿态（肘、腕和肩关节的角度）以及胸腹部是否接触振动等，手暴露在振动中的面积和位置以及工作方法和操作技巧等均对人体有不同的影响。

上述工作方式取决于振动作业性质、操作规程以及个人操作习惯。上述各因素主要起两个方面的作用：一是造成工作体位不同，立位时对垂直振动比较敏感，而卧位时对水平振动比较敏感；二是某些振动作业要采取强迫体位，造成静力紧张，这可增加振动的传导、血管受压、影响局部血液循环、降低肌力、促使疲劳，从而也可增加振动的不良作用。

（5）环境条件

在工作条件下，手动振动的生物效应还受环境条件的影响。

气温和作业场所的温度在振动病的致病因素中起到重要作用，寒冷是促进振动病发生和流行的重要因素之一。全身受冷和局部受冷相结合，最易使未发作振动病的患者激发出白指病。使用风动工具的工人可同时受到振动和排气的低温影响，从而促使振动病发生和白指发作。一般认为，振动性白指发生和发作的气温在15℃以下。

寒冷会引起血管收缩、血流量减少，除神经反射作用外，它能直接刺激平滑肌收缩，使血液黏稠度增加，使血液循环改变，引起机能障碍，促使振动病的发生。

振动工具的振动，往往同时伴有强噪声（一般为80~120dB），而且多为脉冲噪声。噪声除其本身对人体的危害外，还可通过神经系统，特别是自主神经系统的影响，促使振动病的发生。

其他环境条件，如工作环境中存在烟、某些药物或化学品的污染，则也会促使振动病的发生。

除上述条件外，振动病还与个人体质差异有关。如年龄大小、体质好坏、营养状况、吸烟与否、对寒冷和振动的敏感性等。

4.1.4 损坏建构筑物

强烈的地震能对建筑物造成严重破坏。除此之外，工厂某些设备等引起的振动、建筑施工振动和交通振动也会对建筑物造成不同程度的损坏或影响。当然，这与强烈的地震相比要小得多。

在工厂中，锻锤、落锤、冲床等振动强度较大，故其所在的车间的房屋结构要有抗振考虑；同时对这些设备也应尽量采取隔振措施。如果这些设备离居民房屋较近，则要考虑居民房屋受损问题。

在建筑施工中，打桩机的振动强度较大，并且影响范围广。所以在打桩时，对周围的建筑物要采取保护措施。

对于交通振动，主要是重型车、拖拉机等在不平坦的路上行驶，或在平坦的马路上高速行驶，则会产生较大的振动，对周围的建筑物造成一定的影响。

一般来说，居民住房距振源总有一定的距离，环境振动对居民居住的楼房影响较小但当振动强度较高或与建筑物发生共振，则某些陈旧的房屋会受到一定程度的损害。环境振动对古建筑物的损害也是值得注意的一个问题。

振动对建筑物的危害主要取决于以下几个方面的因素：①振源的幅频特性；②振源至建筑物的距离和地基的性质；③地基至建筑物基础的传递特性；④建筑物整体的振动特性；⑤建筑物的各个部分，如柱、梁、结构板材的特性；⑥建筑物陈旧程度。

振动施于建筑物，即机械能施于建筑物结构，将造成建筑物结构变形。振动不断地施于建筑物，其结构变形将不断增大，直到由此产生的摩擦作用将加入的能量全部吸收掉；或者使建筑结构受到破坏。常见的破坏现象表现为基础和墙壁龟裂，墙皮剥落、石块滑动、地板裂缝、地基变形和下沉等，重者可使建筑物倒塌。

4.1.5 影响精密设备

振动能够影响精密机电设备和仪器的正常运行。强烈的振动还能损伤精密设备和仪器。

(1) 振动对精密设备的影响

① 精密机电设备振动的原因：机电设备本身运转所造成的振动；机加工机床对工件进行加工也会产生振动；由外部干扰引起的振动。外部干扰造成的振动包括交通振动、建筑施工振动和所研究的机电设备周围其他设备的振动。

② 机电设备本身在运行时产生振动的主要原因如下。

a. 不平衡性。对旋转机械来说，不平衡性是最主要的振动起因。不平衡来源于围绕一个部分旋转中心存在着不均匀的重量分布。常见的原因：一是加工时零部件的误差；二是当许多机械零件装配在一起时，产生不适当的配合公差积累，造成不平衡。不平衡重量离心力则引起设备振动。

b. 不同心性。旋转机械产生振动的另一个重要原因是不同心性。如支承轴的轴承座与轴的不严格对中，造成单轴的不同心性。两个轴通过联轴器相连，也可能造成不同心性。此外，连接到设备的管道系统、机器的支座与基础、机壳等都可能造成不同心性。不同心性能引起很大振动，甚至损坏机器。

c. 松动。在旋转机械中，松动可能导致严重振动。固定基础松弛，轴承约束松弛，过大的轴承间隙以及某些螺栓松弛等均可造成松动现象。这种松动能使已有的不同心和不平衡所引起的振动更加严重。

d. 旋转机械中摩擦造成的振动。

e. 由于欠阻尼引起的共振激励。

f. 油膜涡动和油膜起泡造成的振动。

g. 其他原因。机床对工件进行加工时，刀具和工件相互碰撞或相互接触以及刀具和工件之间的相对运动均能引起振动，有时还伴随高频噪声。

③ 振动对精密设备的危害。振动会影响精密设备的正常运行，降低其使用寿命。重者可造成设备某些零部件变形、断裂，从而造成重大设备事故和人身事故。对精密车床、磨床等设备，振动会使工件的加工面光洁度和精度下降，并且还会降低刀具的使用寿命。

(2) 振动对精密仪器、仪表的影响

振动对精密仪器、仪表的影响表现为：

① 影响仪器仪表的正常运行。振动过大时会使仪器仪表受到损害和破坏。

② 影响对仪器仪表的刻度阅读的准确性和阅读速度，甚至根本无法读数。

③ 对某些精密和灵敏的电器，如灵敏继电器，振动能使其自保持触点断开，从而引起主电路断路等连锁反应，造成机器停转等重大事故。

4.1.6 振动产生噪声

众所周知，噪声起源于物体的振动。若振源频率处在可闻声（20~2000Hz）范围内，则振动物体可直接向空间辐射噪声，这就是空气声。该振源同时也是一个噪声源。声音以空气为介质传播，称之为空气传声。通常可采用吸声、隔声和消声等措施减弱空气传声。

振源振动，部分能量以声能形式向空间辐射，同时会引起基础振动。基础振动又会沿地基、管道等传至其他建筑物，引起其他建筑物的基础、墙体、梁柱、门窗以及室内家具等振动。上述各物体的振动会再次辐射噪声。这种振动沿固体传递，在传递过程中固体再次辐射噪声的形式称为固体传声。一个噪声源干扰周围的环境，如果其振动较强，为消除其噪声干扰，除了采取必要的噪声控制措施外，还要对振动加以隔离，才能隔绝或减弱固体传声，当然也减弱了振动的影响。

如果由振源传递来的振动频率小于20Hz，则辐射出的噪声也同样小于20Hz，人耳听不到。然而小于20Hz的振动在激发地面、墙体、门窗等的振动时，除了激起小于20Hz的基频振动外，往往还能激发一系列其基频整数倍的谐振频率的振动。这些振动频率一般大于20Hz，可辐射出噪声。

值得注意的是，固体声在连续结构中传递，其衰减比较小，可以传递较远的距离。因而不论从振动控制角度，还是从噪声控制角度，都应对振动的物体采取隔离措施。

4.2 振动评价标准

描述振动的物理量有：频率、位移、速度和加速度。无论振动的方式多么复杂，通过傅里叶变换总可以离散成若干个简谐振动的形式，因此我们只分析简谐振动的情况。

简谐振动的位移：

$$x = A\cos(\omega t - \varphi) \tag{4-1}$$

式中，A为振幅；ω为角频率；t为时间；φ为初始相位角。

简谐振动的速度：

$$v = \frac{dx}{dt} = \omega A\cos\left(\omega t - \varphi + \frac{\pi}{2}\right) \tag{4-2}$$

简谐振动的加速度：

$$\alpha = \frac{d^2 x}{dt^2} = \omega^2 A\cos(\omega t - \varphi + \pi) \tag{4-3}$$

速度相位相对于位移提前了π/2，加速度相位则提前了π。加速度的单位为m/s^2，有时也用重力加速度g表示，g=9.8m/s^2。

人体对振动的感觉是：刚感到振动是0.003g，不愉快感是0.05g，不可容忍感是0.5g。振动有垂直与水平之分，人体对垂直振动比对水平振动更敏感。

加速度也常用加速度级（振动级）L_α表示，其定义类似于声压级，其定义为

$$L_\alpha = 20\lg(\alpha/\alpha_0) \tag{4-4}$$

式中 α——振动加速度的有效值，m/s^2，对于简谐振动，加速度有效值为加速度幅值的$1/\sqrt{2}$倍；

α_0——参考加速度，一般取$\alpha_0=10^{-6}m/s^2$。

人体对振动的感觉与振动频率的高低、振动加速度的大小以及在振动环境中暴露时间的长短有关，也与振动的方向有关。综合上述几个方面的因素，国际标准化组织建议采取如图4-2所示的等感度曲线。振动级定义为修正的加速度级，用L'_α表示，

$$L'_\alpha = L_\alpha + \Delta \tag{4-5}$$

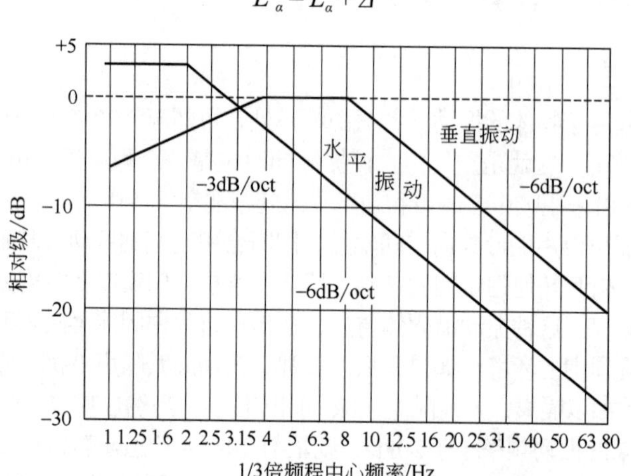

图4-2 等感度曲线（ISO）

式中，Δ为修正值，与频率有关，其取值见表4-2。

表4-2 根据等感度曲线，对于垂直与水平振动的修正值

中心频率/Hz	1	2	4	8	16	31.5	63
垂直方向修正值	−6	−3	0	0	−6	−12	−18
水平方向修正值	3	3	−3	−9	−15	−21	−27

振动级也可用修正的加速度有效值表示，如下：

$$L'_{\alpha} = 20\lg\frac{\alpha'}{\alpha_0} \tag{4-6}$$

式中，α'为修正的加速度有效值，可通过下式计算得到：

$$\alpha' = \sqrt{\sum \alpha_f^2 10^{\frac{\Delta_f}{10}}} \tag{4-7}$$

式中，α_f为某频率成分加速度有效值；Δ_f为垂直或水平方向上的修正值。

4.2.1 建筑物振动标准

振源发生振动，一般通过土地等介质对周围环境产生各种影响。振动传到建筑物内或建筑物内的各种振源振动均会干扰人们的正常生活、工作和学习。因此对建筑物内的振动需要加以限制。

人在居住区域承受环境振动的评价，一般以刚刚感觉到的振动加速度（感觉阈）为允许界限，在界限以下可以认为基本没有影响。

(1) 国际标准化组织关于建筑物内振动标准的建议

国际标准化组织在ISO 2631-2：2003标准中给出了关于建筑物内振动标准的建议，详见表4-3。

表4-3 ISO 2631-2：2003关于建筑物内振动限值的建议

地点	时间	振动级/dB(α_0=10^{-6}m/s^2)					
		连续振动、间歇振动和重复性冲击			每天只发生数次的冲击振动		
敏感工作区（医院手术室、精密实验室）	全天	$x(y)$轴	z轴	混合轴	$x(y)$轴	z轴	混合轴
		71	74	71	71	74	71
住宅	白天	$x(y)$轴	z轴	混合轴	$x(y)$轴	z轴	混合轴
		77~83	80~86	77~83	107~110	110~113	107~110
	夜间	74	77	74	74~97	77~100	74~97
办公室	全天	83	86	83	113	116	113
车间	全天	89	92	89	113	116	113

(2) 德国关于建筑物的允许振动标准

德国1986年颁布的标准DIN 4150第二部分“振动对建筑物的影响”中规定，在短期振动作用下，使建筑物开始损坏，诸如粉刷开裂或原有裂缝扩大时，作用在建筑物基础上或楼层平面上的合成振动限值见表4-4。振动速度的测点在建筑物基础处，选x、y、z方向中最大值进行评价。建筑物的允许振动标准是与其上部结构、地基的特性以及建筑物的重要性有关。此标准仅供参考。

表4-4 DIN 4150关于建筑物开始损坏时的振动速度v值

序号	结构形式	振动速度峰值v/(mm/s)			
		基础			多层建筑物最高楼层平面
		频率范围/Hz			混合频率/Hz
		10以下	10~50	50~100	
1	商业或工业用的建筑物和类似设计的建筑物	20	20~40	40~50	40
2	居住建筑和类似设计的建筑物	5	5~15	15~20	15
3	不同于1、2项所列的对振动特别敏感的建筑物和具有纪念价值的建筑物（如要求保护的建筑物）	3	3~8	8~10	8

（3）古建筑结构允许振动标准

国家标准GB/T 50452—2008《古建筑防工业振动技术规范》主要用于工业振动对古建筑结构影响的评估与防治，振动标准以振动速度表示。测量方法按《古建筑防工业振动技术规范》的要求进行测量，古建筑结构响应应分别按同一高度、同一方向各测点速度时程最大峰值的一半确定，取5次的平均值。古建筑结构的零件振动速度如表4-5~表4-8所示。

表4-5 古建筑砖结构的允许振动速度［v］　　单位：mm/s

保护级别	控制点位置	控制点方向	砖砌体 V_p/(m/s)		
			<1600	1600~2100	>2100
全国重点文物保护单位	承重结构最高点	水平	0.15	0.15~0.20	0.20
省级文物保护单位	承重结构最高点	水平	0.27	0.27~0.36	0.36
市、县级文物保护单位	承重结构最高点	水平	0.45	0.45~0.60	0.60

注：当V_p介于1600~2300m/s时，［v］采用插入法取值。

表4-6 古建筑石结构的允许振动速度［v］　　单位：mm/s

保护级别	控制点位置	控制点方向	砖砌体 V_p/(m/s)		
			<2300	2300~2900	>2900
全国重点文物保护单位	承重结构最高点	水平	0.20	0.20~0.25	0.25
省级文物保护单位	承重结构最高点	水平	0.36	0.36~0.45	0.45
市、县级文物保护单位	承重结构最高点	水平	0.60	0.60~0.75	0.75

注：当V_p介于2300~2900m/s时，［v］采用插入法取值。

表4-7 古建筑木结构的允许振动速度［v］　　单位：mm/s

保护级别	控制点位置	控制点方向	砖砌体 V_p/(m/s)		
			<4600	4600~5600	>5600
全国重点文物保护单位	顶层柱顶	水平	0.18	0.18~0.22	0.22
省级文物保护单位	顶层柱顶	水平	0.25	0.25~0.30	0.30
市、县级文物保护单位	顶层柱顶	水平	0.29	0.29~0.35	0.35

注：当V_p介于4600~5600m/s时，［v］采用插入法取值。

表4-8 石窟结构的允许振动速度［v］　　单位：mm/s

保护级别	控制点位置	控制点方向	岩石类型	岩石 V_p/(m/s)		
全国重点文物保护单位	窟顶	三向	砂岩	<1500	1500~1900	>1900
				0.10	0.10~0.13	0.13
			砾岩	<1800	1800~2600	>2600
				0.12	0.12~0.17	0.17
			灰岩	<3500	3500~4900	>4900
				0.22	0.22~0.31	0.31

注：1.表中三向指窟顶的径向、切向和竖向。

2.当V_p介于1500~1900m/s、1800~2600m/s、3500~4900m/s时，［v］采用插入法取值。

4.2.2 城市区域环境振动标准

环境振动一般并不构成对人体的直接危害，它主要是对居民生活、睡眠、学习、休息的干扰和影响。现将GB 10070—1988《城市区域环境振动标准》的主要内容介绍如下。

城市各类区域铅垂向z振级标准值如表4-9所示。该标准采用的基本评价量为铅垂向z振级。z

振级定义为：按ISO 2631-1：1997规定的全身振动z计权因子修正后得到的振动加速度级，记为VL_z（dB）。测点选在建筑物室外0.5m以内振动敏感处，必要时测点置于建筑物室内地面中央。

表4-9 城市区域环境振动标准 单位：dB

适用地带范围	昼间	夜间
特殊住宅区	65	65
居民、文教区	70	67
混合区、商业中心区	75	72
工业集中区	75	72
交通干线道路两侧	75	72
铁路干线两侧	80	80

① 本标准值适用于连续发生的稳态振动、冲击振动和无规则振动。每日发生几次的冲击振动，其最大值昼间不允许超过标准值10dB，夜间不超过3dB。

② 本标准适用的地带范围，由地方人民政府划定。其中“特殊住宅区”是指特别需要安宁的住宅区。“居民、文教区”是指纯居民和文教、机关区。“混合区”是指一般商业与居民混合区，工业、商业、少量交通与居民混合区。“商业中心区”是指商业集中的繁华地区。“工业集中区”是指在一个城市或区域内规划明确确定的工业区。“交通干线道路两侧”是指车流量每小时100辆以上的道路两侧。“铁路干线两侧”是指距每日车流量不少于20列的铁道外轨30m外两侧的住宅区。

③ 本标准昼间、夜间的时间由当地人民政府按当地习惯和季节变化划定。

4.2.3 精密仪器设备振动标准

精密仪器、设备台座的允许振动标准应由制造部门提供。当无资料时，可根据其对振动的要求，参照表4-10查找相应的标准。

表4-10 精密仪器、设备允许振动值

防振等级	精密仪器、设备名称	容许振动线位移/μm	容许振动线速度/(mm/s)
1	每毫米刻3600条以上的光栅刻线机	—	0.01
2	每毫米刻2400条的光栅刻线机	—	0.02
3	每毫米刻1800条的光栅刻线机、自控激光光波比长仪及光栅刻划检刻机、80万倍电子显微镜、精度为0.03μm的光波干涉孔径测量仪、14万倍扫描电镜、精度为0.02μm的干涉仪、精度为0.01μm的光管测角仪，加工精度小于0.1μm、表面粗糙度为0.125μm的超精密车床、铣床和磨床	—	0.03
4	每毫米刻1200条的光栅刻线机、6万倍以下的电子显微镜、精度为0.025μm的干涉显微镜、表面粗糙度为0.025μm的测量仪、光导纤维拉丝机、胶片和相纸挤压涂布机，表面粗糙度为0.025μm的丝杠车床、螺纹磨床、高精度刻线机、高精度外圆磨床和平面磨床等	—	0.05
5	每毫米刻600条的光栅刻线机、立式金相显微镜、检流计、0.2μm的分光镜(测角仪)、高精度机床装配台、超微粒干板涂布机	—	0.10
	表面粗糙度为0.05μm的丝杠车床、螺纹磨床、精密滚齿机、精密辊磨床等，精度为1×10^{-7}的一级天平	1.50	
6	精度为1μm的立式(卧式)光学比较仪、投影光学计、测量计和硬质金属毛坯压制机	—	0.20

续表

防振等级	精密仪器、设备名称	容许振动线位移/μm	容许振动线速度/(mm/s)
6	加工精度1~3μm、表面粗糙度为0.1~0.2μm的精密磨床、齿轮磨床、精密车床、坐标镗床等，精度为5×10^{-7}~1×10^{-5}单盘天平和三级天平	3.00	0.20
7	精度为1μm的万能工具显微镜、精密自动绕线机、接触式干涉仪	—	0.30
	加工精度大于5μm、表面粗糙度为0.1~0.8μm的精密卧床镗床、精密车床、数控车床、仿形车床和磨床等，六级天平、分析天平、陀螺仪摇摆试验台、陀螺仪偏角试验台和陀螺仪阻尼试验台	4.80	
8	卧式光度计、大型工具显微镜、双管显微镜、阿贝测长仪、电位计和万能测长仪	—	0.50
	台式光点反射检流计、硬度计、色谱仪和湿度控制仪，表面粗糙度为0.8~1.6μm的精密车床及磨床	10.0	
9	卧式光学仪、扭簧比较仪和直读光谱分析仪		0.70
10	示波检线器、动平衡机和表面粗糙度为1.6~3.2μm的机床		1.00
11	表面粗糙度大于3.2μm的机床		1.50

注：凡表内同时列有容许振动线速度和容许振动线位移的精密仪器、设备，两者均应满足。

4.3 振动的测量

噪声测量系统本质上是对空气振动的测量，因此，从某种意义上来说噪声测量系统也是振动测量系统，但是它不能对固体振动进行测量。如果将传声器换成振动传感器，再将声音计权网络换成振动计权网络，那么就成为可以测量固体振动的振动测量系统。因此，大部分用于噪声测量的仪器，也都可以用于振动测量。但是，振动频率往往低于测量噪声的频率范围，这就要求在进行振动测量前，根据振动的频率特点及测量要求，选择合适的仪器。若只测量声频范围内的振动，可用一般噪声测量设备；若测量影响环境的振动，则要求使用截止频率不大于1Hz的低频振动测试仪。

4.3.1 振动测试仪

与声级计相似，振动测试仪是测量振动的常用仪器，结构和组成与声级计基本一致，如图4-3所示。有一些高级的声级计，只要将其传声器更换为振动传感器即可转变为一个振动测试仪，即可对振动进行测量。

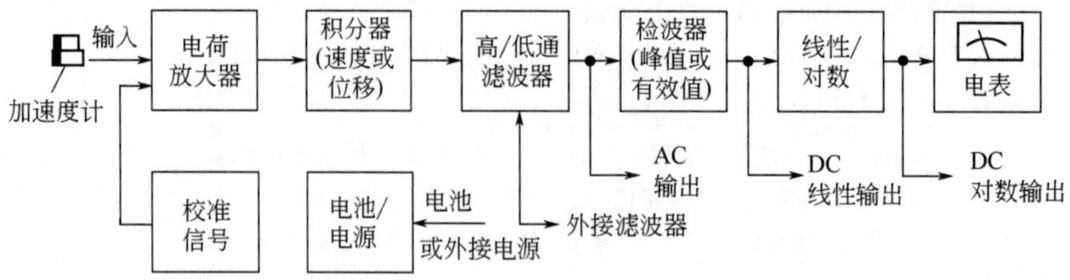

图4-3 振动测试仪结构示意图

振动测试仪对振动信号的分析功能与声级计基本相同，只是用于振动信号的计权网络与噪声计权网络不一样。振动测试仪内一般还配置有电校准信号振荡器，使仪器具有自校准能力，还可根据传感器的灵敏度来调节整机的灵敏度。

（1）人体响应振动仪

测量振动对人体影响的仪器称为人体响应振动仪，是根据振动对人体影响的特点来设计的。人体对振动的感受因振动作用于人体的部位和各个器官的不同而有所不同。同时，振动的频率、强度、振动的方向、作用时间、工作方式以及工作环境条件等不同，不同的人感受也不一样。因此，评价一个振动对人体的影响比较复杂。一般人刚刚感觉到的垂直振动为$10^{-3}m/s^2$，即60dB，不可忍耐的加速度是$0.5m/s^2$，即114dB。以分贝为单位的振动加速度级代替振动加速度，可以给振动测量、运算和表达带来很大方便。

我国参照ISO 2631-1：1997制定了GB/T 13441.1—2007《机械振动与冲击 人体暴露于全身振动的评价 第一部分：一般要求》提出了振动评价和推荐的劳动保护标准。

ISO 2631-1：1997的适用条件是振动环境为全身振动，振动频率范围是1~80Hz，在规定的频率范围内，它可应用于周期性振动和具有分布频谱的随机或非周期振动，也可暂时地应用于连续冲击型的激振。

ISO 2631对测量影响人体的振动作了相关的要求。人体振动的测量量一般是与人体接触处的计权振动加速度有效值α。其中，振动的计权曲线根据测量时不同的姿势（立姿、卧姿和坐姿）、评价目的（健康、舒适度）和振动类型而有所不同，表4-11所示为ISO 2631中推荐的所有频率计权值。表4-12所示为不同频率计权的适用情况。

表4-11 ISO 2631中推荐的频率计权

频率/Hz	W_k/dB	W_d/dB	W_f/dB	W_c/dB	W_e/dB	W_j/dB
1	6.33	−0.1	32.57	0.08	1.11	6.3
1.25	6.29	−0.07	40.02	0	2.25	6.28
1.6	6.12	0.28	48.47	−0.06	3.99	6.32
2	5.49	1.01	56.19	−0.1	5.82	6.34
2.5	4.01	2.2	63.93	−0.15	7.77	6.22
3.15	1.9	3.85	71.96	−0.19	9.81	5.62
4	0.29	5.82	80.26	−0.2	11.93	4.04
5	−0.33	7.76	—	−0.11	13.91	2.01
6.3	−0.46	9.81	—	0.23	15.94	0.48
8	−0.31	11.93	—	1	18.03	−0.15
10	0.1	13.91	—	2.2	19.98	−0.26
12.5	0.89	15.87	—	3.79	21.93	−0.22
16	2.28	18.03	—	5.82	24.08	−0.16
20	3.93	19.99	—	7.77	26.02	−0.1
25	5.8	21.94	—	9.76	27.97	−0.06
31.5	7.86	23.98	—	11.84	30.01	0
40	10.05	26.13	—	14.02	32.15	0.08
50	12.19	28.22	—	16.13	34.24	0.24
63	14.61	30.6	—	18.53	36.62	0.62
80	17.56	33.53	—	21.47	39.55	1.48

表4-12 各个频率计权的适用情况

频率计权系数	健康	舒适度	感觉	运动病
W_k	z向，座位面	z向，座位面 z向，站立、躺卧时的铅垂向（除头部）； x、y、z向，脚部（坐姿）	z向，座位面 z向，站立、躺卧时的铅垂向	—

续表

频率计权系数	健康	舒适度	感觉	运动病
W_d	x向，座位面 y向，座位面	x向，座位面； y向，座位面； x、y向，站立、躺卧时的水平向 y、z向，座靠面	x向，座位面； y向，座位面； x、y向，起立、躺卧时的水平向	—
W_f	—	—		铅垂向
W_c	x向，座靠面	x向，座靠面	x向，座靠面	—
W_e	—	r_x、r_y、r_z向，座位面	r_x、r_y、r_z向，座位面	—
W_j	—	躺卧时的铅垂向（除头部）	—	—

注：x、y、z为人体平动坐标系中的三个方向；r_x、r_y、r_z为人体旋转坐标系中的三个旋转方向。

在实际振动控制工作中，测量的计权加速度有效值还需换算成振级L_α［见式（4-4）］。计算振级时应采用W_k、W_d和W_f计权。人体响应振动仪应具备计算加速度有效值或振级的能力，并且能够根据不同情况采用不同的频率计权方法。

除了加速度有效值外，ISO 2631-1：1997还要求对于特殊的高强度振动，应测量其最大瞬时振动值$MTVV$或四次方振动剂量值VDV作为补充评价量：

$$\alpha(t_0)=\left\{\frac{1}{\tau}\int_{-\infty}^{t_0}[\alpha(t)]^2\exp\left(\frac{t-t_0}{\tau}\right)\mathrm{d}t\right\}^{\frac{1}{2}} \tag{4-8}$$

$$MTVV=\max[\alpha(t_0)] \tag{4-9}$$

$$VDV=\left\{\int_0^T[\alpha(t)]^4\mathrm{d}t\right\}^{\frac{1}{4}} \tag{4-10}$$

计算$MTVV$和VDV时，也需要对加速度信号进行频率计权（W_k、W_d、W_f），其频率计权值如表4-11所示。

人体响应振动仪的加速度传感器应置于人体与振动表面的接触位置，并按ISO 2631-1：1997推荐的人体基本中心轴图（如图4-4所示）中的参考方向，对振动进行标示或记录。如图4-4所示为平移或直线振动的参考方向x、y、z；对于旋转振动转轴r_x、r_y、r_z等参考方向，分别称为左右摇摆、前后颠簸和左右摇转方向。测量得到振动在三个方向的加速度分量后，应将其按一定的权重进行均方根计算，得到的值才能用于评价振动对人体的影响。ISO 2631-1：1997给出的计算公式为

$$\alpha_v=(k_x^2\alpha_x^2+k_y^2\alpha_y^2+k_z^2\alpha_z^2)^{\frac{1}{2}} \tag{4-11}$$

式中，k_x、k_y、k_z分别为x、y、z方向的权重因数。

人体响应振动仪一般用于测量作业人员的振动暴露情况，以及劳动卫生、职业病危害防治等部门对人体振动的研究分析工作。

（2）环境振动仪

专门用于测量和评价环境振动的仪器称为环境振动仪。根据GB 10071—1988《城市区域环境振动测量方法》的规定，环境振动仪性能必须符合GB/T 23716—2009/ISO 8041：2005《人体对振动的响应 测量仪器》的有关要求。环境振动仪的测量范围至少为1~80Hz。由于测量的频率以及强度一般都比较低，因此其配置的加速度传感器的灵敏度应比较高。我国的环境振动标准规定以振动在铅垂方向z的分量为评价量，加速度传感器一般为单轴向的拾振器。也有些仪器配置能同时测量三个方向的加速度传感器，以便于进行环境振动的研究。表4-13所示为一些人体响应振动仪和环境振动仪的性能参数。

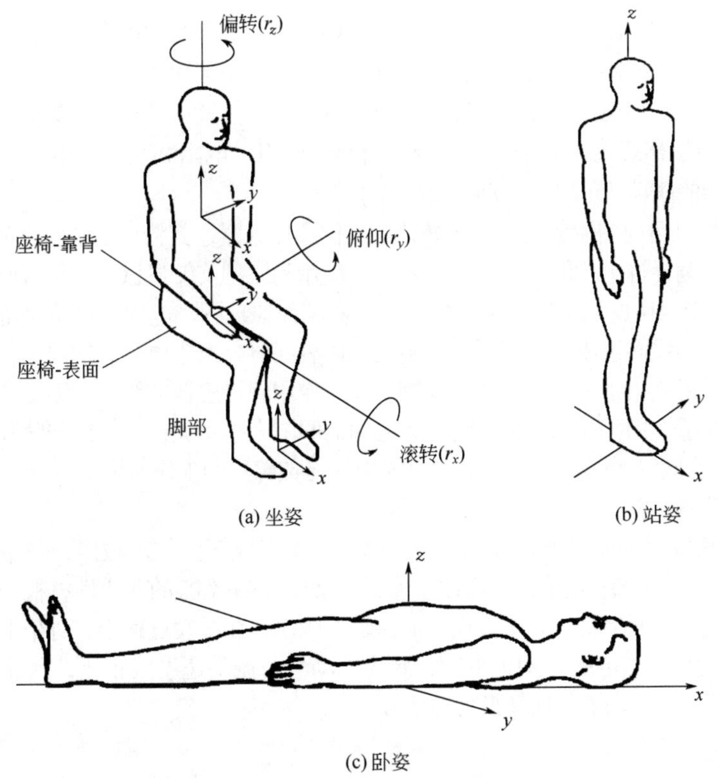

图4-4　人体基本中心轴示意图

表4-13　若干人体响应振动仪和环境振动仪的性能参数

厂商	型号	类型	频率范围/Hz	测量范围	工作温度/℃	灵敏度/[mV/(m/s²)]
丹麦B&K	4515-B-002	人体振动	0.25~900	0.1~320m/s²	−10~+50	10
日本RION	VX-54WB1	人体振动	0.5~80	0.3~1000m/s²	−10~+50	—
	VM53A	环境振动	1~80	15~110dB	−10~+50	60
爱华	AWA6291	人体全身振动	0.5~125	0.03~100m/s²	−10~+50	3pC/(m/s²)
		人体手传振动	5~1600	0.1~3160m/s²	−10~+50	1pC/(m/s²)
	AWA6256B+	环境振动	1~80	48~158m/s²	−10~+50	40

4.3.2 振动传感器

描述振动的物理量主要有3个：位移、速度和加速度。因此，振动传感器也可以分为位移传感器、速度传感器和加速度传感器。振动传感器的性能指标与传声器的性能指标基本相同，如频率响应、灵敏度、稳定性和动态范围等。振动传感器的灵敏度主要有主轴灵敏度和横向灵敏度之分。对于测量单轴向振动的传感器，其横向灵敏度越小越好，一般要求小于3%。

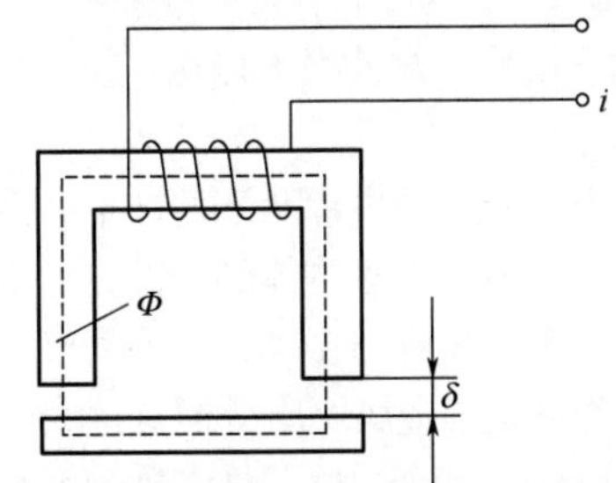

图4-5　电感型位移传感器工作原理图

（1）位移传感器

根据测试原理，位移传感器可分为电感型和电涡流型两种。

如图4-5所示为电感型位移传感器工作原理图。将通有一定电流的电线缠绕在U形导磁材料上，就构成了最简单的电感型位移传感器。在电流的作用下，导磁材料周围将出现磁场，并集中在材料的两个端口附近。将两个端口靠近固体表面，端口与固体表面间会形成一个气隙，可以证明，气隙的大小与线圈的电感成反比。因此，气隙的大小随固体表面振动时，线圈的电感便随之发生变化，线圈的输出电流也随之改变，测量电流的瞬时值就可计算出气隙的大小，也就可推算出固体表面振动的位移变化。但是，由于导磁材料的磁阻、电阻和线圈寄生电容等多种因素的影响，电感型传感器的线性特征较差，动态范围较小。

电涡流传感器是目前使用较为广泛的非接触式位移传感器，其特点是结构简单、灵敏度高、线性度好、频率范围宽、抗干扰能力强等，已被大量应用到大型旋转机械上，用来监测轴系的径向振动和横向振动。如图4-6所示为电涡流型位移传感器工作原理图。电涡流型位移传感器主要由一个通有高频交变电流的线圈组成。当线圈靠近金属固体表面时，由于电磁感应作用，金属固体表面将出现电涡流。电涡流相当于一组交变通电线圈，又反作用到传感器的线圈。因此，线圈与电涡流之间实际上产生了互感作用。互感的大小与两者之间的间隙大小有关，在一定间隙和频率范围内，传感器的输出电压与间隙大小成线性关系，这就是电涡流传感器的工作原理。

（2）速度传感器

应用较广的速度传感器是电动式速度传感器，主要组成部分是永磁体、磁路和运动线圈。如图4-7所示为电动式速度传感器的基本结构。线圈一般缠绕在空心的非磁性材料骨架上，骨架直接或间接地与被测固体表面接触，并随其振动而振动。因此，在振动过程中，骨架上的线圈切割磁力线，产生感生电动势。由电磁学知识可知，感生电动势与振动速度成正比，因此，通过速度传感器，从固体表面获得的振动信号便转换为电信号。

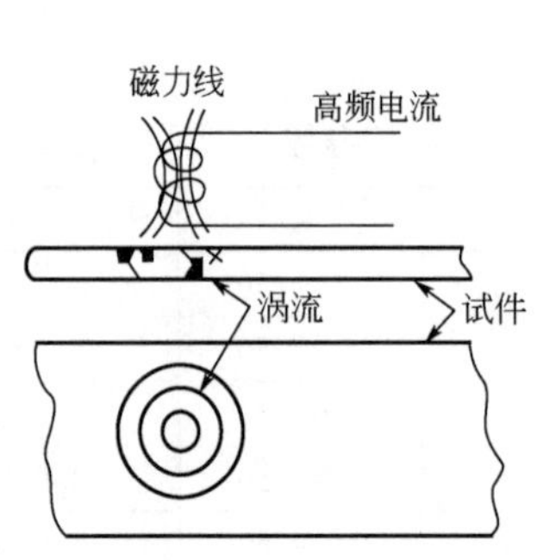

图4-6 电涡流型位移传感器工作原理图

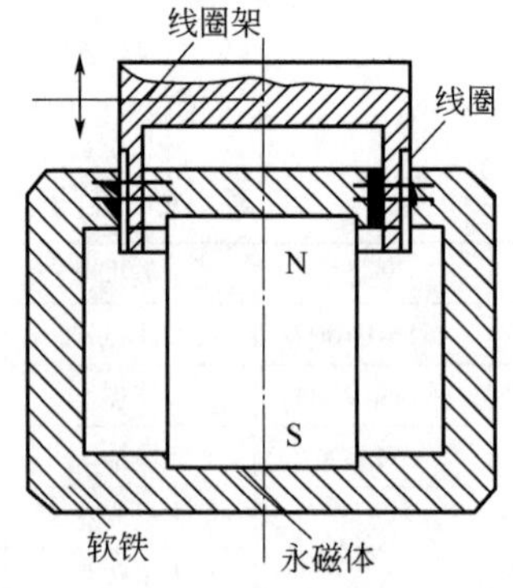

图4-7 电动式速度传感器结构原理图

速度传感器是一种接触式传感器，灵敏度一般比较高，尤其在低频段具有较大的输出电压，可测量较低频率的振动速度。此外，其线圈阻抗较低，因而对与其配合使用的测量仪器的输入阻抗、连接电缆长度及质量要求都可以相应降低。

（3）加速度传感器

加速度传感器的简单结构如图4-8（a）所示。它由质量为M的金属块、与外壳连接在一起的基底及夹在金属块与基底之间的压电片构成。

当传感器沿x方向振动时，金属块M的惯性力交变地施加在压电片上，压电片两端便产生电荷输出。使用时，应与振动物体进行刚性连接，这样基底和外壳便可以看成是振动物体的一部分。金属块和压电片在振动物体上的运动与受力分析如下：系统在外力作用下产生强迫振动，设振动仅发生在x方向，并将坐标原点取在基底上，如图4-8（b）所示，则这个系统中金属块质量M远远大于压电片的质量m，这样就可以把金属块看作惯性元件，而压电片可以作为一个弹性元件，其劲度系数为K。当外力沿x正向作用于该系统时，反映在坐标系内则是作用在金属块沿x的反方向的一个相

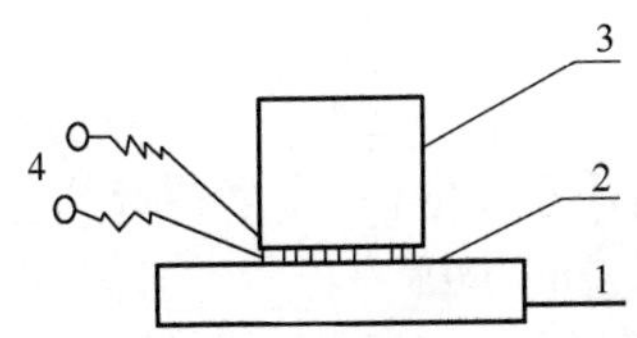

(a) 加速度传感器的基本结构

1—基底；2—压电片；3—质量块；4—输出电极

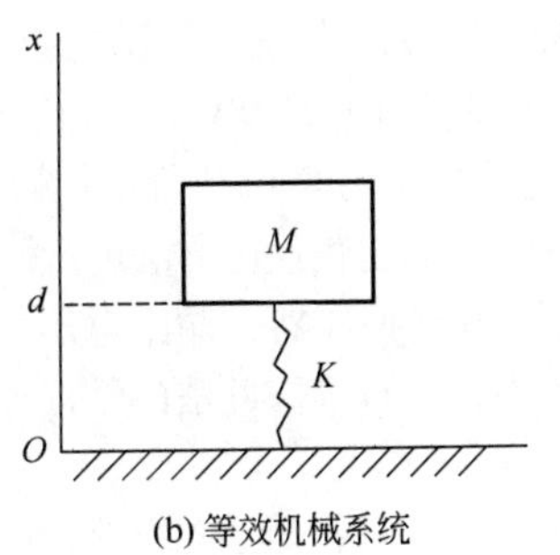

(b) 等效机械系统

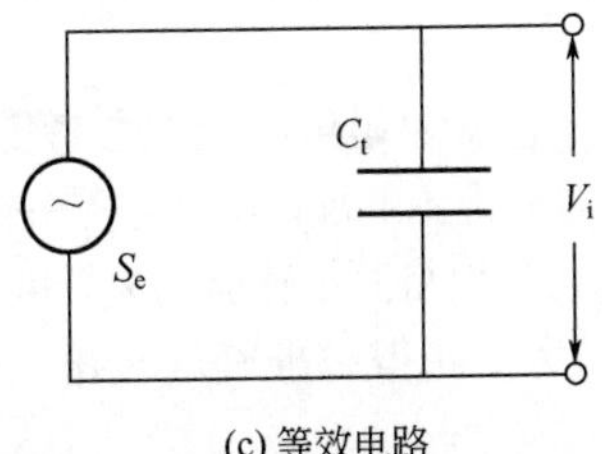

(c) 等效电路

图4-8　加速度传感器示意图

等的力，这与乘电梯时电梯突升时感受到一个向下压力的现象一样，称为作用力引起的反向惯性力。设外力为F，在坐标系中应满足如下运动方程：

$$M\frac{\mathrm{d}^2x}{\mathrm{d}t^2}+Kx=F=M\alpha \tag{4-12}$$

式中，α为振动物体的加速度。若加速度是正弦周期函数，角频率为ω时式（4-12）的解为

$$x=\frac{M\alpha}{K-\omega^2M} \tag{4-13}$$

该系统的共振角频率为

$$\omega_r=\sqrt{K/M} \tag{4-14}$$

当$\omega \ll \omega_r$时，式（4-13）可以改写为

$$x=\frac{M}{K}\alpha \tag{4-15}$$

即压电片的形变与加速度大小成正比。设压电片厚度为d，面积为S，弹性模量为E，则可以计算得到劲度系数K为

$$K=SE/d \tag{4-16}$$

压电片受力形变，在两侧分别产生极性相反的电荷，电荷量为

$$q=S\frac{x}{d}e=\frac{eM}{E}\alpha \tag{4-17}$$

式中，e为压电片的压电模量。由式（4-17）可知，电荷q与加速度α成正比关系，两者之比为传感器的电荷灵敏度：

$$S_q=eM/E \tag{4-18}$$

可以看出，加速度传感器本质上就是一个电荷发生器，其质量越大，灵敏度越高。当然，根据式（4-14）可知，传感器的质量越大，系统的共振频率就越低，那么传感器的频率使用范围就越窄，因此需根据实际情况认真选择传感器的质量。

压电加速度传感器中压电片的压电效应与晶体传声器中的压电效应相似，所以两者可统称为压电换能器；又因为带异性电荷的两面刚好形成一个电容器的两个极板，其等效电路如图4-8（c）所示，因此也常称其为静电换能器。

设压电片电量为C，则有

$$C=\varepsilon S/d \tag{4-19}$$

式中，ε是压电材料的介电常数。电容器两端的输出电压为

$$V=\frac{q}{C}=\frac{S_q}{C}\alpha \tag{4-20}$$

因此，传感器的电压灵敏度为

$$S_V=S_q/C \tag{4-21}$$

加速度传感器的频率响应一般均能满足测试要求，尤其在低频段，截止频率为1Hz以下。其动态范围和耐温性能也很重要，使用时应注意选择。

4.3.3　振动测试仪的校准

与噪声测量仪器相似，振动测试仪在进行振动测量之前需进行振动校准。振动测量的校准主要是对其灵敏度的校准。灵敏度校准方法可以分为三种：绝对法、相对法和校准器法。

(1) 绝对法

加速度计的绝对校准法主要有激光干涉法、互易法和地心引力法三种。其中，互易法与地心引力法是较为简单的方法，一般的用户都可以自己进行。但是这两种方法的不确定度较高，过程烦琐，不容易得到准确的结果。而激光干涉法是较为准确、置信度较高的方法。

激光干涉校准法是一种基于迈克尔孙干涉仪技术的方法。迈克尔孙干涉仪中的激光器向振动传感器发射一激光束，经由传感器表面反射后，与标准参考激光束发生干涉，从而产生干涉条纹。传感器由正弦激振器激振，干涉条纹随传感器的振动而周期变化，每一周期内的条纹数正比于传感器的峰-峰位移量。因此，通过干涉条纹可以得到峰-峰位移量以及振动频率，从而计算出加速度。将输出电信号与之作比值，即可得到传感器的灵敏度。用这种方法校准在置信度为99%时，其不确定度为0.6%。但是，由于迈克尔孙干涉仪本身是非常专业的仪器，它对实验环境也有着苛刻的要求，因此，激光干涉校准的方法只能在专门的实验室内进行，不建议一般用户自己使用该方法进行校准。

互易法则是利用传感器的互易特性进行的。传感器一般是电-力互易换能器，输出电压与作用力之间是线性可逆的关系，因此，利用互易校准程序，即可对传感器进行校准。此法的程序非常烦琐，且不确定度一般在0.5dB左右。

利用地心引力的稳定性对传感器进行校准就是地心引力法。该方法要求将传感器严格地指向地心，确保只有重力作用于传感器上。这仅适用于传感器的低频校准，而且结果的准确性不容易保证。

(2) 相对法

振动传感器的相对校准法一般是将待校准传感器背靠背地固定于已知灵敏度的标准参考传感器上，然后将之安装在一定的振动源上，如图4-9所示。由于两个传感器捕捉到的加速度信号是一致的，因此，测量出它们的输出电信号之比，利用标准传感器的灵敏度即可计算出待测传感器的灵敏度。

背靠背式校准方法比较简单，一般使用者都可以自己进行。为了获得较准确的校准，该方法对标准参考传感器有很高的要求，应选用稳定、准确、不确定度低的振动传感器作为标准参考传感器。

(3) 校准器法

由于振动传感器在正常工作频率范围和动态范围内具有非常好的线性特征，在一定频率及加速度下对其进行校准一般已经足够。因此，可以利用已经校准好的振动激励器直接做成一个校准器。校准时，将传感器安装到校准器上，把传感器测量得到的加速度值与校准器的标称值进行对比即可。这种方法十分简易、方便，具有通用性，适合一般振动测量前的简易校准。表4-14所示为常用振动校准器产品的性能参数。

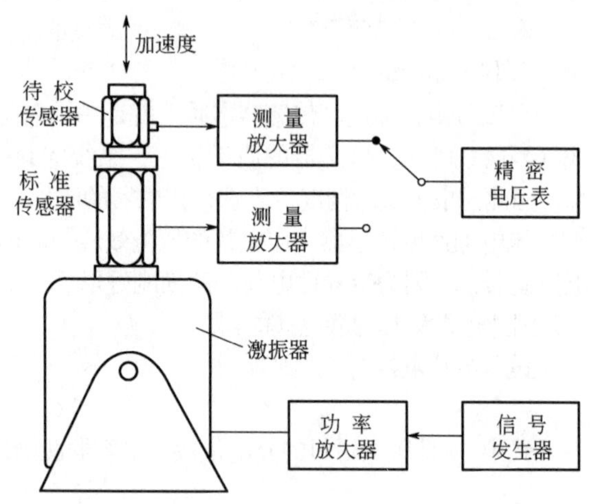

图4-9 振动传感器的相对校准法

表4-14 常用振动校准器产品的性能参数

厂商	型号	工作频率/Hz	标准振动值/(m/s²)	持续时间/h	工作温度/℃	最大负载/g
丹麦B&K	4294	159.15	10	103	10~40	70
PCB	394C06	159.2	9.81	60~150	−10~+55	210

4.3.4 振动测量方法简介

机械设备运转以及由此而引起的振动，从噪声测量角度考虑，有两项内容需要测量，一是传递至大气中，激发噪声的振动；二是传递至与之相连的固体表面，形成公害的地面振动，亦称环境振动。

(1) 激发噪声振动的测量

各种机械设备运转时，由于多种不平衡力的作用，总会产生或大或小的振动。当振动作用于易辐射噪声的物体上时（如机壳或金属板材结构），将激发这些结构产生多种模式的振动，进而辐射噪声。常见的内燃机、通风机、压缩机、鼓风机等的壳体就常因为激发振动而发出强噪声。对于这种振动的测量，要根据实际情况进行。测点应选在设备的外壳表面和振源位置上，以便全面掌握振动发声的情况和振动的根源，从而为降低噪声采取相应的隔振、减振措施提供可靠的依据。

测量项目有：声频范围内的非计权均方根振动值；31.5~8000Hz倍频程或1/3倍频程的振动值。一般机械振动的振动值可用位移量表示；与辐射声音直接相关的振动尤其是大面积振动，通常采用振动速度表示，测后可进一步对振动频率进行分析。对于振源区域，测量的频率必须扩展到20Hz以下。一般专用测振设备低频限值可达2Hz，可用来测量振源基座三维正交方向上的振动。

为了使振动测量较真实地反映振动物体的主要振动参数，要求被测物体与加速度计之间没有相对运动，因此，加速度计的固定是非常重要的，对保持高频振动可靠测量尤为重要。常用的加速度计固定有如图4-10所示的6种方法。

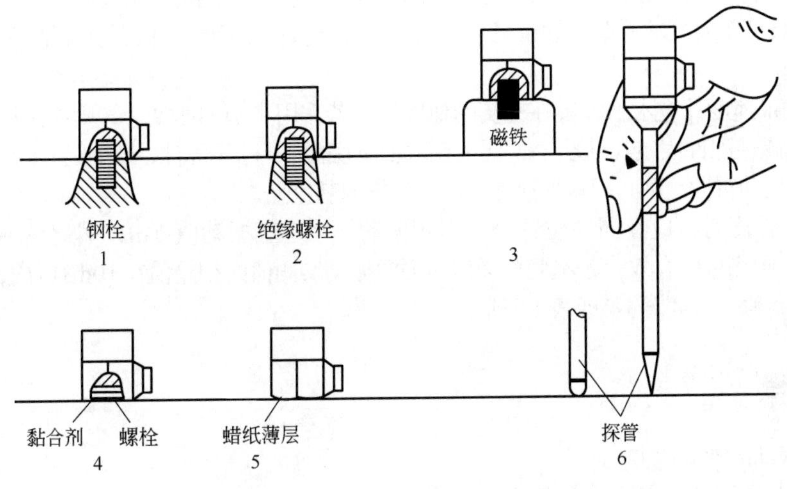

图4-10　加速度计常用的固定方法

① 将加速度计直接用钢制螺栓固定在振动表面上。此方法是将加速度计与振动表面刚性相接，可测量强振和高频率振动，是固定加速度计较理想的方法。如果接触面不平整，可在接触面上涂硅蜡，不允许加速度计旋得过紧而使其带有应力，从而影响灵敏度。

② 将加速度计与振动面通过绝缘螺栓和云母片绝缘相连。此方法与第1种方法基本相同，只是在需要绝缘的时候使用。先在表面垫绝缘云母垫圈，再用绝缘螺栓固定。

以上两种方法有较好的频率响应，对于测量3kHz以下的加速度，加速度计可直接固定在振动物体上。但是以上两种方法需要在被测物体表面穿孔套扣，较为复杂，有时因条件不允许而常常受到限制。在精度要求不高的振动测量中常使用下述几种方法，但由于加速度计与振动物之间不是刚性连接，有时会导致加速度计安装系统的共振频率低于其固有振动频率。因此，一般只能测量1kHz以下的振动。

③ 通过磁铁与具有铁磁性质的振动表面磁性相接。此种方法较常用，方便可靠，但只能测量加速度较小的振动，一般小于50g（g为重力加速度，g=9.8m/s^2）。环境温度也不能太高，一般在

150℃以下。

④ 用黏合剂或螺栓连接。由黏合剂层的劲度和加速度计的质量所决定的拾振系统共振频率定出可测振动频率的上限。这种方法安装方便，但不容易取下。

⑤ 用蜡纸薄层（蜡膜）黏附。此方法与第4种方法基本相同，频响（频率响应）较好，但不能用于高温环境下，可靠性较差。

⑥ 手持探管（棒）与振动表面接触。这种方法适宜深缝或者高温物体的振动测量，但该方法的谐振频率很低，在高于1000Hz的频率范围内不能应用。另外，往往由于手颤的影响，其测量误差较大。

（2）环境振动的测量

环境中的各类机器设备、道路上行驶的机动车辆和轨道列车等都是环境振动源。受这些环境振动影响的区域为居民住宅时，可在该区域内选择3~5个测点测量振动值，对于楼房应在各层分别选3~5个测点测量振动值。对于作为振源的机器，应当了解其振动特性和影响范围，所以需要在机器基座以上及距基座1m、2m、4m等位置测量振动值。当受害区域为公路两侧时，可在公路两侧20~40m处，每隔5m或10m选一个测点测量振动值。

振动值的测量项目包括：

① 中心频率为1~80Hz的1/3倍频程振动加速度值（垂直振动和水平振动）。

② 振动级可作为振动的单值评价量，使用加速度计权网络测量。根据测量结果采取合理的隔振减噪措施。

环境振动加速度计应水平放置在夯实的地面上。若需用小型加速度计，则应选用灵敏度高的。加速度计可用磁性配件固定在铁块上，要求铁块上下底面平行，可将铁块水平置于坚实的地面上。若测量振源的振动特性，则必须将加速度计固定在振源基座上。

测量振源强度时，应在同一位置测量本底振动，当本底振动值（dB）小于振源振动实测值10dB以上时，则测量值有效；若本底振动值与振源振动实测值的相差值在10dB以内，则振源的实际振动值应进行修正（如图4-2或表4-2所示）。

习题与思考题

1. 简述振动的常见危害。
2. 简述国际标准化组织关于建筑物内振动标准的建议。
3. 简述德国关于建筑物的允许振动标准。
4. 简述我国古建筑结构允许振动标准。
5. 简述城市区域环境振动标准。
6. 简述振动测试仪的基本结构。
7. 振动传感器可以分为哪几类？分别简述其工作原理。
8. 振动测试仪的校准方法有哪些？各有什么优缺点？
9. 简述激发噪声振动的测量方法。
10. 简述环境振动的测量方法。

中篇 技术篇

第5章

噪声源及其控制方法概论

一切向周围辐射噪声的振动物体都被称为噪声源。噪声源的类型较多，有固体的，即机械性噪声；还有流体的，即空气、水、油的动力性噪声；另外，机械设备中，常将由电磁应力作用引起振动的辐射噪声称为电磁噪声。在机械设备中，这三种噪声往往混杂在一起，有时以机械性噪声为主，有时又以流体动力性噪声或电磁噪声为主。因此，机械设备产生的噪声概括为机械性噪声、流体动力性噪声和电磁噪声三种。

无论是机械性噪声、流体动力性噪声，还是电磁噪声，按其噪声强度随时间的变化情况，又分为稳态状态噪声、周期状态噪声和冲击状态噪声三种。稳态状态噪声是连续的，声强波动范围在5dB以下；周期状态噪声是周期性的，声强波动范围超过5dB。冲击状态噪声是不连续的脉冲噪声，其持续时间小于1s，而其峰值压力比均方根值至少大10dB，冲击次数大于10次/s的也可以是稳态噪声。

5.1 机械噪声及其控制

机械噪声来源于机械部件之间的交变力。这些力的传递和作用一般分为三类，即撞击力、周期性作用力和摩擦力。实际上机械部件之间往往同时具有以上三种力的作用，只不过是其中某一种力的作用较强或较弱罢了。除需要对这三种力作用而产生的噪声进行分析外，还需要对其他振动噪声源进行分析研究。

5.1.1 撞击噪声

利用冲击力做功的机械会产生较强的撞击噪声，如冲床、锻锤、汽锤和凿岩机等机械在工作时，每一个工作循环会产生一个由撞击引起的脉冲噪声，称之为撞击噪声。锻锤的撞击噪声最强，下面以锻锤为例分析撞击噪声。

锻锤工作时，其机械能分为四部分：第一部分做功；第二部分克服各种阻力转化为热能；第三部分通过地基以固体声的形式向四周地面传播；第四部分则转化为使机件产生弹性形变的振动能。这种振动能的一部分以声波形式向四周空间辐射，形成撞击噪声，其发声机制有以下四种：

① 撞击瞬间，由物体间高速流动的空气所引起的喷射噪声。

② 撞击瞬间，在锤头、锤模、铁钻碰撞面上产生突然变形，以致在该面附近激发强的压力脉冲噪声。

③ 撞击瞬间，由于部件表面的变形，在这些部件表面的侧向产生突然的膨胀，形成向外辐射的压力脉冲噪声。

④ 撞击后引起的受撞部件结构共振所激发的结构噪声。

在上述四种发声机制中，以结构噪声的影响最强，其辐射噪声的维持时间最长，可达100ms。结构噪声可用声级计的“快”和“慢”挡测量。撞击激励频率与撞击的物理过程有关，较硬的光滑物体相撞，则作用时间短，作用力大，激励的频带宽，激发物体本征振型就多，呈宽频带撞击噪声；较软的不光滑的物体相撞，则作用时间长，作用力小，激励的频带窄，激发的振型少。如冷锻就比热锻产生的撞击噪声较强，且具有较多的频率成分（向高频范围发展）。另外三种机制产生的撞击噪声是在撞击瞬间产生的一次压力脉冲，其强度很高，在锻锤附近操作的工人人耳位置的脉冲声级高达155dB（A），但其维持时间很短，最长不过几毫秒，所以使用声级计“快”“慢”挡根本测量不准这种噪声。如3t锻锤在热锻方钢时，以60次/min的速率连续锻压，距锻压件1m处测量，得到的脉冲A声级达130dB（A），而“快”挡测量则仅有105dB（A）。

其他类似的机械撞击，如冲床冲压声、凿岩机中活塞与钎杆的撞击声、金属相互碰撞声等都是以结构在撞击后的鸣响声为主的。所以，降低结构噪声是控制撞击噪声的主要措施。

5.1.2　周期性作用力激发的噪声

旋转机械的作用力主要是周期性的。最简单的周期力是由转动轴、飞轮等转动系统的静、动态不平衡引起的偏心力。这种作用力正比于转动系统的质量和静、动态的合成偏心距，也正比于转动角速度的平方。当转动系统转速达到其临界转速时，该系统自身便产生极大振动，并将振动力传递到与其相连的其他机械部分，激起强烈的机械振动和噪声。周期力的作用会由于机件缝隙的存在、结构刚度不够或磨损严重而增大，增大的周期力又进一步增强撞击和摩擦，增强的撞击和摩擦激发更强的机械振动和噪声。

若机械转速不高，则周期力的变化频率并不高，但这种低频率的周期力能激起较高频率的振动。当受振零部件的固有振动频率等于周期力频率的整数倍时，则会使零部件产生强烈的共振，从而产生强噪声。当周期性作用力的频率高到一定程度，而且受力零部件表面积又足够大时，则受迫振动噪声突出。这种受迫振动噪声一般以结构噪声为主。

5.1.3　摩擦噪声

物体在一定压力下相互接触并做相对运动时，物体之间产生摩擦，摩擦力以反运动方向在接触面上作用于运动物体。摩擦能激发物体振动并发出声音，如车床切削工件产生的“轧轧”声、齿轮啮合时的啸叫声、汽车的刹车声等，均称为摩擦噪声。

摩擦噪声绝大部分是摩擦引起摩擦物体的张弛振动所激发的噪声，尤其当振动频率与物体固有振动频率吻合时，物体共振产生强烈的摩擦噪声。

摩擦噪声产生的过程如图5-1所示。重复上述过程，物体连续跳跃转移，从而产生张弛振动，这就是由摩擦引起的振动。摩擦引起的张弛振动强度与摩擦力有关，摩擦力大则振动幅值大，但张弛振动频率与摩擦力大小无关。当张弛振动频率等于物体固有频率时，产生共振，便形成强烈的振动和噪声。

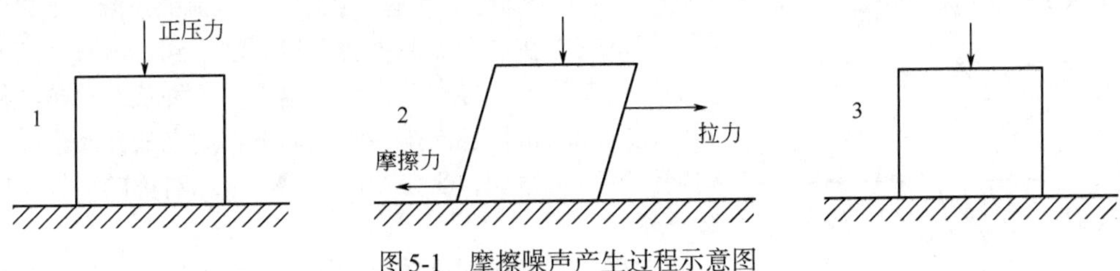

图5-1　摩擦噪声产生过程示意图

1—弹性物体被压在支撑物体上；2—在水平拉力与摩擦力的作用下，物体形变逐渐增加；3—物体以跳跃形式转移到新的位置上，弹性形变消失

车刀切削金属时，也会产生类似的“轧轧”声，这是车刀受到加工件横向摩擦力与切屑纵向摩擦力作用而引起振动的结果。这种振动是有害的，不仅使加工面质量变差，而且使车刀磨损增大。

调节进刀速度和深度，或改进车刀形状，能避免这种现象。

克服摩擦噪声的基本方法是减少摩擦力，一般添加润滑剂能减少摩擦噪声，如齿轮、轴承等不可在缺（润滑）油状态下工作，否则噪声就高。

5.1.4 结构振动辐射的结构噪声

机械噪声是由机械振动系统的受迫振动和固有振动所引起的，其中起主要作用的是固有振动。这种噪声以振动系统的一个或多个固有振动频率为主要组成成分。振动系统的固有频率与其结构性质有关，故简称这种噪声为结构噪声。通过撞击噪声、周期性作用力激发的噪声、摩擦噪声的分析可知，结构噪声最为明显。

任何机械部件均有其固有振型（振动方式），不同的振型有相应的振动频率。而机械部件只由较低阶次的振型决定其振动特点，也就是在相同力的作用下，低阶次的振动幅值大，对机械和人的影响大。振动的方式、频率与部件材料的物理性质、部件的结构形状和振动的边界条件有关。可用数学方法计算简单又规则的物体的各种振型的频率，如弦、棒、膜、板等。材料的弹性模量愈大，材料愈粗厚，则固有频率愈高；棒愈长，板面积愈大，则固有频率愈低。为改变弹性材料的固有模态，可改变材料刚度。

机械噪声是能够控制的，其主要途径是避免或减少撞击力、周期力和摩擦力，如用液压代替锻压，用焊接代替铆接，提高加工工艺和安装精度，使齿轮和轴承保持良好的润滑条件，等等。为减小机械部件的振动，可在接近力源的地方切断振动传递的途径，如以弹性连接代替刚性连接，或采用高阻尼材料吸收机械部件的振动能。在机械设计上可尽量减少附件，并注意提高机件的刚度，以减小噪声辐射。

5.2 空气动力性噪声及其控制

在空气动力机械中，空气动力性噪声一般高于机械性噪声，而且影响范围广、危害也较大。随着现代工业技术的发展，空气动力性机械向大功率、高转速方向发展，因此，噪声危害也越来越严重。空气动力性噪声是如何形成的呢？它的类型又有哪些呢？

空气动力性噪声是气体的滚动或物体在气体中运动，引起空气的振动而产生的，例如风机、空压机以及燃烧用气等的噪声都属此类。

为了更有效地从噪声源上控制噪声，我们将比较详细地分析一下空气动力性噪声源。产生空气动力性噪声的声源一般可分为三类：单极子源、偶极子源和四极子源。

（1）单极子源

单极子源也称脉动球源，如图5-2所示。这种声源可认为是一个脉动质量流的点源，如果假想一个气球安置在这个点源，我们将会观察到，该气球随着质量的加入或排出，导致其膨胀或收缩。这种状态总是纯径向的，在气球的这种各向同性的运动下，周围的介质也随着做周期性的疏密运动，于是便产生了一个球对称的声场，即单极子源。

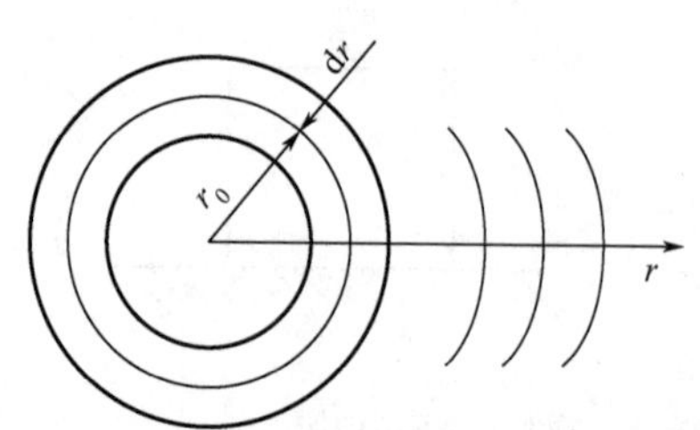

图5-2 单极子源

单极子源的辐射是球面波，在球面上各点的振幅和相位都相同。因此，脉动球源是最理想的辐射源。单极子源的辐射没有指向特性。

常见的单极子源有爆炸、质点的燃烧等，空压机的排气管端，当声波波长大于排气管直径时也可以看成一个单极子源。

单极子源的声压和声功率分别由下列两式表达：

$$L_p = 20\lg\frac{\rho_0 fq}{2rP_{\text{ref}}} \tag{5-1}$$

$$W = \frac{\pi\rho_0 f^2 q^2}{C_0} \tag{5-2}$$

式中　ρ_0——流体平均质量密度，kg/m³；
f——频率，Hz；
q——均方根体积流量，m³/s；
r——声源至接受点的距离，m；
P_{ref}——参考声压，取20×10^{-6}；
C_0——平均声速，m/s。

（2）偶极子源

偶极子源可以认为是相互接近，而相位相差180°的两个单极，如图5-3所示。偶极子源也可认为是由于气体给气体一个周期力的作用而产生的。常见的偶极子源如：球的往复运动、乐器上振动的弦、不平衡的转子以及机翼和风扇叶片的尾部涡流脱落等。偶极辐射不同于单极辐射，偶极辐射与θ角有关，即在声场中，同一距离不同方向的位置上的声压不一样。例如，在$\theta=\pm90°$的方向上，声压为零；而在$\theta=0°$、$\theta=180°$的方向上，声压最大。这说明偶极子源辐射具有指向特性。

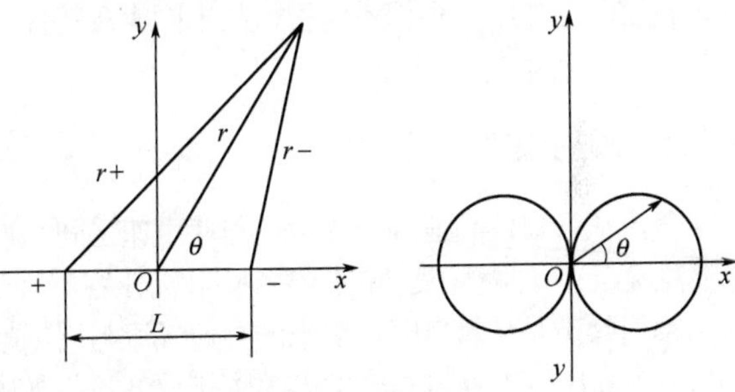

图5-3　偶极子源

偶极子源的声压级和声功率可表示为：

$$L_p = 20\lg\left(\frac{F\cos\theta}{4\pi rP_{\text{ref}}}\sqrt{\frac{1+k^2r^2}{r^2}}\right) \tag{5-3}$$

$$W = \frac{\pi f^2 F^2}{3\rho_0 C_0^3} \tag{5-4}$$

式中　F——均方根作用力，N；
θ——与偶极轴的夹角，(°)；
r——声源至接受点的距离，m；
P_{ref}——参考声压，取20×10^{-6}；
k——波数，$k=2\pi f/C_0$；
f——频率，Hz；
ρ_0——流体平均质量密度，kg/m³；
C_0——平均声速，m/s。

（3）四极子源

四极子源是由两个具有相反相位的偶极子源，也就是由四个单极子源组成的。因为偶极有一个轴，所以偶极的组合可以是侧向的，也可以是纵向的。侧向四极代表噪声是由切应力造成的，而纵向四极则表示噪声是由纵向应力造成的。侧向四极有三根轴、四个辐射声瓣，而纵向四极只有一根轴、两个辐射声瓣。四极子源与单极、偶极不同，围绕着四极子源的球形边界积分，既没有净质量流量，也没有净作用力存在，因此四极子源是在自由紊流中产生的。如喷气噪声和阀门噪声等都是四极子源，四极子源也有辐射指向特性。各极声源的特征比较见表5-1。

表 5-1　各极声源的特征

噪声源	辐射特性 180°相位差		指向性	辐射声功率比例于	声效率比例于
单极子				$\frac{\rho^2 v^4 D^2}{\rho_0 c}=\frac{\rho^2 v^3 D^2 M}{\rho_0}$	M
偶极子				$\frac{\rho^2 v^6 D^2}{\rho_0 c^3}=\frac{\rho^2 v^3 D^2 M^3}{\rho_0}$	M^3
四极子				$\frac{\rho^2 v^8 D^2}{\rho_0 c^5}=\frac{\rho^2 v^3 D^2 M^5}{\rho_0}$	M^5

注：ρ——喷注密度；v——气流速度；D——喷口直径；ρ_0——空气的密度；c——空气中的声速；M——马赫数，$M=v/c$。

在实际工作中，根据不同机械的不同声源特性，可采取与之相适应的降噪施，而这一措施是从声源上控制噪声的主动措施。

5.2.1　喷射噪声

气流从管口以高速（介于声速与亚声速之间）喷射出来，由此而产生的噪声称为喷射噪声（亦称喷注噪声），如喷气发动机排气噪声和高压容器排气噪声就是喷射噪声。

喷射噪声是从管口喷射出来的高速气流与周围静止空气激烈混合时产生的，最简单的自由喷射是由一个高压容器通过一个圆形喷嘴排放气流，如图5-4所示。气体在容器内的速度等于零，在圆管的最窄截面处流速达到最大值，下面介绍这种喷射噪声的成因和特点。

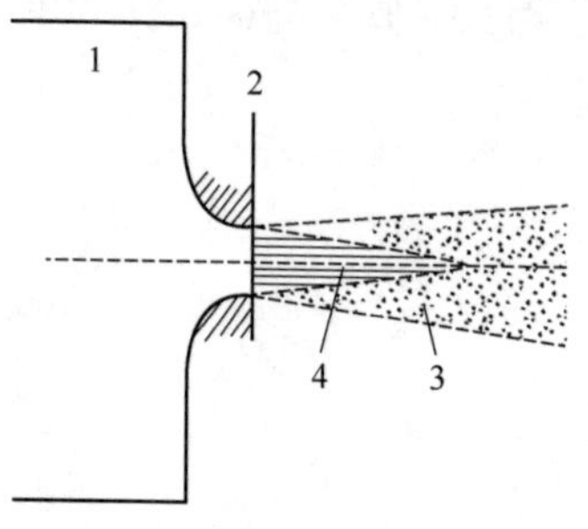

图5-4　圆形喷嘴排放气流

1—压力容器；2—喷口；3—湍流混合区；4—势核

管口喷射出的高速气流，由于内部静压低于周围静止气体的压强，所以在高速气流周围产生强烈的引射现象，沿气流喷射方向的一定距离内大量气体被喷射气流卷吸进去，从而喷射气流体积越来越大，速度逐渐降低。但在喷口附近，仍保留着体积逐渐缩小的一小股高速气流，其速度仍保持喷口处气流速度，常被称为喷射流的势核。势核的长度约为喷口直径的5倍。在势核周围，高速气流与被吸进的气体剧烈混合，这是一段湍化程度极高的定向气流。在这段区域内由势核到混合边界的速度梯度大，气流之间存在着复杂多变的应力，涡流强度高，气流内各处的压强和流速迅速变化，从而辐射较强的噪声。

喷射噪声主要取决于喷射流速度场，并且只有存在高速度剪切层和强湍化区才能产生喷射噪声。通常情况下，在距离喷口4~5倍喷口直径处，喷射噪声最强。这说明在接近势核尾部区域的剪切层内，气流的湍化得到充分提高，气流内各向应力的急剧变化使气流内介质体元的运动状态、密度、压力发生复杂的变化，因而辐射较强的噪声。而在离喷口较近的地方，则由于剪切层内气流尚未充分混合，因而湍化强度不高，喷射噪声也较低。在远离喷口的地方，由于在势核以外的区域，涡流得到充分发展，体积增大，强度减弱，剪切层速度梯度大大减小，使得喷射噪声又逐渐降低，所以，在距喷口为喷口直径6倍的区域内设法降低噪声，对控制喷射噪声具有重要意义。

5.2.2　涡流噪声

气流流经障碍物时，由于空气分子黏滞摩擦力的影响，具有一定速度的气流与障碍物背后相对静止的气体相互作用，就在障碍物的下游区形成带有涡旋的气流，这些涡旋不断形成又不断脱落，每个涡旋中心的压强低于周围介质压强，每当一个涡旋脱落时，湍动气流中就会出现一次压强跳变，这些跳变的压强通过四周介质向外传播，并作用于障碍物。当湍动气流中的压强脉动含有可听声频率成分，且其强度足够大时，则辐射出噪声，人们称此类噪声为涡流噪声或湍流噪声。

电线被大风吹而产生的哨声，狂风吹过树林的呼啸声，均是生活中常见的涡流发声现象。当物体以较高速度在气体中通过时也能产生涡流噪声，如在空中挥动藤条或竹竿就能发出与风吹电线一样的哨声。总之，气体与物体以较高速度相对运动就能产生涡流噪声。

下面对涡旋的产生机理和涡流噪声的特性进行简单的分析。可选择一个形状简单、表面规则光滑的圆柱体，研究气流流过这个圆柱体时的流动状态。将圆柱体置于速度恒定的气流中，其轴线与气流方向垂直。气流流经圆柱体时沿圆柱体表面分流，并在圆柱背后两侧交替出现旋转方向相反的涡旋。涡旋以比气流速度低的速度离开圆柱体，形成两条涡旋列，如图5-5所示的涡旋轨迹。

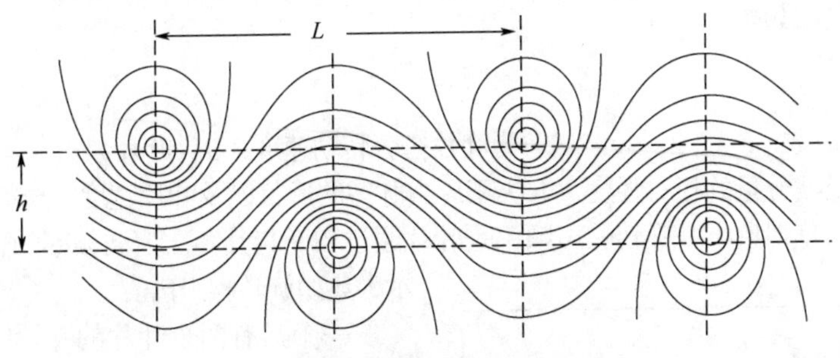

图5-5　涡旋离开圆柱体的轨迹

这种涡旋轨迹称为“卡门涡列”。只有雷诺数较低（30~70）时，才能形成规则的涡列。若两列涡旋之间的距离为h，每侧的两个相邻涡旋之间的距离为L，则卡门涡列满足以下关系：

$$\pi L/h=\sqrt{2} \tag{5-5}$$

注：雷诺数Re（Reynolds number）——一种可用来表征流体流动情况的无量纲数。$Re=\rho vd/\mu$，其中v、ρ、μ分别为流体的流速、密度与黏性系数，d为一特征长度。例如流体流过圆形管道，则d为管道的当量直径。利用雷诺数可区分流体的流动是层流还是湍流，也可用来确定物体在流体中流动所受到的阻力。

实际上，可听到的涡流噪声，一般多是高速气流通过形状不规则的物体时形成的。所以，涡旋的形成、脱落以及排列全是无规则的和不稳定的，频率成分往往呈无规宽带特性。但对于几何形状简单的物体来说，涡旋从形成、发展到脱落，大体有一定的周期性。因此，尽管涡流噪声是一系列脉冲压强作用的结果，应具有宽带噪声特性，但同时也具有较突出的频率成分。

每当一个涡旋脱落时就产生一个作用于障碍物的脉动力，作用方向与气流流动方向一致，在连续脉动力作用下的障碍物产生类似振动球那样的运动，所以这种涡流噪声源属于偶极子声源，涡流噪声的声功率与气流速度的六次方成正比（参见表5-1）。

气流管道中的障碍物及管道中的支撑物、导流片、扩散器等由于涡流会产生噪声。阀门会导致涡流的产生，从而激发涡流噪声，这种涡流噪声常常因为与障碍物的固有频率相吻合而产生放大噪声的现象。

假如气流管道中的障碍物垂直于气流运动方向的截面尺寸远小于管道的截面尺寸，可以认为流经障碍物的气流速度不会比管道中气流的平均流速高很多，噪声主要是气流与物体相互作用的结果。涡流的产生和脱落，产生作用于障碍物的脉动力，障碍物振动激发的噪声沿管道传播出去。

为了降低噪声，应尽量减小气流管道中障碍物的阻力，如把管道中的导流器、支撑物改进成流线型，表面尽可能光滑；也可调节气阀或节流板等，并采用多级串联降压方法，以减弱涡流噪声功率。

5.2.3 旋转噪声

旋转的空气动力机械（如飞机螺旋桨）工作时与空气相互作用，连续产生压力脉动，从而辐射噪声，称为旋转噪声。

桨叶每转动一周，就通过其运动轨迹上某一点一次。通过该点时叶片的背面受到空气的阻力脉冲，则叶片的反作用使空气向后运动，而叶片正面的负压脉冲把空气向前推出。下一个叶片转动，通过这一点时重复上述过程。在单位时间内通过的叶片越多，则产生的压力脉冲越多。按照傅里叶分析，这一系列压力脉冲可以分解为一个与时间无关的直流压力和以单位时间通过的叶片数目为基础的一系列高次压力谐波的和。其中直流压力可以理解为飞机螺旋桨拖拽飞机的引力，或是风机中赖以产生气流的压力。而以叶片通过次数为基频的压力谐波，在其压力扰动足够强，频率在人耳听觉范围内时，产生旋转噪声。

旋转噪声的谐波频率为

$$f_i=\frac{nB}{60}i \tag{5-6}$$

式中，i为谐波数，i=1，2，3，…；n为叶片每分转动速度；B为叶片数。

旋转噪声各谐波分量的相对强度，取决于压力脉冲的形状以及叶片宽度。压力脉冲愈尖锐，则各谐波相对强度的差则愈小。旋转噪声频率是叶片通过频率与其高次谐波频率的合成，如图5-6所示为典型旋转噪声谱。

一个具有两个叶片的叶轮以3300r/min的速度旋转，其噪声窄带分析结果：基频为110Hz，二次与三次谐波分别为220Hz、330Hz，如图5-7所示。理论分析和实验得知，增加叶片数目可相应地减少旋转噪声中有效谐波数，即可降低旋转噪声。如果叶片数加倍，原来的奇次谐波成分被去掉，一般情况下旋转噪声的声压级可降低3dB，由图5-8可以看出额定功率下螺旋桨的叶片数目及叶片尖端速度对其旋转噪声的影响。

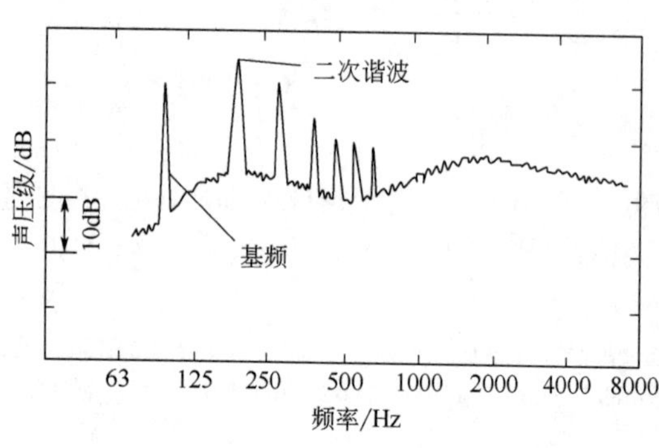

图5-6 典型旋转噪声谱

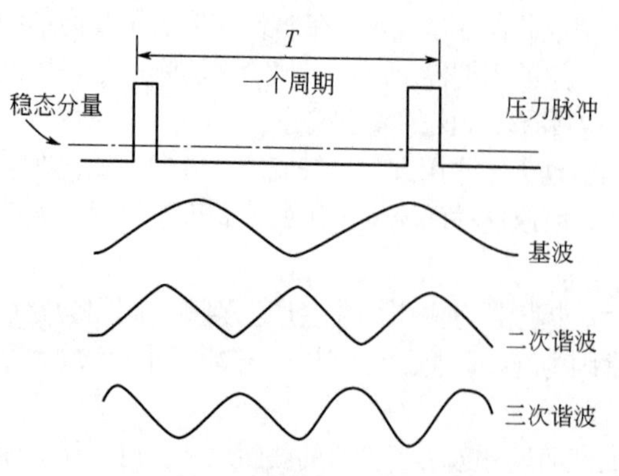

图5-7 旋转噪声谐波图

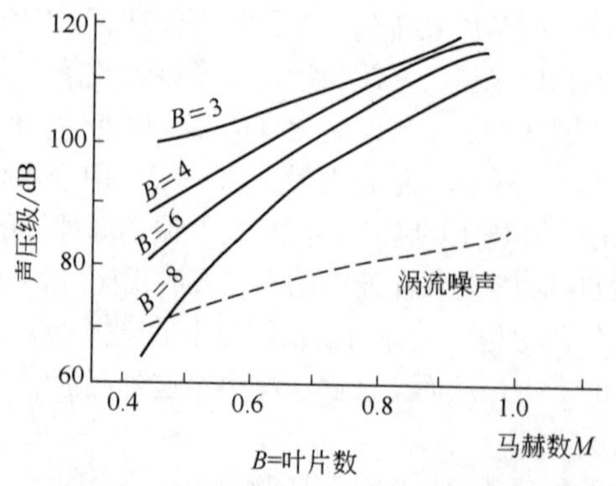

图5-8 螺旋桨叶片数和叶片尖端速度与旋转噪声的关系

由图5-8可看出，叶片尖端速度越高，则旋转噪声越强，而且谐波噪声成分增强的速度大于基频噪声，这是飞机螺旋桨、涡轮喷气机的涡轮具有突出的高调刺耳声的原因。

旋转噪声在叶片的背面一侧较强，而正面较弱。当叶片尖端速度不是很高，即马赫数$M \ll 1$时，旋转噪声不是很强；当叶片尖端速度接近或超过1个马赫数时，旋转噪声非常强，并且高次谐波噪声高于基频噪声。谐波阶次愈高，噪声愈强。如涡轮喷气发动机的进口噪声就是典型的涡轮压气机的旋转噪声，以叶片通过频率为基频的各次谐波非常突出，具有令人生厌的高频刺耳啸叫声。

叶片尖端速度较高的轴流风机或离心风机，也呈现明显的旋转噪声。但是，对于叶片尖端速度较低的风机，则旋转噪声较低，往往被涡流噪声所掩盖。

5.2.4　周期性进排气噪声

周期性进排气噪声是一种影响较大的空气动力性噪声。内燃机、活塞式空气压缩机的进排气噪声都是周期性的，现以内燃机排气为例对周期性进排气噪声进行分析。

内燃机周期性排放高压、高温废气，使周围空气的压强和密度不断受到扰动而产生噪声。这种噪声是一种类似于脉动球的单源，由于是周期性排气，在排气管和排气口就形成连续的脉冲压力变化，仅从这一点而论，排气噪声和旋转噪声有相似之处，其排气噪声频谱为

$$f_i = \frac{inz}{60\tau} \tag{5-7}$$

式中　i——谐波数，i=1，2，3，…；

n——主轴转速，r/min;

z——气缸数；

τ——行程系数（对于四冲程，τ =2；对于二冲程，τ =1）；

f_i——基频，等于内燃机的点火频率，即排气频率。

当内燃机负载加强时，排气压力幅值增强，与旋转噪声相似，谐波成分加强，谐波阶次可高达20，而高于20次的谐波强度相对来说比较弱。

内燃机排气噪声频谱与其额定功率有关，功率越大，则噪声越强。当内燃机的额定功率一定时，其主轴转速越高，则负载越大，排气噪声也越强。

各种风动工具，如风镐、风铲、气动砂轮等，其排气噪声与内燃机排气噪声的产生机制和特点基本一样。内燃机和风动工具的排气噪声，可用扩张室或共振腔等形式的抗性消声器予以降低。容积式鼓风机和压缩机的进、排气噪声的产生机制与特点，也类似于内燃机的排气噪声，只是因为其进、排气的频数和压力脉冲的形状不同，所以在基频与高次谐波的频率的分布上也有所不同。

5.2.5　燃烧噪声

各种液态燃料和气态燃料必须通过燃烧器与空气混合才能燃烧。在燃烧过程中产生强烈的噪声，这种噪声统称为燃烧噪声。

近代燃烧理论认为：燃烧是一种游离基的连锁反应，即在瞬时进行的循环连续反应。游离基是连锁反应的中心环节，在燃烧中游离基参与化学反应并不断还原使燃烧不断进行。所以，燃烧的氧化反应过程并不是一次直接完成的，而是中间经过游离基的作用才得以完成的。

可燃物质不论是气态的、液态的还是固态的，其燃烧时的物理状态均一样，燃烧反应的化学过程也相似，燃烧时形成火焰并放出光、热和声。现以气体燃料为例，讨论几种燃烧噪声的产生机制、特性及其一般控制措施方法。

（1）燃烧吼声

可燃混合气燃烧产生的噪声，称之为燃烧吼声。燃烧吼声大部分来自于燃烧火焰的外焰。外焰

有许多燃烧基本单元，每个燃烧基本单元在游离基作用下瞬时被激烈氧化，同时体积猛烈膨胀，压力升高并释放热量，可燃混合气体不断补充到外焰区域并被升温，而使连锁反应持续进行。但是，这个区域内的燃烧基本单元的位置是随机变化的。可燃混合气体燃烧时形成的火焰，表面看来是连续稳定的，但实质上，无论是从微观上还是从宏观上看，外焰的形状以及外焰的气态物质的物理和化学过程，均具有随机形式的重大变化。其中，强度较大的压强脉动通过周围介质向四周传播，产生燃烧吼声。

① 燃烧吼声的频率特性　燃烧吼声的频带较宽，在低频范围内具有明显的峰值成分，峰值频率为

$$f_p = KV/T \tag{5-8}$$

式中　V——可燃气体在燃烧器内充分燃烧时的流速；

T——火焰厚度；

K——比例常数。

燃烧过程中，若可燃气与空气在最佳混合状态下，则其燃烧吼声具有最高峰值频率；若在非最佳混合状态下燃烧，其吼声峰值频率就会下移。无论使用的燃烧器型式如何，可燃混合气燃烧时的吼声大部分声能均集中在250~600Hz。

② 燃烧吼声的强度　经过大量的试验分析，燃烧吼声的声功率与单位时间内燃烧释放的化学能之比为10^{-3}~10^{-2}。燃烧吼声属于空气动力性噪声，具有单极子声源的辐射特性。也可以认为，吼声的声源是由许多同相位的单极子声源群构成的。

当焰体尺寸短于辐射声波的波长，且单极子声源的数目保持不变时，辐射吼声的频率特性也不变。此时可以认为燃烧吼声的声功率与燃烧速度的平方成正比。当可燃气与空气的混合比保持不变时，燃烧速度与可燃混合气的流出速度成正比。当燃烧器内气体流动处于湍流状态时，燃烧器前后的气流压降与湍动气流流速的平方成正比。所以，燃烧吼声的声功率与可燃气或可燃混合气的流出速度的平方成正比。当燃烧速度不变时，燃烧器两端的压降与吼声声功率成正比。

燃烧吼声与燃烧强度也成正比。燃烧强度表示单位体积的热量释放率。因此，当火焰燃烧速度（总热量释放率）保持不变而火焰体积增大时，燃烧强度和燃烧吼声均降低。大量试验表明：当燃烧速度不变、火焰体积增大1倍时，吼声可降低3dB。通过改变燃烧器喷嘴的排列方式，能够改变火焰充分燃烧的区域（即火焰体积），使火焰体积增大，从而使燃烧吼声的高频成分互相抵消。一般当焰体尺寸等于某一频率的1/4波长时，则高于这一频率的噪声成分因干涉现象而变弱。

若混合气在最佳混合状态下，对于喷射控制的扩散燃烧，当最大湍动混合区与燃烧区一致时，产生的噪声较弱；当混合区大于燃烧区时，便产生额外的湍动噪声；当混合区小于燃烧区时，则不能达到最大的燃烧强度。

（2）振荡燃烧噪声

可燃混合气通过燃烧器燃烧时，由于燃烧气体的强烈振动而产生的噪声，称为燃烧激励脉动噪声，或简称振荡燃烧噪声。这种噪声频带很窄，一般带宽小于20Hz，并含有高次谐波成分。振动燃烧噪声强度大，尤其与燃烧系统的自然频率相吻合时，会产生共振，噪声明显增强，甚至可能损害燃烧系统中的某些元件或设备。振荡燃烧噪声的辐射效率远大于燃烧吼声。

目前，已有相当多的方法可避免或降低振荡燃烧噪声，如选择风量、风压合适的风机，采取保证可燃气或气体的流速稳定的措施，等等。气流噪声可用消声器减噪；由管道传播的固体声可采用弹性连接，以避免声波信号馈入燃烧器。在燃烧器中使用1/4波长管、亥姆霍兹共振器、吸声材料衬层等，都能消除一定带宽的噪声。

（3）工业燃烧系统的噪声

一个燃烧系统，除了能产生燃烧吼声或振荡噪声外，还有来自燃烧设备与燃烧过程的噪声，如

可燃气以及空气供应系统中的风机和阀门噪声、可燃气与空气从燃烧器喷嘴喷出的喷射噪声，以及燃烧炉或燃烧器所在房间的共鸣声等，这些噪声与燃烧吼声和脉动噪声一起合成为燃烧系统的噪声。如图5-9所示为工业燃烧系统主要噪声源。

燃烧器的上游，即气体供应系统，有沿管道壁传向燃烧器的风机噪声，还有由各种结构中混合气的不稳定流动所导致的振荡燃烧噪声。此外，管道气体的湍流还会放大燃烧吼声。湍动放大吼声主要与湍动的强度有关，与湍动的体积无关。

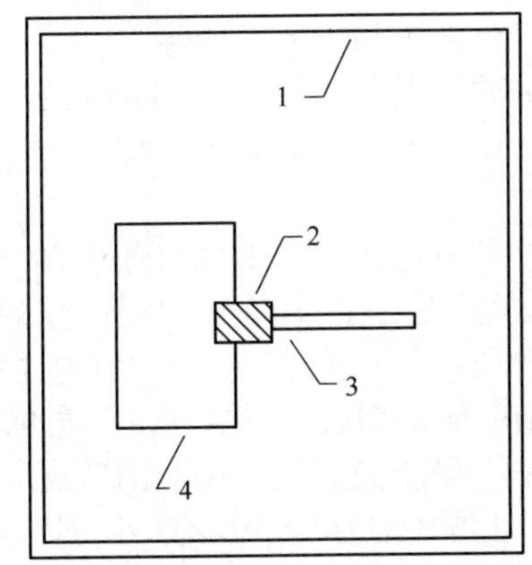

图5-9　工业燃烧系统主要噪声源

1—环境（房间）；2—燃烧喷嘴；3—供气和供油系统；4—燃烧炉

燃烧器的下游、燃烧炉、燃烧器耐火瓦管或燃烧器所在的车间等，由于具有大小不等的空间体积，因而燃烧吼声具有很宽的频带。这些空间常常被吼声激发产生共振。共振的频率与空间尺寸有关：

$$f_i = \frac{ic}{2l} \tag{5-9}$$

式中　i——谐波数，i=1，2，3，…；

c——声速，可根据燃烧温度算出；

l——燃烧炉炉膛长度或炉内横向尺寸；

f_i——第i个共振频率。

如图5-10所示是在一个燃烧系统附近实测的噪声频谱。由图可以看出：55Hz峰值是由房间共振引起的，600Hz和1800Hz是燃烧器瓦管共振频率，通过燃烧器喷嘴的气流噪声被放大到2000Hz以上，而原来的燃烧吼声几乎分辨不出来。

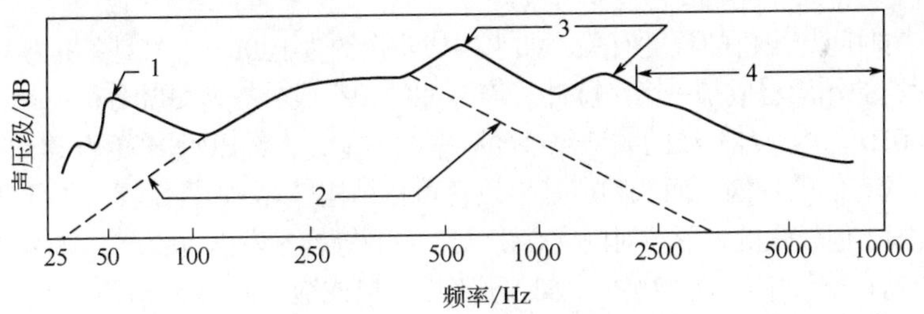

图5-10　燃烧系统附近噪声频谱

1—房间的响应；2—典型燃烧吼声谱；3—燃烧器瓦管的响应；4—气流吼声放大

控制燃烧系统噪声的措施主要是，选择低噪声燃烧器、风机和阀门；在管道连接处加阻尼层以抑制振动；降低管道内气体流速，减小气流湍动强度。具体方法是选用湍动强度较小的燃烧器（如多孔喷嘴燃烧器），若燃烧器湍动强度大时，也可使燃烧器远离管路元件（如阀门、转换头、弯头、三通等），以加大湍动的衰减距离；安装时，燃烧炉的相对壁面最好不平行，或将壁面做成活动可调；在房间内选好燃烧器位置，并采用适宜的吸声结构。

5.2.6　激波噪声

(1) 冲击波

激波也称为冲击波，是一种压强极高的压缩波，与声波相似。冲击波也是弹性介质中的压强扰

动，能够在介质中以波的形式传播。

爆炸能产生强烈的冲击波，冲击波的压强可达几千个大气压。虽然可以利用冲击波为人类造福，但是，不必要的冲击波也会给人们带来灾害。即使很弱的冲击波也能损坏建筑物，损伤人的听觉器官。

大气中传播的冲击波，在波前通过气体介质的一瞬间，压强骤增，同时密度陡然变大，温度突升。冲击波的厚度，在一个大气压的环境条件下，只有10^{-9}cm的数量级。

冲击波与声波的主要区别在于：它通过介质传播不是等熵过程。传播时除有能量消耗和能量分散外，还有一部分能量转化为热，使介质的温度升高，形成额外的能量损失。冲击波衰减远比声波快，冲击波传播速度随其能量不断衰减而逐渐降低。当降到与声速相等时，冲击波就衰变成一般的脉冲。爆炸冲击波衰变成声波距离的大小与其传播的介质有关，介质为空气时，距离为爆炸直径的几百倍；介质为水时，则距离为爆炸直径的2倍左右；介质为固体时，则距离只有爆炸直径的几分之一。

（2）激波轰声

飞机以超声速飞行时也会产生冲击波，人们通常称其为激波轰声。超声速飞机的飞行激波是由于飞机前面的空气突然被压缩，来不及以声速传递出去而形成的。这就和轮船航行时的情况相似，即当轮船的航行速度高于水面波传播速度时，平静的水面在船头的高速挤压下，来不及以水波形式传播出去而堆积起来，形成八字形水浪沿船的两侧逐渐延伸。飞行激波与八字形水浪的形成相似，只不过飞行激波在空间传播，以飞机机头和机尾为顶点形成一个双层的圆锥状激波。机头形成的是强烈的空气压缩波，机尾形成的是强烈的空气稀疏波。实际上，飞机任何突出部位如机翼、尾翼等也同时产生飞行激波。当飞行激波在空间通过一段距离传至地面时，由于能量的衰减，激波主要呈现出机头正向激波和机尾负向激波的作用。由于飞机激波压强骤升，随即骤降到环境大气压以下，瞬时又突然回跳至平衡状态，呈现N形压强跃变，故飞行激波轰声也常称为N形波。

冲击波在传播过程遇到障碍物会产生反射，从而增加冲击波的作用力和破坏性。激波轰声传至地面，由于地面的反射作用使激波的压力升跃增大，N形波的压强与飞机的飞行马赫数和飞行高度有关，当飞行高度较低时，N形波的破坏力极强。

N形波的作用时间与飞机的长度有关，如小型战斗机约为100ms，大型客机为300~1000ms。

可以把N形波的作用看成是一个声脉冲。声脉冲的频率成分按傅里叶分析可知，基频为脉冲宽度的倒数。在100Hz以内，N形波的频谱包迹随频率的增加，大约以每倍频程6dB的速率递减。

高频声易引起人们的烦恼，而低频声是导致建筑物结构破坏的主要因素。N形波中大部分的能量集中在次声范围，但较强的N形波对门窗、房顶、壁面等能激发出可听声，称为二次噪声源。

凡是以超声速在空气中运动的物体，如刚刚飞出枪口或炮口的弹头，超声速喷射气流，均能产生激波噪声。

（3）阀门激波噪声

管路中气阀两端的压力差大于临界压力时，在阀门出口处的局部范围内气流流速等于声速，在此处除产生喷射噪声外，还能产生强烈的激波噪声。随阀门两端压力差的加大，高速气流激发更强的激波噪声，此时喷射噪声可以忽略。

5.3 电磁噪声及其控制

电磁噪声是由电磁场交替变化而引起某些机械部件或空间容积振动而产生的。常见的电磁噪声产生原因有线圈和铁芯空隙大、线圈松动、线圈磁饱和、载波频率设置不当等。电磁噪声主要与交变电磁场特性、被迫振动部件以及空间的形状大小等因素有关。在常用电气设备中，如变频器、电动机、变压器和开关电源等均可能产生电磁噪声。

5.3.1　直流电机的电磁噪声

不平衡的电磁力是使电机产生电磁振动并辐射电磁噪声的根源。直流电机的定子与转子间的气隙是均匀的，同时定子磁极弧长为转子槽数的整数倍，则当转子运动其齿槽相继通过定子磁极时，虽然气隙磁场作用于磁极的总拉力不变，但是拉力的作用中心将前后移动，相对定子磁极来说，产生一个前后运动的振荡力，它可能激发定子磁极产生切向振动。如图5-11所示是直流电机定子磁极与转子相互作用示意图。

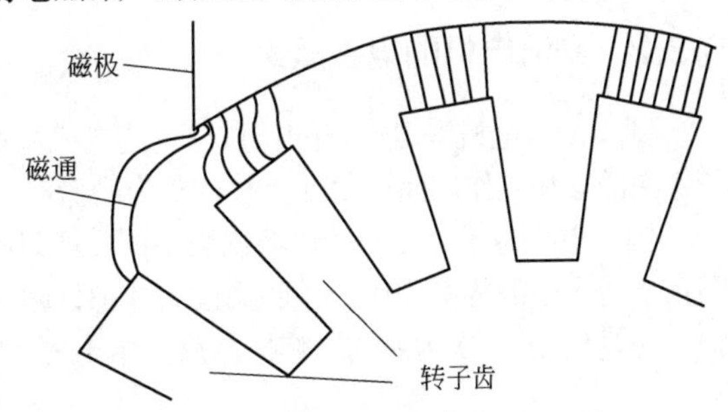

图5-11　直流电机定子磁极与转子相互作用示意图

如果磁极弧长不是转子槽距的整数倍，上述作用于磁极的前后振荡力将减小；如采用适当的配合，甚至能消除这种不平衡力。但是，作用于磁极的总拉力将在转子运转过程中不断变化，使磁极受到另一种径向不平衡力的作用，并可能激发磁极的径向振动。因此，任何情况下运转的电机，其磁极振动总存在，或是径向的，或是切向的，也可能兼而有之。振动力的大小与气隙磁通密度的平方成正比。

不平衡电磁力的振动频率为：

$$f = Nr/60\ (\text{Hz}) \tag{5-10}$$

式中　N——转子槽数；

r——转子速度，r/min。

从理论上说，降低不平衡电磁力的方法是增加气隙间距。但是增加气隙间距，受限于磁极磁通密度的饱和程度。一般最佳气隙间距对应一个最小的不平衡力，实际上常采用下面两种方法来降低由不平衡力引起的噪声。

一种方法是采用变化的气隙间距，使气隙由磁极中央向两个边缘逐渐增大（如图5-12所示），使气隙磁通密度在间断位置逐渐减少，因而能降低脉动磁力。一般磁极中央与磁极边缘气隙的比例取1∶3或1∶5。

另一种方法是采用斜槽转子，其减少噪声的原理与渐变气隙的方法相似，能使其磁极边的磁拉力的突然变化减小。如果同时使用两个方法，降低电磁噪声的作用更为明显。从图5-13中即可看出这两种方法的减噪效果。

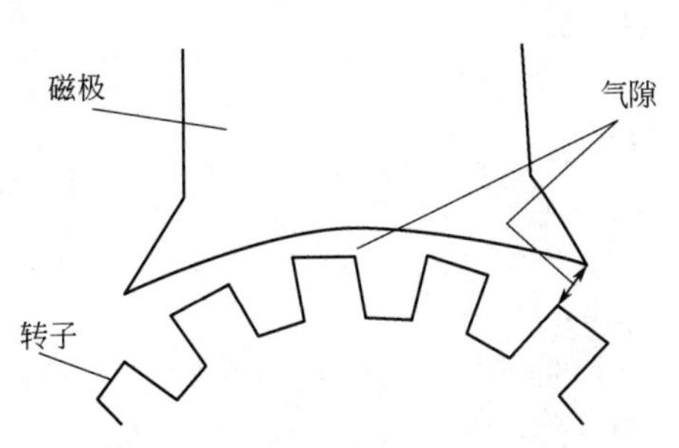

图5-12　渐变的气隙示意图

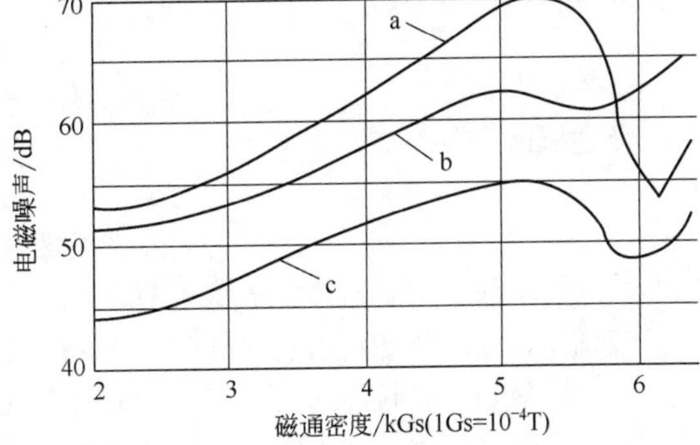

图5-13　磁极转子噪声控制效果图

a—均匀气隙；b—1∶3渐变气隙；c—斜槽转子与1∶3渐变气隙相结合

直流电机的电磁噪声与电机的功率有较大关系。电机噪声包括电磁噪声、风扇噪声、电刷噪声、轴承噪声等。小功率高转速的直流电机，电磁噪声只占总噪声中的较小份额；而大功率低转速的直流电机，以电磁噪声最为突出。

5.3.2 交流电机的电磁噪声

同步交流电机电磁噪声的特点与直流电机基本相同。异步交流电机的电磁噪声，是由定子与转子各次谐波相互作用而产生的，故称其为槽噪声，其大小取决于定子与转子槽的配合情况。

因为电机定子、转子的谐波次数不同，所以相互作用合成的磁力波的次数也不同。大量实验证明：当两个谐波相互作用产生的力波次数愈低时，其磁势幅值也愈大，从而激发的振动和噪声也愈强。一般1、2、3次力波的影响最严重，相比之下更高阶次的力波作用可以忽略不计。转子是实心轴状体，一般除在1次力波作用下可能产生振动外，其他次力波对其影响不大。只有定子铁芯在力波作用下振动而产生变形。定子铁芯的截面呈环状，在各种力波作用下的振动或变形情况如图5-14所示。

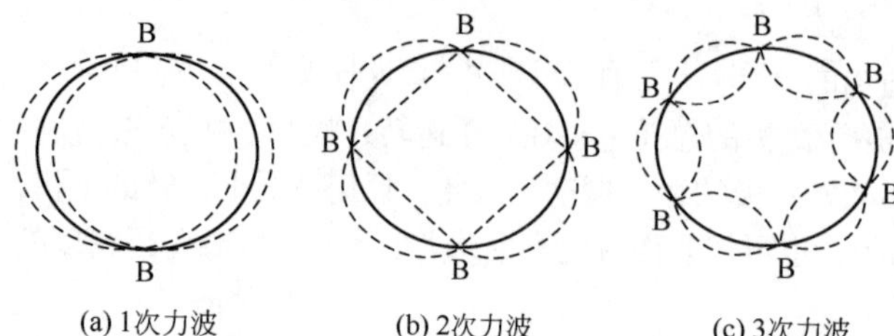

图5-14　定子铁芯在各种力波作用下的振动或变形情况

在1次力波作用下，定子振动但不变形；在2次、3次及高次力波作用下，定子铁芯产生弹性形变。当力波的极对数比较大时，则在同一频率同一力的作用下，由于力的分散，振幅就要小得多，电磁噪声也相对减小。

当1、2、3次较低阶次的力波振动频率与定子轭座或电机外壳固有振动频率一致时，将产生共振并辐射强烈的噪声。为避免这种现象的出现，可使定子、转子槽相配合，满足：

$$Q_1 - Q_2 = \pm 1，\pm 2，\pm 3 \tag{5-11}$$

$$Q_1 - Q_2 \pm 2P = \pm 1，\pm 2，\pm 3 \tag{5-12}$$

式中，Q_1、Q_2分别为定子和转子槽数；P为电机的极对数。

定子、转子各次谐波相互作用合成磁力波的频率，决定电磁振动或电磁噪声的频率，并主要取决于转子槽数。

$$f_0 = \frac{NQ_2}{60}\ (\text{Hz}) \tag{5-13}$$

$$相应力波数 = Q_1 - Q_2$$

上边频谐波频率

$$f_{上} = f_0 + 2f_{电}\ (\text{Hz}) \tag{5-14}$$

$$相应力波数 = Q_1 - Q_{2v} - 2P$$

下边频谐波频率

$$f_{下} = f_0 + 2P_{电}\ (\text{Hz}) \tag{5-15}$$

$$相应力波数 = Q_1 - Q_2 + 2P$$

式中，N为转子每分转数；$f_{电}$为电源频率。

交流电机除由谐波引起的槽噪声外，还有以下两种噪声：

① 由基波磁通引起的定子铁芯的磁致伸缩现象而产生的磁噪声。这种噪声的频率是电源频率的2倍，如50Hz电源，由基波磁通激发的噪声频率为100Hz。

注：所谓磁致伸缩是铁磁性物质（磁性材料）由于磁化状态的改变，其尺寸在各方向发生变化。大家知道物质有热胀冷缩的现象。除了加热外，磁场和电场也会导致物体尺寸的伸长或缩短。铁磁性物质在外磁场作用下，其尺寸伸长（或缩短），去掉外磁场后，其又恢复原来的长度，这种现象称为磁致伸缩现象。

② 磁极气隙不均匀造成定子与转子间的磁场引力不平衡，这种不平衡力就是单边磁拉力，也能引起电磁噪声。但这种电磁噪声频率较低，影响较小。

降低电磁噪声的方法，一般是改进电机结构设计：

① 选择适当的槽配合。

② 采用斜槽转子可减小弱齿谐波。

③ 采用闭口齿槽，可消除或减少由开口槽引起的高次谐波。

④ 降低气隙磁通密度可减小由基波磁通和定子、转子各高次谐波的磁势幅值，以减小径向作用力。

⑤ 增大定子、转子气隙可改善磁场的均匀性，从而减小单边磁拉力的作用。

⑥ 提高加工精度，可使气隙均匀。

此外，电机定子铁芯振动激发电机外部构件也可产生电磁噪声。所以，适当增加机壳的厚度，改变壳体或端盖的形状，如多加几条凸棱筋等，使其结构的固有振动减小、频率提高，或选用内阻较大的铸铁做机壳和端盖，均可降低电磁噪声的辐射能力。

5.3.3 变压器的电磁噪声

变压器在运行中发出的“嗡嗡”声，是由铁芯在磁通作用下产生磁致伸缩性振动所引起的，这种“嗡嗡”声称为电磁噪声。

变压器电磁噪声的基频为供电频率的2倍，如50Hz电力变压器，则其电磁噪声的基频为100Hz。除基频外，还有高次谐波的噪声成分。体积较大的变压器，其最响的谐波频率较低；而体积较小的变压器，其最响的谐波频率较高。

变压器电磁噪声的大小与变压器的功率有关，功率越大，电磁噪声越高。与此同时，变压器噪声正比于变压器铁芯的磁通密度。

变压器的电磁噪声，主要是由于铁芯振动耦合到变压器外壳，使外壳振动形成的。这种磁噪声是由变压器向外辐射的，特别是产生共振时，所辐射的噪声更强。若变压器固定在易于辐射噪声的支撑物（如板状材料）上时，也能激发支撑物振动并发出结构噪声。

降低变压器噪声最理想的方法是选用磁致伸缩性较小的铁磁材料做铁芯，但实际上，既要具有小的磁致伸缩性，又要具有足够高的磁导率、低损耗的电磁性能以及良好延展性的铁磁材料，目前仍处于试验阶段。从设计上减小铁芯磁通密度也能降低噪声，但必须以增加变压器体积和降低效率为代价。

要降低变压器噪声可以用隔声罩将变压器罩起来，隔绝空气声的传播，或者加减振器避免变压器铁芯与外壳或外壳与变压器支撑体的刚性连接，以隔绝固体声的传递。以上两种方法同时使用，降噪效果会更好。

5.4 噪声控制的基本途径

噪声控制是一门研究如何获得适当声学环境的科学技术。噪声控制需要投资并采取技术措施，因此最终只能达到适当的声学环境，即经济上、技术上和要求上合理的声学环境，而不是噪声越低越好。例如，考虑听力保护时，最好使噪声级降到70dB（A）左右最为理想。但是有些工业环境有时在技术上达不到，或经济上不合理，或虽然达到要求但在操作上将引起很大不便，或者使生产力降低，这时就只能采取折中的标准，但无论如何也不能超过90dB（A），否则就达不到保护的目的。在某些情况下，达到90dB（A）有困难，这时可以在个人防护上或接触噪声时间上采取措施，在要求上要合理，费用不可太高。噪声控制就是在对声源、噪声传播途径、接受者（即声学系统，如图5-15所示）等进行调查、分析后，对噪声控制要求充分了解，对声学环境采用经济上和技术上合理的降噪措施。

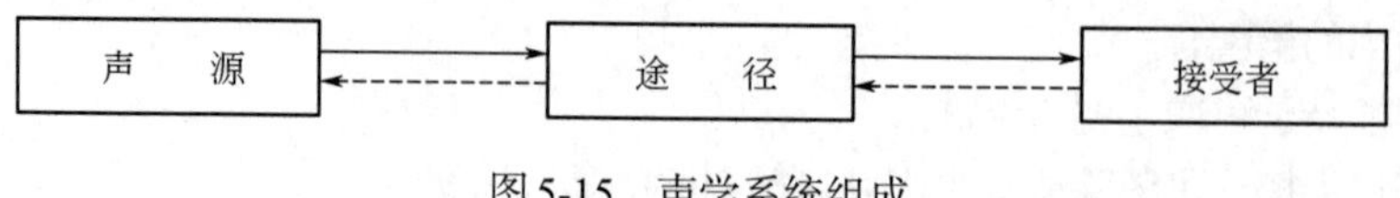

图5-15　声学系统组成

声源可以是单个声源，也可以是多个声源同时作用，各个声源性质不同，衰减快慢不同，传播途径也常不止一条，传播方式多样。接受者可能是一个人，也可能是若干灵敏设备，对噪声的反应和要求也有所不同。

图5-15中的虚线表示反作用。声源受传播途径和接受者的反作用是很明显的。传播途径也要受声源和接受者的影响，如一个汽车消声器的特性由于车辆类型不同、使用位置不同，其消声性能也有所不同。考虑噪声控制方法时，需要注意这些特性。

控制噪声可从声源控制、传播途径控制和接受者保护控制三个方面进行，具体采取哪一种或几种方式则应从经济、技术上综合考虑，这也是噪声控制的基本原则。

5.4.1　声源控制

控制噪声源是降低噪声的最根本和最有效的办法。在声源处消除噪声，即使只是局部的，也会使传播途径或接受处的减噪工作大为简化。工业生产的机器和交通运输的车辆是环境噪声的主要噪声源。消除噪声污染的根本途径是减少机器设备和车辆本身的振动和噪声，通过研制和选择低噪声的设备及改进生产加工工艺，提高机械设备加工精度和设备安装技术，使发声体变为不发声体或降低发声体辐射的声功率，可从根本上解决噪声污染问题或大大简化传播途径上的控制措施。

噪声源种类很多，要了解各种声源的性质和发声机理，根据各种声源的特点采取有效的控制方法。如避免机器或部件强烈的振动，减少运转部件或工作整机的振动加速度，尽量提高其运转均匀性，等等。

近年来，随着材料科技的发展，各种新型材料应运而生，一些内摩擦较大、高阻尼合金、高强度塑料生产的机器零部件也已投入使用。如汽车生产中常采用高强度塑料机件，将化纤厂的拉捻机齿轮改为尼龙齿轮，可降噪20dB（A）左右。选择最佳叶片形状，可降低风机噪声。如把风机叶片由直片式改为后弯形，可降低噪声10dB（A）左右；将叶片的长度减小，亦可降低噪声。

对旋转的机械设备，可以选用噪声小的传动方式。一般齿轮传动装置产生的噪声高达90dB（A），改用斜齿轮或螺旋齿轮，啮合时重合系数大，可降噪10dB（A）左右；用带传动代替一般齿轮传动，由于传动带能起减振阻尼作用，可降噪10dB（A）左右。减小齿轮的线速度，选择合适的传动比可降低齿轮类传动装置的噪声，若将齿轮的线速度降低一半，噪声可降低5dB（A）左右。

机械设备在运转过程中，由于机件间的撞击、摩擦，或动平衡不好，都会导致其噪声增大。零部件加工精度的提高，使机件间摩擦减少，从而降低噪声；提高装配质量、减少偏心振动、提高机壳刚度等，都能使机械设备的噪声减小；将滚子轴承加工精度提高一级，轴承噪声可降低10dB（A）左右。

电动机、通风机、压缩机、齿轮、轴承等机械设备在运转过程中，噪声越低，机械动态性能越优越，使用寿命越长，质量也越好。

5.4.2　传播途径控制

传播途径上的控制是最常用的办法，因为机械设备制造出厂或工程完成后，再从声源上控制噪声就受到限制，但在传播途径上的处理却大有可为。在噪声传播途径上常用的控制措施主要有以下几种。

（1）采用“闹静分开”的设计原则，缩小噪声干扰范围具体做法是：将工业区、商业区和居民区分开，以使居民住宅远离吵闹的工厂。在工厂内部，可把高噪声车间和中等噪声车间、办公室、宿舍等分开布置。在车间内部，可把噪声大的机器与噪声小的机器分开布置。这样利用噪声在传播中的自然衰减作用，能够缩小噪声的污染面。采用“闹静分开”的原则，关键在于确定必要的防护距离。对于室内声源（如车间里的各种机器）应考虑厂房隔墙的降噪作用。实践表明，厂房内噪声向室外空间传播，其声压级衰减可粗略估计为：通过围墙（开窗条件下）可衰减10dB（A）左右。

(2) 利用噪声源的指向性合理布置声源位置

在与声源距离相同的位置，因处在声源传播的不同方向上，接收到的噪声强度会有所不同。因此，可使噪声源传播到无人或对安静程度要求不高的方向，而对安静程度要求较高的场所（如居民区、医院、办公室等），则应避开噪声强的方向，使噪声干扰减轻一些。但多数声源在低频辐射时指向性较差，随着频率的增加，指向性就增强。所以，改变噪声传播方向只是降低高频噪声的有效措施。

(3) 利用自然地形、地物降低噪声

在噪声源与需要安静的区域之间，可以利用地形、地物降低噪声。例如，山丘、土坡、深堑、建筑物等能有效衰减噪声。如图5-16所示是利用土坡和深堑降低噪声的例子。

(4) 合理配置建筑物内部房间

合理配置建筑物内部房间，也能减轻环境噪声的干扰。例如，将住宅内的厨房、浴室、厕所和储藏室等布置在有噪声的一侧，而把卧室或书房布置在避开噪声的一侧。采用“周边式”布置住宅，就能减弱或避免街道交通噪声对卧室和书房的干扰；反之，如果采用“行列式”布置住宅群，则使住宅区所有房间都暴露在交通噪声中，就会增大噪声对住宅群的干扰程度，如图5-17所示。

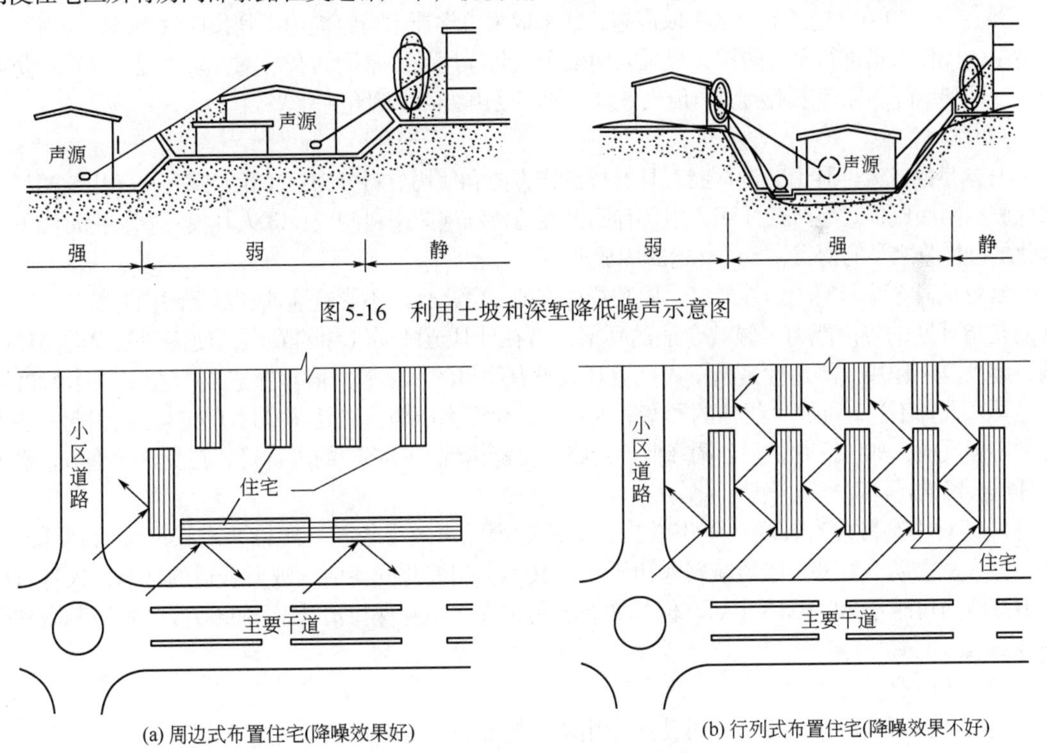

图5-16　利用土坡和深堑降低噪声示意图

图5-17　建筑布局对降噪效果的影响

(5) 通过绿化降低噪声

采用绿化的方式降低噪声，要求绿化林带有一定的宽度，树也要有一定的密度。绿化对

1000Hz以下的噪声降噪效果甚微，当噪声频率较高时，树叶的周长接近或大于声波的波长时，则有明显的降噪效果。实践表明，2000Hz以上的高频噪声通过绿化带，每前进10m其衰减量为1dB（A）。绿化带若不是很宽，则其减噪效果不明显。

（6）采取声学控制技术措施

依靠上述办法仍不能控制噪声危害时，就需要在噪声传播途径上采取声学处理措施，即声学控制方法。在房间内铺设吸声材料，减弱反射声的影响；在声源或接受者周围，使用隔声罩（间）、声屏障以切断空气声的传播途径；在气流通道上安装消声器，阻挡空气声的传播等。对于各种声学控制方法，将在后面相关章节中详细介绍。表5-2是常用的噪声声学控制技术适用的场合及降噪效果举例。

表5-2　噪声声学控制措施应用举例

现场噪声情况	合理的技术措施	降噪效果/dB(A)
车间噪声设备多且分散	吸声处理	4~12
车间工人多,噪声设备少	隔声罩	20~30
车间工人少,噪声设备多	隔声室(间)	20~40
进气、排气噪声	消声器	10~30
机器振动,影响邻居	隔振处理	5~25
机壳或管道振动并辐射噪声	阻尼措施	5~15

5.4.3　接受者保护控制

当在声源和传播途径上无法采取措施，或采取了声学技术措施仍达不到预期效果时，应对噪声环境中的操作人员进行个人防护，让工人佩戴个人防噪用品，常用的有耳塞、防声棉、耳罩和防声帽等，即利用隔声原理来阻挡噪声传入人耳，使感受声级降低到允许水平。

（1）耳塞

耳塞是插入人外耳道的护耳器。耳塞按制作方法和使用材料分为：①预模式耳塞，用软塑料或软橡胶压制而成；②泡沫式耳塞，用具有回弹性的特殊泡沫塑料制成；③人耳模耳塞，把常温下能固化的硅橡胶之类的物质注入外耳道凝固成形。

良好的耳塞应具有隔声性能好、佩戴舒适方便、无毒性、不影响通话和经济耐用等特点。隔声性能是指耳塞的隔声能力。佩戴合适的耳塞，可在外耳道削弱气导的噪声，使传到鼓膜的声压降低，起到隔声作用。舒适性是指工人戴上耳塞没有明显的不适感。戴耳塞造成不适感有两个原因：一是耳塞选择不当，如将大规格的耳塞插入耳内，会产生压痛；二是耳塞封闭外耳道后引起一些生理和心理反应，如讲话时感到音调降低、走路时可能出现“咚咚”的声音等，在炎热的季节，密闭外耳道会影响排汗和气压平衡。

耳塞对中高频声有较高的隔声效果，对低频声隔声效果较差。所以，在噪声尖而刺耳的场所，工人戴上防声耳塞，既能减轻噪声干扰，又不影响彼此的谈话。戴上合适的耳塞，人耳听到的中高频声可减小20~30dB（A）。但耳塞有容易丢失、不易保持清洁及可能造成外耳道刺激和感染等缺点。

（2）防声棉

有些人戴耳塞会感到不适，可使用专用防声棉隔声。防声棉是一种塞入耳道的护耳道专用材料。它是用直径1~3μm的超细玻璃棉经化学方法软化处理后制成的。使用时，撕下一小块用手卷成锥状塞入耳内。防声棉的隔声量随频率增高而增加，隔声量为15~20dB（A）。

防声棉对隔绝高频声很有效，且对人的正常交谈无妨碍，其原理是：人的语言频率主要在1000Hz以下，防声棉对此频率范围的声音隔声值较低。不使用防声棉时，在车间听到的只是尖声刺耳的高频噪声，使用防声棉后，高频声被隔掉，相互交谈的语言会更清晰。

（3）防声耳罩

防声耳罩是将整个耳廓封闭起来的护耳装置，类似于音响设备中的耳机，好的耳罩可隔声30dB（A）左右。它不必考虑外耳道的个体差异，一种规格（或尺寸）的耳罩可适合许多人。因此，良好的耳罩所提供的隔声性能较为稳定，个体间的差异较小。防声耳罩的隔声性能优于耳塞，而且可更换耳罩的外围软垫，易于保持清洁，不易丢失，如配有通信设备，还可在高噪声下保持良好的通话。但其不足之处在于，不适于在高温环境下佩戴，隔声效果可受到佩戴者的头发及眼镜等物品的影响。还有一种音乐耳罩，利用人们对声音的需要，在耳罩内装有播放音乐的耳机，既能隔绝外部的强噪声，又能使人听到美妙的音乐，对从事单调劳动的工人很有益处，可提高劳动效率。

（4）防声帽

强噪声对人的头部神经系统有严重的危害，为了保护头部免受噪声危害，常采用戴防声帽的方法。防声帽是将整个头部罩起来的防声用具，类似摩托车手的安全头盔。防声帽隔声量一般在30dB（A）左右，它不仅可防止噪声的气导泄漏，还可防止噪声通过头骨传导进入内耳，同时也对头部起到防振及保护作用。

防声帽有软式和硬式两种。软式防声帽由人造革帽和耳罩组成，耳罩可根据需要翻到头上，这种帽子佩戴较舒适。硬式防声帽是玻璃钢制外壳，壳内紧贴一层柔软的泡沫塑料，两边装有耳罩。防声帽的隔声效果较耳罩和耳塞更优越，通常用于噪声级特别高的场所，如火箭、导弹发射场地等。但由于其制作工艺复杂、价格较贵等因素，应用范围有限。防声帽的缺点是体积大、佩戴不方便，在夏天或高温车间会感到闷热、易出汗。

表5-3列出了几种防声用具的效果比较。

表5-3　几种防声用具效果比较

种类	说明	质量/g	衰减/dB(A)
棉花	塞在耳内	1~5	5~10
棉花涂蜡	塞在耳外	1~5	10~20
伞形耳塞	塑料或人造橡胶	1~5	15~30
柱形耳塞	乙烯套充蜡	3~5	20~30
耳罩	罩壳内衬海绵	250~300	20~40
防声帽	头盔加耳塞	1500	30~50

（5）人的胸部防护

环境噪声超过140dB，不但对人的听觉、头部有严重的危害，而且对胸部、腹部的器官也有极其严重的危害，尤其是对心脏。因此，在极强噪声环境下，要考虑人们的胸部防护。防护衣是用玻璃钢或铝板内衬多孔吸声材料制成的，可以防噪、防冲击声波，以期对胸、腹部进行有效的保护。

此外，对噪声极强的车间可开辟隔声室，让工人在隔声室内控制仪表或休息。从组织管理上采取轮换工作制，缩短工人进入高噪声环境的工作时间，也是一种辅助方法。

如图5-18所示为车间噪声控制示意图。

在实际工程中，噪声控制大体可分为两类情况，一类是工程已经建成，由于设计或实施中考虑不周，在生产中出现噪声危害。这时，只能采取一些补救措施来控制噪声。另一类是工程尚未建成，根据工程的声环境影响评价应进行噪声达标设计，在设计阶段就要考虑可能出现的噪声影响问题。这时，要根据工程的需要和可能，统筹兼顾，实施“三同时（噪声控制措施必须与主体工程同时设计、同时施工、同时投产）”工程。很显然，后一类情况工作主动，回旋余地大，往往容易确定较为合理的噪声控制方案，收到较好的实际效果。对第一种情况建议采用第5.5节中所述程序进行噪声控制。

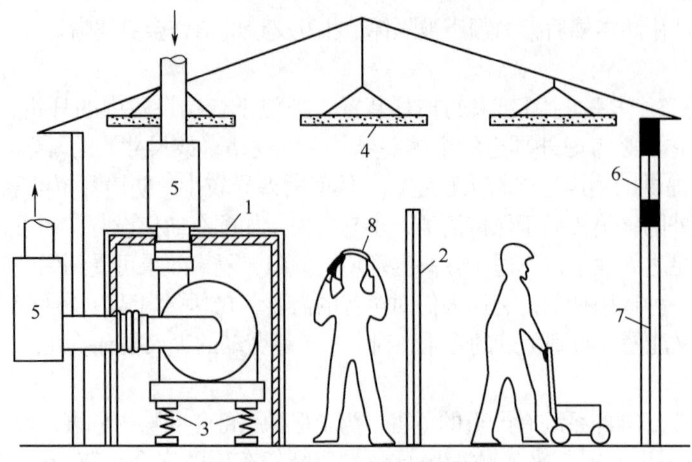

图5-18 车间噪声控制示意图

1—风机隔声罩；2—隔声屏；3—减振弹簧；4—空间吸声体；5—消声器；6—隔声窗；7—隔声门；8—防声耳罩

5.5 噪声控制的工作程序

5.5.1 调查噪声现场

现场调查的重点是了解现场主要噪声源及其产生原因，同时弄清噪声传播的途径，以供在研究确定噪声控制措施时，结合现场具体情况进行考虑，或者加以利用。根据需要可绘制出噪声分布图，这样可以使各处噪声的分布一目了然。噪声分布图有两种表示方法：①在直角坐标系中用数字标注；②用不同的等声级曲线表示。第一种方法简便，能直接看出某一位置的噪声级数值；第二种方法直观，可看出各处的噪声分布情况。绘制哪种噪声分布图，可根据实际情况而定，有条件时也可将两种图绘制在一起。

绘制噪声分布图要做好以下几项工作：①准备一幅厂区总图，了解工厂的工作范围，厂房和机械设备的布置，车间建筑和其他构筑物的特征，等等；②对厂区各点进行噪声测量；③绘制噪声分布图，将测得的数值按相应的编号在总图中标明。

5.5.2 确定降噪量

把调查噪声现场的资料数据与各种噪声标准（包括国家标准、部颁标准及地方或企业标准）进行比较，确定所需降低噪声的数值（包括噪声级和各频带声压级所需降低的分贝）。一般来说，这个数值越大，表明噪声问题越严重，采取噪声控制措施越迫切。

5.5.3 选定噪声控制方案

以上述工作为基础，选定控制噪声的实施方案。确定方案时，要根据现场情况，既要考虑声学效果，又要经济合适和切实可行；具体措施可以是单项的，也可以是综合性的。措施确定后，要对声学效果进行估算，有时甚至需要进行必要的实验，要避免盲目性。例如在一个厂房里，有几台铣床和一台空压机，空压机的噪声要比铣床噪声高得多，应首先对空压机采取适当的噪声控制；反之，如果首先对铣床进行噪声控制，那么，即使所采取的措施再精细，再完善，整个厂房内的噪声也不会降低多少。

在确定噪声控制方案时，除了考虑降噪效果外，还应兼顾投资、工人操作（通风和采光）和设备运行效率等因素。如果一个车间内有数十台机械设备有噪声，而操作工人不多，又不是经常站在设备旁工作，此时可采取建立隔声间的措施，而不必对每台机器设备都进行噪声治理。表5-4是根据不同噪声情况建议采取的主要措施和次要措施。

表5-4　噪声控制建议方案

情况	声源降噪	隔振、阻尼包扎、消声器	隔声罩	隔声间	吸声处理	个人防护
一般噪声	次	次			主	
声源少、人多	次	次	主		次	
声源分散、人多	次	次	次		主	
声源少、人少	次	次		次		主
声源多、人少				主		次
内燃机和气动设备	次	主	次			
各种措施效果/dB(A)	5~10	5~30	10~30	15~40	3~7	10~40
对生产操作的影响	无	无	稍有影响	无	无	无

5.5.4　降噪效果的鉴定与评价

某种噪声控制措施实施后，应及时对其降噪效果进行鉴定。如果未达到预期效果，则应查找原因，根据实际情况再补加一些新的控制措施，直至达到预期的效果为止。最后对全部噪声控制工作做出总结评价，其内容包括减噪效果如何、投资多少及对正常工作的影响情况等。噪声控制是一项综合性工作，应从多方面考虑，选定最佳方案。如果投资很高，或影响工人操作及设备工作效率，即使减噪效果明显，也不能认为是成功的。

对尚未建成的工程，应先参考同类设备或同类工程的噪声资料，进行噪声控制设计。设计前，可先做一些局部的噪声测量。设计时，要统筹兼顾，全面安排，切实避免工程建成再考虑噪声控制工作的被动局面。例如，一个机组的振动问题，如果在设计阶段就考虑到，安装减振器或设计成隔振基础，都是容易实现的；再如，对于某些噪声，原本通过安装消声器就可以解决，但如果设计时未注意，等到建成后，往往连安装消声器的空间也没有。此外，还应尽可能注意“综合利用”，即把治理噪声与其他方面的工作结合起来。例如，一些管道外壁的保温措施，在一定条件下可与吸声、隔声、阻尼等降噪措施结合考虑；又如防尘的密封罩，可做成具有降低噪声性能的隔声罩等。

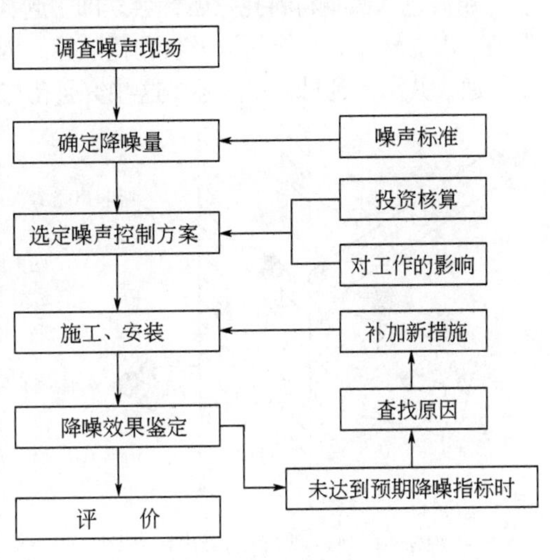

图5-19　噪声控制的工作程序框图

如图5-19所示为噪声控制的工作程序框图。

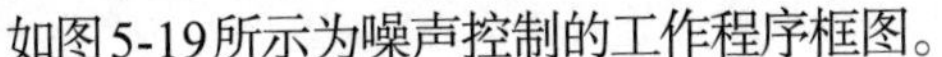

习题与思考题

1. 常见的机械噪声有哪些？简述其常用的控制方法。
2. 常见的空气动力性噪声有哪些？简述其常用的控制方法。
3. 常见的电磁噪声有哪些？简述其常用的控制方法。
4. 噪声控制的基本途径有哪些？
5. 简述噪声控制的工作程序。
6. 在噪声污染控制中，人们通常所说的“三同时”指的是什么？

第6章

吸 声 技 术

在实际生活中，同样的噪声源所发出的噪声，在室内感受到的响度远比在室外感到的响度要大，这说明我们在室内所接收到的噪声除了有通过空气直接传来的直达声外，还包括室内各壁面多次反射回来的反射声（混响声）。实验表明，由于反射声的缘故，室内噪声会提高10~20dB（A)。所以，必须采取吸声处理的措施降低混响声。本章主要学习和讨论吸声原理与吸声系数、吸声材料、吸声结构以及吸声降噪设计等方面内容。

6.1 吸声技术基础

6.1.1 吸声原理与吸声系数

声波进入吸声材料孔隙后，会立即引起孔隙中的空气和材料的细小纤维振动。由于摩擦和黏滞阻力，声能转变为热能而被吸收和耗散掉。因此，吸声材料大多是松软多孔的，表面孔与孔之间互相贯通，并深入到材料的内层，这些贯通孔与外界连通。吸声材料的吸声示意图如图6-1所示。

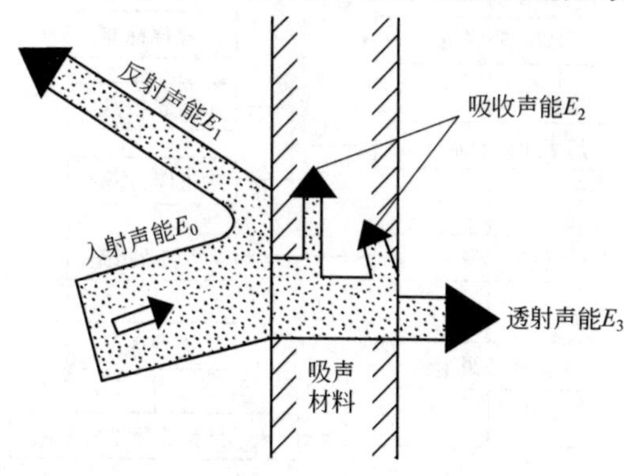

图6-1 吸声材料的吸声示意图

由图6-1可以看出，当声波遇到室内墙面、天花板等镶嵌的吸声材料时，一部分声能被反射回去，一部分声能向材料内部传播并被吸收，还有一部分声能透过材料继续传播。入射的声能被反射得越少，表明材料的吸声能力越好。材料的这种吸声性能常用吸声系数来表示，定义为：声波入射材料表面时，材料入射声能和反射声能的差值与入射到材料表面的声能之比（或材料的吸收声能和透射声能之和与入射到材料表面的声能之比），即

$$\alpha = \frac{E_0 - E_1}{E_0} = \frac{E_2 + E_3}{E_0} \tag{6-1}$$

式中 E_0——入射的总声能；

E_1——反射声能；

E_2——被材料吸收的声能；

E_3——透过材料的声能。

不同的材料，具有不同的吸声系数，完全反射的材料，α=0；完全吸收的材料，α=1；一般材料的吸声系数介于0~1之间。

吸声材料对于不同的频率，具有不同的吸声系数。在工程上，一般采用125Hz、250Hz、500Hz、1000Hz、2000Hz、4000Hz的6个频率的吸声系数之算术平均值，来表示某种吸声材料的吸声频率特性。对于吸声系数大于0.2的材料，称为吸声材料。光滑水泥地面和钢板的平均吸声系数均为$\bar{\alpha}$=0.02，它们均不是吸声材料。

吸声系数还与声波入射角度有关。声波垂直入射到材料的表面测得的吸声系数，称为垂直入射吸声系数，用α_0表示。α_0可通过驻波管法测定。声波从各个方向同时入射到材料（结构）表面，这种无规则入射测得的材料吸声系数，称为无规则入射系数，以α_T表示。α_T可用混响室法测定。

在工程设计中，常用的吸声系数有混响室测量的无规则入射吸声系数α_T和驻波管测量的垂直入射吸声系数α_0两种。混响室法测定的α_T和驻波管法测定的α_0之间的近似换算关系如表6-1所示。

表6-1　混响室法测定的α_T和驻波法测定的α_0之间的近似换算关系

垂直入射吸声系数α_0	0.00	0.01	0.02	0.03	0.04	0.05	0.06	0.07	0.08	0.09
	无规则入射吸声系数α_T									
0.0	0	0.02	0.04	0.06	0.08	0.10	0.12	0.14	0.16	0.18
0.1	0.20	0.22	0.24	0.26	0.27	0.29	0.31	0.33	0.34	0.36
0.2	0.38	0.39	0.41	0.42	0.44	0.45	0.47	0.48	0.50	0.51
0.3	0.52	0.54	0.55	0.56	0.58	0.59	0.60	0.61	0.63	0.64
0.4	0.65	0.66	0.67	0.68	0.70	0.71	0.72	0.73	0.74	0.75
0.5	0.76	0.77	0.78	0.78	0.79	0.80	0.81	0.82	0.83	0.84
0.6	0.84	0.85	0.86	0.87	0.88	0.88	0.89	0.90	0.90	0.91
0.7	0.92	0.92	0.93	0.94	0.94	0.95	0.95	0.96	0.97	0.97
0.8	0.98	0.98	0.99	1.00	1.00	1.00	1.00	1.00	1.00	1.00
0.9	1.00	1.00	1.00	1.00	1.00	1.00	1.00	1.00	1.00	1.00

例如，已知材料的吸声系数α_0=0.68，可由表第一列中的0.6与第一行的0.08相交点，查得α_T=0.90。

6.1.2 吸声系数的测定方法

（1）驻波管法

驻波管法用于测量吸声材料或吸声结构垂直入射吸声系数。如图6-2所示为驻波管法测量吸声材料吸声系数的装置。该装置主要结构是一个具有一定刚性且内表面非常光滑的圆形或方形直管，直管的一端放置扬声器，而另一端安装被测吸声材料，在管中有一根与传声器相连的探管，用以测量探管端部的声压。与此同时，传声器还与频谱分析仪相接，且传声器固定在小车上，使其往复运动。扬声器从信号源（正弦信号发生器）得到纯音信号后，此信号以平面波的形式在管内传播，碰到吸声材料或吸声结构，一部分声波被吸收，另一部分声波被反射。由于反射波与入射波之间具有一定的相位差，叠加以后形成驻波，在波腹处形成声压的极大值，在波节处形成声压极小值。移动传声器的探管，测出管中的驻波声压的极大值P_{max}和极小值P_{min}，则驻波比为：

$$m=P_{max}/P_{min} \tag{6-2}$$

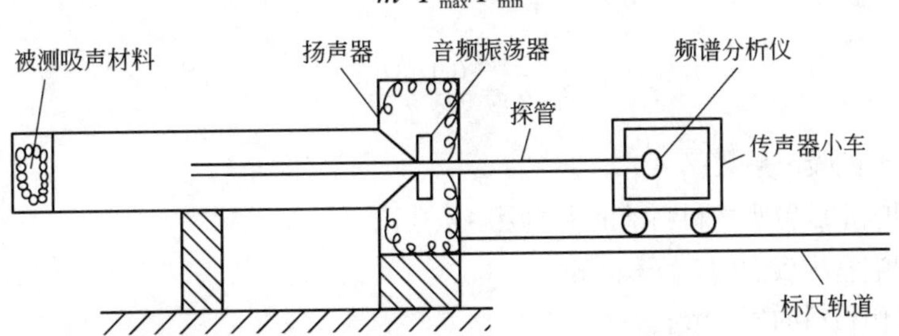

图6-2　驻波管法测量吸声材料吸声系数的装置

吸声材料或吸声结构的吸声系数可表示为：

$$\alpha_0=\frac{4}{m+\dfrac{1}{m}+2}=\frac{4m}{(m+1)^2} \tag{6-3}$$

驻波管法测量频率的上限f_u为：

$$f_u=0.6c/D \tag{6-4}$$

式中 c——空气中的声速，m/s；

D——刚性管的直径，m。

式（6-4）是为了保证管中是平面波，管子的截面尺寸要比所测的最高频率声波相对应的波长小。

测量频率的下限f_l：

$$f_l=c/(2L) \tag{6-5}$$

式中 L——驻波管的长度，m。

式（6-5）中的管长必须大于半个波长，以保证最低频率测量至少能形成一个极大值和一个极小值。

常用的驻波管内径为100mm，其上限频率为2000Hz，下限频率为100Hz。

通常在测量声压级的频谱仪或测量放大器的指示电表上有专门的刻度用于测量α_0。使用时，只要移动探管找到声压极大值，并调节放大器灵敏度，使指针满刻度，然后再移动探管找到声压极小值，这时表头指针就可示出所测的α_0。

（2）混响室法

用混响室测量吸声材料或吸声结构的吸声系数时，混响室应满足如下要求：室内各边界面能有效地反射声波，并使各方向来的声波尽可能相等，形成扩散场条件。这样，室内除了靠近声源的范围外，全室各点处的声压级变化不大；室内容积V大于100m³，最好是200m³，室内最大直线$L_{max}<1.9\sqrt[3]{V}$，混响室可用于测量$f_l\approx 1000/\sqrt[3]{V}$的频率下限。如果混响室用于测量噪声源的声功率，则混响室容积应大于待测噪声源体积的200倍。为了使混响室各墙面尽可能反射声波，混响室内墙面不采用平行墙面，形状可以是不规则的，也可在室内随机悬挂扩散体，混响室的地面、墙面、顶棚应是混凝土磨光面、瓷砖、水磨石、油漆面，尽可能做成刚性的。

在放入待测的吸声材料或吸声结构前，应测取空室的混响时间。然后，把被测的材料放在混响室内地面中心部位进行测量。一般要求材料的放置形式与实际使用形式相同，试件的面积为10~12m²，试件的边界距混响室至少1m，声源为白噪声（是指在较宽的频率范围内，各等宽的频带所含噪声能量相等的噪声），发出与接收均经过1/3倍频程滤波器或倍频程滤波器，测得放入试件后的混响时间，而后，可由下式求出无规则入射的吸声系数：

$$\bar{\alpha}_T=\bar{\alpha}_1+\frac{0.163V}{S_2}\left(\frac{1}{T_2}-\frac{1}{T_1}\right) \tag{6-6}$$

$$\bar{\alpha}_1=\frac{0.163V}{S_1T_1} \tag{6-7}$$

式中 $\bar{\alpha}_T$——材料的吸声系数；

$\bar{\alpha}_1$——混响室放置吸声材料前的平均吸声系数；

S_1——混响室内表面的总面积，m²；

S_2——吸声材料面积，m²；

V——混响室的体积，m³；

T_1——未放置吸声材料的混响时间，s；

T_2——放置吸声材料后的混响时间，s。

测量时还应注意，试件的测点位置应取5个点，每个点测三条混响时间的衰减曲线，至少应该有35dB的直线范围。

所谓混响时间，是指当声源在室内停止发声后，残余声能仍在室内往复反射，经吸声材料吸收，其声能密度衰减60dB所需要的时间，单位为秒。声源在室内衰减的过程称为混响过程。房间的混响时间长短是由其吸声量和体积大小所决定的：体积大且吸声量较小的房间，其混响时间长；吸声强且体积小的房间，其混响时间就短。如果混响时间过短，则声音发干，枯燥无味不亲切自然；如果混响时间过长，则会使声音含混不清；混响时间合适，则声音圆润动听。如果声能密度(声场中单位体积所含的声能）衰减d（dB），需要时间为t（s），混响时间可用下式计算：

$$T=60t/d \tag{6-8}$$

6.1.3 影响材料吸声性能的主要因素

影响材料吸声性能的主要因素有流阻R_f、孔隙率q和结构因子S等，在实际使用过程中，要充分注意这些参数。

（1）材料的流阻R_f

当声波引起空气振动时，微量空气在多孔材料的孔隙中通过，这时，材料两面的静压（声压）差Δp与气流线速度v之比定义为流阻R_f：

$$R_f=\Delta p/v \tag{6-9}$$

式中 Δp——材料两面声压差，Pa；

v——通过材料孔隙的气流线速度，m/s。

当流阻接近空气的特性阻抗，即407Pa·s/m，就可获得较高的吸声系数。因此，一般希望吸声材料的流阻介于100~1000Pa·s/m之间，过高和过低流阻的材料，其吸声系数都不大。通常取适当密度、厚度的玻璃棉与矿渣棉，就可取得较高的吸声系数。表6-2列出了几种常用吸声材料的流阻。

表6-2 几种常用吸声材料的流阻

材料名称	流阻/(Pa·s/m)	材料名称	流阻/(Pa·s/m)
1.6cm甘蔗板	3600	2.0cm玻璃纤维(260kg/m^3)	480
2.5cm纤维板	1800	6.0cm毛毡(350kg/m^3)	3200

（2）材料的孔隙率q

多孔材料中孔隙体积V_0与材料的总体积V之比，称为孔隙率q，即由下式表示：

$$q=V_0/V \tag{6-10}$$

对于所有孔隙都是开通孔的吸声材料，孔隙率可按下式计算：

$$q=1-\frac{\rho_1}{\rho_2} \tag{6-11}$$

式中 ρ_1——吸声材料的密度，kg/m^3；

ρ_2——制造吸声材料物质的密度，kg/m^3。

一般多孔材料的孔隙率q在70%以上，木丝板和矿渣棉约为80%，玻璃棉约为95%。孔隙率可通过实际测量得到。

（3）材料的结构因子S

结构因子是多孔吸声材料孔隙排列状况对吸声性能影响的一个量。在吸声理论中，假设材料中的孔隙是沿厚度方向平行排列的，而实际的吸声材料或结构中，孔隙的排列方式极其复杂，为了使

理论分析与实际情况相符合，就引入了结构因子这一修正量。要准确地求出多孔材料的结构因子，是件很困难的事情。对于孔隙无规则排列的吸声材料，材料的结构因子S一般介于2~10之间，但也有高达20~25的。玻璃棉为2~4；木丝板为3~6；毛毡为5~10；聚氨酯泡沫塑料为2~8；微孔吸声砖为16~20。纤维材料的结构因子S与孔隙率q之间有一定关系，见表6-3。

表6-3 纤维材料的结构因子S与孔隙率q之间的近似关系

孔隙率q	0.4	0.6	0.8	1.0
结构因子S	15	4.5	2	1.0

（4）材料厚度D

当流阻R_f的值介于100~1000Pa·s/m之间时（即松软而容量小的材料），用增加多孔材料厚度的方法，可明显改善其低频吸收效果；而流阻R_f若达到10^5Pa·s/m，再用增加厚度的办法也不会获得很好的效果。因此，较密实的板状吸声材料不必太厚。常用的几种多孔材料厚度如表6-4所示。

表6-4 常用多孔材料厚度

材料名称	木丝板	玻璃棉	矿渣棉	纤维板	泡沫塑料	毛毡
常用厚度/cm	2~5	5~15	5~15	1.3~2	2.5~5	0.4~0.5

吸声及消声设计方案中，对材料厚度的选择，可根据对低频的吸（消）声的要求来决定。实验表明，同一种多孔材料，当密度一定时，厚度D与频率f的乘积fD决定吸声系数的大小。如图6-3所示给出了密度为15kg/m^{3}的超细玻璃棉的吸声系数随fD变化的特性。

由图6-3可见，一定密度的吸声材料，有一个吸声的共振峰值。密度15kg/m^{3}的超细玻璃棉共振吸声频率出现在fD=5kHz·cm处，共振吸声系数达到0.90~0.99。频率比共振频率低时，吸声系数随频率的降低而逐渐减小。把吸声系数减小到共振吸声系数一半时的频率称为下限频率，把共振吸声频率到下限频率的频宽称为下半频宽Ω。常用多孔吸声材料的吸声特性如表6-5所示。

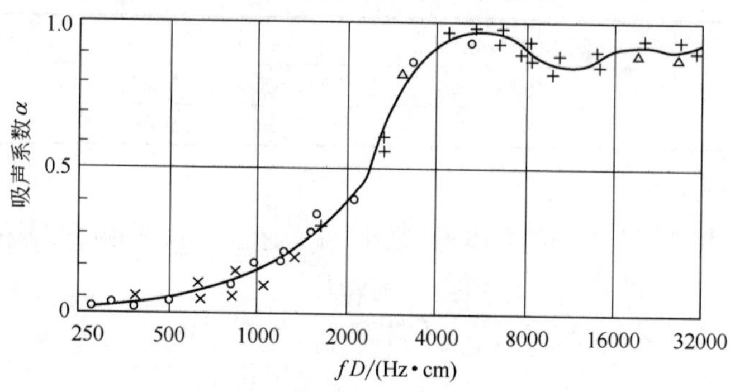

图6-3 fD与吸声系数的关系

表6-5 常用多孔吸声材料的吸声特性

材料名称	密度/(kg/m^3)	fD/(kHz·cm)	共振吸声系数α	下半频宽Ω(倍频程)	备注
超细玻璃棉	15	5.0	0.90~0.99	4/3	
	20	4.0	0.90~0.99	4/3	
	25~30	2.5~3.0	0.80~0.90	1	
	35~40	2.0	0.70~0.80	2/3	
沥青玻璃棉毡	110	8.0	0.90~0.95	4/3~5/3	

续表

材料名称	密度/(kg/m^3)	fD/(kHz·cm)	共振吸声系数α	下半频宽Ω(倍频程)	备注
沥青矿棉毡	<120	4.0~5.0	0.85~0.95	5/3	
聚氨酯泡沫塑料	20~50	5.0~6.0	0.90~0.99	4/3	流阻较低
		3.0~4.0	0.85~0.95	1	流阻较高
		2.0~2.5	0.75~0.85	1	流阻很高
微孔吸声砖	340~450	3.0	0.80	4/3	流阻较低
	620~830	2.0	0.60	4/3	流阻较高
木丝板	280~600	5.0	0.80~0.90	1	
海草	<100	4.0~5.0	0.80~0.90	1	

利用表6-5可对材料的吸声性能做出大致的估算。但由于生产工艺的差别，性能数据应以实测为准。

(5) 材料密度

多孔材料密度增加时，材料内部的孔隙率会相应降低，因而可以改善低频吸声效果，但高频吸声效果却可能降低。当密度过大时，孔隙率过低，吸声效果又会明显降低。图6-4给出了5cm厚超细玻璃棉密度变化对其吸声系数的影响。

在实际施工中，材料如果填充密度过小，经过运输和振动，会导致密度不均，吸声效果差，但填充密度也不能过大，过大也会使吸声效果明显下降。在一定条件下，每种材料的密度存在一个最佳值，通常使用的密度范围如表6-6所示。实践证明，厚度与密度两个因素对吸声效果的影响中，密度的影响占第二位。

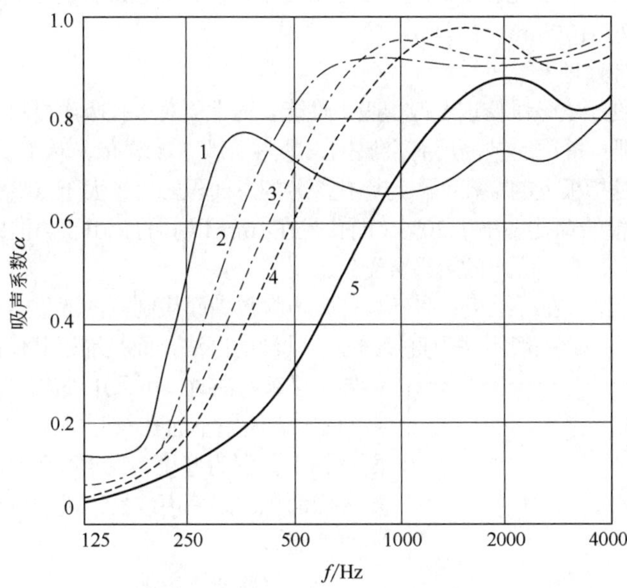

图6-4 5cm厚超细玻璃棉密度变化对材料吸声系数的影响

1—40kg/m^3；2—20kg/m^3；3—15kg/m^3；4—10kg/m^3；5—5kg/m^3

表6-6 常用多孔材料的使用密度

材料名称	超细玻璃棉	玻璃纤维	矿渣棉
使用密度范围/(kg/m^3)	15~25	48~96	120~130

（6）材料背后空气层

为了改善多孔吸声材料的低频吸声性能，常把多孔吸声材料布置在离刚性壁一段距离处，即在多孔材料后面留一段空气层（厚度），则其吸声系数有所提高。当材料的厚度、密度一定时，多孔材料背后空气层厚度对吸声性能的影响情况如图6-5所示。

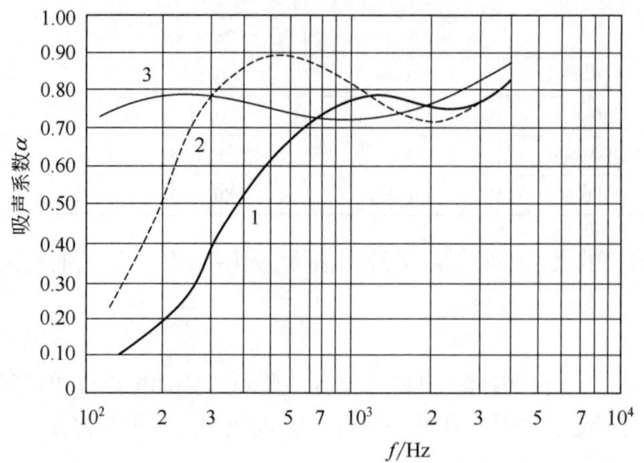

图6-5　多孔材料背后空气层厚度对吸声性能的影响（材料厚度2.5cm）

1—无背后的空气层；2—背后空气层100mm；3—背后空气层300mm

实验研究表明，当空气层厚度近似等于1/4波长时，吸声系数最大；而其厚度等于1/2波长的整数倍时，吸声系数最小。为了使普通噪声中较丰富的中频成分得到最大的吸收，一般建议多孔材料至刚性壁面的距离为70~100mm。

（7）材料表面装饰处理

为了增加强度、便于安装维修以及改善吸声性能，通常要对多孔吸声材料进行表面装饰处理。

① 护面层的处理：常用的护面层有金属网、塑料窗纱、玻璃布、麻布、纱布以及穿孔板等，穿孔率（所谓穿孔率是指板上的穿孔面积与穿孔部分的总面积之比）大于20%的护面层对吸声性能的影响不大。若穿孔板的穿孔率小于20%，而孔径在1mm以上的，由于声波的衍射作用以及孔对声波的黏滞作用都较弱，高频吸声的效果会受到影响。

② 表面粉刷、油漆：在纤维板、木丝板等吸声材料表面粉刷或油漆，会增加流阻。流阻太高时，吸声性能会下降，因此一般不采用直接粉刷、油漆的办法，而是饰以其他护面材料。如有特别需要，必须粉饰时，可采用喷涂法。

③ 表面钻不通孔及开槽：在纤维板等吸声材料表面，钻上孔深为厚度2/3~3/4的半穿孔，可增加有效吸声表面面积，并使声波易于进入材料深处，因此会提高吸声性能。

（8）材料使用条件

① 温度：温度的变化，会引起声速及波长的变化，同时也因空气黏滞性的变化导致流阻的改变，因此会影响材料的吸声性能。

通常给出的吸声系数是在常温下测定的。当温度变化时，吸声性能会发生如图6-6所示的变化，即共振吸声频率随温度的升高而升高。

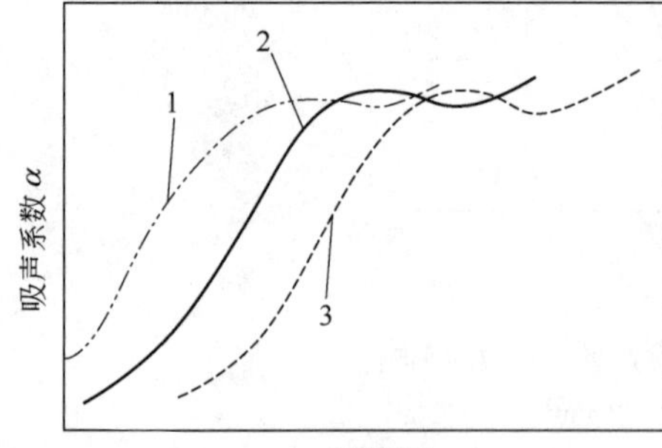

图6-6　温度对多孔材料吸声性能的影响

1—温度下降的吸声特性；2—常温下的吸声特性；3—温度上升的吸声特性

吸声材料必须在允许温度范围内使用，否则材料会失去吸声性能以致损坏。常用吸声材料的热学性能如表6-7所示。

表6-7　常用吸声材料的热学性能

材料名称	密度/(kg/m³)	导热系数/[kJ/(m²·h·℃)]	最高使用温度/℃	最低使用温度/℃
泡沫塑料	20~50	0.13~0.17	80	−35
毛毡	100~400	0.188406	100	−35
玻璃纤维制品	<150	0.13~0.17	250~350	−35
普通超细玻璃棉	10~20	0.125604	450~550	−100
无碱超细玻璃棉	10~20	0.125604	600~700	−100
高硅氧玻璃棉	40~80	0.125604	1000~1200	−100
矿渣纤维制品	<150	0.17~0.21	250~350	−35
矿渣棉	120~150	0.17~0.21	500~600	−100
铜丝棉	<220	0	900	
铁丝棉	<220	0	1100	
微孔吸声砖	300~800	0.33~0.50	900~1000	
金属微穿孔板		0	1000以上	

② 湿度：多孔吸声材料吸湿及吸水，不但能使吸声材料变质，而且会降低吸声材料的孔隙率，使其吸声性能下降。因此，可采用塑料薄膜护面（应保持塑料薄膜松弛），以减少湿度对材料吸声性能的影响。如图6-7所示为玻璃毡（厚5cm，密度24kg/m³）在不同含水率时的吸声系数。

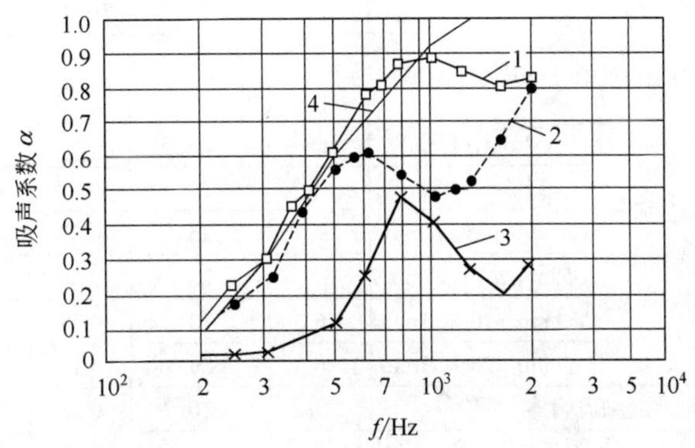

图6-7　含水率对吸声系数的影响

1—5%含水率；2—20%含水率；3—50%含水率；4—0%含水率

③ 气流：多孔材料由于气流或压力脉动，可引起纤维的飞散与材料的破损，同时，气流还会引起声波波长的变化，引起材料吸声性能的变化与温度改变时的变化趋势相同。

6.2　吸 声 材 料

吸声材料的应用是噪声控制工程中的重要手段，它不但能控制室内空间的混响状况，而且可以降低室内机械设备向室外辐射的噪声以达到环境标准。此外，除了在室内空间中的应用，吸声材料还广泛应用于多种场合，如消声器、隔声屏等。

最常用的吸声材料是多孔性吸声材料，有时也可选用柔性材料及膜状材料等。在工程中，我们还常将多孔性吸声材料做成各种几何体来使用。常用的多孔吸声材料主要有无机纤维材料类、泡沫塑料类、有机纤维材料类以及吸声建筑材料类等。

6.2.1　无机纤维材料类

无机纤维类吸声材料主要有玻璃丝、玻璃棉、岩棉和矿渣棉及其制品。

① 玻璃丝分熟玻璃丝和生玻璃丝，也有制成各种玻璃丝毡而应用的。

② 玻璃棉分短玻璃棉（ϕ10~13μm）、超细玻璃棉（ϕ0.1~4μm）和中级纤维玻璃棉（ϕ15~25μm）三种。超细玻璃棉是最常用的吸声材料，具有不燃、密度小、防蛀、耐蚀、耐热、抗冻、隔热等优点。还有一种经硅油处理的超细玻璃棉，它还具有防火、防水和防湿的特点。

③ 矿渣棉具有热导率小、防火、耐蚀、价廉等特点。

④ 岩棉价廉、隔热、耐高温（700℃），且易于成形。

无机纤维类吸声材料的吸声系数如表6-8所示。需要特别说明的是，本章所涉及的吸声系数，除特殊说明是混响室法测得的外，一般都是指驻波管法测得的吸声系数。

表6-8 无机纤维吸声材料的吸声系数

材料(结构)名称		厚度/cm	密度/(kg/m³)	各频率下的吸声系数						备注
				125Hz	250Hz	500Hz	1000Hz	2000Hz	4000Hz	
超细玻璃棉		2.5		0.10	0.14	0.30	0.50	0.90	0.70	
		5	12	0.06	0.16	0.68	0.98	0.93	0.90	
		5	17	0.06	0.19	0.71	0.98	0.91	0.90	
		5	24	0.10	0.30	0.85	0.85	0.85	0.85	
		5	20	0.10	0.35	0.85	0.85	0.86	0.86	
超细玻璃棉		10	20	0.25	0.60	0.85	0.87	0.87	0.85	
		15	20	0.50	0.80	0.85	0.85	0.86	0.80	
超细玻璃棉(玻璃布护面)		10	20	0.29	0.88	0.87	0.87	0.98		
		15	20	0.48	0.87	0.85	0.96	0.99		
超细玻璃棉(穿孔钢板护面)	ϕ4mm,p1.9%	15	25	0.62	0.75	0.57	0.45	0.24		
	ϕ5mm,p4.8%	15	20	0.79	0.74	0.73	0.64	0.35		
	ϕ5mm,p2%,t1mm	15	25	0.85	0.70	0.60	0.41	0.25	0.20	
	ϕ5mm,p5%,t1mm	15	25	0.60	0.65	0.60	0.55	0.40	0.30	
	ϕ9mm,p10%,t1mm	6	30	0.38	0.63	0.60	0.56	0.54	0.44	
	ϕ9mm,p20%,t1mm	6	30	0.13	0.63	0.60	0.66	0.69	0.67	
防水超细玻璃棉		10	20	0.25	0.94	0.93	0.90	0.96		
沥青玻璃棉毡		3		0.11	0.13	0.26	0.46	0.75	0.88	
		5	100	0.09	0.24	0.55	0.93	0.98	0.98	
树脂玻璃棉板		2.5		0.04	0.07	0.16	0.34	0.63	0.87	
		5	100	0.09	0.26	0.60	0.94	0.98	0.99	
矿渣棉前加亚麻布一层，10目/in①铁丝网一层		5	200		0.545	0.74	0.81	0.885		
		6	200		0.59	0.80	0.86	0.97		
		7	200		0.635	0.765	0.83	0.90		
		8	200	0.32	0.67	0.775	0.835	0.98		
		9	200		0.775	0.795	0.81	0.99		
		9.5	200		0.805	0.86	0.855	0.965		
		5	240		0.415	0.682	0.76	0.865		
		6	240		0.55	0.785	0.75	0.878		
		7	240	0.25	0.62	0.615	0.76	0.8		
		8	240		0.65	0.65	0.76	0.88		
		9	240	0.39	0.60	0.65	0.735	0.865		
		9.5	240		0.61	0.645	0.765	0.875		
矿渣棉包亚麻布		7	240	0.35	0.59	0.66	0.76	0.855	0.92	

续表

材料(结构)名称		厚度/cm	密度/(kg/m³)	各频率下的吸声系数						备注
				125Hz	250Hz	500Hz	1000Hz	2000Hz	4000Hz	
矿渣棉包亚麻布加 ϕ7mm, p20%, t1.5mm穿孔钢板		7	240	0.33	0.50	0.56	0.62	0.68		
矿渣棉包亚麻布一层,加10目/in铁丝网		8	150	0.30	0.64	0.93	0.788	0.93	0.94	
		8	300	0.35	0.43	0.55	0.67	0.78	0.92	
矿渣棉		6	240	0.25	0.55	0.78	0.75	0.87	0.91	
		7	200	0.32	0.63	0.76	0.83	0.90	0.92	
		8	150	0.30	0.64	0.73	0.78	0.93	0.94	
		8	240	0.35	0.65	0.65	0.75	0.88	0.92	
		8	300	0.35	0.43	0.55	0.67	0.78	0.92	
沥青矿棉毡		1.5	200	0.08	0.09	0.18	0.40	0.79	0.82	
		3	200	0.10	0.18	0.50	0.68	0.81	0.89	
		4	200	0.16	0.38	0.61	0.70	0.81	0.90	
		6	200	0.19	0.51	0.67	0.70	0.85	0.86	
沥青矿棉毡距墙	2.5cm	3	200	0.19	0.47	0.68	0.68	0.78	0.92	
	4cm	3	200	0.36	0.64	0.74	0.70	0.75	0.87	
	6.5cm	3	200	0.36	0.66	0.66	0.64	0.78	0.90	
矿棉吸声板		1.7~1.8	100~200	0.09	0.18	0.50	0.71	0.76	0.81	
岩棉(软质)		2.5	80	0.04	0.09	0.24	0.57	0.93	0.97	
		2.5	150	0.04	0.095	0.32	0.65	0.95	0.95	
		5	80	0.08	0.22	0.60	0.93	0.976	0.985	
		5	120	0.10	0.30	0.69	0.92	0.91	0.965	
		5	150	0.115	0.33	0.73	0.90	0.89	0.963	
		5	80	0.075	0.24	0.61	0.93	0.975	0.99	
		7.5	80	0.31	0.59	0.87	0.83	0.91	0.97	
		10	80	0.35	0.64	0.89	0.90	0.96	0.98	
		10	80	0.30	0.70	0.90	0.92	0.965	0.99	
离心玻璃棉板(体积密度24kg/m³)		50	0	0.36	0.56	1.03	1.08	1.13	1.18	混响室
		50	5	0.38	0.70	1.16	1.18	1.13	1.10	
		50	10	0.45	0.91	1.12	1.08	1.14	1.10	
		50	15	0.53	1.14	1.19	1.09	1.12	1.07	
		50	20	0.64	1.22	1.17	1.12	1.09	1.13	
离心玻璃棉板(体积密度32kg/m³)		50	0	0.32	0.63	1.08	1.13	1.10	1.03	混响室
		50	5	0.35	0.83	1.18	1.20	1.05	0.98	
		50	10	0.49	1.13	1.28	1.07	1.12	1.14	
		50	15	0.63	1.13	1.21	1.12	1.12	1.03	
		50	20	0.81	1.18	1.25	1.13	1.06	1.02	
离心玻璃棉板(体积密度40kg/m³)		50	0	0.37	0.61	1.06	1.29	1.05	1.06	混响室
		50	5	0.53	0.98	1.19	1.17	1.13	1.07	
		50	10	0.63	1.16	1.21	1.11	1.13	1.07	
		50	15	0.09	1.16	1.25	1.13	1.10	1.09	
		50	20	1.10	1.22	1.31	1.13	1.14	1.10	

续表

材料(结构)名称	厚度/cm	密度/(kg/m³)	各频率下的吸声系数						备注
			125Hz	250Hz	500Hz	1000Hz	2000Hz	4000Hz	
离心玻璃棉板(体积密度48kg/m³)	50	0	0.40	0.71	1.08	1.29	1.10	1.03	混响室
	50	5	0.50	1.00	1.20	1.13	0.98	1.06	
	50	10	0.55	1.12	1.30	1.07	1.05	1.19	
	50	15	0.78	1.02	1.26	1.07	1.04	1.16	
	50	20	0.91	1.05	1.06	1.17	1.05	1.18	
离心玻璃棉板(体积密度32kg/m³,表面涂黑色胶)	25	0	0.13	0.32	0.68	0.86	1.05	0.95	混响室
	25	5	0.15	0.47	0.88	1.05	1.03	0.95	
	25	10	0.28	0.77	1.10	1.06	1.02	0.97	
	25	15	0.40	0.99	1.10	0.88	1.02	0.97	
	25	20	0.44	1.09	1.03	0.87	1.01	0.97	
	30	0	0.13	0.41	0.76	1.06	1.03	0.76	
	30	5	0.24	0.61	1.06	1.04	0.80	0.85	
	30	10	0.39	0.93	1.07	0.84	0.91	0.84	
	30	15	0.67	1.13	1.00	0.74	0.87	0.81	
	30	20	0.90	1.05	0.90	0.90	0.91	0.85	
离心玻璃棉板(其体积密度为32kg/m³,表面为复合牛皮纸加筋铝箔)	30	0	0.22	0.47	1.03	0.98	0.61	0.46	混响室
	30	5	0.32	0.61	1.14	0.85	0.53	0.40	
	30	10	0.76	0.77	0.92	0.67	0.61	0.43	
	30	15	0.90	0.81	0.85	0.63	0.75	0.39	
	30	20	1.16	0.84	0.74	0.76	0.58	0.39	
离心玻璃棉复合PVC面层天花板(PVC天花板,其体积密度为48kg/m³)	15	0	0.08	0.29	0.54	0.91	0.94	0.57	混响室
	15	5	0.20	0.99	0.76	0.99	0.77	0.56	
	15	10	0.35	0.84	0.72	0.91	0.81	0.61	
	15	15	0.69	0.77	0.71	0.73	0.81	0.57	
	15	20	0.84	0.70	0.70	0.84	0.80	0.57	
风管外部包扎玻璃棉毡(其体积密度为48kg/m³)	38	0	0.29	0.72	1.15	0.91	0.67	0.22	混响室
	38	5	0.34	1.10	1.01	0.94	0.67	0.29	
	38	10	0.72	0.99	1.00	0.96	0.64	0.33	
	38	15	0.96	0.77	0.89	0.93	0.63	0.19	
	38	20	1.11	0.86	0.84	0.97	0.66	0.27	
玻璃棉吸声天花板(表面贴PVC,体积密度56kg/m³)	15	0	0.09	0.29	0.53	0.77	0.53	0.23	混响室
	15	5	0.29	0.94	0.59	0.84	0.43	0.21	
	15	10	0.30	0.76	0.48	0.75	0.42	0.19	
	15	15	0.52	0.57	0.43	0.72	0.38	0.09	
	15	20	0.96	0.61	0.37	0.68	0.43	0.09	
离心玻璃棉毡(体积密度16kg/m³)	50	0	0.17	0.46	0.91	1.09	1.14	0.95	混响室
	50	5	0.19	0.66	1.06	1.12	1.10	1.03	
	50	10	0.23	0.88	1.15	1.11	1.12	1.01	
	50	15	0.41	1.03	1.16	1.01	1.12	1.02	
	50	20	0.57	1.08	1.09	1.12	1.10	0.94	

续表

材料(结构)名称	厚度/cm	密度/(kg/m³)	各频率下的吸声系数						备注
			125Hz	250Hz	500Hz	1000Hz	2000Hz	4000Hz	
离心玻璃棉毡(表面为复合玻璃布铝箔，其体积密度为16kg/m³)	50	0	0.45	0.73	1.10	0.63	0.33	0.26	混响室
	50	5	0.38	0.82	1.02	0.54	0.37	0.26	
	50	10	0.52	0.95	0.87	0.46	0.36	0.27	
	50	15	0.77	1.18	0.76	0.58	0.40	0.28	
	50	20	0.87	1.02	0.60	0.64	0.38	0.28	
无贴面吸声玻璃棉毡(其体积密度为16kg/m³)	100	0	0.36	0.95	1.15	1.13	1.19	1.10	混响室
	100	5	0.61	0.97	1.21	1.21	1.10	1.06	
	100	10	0.71	1.11	1.20	1.11	1.07	1.10	
	100	15	0.77	1.14	1.20	1.17	1.09	1.04	
	100	20	0.87	1.19	1.16	1.14	1.06	1.03	
离心玻璃棉毡(表面涂黑色，体积密度24kg/m³)	25	0	0.12	0.33	0.64	0.83	0.92	0.88	混响室
	25	5	0.18	0.46	0.77	0.96	0.91	0.86	
	25	10	0.18	0.65	0.95	0.92	0.88	0.91	
	25	15	0.26	0.82	0.95	0.76	0.96	0.91	
	25	20	0.36	0.90	0.92	0.77	0.91	0.94	
离心玻璃棉毡(体积密度24kg/m³)	75	0	0.40	1.06	1.23	1.17	1.11	1.09	混响室
	75	5	0.55	1.04	1.36	1.18	1.12	1.06	
	75	10	0.91	1.06	1.21	1.12	1.07	1.12	
	75	15	1.06	0.94	1.12	1.12	1.04	1.02	
	75	20	1.29	0.98	1.14	1.13	1.08	1.06	
矿棉装饰吸声板(规格:600mm×600mm×13mm;品种:滚花)	13	0	0.09	0.14	0.42	0.91	0.95	0.84	混响室
	13	5	0.38	0.70	0.89	0.83	0.86	0.82	
	13	10	0.53	0.85	0.71	0.76	0.92	0.90	
	13	15	0.78	0.76	0.77	0.65	0.90	0.91	
	13	20	1.13	0.90	0.69	0.70	0.87	0.90	
矿棉装饰吸声板(规格:600mm×300mm×13mm;品种:滚花)	13	0	0.06	0.19	0.44	0.84	0.95	0.90	混响室
	13	5	0.32	0.72	0.88	0.79	0.91	0.91	
	13	10	0.51	0.78	0.81	0.79	0.90	0.91	
	13	15	0.74	0.73	0.74	0.68	0.60	0.90	
	13	20	0.91	0.72	0.74	0.72	0.88	0.98	
矿棉装饰吸声板(规格:1200mm×600mm×12mm;品种:滚花)	12	0	0.09	0.14	0.58	0.76	0.76	0.79	混响室
	12	5	0.47	0.69	0.59	0.59	0.71	0.79	
	12	10	0.80	0.51	0.56	0.55	0.75	0.86	
	12	15	0.98	0.52	0.45	0.54	0.71	0.80	
	12	20	1.16	0.51	0.52	0.61	0.72	0.84	
矿棉装饰吸声板(规格:600mm×600mm×12mm;品种:滚花)	12	0	0.07	0.16	0.57	0.69	0.75	0.71	混响室
	12	5	0.30	0.62	0.51	0.56	0.68	0.83	
	12	10	0.92	0.43	0.43	0.54	0.67	0.75	
	12	15	0.95	0.44	0.48	0.53	0.73	0.75	
	12	20	0.87	0.44	0.44	0.59	0.74	0.71	

续表

材料(结构)名称	厚度/cm	密度/(kg/m³)	各频率下的吸声系数						备注
			125Hz	250Hz	500Hz	1000Hz	2000Hz	4000Hz	
矿棉装饰吸声板(规格:500mm×500mm×10mm;品种:滚花)	10	0	0.08	0.20	0.58	0.73	0.68	0.73	混响室
	10	5	0.39	0.59	0.61	0.56	0.73	0.69	
	10	10	0.63	0.48	0.48	0.56	0.74	0.82	
	10	15	0.78	0.57	0.42	0.58	0.73	0.75	
	10	20	0.84	0.48	0.51	0.53	0.74	0.81	

① 1in=0.0254m。

注：1. 由于各生产厂商生产工艺和材料略有不同，因此吸声系数会有不同，本表仅供参考。

2. 表中p指穿孔率，t指板厚。

用离心法工艺加入黏结剂制成离心玻璃棉毡或板，不仅具有超细玻璃棉的优点，还因其外形美观、富有弹性、密度均匀、成形性好、热导率和吸湿率低等独特优点，可用作吸声隔热装潢材料。

6.2.2 泡沫塑料类

用作吸声材料的泡沫塑料有脲醛泡沫塑料（又称米波罗）、氨基甲酸酯泡沫塑料、聚氨酯泡沫塑料、乳胶海绵、泡沫橡胶等。其优点是密度小（10~40kg/m³）、防潮、富有弹性、易于安装、热导率小、质轻等；其缺点是易老化、耐火性差，其中脲醛泡沫塑料强度差，易破碎。目前应用较多的是聚氨酯泡沫塑料。泡沫塑料类材料的吸声系数如表6-9所示。

表6-9 泡沫塑料类材料的吸声系数

材料(结构)名称	厚度/cm	密度/(kg/m³)	各频率下的吸声系数					
			125Hz	250Hz	500Hz	1000Hz	2000Hz	4000Hz
脲醛泡沫塑料(米波罗)	10		0.47	0.7	0.87	0.86	0.96	0.97
	3	20	0.10	0.17	0.45	0.67	0.65	0.85
	5	20	0.22	0.29	0.40	0.68	0.95	0.94
聚氨基甲酸酯泡沫塑料	2		0.06	0.07	0.16	0.51	0.84	0.65
	3		0.07	0.13	0.32	0.91	0.72	0.89
	4		0.12	0.22	0.57	0.77	0.77	0.76
	2.5	25	0.05	0.07	0.26	0.81	0.69	0.81
	5	36	0.21	0.31	0.86	0.71	0.86	0.82
聚氨酯泡沫塑料	3	53	0.05	0.10	0.19	0.38	0.76	0.82
	3	56	0.07	0.16	0.41	0.87	0.75	0.72
	4	56	0.09	0.25	0.65	0.95	0.73	0.79
	5	56	0.11	0.31	0.91	0.75	0.86	0.81
	3	71	0.11	0.21	0.71	0.65	0.64	0.65
	4	71	0.17	0.30	0.76	0.56	0.67	0.65
	5	71	0.20	0.32	0.70	0.62	0.68	0.65
	2.5	40	0.04	0.07	0.11	0.16	0.31	0.83
	3	45	0.06	0.12	0.23	0.46	0.86	0.82
	5	45	0.06	0.13	0.31	0.65	0.70	0.82
	4	40	0.10	0.19	0.36	0.70	0.75	0.80
	6	45	0.11	0.25	0.52	0.87	0.79	0.81
	8	45	0.20	0.40	0.95	0.90	0.98	0.85

续表

材料(结构)名称	厚度 /cm	密度 /(kg/m³)	各频率下的吸声系数					
			125Hz	250Hz	500Hz	1000Hz	2000Hz	4000Hz
聚醚型聚氨酯泡沫塑料	1	26	0.04	0.04	0.06	0.08	0.18	0.29
	3	26	0.04	0.11	0.38	0.89	0.75	0.86
酚醛泡沫塑料	1	28	0.05	0.10	0.26	0.55	0.52	0.62
	2	16	0.08	0.15	0.30	0.52	0.56	0.60
硬质聚氯乙烯泡沫塑料	2.5	10	0.04	0.04	0.17	0.56	0.28	0.58
	2.5	10	0.04	0.05	0.11	0.27	0.52	0.67
聚氯乙烯泡沫塑料 2cm厚放玻璃4cm 距墙6cm			0.13	0.55	0.88	0.68	0.70	0.90
			0.60	0.90	0.76	0.65	0.77	0.90

这类材料，如膨胀珍珠岩、陶土吸声砖、泡沫水泥、泡沫玻璃等既可制成砌块，也可制成板状。当砌体有足够强度时，砌成墙体后不仅可吸声，而且又是建筑的一部分，使用寿命长，具有防腐蚀、防火、耐高温、不需装饰面层材料、施工方便等优点，适用于某些特殊场合，也适用于大型阻性消声器的消声片。

6.2.3 有机纤维材料类

有机纤维类材料是使用棉、麻等植物纤维来吸声的。例如，纺织厂的飞花及棉麻下脚料、棉絮、稻草、海草、椰衣、棕丝等制品；也可用边角木料、甘蔗渣、麻丝、纸浆等，经过切碎、软化、打浆、加压制成各种轻质纤维板。这一类材料所用的原料成本低，同时还能达到一定的吸声要求。常用有机纤维材料的吸声系数如表6-10所示。

表6-10 常用有机纤维类吸声材料的吸声系数

材料(结构)名称	厚度 /cm	密度 /(kg/m³)	各频率下的吸声系数					
			125Hz	250Hz	500Hz	1000Hz	2000Hz	4000Hz
工业毛毡(白色)	1.05	365	0.03	0.065	0.24	0.46	0.525	0.57
	2.1	365	0.04	0.28	0.43	0.46	0.51	0.56
	3.15	365	0.12	0.37	0.36	0.45	0.52	0.59
	4.2	365	0.13	0.35	0.34	0.43	0.46	0.48
	5.25	365	0.14	0.33	0.35	0.45	0.49	0.54
	6.3	365	0.14	0.34	0.35	0.43	0.50	0.55
	7.35	365	0.13	0.36	0.32	0.41	0.48	0.52
工业毛毡(灰色)	1	372	0.04	0.07	0.21	0.50	0.52	0.57
	2	372	0.07	0.26	0.42	0.40	0.55	0.56
	3	372	0.11	0.38	0.55	0.60	0.69	0.59
	4	372	0.14	0.36	0.44	0.55	0.52	0.58
	5	372	0.10	0.26	0.30	0.35	0.44	0.52
	6	372	0.13	0.31	0.43	0.52	0.55	0.52
	7	372	0.18	0.30	0.43	0.50	0.53	0.54
	8	372	0.20	0.30	0.45	0.50	0.52	0.56
工业毛毡	1	370	0.04	0.07	0.21	0.50	0.52	0.57
	3	370	0.10	0.28	0.55	0.60	0.60	0.59
	5	370	0.11	0.30	0.50	0.50	0.50	0.52
	7	370	0.18	0.35	0.43	0.50	0.53	0.54

续表

材料(结构)名称		厚度/cm	密度/(kg/m³)	各频率下的吸声系数					
				125Hz	250Hz	500Hz	1000Hz	2000Hz	4000Hz
卡普隆纤维		6	33	0.12	0.26	0.58	0.91	0.96	0.98
纺织厂飞花(废料)		5	23.5	0.10	0.27	0.69	0.95	0.97	0.97
麻下脚料		5	150	0.39	0.41	0.70	0.74	0.78	0.94
		10	120	0.45	0.68	0.75	0.83	0.91	0.97
粗麻		3	90	0.07	0.09	0.15	0.35	0.66	0.62
细麻		3	90	0.08	0.10	0.17	0.37	0.70	0.72
棉絮		2.5	10	0.03	0.07	0.15	0.30	0.62	0.60
木屑		2.5	160	0.03	0.09	0.26	0.60	0.70	0.70
椰衣纤维		5	67	0.22	0.32	0.82	0.99	0.97	0.96
海草		1	100	0.10	0.10	0.14	0.25	0.77	0.86
		3	100	0.10	0.14	0.17	0.65	0.80	0.98
		5	100	0.10	0.19	0.50	0.94	0.85	0.86
甘蔗板		1.3	190	0.09	0.13	0.21	0.40	0.35	0.40
		2	190	0.09	0.14	0.21	0.25	0.37	0.40
麻袋中装稻草(防火处理)		10~25		0.10	0.28	0.70	0.66	0.76	0.88
甘蔗板(距墙5cm)		2	0.46	0.98	0.52	0.62	0.58	0.56	
木丝板		2		0.15	0.15	0.16	0.34	0.78	0.52
		4		0.19	0.20	0.48	0.78	0.42	0.70
		5		0.15	0.23	0.64	0.78	0.87	0.92
		8		0.25	0.53	0.82	0.63	0.84	0.59
木丝板	距墙5cm	3		0.25	0.30	0.81	0.63	0.69	0.91
		5		0.29	0.77	0.73	0.68	0.81	0.83
	距墙10cm	3		0.09	0.36	0.62	0.53	0.71	0.89
		5		0.33	0.93	0.68	0.72	0.83	0.86
	距墙15cm	3		0.15	0.63	0.57	0.46	0.82	0.99
麻纤维板		1.3	260	0.07	0.09	0.14	0.18	0.27	0.30
		2	260	0.09	0.11	0.16	0.22	0.28	0.30
木纤维板		1.1		0.06	0.15	0.28	0.30	0.33	0.31
木纤维板(距墙5cm)		1.1		0.22	0.30	0.34	0.32	0.41	0.42
向日葵杆芯板		2.2	150	0.07	0.09	0.22	0.42	0.55	0.56
		2.2	320	0.12	0.13	0.15	0.34	0.52	0.53
稻草压制板		0.5		0.05	0.09	0.25	0.52	0.48	
稻草板		2.3		0.25	0.39	0.60	0.26	0.33	0.72
草压板(穿孔ϕ5mm)		0.5		0.05	0.08	0.25	0.55	0.48	
压制稻壳板		0.5		0.06	0.14	0.27	0.23	0.09	
半穿孔吸声装饰纤维板		1.3		0.08	0.17	0.26	0.38	0.59	0.60
草纸板、软木屑板		1.0	250	0.11	0.12	0.13	0.23	0.22	0.23
		2.5	260	0.05	0.11	0.25	0.63	0.70	0.70

应当说明的是，作为吸声材料用的各种纤维板，都是轻质纤维板，其密度一般为200~300kg/m³，而密度为1000kg/m³以上的硬质纤维板是不能用作吸声材料的。

6.2.4 吸声建筑材料类

目前，在建筑中还常使用各种具有微孔的泡沫吸声砖、泡沫混凝土等材料，来达到直接吸声的目的；也有的将吸声砖开孔，作为共振腔，这种孔是针对某一频率的，所以这种材料不属于纯多孔性材料。

多孔吸声建筑材料具有保温、防潮、耐蚀、耐冻、耐高温等优点。这类材料的吸声性能如表6-11所示。

表6-11 吸声建筑材料的吸声系数

材料(结构)名称		厚度/cm	密度/(kg/m³)	各频率下的吸声系数					
				125Hz	250Hz	500Hz	1000Hz	2000Hz	4000Hz
微孔吸声砖		3.5		0.08	0.22	0.38	0.45	0.65	0.66
		5.5	370	0.20	0.40	0.60	0.52	0.65	0.62
		5.5	620	0.15	0.40	0.57	0.48	0.59	0.60
		5.5	830	0.13	0.20	0.22	0.50	0.29	0.29
		9.5	1100	0.41	0.60	0.55	0.63	0.68	0.75
石英砂吸声砖		6.5	1500	0.08	0.24	0.78	0.43	0.40	0.40
矿渣膨胀珍珠岩吸声砖(α_r)		11.5	700~800	0.31	0.49	0.54	0.76	0.76	0.72
纯矿渣吸声砖		11.5	1000	0.30	0.50	0.52	0.62	0.65	
膨胀吸声砖		2.5		0.04	0.06	0.22	0.71	0.87	
		5		0.09	0.28	0.77	0.79	0.75	
		7.5		0.21	0.59	0.77	0.67	0.77	
泡沫玻璃		4	1260	0.11	0.32	0.53	0.44	0.52	0.33
		4	1290	0.11	0.21	0.31	0.32	0.42	0.32
		4	1870	0.11	0.22	0.32	0.34	0.43	0.32
泡沫玻璃砖		5.5	340	0.03	0.08	0.42	0.37	0.22	0.33
加气混凝土		5	500	0.07	0.13	0.10	0.17	0.31	0.33
加气混凝土(穿孔ϕ5mm)		5	500	0.11	0.17	0.48	0.33	0.47	0.35
加气混凝土(穿孔ϕ3mm)		6	500	0.10	0.10	0.10	0.48	0.20	0.30
泡沫混凝土	白	4.4	210	0.09	0.31	0.52	0.43	0.50	0.50
	黄	2.4	290	0.06	0.19	0.55	0.84	0.52	0.50
	棕	4.2	300	0.11	0.25	0.45	0.45	0.57	0.53
	灰	4.1	340	0.13	0.26	0.51	0.53	0.55	0.54
纯膨胀珍珠岩		11.5	250~350	0.44	0.50	0.60	0.69	0.75	
水泥膨胀珍珠岩		10		0.45	0.65	0.59	0.62	0.68	
水泥膨胀珍珠岩板		5	350	0.16	0.46	0.64	0.48	0.56	0.56
		8	350	0.34	0.47	0.40	0.37	0.48	0.55
石棉蛭石板		3.4	420	0.22	0.30	0.39	0.41	0.50	0.50
蛭石板		3.8	240	0.12	0.14	0.35	0.39	0.55	0.54
加水渣泡沫水泥		7.5			0.30	0.26	0.29	0.33	0.38
石棉水泥穿孔板(t4mm，p1%；后腔填5cm玻璃棉)				0.19	0.54	0.25	0.15	0.02	

6.3 吸声结构

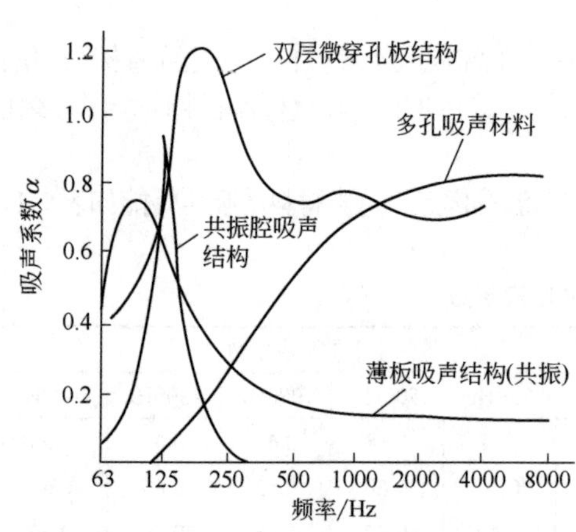

图6-8 几种结构的吸声特性比较

吸声结构种类很多，按其吸声原理基本可分为多孔吸声材料的吸声结构、共振吸声结构以及微穿孔板吸声结构。

多孔吸声材料的吸声结构对中、高频噪声有较高的吸声效果；共振吸声结构（如共振腔吸声结构和薄板共振吸声结构）对低频段的噪声有较好的吸声效果；微穿孔板吸声结构具有吸声频带宽的优点。几种结构的吸声特性比较如图6-8所示。

6.3.1 多孔材料吸声结构

多孔吸声材料大多是松散的，不能直接布置在室内和气流通道内。在实际使用中，用透气的玻璃布、纤维布、塑料薄膜等，把吸声材料（如玻璃棉泡沫塑料）放进木制的或金属框架内，然后再加一层护面穿孔板。护面穿孔板可使用胶合板、纤维板、塑料板，也可使用石棉水泥板、钢板、铝板、镀锌铁丝网等。

（1）吸声板结构

吸声板结构是由多孔吸声材料与穿孔板组成的板状吸声结构。穿孔板的穿孔率一般大于20%，否则，会由于未穿孔部分面积过大造成入射声的反射，从而影响吸声性能。另外，穿孔板的孔心距越远，其吸收峰值就越向低频方向移动。轻织物大多使用玻璃布和聚乙烯塑料薄膜，通常聚乙烯薄膜的厚度在0.03mm以内，否则，会降低高频吸声性能。常见的吸声板结构如图6-9所示。

在实际应用中，要根据不同的气流速度，采取不同形式的吸声板护面结构。如图6-10所示为不同护面形式的吸声结构。

近年来，还发展了定型规格化生产的穿孔石膏板、穿孔石棉水泥板、穿孔硅酸盐板以及穿孔硬质护面吸声板。在室内使用的具有各种颜色图案、外形美观的吸声板，不仅能起到吸声作用，而且起装饰美化作用。

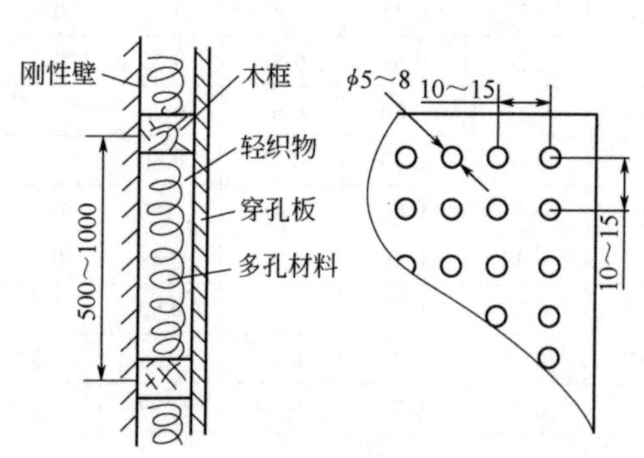

图6-9 吸声板结构

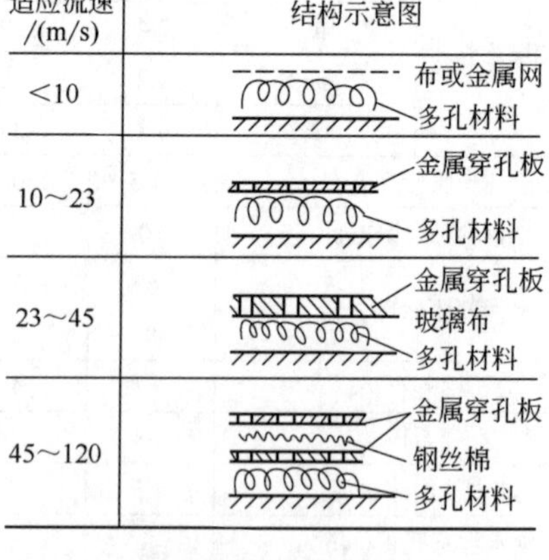

适应流速/(m/s)	结构示意图
<10	布或金属网；多孔材料
10～23	金属穿孔板；多孔材料
23～45	金属穿孔板；玻璃布；多孔材料
45～120	金属穿孔板；钢丝棉；多孔材料

图6-10 不同护面形式的吸声结构

(2) 空间吸声体

在室内进行吸声处理时，常常用吸声材料做护面板，即把整片的吸声材料安装在天花板或墙面上。这样，声波只能与吸声材料的外表面接触，如果把这些吸声结构单独一块一块地吊装在天花板上，或悬挂在墙上，则声波不仅会被向着声源一面的吸声材料所吸收，而且由于衍射作用，有一部分声波将通过吸声结构之间的空隙衍射或反射到结构背面被吸收掉，从而扩大吸声的有效面积，如图6-11所示。这种吸声结构称为“空间吸声体”。

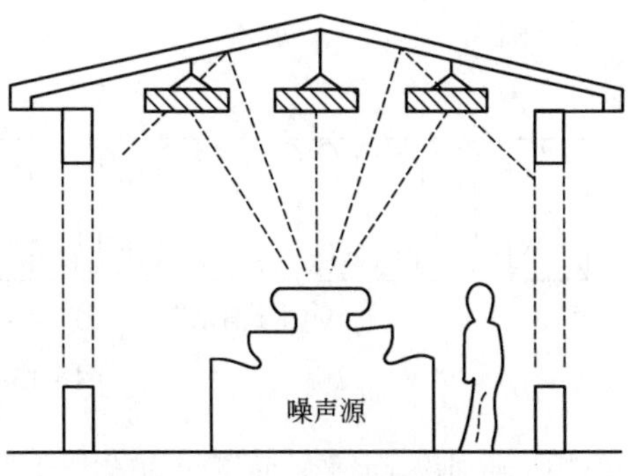

图6-11　空间吸声体吸声示意图

空间吸声体可以设计成各种各样的几何形状，如平板体、球体、立方体、圆锥体、棱柱体、圆柱体等，如图6-12所示。空间吸声体的主要优点为：吸声系数高，其平均吸声系数可达1以上。表6-12所示为矩形平板式吸声体悬吊在混响室内所测得的吸声系数值。另外，吸声体还具有加工制作简单，原材料易购、价廉，安装方便，维修容易等优点。

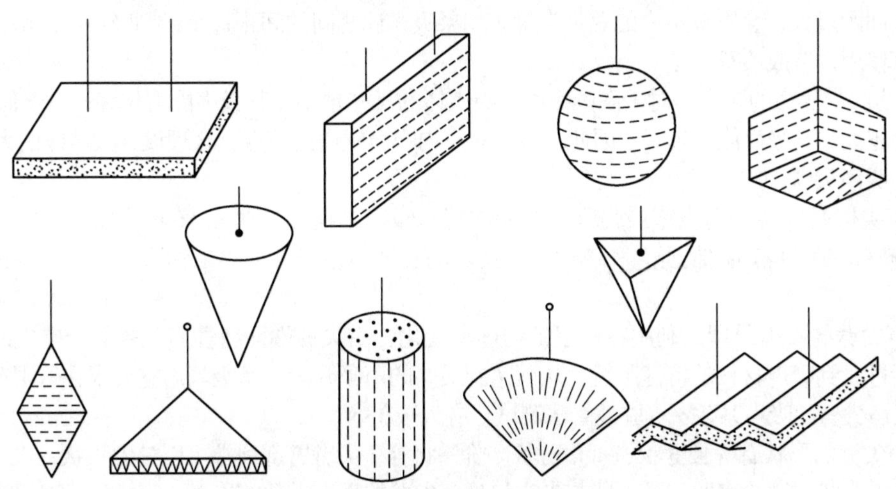

图6-12　各种形状的空间吸声体

表6-12　矩形平板式吸声体的吸声系数

护面方式	各频率下的吸声系数						平均吸声系数$\overline{\alpha}$
	125Hz	250Hz	500Hz	1000Hz	2000Hz	4000Hz	
玻璃布	0.37	1.31	1.89	2.49	2.37	2.28	1.78
玻璃布加窗纱	0.15	0.55	1.28	1.99	1.99	1.90	1.31
玻璃布加穿孔板(p=20%)	0.46	0.61	0.90	1.40	1.38	1.60	1.06
玻璃布加穿孔板(p=6%)	0.46	0.68	1.20	1.22	1.10	0.90	0.93

空间吸声体所用吸声材料有超细玻璃棉、泡沫塑料、矿棉、卡普龙纤维、地毯毛等。先用木材或钢板制成框架，再用塑料高纱、玻璃纤维布、穿孔板或钢板网制成罩面，其结构如图6-13所示。

实验证明，空间吸声体的悬挂数量有一个最佳值，以最常用的平板空间吸声体为例，其悬挂面积最好取房间平顶面积的35%~40%，或者取房间内表面积的20%。吸声体面积过小，吸声效果差；吸声体面积过大，吸声效果也不显著，并且不经济。

吸声体的悬挂高度，一般宜取房间净高的1/7~1/5。

吸声体的吸声效果取决于以下三个方面：

① 吸声体本身所使用的吸声材料及结构形式。吸声材料是吸声体的核心部件，决定了吸声体

木芯骨 玻璃棉 超细玻璃棉

(a) 木芯骨结构

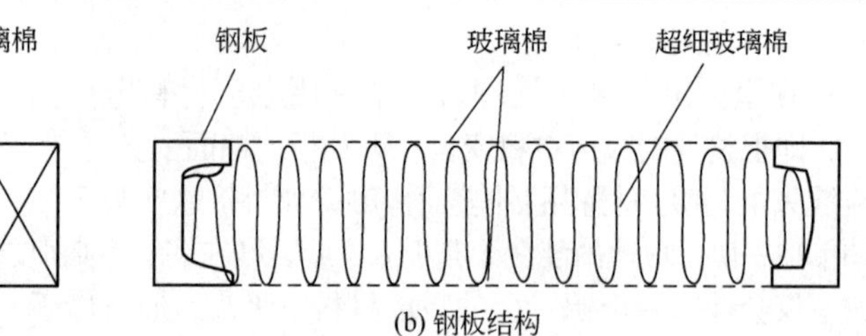

(b) 钢板结构

图6-13 空间吸声体结构示意图

可能达到的吸声水平。而不同的结构形式对声波的衍射和反射效果有所不同，根据实际应用环境，采用合理的结构形式对吸声能力的提高有很大帮助。

② 吸声体在房间内的位置。吸声体在房间内放置的位置不同，吸声效果也会有所差异。当吸声体靠近噪声源时，可吸收更多的直达声；当吸声体安装在声反射较强的位置时，可改善声场的扩散性。

当房间内安装了两个或两个以上的吸声体时，吸声体之间的距离也影响其吸声效果。如果吸声体之间的间距过大，会影响室内的总吸声量；如果吸声体之间的间距过小，则吸声体的吸声面不能充分发挥作用，造成浪费。

③ 房间内噪声的频率。对于高频噪声，吸声体的尺寸越小，其吸声能力越好；对于低频噪声，吸声尺寸越大，其吸声能力越好。因此，应针对室内噪声频谱的特点，合理设计吸声体的大小。

（3）吸声尖劈

吸声尖劈是安装于消声室或强吸声场所的特殊吸声结构。20世纪60年代以来，国内兴建了一些消声室，随着噪声控制研究和声学测量技术的发展，据统计近年来建造了上百个各种类型的消声室。

吸声尖劈的吸声原理是利用特性阻抗的逐渐变化，由尖劈端面特性阻抗接近于空气的特性阻抗，逐渐过渡到吸声材料的特性阻抗，从而达到最高的声吸收。精密级消声室要求在低限截止频率以上，吸声尖劈的吸声系数α_0（驻波管法测试）应大于0.99。

吸声尖劈的形状有等腰劈状、直角劈状、阶梯状等，尖劈劈部顶端可以是尖头状，也可以削去一些形成平头状。试验表明，平头状与尖头状吸声尖劈的吸声系数差不多，削去尖头对吸声性能影响不大，但可以扩大消声室的有效容积。吸声尖劈内部装填的吸声材料基本上是多孔性纤维状材料，例如，离心玻璃棉毡、超细玻璃棉毡、岩棉板、中级玻璃纤维板、沥青玻璃纤维、棉维下脚料、矿棉、阻燃泡沫塑料等，也可以是几种材料的复合。复合型吸声尖劈劈部装填密度轻的材料，基部装填密度大的材料。吸声尖劈外部一般罩以塑料窗纱、玻璃丝布、麻布、纱布等。吸声尖劈骨架由ϕ4~6mm钢筋焊接而成。如图6-14所示为吸声尖劈结构示意图。不同形状尺寸、不同吸声材料、不同装填密度、不同饰面材料的吸声尖劈的吸声特性或有所不同，设计者应在实际工程中不断积累相关数据，以备日后所需。吸声尖劈的安装，应交错排列，注意其方向性，提高吸声性能，如图6-15所示。

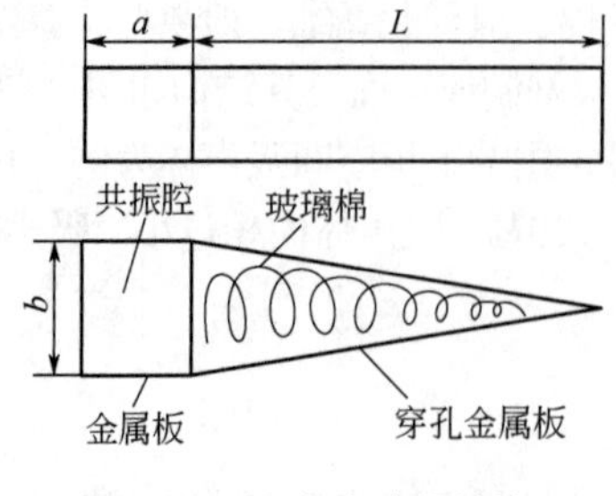

图6-14 吸声尖劈的结构

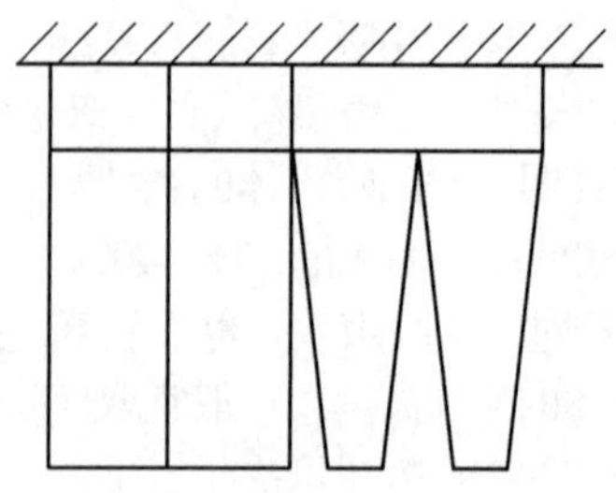

图6-15 吸声尖劈的安装

6.3.2 共振吸声结构

共振吸声结构由吸声材料及其与墙体间的空气层共同组成，它相当于一个质量弹簧系统，起到吸收声波能量的作用。与多孔吸声材料相比，共振吸声结构的低频吸声效果较好，可以弥补多孔材料在低频时吸声性能的不足。薄板共振吸声结构、薄膜共振吸声结构、穿孔板共振吸声结构等都是这一类的吸声体。

(1) 薄板共振吸声结构

把一个不透气的薄层，如胶合板、薄木板、草纸板、硬质纤维板、石膏板、石棉水泥板或薄金属板等周边固定，背后留一定厚度的空气层，就构成了薄板共振吸声结构（如图6-16所示）。其中，薄板相当于质量块，板后的空腔则相当于弹簧。当入射声波碰到薄板时，就引起一系列的振动，并将一部分振动能量转变为热能。如果继续激发并保持板的振动，就会消耗声能。当入射声波的频率接近于振动系统的固有频率时，结构发生共振，此时系统的振动幅度最大，吸声能力最大。通常薄板共振结构的共振频率在80~300Hz的低频范围内。

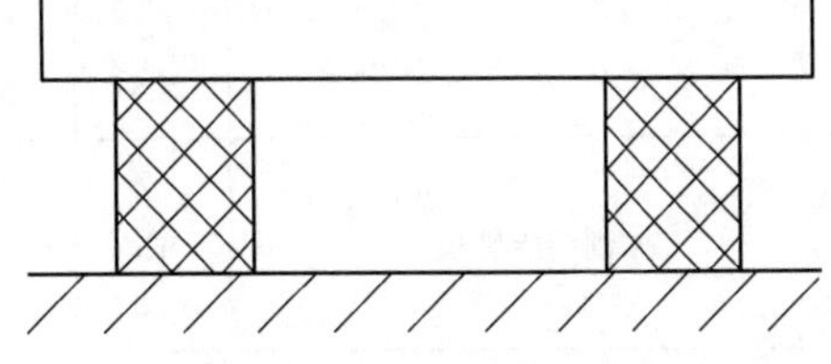

图6-16 薄板共振吸声结构

如果板本身的劲度（系数）远远大于板后空气层的劲度，则板共振结构的声阻抗率和共振频率可用下式计算：

$$Z = R + \mathrm{j}\left(\omega m - \frac{\rho_0 c}{\omega D}\right) \tag{6-12}$$

$$f_{\mathrm{r}} = \frac{c}{2\pi}\sqrt{\frac{\rho_0}{mD}} = \frac{600}{\sqrt{mD}} \tag{6-13}$$

式中，R为与房间声学特性有关的物理量，通常称其为房间常数［详见式（6-26）］；m为薄板的面密度；D为空气层厚度。

由式（6-13）可知，增加薄板的面密度m或空气层厚度D，可使共振频率向低频方向移动；反之，则提高。

在具体设计薄板共振吸声结构时，可以选定不同的m和D值，通过计算求得f_r值，以满足设计要求。

用质量小的、不透气的材料，如油毡、漆布、人造革等作薄板材料，由于m值小，其共振频率向高频方向移动；而由于劲度小，则可获得较大的吸声系数。

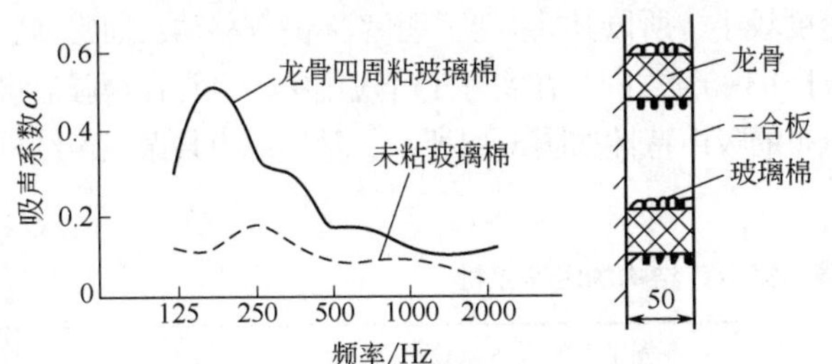

图6-17 龙骨粘贴吸声材料前后吸声系数的比较

一般薄板结构的共振吸声系数为0.2~0.5。如果在空气层中加填多孔吸声材料，在板的边缘（即板与龙骨交接处）安置海绵、软橡胶、毛毡等软材料，可改善高频部分声阻率与空气特征阻抗的匹配情况，从而提高吸声系数，改善吸声性能，使吸声系数的最大值向低频方向移动。龙骨粘贴吸声材料前后吸声系数的比较如图6-17所示。一些常用薄板共振吸声结构的吸声系数如表6-13所示。

(2) 薄膜共振吸声结构

薄膜共振吸声结构与薄板结构的吸声原理基本相同，它是用弹性材料，如聚氯乙烯薄膜、漆布、

表6-13　常用薄板共振吸声结构的吸声系数

名称	厚度/cm	空腔/mm	倍频带中心频率/Hz					
			125	250	500	1000	2000	4000
			吸声系数α_T					
木板	13	25	0.30	0.30	0.15	0.10	0.10	0.10
硬质纤维板	4	100	0.25	0.20	0.14	0.08	0.06	0.04
胶合板	3	50	0.20	0.70	0.15	0.09	0.04	0.04
	3	100	0.29	0.43	0.17	0.10	0.05	0.05
	5	50	0.11	0.25	0.15	0.04	0.04	0.04
	5	100	0.36	0.24	0.10	0.05	0.04	0.04
	6.3	50	0.10	0.40	0.10	0.10	0.05	0.05
	8.5	50	0.30	0.15	0.05	0.05	0.05	0.05
刨花压轧板	15	50	0.35	0.27	0.20	0.15	0.25	0.39
	15	100	0.28	0.28	0.17	0.10	0.23	0.34
	15	150	0.36	0.26	0.16	0.16	0.23	0.38
三夹板，龙骨间距500mm×450mm	3	50	0.21	0.73	0.21	0.10	0.08	0.12
三夹板，龙骨间填矿棉	3	50	0.37	0.57	0.28	0.12	0.09	0.12
三夹板：龙骨四周用矿棉条填满	3	100	0.59	0.38	0.18	0.05	0.04	0.08
五夹板，龙骨间距500mm×450mm	5	50	0.11	0.26	0.15	0.06	0.06	0.10
五夹板，龙骨间距500mm×450mm（上三道油漆）	5	100	0.36	0.24	0.10	0.05	0.06	0.16
	5	200	0.60	0.13	0.10	0.04	0.06	0.17
塑料五夹板，龙骨间距500mm×500mm内填矿棉8kg/m²	5	50	0.47	0.39	0.20	0.09	0.09	0.12
塑料五夹板，龙骨间距500mm×500mm，四周填8kg/m²矿棉条	5	100	0.45	0.25	0.19	0.10	0.07	0.13
	5	210	0.50	0.22	0.17	0.08	0.09	0.12
七夹板	7	250	0.37	0.13	0.10	0.05	0.05	0.10
石棉水泥板	4	100	0.20	0.05	0.05	0.05	0.04	0.04
	6	100	0.10	0.02	0.03	0.05	0.03	0.03
板条抹灰（或钢丝网板条抹灰）	—	—	0.15	0.10	0.05	0.05	0.05	0.05

不透气的帆布及人造革等代替薄板，在其后仍设置空气层，同样形成了薄膜共振吸声结构，其共振频率仍可用式（6-13）计算。由于薄膜的面密度较小，所以其共振吸声频率向高频移动，通常薄膜结构的共振频率为200~1000Hz，吸声系数介于0.3~0.4之间。在实际工程应用中，也常在薄膜后设置多孔吸声材料，以便改善低频吸声性能。帆布的吸声特性如图6-18所示。常用薄膜共振吸声结构的吸声系数如表6-14所示。

表6-14　常用薄膜共振吸声结构的吸声系数

材料和构造尺寸/cm	各频率下的吸声系数α_T					
	125Hz	250Hz	500Hz	1000Hz	2000Hz	4000Hz
帆布：空气层厚4.5	0.05	0.10	0.40	0.25	0.25	0.20
帆布：空气层厚2+矿渣棉2.5	0.20	0.50	0.65	0.50	0.32	0.20
聚乙烯薄膜：玻璃棉5	0.25	0.70	0.90	0.90	0.60	0.50
人造革：玻璃棉2.5	0.20	0.70	0.90	0.55	0.33	0.20

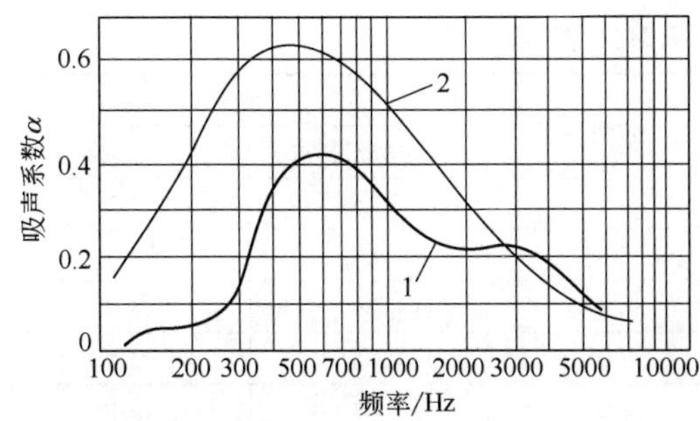

图6-18 帆布吸声特性

1—背后空气层，45mm厚吸声特性；2—在1的基础上再粘贴25mm厚岩棉吸声特性

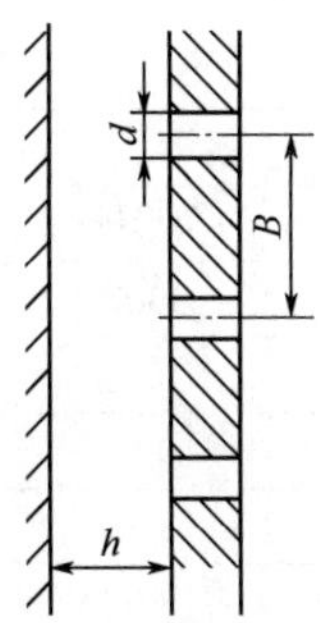

图6-19 穿孔板共振吸声结构

(3) 穿孔板共振吸声结构

穿孔板共振吸声结构是把钢板、铝板或胶合板、塑料板、草纸板等，以一定的孔径和穿孔率打上孔，并在板后设置空气层而构成的，如图6-19所示。由于穿孔板上每个孔后都有对应空腔，即为许多并联的“亥姆霍兹”共振器。当入射声波频率与系统共振频率一致时，就激起共振。穿孔板孔颈处空气柱往复振动，速度、幅值达最大值，摩擦与阻尼也最大，此时使声能转变为热能最多，即消耗声能最多。

穿孔板共振吸声结构的最高吸声系数也出现在共振频率处，其共振频率

$$f_r = \frac{c}{2\pi}\sqrt{\frac{p}{hL_k}} \tag{6-14}$$

式中 c——声速，m/s；

h——空腔深度，m；

L_k——小孔的有效颈长，m，当孔径d大于板厚t时，L_k=t+0.8d，当空腔内壁贴多孔吸声材料时，$L_k = t + 1.2d$；

p——穿孔率，即板上穿孔面积与板的总面积的百分比。

穿孔板上的穿孔排列方式一般有两种，即正方形和三角形，如图6-20所示。当穿孔板上圆孔以正方形排列时，$p = \frac{\pi}{4}\left(\frac{d}{B}\right)^2$；当穿孔板上圆孔以三角形排列时，$p = \frac{\pi}{2\sqrt{3}}\left(\frac{d}{B}\right)^2$。其中，$B$为孔心距，mm；$d$为孔径，mm。

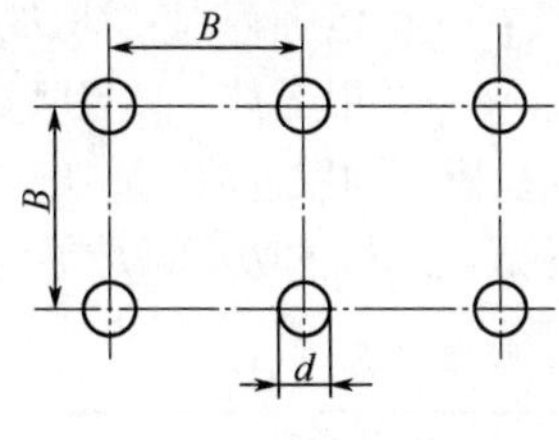

(a) 正方形排列

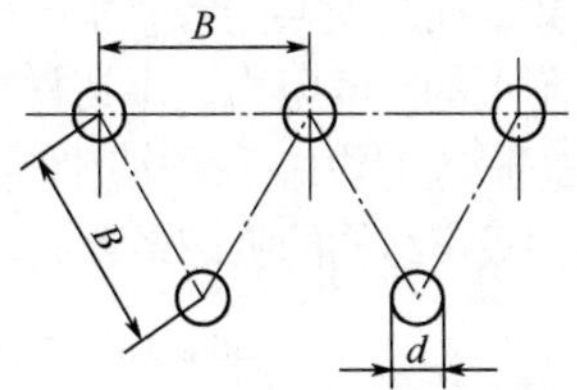

(b) 三角形排列

图6-20 穿孔板的穿孔排列方式

由式（6-14）可以看出，板的穿孔面积越大，吸收的频率越高；空腔越深或颈口有效深度越大，吸收的频率越低。

表6-15列出了一些不同圆孔排列时的穿孔率。

表6-15 不同圆孔排列时的穿孔率

p/%	比值 d/B		p/%	比值 d/B	
	三角形排列	正方形排列		三角形排列	正方形排列
0.5	13.5	12.5	4.5	4.5	4.2
0.8	10.6	9.9	5.0	4.3	4.0
1.0	9.6	8.9	6.0	3.9	3.6
1.2	8.7	8.1	7.0	3.6	3.4
1.4	8.0	7.5	8.0	3.4	3.1
1.6	7.5	7.0	9.0	3.2	3.0
1.8	7.1	6.6	10.0	3.0	2.8
2.0	6.7	6.3	12.0	2.7	2.6
2.5	6.0	5.6	20.0	2.1	2.0
3.0	5.5	5.1	25.0	1.9	1.8
3.5	5.1	4.7	30.0	1.7	1.6
4.0	4.8	4.4			

在工程设计中，板厚一般取1.5~10mm，孔径ϕ2~5mm，穿孔率0.5%~5%，甚至可达30%，腔深为50~300mm。穿孔板吸声共振结构的缺点是频率选择性强，即吸声频带很窄，仅在共振频率附近才有最好的吸声性能（如果相关参数选择得合适，其吸声系数可达0.4~0.7），偏离共振频率，则吸声效果明显下降。因此，在实际应用中，尽可能使消声频带宽一些。如果在穿孔板空腔侧加衬多孔吸声材料或在空腔中填充多孔吸声材料，可大大改善穿孔板结构的吸声性能。如图6-21所示为穿孔板共振吸声结构及加衬吸声材料前后的吸声特性。

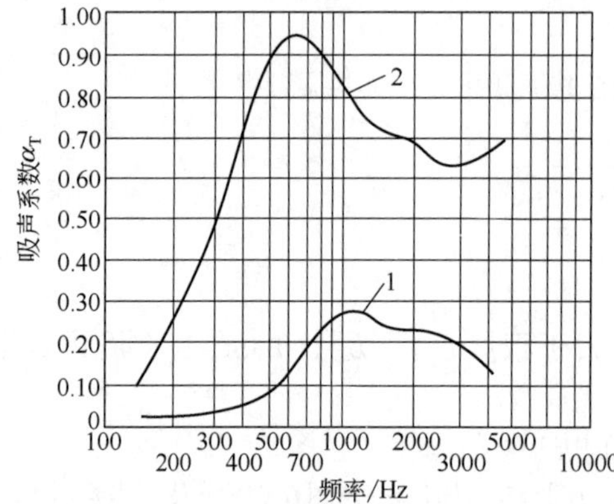

图6-21 穿孔板共振吸声结构及加衬吸声材料前后的吸声特性
1—空气层厚25mm；2—板后衬25mm厚矿渣棉穿孔板：板厚4mm、孔径5mm、孔心距12mm

从图6-21中可以看出，在板后加衬吸声材料时，吸收峰值变宽，不但能提高吸声系数，而且使共振频率稍向低频移动，移动量一般在一个倍频程内。补贴吸声材料，目的是增加孔径附近的空气阻力，多孔材料应尽量靠近穿孔板，吸声效果最佳。如果吸声材料的厚度超过2.5cm，置于空气层中间对吸声性能影响不大，但远离穿孔板，即靠近墙壁，吸声性能将变差。常用穿孔板共振吸声结构的吸声系数见表6-16，常用组合共振吸声结构的吸声系数见表6-17。

表6-16 常用穿孔板共振吸声结构的吸声系数

材料和结构尺寸/mm		各频率下的吸声系数α_T					
		125Hz	250Hz	500Hz	1000Hz	2000Hz	4000Hz
三合板	孔径ϕ5,孔中心距40,空气层厚100	0.37	0.54	0.30	0.08	0.11	0.19
	孔径ϕ5,孔中心距40,空气层厚100,板内衬一层玻璃布	0.28	0.70	0.51	0.20	0.16	0.23
五合板	孔径ϕ5,孔中心距25,空气层厚50	0.01	0.25	0.54	0.30	0.16	0.19

续表

材料和结构尺寸/mm		各频率下的吸声系数α_T					
		125Hz	250Hz	500Hz	1000Hz	2000Hz	4000Hz
五合板	孔径ϕ5,孔中心距25,空气层厚50,板内填矿渣棉(25kg/m^3)	0.23	0.60	0.86	0.47	0.26	0.27
	孔径ϕ5,孔中心距25,空气层厚100	0.09	0.45	0.48	0.18	0.19	0.25
	孔径ϕ5,孔中心距25,空气层厚100,板内填矿渣棉(8kg/m^3)	0.20	0.99	0.61	0.32	0.23	0.59
硬纤维板	孔径ϕ4,孔中心距24,空气层厚75	0.10	0.24	0.50	0.10	0.66	0.08
胶合板	孔径ϕ10,孔中心距45,空气层厚40	0.38	0.32	0.28	0.25	0.23	0.14
	孔径ϕ6,孔中心距40,空气层厚50,内填玻璃棉	0.36	0.59	0.49	0.62	0.52	0.38
钢板	孔径ϕ5,板厚1,穿孔率2%,空气层厚150,内填超细玻璃棉(25kg/m^3)	0.85	0.70	0.60	0.41	0.25	0.025
	孔径ϕ9,板厚1,穿孔率10%,空气层厚60,内填超细玻璃棉(30kg/m^3)	0.38	0.63	0.60	0.56	0.54	0.44
	孔径ϕ5,板厚1.5,穿孔率1%,空气层厚150	0.58	0.65	0.07	0.06	0.06	
	孔径ϕ9,板厚1,穿孔率5%,空气层厚150,内填玻璃棉(25kg/m^3)	0.60	0.65	0.60	0.55	0.40	0.30
	孔径ϕ9,板厚1,穿孔率20%,空气层厚60,内填玻璃棉(30kg/m^3)	0.13	0.63	0.60	0.66	0.69	0.67
铝板	孔径ϕ5,空心距,空气层厚75	0.13	0.37	0.67	0.56	0.32	0.21

表6-17　常用组合共振吸声结构的吸声系数

结构名称		厚度/cm	密度/(kg/m^3)	各频率下的吸声系数					
				125Hz	250Hz	500Hz	1000Hz	2000Hz	4000Hz
超细玻璃棉,前置穿孔ϕ5mm钢板,穿孔率2%,板厚1mm		15	25	0.85	0.70	0.60	0.41	0.25	0.25
超细玻璃棉,前置穿孔ϕ5mm钢板,穿孔率5%,板厚1mm		15	25	0.60	0.65	0.60	0.55	0.40	0.30
超细玻璃棉,前置穿孔ϕ9mm钢板,穿孔率10%,板厚1mm		6	30	0.38	0.63	0.60	0.56	0.54	0.44
超细玻璃棉,前置穿孔ϕ9mm钢板,穿孔率20%,板厚1mm		6	30	0.13	0.63	0.60	0.66	0.69	0.67
沥青矿棉	后留空腔2.5cm	3	200	0.19	0.47	0.68	0.68	0.78	0.92
	后留空腔3.5cm	3	200	0.36	0.64	0.74	0.70	0.75	0.87
	后留空腔4.5cm	3	200	0.36	0.66	0.66	0.64	0.78	0.90
聚氯乙烯泡沫塑料2cm厚,安防玻璃棉毡4cm				0.13	0.55	0.88	0.68	0.70	0.90
聚氯乙烯泡沫塑料2cm厚,安防玻璃棉毡4cm,空腔为6cm				0.60	0.90	0.76	0.65	0.77	0.90
矿棉吸声板		1.8	300	0.06	0.15	0.84	0.84	0.82	0.85
矿棉吸声板,留腔2cm		1.8	300	0.20	0.45	0.65	0.65	0.72	0.78
矿棉吸声板,留腔5cm		1.8	300	0.40	0.58	0.80	0.80	0.85	0.80

6.3.3 微穿孔板吸声结构

（1）微穿孔板的吸声性能

微穿孔板吸声结构是我国著名声学专家马大猷院士，经过多年实验研究，提出的新型吸声结构。这种吸声结构克服了穿孔板吸声结构存在吸声频率窄的缺点，并具有结构简单，加工方便，特别适合在高温、高速、潮湿及要求清洁卫生的环境下使用等优点。

微穿孔板吸声结构是由微穿孔板和板后的空腔组成的。金属微穿孔板厚t一般为0.2~1mm，孔径ϕ0.2~1mm，穿孔率p取1%~3%，吸声效果较好。

微穿孔板吸声结构，由于板薄、孔径小、声阻比穿孔板大得多，质量小得多，因而吸声系数和频带方面都比穿孔板要好。

微穿孔板吸声结构主要是利用声传过来时，小孔中空气柱的往复运动造成摩擦消耗声能，而吸收峰的共振频率则由空腔的深度来控制，腔愈深，共振频率愈低。

微穿孔板吸声结构的共振频率计算仍用式（6-14），但此时L_k由下式计算：

$$L_k = t + 0.8d + \frac{ph}{3} \qquad (6\text{-}15)$$

式中 $ph/3$——修正项；

p——穿孔率，%；

h——腔深，m。

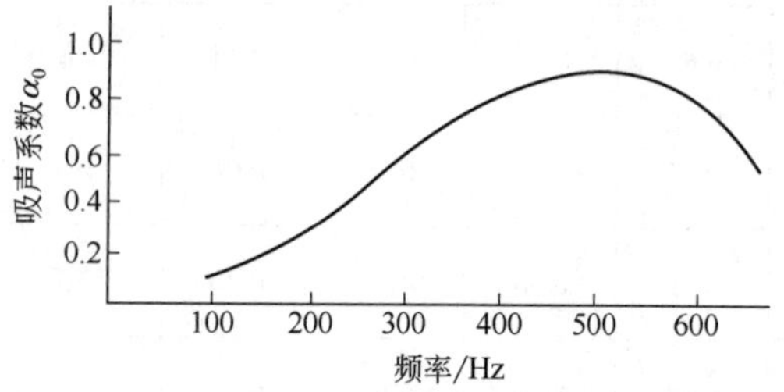

图6-22 单层微穿孔板的吸声特性

如图6-22所示为单层微穿孔板的吸声特性。该吸声结构的参数为：孔径ϕ0.8mm，板厚t=0.8mm，穿孔率p=2%，腔深h=100mm。如表6-18所示列出了几种典型单层微穿孔板结构的吸声系数。

表6-18 几种典型单层微穿孔板结构的吸声系数

吸声系数 \ 腔深/cm \ 频率/Hz	孔径ϕ0.8mm，板厚t=0.8mm，p=1%				孔径ϕ0.8mm，板厚t=0.8mm，p=2%				孔径ϕ0.8mm，板厚t=0.8mm，p=1%	孔径ϕ0.8mm，板厚t=0.8mm，p=2%	
	20	5	10	15	25	3	5	10	20	20	15
100	0.06	0.24	0.35	0.63	0.07	0.05	0.12	0.40	0.26	0.12	0.12
125	0.05	0.24	0.37	0.72	0.08	0.05	0.10	0.40	0.28	0.18	0.19
160	0.05	0.33	0.54	0.92	0.09	0.05	0.14	0.50	0.35	0.19	0.26
200	0.11	0.58	0.77	0.97	0.14	0.07	0.33	0.72	0.51	0.30	0.30
250	0.29	0.71	0.85	0.99	0.11	0.17	0.46	0.83	0.67	0.43	0.50
320	0.36	0.82	0.92	0.97	0.12	0.17	0.63	0.95	0.77	0.96	0.55
400	0.61	0.98	0.97	0.76	0.17	0.36	0.77	0.80	0.71	0.81	0.54
500	0.87	0.96	0.87	0.38	0.15	0.60	0.92	0.54	0.52	0.87	0.45
630	0.99	0.84	0.65	0.10	0.25	0.76	0.80	0.27	0.34	0.52	0.41
800	0.82	0.46	0.30	0.99	0.44	0.89	0.53	0.07	0.31	0.36	0.27
1000	0.78	0.40	0.20	0.40	0.58	0.78	0.31	0.77	0.42	0.32	0.35
1250	0.44	0.14	0.26	0.09	0.81	0.57	0.23	0.40	0.37	0.29	0.39
1600	0.20	0.07	0.32	0.17	0.65	0.36	0.08	0.13	0.28	0.40	0.36
2000	0.12	0.29	0.15	0.12	0.40	0.22	0.40	0.28	0.40	0.33	0.36
2500									0.25	0.38	0.01

续表

吸声系数 腔深/cm 频率/Hz	孔径ϕ0.8mm，板厚 t=0.8mm，p=1%				孔径ϕ0.8mm，板厚 t=0.8mm，p=2%				孔径ϕ0.8mm，板厚 t=0.8mm，p=1%	孔径ϕ0.8mm，板厚 t=0.8mm，p=2%	
	20	5	10	15	25	3	5	10	20	20	15
3200									0.27	0.35	0.33
4000									0.30	0.34	0.19
5000									0.25	0.32	0.36
备注	驻波管法								混响室法		

以上讨论的微孔都是圆柱状的，事实上，微孔也可以开以其他不同的形状，其性能与圆柱状微孔差异不大。也可以利用一定的加工方法将微孔制作成不同孔径大小微孔的组合或孔径是渐变式的；也可以在板上开以不同孔径大小的微孔，形成变孔径的微穿孔板（如图6-23所示）。实验表明，适当的孔径分布有助于提高结构体的吸声能力，拓展频带宽度，实测结果对比如图6-24所示。

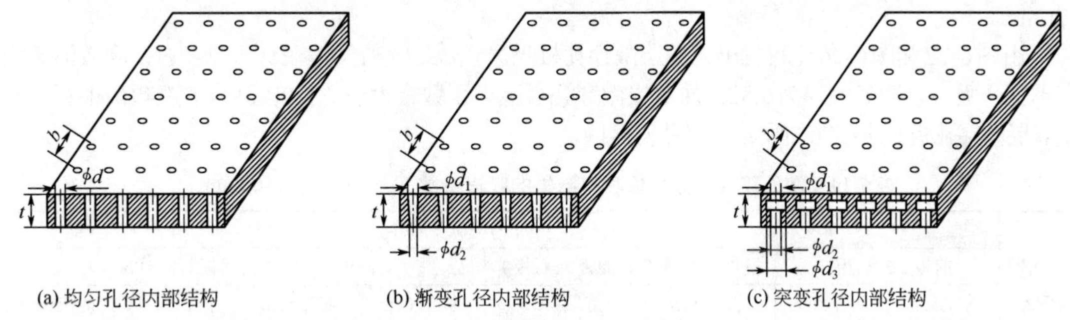

图6-23 变孔径微穿孔板的几种类型

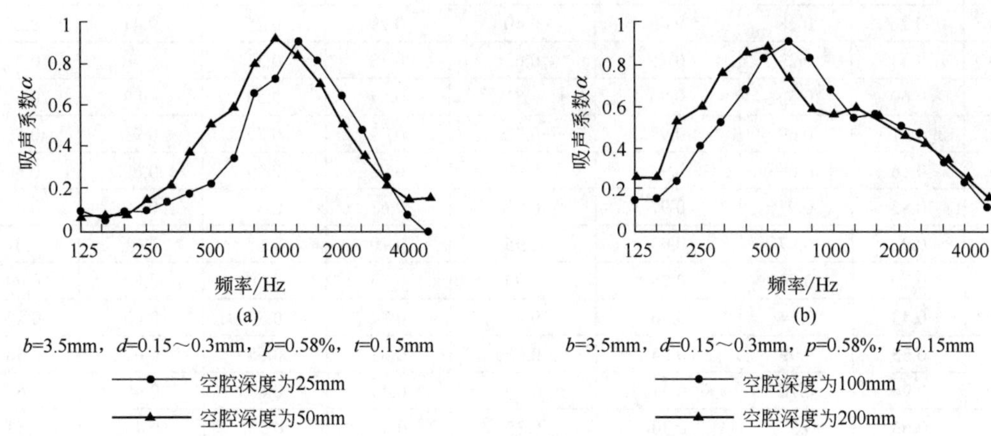

图6-24 两组变孔径微穿孔板的实验吸声曲线

（2）多层微穿孔板结构

在实际工程应用中，为了加宽吸收的频带向低频方向扩展，可将它做成双层微穿孔板结构，这种双层微穿孔板结构之间留有一定的距离。如果要吸收较低的频率，空腔要深些，一般控制在20~30cm以内；如果主要吸收中高频声波，则视具体情况，空腔可以减小到10cm或更小。如图6-25所示为双层微穿孔板吸声结构。

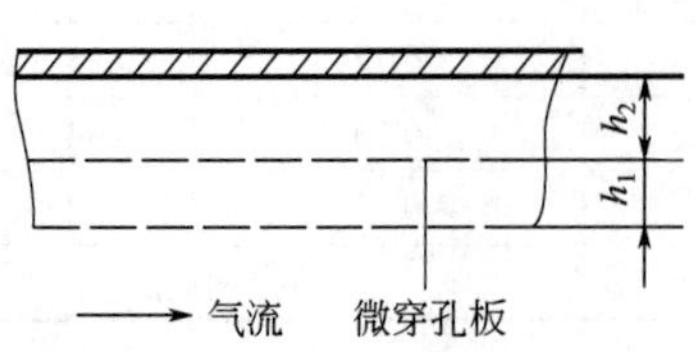

图6-25　双层微穿孔板吸声结构

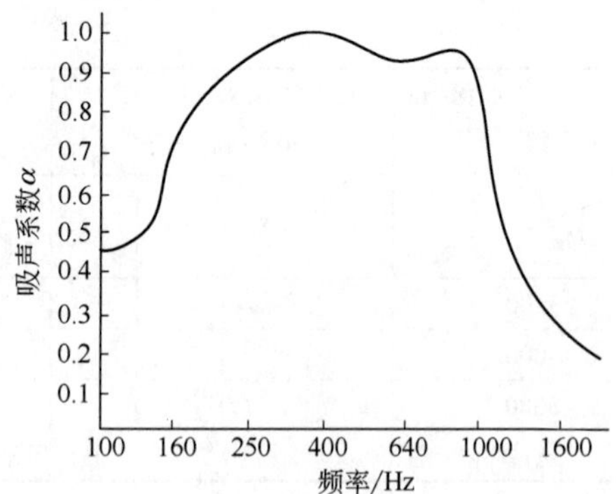

图6-26　双层微穿孔板吸声结构的吸声特性

如图6-26所示为双层微穿孔板吸声结构的吸声特性。该吸声结构的设计参数为：孔径d=0.8mm，板厚t均为0.8mm，前板穿孔率p_1=2%，前腔深h_1=100mm，后板穿孔率p_2=1%，后腔深h_2=120mm。

由图6-22和图6-26比较看出，单层微穿孔板吸声系数最大值发生在500Hz左右，高效消声频带不宽，吸声系数最大仅为0.82；而双层微穿孔板吸声系数最大值达1.0，高效消声频带很宽。常见双层微穿孔板吸声结构的吸声系数见表6-19。

表6-19　常见双层微穿孔板吸声结构的吸声系数（d=0.8mm，t=0.8mm）

频率/Hz	穿孔率/%							
	前板2.5，后板1		前板2，后板1	前板3，后板1	前板2(p_1=2%)，后板1(p_2=1%)			
	前腔3cm 后腔7cm	前腔5cm 后腔5cm	前腔8cm 后腔12cm	前腔8cm 后腔12cm	前腔10cm 后腔10m	前腔5cm 后腔5cm	前腔8cm 后腔12cm	前腔5cm 后腔10cm
100	0.25	0.14	0.44	0.37	0.24	0.19	0.41	0.19
125	0.26	0.18	0.48	0.40	0.29	0.25	0.41	0.25
160	0.43	0.29	0.75	0.62	0.32	0.31	0.46	0.31
200	0.60	0.50	0.86	0.81	0.64	0.50	0.83	0.50
250	0.71	0.69	0.97	0.92	0.79	0.79	0.91	0.79
320	0.86	0.88	0.99	0.99	0.72	0.79	0.69	0.80
400	0.83	0.97	0.97	0.99	0.67	0.62	0.58	0.62
500	0.92	0.97	0.93	0.95	0.70	0.67	0.61	0.67
630	0.70	0.74	0.98	0.90	0.79	0.60	0.54	0.60
800	0.53	0.74	0.96	0.88	0.74	0.57	0.60	0.57
1000	0.65	0.99	0.64	0.66	0.64	0.68	0.61	0.68
1250	0.94	0.70	0.41	0.50	0.43	0.63	0.60	0.63
1600	0.65	0.33	0.30	0.25	0.42	0.53	0.45	0.53
2000	0.35	0.24	0.15	0.13	0.41	0.46	0.31	0.46
2500					0.42	0.38	0.47	0.38
3200					0.39	0.36	0.32	0.36
4000					0.42	0.38	0.30	0.38
5000					0.28	0.26	0.23	0.26
说明	驻波管法(α_0)				混响室法(α_T)			

从理论上讲，为了加宽穿孔结构的吸收频带，希望孔径愈小愈好。但孔径太小，不仅加工困

难，还易堵塞。因此，在工程实际中，采用的孔径d通常为0.5~1mm。同时，采用双层微穿孔板吸声结构，吸声系数高，且吸声频带宽。

(3) 微穿孔板的制作方法

微穿孔板要求微孔孔径在1mm以下，因此，微孔的加工是一个重要的问题，一直为人们所重视。一般来说，0.5mm以上的微孔，传统的机械加工的方法可以满足，但对于更小的孔径或更高精确度的要求则需使用其他方法，如激光技术等。自马大猷院士提出微穿孔板的概念后，加工制作微穿孔板方法的研究一直是噪声与振动控制技术领域研究的重点之一，如何制作出成本低、性能好的微穿孔板是一个迫切需要解决的问题。下面将介绍几种常用的微穿孔板的制作方法及其优缺点。

① 机械加工法　传统的微穿孔板加工方法主要运用一些机械手段，使用具有恒定孔径大小及孔间距的模具，利用机器冲压板材而成。机械制孔的方法简单，成本低，便于大批量生产微穿孔板。但是它有以下两个缺点。

a. 这种方法只能在金属板或木质上制作孔径较大的微孔，一般在0.5mm以上。根据马大猷院士的理论，微孔的孔径较小时，微穿孔板才有可能获得更好的吸声性能，如果在金属板上开更小的孔径，如0.3mm以下的，机械方法则难以实现。当然，这里主要是针对板材而言的，如在薄膜上加工超细孔径的微孔时，利用精细的针仍可开0.1mm以下的超细微孔。

b. 机械方法使用的模具，其孔径和孔间距基本固定，难以调整。当要求其他尺寸时，往往需要重新铸造或加工模具，费力费时，不利于生产效率的提高。

② 激光及电腐蚀法　为了克服机械加工法的缺点，加工超细微孔，目前可以使用激光法或电腐蚀法。

激光法是利用激光高能量密度的特点，用激光束在金属表面打孔，以获得微小孔径。激光技术一般可加工孔径小至0.01mm，且公差能达到微米级甚至更低。然而其造价昂贵，加工时间较长。此外，对于较厚的金属板材，激光开孔的时间较长，微孔因金属受热时间较长而容易发生形变，从而导致板面上的微孔形状不一，同时不能保证微孔符合设计要求。

电腐蚀法则是利用电蚀刻机对金属板进行电解腐蚀来制作微穿孔板。这种方法能开0.3mm以下的孔径，可以保证微穿孔板的结构参数需求，产品质量较好。但是，这种方法使用的电蚀刻机现在还处于手动控制阶段，因此无法满足大批量生产的需求。

③ 化学切削法　化学切削法是一种采用化学切削的方法加工微穿孔板的方法，由北京市劳动保护科学研究所张斌研究员首先提出。运用化学切削法制孔时，先在板的一面用化学物质腐蚀板材至某一深度，然后再在板另一面的相应位置进行相同的腐蚀，从而获得微孔。这个方法制作的0.3mm以下孔径的金属微穿孔板，往往在其两面分别形成孔径不同的微孔，形成了变截面微穿孔板。实验和理论对这种结构的微穿孔板做了一定的讨论，可以发现，由于微孔的孔径更小，有助于拓展微穿孔板的半吸收带宽，同时也为利用较厚的板获得良好的吸声性能提供一个可行的研究和实践途径。

化学切削法在电子行业和不锈钢滤网行业是一种十分成熟的加工方法，因此，使用该方法制作微穿孔板可以有效控制成本，而且制作过程耗时少，解决了激光和电腐蚀法的耗时和成本问题。此外，该方法可以利用计算机辅助设计，使得微穿孔板从设计到生产出产品的时间大大缩短，当生产不同结构参数的微穿孔板时，无须使用多个模具，避免了机械加工法中重新铸造模具带来的时间和成本问题。

利用化学切削法制作出的微穿孔板还具有市场方面的优点。它可利用孔径的变化，在微穿孔板的装饰面上形成任意图案，从而实现精美壁面与优良声学效果的最佳结合，既可以在视觉上得到享受，又可以获得听觉上的舒适。

当然，化学切削法虽然能制得0.3mm以下的孔径，但是要获得0.1mm以下的孔径就存在一定的限制，难以实现。

6.4 吸声降噪设计

6.4.1 室内声场及其相关参数

（1）室内声场简介

声源周围的物体对声波传播有显著影响。当声源置于封闭的房间内，从声源发射出的声波将在有限空间内来回多次反射，向各方向传播的声波与壁面反射回来的声波相互交织，叠加后形成复杂的声场。

声源在室内稳定辐射声能时，一部分被壁面和室内其他物体吸收，一部分被反射。刚开始时，室内反射声形成的混响声能逐渐增加，被吸收的声能也逐渐增加。由于声源不断辐射声能，使声源供给混响声场的能量补偿被吸收的能量，直至混响声能的能量不再增加，保持稳定状态，此时房内形成稳态声场。此过程很短，一般在0.2s左右。

通常把室内声场按声场性质的不同，分解为两部分：一部分是由声源直接到达听者的直达声场，是自由声场；另一部分是经过壁面一次或多次反射的混响声场。混响声场由于房间壁面不规则，且房间内许多物体会散射声波，因此从声源发出的声波以各种不同角度射向壁面，经过多次反射相互交织混杂，沿各方向传播的概率几乎相同，在房间内各处的声场也几乎相同。这种传播方向各不相同，且各处均匀的声场称为“完全扩散”声场。通常在房间内形成的混响声场可近似看成是扩散声场。

（2）房间平均吸声系数

对扩散声场的每一反射面，入射声的入射、反射对所有方向具有相同的概率。由于壁面的吸声系数与声波入射角有关，因此壁面吸声系数应是所有入射角平均的结果（无规入射吸声系数）。

房间内各反射面的吸声系数可能不一样，通常用平均吸声系数表示整个反射面单位面积的吸声能力。设不同的反射面面积为S_1、S_2、…、S_n，吸声系数分别为α_1、α_2、…、α_n，则房间平均吸声系数为：

$$\bar{\alpha}=\frac{S_1\alpha_1+S_2\alpha_2+\cdots+S_n\alpha_n}{S_1+S_2+\cdots+S_n}=\frac{\sum_{i=1}^{n}S_i\alpha_i}{\sum_{i=1}^{n}S_i} \tag{6-16}$$

常用建筑（装饰）材料和用具的吸声系数见表6-20。

表6-20 常用建筑（装饰）材料和用具的吸声系数（混响室法）

常用建筑材料和用具	频率/Hz					
	125	250	500	1000	2000	4000
砖墙抹光	0.03	0.03	0.03	0.04	0.05	0.07
砖墙未抹光，涂漆	0.01	0.01	0.02	0.02	0.02	0.03
厚地毯铺在混凝土上	0.02	0.06	0.14	0.37	0.60	0.65
厚地毯，铺在1.14kg毛毡或泡沫橡胶上	0.08	0.24	0.57	0.69	0.71	0.73
厚地毯，铺在1.14kg毛毡或泡沫橡胶上，背面不透水	0.08	0.27	0.39	0.34	0.48	0.63
混凝土墙，粗糙	0.36	0.44	031	0.29	0.39	0.25
混凝土墙，涂漆	0.10	0.05	0.06	0.07	0.09	0.08
丝绒0.31kg/m²，直接挂在墙上	0.03	0.04	0.11	0.17	0.24	0.35
丝绒0.43kg/m²折叠面积一半	0.07	0.31	0.49	0.75	0.70	0.60

续表

常用建筑材料和用具	频率/Hz					
	125	250	500	1000	2000	4000
丝绒0.56kg/m²折叠面积一半	0.14	0.35	0.55	0.72	0.70	0.65
混凝土地板	0.01	0.01	0.015	0.02	0.02	0.02
混凝土地板上铺漆布、沥青、橡胶或软木板	0.02	0.03	0.03	0.03	0.03	0.02
木地板	0.15	0.11	0.10	0.07	0.06	0.07
混凝土地板上铺沥青与嵌木地板	0.04	0.04	0.07	0.06	0.06	0.07
大块厚玻璃	0.18	0.03	0.04	0.03	0.02	0.02
普通玻璃	0.35	0.25	0.18	0.12	0.07	0.04
石膏板12.5mm厚，龙骨50mm×100mm，中心间距400mm	0.29	0.10	0.05	0.04	0.07	0.09
大理石或抛光板	0.01	0.01	0.01	0.01	0.02	0.02
开口，舞台（与设备无关）	0.25~0.75					
很深的楼座	0.50~1.00					
通风口	0.15~0.50					
砖墙抹灰	0.013	0.015	0.02	0.03	0.04	0.05
板条抹灰	0.14	0.10	0.06	0.05	0.04	0.03
板条抹灰，抹光	0.14	0.10	0.06	0.04	0.04	0.03
胶合板，9mm厚	0.28	0.22	0.17	0.09	0.10	0.11
水表面	0.008	0.008	0.013	0.015	0.02	0.025

（3）室内声能密度和声压级的计算

① 直达声场　设点声源的声功率是W，在距点声源r处，直达声的声强为

$$I_{\mathrm{d}}=\frac{QW}{4\pi r^2} \tag{6-17}$$

式中，Q为指向性因子，或指向性因数。当点声源置于无限空间时，Q为1，如图6-27（a）所示；置于刚性无穷大平面上，则点声源发出的全部能量只向半无限空间辐射，因此同样距离处的声强将为无限空间情况的两倍，Q为2，如图6-27（b）所示；声源放置在两个刚性平面的交线上，全部声能只能向四分之一空间辐射，Q为4，如图6-27（c）所示；点声源放置于3个刚性反射面的交角上，Q取8，如图6-27（d）所示。距点声源r处直达声的声压p_{d}及声能密度E_{d}为

$$p_{\mathrm{d}}^2=\rho cI_{\mathrm{d}}=\frac{\rho cQW}{4\pi r^2} \tag{6-18}$$

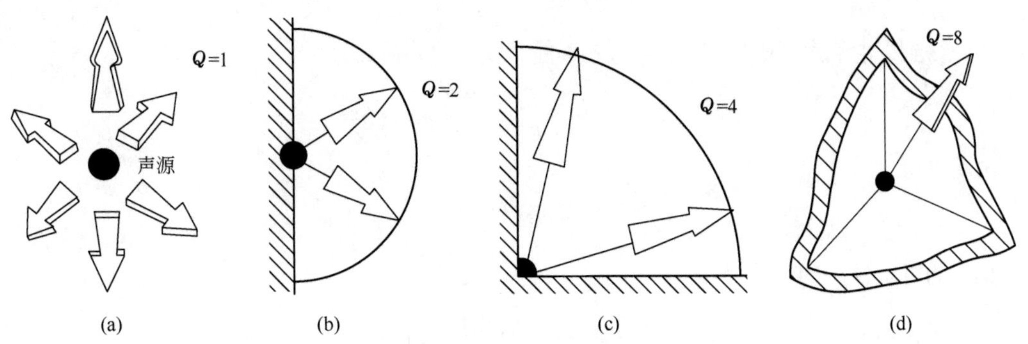

图6-27　声源的指向性因子

$$E_{\mathrm{d}}=\frac{p_{\mathrm{d}}^{2}}{\rho c^{2}}=\frac{QW}{4\pi r^{2}c} \tag{6-19}$$

相应的声压级L_{pd}为

$$L_{pd}=L_{W}+10\lg\frac{Q}{4\pi r^{2}} \tag{6-20}$$

② 混响声场　设混响声场是理想的扩散声场。在扩散声场中，声波每相邻两次反射间所经过的路程称作自由程。单位时间内自由程的平均值称为平均自由程。根据统计声学，可以求得平均自由程d为

$$d=4V/S \tag{6-21}$$

式中　d——平均自由程，m；

V——房间容积，m^3；

S——房间的总内表面积，m^2。

当声速为c时，声波传播一个自由程所需时间τ为

$$\tau=\frac{d}{c}=\frac{4V}{cS} \tag{6-22}$$

故单位时间内平均反射次数n为

$$n=\frac{1}{\tau}=\frac{cS}{4V} \tag{6-23}$$

声能在第一次反射前，均为直达声。经第一次反射后，部分声能被吸收，剩下的声能便是声源贡献的混响声能，故单位时间声源向室内贡献的混响声能为$W(1-\bar{\alpha})$，这些混响声在以后的多次反射中还要被吸收。设混响声能密度为E_{r}，则总混响声能为$E_{\mathrm{r}}V$，每反射一次，吸收$E_{\mathrm{r}}V\bar{\alpha}$，每秒反射$cS/(4V)$ 次，则单位时间吸收的混响声能为$E_{\mathrm{r}}V\bar{\alpha}cS/(4V)$。当单位时间声源贡献的混响声能与被吸收的混响声能相等时，达到稳态，即

$$W(1-\bar{\alpha})=E_{\mathrm{r}}V\bar{\alpha}\frac{cS}{4V}=E_{\mathrm{r}}\bar{\alpha}cS/4 \tag{6-24}$$

因此，达到稳态时，室内的混响声能密度为

$$E_{\mathrm{r}}=\frac{4W(1-\bar{\alpha})}{cS\bar{\alpha}} \tag{6-25}$$

设

$$R=\frac{S\bar{\alpha}}{1-\bar{\alpha}} \tag{6-26}$$

R称为房间常数，则

$$E_{\mathrm{r}}=\frac{4W}{cR} \tag{6-27}$$

由此得到，混响声场中的声压p_{r}与混响声能密度E_{r}的关系式为

$$E_{\mathrm{r}}=\frac{p_{\mathrm{r}}^{2}}{\rho c^{2}}=\frac{4W}{cR} \tag{6-28}$$

由此可得

$$p_{\mathrm{r}}^{2}=\frac{4\rho cW}{R} \tag{6-29}$$

相应的声压级L_{pr}为

$$L_{pr}=L_{W}+10\lg\left(\frac{4}{4R}\right) \tag{6-30}$$

③ 总声场　把直达声场和混响声场叠加，就得到总声场。总声场的声能密度E为

$$E=E_{\mathrm{d}}+E_{\mathrm{r}}=\frac{QW}{4\pi r^{2}c}+\frac{4W}{cR}=\frac{W}{c}\left(\frac{Q}{4\pi r^{2}}+\frac{4}{R}\right) \tag{6-31}$$

总声场的声压平方值p^2为

$$p^{2}=p_{\mathrm{d}}^{2}+p_{\mathrm{r}}^{2}=\frac{\rho cQW}{4\pi r^{2}}+\frac{4\rho cW}{R}=\rho cW\left(\frac{Q}{4\pi r^{2}}+\frac{4}{R}\right) \tag{6-32}$$

总声场的声压级L_p为

$$L_{p}=L_{W}+10\lg\left(\frac{Q}{4\pi r^{2}}+\frac{4}{R}\right) \tag{6-33}$$

从式（6-33）中可以看出，由于声源的声功率级是给定的，因此房间中各处的声压级的相对变化就由右式的第二项$10\lg(Q/4\pi r^2+4/R)$所决定。当房间的壁面为全反射时，房间平均吸声系数$\bar{\alpha}$为0，房间常数R亦为0，房间内声场主要为混响声场，这样的房间叫混响室；当$\bar{\alpha}$为1时，房间常数R为无穷大，房间内只有直达声，类似于自由声场，这样的房间叫消声室。混响声场的声压级容易测定，若已知R，可用式（6-30）求得声源的声功率级，进而求得声功率。这就是混响室测定声源声功率的原理。对于一般的房间，总是介于上述两种情况之间，房间常数大致在几十到几千平方米之间。房间中受声点的相对声压级和受声点与声源距离r、指向性因数Q及房间常数R的关系如图6-28所示。

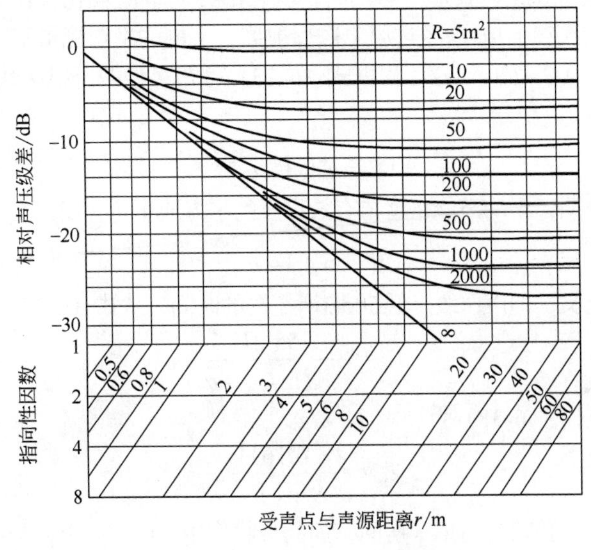

图6-28　室内声压级计算图表

④ 混响半径　由式（6-33）可知，在声源的声功率级为定值时，房间内的声压级由受声点与声源距离r和房间常数R决定。当受声点离声源很近时，$(Q/4\pi r^2)$远大于$4/R$，室内声场以直达声为主，混响声可以忽略；当受声点离声源很远时，$(Q/4\pi r^2)$远小于$4/R$，室内声场以混响声为主，直达声可以忽略，这时声压级L_p与距离无关；当$(Q/4\pi r^2)=4/R$时，直达声与混响声的声能密度相等，这时候的距离r称为临界半径，记作r_c。

$$r_{\mathrm{c}}=0.14\sqrt{QR} \tag{6-34}$$

$Q=1$时的临界半径又称混响半径。

因为吸声降噪只对混响声起作用，当受声点与声源的距离小于临界半径时，吸声处理对该点的降噪效果不大；反之，当受声点与声源的距离大大超过临界半径时，吸声处理才有明显的效果。

（4）混响时间

混响理论最早是由美国物理学家赛宾（W.C.Sabine）于1900年提出的，其中的“混响时间”

概念，迄今为止在厅堂音质设计中仍是唯一可定量计算的音质参量。

在混响过程中，把声能密度衰减到原来的百万分之一，即衰减60dB所需的时间，定义为混响时间。

W.C.Sabine通过大量实验，首先得出混响时间T_{60}的计算公式：

$$T_{60}=\frac{0.161V}{A}=\frac{0.161V}{S\bar{\alpha}} \tag{6-35}$$

式中，V是房间容积，m^3；$A=S\bar{\alpha}$是室内总吸声量，m^2。

Sabine公式的意义是极其重要的，但在使用过程中，当总吸声量超过一定范围时，其结果将与实际有较大的出入。例如，室内平均吸声系数趋于1时，实际混响时间应趋于0，但按Sabine公式计算却不为0，而为一定值。研究表明，只有当室内平均吸声系数小于0.2时，其计算结果才与实际情况比较接近。

在1929~1930年间，又有几位声学专家用统计声学的方法，分别独立地导出了混响时间的理论公式，其中最具代表性的是伊林（C.F.Eyring）公式。

假定室内为扩散声场，室内各表面的平均吸声系数为$\bar{\alpha}$。设在时刻t=0时，声源突然停止，这时室内的平均声能密度为E_0，声波每反射一次，就有部分能量被吸收。在经过第一次反射后，室内的平均能量密度为$E_1=E_0(1-\bar{\alpha})$；经过第二次反射后，室内的平均能量密度为$E_2=E_0(1-\bar{\alpha})^2$；经过$n$次反射后的能量密度为$E_n=E_0(1-\bar{\alpha})^n$。根据式（6-23）可知每秒的反射次数为$cS/4V$，因此，经过时间$t$后室内平均能量密度为

$$E_n=E_0(1-\bar{\alpha})^{\frac{cS}{4V}t} \tag{6-36}$$

根据扩散声场的性质，平均声能密度与有效声压的平方成正比，所以有

$$p^2=p_0^2(1-\bar{\alpha})^{\frac{cS}{4V}t} \tag{6-37}$$

根据混响时间的定义，即声压级降低60dB所需要的时间，从式（6-37）可求得

$$T_{60}=\frac{55.2V}{-cS\ln(1-\bar{\alpha})} \tag{6-38}$$

若取c=344m/s，则式（6-38）为

$$T_{60}=\frac{0.161V}{-S\ln(1-\bar{\alpha})} \tag{6-39}$$

这就是Eyring公式。该式只考虑了房间壁面的吸收作用，而实际上，当房间较大时，在传播过程中，空气也将对声波有吸收作用，对于频率较高的声音（一般为2kHz以上），空气的吸收相当大。这种吸收与频率、湿度、温度有关。

声波在传播过程中，考虑到空气吸收，声强的衰减具有如下形式：

$$I=I_0\mathrm{e}^{-mx} \tag{6-40}$$

式中，m为衰减系数，如果t（单位为s）时间内传播的距离为x（单位为m），即$x=ct$，则

$$E_n=E_0(1-\bar{\alpha})^{\frac{cS}{4V}t}\mathrm{e}^{-mct} \tag{6-41}$$

所以混响时间为

$$T_{60}=\frac{0.161V}{-S\ln(1-\bar{\alpha})+4mV} \tag{6-42}$$

当$\bar{\alpha}$<0.2时，有

$$T_{60}=\frac{0.161V}{-S\ln\bar{\alpha}+4mV} \tag{6-43}$$

这就是Eyring-Millington（或Eyring-Knudsen）公式。

6.4.2　吸声降噪量的计算

当位于室内的噪声源辐射噪声的时候，若房间的内壁是由对声音具有较强反射作用的材料构成的，如混凝土天花板、光滑的墙面和水泥地面，则受声点除了接收到噪声源发出的直达声波外，还能接收到经房间内壁表面多次反射形成的混响声，由于直达声和反射声的叠加，就增强了室内噪声的强度。人们总是感到，同一个发声设备放在室内要比放在室外听起来响得多，这正是室内反射声作用的结果。当离开声源的距离大于混响半径时，混响声的贡献相当大，受声点上的声压级要比室外同一距离处高出10~15dB。

如果在房间的内壁饰以吸声材料或安装相应的吸声结构，或在房间中悬挂一些空间吸声体，吸收掉一部分混响声，则室内的总的噪声就会降低。这种利用吸声材料与吸声结构降低噪声的方法称为“吸声降噪”。

由式（6-33）可知，改变房间常数可改变室内某点的声压级，设R_1、R_2分别为室内设置吸声装置前后的房间常数，则距声源中心r处相应的声压级L_{p_1}、L_{p_2}分别为

$$L_{p_1}=L_W+10\lg\left(\frac{Q}{4\pi r^2}+\frac{4}{R_1}\right) \tag{6-44}$$

$$L_{p_2}=L_W+10\lg\left(\frac{Q}{4\pi r^2}+\frac{4}{R_2}\right) \tag{6-45}$$

吸声前后的声压级之差，即吸声降噪量ΔL_p为

$$\Delta L_p=L_{p_1}-L_{p_2}=10\lg\left(\frac{\dfrac{Q}{4\pi r^2}+\dfrac{4}{R_1}}{\dfrac{Q}{4\pi r^2}+\dfrac{4}{R_2}}\right) \tag{6-46}$$

当受声点离声源很近，即在混响半径以内的位置上，$Q/4\pi r^2$远小于$4/R$时，ΔL_p的值很小，也就是说在靠近噪声源的地方，声压级的贡献以直达声为主，吸声装置只能降低混响声的声压级，所以吸声降噪的方法对靠近声源的位置，其降噪量是不大的。

对于离声源较远的受声点，即处于混响半径以外的区域，如果符合$Q/4\pi r^2$远大于$4/R$时的条件，则式（6-46）可简化为

$$\Delta L_p=10\lg\frac{R_2}{R_1}=10\lg\frac{(1-\bar{\alpha}_1)\,\bar{\alpha}_2}{(1-\bar{\alpha}_2)\,\bar{\alpha}_1} \tag{6-47}$$

式（6-47）可以用来估算吸声降噪效果，它适用于远离声源处的吸声降噪量。对于一般室内稳态声场，如工厂厂房，都是砖及混凝土砌墙，水泥地面与天花板，吸声系数都很小，因此有$\bar{\alpha}_1\bar{\alpha}_2$远小于$\bar{\alpha}_1$或$\bar{\alpha}_2$，则式（6-46）可简化为

$$\Delta L_p=10\lg\frac{\bar{\alpha}_2}{\bar{\alpha}_1} \tag{6-48}$$

一般的室内吸声降噪处理可用式（6-48）计算。以上是通过理论推导得出的计算方法，而且经过简化，因此与实际存在一定差距。但在设计室内吸声结构或定量估算其效果时，仍有很大的实用价值。利用此式的困难在于求取平均吸声系数麻烦，如果现场条件比较复杂，$\bar{\alpha}$的计算难以准确。利用式（6-35）中吸声系数和混响时间的关系，将式（6-48）转化为

$$\Delta L_p=10\lg\frac{T_1}{T_2} \tag{6-49}$$

式中T_1、T_2分别为吸声处理前后的混响时间。由于混响时间可以用专门的仪器测得，所以用式

(6-49) 计算吸声降噪量，就免除了计算吸声系数的麻烦和不准确。按式（6-48）和式（6-49）将室内的吸声状况和相应的降噪量列于表6-21。

表 6-21 室内吸声状况与相应降噪量

$\overline{\alpha}_2/\overline{\alpha}_1$ 或 T_1/T_2	1	2	3	4	5	6	8	10	20	40	100
ΔL_p/dB	0	3	5	6	7	8	9	10	13	16	20

从表中看出，如果室内平均吸声系数增加1倍，噪声降低3dB，增加10倍，噪声降低10dB。这说明，只有在原来房间的平均吸声系数不大时，采用吸声处理才有明显的效果。例如，一般墙面及天花板抹灰的房间，平均吸声系数$\overline{\alpha}_1$约为0.03，采用吸声处理后，使$\overline{\alpha}_2$=0.3，则ΔL_p=10dB。通常，使房间内的平均吸声系数增大到0.5以上是很不容易的一件事情，且成本太高，因此，用一般吸声处理法降低室内噪声一般不会超过12dB，对于未经处理的房间，采用吸声处理后，平均降噪量达5dB是较为切实可行的。

6.4.3 吸声降噪设计的一般原则

① 先对声源采取措施，如改进设备，加隔声罩或消声器，或建隔声墙、隔声间等。

② 只有当房间内平均吸声系数很小时，做吸声处理才能获得较好的效果。

③ 当房间吸声量已较高时，采用吸声降噪方法，效果往往不佳。例如$\overline{\alpha}$由0.02提高到0.04和由0.3提高到0.6，其降噪量都是3dB。因此，当吸声量增加到一定值时要适可而止，否则会事倍功半。

④ 吸声处理对于在声源近旁的接受者来说效果较差，而对于远离声源的接受者效果较好。同样的道理，如果在房间内有众多声源分散布置在各处，则不论何处直达声都较强，吸声处理的效果也就差些。

⑤ 通常室内混响声只能在直达声上增加4~12dB，因此，若吸收掉混响声，就能降4~12dB。当房间几何形状很特殊，在某些地点形成“声聚焦”的情况下，能收到9~15dB的降噪效果。然而，有时吸声降噪值虽然只有3~4dB，但由于室内人员感到消除了四面八方噪声袭来的感觉，因而心理效果往往不能用3~4dB的数值来衡量。

⑥ 在选择吸声材料或结构时，必须考虑防火、防潮、防腐蚀、防尘、防止小孔堵塞等工艺要求。

⑦ 在选择吸声处理方式时，必须兼顾通风、采光、照明、装修，并注意施工、安装的方便及节省工、料等。

6.4.4 吸声降噪设计的一般步骤

① 求出待处理房间的噪声级和频谱。对现有房间可实测；对于设计中的房间，可由机械设备声功率谱及房间壁面情况进行推算。

② 确定室内噪声的减噪目标值，包括声级和频谱。这一目标值可根据有关标准确定，也可由任务委托者提出。

③ 计算各个频带噪声需要减噪的值。

④ 测量或根据式（6-47）~式（6-49）估算待处理房间的平均吸声系数，求出吸声处理需增加的吸声量或平均吸声系数。

⑤ 选定吸声材料（或吸声结构）的种类、厚度、密度，求出吸声材料的吸声系数，确定吸声材料的面积和吸声方式等。

在设计安装位置时应注意：吸声材料应布置在最容易接触声波和反射次数最多的表面上，如顶棚、顶棚与墙的交接处和墙与墙交接处1/4波长以内的空间等处；两相对墙面的吸声量要尽量接近。

习题与思考题

1. 什么是吸声系数？简述吸声系数的测定方法。

2. 影响材料吸声性能的主要因素有哪些？

3. 常用的吸声材料有哪些种类？各有什么特点？

4. 常用的吸声结构有哪些？

5. 什么是空间吸声体？安装时应注意什么问题？

6. 如何改善穿孔板共振吸声结构吸声系数？

7. 微孔板共振吸声结构的吸声原理是什么？有何特点？

8. 吸声结构选择与设计的原则是什么？

9. 已知一穿孔板共振吸声结构，板厚2mm，孔径6mm，穿孔率10%，板与墙空腔深度15cm，求该结构的共振吸声频率。

10. 在3mm厚的金属板上钻直径5mm的孔，板后空腔深20cm，今欲吸收频率为200Hz的噪声，试求三角形排列的孔心间距。

11. 穿孔板厚4mm，孔径8mm，穿孔按正方形排列，孔距20mm，穿孔板背后留有10cm厚的空气层，试求穿孔率和共振频率。

12. 某车间长16m，宽8m，高3m，在侧墙边有两台机床，其噪声波及整个车间。现欲采用厚50mm、密度15kg/m^{3}的超细玻璃棉作为吸声材料对车间进行吸声降噪处理，试做出离机器8m以外处使噪声降至*NR*-55的吸声降噪设计（有关数据见表6-22）。

表6-22　习题与思考题12相关数据

项目	各倍频程中心频率/Hz					
	125	250	500	1000	2000	4000
距机床8m处噪声声压级/dB	70	62	65	60	56	53
NR-55标准/dB	70	63	58	55	52	50
吸声处理前的平均吸声系数	0.06	0.08	0.08	0.09	0.11	0.11
50mm厚超细玻璃棉的吸声系数	0.11	0.36	0.89	0.71	0.79	0.75

第7章

隔声技术

应用隔声构件将噪声源与接受者分开，隔离噪声在介质中的传播，从而减轻噪声污染程度的技术称为隔声技术。采用适当的隔声措施（如隔声间、隔声罩、隔声屏等），一般能降低噪声级20~50dB。本章的主要内容包括隔声技术基础、隔声间、隔声罩以及隔声屏的设计等。通过相关内容的学习，能根据噪声源的特点，合理选择隔声处理的方式和结构，进行相关设计与计算。

7.1 隔声技术基础

7.1.1 隔声性能的评价

（1）透声系数和隔声量（传递损失）

声波入射到隔声结构上，其中一部分被反射，一部分被吸收，只有一小部分声能透过结构辐射出去，如图7-1所示。令入射声波的声能为E_0，透射到结构另一侧的声能为E_τ，被结构反射和吸收的声能分别为E_r和E_a。根据能量守恒原理，则有$E_0=E_\tau+E_r+E_a$。

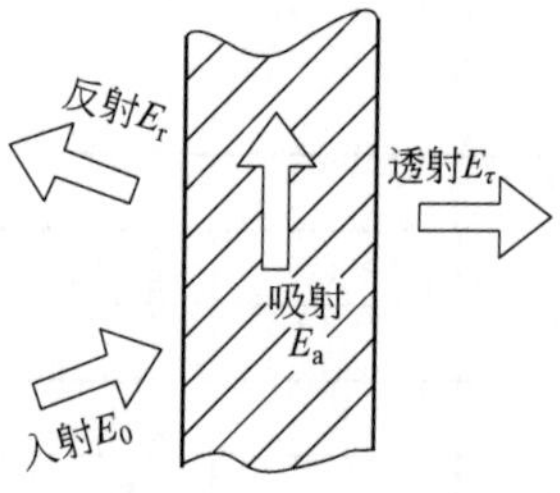

图7-1 隔声原理示意图

衡量一个结构或某种材料的隔声能力，较为直观的方法是用透过的声能与入射声能的比值表示，称之为透声系数τ，即

$$\tau = E_\tau / E_0 \tag{7-1}$$

从式（7-1）可以看出τ小于1。τ越小，则表示声能减弱越大。如τ=0.1，表示只有1/10的声能透射过去，或表示声能衰减了10倍；τ=0.0001，即表示声能衰减了10000倍。

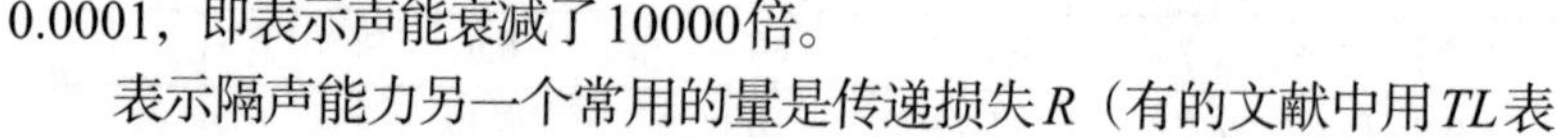

表示隔声能力另一个常用的量是传递损失R（有的文献中用TL表示），亦称为结构的隔声量，其定义为

$$R = 10\lg(1/\tau) \tag{7-2}$$

由式（7-2）可知，被结构衰减的声能越多，R也越大，表示结构的隔声量越大。如果透声系数τ=0.001，则传声损失（隔声量）为

$$R = 10\lg(1/\tau) = 10\lg(1/0.001) = 30(\mathrm{dB})$$

隔声量是频率的函数，同一隔声结构，对不同频率的入射声波具有不同的隔声量。在工程应用中，通常将中心频率为125~4000Hz的6个倍频程或100~3150Hz的16个1/3倍频程的隔声量做算术平均，叫平均隔声量或平均透声损失$\overline{R}$。平均隔声量虽然考虑了隔声性能和频率的关系，但因为只求算术平均，未考虑人耳听觉的频率特性以及一般结构的频率特性，因此尚不能很好地用来对不同的隔声构件的隔声性能做比较分析。例如两个隔声结构具有相同的平均隔声量，但对于同一噪声源可以有相当不同的隔声效果。

隔声量R的值一般通过实测可以得到，也可以经过计算而得到近似值。当已知隔声量R的值，透声系数可按下式求得：

$$\tau = 10^{-\frac{R}{10}} \tag{7-3}$$

工程上有时为了简便，常取50~5000Hz范围的几何中值500Hz的隔声值作为R的平均值，因为它接近平均隔声量的值，用R_{500}表示。

（2）计权隔声量

计权隔声量R_W是国际标准化组织规定的一种单值评价方法，它是将已测得的隔声频率特性曲线与规定的参考曲线进行比较而得到的计权隔声量。参考曲线特性如图7-2所示，曲线在100~400Hz之间以每倍频程9dB的斜率上升，在400~1250Hz之间以每倍频程3dB的斜率上升，在1250~3150Hz之间是一段水平线。

隔声结构的计权隔声量按以下方法求得：先测得某隔声结构的隔声量频率特性曲线，如图7-2中的曲线1或曲线2即分别代表两座隔声墙的隔声特性曲线；图7-2中还绘出了一簇参考折线，每条折线右边标注的数字相对于该折线上500Hz所对应的隔声量。按照下面两点要求，将曲线1或曲线2与某一条参考折线比较。

① 在任何一个1/3倍频程上，曲线低于参考折线的最大差值不得大于8dB，在采用倍频程时不大于5dB。

② 对全部16个1/3倍频程中心频率（100~3150Hz），曲线低于折线的差值之和不得大于32dB，在倍频程时不大于10dB。

把待评价的曲线与折线簇图中各条折线相比较，找出符合以上两个要求的最高的一条折线，则该折线右面所标注的数字（以整分贝数为准），即为待评价曲线的计权隔声量。

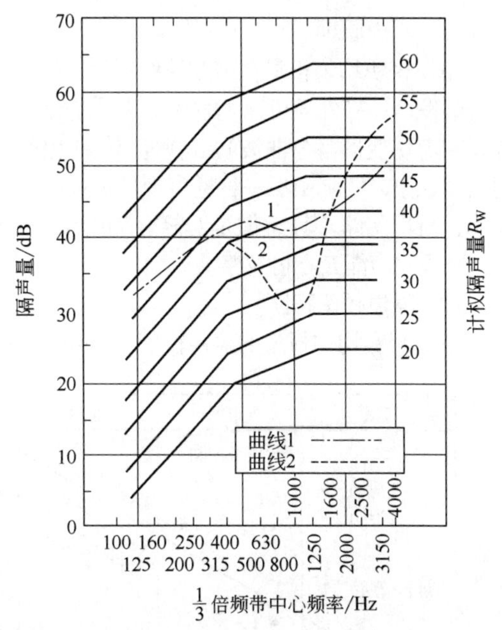

图7-2　隔声墙计权隔声量参考曲线

用平均隔声量和计权隔声量分别对图7-2中两条曲线的隔声性能进行评价比较。可以求出两座隔声墙的平均隔声量分别为41.8dB和41.6dB，基本相同。按上述方法求得它们的计权隔声量分别为44dB和35dB，显示出隔声墙1的隔声性能要优于隔声墙2。

（3）噪声衰减

噪声衰减NR是表示现场测量某隔墙的实际隔声效果。其评价方法取隔声结构的内外某两特定点p_1和p_2的平均声压级L_{p1}和L_{p2}的差值（如图7-3所示），用可用下式表达为

$$NR = L_{p1} - L_{p2} \tag{7-4}$$

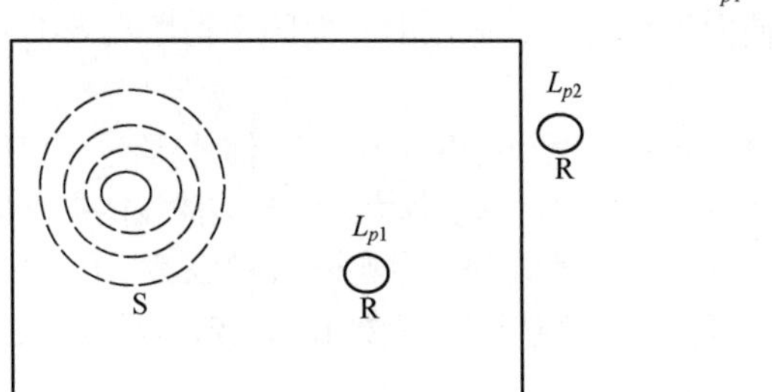

图7-3　噪声衰减示意图

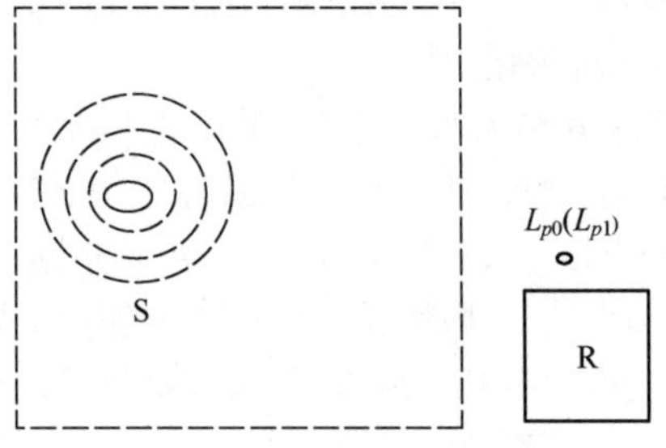

图7-4　插入损失示意图

（4）插入损失

插入损失IL是表示在现场测量中设置隔声结构前后空间某固定点的声压级差。插入损失表示构件的隔声效果，它不仅与构件本身的声学性能有关，而且也与现场环境有关（如图7-4所示），用下式表示为

$$IL = L_{p0} - L_{p1} \tag{7-5}$$

式中 L_{p0}——隔声结构设置前的声压级；

L_{p1}——隔声结构设置后的声压级。

7.1.2 单层结构的隔声

（1）隔声原理

单层密实均匀板材在声波的作用下，好像被一个摇撼力往复推拉着，板材另一侧产生振动，因而透射发声；另外还可以理解为，声波是疏密压力波，作用在板体上使板体产生相似压缩变形（纵波）和剪切变形（弯曲波），这些波传到板体另一侧，则形成透射声波。上述两种透声过程是客观的物理现象，实际中后一种透声现象远远小于前一种透声。对单层密实均匀板材来说，吸收声能E_a很小，可以忽略不计，但是对复合隔声结构来说，尤其是夹有吸声层的结构，其吸收声能的能力强，则吸收声能E_a不可忽略。

（2）隔声频率特性

单层密实均匀板材的隔声性能主要由它的质量（面密度）、劲度以及阻尼所决定，与声波的频率也有密切的关系。如图7-5所示为单层均质板的隔声性能曲线，按频率可以分为四个区域：劲度和阻尼控制区（Ⅰ）、质量控制区（Ⅱ）、吻合效应区和质量控制延续区（Ⅲ）。

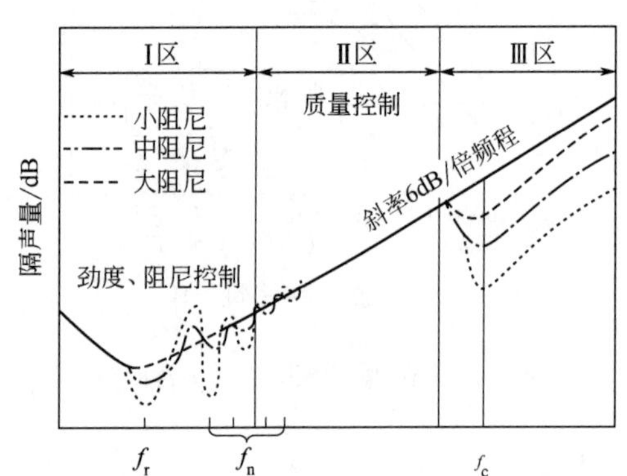

图7-5 单层均质板隔声性能曲线

当声波频率低于板材共振频率时，板材对声波作用的反应就像一个弹簧，其振动速度反比于K/f（K表示板的劲度，f为声波频率），板材的隔声量与劲度成正比，所以称这个范围为劲度控制区。在这个领域，板的隔声量随频率的增加，以每倍频带6dB的斜率下降。在劲度控制区的下端，存在一个共振区，共振区的隔声量达到最小，共振区有一系列共振频率f_r，其中影响最大的是最低的两个共振频率。作为隔声材料，总希望这个区域越小越好，实际上共振区的宽度取决于板的材质、形状、支撑方式和板体自身的阻尼大小。从图7-5中可以看出，机械阻尼越大对共振的振幅抑制越强，同时也使向上扩展的共振区的共振频率得以有效抑制，压缩了共振区的范围。

随着声波频率的提高，共振的影响逐渐消失，板材的振动速度开始受板材惯性质量（单位面积质量）的影响，即进入了质量控制区。在质量控制区，板材面密度越大，受声波激发的振动速度越小，隔声量越大；频率越高，隔声量亦越大。通常采用隔声结构降低噪声，也就是利用板材的质量控制的特性，一般情况应根据噪声的频率特性和降噪需要来选择隔声材料或结构，以发挥质量控制作用，使其在相当的频率范围内取得有效的隔声效果。

图7-5中的第二个低谷是由于在某个频率上隔声板材与声波产生吻合效应而形成的隔声量大幅度下陷。该下陷频率是质量控制区的上限频率，俗称为临界频率f_c。增加板材的阻尼性能可以减少隔声量的降低，利用增加板材阻尼可以减少板材在共振区和吻合区形成的隔声低谷。一般说来，吻

合效应发生在声波某一个投射角上，对无规则入射的声波而言，产生吻合效应时其透射声强亦只是无规则声级强度的一小部分，所以吻合低谷的下陷是有限的。

① 共振频率 由图7-5可知，如果隔声板材的共振频率发生在听觉频率范围内，那么板材的隔声效果并不理想。为了有效地隔绝噪声，应当使板材或结构的共振频率降低到听觉范围以下，或尽可能降低共振频率。

对于一般土建材料（如砖、钢筋混凝土等）构成的墙体，其共振频率都比较低（低于听阈），可以不予考虑。但是对于由金属板材构成的障板，其共振频率可以分布在很广的听阈范围内，当用这些材料制作隔声元件时，必须考虑它们的共振频率及其影响。隔声板材的共振频率与材料的几何尺寸、物理性质以及安装方式有关。例如，四边固定的矩形板材其最低共振频率f_r为

$$f_r = 0.45 C_L t\left[\left(\frac{1}{l_a}\right)^2 + \left(\frac{1}{l_b}\right)^2\right] \tag{7-6}$$

$$C_L = \sqrt{\frac{E}{\rho\left(1+\mu^2\right)}} \tag{7-7}$$

式中 C_L——板中纵波速度，m/s；

t——板厚，m；

l_a——矩形板的长，m；

l_b——矩形板的宽，m；

E——弹性模量，N/m^2；

ρ——密度，kg/m^3；

μ——泊松比，取0.3。

在最低共振频率上，板材上各点以相同的相位振动。

② 质量定律 材料的隔声量除了与材料自身的构成和物理性质有关外，还与入射声波的频率和入射角度有关。对于单层均匀材料构成的无限大障板，理论上垂直入射时隔声量为

$$R_0 = 10\lg\left[1 + \left(\frac{\omega m}{2\rho c}\right)^2\right] \approx 20\lg\frac{\omega m}{2\rho c} = 20\lg(fm) - 42.5 \tag{7-8}$$

式中 m——障板单位面积的质量，kg/m^2；

ω——声波角频率，$\omega=2\pi f$，rad/s；

ρ——空气密度，kg/m^3；

c——声波在空气中的传播速度，m/s。

实际上，入射声波大多属于混响声场或接近混响声场，声波来自各个方面，这种无规则入射的声能经过积分运算，即

$$R = 20\lg(fm) - 42.5 = 20\lg f + 20\lg m - 42.5 \tag{7-9}$$

式（7-9）表示隔声构件的隔声量随面密度的增加而增加，面密度加倍，隔声量提高6dB；对某一墙体而言，隔声量又随频率的增加而增加，频率提高一倍，隔声量亦增加6dB。这就是著名的质量定律。隔声构件面密度与平均隔声量的关系如图7-6所示。

工程上对于有边界条件的有限大的墙板，经过修正，一般常用下列经验公式。

$$R = 12\lg f + 18\lg m - 25 \tag{7-10}$$

式中 m——构件面密度，kg/m^2；

f——入射声波频率，Hz。

为了使用方便，隔声量可由等隔线图7-7查出。图中同一直线上的隔声量是相同的，在某一特定的隔声数值下，对应不同的面密度和不同的频率。

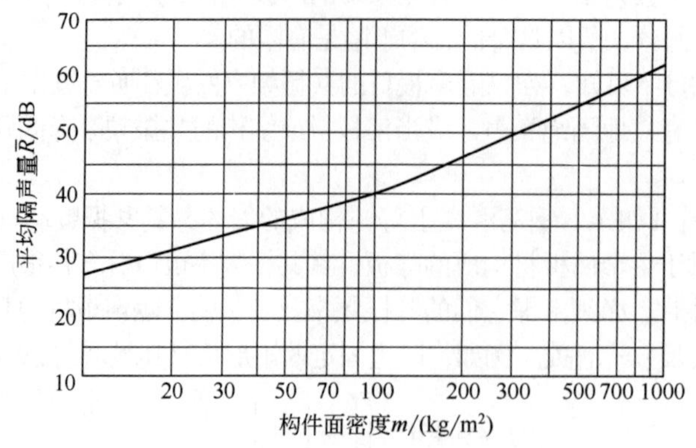

图7-6　构件面密度与平均隔声量的关系

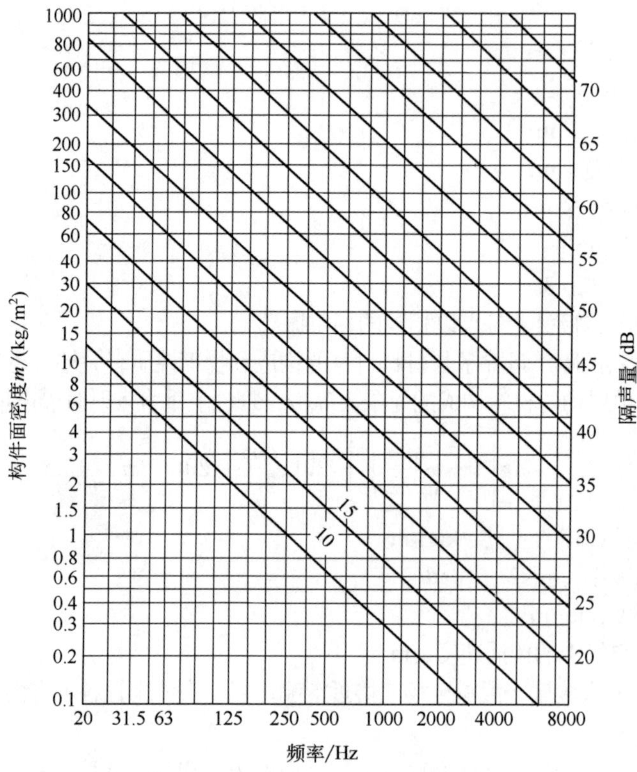

图7-7　等隔线图

若用500Hz表示单墙的平均隔声量，则下列两式为其简单的估算公式，即

$$R_{500}=18\lg m+8 \qquad m>100\text{kg/m}^2 \tag{7-11}$$

$$R_{500}=13.5\lg m+13 \qquad m\leqslant 100\text{kg/m}^2 \tag{7-12}$$

式（7-12）表明了轻墙结构面密度在100kg/m²以下时，面密度增加一倍，其平均隔声量大约增加4dB。知道了单位面积的质量，可用图7-6直接查到平均隔声量的分贝数。常见单层板和单层墙的隔声量如表7-1和表7-2所示。

表 7-1 常见单层板的隔音量

类别	名称	面积度/(kg/m^2)	隔声量/dB 125Hz	250Hz	500Hz	1000Hz	2000Hz	4000Hz	$\overline{R}$	R_W
金属板	铝板 t=1mm	2.6	13	12	17	23	29	33	21	22
	铝板 t=2mm	5.2	17	18	23	28	32	35	25	27
	镀锌钢板 t=1mm	7.8		20	26	30	36	43	29	30
	钢板 t=1mm	7.8	19	20	26	31	37	39	28	31
	钢板 t=1.5mm	11.7	21	22	27	32	39	43	30	32
金属板加阻尼层	铝板 t_1=1mm，石棉漆 t_2=2~3mm	3.4	16	15	19	26	32	37	23	25
	钢板 t=1mm，7631#阻尼漆 t_2=2~3mm，面密度 3.9kg/m^2	11.7	29	27	28	31	40	44	32	33
	钢板 t_1=1mm，沥青面 t_2=2~3mm，面密度 3.9kg/m^2	11.7	29	27	30	31	38	45	32	34
金属板加超细玻璃棉	钢板 t_1=1.5mm，超细玻璃棉 t_2=80mm	15.5	29	35	45	54	61	61	47	47
	钢板 t_1=2mm，超细玻璃棉 t_2=80mm	19.1	32	33	43	52	60	64	46	46
	钢板 t_1=4mm，超细玻璃棉 t_2=80mm	34.7	28	39	46	53	60	56	46	49
金属阻尼板加超细玻璃棉	钢板 t_1=1mm，沥青面 t_2=4mm，面密度 3.9kg/m^2，超细玻璃棉 t_3=80mm	19.2	31	35	42	53	62	67	47	47
	钢板 t_1=1mm，沥青面 t_2=4mm，超细玻璃棉 t_3=50mm（外罩1.5mm厚穿孔钢板，穿孔率 p=25%）	32.6	31	33	41	52	62	61	45	45

续表

类别	名称	面积度/(kg/m²)	隔声量/dB							
			125Hz	250Hz	500Hz	1000Hz	2000Hz	4000Hz	$\overline{R}$	R_W
木质纤维机制板	三合板 t=5mm	2.6	12	17	19	22	27	22	20	23
	五合板 t=5mm	3.4	16	17	19	23	26	23	21	22
	纤维板 t=5mm	5.1	21	21	23	27	33	36	26	28
	刨花板 t=20mm	13.8	22	25	28	34	29	34	29	31
石膏板	纸面石膏板 t=12mm	8.8	14	21	26	31	30	30	25	28
	无纸石膏板 t=20mm	24	29	27	30	32	30	40	31	31
石膏板叠合	纸面石膏板 t_1=9mm，t_2=12mm	15.4	21	22	24	32	35	35	29	31
聚化物板	聚氯乙烯塑料板 t=5mm	7.6	17	21	24	29	36	38	27	29
	聚碳酸酯板（阳光板）t=3mm	3.8	8	14	18	23	28	30		23
蜂窝板	全聚碳酸酯板 t=6mm	3.0	12	8	11	16	19	20		16
	全铝质蜂窝板（试样有边框）t=10mm	13.2	19	17	18	18	19	22		19
	五合板纸蜂窝板 t=30mm	8.7	18	19	22	29	34	32	25	29
	水泥石棉板纸蜂窝板 t=50mm	23	20	27	33	37	37	37	32	35
	石膏板纸蜂窝板 t=100mm	30	18	23	23	23	33	35	26	28
	石膏板纸蜂窝板 t=100mm，单侧加12mm纸面石膏板	39	27	25	25	29	33	36	28	29

表 7-2　常见单层墙的隔声量

类别	名称	面密度/(kg/m²)	隔声量/dB							
			125Hz	250Hz	500Hz	1000Hz	2000Hz	4000Hz	$\overline{R}$	R_W
抽孔板墙	石膏方孔板墙 t=120mm	41	30	29	26	35	35	39		32
	石膏圆孔板墙 t=60mm		26	31	30	29	36	40	31	32
	工业灰渣水泥圆孔板 t=90mm	78	38	33	34	37	41	41		38
	纯混凝土空心条板 t=85mm	112	35	33	36	42	40	43		40
加气混凝土墙	加气砌块墙 t=75mm(抹灰)	70	30	30	30	40	50	56	39	38
	粉煤灰加气砌块墙 t=240mm(抹灰)		35	39	42	52	52	53	45	47
	硅酸盐砌块墙 t=200mm(抹灰)	450	35	41	49	51	58	60	49	52
	硅酸盐砌块墙 t=240mm(粉刷)	436	41	40	49	52	59	61	49	52
	硅酸盐砌块墙 t=240mm(粉刷)	450	35	41	49	51	58	60	49	52
空心砖及砌块墙	矿渣三孔空心砖墙 t=100mm(抹灰共40mm)	120	30	35	36	43	53	51	40	43
	黏土空心砖 t=240mm(抹灰共30mm)	380	42	45	46	51	60	61		51
	混凝土空心砌块 t=190mm(抹灰共40mm)	299	39	40	42	49	49	49		47
砖墙	砖墙 t=120mm(抹灰)	240	37	34	41	48	55	53	45	47
	砖墙 t=240mm(抹灰)	480	42	43	49	57	64	62	53	55
	空斗砖墙 t=240mm(粉刷)	298	21	22	31	33	42	46	31	33

③ 吻合效应　吻合效应指某一频率的声波以一定的角度投射在板材上，使入射声波的波长在板上的投影刚好等于板的固有弯曲波波长，即空气中声波在板上的投影与板的弯曲波吻合，从而激发板材固有振动，同时向另一侧辐射与入射声波相同强度的透射声波。图7-8说明了产生吻合效应的条件。

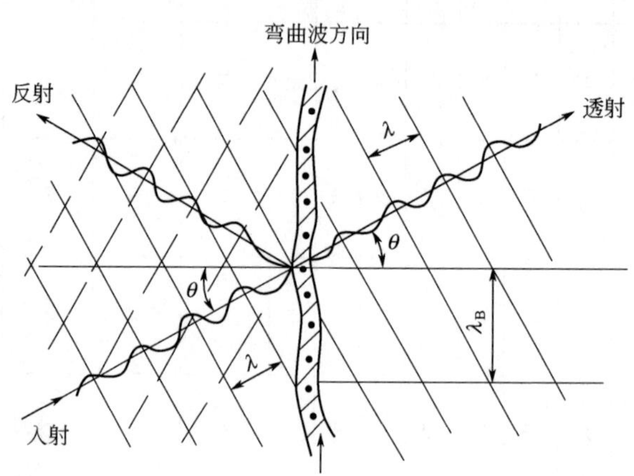

图7-8　吻合效应示意图

吻合效应只在某一临界频率f_c范围产生，f_c是产生吻合效应的最低频率。该临界频率的高低取决于墙板材料的面密度、厚度和弹性模量，其计算公式为

$$f_c = \frac{c^2}{2\pi}\sqrt{\frac{M}{D}} \tag{7-13}$$

式中　c——声音速度，m/s；

M——隔声构件的面密度，kg/m²；

D——板的劲度。

$$M = \rho t \tag{7-14}$$

$$D = \frac{Et^3}{12(1-\mu^2)} \tag{7-15}$$

式中　ρ——隔声构件的密度，kg/m³；

t——板厚，m；

E——材料的动态弹性模量，N/m²；

μ——泊松比，一般取0.3。

常用隔声材料的密度和弹性模量见表7-3。

表7-3　常用隔声材料的密度和弹性模量

材料名称	密度/(kg/m³)	弹性模量/(N/m²)	材料名称	密度/(kg/m³)	弹性模量/(N/m²)
钢铁	7900	2.1×10^{11}	普通钢筋混凝土	2300	2.4×10^{10}
铸铁	7900	1.5×10^{11}	轻质混凝土	1300	4.5×10^{9}
铜	9000	1.3×10^{11}	泡沫混凝土	600	1.5×10^{9}
铝	2700	7.0×10^{10}	砖	1900	1.6×10^{10}
铅	11200	1.6×10^{10}	砂岩	2300	1.7×10^{10}
玻璃	2500	7.1×10^{10}	花岗岩	2700	5.2×10^{10}

续表

材料名称	密度/(kg/m³)	弹性模量/(N/m²)	材料名称	密度/(kg/m³)	弹性模量/(N/m²)
大理石	2600	7.7×10^{10}	石棉水泥平板	1800	1.8×10^{10}
橡木	850	1.3×10^{10}	柔质板	1900	1.5×10^{10}
杉木	400	5×10^{9}	石棉珍珠岩板	1500	4.0×10^{9}
胶合板	600	$(4.3\sim6.3)\times10^{9}$	水泥木丝板	600	2.0×10^{8}
弹性橡胶	950	$(1.5\sim5.0)\times10^{6}$	玻璃纤维增强塑料板	1500	1.0×10^{10}
硬纸板	800	2.1×10^{9}	氧化乙烯板	1400	3.0×10^{9}
颗粒板	1000	3.0×10^{9}	乙烯基纤维	43	1.7×10^{7}
软质纤维板A	400	1.2×10^{9}	聚氯乙烯泡沫	77	1.7×10^{7}
软质纤维板B	500	7.0×10^{8}	聚氨基甲酸乙酯泡沫	45	4.0×10^{6}
石膏板	800	1.9×10^{9}	聚苯乙烯泡沫	15	2.5×10^{6}
石棉板	1900	2.4×10^{10}	脲醛泡沫	15	7.0×10^{5}

由式（7-13)~式（7-15）可以看出，临界频率的大小与构件的密度、厚度和弹性模量等因素有关。对于一般的密实而厚的构件，如砖墙、混凝土墙等，它们的弯曲刚度都较大，临界频率经常出现在低频率段，且在人耳听阈范围以外，人们感受不到。而轻薄的板墙，如各种金属板和非金属板等，临界频率则发生在高频率段，即在人耳敏感的听阈范围内。因此在墙体构件设计时，应尽量使临界频率发生在较低的频率范围内，使墙体构件取得良好的隔声效果。常用墙体构件的临界频率范围如图7-9所示。

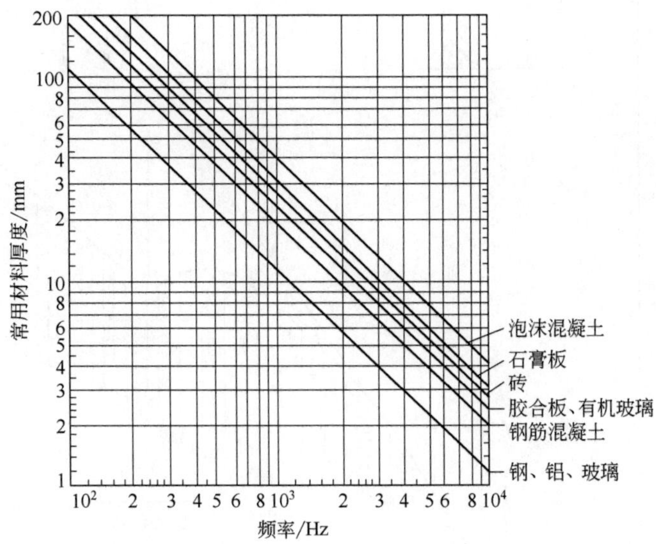

图7-9 常用墙体构件的临界频率范围

由式（7-13），利用表7-3，并知道材料厚度，就很容易计算出该种材料的临界频率。表7-4列出了常用隔声材料的面密度与临界频率的乘积，供设计时参考。在具体隔声墙体设计时，对于较厚的墙体，可获得临界频率较低（100Hz以下）；对于较薄的墙体，应设法将临界频率推向5000Hz以上的高频范围。同时，要考虑所控制噪声的频率特性，参考表7-4，合理选择隔声材料，以期获得最佳的隔声效果。

表 7-4　常用隔声材料的面密度与临界频率的乘积值

材料	mf_c/(Hz·kg/m^2)	材料	mf_c/(Hz·kg/m^2)
铅	600000	钢筋混凝土	44000
铝	32200	砖墙	42000
钢	97700	硬板	30600
玻璃	38000	多层木夹板	13200

7.1.3　双层结构的隔声

由隔声质量定律得知，若想提高单层密实均匀板材的隔声量，其办法是增加隔声材料的面密度或厚度。这样就带来一个问题，当需要大幅度地提高隔声量时，若单靠单层板则要花费大量的材料。比如要提高隔声量18dB，则板材就需要加厚到原来厚度的8倍。显然是不经济的，也是不现实的。

在实际工程设计中，人们发现双层板材中间夹有一定厚度的空气层，其隔声量会比没有空气层的两层物质的隔声量提高许多，这是声波必须依次穿透隔声板—空气层—隔声板，在物理性质截然不同的物质表面多次反射而使声强逐级衰减的缘故。如图7-10中的阴影区表示了双层墙的隔声性能优于同质量的单墙的部分，这就突破了“质量定律”的限制。实践证明，如果隔声效果相同，夹层结构就比单层结构的质量减轻2/3~3/4，这是由于空气层的作用提高了隔声效果。

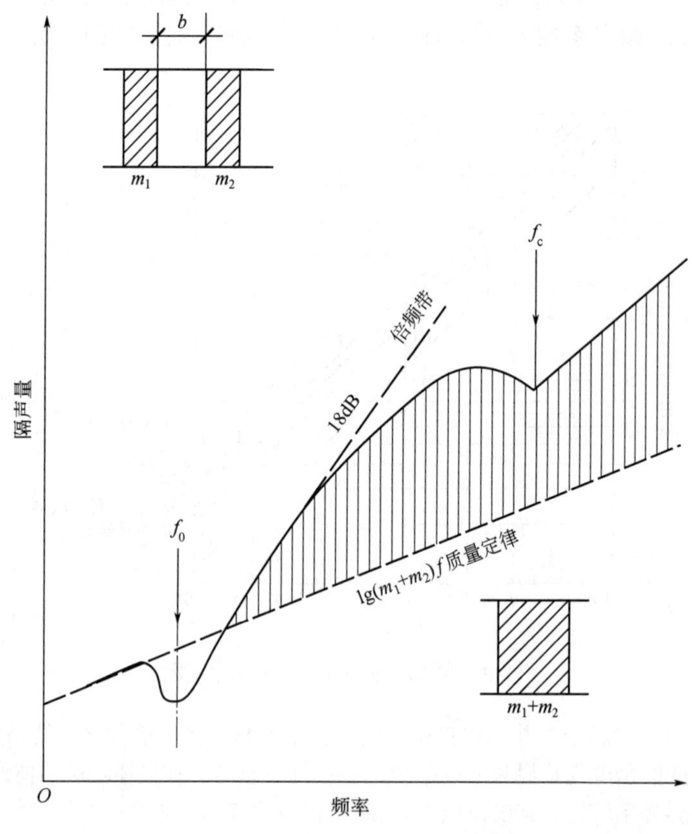

图7-10　双层墙隔声性能曲线

(1) 双层墙隔声结构的隔声量

在工程应用中，常用以下经验公式来估算双层结构的隔声量。

$$R = 16\lg(m_1+m_2)+16\lg f - 30+\Delta R \tag{7-16}$$

平均隔声量估算的经验公式为

$$\overline{R} = 16\lg(m_1+m_2)+8+\Delta R,\quad m_1+m_2 \geqslant 200\text{kg/m}^3 \tag{7-17}$$

$$\overline{R} = 13.5\lg(m_1+m_2)+14+\Delta R,\quad m_1+m_2 < 200\text{kg/m}^3 \tag{7-18}$$

式中 m_1，m_2——两层隔声墙的面密度，kg/m^2；

ΔR——空气层的附加隔声量，dB。

附加隔声量与空气层厚度的关系，可由图7-11查得。图7-11中的关系曲线是在实验室中通过大量实验得出的，对于不同面密度材料的双层构造，其ΔR值不完全相同。在空气层厚度较小时相差不大，在空气层厚度较大时相差就大些，一般面密度大的双层结构其ΔR值要高一些。在实际使用时，重的双层结构的ΔR值可选用曲线1，轻的双层结构的ΔR值可选取曲线3。常见中空式双层板隔声量见表7-5。

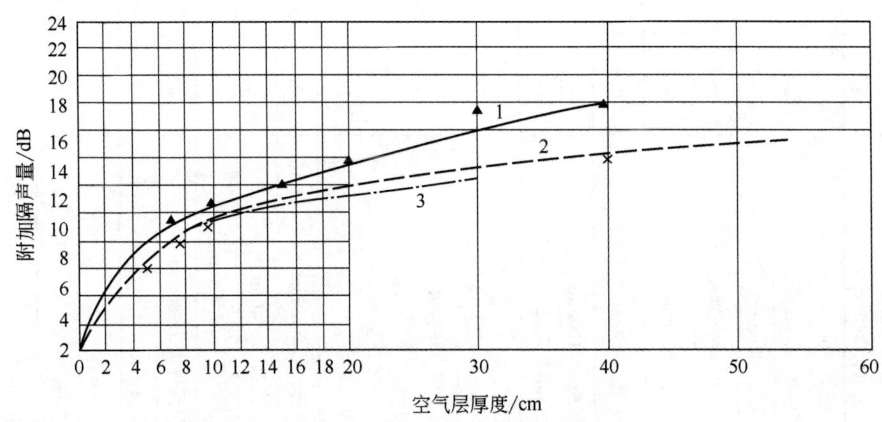

图7-11 双层墙空气层厚度和附加隔声量的关系

1—双层加气混凝土墙m=140kg/m^2；2—双层无纸石膏板墙m=48kg/m^2；

3—双层纸面石膏板墙m=28kg/m^2

(2) 双层墙的共振频率

双层墙的共振频率f_0可由下式得出：

$$f_0 = \frac{c}{2\pi}\sqrt{\frac{\rho_0}{d}\left(\frac{1}{m_1}+\frac{1}{m_2}\right)} \tag{7-19}$$

式中 ρ_0——空气密度，kg/m^3；

c——空气声速，m/s；

m_1，m_2——两层墙的面密度，kg/m^2；

d——空气层的厚度，m。

表 7-5 常见中空式双层板隔声量

类别	名称	面密度/(kg/m²)	隔声量/dB 125Hz	250Hz	500Hz	1000Hz	2000Hz	4000Hz	$\overline{R}$	R_w
双层金属板（槽钢龙骨）	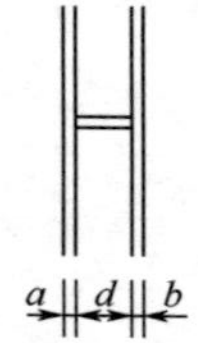 $a=b$=1mm 铝板，d=70mm	5.2	17	12	22	31	48	53	30	26
	$a=b$=2mm 铝板，d=70mm	10.1	9	21	30	37	46	49	31	32
	$a=b$=0.8mm 复塑钢板，d=140mm	13	19	30	36	48	56	61	41	39
	$a=b$=1mm 钢板，d=80mm	15.3	25	29	39	45	54	56	40	41
	$a=b$=1.5mm 钢板，d=65/65mm 超细玻璃棉	26.8	32	41	49	56	62	66	50	51
双层木质纤维机制板（木龙骨）	 $a=b$=5mm 纤维板，d=80mm	10.2	25	25	37	44	53	59	39	38
	$a=b$=20mm 刨花板，d=80mm	27.6	37	34	42	47	47	58	44	45
	$a=b$=25mm 木丝板，d=100mm（肋间距 450mm 粉刷）	77	20	24	35	47	50	46	36	37
双层纸蜂窝板	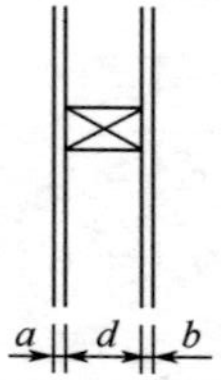 $a=b$=50mm 水泥石棉板蜂窝板，d=80mm	46	36	44	59	57	60	61	51	55
薄板双层墙（木龙骨）	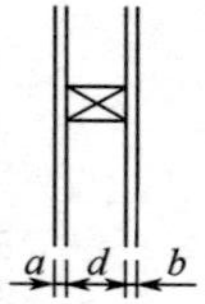 $a=b$=12mm 纸面石膏板，d=80mm	25	27	29	35	43	42	44	36	38
	$a=b$=12mm 纸面石膏板，d=140mm	25	25	38	43	54	58	48	44	46
	$a=b$=(12+9)mm 纸面石膏板，d=80mm	40	34	34	41	48	56	54	44	45
	$a=b$=2×12mm 纸面石膏板，d=80mm	45	35	35	43	51	58	51	44	46
石膏板双层墙（空气层厚度变化）	不同空气层厚度的纸面石膏板双层墙（龙骨分离）a=12mm 纸面石膏板，b=(12+9)mm 纸面石膏板									
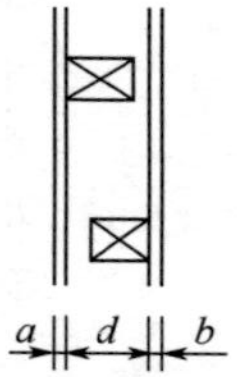	d=12mm	15.4	24	25	31	43	45	57	36	36
	d=35mm	15.4	21	25	35	44	51	57	38	37
	d=70mm	15.4	23	29	38	48	54	50	40	41
	d=150mm	15.4	27	34	42	52	56	52	43	45
	d=300mm	15.4	26	37	46	53	56	52	44	47

续表

类别	名称	面密度/(kg/m²)	隔声量/dB							
			125Hz	250Hz	500Hz	1000Hz	2000Hz	4000Hz	$\overline{R}$	R_W
加气混凝土双层墙	a=100mm,b=150mm,两面抹灰后总厚度380mm,d=100mm	125	41	42	50	62	72	76	55	54
	空气层厚度d=50mm	140	37	44	44	49	60	67	49	49
	空气层厚度d=100mm	140	40	50	50	57	65	70	55	55
双层砖墙	a=b=60mm(粉刷),d=60mm	258	25	28	33	47	50	47	38	38
	a=b=240mm,d=150mm	800	50	51	58	71	78	80	64	63
	a=b=240mm(基础分开,抹灰),d=100mm	960	46	55	65	80	95	103	71	68
双层石膏薄板(木龙骨,腔内填吸声材料)	a=b=12mm纸面石膏板,d=80/50mm矿棉毡(波形置放)	29	34	40	48	51	57	49	45	49
	a=b=12mm纸面石膏板,d=80/(50~60)mm水泥珍珠岩板	40	26	30	40	48	51	48	39	44
	a=b=12mm纸面石膏板,d=80/(50~60)mm水泥珍珠岩板和80mm矿棉柱体(柱面端抵住石膏板)	40	28	35	46	54	59	51	45	48
	a=12mm纸面石膏板,b=12mm纸面石膏板贴一层油毡,d=80/(50~60)mm水泥珍珠岩板	42	26	30	42	52	55	53	43	45
	a=2×12mm纸面石膏板,b=12mm纸面石膏板贴一层油毡,d=80/(50~60)mm水泥珍珠岩板	52	28	33	44	53	60	53	45	48
	a=b=2×12mm纸面石膏板,d=75/30mm超细玻璃棉	42	33	47	50	57	64	51	50	51
	a=b=8mm菱镁玻纤板,d=75/75mm岩棉	26	21	43	54	63	65	52	—	44

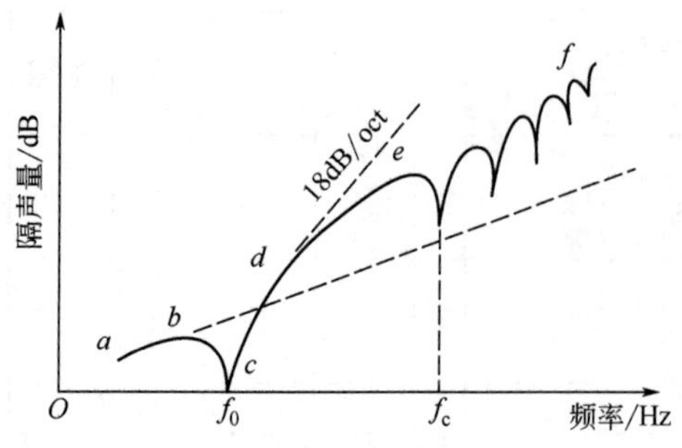

图7-12 具有空气层的双层墙隔声频率特性曲线

当入射声波的频率与上述隔墙的固有频率f_0相等时就会引起共振，这时隔声量就大大降低，只有当入射声波的频率比f_0大1.4倍时，隔声效果才明显提高。如图7-12所示为具有空气层的双层墙的隔声与频率的关系曲线，其中虚线表示与双层墙质量相等的单层墙的隔声量。图中c处表示发生共振处，隔声值下降到零。在入射声波的频率比双层结构的固有频率低的a~b段，两墙将像一个整体一样振动，因此与同样质量的单层墙的隔声值没有什么区别，只有在比共振频率f_0大1.4倍以上的d、e、f段时，双层墙才比单层墙的隔声明显提高。根据这一原理一般认为，只有双层结构的固有频率f_0低于50Hz（接近人们可以听到声音频率的下限）时才能达到好的隔声效果。通常一些沉重的墙体（如砖、混凝土等），其f_0一般不超过25Hz，其共振影响可以忽略。但对于面密度小于30kg/m²，空气层厚度又小于3cm的轻质双层墙，就需加以注意，因为此时其固有频率较高（可达100~250Hz范围），已进入低频声区域，当其发生共振时隔声效果很差。这就是一些由胶合板或薄钢板做成的双层结构对低频隔声不良的主要原因。针对这种情况，可在两堵墙之间的空气层中填塞一些矿渣棉、玻璃棉等吸声材料，使共振得到减弱。

当频率高到在空气夹层内不能忽略波动现象的时候，就产生如图7-12中ef段的一系列驻波共振，这些共振与墙的质量无关，它发生在空气层厚度等于声波波长一半的整数倍的时候，即

$$d = n(\lambda/2) \quad n=1，2，3，\cdots \tag{7-20}$$

式中 d——空气层厚度；

λ——声波波长。

例如，空气层的厚度为10cm，则产生驻波频率为

$$f_n = n\frac{c}{2d} = \frac{340n}{2 \times 0.1}$$

$$f_1=1700$$

$$f_2 = 3400$$

$$f_3 = 5100$$

……

注意：上述讨论都是假定墙体没有能量损耗的情况，但实际上墙是有损耗的。

前面提到双层墙有一系列的共振（f_0和驻波共振）影响隔声量的提高，如果在空气层中充填吸声材料，由于材料的流阻特性，阻碍空气的振动，可以减弱共振的影响，这就比单纯空气层有更好的隔声效果。

（3）放置多孔吸声材料

在双层墙中填充或悬挂柔性吸声材料，还可以进一步提高隔声量并改善双层结构共振频率和临界频率下的隔声性能，如图7-13所示。

从图7-13中可知，加吸声材料的双层板，比不加或少加吸声材料的双层板，隔声性能提高得多。

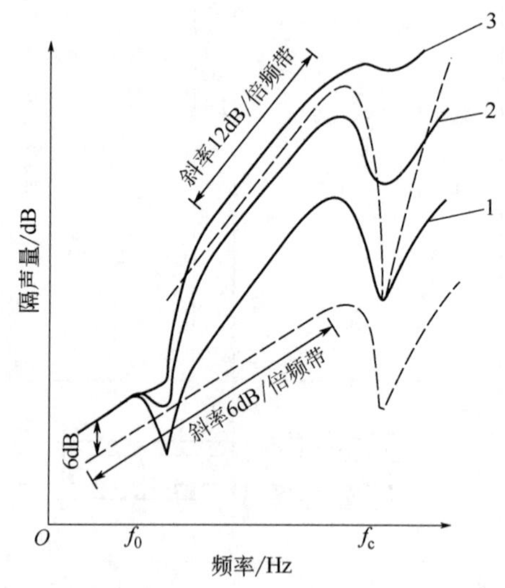

图7-13 中间加填充料时双层墙隔声频率特性曲线

1—空气层中无吸声材料；2—空气层中加少量吸声材料；3—空气层中填满吸声材料

图7-13中上下两条虚线分别表示相距无限远双层板隔声特性和单层板的隔声特性。隔声量的提高也与放置吸声材料的方法有关。若吸声材料不是悬挂或放置在双层墙之间，而是设法固定在一层墙板的内侧，则双层墙的隔声量不仅在高频有明显的提高，同时在中频范围也有较明显的提高。

如果在双层轻质墙板之间填满柔软多孔的吸声材料，则吸声材料挤压在双层墙板之间，将同时阻碍着双层轻质墙板面的振动，双层墙低、中频的隔声量会同时有明显提高，这是因为利用了表面摩擦的阻尼，就好像用手掌捂住鼓面去降低鼓声一样。因此，用吸声材料改善隔声量，其隔声值几乎是各个频率均有明显提高。

但是要在空气层中填满吸声材料，需要较多的材料。若将薄层柔软吸声材料采用波浪形、弓形或圆弧形的方法填塞在双层墙板之间，则既可起到阻止墙面振动的作用，又可节省吸声材料，减小降噪成本。

双层隔声结构在设计和施工中还应注意，不能在双层板材间有刚性接触，以免一块板上的振动通过刚性连接物体传导到另一块板上，使夹层的空气或吸声材料失去作用。这种双层板中的刚性连接称为声桥。为避免形成声桥和减弱声桥的作用，双层板除在边缘固定外，两板之间不宜再加支撑物体。如工程需要两板之间加以支撑，则应采用弹性支撑。

7.2 隔声间的设计

在高噪声环境下，若不宜对声源直接做隔声处理（如加隔声罩），且操作管理人员直接操控高噪声设备的时间不长，隔声设计可采取控制、监督、观察、休息用的隔声间（室）。隔声间的降噪量可达20~50dB。

高噪声环境中设置隔声间，如柴油发电机组机房内建造一个具有良好的隔声性能的控制室，能有效地减少噪声对操作人员的干扰。另外，有时环境噪声本身不高，但为营造一个相当安静即本底噪声很低的环境时，也可采取设计隔声间的方法，如在耳科临床诊断中进行听力测试和研究，必须用特殊的隔声构件建造一个测听室，防止外界噪声的传入。这些由隔声构件组成的具有良好隔声性能的房间统称为隔声间或隔声室。

7.2.1 组合墙体的隔声量

隔声间一般由几面墙板组成，每一面墙板又由墙体、门窗等隔声构件组合而成。一面墙包括了门、窗等，通常称为组合墙体。这种组合墙体的门、窗等构件是由几种隔声能力不同的材料构成的，像这种组合墙体的隔声性能，主要取决于各个组合构件的透声系数和它们所占面积的大小。

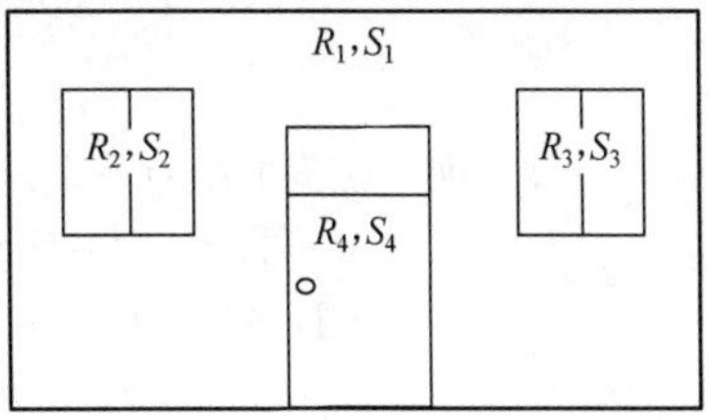

如图7-14所示为隔声组合墙体，图中墙体的隔声量为R_1，面积为S_1；左窗的隔声量为R_2，面积为S_2；右窗的隔声量为R_3，面积为S_3；门的隔声量为R_4，面积为S_4。计算该组合墙体的隔声量，首先应由各构件的隔声量求出相应的透声系数，即

图7-14 隔声组合墙体

$$\tau_1=10^{-\frac{R_1}{10}},\ \tau_2=10^{-\frac{R_2}{10}},\ \cdots,\ \tau_n=10^{-\frac{R_n}{10}}$$

然后，计算组合墙体的平均透声系数：

$$\bar{\tau}=\frac{\tau_1S_1+\tau_2S_2+\cdots+\tau_nS_n}{S_1+S_2+\cdots+S_n}=\frac{\sum_{i=1}^{n}\tau_iS_i}{\sum_{i=1}^{n}S_i} \tag{7-21}$$

式中 $\bar{\tau}$——组合墙体的平均透声系数；

τ_i——组合墙体各构件的透声系数；

S_i——组合墙体各构件的面积。

这样，组合墙体的平均隔声量$\bar{R}$由下式计算：

$$\bar{R}=10\lg\frac{1}{\bar{\tau}}=10\lg\frac{\sum_{i=1}^{n}S_i}{\sum_{i=1}^{n}\tau_i S_i} \tag{7-22}$$

7.2.2 孔洞和缝隙对隔声的影响

由前述可知，当隔声介质存在孔洞或缝隙时，其隔声性能将受到很大的影响。根据式（7-21）可知，孔洞和缝隙相当于透声系数为1的部分。尽管孔洞和缝隙的面积很小，但是仍会增加介质的透声能力，成为隔声结构的薄弱环节。当然，孔洞和缝隙对隔声性能的影响远大于式（7-21）的计算结果。

孔洞和缝隙对隔声的影响主要在高频段。随着孔洞的加大，高频隔声量继续下降，同时向中、低频方向扩展。如图7-15和图7-16所示的试验结果反映了这种情况。从图中可以看出，缝隙对隔声量的影响比孔洞对隔声量的影响更为严重。

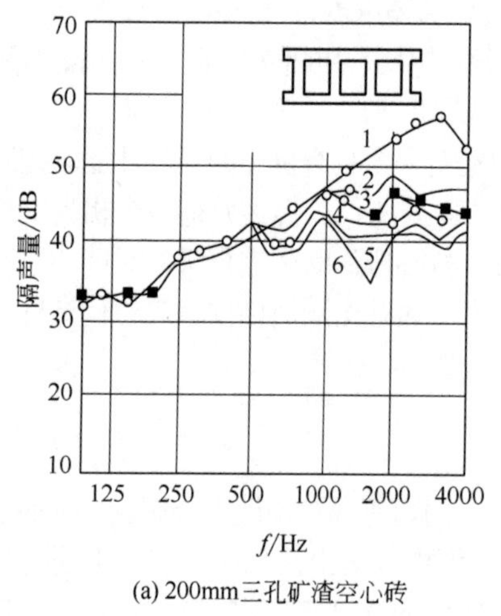

(a) 200mm三孔矿渣空心砖

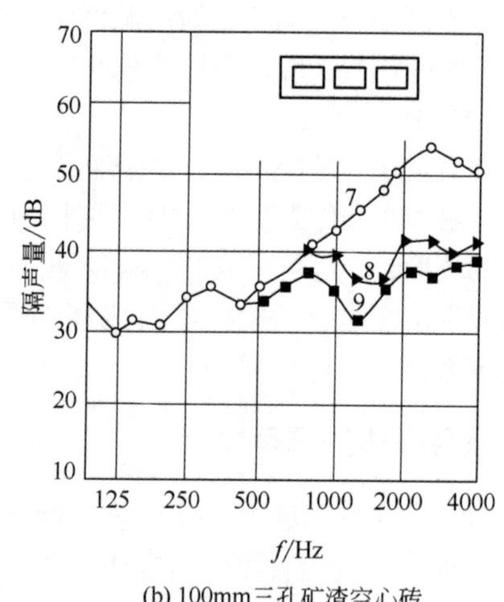

(b) 100mm三孔矿渣空心砖

图7-15 孔洞对隔声量的影响

1—200mm三孔矿渣空心砖墙；2—同1墙在中央开直径14.6mm孔；3—同1墙在中央开直径19.5mm孔；4—同1墙在中央开直径26mm孔；5—同1墙在中央开直径19.5mm及26mm两孔；6—同1墙在中央开直径14.6mm、19.5mm、26mm三孔；7—100mm三孔矿渣空心砖墙；8—同7墙在中央开直径30mm孔；9—同7墙在中央开50mm孔

在一般的噪声工程设计中，孔隙对隔声的影响还可从图7-17中查得。由图可以看出，如果知道某种墙体的隔声量和孔隙面积所占墙体面积的比例，就可以直接查出该墙体的实际隔声量。比如，当墙体的隔声量为40dB，孔隙面积占墙体的1%，那么，该墙体的实际隔声量为20dB。从图中还看出，即使原墙体隔声量很大（50dB或60dB），只要墙体存在1%的孔隙，其墙体的隔声量就不会超过20dB。孔隙对隔声的影响，还与隔声构件的厚度有关。隔声构件的厚度越厚，孔隙对隔声性能的影响越小。

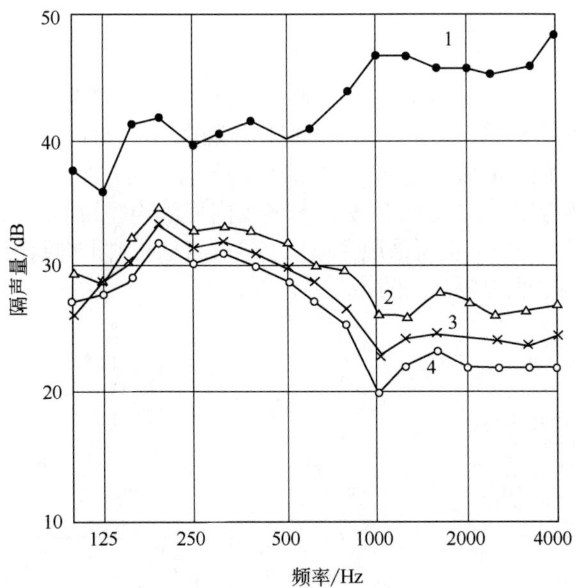

图7-16　缝隙对隔声量的影响

1—150mm厚振动砖墙板；2—150mm厚振动砖墙板，中央开长100mm、宽5mm的缝隙；
3—150mm厚振动砖墙板，中央开长100mm、宽10mm的缝隙；4—同上，两缝隙同时开

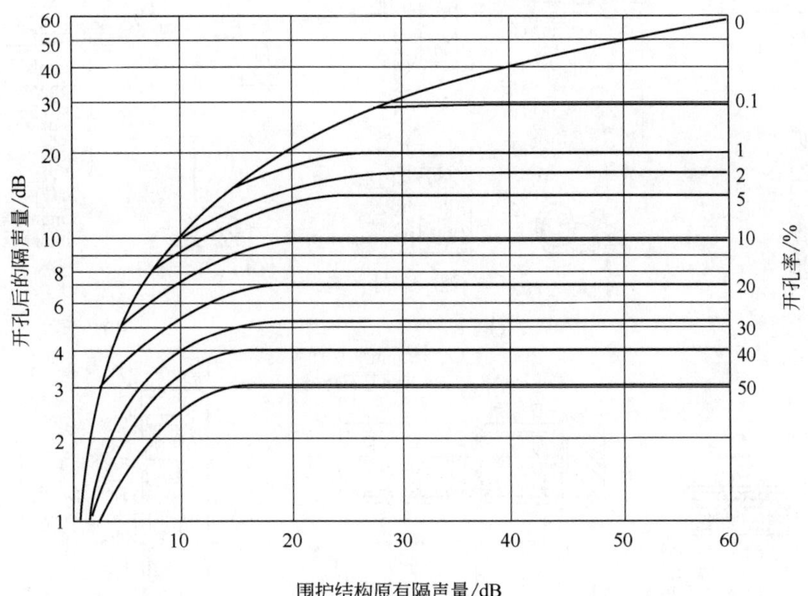

图7-17　开孔率对原有结构隔声的影响

从上述讨论看出，孔隙能使隔声结构的隔声量显著下降，因此，在隔声结构中，对结构的孔洞或缝隙必须进行密封处理。如隔声间的通风管道，应在孔洞处加一套管，并在管道周围包扎严密。在建筑施工中，还应注意砖缝和灰缝饱满，混凝砂浆捣实，防止出现孔洞和缝隙，提高隔声结构的隔声效果。

7.2.3 隔声门的设计

（1）隔声门的构造

由于门的启闭要求，其隔声性能不同于一般匀质材料，它不仅取决于门扇本身的隔声性能，而且和门扇与门框间缝隙的处理是否紧密相关。因此作为隔声门，在保证门扇构件隔声量的同时，门扇与门框间的密封要好，门不能做得过重，以保证门的开启机构灵活方便。通常隔声门采用多层复合结构，为防止面板吻合效应出现在有效频率范围内使隔声量降低，常采用临界频率出现在3150Hz以上的薄板材料。另外，也可采用在板材上涂刷阻尼材料来抑制板的弯曲波运动。常见隔声门的结构如图7-18所示，典型隔声门的特性见表7-6。

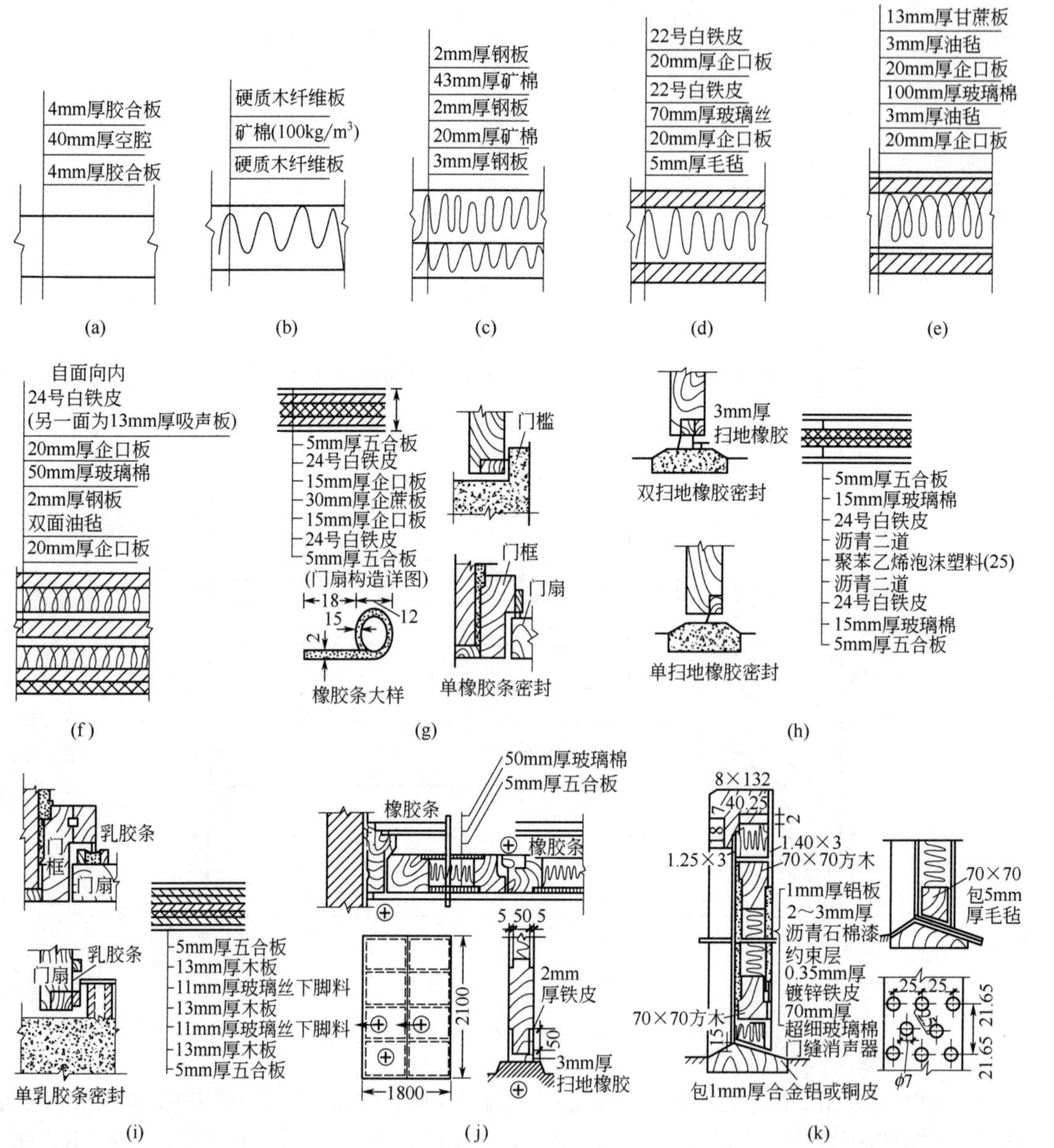

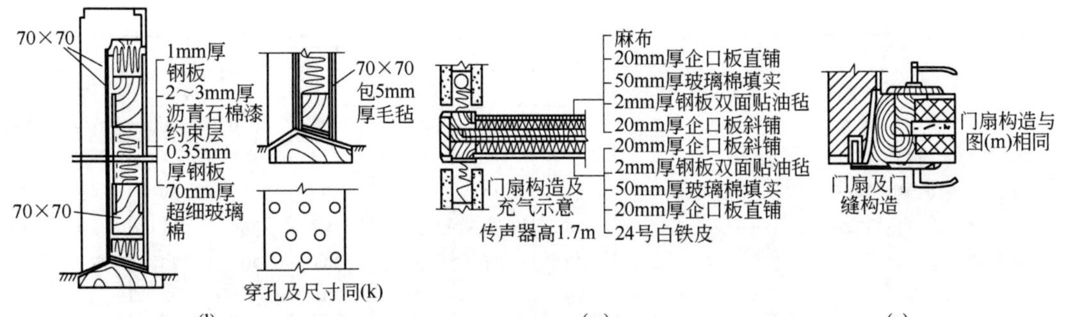

图7-18 常见隔声门结构

表7-6 典型隔声门的特性

结构	隔声量/dB							
	倍频程中心频率/Hz						平均隔声量	隔声指数
	125	250	500	1000	2000	4000		
有橡胶密封条的普通嵌板门，门扇厚50mm	18	19	23	30	33	32	25.8	
三夹板门，门扇厚45mm	13.4	15	15.2	19.6	20.6	24.5	16.8	
双层木板实心门，板共厚100mm	16.4	20.8	27.1	29.4	28.9		29	
钢板门，厚6mm	25.1	26.7	31.1	36.4	31.5		35	
双层门[见图7-18(a)]								
①有橡胶密封条	27	27	32	35	34	35	31.7	
②无橡胶密封条	22	23	24	24	24	23	23.3	
双层门[见图7-18(b)]								
①有橡胶密封条	28	28.7	32.7	35	32.8	31	31	
②无橡胶密封条	25	25	29	29.5	27	26.5	27	
多层复合门[见图7-18(c)]	38	34	44	46	50	55	44.5	
多层复合门[见图7-18(d)]	29.6	29	29.6	31.5	35.3	43.3	32.6	
多层复合门[见图7-18(e)]	24	24	26	29	36.5	39.5	29	
多层复合门[见图7-18(f)]	41	36	38	41	53	60	45	
多层复合门[见图7-18(g)]								
①门缝用双9字形橡胶条，密封较好	31	29	32	36	43	44	35.3	37
②门缝用单9字形橡胶条，堵下缝	27	27	26	31	39	39	31.9	33
③门缝用双9字形橡胶条，不堵下缝	24	23	23	24	26	28	24.7	25
多层复合门[见图7-18(h)]								
①门缝全密封	30	28	34	39	47	50	37.5	39
②门缝双9字形橡胶条，双扫地橡胶	27	27	30	33	36	44	32.8	34
③门缝单9字形橡胶条，单扫地橡胶	28	26	28	32	38	36	31.5	33
④门缝用单乳胶条，单扫地橡胶	26	23	26	41	41	43	32.7	33
多层复合门[见图7-18(i)]								
①门缝全密封	28	28	34	36	46	49	36.8	38
②门缝双9字形橡胶条	26	27	30	33	35	42	31.7	35
③门缝用单乳胶条	27	23	26	34	41	41	32	33
双层双扇门[见图7-18(j)]								
①门缝全密封，下部门缝用长扫地橡胶	30	28	34	39	47	50	37.5	39
②门缝用单软橡胶条，下部门缝用长扫地橡胶	23	24	28	30	31	36	28.7	31
③门缝用单软橡胶条，扫地橡胶剪短与地面齐	22	22	27	27	30	30	26.9	29

续表

结构	隔声量/dB							
	倍频程中心频率/Hz						平均隔声量	隔声指数
	125	250	500	1000	2000	4000		
铝板复合门[见图7-18(k)]								
①保温隔声单扇门	23	22	27	30	41	39	30.6	32
②门缝斜企口包毛毡	26	36	28	28	36	51	33.1	32
③门缝用消声器	22	24	24	34	40	33	29.2	30
④门缝不处理	23	28	24	29	23	24	25.1	25
铜板复合门[见图7-18(l)]								
①普通保温单扇门	23	22	27	34	41	39	30.6	32
②门缝斜企口包毛毡	42	41	35	37	45	57	41.1	41
③门缝用消声器	27	26	26	41	43	37	32.9	35
④门缝不处理	25	26	23	28	23	25	24.8	25
双层充气推拉门[见图7-18(m)]								
①现场未充气	37	42	36	50	50	54	42	46
②现场充气	47	48	46	56	56	57	51	53
③实验室测定	45	54	55	61	64	65	55	60
门斗式高效能隔声门[见图7-18(n)]								
①内扇关未充气	24	17	28	40	51	58	35.9	31
②内扇关充气	27	26	32	41	53	60	39	37
③外扇关未充气	26	27	31	32	42	54	35	34
④外扇关充气	27	31	34	36	43	57	38.2	40
⑤内外扇全关未充气	37	45	56	71	71	79	60	58
⑥内外扇全关充气	42	46	57	72	72	80	61.5	59

（2）门缝密封

门缝对门的隔声性能有很大影响，隔声门的密封方法应该根据隔声要求和门的使用条件确定，例如人员出入较少的水泵房隔声间的门可以采用隔声效果较好的双企口压紧橡胶条的密封方法，而人员出入较频繁的高噪声车间门就不宜使用这种方法，因为人们会由于开关不方便而不去压紧橡胶条，结果这种门等于没有密封，达不到隔声的目的。因此，为保证门缝的密封性能，隔声门应该设压紧装置（如凸轮旋紧装置），使门关上时，密封条处处受压，各处压力均匀。对隔声量要求较高，又较少启闭的隔声门，可采用充气带密封门缝的方法。隔声门常用的密封方法如图7-19所示。

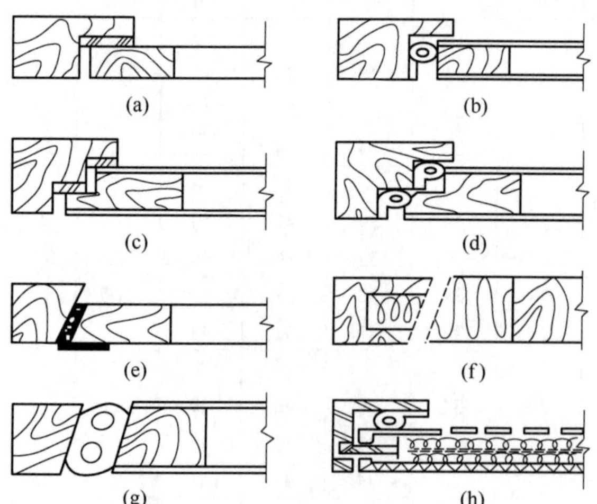

图7-19 隔声门常用的密封方法

（3）双道隔声门和声闸

与双层墙的隔声原理一样，两道门组合在一起也能够获得较高的隔声量。对于简单的双道门构造，其隔声性能与普通的双层墙隔声性能计算方法一致。为了进一步提高双道门的隔声量，可采取加大双道门之间的空间，做成门斗形式，在门斗的各个内表面做吸声处理，形成“声闸”。如图7-20所示，双道门做成“声闸”的形式后，其隔声量相对于双道门隔声量的增量为

$$\Delta R = 10\lg \frac{1}{S\left(\frac{\cos\varphi}{2\pi d^2} + \frac{1-\bar{\alpha}}{A}\right)} \tag{7-23}$$

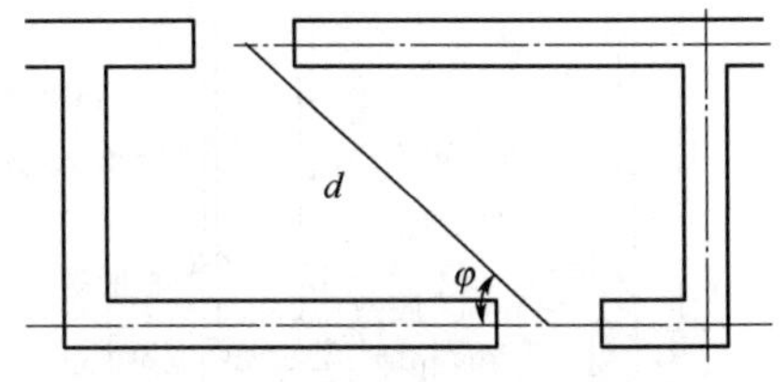

图7-20 声闸隔声量增量计算简图

式中 S——门扇面积，m^2；

d——两门中心距离，m；

φ——直线d与门的法线间的夹角，(°)；

A——声闸内表面总的吸声量（等效吸声面积），m^2；

$\bar{\alpha}$——声闸内表面平均吸声系数。

7.2.4 隔声窗的设计

在噪声控制工程中，普通的钢、铝、塑料窗的隔声性能常常满足不了要求，需要另行设计制作隔声窗。与隔声门一样，要提高窗户的隔声量主要是提高窗扇玻璃的隔声量和做好窗缝的密封处理。

（1）各类玻璃的隔声性能

普通玻璃的隔声频率特性曲线基本上符合匀质单层墙的隔声规律，只是在中低频段曲线的上升斜率比质量定律要低些，在高频段同样产生吻合效应，吻合谷在8dB左右，临界频率可由下式计算：

$$f_c = 1200/d \tag{7-24}$$

式中，d为玻璃厚度，mm。

人们常认为中空玻璃的隔声性能较好，其实是一种误解。中空玻璃不是真空玻璃，常用的中空玻璃由两块3~6mm厚的玻璃相距5~12mm组成，小的中空距离使得两玻璃间的空气层呈现为较强的"刚性"，没有起到空气弹簧作用，丧失了一般双层板构造的优点。同时，由于双层结构存在共振，小的中空距离使共振现象产生在中、低频，致使隔声量有所下降。另外，目前市场上的中空玻璃在制作上多用铝条或玻璃条将两片玻璃粘在一起，铝条和玻璃条的"声桥"作用也使隔声性能变差。所以，中空玻璃结构的隔声性能比单层玻璃好不了多少。当然，不可否认，中空玻璃的保温性能较好。

为了提高玻璃的隔声性能，可采用叠合玻璃或夹层玻璃（又称夹胶玻璃）。叠合玻璃就是用两片或三片玻璃叠合在一起充当厚玻璃使用。夹胶玻璃是以透明胶片将两片或三片玻璃黏合在一起，组成厚的玻璃。

（2）双层隔声窗

一般单层窗要达到40dB以上的隔声量是很困难的。为了使窗户获得较高的隔声量，可采用双层窗构造。双层窗间所夹空气层越厚，隔声量就越高，由双层结构引起的共振频率就越低。双层窗的共振频率可按下式计算：

$$f_c = \frac{1200}{\sqrt{0.25d\ (t_1 + t_2)}} \tag{7-25}$$

式中，d为空气层厚度，mm；t_1、t_2为两层玻璃的厚度，mm。

沿双层窗间窗框做吸声处理，能使其隔声量提高3~5dB，而且吻合效应也将减弱。双层隔声窗在安装时应采取分立式或用隔振材料（如乳胶条或硅胶条）对两层窗玻璃与窗框间采取软连接。如图7-21所示给出了几种隔声窗的示意图。

（3）隔声窗设计中的其他注意事项

① 多层窗应选用厚度不同的玻璃板以消除高频吻合效应。例如，3mm厚的玻璃板的吻合谷出现在4000Hz，而6mm厚的玻璃板的吻合谷出现在2000Hz，两种玻璃组成的双层窗，吻合谷相互抵消。

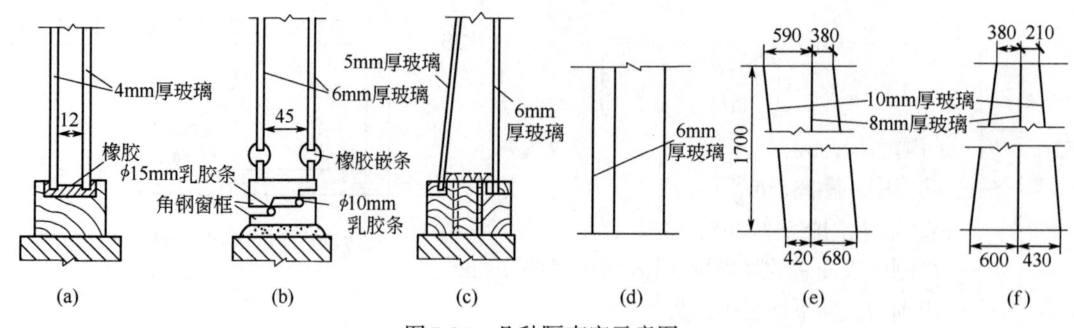

图7-21 几种隔声窗示意图

② 多层窗的玻璃板之间要有较大的空气层。实践证明，空气层厚5cm时效果不大，一般取7~15cm，并应在窗框周边内表面做吸声处理。

③ 多层窗玻璃板之间要有一定的倾斜度，朝声源一面的玻璃做成倾斜形式，以消除驻波。

④ 玻璃窗的密封要严，在边缘用橡胶条或毛毡条压紧，这不仅可以起密封作用，还能起有效的阻尼作用，以减少玻璃板受声激振透声。

⑤ 两层玻璃间不能有刚性连接，以防止“声桥”。

(4) 常用窗隔声量

普通单层玻璃窗的隔声量如表7-7所示；普通双层玻璃窗的隔声量如表7-8所示；常用隔声窗的构造及其隔声量如表7-9所示。

表7-7 普通单层玻璃窗的隔声量

窗面积/m²	玻璃厚度/mm	倍频程隔声量/dB						平均隔声量/dB	计权隔声量/dB
		125Hz	250Hz	500Hz	1000Hz	2000Hz	4000Hz		
2	3	21	22	23	27	30	30	25.5	27
3	4	22	24	28	30	32	29	27.5	29
3	6	25	27	29	34	29	30	29.0	29
2	8	31	28	31	32	30	37	30.5	31
2	10	32	31	32	32	32	38	32.8	32
2	12	32	31	32	33	33	41	33.7	33
2	15	36	33	33	28	39	41	35.0	30

表7-8 普通双层玻璃窗的隔声量

窗面积/m²	双层窗的组合玻璃厚/空气层厚/玻璃厚/mm	倍频程隔声量/dB						平均隔声量/dB	计权隔声量/dB
		125Hz	250Hz	500Hz	1000Hz	2000Hz	4000Hz		
1.9	3/8/3	17	24	25	30	38	38	28.7	30
1.9	3/32/3	18	28	36	41	36	40	33.2	36
1.8①	3/100/3	24	34	41	46	52	55	42	43
3.0①	3/200/3	36	29	43	51	46	47	42	41
1.13	4/8/4	20	19	22	35	41	37	29	27
1.8①	4/100/4	29	35	41	46	52	43	41	44
3.0①	4/254/4	31	41	50	50	51	44	44.5	45
3.8	6/10/6	22	21	28	36	30	32	28.2	30
1.8①	6/100/6	32	38	40	45	50	42	41.2	43
1.8	6/100/3	26	32	39	39	46	47	38.2	41
1.8①	6/100/3	30	35	41	46	51	54	42.8	45

① 为边框做吸声处理的双层窗。

表 7-9 常用隔声窗的构造及其隔声量

序号	窗种类	窗扇材料	窗缝处理	窗框吸声处理	玻璃厚度/mm	空气层厚度/mm	倍频程隔声量/dB						平均隔声量/dB	计权隔声量/dB	说明
							125Hz	250Hz	500Hz	1000Hz	2000Hz	4000Hz			
1	单层平开窗	木	无	—	3	—	20.0	21.5	20.0	21.0	23.5	24.5	21.8	22	普通标准木窗
2	单层固定窗	木	—	—	3	—	20.4	23.0	25.5	29.8	34.0	29.5	26.8	30	
3	单层固定窗	木	—	—	6	—	24.9	26.3	30.5	34.2	27.8	37.7	30.3	32	
4	单层平开窗	钢	无	—	3	—	15.7	19.6	20.5	22.5	22.9	24.2	20.9	23	普通空腹钢窗
			橡胶条	—		—	14.6	20.0	22.0	24.7	22.3	26.9	21.8	23	
5	单层推拉窗	铝合金	尼龙毛刷条	—	5	—	20.0	22.1	22.7	25.2	25.2	24.2	22.5	25	
			橡胶条	—	4	—	26.0	22.5	24.0	26.5	28.0	30.0	26.1	27	
6	单层平开窗	铝合金	双道橡胶条	—	5	—	20.4	27.0	28.5	32.5	34.6	35.2	29.3	32	
7	单扇双层玻璃平开窗	木	无	—	5+5	45	10.0	22.5	19.5	19.0	16.5	26.0	18.2	19	窗面积2560mm×1180mm
			ϕ10mm乳胶条	—	5+5	45	12.5	29.0	29.0	26.5	26.0	42.0	26.5	27	
			ϕ15mm乳胶条	—	5+5	45	13.0	30.0	27.0	26.0	31.0	40.5	27.1	30	
			ϕ10mm，ϕ15mm双乳胶条	—	5+5	45	19.0	30.0	29.0	31.0	35.0	48.0	30.3	32	
8	双层固定窗	木	—	无	3+6	90	27.7	33.6	42.8	50.6	57.0	59.5	44.6	47	

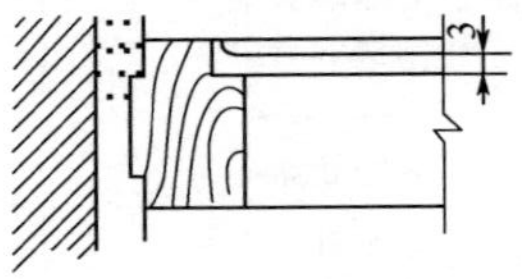

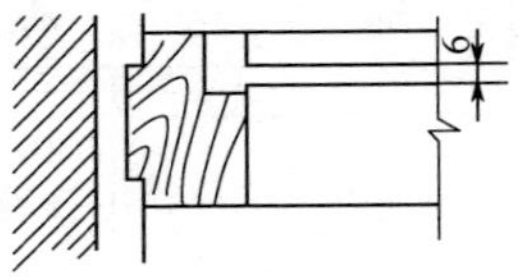

窗 2（窗面积 150mm×1600mm）

窗 3（窗面积 1000mm×2000mm）

续表

序号	窗种类	窗扇材料	窗缝处理	窗框吸声处理	玻璃厚度/mm	空气层厚度/mm	倍频程隔声量/dB						平均隔声量/dB	计权隔声量/dB	说明
							125Hz	250Hz	500Hz	1000Hz	2000Hz	4000Hz			
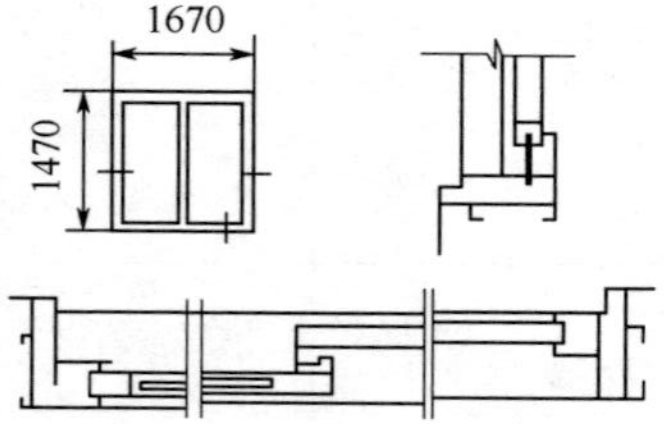 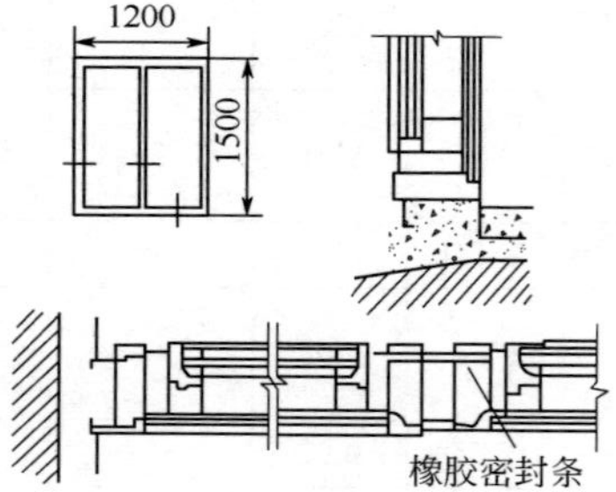 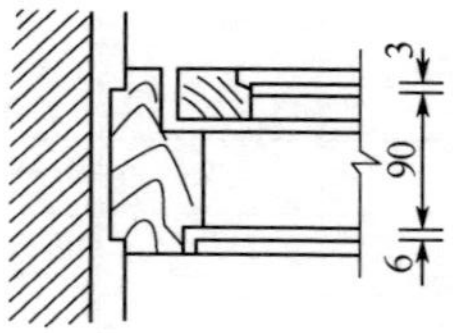	1670 1470 窗 5				1200 1500 橡胶密封条 窗 6						3 90 6 窗 8				
9	双层固定窗	木	—	穿孔板中空	5+6	85~115	31.0	36.0	44.5	56.5	55.0	43.2	44.0	46	
				穿孔板中玻璃棉毡	5+6	85~115	30.1	36.4	46.7	57.2	57.4	53.0	46.1	49	
				穿孔板中玻璃棉毡	5+6	125~150	29.0	36.8	48.0	59.0	59.0	49.5	46.7	49	
				穿孔板中玻璃棉毡	5+6	80~190	29.5	36.0	46.5	58.0	57.0	52.0	45.7	48	
10	双层固定窗	钢	—	穿孔板玻璃棉	10+8	160	见本表中附图曲线						55	—	55dB是500Hz的声级差

续表

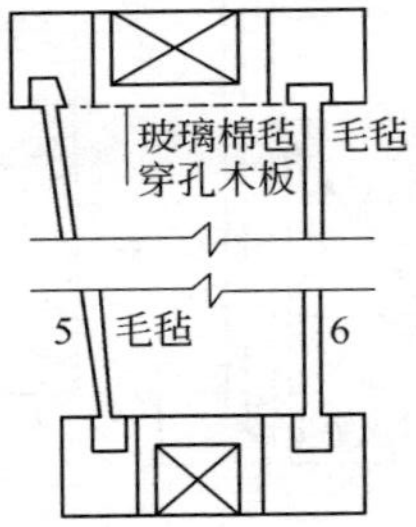

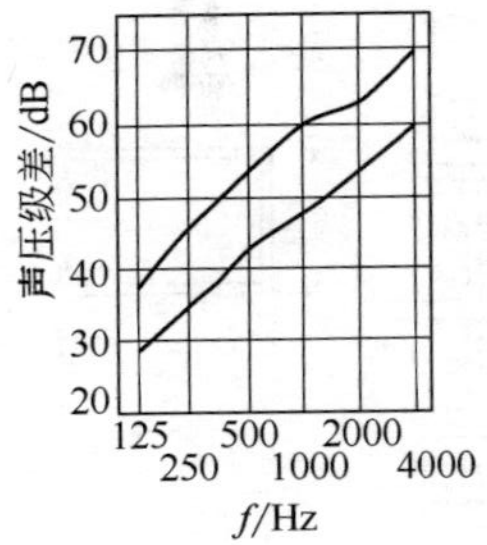

序号	窗种类	窗扇材料	窗缝处理	窗框吸声处理	玻璃厚度/mm	空气层厚度/mm	倍频程隔声量/dB						平均隔声量/dB	计权隔声量/dB	说明
							125Hz	250Hz	500Hz	1000Hz	2000Hz	4000Hz			
11	双层平开窗	钢	无	无	4+4	120	23.5	25.5	29.5	32.5	34.0	40.5	30.9	33	普通钢窗
					5+5	100	22.0	19.0	29.0	32.0	42.0	56.0	33.2	32	
12	双层平开窗	钢	橡胶条	穿孔板	6+6	150	31.1	39.3	41.4	45.8	35.8	46.2	39.9	36	

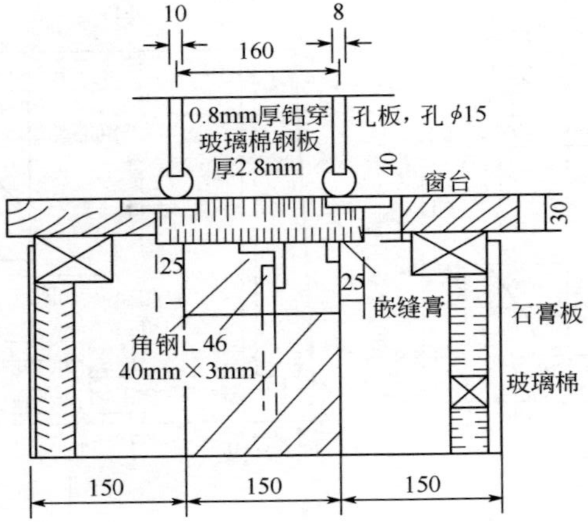

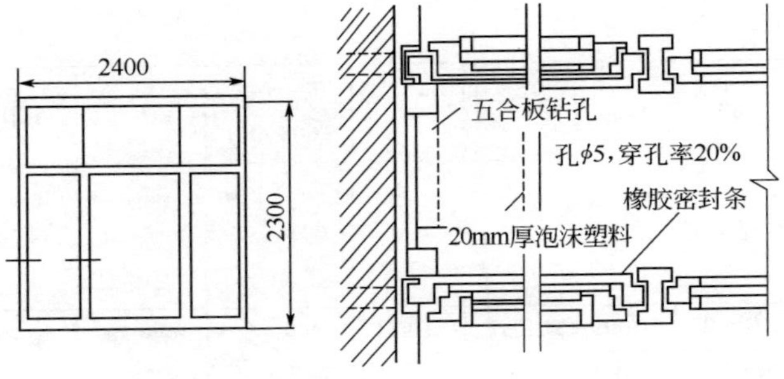

窗 9

窗 10

窗 12

续表

序号	窗种类	窗扇材料	窗缝处理	窗框吸声处理	玻璃厚度/mm	空气层厚度/mm	倍频程隔声量/dB						平均隔声量/dB	计权隔声量/dB	说明
							125Hz	250Hz	500Hz	1000Hz	2000Hz	4000Hz			
13	三层固定窗	钢	—	穿孔板	10+5+8	215+160	见本表中附图曲线						70	—	70dB是500Hz的声级差
14	三层玻璃观察窗	木	—	穿孔板	5+5+5	100~200+220~320	44	53	55	68	60	71	56	60	

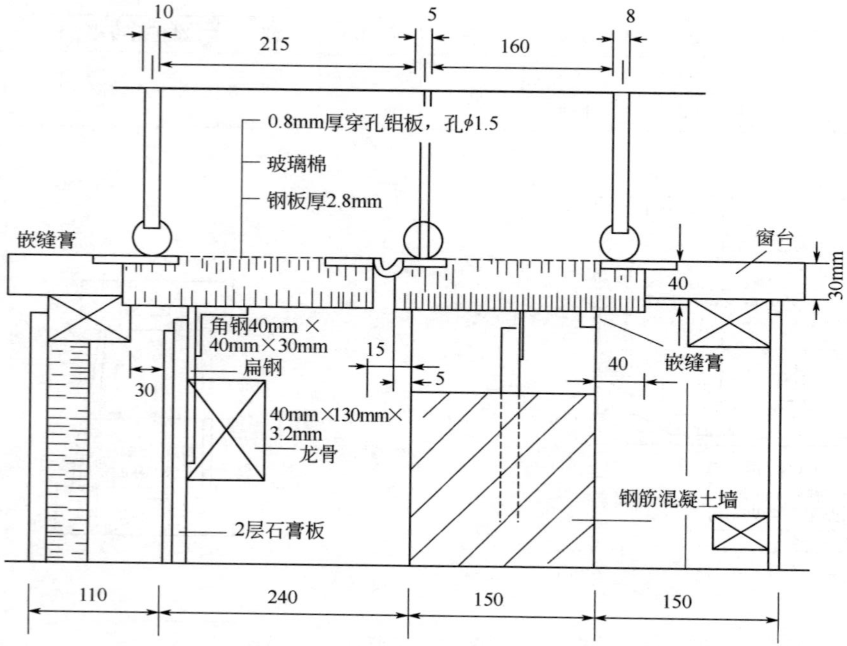

窗13（窗面积1200mm×600mm）

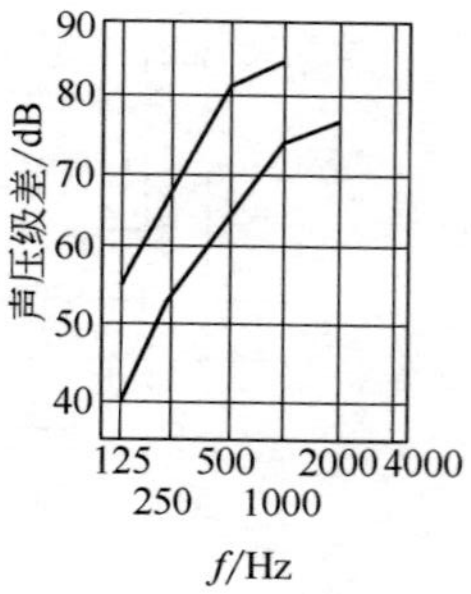

隔声特性曲线

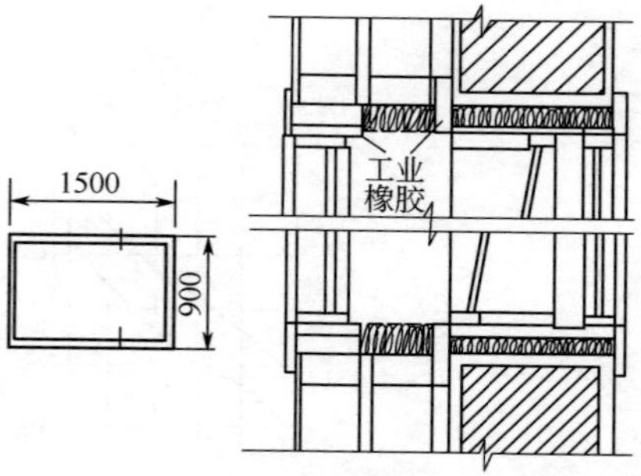

窗14（录音室用观察窗）

7.2.5　隔声间实际隔声量的计算

隔声间的实际隔声量由下式计算：

$$R=\overline{R}+10\lg A/S \tag{7-26}$$

式中，R为隔声间的实际隔声量，dB；$\overline{R}$为各构件的平均隔声量，dB；A为隔声间总吸声量，m^2；S为隔声墙的透声面积，m^2。

由式（7-26）可以看出，隔声间的实际隔声量不仅取决于各构件平均隔声量，而且还取决于整个围护结构暴露在声场的面积大小及隔声间内吸声情况，即取决于修正项$10\lg(A/S)$。

7.3　隔声罩的设计

前述的隔声间适用于噪声源分散、单独控制噪声源有困难的场合。在工矿企业，常见一些噪声源比较集中或仅有个别噪声源，如空压机、柴油机、电动机、风机等，此种情况下，可将噪声源封闭在一个罩子里，使噪声只有很少一部分传出去，消除或减少噪声对环境的干扰。这种噪声控制装置称为隔声罩。

隔声罩的优点较多，技术措施简单，体积小，用料少，投资少。而且能够控制隔声罩的隔声量，使工作所在的位置噪声降低到所需要的程度。但是，将噪声封闭在隔声罩内，需要考虑机电设备运转时的通风、散热问题；与此同时，安装隔声罩可能给检修、操作、监视等带来不便。

7.3.1　隔声罩的选材与结构形式

隔声罩的罩壁是由罩板、阻尼涂料和吸声层构成的，其隔声性能基本遵循“质量定律”。要取得较高的隔声效果，隔声材料同样应该选择厚、重、实的，厚度增加一倍，隔声量可增加4~6dB。但在实际工程中，为了便于搬运、操作、检修和拆装方便，并考虑经济方面的因素，隔声罩通常使用薄金属板、木板、纤维板等轻质材料做成，这些材料质轻、共振频率高、隔声性能显著下降。因此，当隔声罩板采用薄金属板时，必须涂覆相当于罩板2~3倍厚度的阻尼层，以便改善共振区和吻合效应的隔声性能。

隔声罩一般分为全封闭、局部封闭和消声箱式隔声罩。全封闭隔声罩是不设开口的密封隔声罩，多用来隔绝体积小、散热问题要求不高的机械设备。局部封闭型隔声罩是设有开口或者局部无罩板的隔声罩，罩内仍存在混响声场，该型式隔声罩一般应用在大型设备的局部发声部件上，或者用来隔绝发热严重的机电设备。在隔声罩进、排气口安装消声器，这类装置属于消声隔声箱，多用来消除发热严重的风机噪声。

7.3.2　隔声罩实际隔声量的计算

隔声罩的插入损失，即隔声量，可由下式计算：

$$R=10\lg(\overline{\alpha}/\overline{\tau})=\overline{R}+10\lg\overline{\alpha} \tag{7-27}$$

$$\overline{\alpha}=\frac{\alpha_1S_1+\alpha_2S_2+\cdots+\alpha_nS_n}{S_1+S_2+\cdots+S_n}=\frac{\sum_{i=1}^{n}\alpha_iS_i}{\sum_{i=1}^{n}S_i} \tag{7-28}$$

$$\overline{\tau}=\frac{\tau_1S_1+\tau_2S_2+\cdots+\tau_nS_n}{S_1+S_2+\cdots+S_n}=\frac{\sum_{i=1}^{n}\tau_iS_i}{\sum_{i=1}^{n}S_i} \tag{7-29}$$

式中 $\overline{\alpha}$——罩内表面的平均吸声系数；

α_i，S_i——不同内表面的吸声系数和面积；

$\overline{\tau}$——隔声罩的平均透声系数；

τ_i，S_i——构成隔声罩不同材料相应的透声系数与面积；

$\overline{R}$——罩板材料（结构）的理论隔声量。

一般情况下，$\overline{\tau}<\overline{\alpha}<1$，即隔声罩的隔声量为正值。下面考虑两种极端情况。

① $\overline{\alpha}$=1，这时隔声罩的隔声量与其材料平均固有隔声量相等，由这种材料构成的隔声罩的隔声量达到最大值。

② $\overline{\alpha}=\overline{\tau}$，这时隔声罩内的平均吸声系数小到与平均透射系数相等，则隔声罩的隔声量等于零。

一般来说，隔声罩内的空气吸声、声波入射在罩内表面时的黏滞损失及声波接近罩内表面由绝热到等温压缩的变化引起的声能损失等因素，往往使得平均吸声系数大于透射系数。

对于紧靠机器而装设的隔声罩，在某些情况下会出现隔声量是负值的现象，即隔声罩非但不隔声反而会扩大声音。这种现象是由于隔声罩内产生了驻波（空气共振）的缘故，这种振动又恰恰与罩板的共振频率吻合，使隔声罩或其一部分成为宜于辐射噪声的扩声板。尤其当机器设备的一个平面与隔声罩的一个面相互平行时，更容易产生这种现象。为避免出现这种不利现象，设计隔声罩时既要考虑罩子的形状，也要注意合理贴衬吸声材料，以消除某一频率的驻波。为消除驻波，吸声材料的厚度也要控制在不小于相应声波波长的1/4。

7.3.3 隔声罩设计要点

① 隔声罩的设计必须与生产工艺要求相吻合。安装隔声罩后，不能影响机械设备的正常工作，也不能妨碍操作及维护。例如，为了满足某些机电设备的散热、降温的需要，罩上要留出足够的通风换气口，口上所安装的消声器，其消声值要与隔声罩的隔声值相匹配。为了随时了解机器的工作情况，要设计观察窗（玻璃）；为了检修、维护方便，罩上需设置可开启的门或把罩设计成可拆装的拼装结构。

② 隔声罩板要选择具有足够隔声量的材料，如铝板、铜板、砖、石和混凝土等。

③ 防止隔声罩共振和吻合效应的其他措施。前述消除隔声罩薄金属板及其他轻质材料的共振和吻合效应是在板面涂一层阻尼材料。此外，也可在罩板上加筋板，减少振动，减少噪声向外辐射；在声源与基础之间、隔声罩与基础之间、隔声罩与声源之间加防振胶垫，断开刚性连接，减少振动的传递；合理选择罩体的形状和尺寸，一般情况下，曲面形状刚度较大，罩体的对应壁面最好不相互平行。

④ 罩壁内加衬吸声材料的吸声系数要大，否则，不能满足隔声罩所要求的隔声量。

⑤ 隔声罩各连接件要密封。在隔声罩上尽量避免孔隙。如有管道、电缆等其他部件在隔声罩上穿过时，要采取必要的密封及减振措施。如图7-22所示为通风管道穿过隔声罩与管的连接方法。它是在缝隙处用一段比通风管道直径略大些的吸声衬里管道，把通风管包围起来，吸声衬里的长度最好取缝宽度的15倍。这样处理可避免罩体与管道有刚性接触，影响隔声效果，又可防止声音穿过缝隙漏声。另外，对于拼装式隔声罩，在构件间的搭接部位应进行密封处理，如图7-23所示为构件的搭接与密封结构。

⑥ 为了满足隔声量的设计要求，做到经济合理，可设计几种隔声罩结构。对比它们的隔声性能及技术指标，根据实际情况及加工工艺要求，最后确定一种。考虑到隔声罩工艺加工过程不可避免地会有孔隙漏声及固体隔绝不良等问题，设计隔声罩的实际隔声量稍大于要求的隔声量，一般以3~5dB为宜。

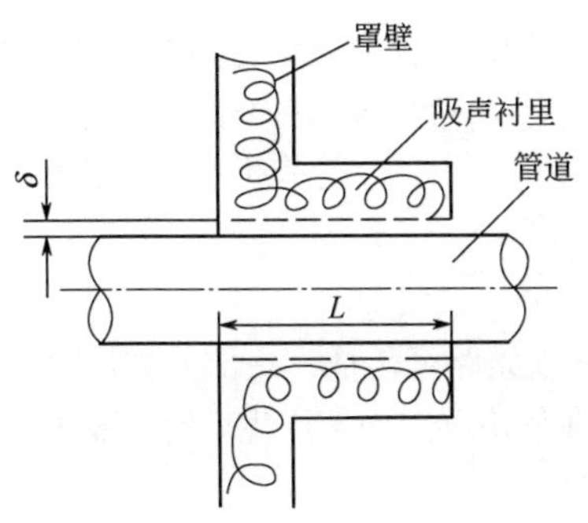

图7-22　隔声罩与管的连接方法

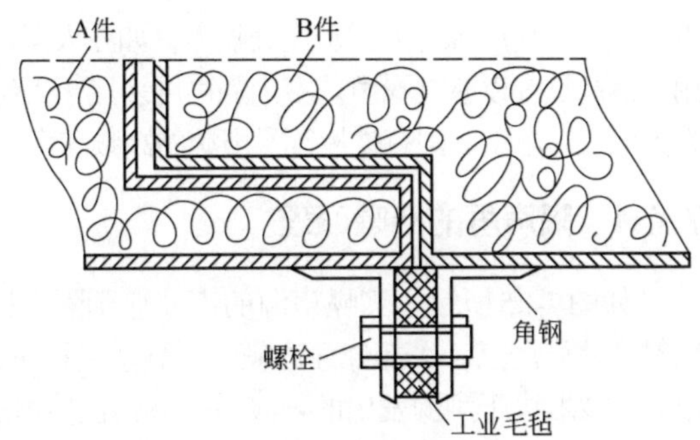

图7-23　构件的搭接与密封结构

7.3.4　隔声罩隔声效果的测试

(1) 罩内罩外声级差法

这种测试方法是分别在隔声罩里面测得噪声级$L_{内}$和在罩外测得噪声级$L_{外}$，如图7-24所示，然后得其噪声降低值为：

$$\Delta L = L_{内} - L_{外} \tag{7-30}$$

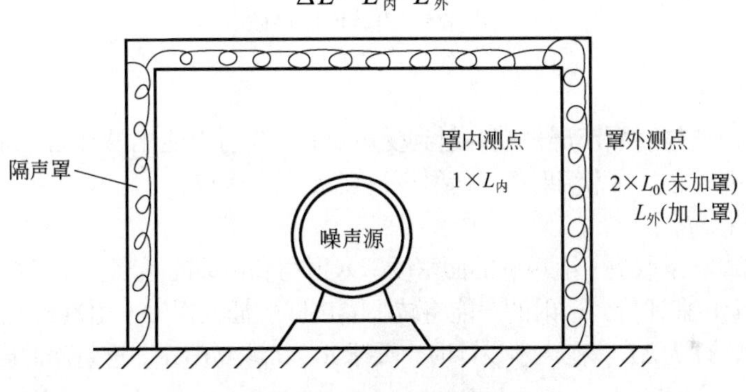

图7-24　隔声罩隔声性能测试图

由于这种方法测得的结果与声源的方向性及隔声罩内形成的声场特性等有关，因此，现场很少采用。

(2) 插入损失法

在离声源一定距离处测得无隔声罩的噪声级L_0和加隔声罩后的噪声级$L_{外}$，两者之差称为隔声罩的插入损失，即：

$$IL = L_0 - L_{外} \tag{7-31}$$

很显然，此方法简便，能直接测出隔声罩的降噪效果，并符合现场使用隔声罩的实际情况，但此法也受声源的方向性和所在测量现场的声场情况的影响。为了避免影响，提高测试精度，通常采用平均声级差法，即围绕声源选数个测点进行测量，取其平均值。一般情况下，在隔声罩的四个面分别取一个点（测试点位于测试面的中间位置，高度取隔声罩高度的一半）进行测量，然后取四个测试点的平均插入损失即可。

7.4　隔声屏的设计

根据使用场合不同，隔声屏可以分为室外隔声屏和室内隔声屏两种情况。室外隔声屏主要用于露天场合，使声源与人群密集处隔离，如在人群稠密地区的公路、铁路两侧设置隔声墙、隔声堤或利用自然高坡等以遮挡噪声。室内隔声屏多用于大型车间或具有良好吸声能力的车间内，能有效地降低直流电机、电锯、锻打铁板等噪声源的高频噪声，保护工作者的听力，改善劳动者的工作环境。

7.4.1 隔声屏的降噪原理

如图7-25所示，当噪声源的声波遇到隔声屏时，将分三条路径传播，一部分越过隔声屏顶端绕射到达受声点；一部分穿透隔声屏到达受声点；一部分在隔声屏壁面上产生反射。隔声屏的插入损失主要取决于声源发出的声波沿三条路径传播的声能分配。

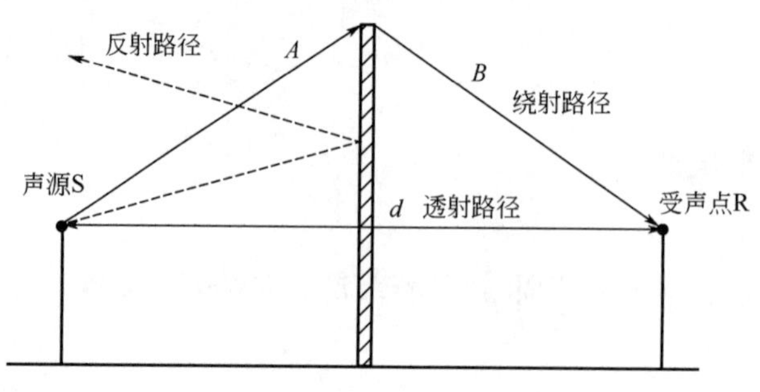

图7-25 声波传播路径

（1）绕射声衰减ΔL_d

声源S发出的声波越过隔声屏顶端绕射到受声点R。绕射声能比没有隔声屏时的直达声能小。直达声与绕射声的声级之差称为绕射声（衍射声）衰减，计为ΔL_d。

（2）透射降低量ΔL_t

穿透隔声屏的声能量取决于隔声屏的面密度、入射角和声波的频率。隔声屏的隔声能力用传声损失R（又称隔声量）来评价，透射的声能将减小隔声屏的插入损失，由透射引起的插入损失降低量称为透射降低量，计为ΔL_t。在声学设计时，要求$R-\Delta L_t \geqslant 10$dB，即透射声的声能可以忽略不计，即$\Delta L_t \approx 0$。

（3）反射降低量ΔL_r

当道路两侧建有隔声屏，且隔声屏平行时，声波将在隔声屏间多次反射，并越过隔声屏顶端绕射到受声点，它会降低隔声屏的插入损失，由反射引起的插入损失降低量称为反射降低量，记为ΔL_r。为了减小反射声，一般在隔声屏靠道路一侧附加吸声结构。反射声的大小取决于吸声结构的吸声系数α，它是频率的函数。评价隔声屏吸声结构的整体吸声系数，常用降噪系数NRC（noise reduction coefficient）表示，NRC为250Hz、500Hz、1000Hz、2000Hz测得的吸声系数的平均值(计算结果通常保留到小数点后两位)。

7.4.2 自由声场中隔声屏的性能

如果声波不会弯曲，隔声屏将会很理想地隔绝噪声，就像遮挡日光的凉棚一样。但是由于声波的衍射作用，它可以越过阻挡它的障碍物绕向障碍物的背后。绕过弯的声波必然要衰减许多，这正是隔声屏发挥作用的原理，也是隔声屏效能有限、不如全封闭隔声罩效果好的原因。在空气中传播的声波遇到障碍物产生绕射现象，这与光波照射在物体上产生绕射的现象，在原理上是一样的，均可以用惠更斯原理说明。隔声屏在自由声场中衰减声的实验和计算方法是建立在光学衍射近似理论上的。

对于室外露天，隔声屏声级衰减计算如图7-26所示。假设S为噪声源，R为受声点，在二者之间有屏障和无屏障相比较，从几何学上说，就是改变了声音传播的距离，即由于设置了屏障，传播距离就增大了，在受声点R处的声压级就会变低，这是由屏障高度引起的声衰减。无屏和有屏之间的距离之差为δ（又称行程差），由图7-26得，$\delta=A+B-d$，如果要增加δ，势必要增加屏的高度。

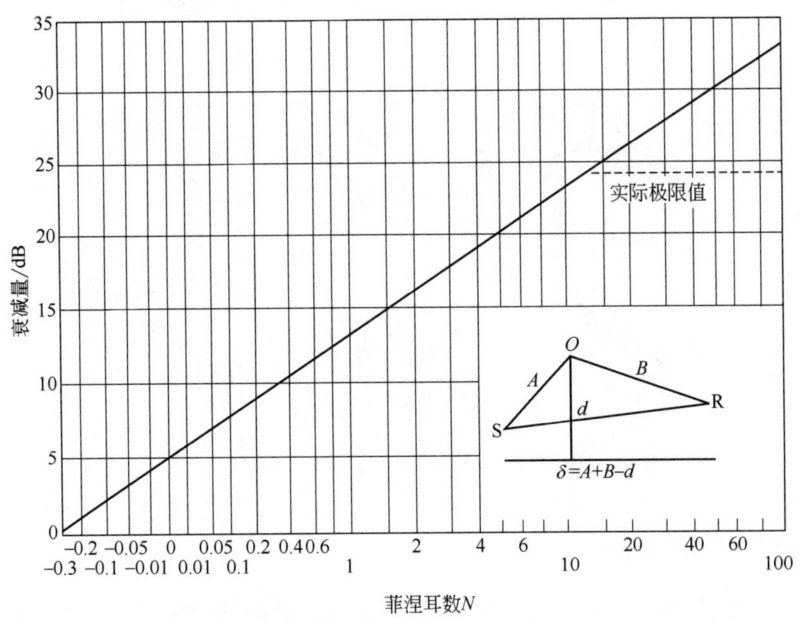

图7-26 隔声屏声级衰减计算图

注：负值表示隔声屏的高度低于声源与接受点之间连线的高度。

假定在室外没有声反射的自由声场中，某一点声源和受声点之间竖立一个有一定高度h的无限长的屏障，如果忽略屏障本身的透声量，则在屏障后面声影区内的声衰减值可用式（7-32）进行估算，即

$$\Delta L = 20\lg\left[\frac{\sqrt{2\pi N}}{\tan(h\sqrt{2\pi N})}\right]+5 \tag{7-32}$$

式中 ΔL——声衰减量，dB；

h——隔声屏的高度，m；

N——菲涅耳数，$N=2(A+B-d)/\lambda=2\delta/\lambda$，无量纲；

λ——入射声波波长，m；

A——声源至屏障顶端的距离，m；

B——屏障顶端至接受者之间的距离，m；

d——声源至接受者之间的直线距离，m。

当$N\geqslant1$时，式（7-32）可简化为

$$\Delta L = 10\lg N + 13 \tag{7-33}$$

由公式（7-32）可以看出，菲涅耳数N与波长λ成反比例关系。当高度h一定时，波长λ越小，N值越大。从图7-26中可以看出，屏障越高，δ值越大，N值也就大。当N值在-0.2~0，此时声衰减值在0~5dB范围内。实践证明，在自由声场中隔声屏的最大衰减量不超过24dB。工程上为了简便，可查阅图7-26进行屏障声级衰减的计算，该图是将公式（7-32）转换成坐标计算图。如图7-27所示为隔声屏常见的几种基本形式。

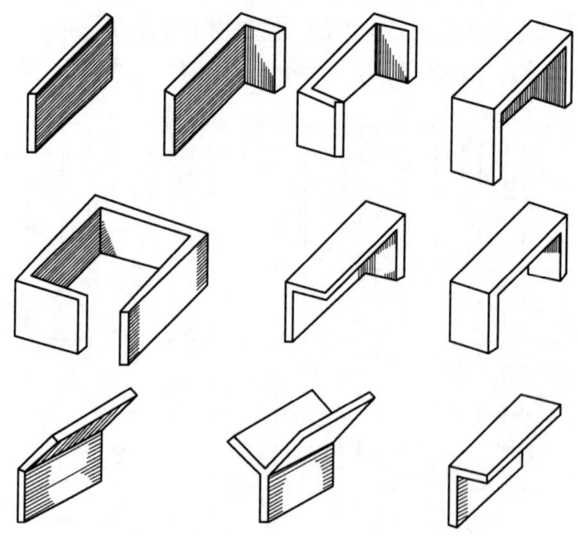

图7-27 隔声屏常见的几种基本形式

7.4.3 室内隔声屏性能分析

露天空间可以认为是一个半自由空间声场，一般与声源之间的距离增加1倍，声级衰减6dB。在封闭空间存在一个声源的情况下（室内由于声波在天花板和墙面上反射），则形成具有一定混响的声场。在反射声大于直达声的区域存在扩散声场，扩散声场是来自各方向的声能均等的声场。隔声屏的作用是拦遮从声源到人耳的声线，也就是说，隔声屏在扩散声场中没有衰减声音的作用。但是在距离声源较近区域（以直达声为主，距离声源越远虽然不能满足距离加倍衰减6dB，但仍有明显的距离衰减），隔声屏仍可以起一些作用。尤其当室内空间较大或室内壁面、天花板以及空间进行了有效的吸声处理时，隔声屏的有效区域可适当扩大，且能改善隔声屏的隔声效果。

由于室内设置隔声屏把原来房间划成声源空间和受声者两个空间（如图7-28所示），这两个空间在声学上通过开口面积的混响声能发生联系，这时其插入损失的计算可用式（7-34）进行，即

$$\Delta L = 10\lg\left[\frac{\dfrac{\eta Q}{4\pi d^2} + \dfrac{4K_1K_2}{S(1-K_1K_2)}}{\dfrac{Q}{4\pi d^2} + \dfrac{4}{S_0\overline{\alpha_0}}}\right] \tag{7-34}$$

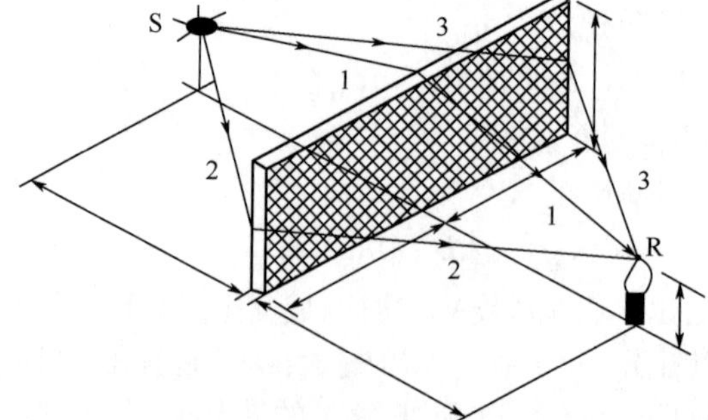

图7-28 室内隔声屏示意图

$$\eta=\sum_{i=1}^{n}\left(\frac{1}{3+20N_i}\right) \tag{7-35}$$

$$N_i=2(A_i+B_i-d)/\lambda=2\delta_i/\lambda \tag{7-36}$$

$$K_1=\frac{S}{S+S_1\alpha_1} \tag{7-37}$$

$$K_2=\frac{S}{S+S_2\alpha_2} \tag{7-38}$$

式中　η——隔声屏边缘声波的绕射（衍射）系数；

Q——声源指向性因子；

d——声源至接受者之间的直线距离，m^2；

K_1——隔声屏朝向声源一面对房间常数的修正值；

K_2——隔声屏朝背向声源一面对房间常数的修正值；

S——隔声屏边缘与墙壁、平顶之间的开敞部分的面积，m^2；

$S_0\overline{\alpha_0}$——房间常数，安装隔声屏前，房间总的吸声量，m^2；

S_0——房间总表面积，m^2；

$\overline{\alpha_0}$——室内表面平均吸声系数；

n——隔声屏的边界数，一般n=3，即声波从隔声屏的顶部及两侧共三个边界通过；

N_i——隔声屏第i个边缘的菲涅耳数；

δ_i——声源与接受者间，经屏障第i端的绕射距离与原来直线距离之间的行程差，m；

$S_1\alpha_1$，$S_2\alpha_2$——隔声屏插入后声源一侧和接受者一侧的吸声量，m^2。

实际上由式（7-34）计算室内隔声屏的衰减量还是比较困难的，因此当室内采取吸声措施后仍然可以利用式（7-32）或式（7-33）进行估算，或采取实测办法解决。

7.4.4　隔声屏设计注意事项

① 屏障本身构造的隔声性能是隔声效果的一个前提条件，因此仍然要按照“质量定律”选择隔声材料，同时也要根据实际条件，要求屏障各频带的隔声量比在声影区的声级衰减值至少大10dB，才足以排除透射声的影响。因此对于要求不高的隔声屏，材料可以选择轻便些，结构简单些，一般有20dB的隔声量即可。

② 隔声屏的尺寸大小也是影响其降噪效果的关键因素。若以点声源考虑，隔声屏的长度大于其高度的3~5倍就能近似将其作无限长来考虑，这时隔声屏的高度将成为影响其降噪效果的主要尺度。

③ 在室内设置隔声屏，首先要控制好室内的混响声，即做好室内吸声处理，否则隔声屏即使能遮挡部分直达声，也挡不住四面八方汇集来的混响声，即形成不了有效的“声影区”，起不到隔声屏的作用。同时，隔声屏两侧须注意加吸声材料，特别是朝向声源一侧，一般做高效率的吸声处理，效果更好。室内用隔声屏构造如图7-29所示。

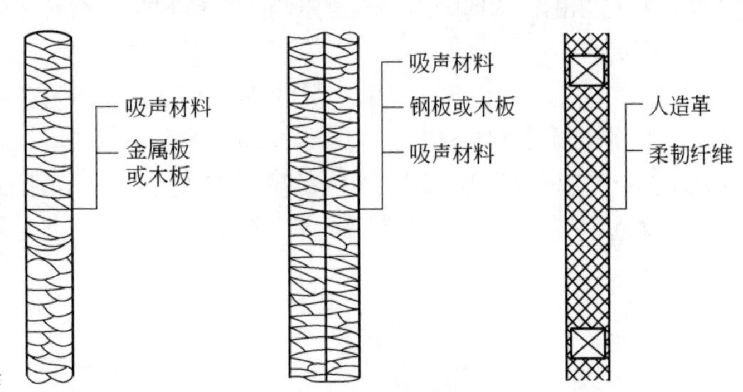

图7-29　室内用隔声屏构造

④ 在放置隔声屏时，应尽量靠近声源，活动隔声屏与地面的接缝应减到最小，多块隔声屏并排使用时，应尽量减少各块之间接头处的缝隙。

隔声屏在许多场合具有良好的降噪效果，用于露天场合可使声源与人

群密集处隔离，在居民稠密的公路、铁路两侧设置隔声墙、隔声堤或利用自然高坡，均可有效地遮挡部分噪声干扰。在室内对于不宜使用隔声罩而又无法降低近场噪声的噪声源，诸如体积庞大的机械设备、工艺上不允许封闭的生产设备（如试车）、散热要求较高（如柴油发电机组）的设备、处于自动线上的加工设备等均可采用多种形式的隔声屏，可以使相当数量的噪声源得到有效治理。目前，室内隔声屏相关厂商已有定型化系列产品出售。

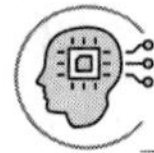

习题与思考题

1. 试述单层匀质密实墙典型隔声频率特性。

2. 简述什么是插入损失，什么是传声损失。

3. 计算下列单层匀质构件的平均隔声量与临界吻合频率：①240mm厚的砖；②8mm厚的玻璃。

4. 试计算以下构件的平均隔声量与临界吻合频率：①20mm厚混凝土墙；②1mm厚的钢板。

5. 一组合墙体是由墙板、门和窗构成的，已知墙板的隔声量为50dB，面积为20m^2；窗的隔声量为20dB，面积为2m^2；门的隔声量为30dB，面积3m^2。求该组合体的隔声量。

6. 某空压机站内建造隔声间作为控制室，隔声间的总面积为100m^2，与机房相邻的隔墙面积为18m^2，墙体的平均隔声量为50dB，求当隔声间内平均吸声系数分别为0.02、0.2和0.4时，隔声间的实际隔声量。

7. 为了隔离强噪声源，某车间用一道隔墙将车间分成两部分，墙上装一3mm厚的普通玻璃窗，面积占墙体的1/4，设墙体的隔声量为45dB，玻璃窗的隔声量为22dB，求该组合墙的隔声量。

8. 某一墙体有足够大的隔声量，墙体上存在一个占墙体面积1%的缝隙，试问该墙体的最大隔声量为多少？

9. 某尺寸为4.4m×4.5m×4.6m的隔声罩，在2000Hz倍频程的插入损失为30dB，罩顶、底部和壁面的吸声系数分别为0.9、0.1和0.5，试求罩壳的平均隔声量。

10. 要求某隔声罩在2000Hz时具有36dB的插入损失，罩壳材料在该频带的透声系数为0.0002，求隔声罩内壁所需的平均吸声系数。

11. 某厂水泵房有6台大型水泵，测量车间内操作台处噪声为95dB，考虑到水泵房内声场比较复杂，且需保护的人员不多，拟在操作台设置一组合式轻质隔声操作间。隔声室为水泥地面，面积为12.5m^2，吸声系数为0.02，五个壁面的总面积为36.2m^2，壁内表面吸声系数为0.5，设计倍频程平均隔声量为36dB。顶部设进排风消声器各一个，其截面积为0.13m^2，吸声系数为0.9，设计倍频程平均降噪量为34dB。固定式双层玻璃隔声窗面积为13.7m^2，吸声系数为0.09，设计倍频程平均隔声量为35.3dB，两扇隔声门隔声量与隔声壁相同，不另计算隔声参数。试估算该隔声间的倍频程平均隔声量。

12. 在某车间内设置一高隔声量的隔声屏障，设声源在屏中心后1m处，接受点在屏中心1.5m处，已知屏的高度和长度分别为2m和3m，假设声源可看作点声源，位于室内中央，距地面1m，1kHz时的声功率级为106dB，车间的房间常数为400，试求在有无隔声屏障时接受点处的声压级及屏障的插入损失。

第8章

消 声 技 术

对于空气动力性噪声的污染，如各种柴油机、风机、空气压缩机以及其他机械设备的输气管道噪声，需要用消声技术加以控制，最常用的消声设备是消声器。消声器的种类和结构形式很多，根据其消声机理，消声器可分为五种类型：阻性消声器、抗性消声器、阻抗复合式消声器、扩散型消声器和损耗性消声器。不同类型的消声器适用范围不同。一个好的消声器应综合考虑声学、空气动力学等方面的要求，具有良好的消声性能。本章主要介绍各种消声器消声量的计算方法与设计要求。

8.1 消声器简介

空气动力性噪声是一种常见的噪声污染，从喷气式飞机、火箭、宇宙飞船，直到各种动力机械、通风空调设备、气动工具、内燃机（柴油机、汽油机等）、压力容器及管道阀门等的进排气，都会产生声级很高的空气动力性噪声。控制这种噪声最有效的方法之一是在各种空气动力设备的气流通道上或进排气口上加装消声器。消声器是一种既能允许气流顺利通过又能有效地阻止或减弱声能向外传播的装置。

8.1.1 消声器的常见种类

（1）阻性消声器

阻性消声器靠管道内壁装贴吸声材料消声，具有结构简单和良好的吸收中、高频噪声的特点。目前应用较广，主要用于控制风机的进、排气噪声，燃气轮机的进气噪声，等等。

（2）抗性消声器

抗性消声器与阻性消声器的消声原理不同，它不用吸声材料，不直接吸收声能，而是利用管道的声学特性，在管道设突变界面或旁接共振腔，使沿管道传播的声波反射或吸收，从而达到消声的目的。抗性消声器对中、低频噪声消声效果好，适用于消除频带比较窄的噪声。抗性消声器主要用于脉动性气流噪声的消除，例如空气压缩机的进气噪声、内燃机的排气噪声等。

（3）阻抗复合式消声器

阻抗复合式消声器在实际工程中应用广泛。由于阻性消声器在中、高频范围内有较好的消声效果，而抗性消声器在中、低频段有较好的消声效果，把两者结合起来设计成阻抗复合式消声器，就可在较宽频率范围内取得较好的消声效果。

（4）扩散型消声器

扩散型消声器主要用于小喷口高压排气或放空所产生的空气动力噪声。这类消声器常见的有小孔喷注消声器、多孔扩散消声器、节流降压消声器、引射掺冷消声器等。其特点是消声频带宽，主要用于消除高压气体排放的噪声，如锅炉排气、高炉放风等。

（5）损耗型消声器

损耗型消声器是在气流通道的内壁安装穿孔板或微孔板，利用穿孔板或微孔板的微孔声阻来消耗声能，以达到降噪的目的，主要用于超净化空调系统及高温、潮湿、油雾、粉尘以及其他要求特别清洁的场合。

除了上述五种常见的消声器外，为适应某些特殊的声学环境，近年来研制出了许多新型的消声器，如喷雾消声器、有源消声器等。一个合适的消声器，可使气流噪声降低20~40dB，使声学环境得到明显改善。

8.1.2 消声器性能的评价

对消声器性能的评价，应同时考虑声学性能、空气动力性能、气流再生噪声性能和结构性能四个方面。

（1）声学性能

消声器声学性能的好坏常用消声量的大小及消声频谱特性来表征，主要有计权声级（通常采用A声级）消声量和各倍频带消声量。

根据测量方法的不同，消声器声学性能的评价指标可分为传声损失、插入损失、减噪量及声衰减量等，通常所称的消声量一般均指传声损失。

① 传声损失（L_{TL}） 传声损失又称传递损失，或透射损失，其定义为消声器进口端入射声能（声功率级）与出口端的透射声能（声功率级）之差。消声器的传声损失的数学表达式为

$$L_{TL}=10\lg(W_1/W_2)=L_{W1}-L_{W2} \tag{8-1}$$

式中 L_{TL}——消声器的传声损失，dB；

W_1——消声器进口的声功率，W；

W_2——消声器出口的声功率，W；

L_{W1}——消声器进口的声功率级，dB；

L_{W2}——消声器出口的声功率级，dB。

消声器的传声损失属于消声器本身所具有的特性，受声源与外部环境的影响较小。一般来说，传声损失是实验室法表征消声器消声量的最佳选择。

由于声功率级不宜直接测得，一般是通过测量消声器前（上游管道）、后（下游管道）截面的平均声压级，再按下式求得。

$$L_{W1}=L_{p1}+10\lg S_1 \tag{8-2}$$

$$L_{W2}=L_{p2}+10\lg S_2 \tag{8-3}$$

式中 L_{p1}——消声器进口处平均声压级，dB；

L_{p2}——消声器出口处平均声压级，dB；

S_1——消声器进口处的截面积，m^2；

S_2——消声器出口处的截面积，m^2。

由此可知

$$L_{TL}=L_{p1}-L_{p2}+10\lg(S_1/S_2) \tag{8-4}$$

如果还考虑背景噪声修正值，则

$$L_{TL}=L_{p1}-L_{p2}+10\lg(S_1/S_2)+(k_1-k_2) \tag{8-5}$$

式中 k_1——入射声的背景噪声修正值，dB；

k_2——透射声的背景噪声修正值，dB。

②（末端）减噪量（L_{NR}） （末端）减噪量也称末端声压级差，或称噪声降低，指消声器输入与输出两端的声压级差。这是在严格地按传递损失测量有困难时而采用的一种简便测量方法，即测量消声器进口端面的声压级L_{p1}与出口端面的声压级L_{p2}，以两者的差L_{NR}代表消声器的消声量，即

$$L_{NR}=L_{p1}-L_{p2} \tag{8-6}$$

利用末端声压级差表示消声器的消声量时，包括了反射声的影响在内。这种测量方法容易受环境的影响而产生较大的误差，所以只适合在实验台上对消声器性能进行测量分析，而在现场测量时很少使用。

③ 插入损失（L_{IL}） 消声器的插入损失指系统中安装消声器前、后在系统外某给定点测得的平均声压级之差。插入损失的测量示意图如图8-1所示。其中A计权插入损失（L_{IL}）$_A$（通常简记为L_{IL}）的计算式如下：

$$L_{IL}=SPL_1-SPL_2 \tag{8-7}$$

式中　SPL_1——安装消声器前某测点的A声级，dB；

SPL_2——安装消声器后测点的A声级，dB。

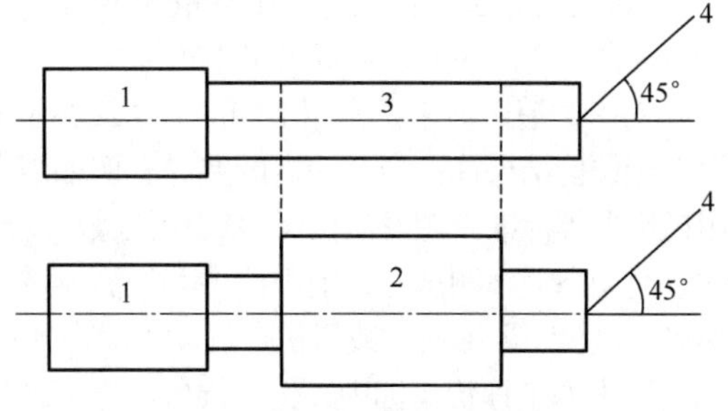

图8-1　插入损失测量示意图

1—声源；2—消声器；3—管道；4—测点

在工矿企业现场噪声测量中，经常采用插入损失法评估消声器的消声效果。实际上，在现场用“管口法”获取近似的插入损失值，即在安装消声器前距管口某一位置（如在与管轴线夹角45°的方位，距管口中心1m远的位置）测量SPL_1，在安装消声器后距消声器管口保持同样相对位置测量SPL_2，以二者之差作为插入损失，如图8-2所示。实践表明，采用“管口法”测得的数据可靠，理论上也符合评价现场降噪效果的要求。

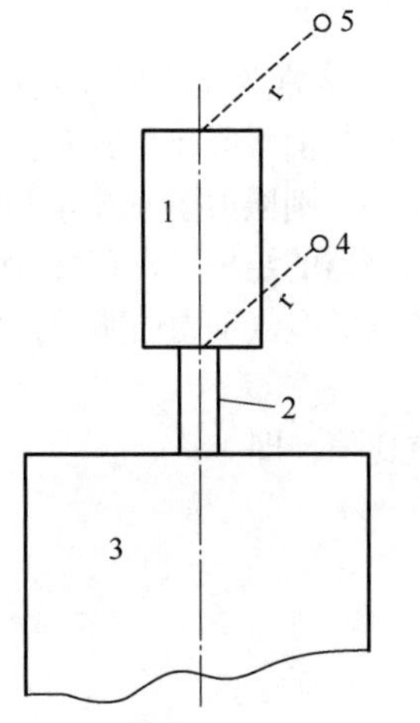

图8-2　管口法测量消声器插入损失示意图

1—消声器；2—管道；3—噪声源；4，5—测量点

对于阻性消声器“插入损失”与“传声损失”相近，而对于抗性消声器来说，“插入损失”一般要比“传声损失”稍低。插入损失法对现场环境要求不严，适应各种现场测量，如设备处于高温、高流速或有侵蚀作用的环境中，都可用插入损失法。所以，用这种方法评价消声器效果，容易为人们所接受。但是插入损失值并不单纯反映消声器本身的效果，而是反映声源、消声器及消声器末端三者的声学特性的综合效果。在现场做插入损失测量时，要注意保持声源特性的恒定。

④ 声衰减量（ΔL_A） 声衰减量也称消声器内轴向声衰减量，是声学系统中任意两点间声功率级的降低值。它反映声音沿消声器通道内的衰减量，以每米衰减分贝数表示。它用来描述消声器内部的声传播特性。可采用“轴向贯穿法”测量消声器的声衰减，即将传声器探管插入消声器内部，沿消声器通道轴向每隔一定的距离逐点测量声压级，从而得到消声器内声压级和各频带声压级与距离的函数关系，以求得该消声器的总消声量和各频带消声量。它能反映出消声器内

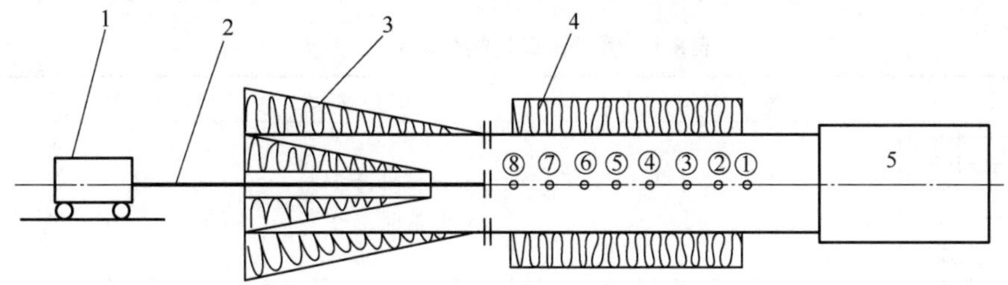

图8-3　“轴向贯穿法”声衰减测量系统示意图

1—传声器小车；2—传声器探管；3—无反射端；4—消声器；5—声源

（图中心的①、②、…、⑧为声学测量点）

的消声特性及衰减过程，能避免环境对消声器测量结果的干扰。测量时要注意：测点不能太靠近管端。“轴向贯穿法”声衰减测量系统示意图如图8-3所示。

“轴向贯穿法”特别适用于测量大型的、效果好的消声器。因为这种方法费时并需要专门的测量传声器，所以一般在现场测量中很少使用。

对一个消声器来说，用不同的方法或在不同的声学环境、不同的测试条件下测量，消声器的声学性能评价结果往往会有一定的差异。例如消声器静态消声测试和动态消声测试：静态消声测试是用扬声器等标准声源发出白噪声或粉红噪声，或某种特定频谱的声源所测得的消声量和消声频谱特性；而动态消声测试时，消声器中有气流流过，用空气动力设备自身产生的空气动力性噪声，如内燃机、风机、压缩机，或风机空气动力噪声加扬声器发声作为声源所测得的消声量。

以上四个评价指标中，传声损失和声衰减量反映了消声器自身的声学特性，不受测量环境条件的影响，而插入损失和减噪量会受到测量环境条件包括测点距离、方向及管口反射等因素的影响。因此，在表示消声器的效果时，应注明所用的测量方法和所在的测试环境，以便对消声器的性能进行比较和评价。

(2) 空气动力性能

如果消声器安装后，由于其空气动力性能较差，系统进风或排风量减小导致系统或设备无法正常工作（如系统无法正常组织气流进行物流传输、冷却塔进出水温差减小影响空调系统散热等），则此消声器就不能使用。因此，消声器设计必须同时考虑其空气动力性能。

① 空气动力性能的评价指标　消声器空气动力性能的评价指标通常为压力损失或阻力系数。消声器的压力损失为气流通过消声器前后所产生的压力降低量，也就是消声器前与消声器后气流管道内的平均全压之差值。如果消声器前后管道内流速相同，动压相同，则压力损失就等于消声器前后管道内的平均静压差值。由于消声器的压力损失大小，不仅与消声器的结构形式有关，而且与通过消声器的气流速度也有关，因此在用消声器的压力损失表征消声器的空气动力性能时，必须同时注明通过消声器的气流速度。

消声器的阻力系数为通过消声器前后的压力损失与气流动压之比值，即

$$\xi = \Delta p / p_v \tag{8-8}$$

式中　Δp——压力损失值，Pa；

p_v——气流动压值，Pa。

$$p_v = 5\rho v^2 / g \tag{8-9}$$

式中　ρ——（空）气流密度，kg/m³；

v——消声器内的平均气流速度，m/s；

g——重力加速度，一般取9.8m/s²。

商品化的消声器生产厂商一般都给出其阻力系数值，据此可以容易地计算其中压力损失值。为了便于消声器的设计和计算，表8-1~表8-5给出了在消声器中经常采用的局部结构与局部阻力系数值。

表8-1　管道出口处的局部阻力系数

出口型式	局部阻力系数ξ												
（图：直管出口，d_0）	紊流时，ξ=1 层流时，ξ=2												
（图：渐缩管出口，d_0、d_1）	$\xi=1.05(d_0/d_1)^4$												
	d_0/d_1	1.05	1.1	1.2	1.4	1.6	1.8	2.0	2.2	2.4	2.6	2.8	3.0
	ξ	1.28	1.54	2.18	4.03	6.88	11.0	16.8	24.8	34.8	48.0	64.6	85.0

表8-2 管道扩大或缩小处的局部阻力系数

出口型式	局部阻力系数ξ										
	l/d_0	$\alpha/(°)$									
		2	4	6	8	10	12	16	20	24	30
	1	1.30	1.15	1.03	0.90	0.80	0.73	0.59	0.55	0.55	0.58
	2	1.14	0.91	0.73	0.60	0.52	0.46	0.39	0.42	0.49	0.62
	4	0.86	0.57	0.42	0.34	0.29	0.27	0.29	0.47	0.59	0.66
	6	0.49	0.34	0.25	0.22	0.20	0.22	0.29	0.38	0.50	0.67
	10	0.40	0.20	0.15	0.14	0.16	0.18	0.26	0.35	0.45	0.60

表8-3 分支管的局部阻力系数

管道扩大或缩小型式	局部阻力系数ξ						
	$\alpha/(°)$	d_0/d_1					
		1.2	1.5	2.0	3.0	4.0	5.0
	5	0.02	0.04	0.08	0.11	0.11	0.11
	10	0.02	0.05	0.09	0.15	0.16	0.16
	20	0.04	0.12	0.25	0.34	0.37	0.38
	30	0.06	0.22	0.45	0.55	0.57	0.58
	45	0.07	0.30	0.62	0.72	0.75	0.76
	60		0.36	0.68	0.81	0.83	0.84
	90		0.34	0.63	0.82	0.88	0.89
	120		0.32	0.60	0.82	0.88	0.89
	180		0.30	0.56	0.82	0.88	0.89

管道扩大或缩小型式	$\xi=0.5\left(1-\dfrac{A_0}{A_1}\right)$									
	$\dfrac{A_0}{A_1}$	0.1	0.2	0.3	0.4	0.5	0.6	0.7	0.8	0.9	1.0
	ξ	0.45	0.40	0.40	0.35	0.30	0.25	0.20	0.15	0.05	0

注：A_0、A_1为管道相对于内径d_0、d_1的通过面积。

表8-4 弯管的局部阻力系数

出口型式	局部阻力系数ξ								
	r/d_0	l/d_0							
		0	0.5	1.0	1.5	2.0	3.0	6.0	12.0
	2	2.95	3.13	3.23	3.00	2.72	2.40	2.10	2.00
	0.2	2.15	2.15	2.08	1.84	1.70	1.60	1.52	1.48
	0.5	1.80	1.54	1.43	1.36	1.32	1.26	1.19	1.19
	1.0	1.46	1.19	1.11	1.09	1.09	1.09	1.09	1.09
	2.0	1.19	1.10	1.06	1.04	1.04	1.04	1.04	1.04

② 消声器压力损失的估算　一般认为消声器的压力损失由两部分构成：一是局部压力损失；二是管壁沿程摩擦压力损失。两者都是由流体运动时克服黏性切应力做功引起的。局部压力损失发生在消声器内收缩、扩张等截面突变的地方，由于气流速度发生突变形成漩涡和流体相互碰撞，进一步加剧了流体质点间的相互摩擦。局部压力损失ΔH_{ξ}的大小取决于局部结构形式、管道直径和气流速度，即有

表 8-5 滤网的局部阻力系数

弯管型式	局部阻力系数 ξ								
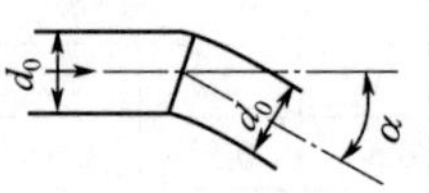	$\alpha/(°)$	10	20	30	40	50	60	70	80	90
	ξ	0.04	0.1	0.17	0.37	0.4	0.55	0.7	0.9	1.12
	$\xi=\xi'\frac{\alpha}{90}$									

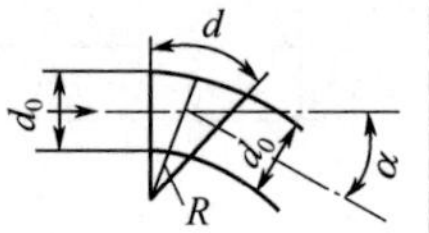 $d_0/2R$	0.1	0.2	0.3	0.4	0.5
ξ'	0.13	0.14	0.16	0.21	0.29

注：1. 对于粗管壁的铸造弯头，当紊流时，ξ'的数值应比上表大3~4.5倍。

2. 两个弯管相连的情况：

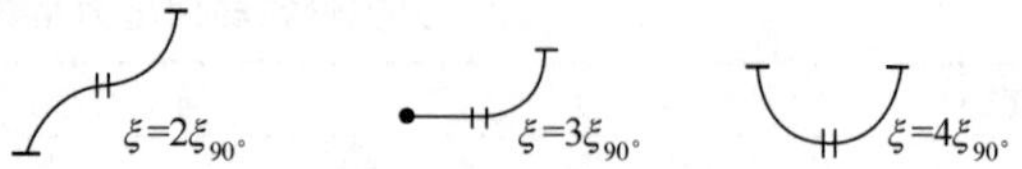

$\xi=2\xi_{90°}$　　$\xi=3\xi_{90°}$　　$\xi=4\xi_{90°}$

注：$\xi_{90°}$是α=90°的阻力系数。

$$\Delta H_{\xi}=\xi\rho v^2/2 \tag{8-10}$$

式中，ξ为局部阻力系数。消声器常采用的局部结构与相应的局部阻力系数如表8-6所示。

表 8-6 管道入口处的局部阻力系数

入口型式	局部阻力系数 ξ
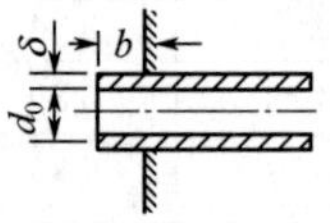	当$\delta/d_0<0.05$及$b:d_0\geqslant0.5$时，ξ=1 当$\delta/d_0>0.05$及$b:d_0<0.5$时，ξ=0.5

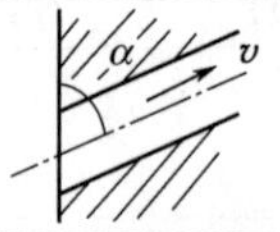 $\alpha/(°)$	20	30	45	60	70	80	90
ξ	0.98	0.91	0.81	0.70	0.68	0.56	0.5
一般垂直入口，α=90°							

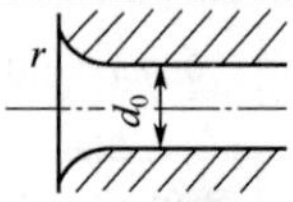 r/d_0	0.12	0.16
ξ	0.1	0.06

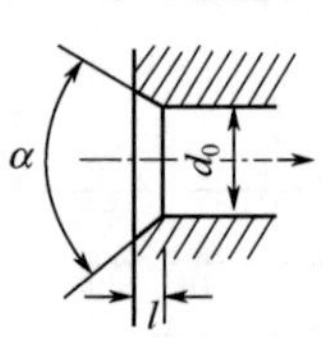

$\alpha/(°)$	ξ					
	l/d_0					
	0.025	0.050	0.075	0.10	0.15	0.60
30	0.43	0.36	0.30	0.25	0.20	0.13
60	0.40	0.30	0.23	0.18	0.15	0.12
90	0.41	0.33	0.28	0.25	0.23	0.21
120	0.43	0.33	0.35	0.33	0.31	0.29

沿程摩擦压力损失ΔH_{λ}发生在消声器管道壁面，可由下式计算：

$$\Delta H_{\lambda}=\lambda\frac{l}{d}\times\frac{v^2}{2} \tag{8-11}$$

式中 λ——沿程摩擦阻力系数；

l——管道长度；

d——管道直径。

对一个具体结构的消声器，将其划分为m个截面突变元件和n个管元件，分别按局部压力损失和沿程摩擦压力损失叠加计算消声器总的压力损失：

$$\Delta H=\sum_{i=1}^{m}\Delta H_{\xi iv}+\sum_{j=1}^{n}\Delta H_{\lambda i} \tag{8-12}$$

式中　$\Delta H_{\xi i}$——第i个截面突变处的压力损失；

$\Delta H_{\lambda i}$——第i段管道的沿程摩擦压力损失。

(3) 气流再生噪声性能

气流再生噪声是气流通过消声器时，气流在消声器内部所产生的湍流噪声，以及气流引起消声器的结构部件振动所产生的噪声。在消声器的试验与实际工程应用中，经常会遇到消声器的动态消声量低于静态消声量，或者随着气流速度的增加，消声器的消声量相应降低的情况，这就是再生噪声的影响。

气流再生噪声的大小由气流速度和消声器的结构所决定。气流速度越高，消声器的结构越复杂。弯道曲折越多，壁面越粗糙，气流噪声也就越高。所以在消声器设计时，必须同时考虑消声器的消声性能、空气动力性能和再生噪声性能，让再生噪声尽可能低。

再生噪声与气流速度近似成六次方关系，下式为再生噪声的经验表达式：

$$L_{RN} = RA + 60\lg V + 10\lg S \tag{8-13}$$

式中　L_{RN}——消声器中再生噪声的A声功率级，dB；

RA——再生噪声因子，dB；

V——消声器内平均气流速度，m/s；

S——消声器内气流通道总面积。

再生噪声因子RA与消声器结构有关，通常由实验确定，如管式消声器的RA一般在-5~ -10dB之间；片式消声器的RA一般在-5~5dB之间；折板式消声器的RA一般在15~20dB之间；阻抗复合消声器的RA一般在5~15dB之间。

(4) 结构性能

消声器的结构性能是指其坚固程度、使用寿命、外形形状、尺寸重量、维护难易等。一个好的消声器，除了良好的消声性能和空气动力性能外，还应当坚固耐用、造型美观、维护简易、造价便宜、体积小、重量轻等。

在消声器设计或选型时，应综合考虑以上四方面的性能，根据工程实践，决定取舍。例如，对于通风空调消声器，在所需消声的频率范围内，消声量越大越好，但如果该消声器空气动力性能差，阻损过大的话，则影响通风空调的效果，也是不能采用的；对于汽车排气消声器，也是同样的，如果阻损过大，会造成功率损失增大，以至于影响车辆行驶，消声性能再好也不能采用。而对于发电厂或钢铁厂高压排气放空，如果消声效果良好，阻损大一些是允许的。再如，一个消声器消声性能和空气动力性能都很好，再生噪声也很低，但结构性能不好，如体积过大或过重，或承受不了高压、高温、高速气流的冲击，使用不久就损坏，这样的消声器在工程实践中也是不能采用的。

8.1.3　消声器性能的测量

消声器性能的测量包括声学性能的测量、空气动力性能的测量和气流再生噪声的测量三个方面的内容。

根据测试场所的不同，消声器声学性能的测量分为现场测量和实验室测量，其中以实验室测量为主要测量方法。根据我国已有的消声器测量方法的国家标准GB/T 4760—1995（如图8-4所示）实验室测量方法可分为混响室法、半消声室法及管道法三种。如在消声器前及消声器后分别测量，即可得传声损失值；在消声器安装前（用替代管代替消声器）及安装后分别测量，即可得插入损失值；同样在消声器前后管道分别测定截面上的平均全压或平均静压值，即可得压力损失和阻力系数性能指标。

根据测试声源条件的不同，消声器声学性能的测量分为静态消声性能和动态消声性能两种。当消声器内没有气流通过且仅用扬声器发射标准噪声（如白噪声或粉红噪声）条件下测得的消声量称为静态消声量。当消声器内有气流通过，即用空气动力设备作声源（如风机声源或风机加扬声器声源）条件下测得的消声量称为动态消声量。

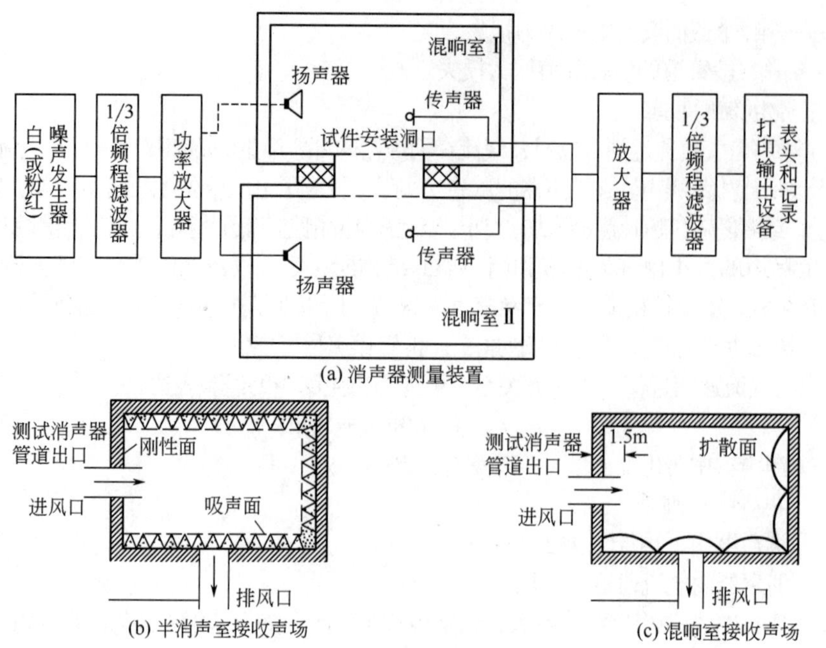

图8-4　国家标准GB/T 4760—1995《声学　消声器测量方法》标准中的测量装置示意图

8.2　阻性消声器

阻性消声器是利用吸声材料消声的。把吸声材料固定在气流通道内壁或按一定的方式在管道中排列起来，就构成了阻性消声器。当声波进入消声器中，吸声材料将使一部分声能转化为热能而耗散掉，这样就达到了消声目的。阻性消声器具有结构简单，中、高频消声效果好等优点，故在实际工程中被广泛使用。

最简单的阻性消声器是单通路直管式（圆管、矩形管或方管）阻性消声器，它是在管壁上开孔并衬贴吸声材料而组成的，如图8-5所示。

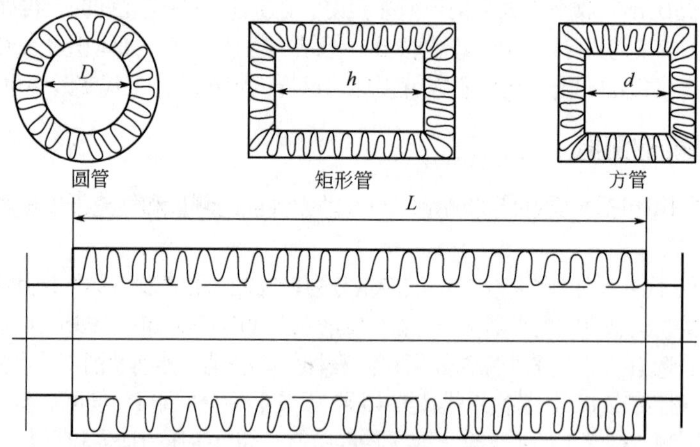

图8-5　直管式阻性消声器

阻性消声器消声量的计算公式很多，但在工程实践中发现其准确性较差。这是因为声波在消声器通道中传播的情况比较复杂，又有气流对消声性能的影响，很难用简单的数学方程给予精确定量的描述。在工程设计中，只能在特定的条件下，对一些简单型式的阻性消声器导出消声器消声量的近似计算公式。

阻性消声器的消声量ΔL一般按下式估算，即

$$\Delta L=\psi(\alpha_0)PL/S \tag{8-14}$$

式中 $\psi(\alpha_0)$——消声系数；

P——气流通道断面周长，m；

L——消声器的有效长度，m；

S——气流通道横截面积，m^2。

从式（8-14）中可以得出如下结论：

① 消声量与消声通道的几何尺寸有很大关系。消声量ΔL与消声通道的有效长度L以及气流通道的截面周长P成正比，与气流通道的截面积S成反比。因此要提高消声量必须增加消声器通道长度或缩小通道截面积。当截面积一定时，选择适当的截面形状使其周长增大，以达到提高消声量的目的。

② 消声量与消声系数有很大关系。消声系数主要由衬贴材料的吸声系数决定。吸声系数α_0和消声系数$\psi(\alpha_0)$的函数关系见表8-7。

表8-7 吸声系数α_0和消声系数$\psi(\alpha_0)$的函数关系

α_0	0.1	0.15	0.2	0.3	0.35	0.4	0.45	0.5	0.55
$\psi(\alpha_0)$	0.05	0.1	0.17	0.24	0.47	0.55	0.64	0.75	0.86
α_0	0.6	0.65	0.7	0.75	0.8	0.85	0.90	0.95	1.0
$\psi(\alpha_0)$	0.90	1.0	1.05	1.1	1.2	1.3	1.35	1.45	1.5

单通道直管消声器的横截面积不宜过大，因为上面提到的消声器计算公式，都是假定为平面波的条件下推导出来的。也就是说，声波在消声器的同一横截面上各点声压和声强被假定是相同的。如果单通道直管消声器的横截面积过大，当声波频率高到一定程度时，波长很短，声波将以窄声束的形式通过消声器，很少或者根本不与消声器壁面的吸声材料接触。此时，消声器的消声效果，特别是高频声的消声量将显著下降。

当声波波长小于通道横截面尺寸的一半时，消声效果便显著下降。在噪声控制工程实践中，通常将这个现象称为高频失效，而将这个消声量开始明显下降的频率定义为“高频失效频率”，其经验表达式为：

$$f_H=1.85c/D \tag{8-15}$$

式中 c——声速，m/s；

D——消声器通道的当量直径，m。

消声器通道的当量直径是指通道截面边长的平均值。当消声器通道横截面为边长为a、b的矩形时，D=1.1$\sqrt{ab}$（m）。

当频率高于失效频率f_H时，每增加一个倍频程，其消声量约比在失效频率处的消声量降低三分之一。此时，消声器的消声量可用下列公式计算：

$$\Delta L'=(3-n)\Delta L/3 \tag{8-16}$$

式中 $\Delta L'$——高于失效频率的某一倍频带的消声量，dB；

n——高于失效频率的倍频程频带数；

ΔL——失效频率处的消声量（dB），由式（8-14）求得。

在噪声控制工程实践中，为了避免高频失效频率的影响，单通道直管消声器的横截面积宜控制在直径300mm以内。这对于小流量的较细管道是合适的，但对于大流量的粗管道就出现问题了。为了避免出现高频失效现象，消声器的管道必须设计得比较细，其带来的结果是消声器中气流速度增高，这样

会增加气流阻损和再生噪声，这也是不允许的。如果综合考虑消声量、阻损和再生噪声，管道需要设计为300~500mm的管径时，可在管道中部加一个吸声片或一个吸声圆柱，如果通道尺寸必须设计在500mm以上，就要将其设计成片式、折板式、声流式、蜂窝式、迷宫式和弯头式等多通道结构形式。

8.2.1 多通道的阻性消声器

(1) 片式消声器

为了解决大流量空气动力设备的消声，并提高其上限失效频率，在较大尺寸的消声管道中，设置一系列的吸声片，即把消声通道分成若干个并联的小通道，这就是片式消声器，如图8-6所示。

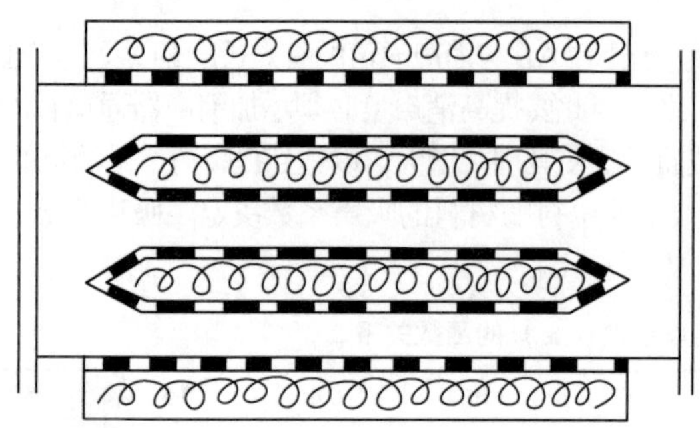

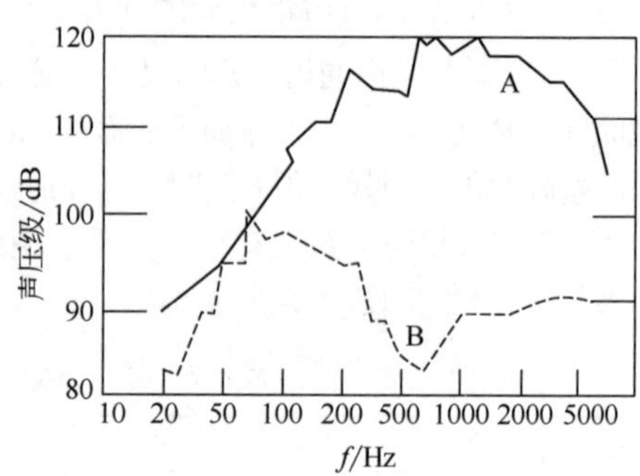

图8-6 片式消声器及其消声性能

A—无消声片；B—有消声片

在片式消声器中，各通道的横截面积都小了，不但提高了上限失效频率，而且增加了吸声材料的表面积，因此其消声量也会有所提高。

通常在设计片式消声器时，使片间距相等，即每个小通道的尺寸都相同，一个通道相当于片式消声器的一个单元，其消声频率特性也就代表了整个消声器的消声特性。片式消声器的消声量可由式（8-14）计算。

对扁矩形片式消声器（片间距与通道高度比很小），可简化为

$$\Delta L=\psi(\alpha_0)PL/S=2\psi(\alpha_0)L/a \tag{8-17}$$

式中 $\psi(\alpha_0)$——消声系数；

L——消声器的有效长度，m；

a——消声器小通道的宽度，也称片间距，m。

对于矩形片式消声器，可简化为

$$\Delta L=\psi(\alpha_0)PL/S=\frac{2\psi(\alpha_0)L(a+b)}{ab} \tag{8-18}$$

式中 $\psi(\alpha_0)$——消声系数；

L——消声器的有效长度，m；

a——消声器小通道的宽度，m；

b——消声器小通道的高度，m。

从以上两式可以看出，对于片式消声器，消声器的长度越长，消声量越大；消声器的通道宽度越窄，消声量越大。在噪声控制工程实践中，通道宽度，即片间距，通常取100~200mm。根据所需要消声的频率状况，吸声片片厚通常选在60~150mm。若主要是高频声，片可薄些，若要兼顾中低频噪声，片厚一些比较好。

片式消声器结构不太复杂，中、高频消声效果好，是在噪声控制工程中常用的一种。为了不妨碍气体流动，片式消声器的通流截面积应设计为管道截面积的1.5倍左右。

（2）折板式消声器

折板式消声器是由片式消声器演变来的，如图8-7所示。为了改善消声器的中、高频消声性能，把直板改成折板。这样，可以增加声波在消声器通道内的反射次数，即增加声波与吸声材料的接触机会，其改善程度取决于板的折角大小。折板式消声器一般以不透光为原则，θ以不大于20°为宜，且尽量平滑过渡。如θ过大，流体阻力将增大，会破坏消声器的空气动力性能，在流速较高的场合不宜采用。

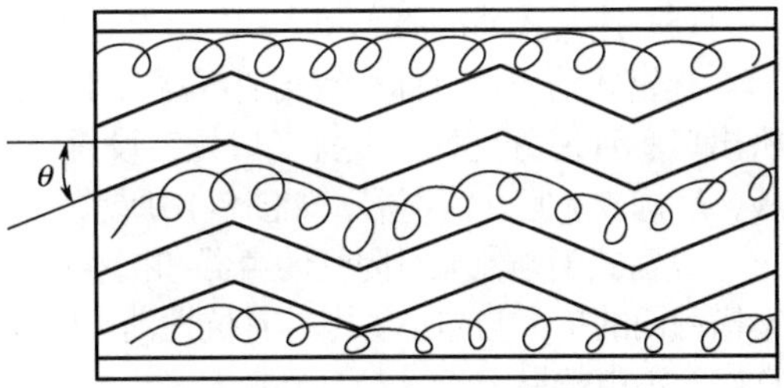

图8-7 折板式消声器

（3）声流式消声器

声流式消声器是由折板式消声器改进而来的，如图8-8所示。它是把吸声片制成正弦波形、流线形、菱形或弧形，当声波通过厚度连续变化的吸声片（层）时，能改善低、中频消声性能。它使气流通过流畅、阻力较小，消声量比相同尺寸的片式消声器要高一些。该消声器的缺点是结构复杂，制造工艺难度大，造价较高。

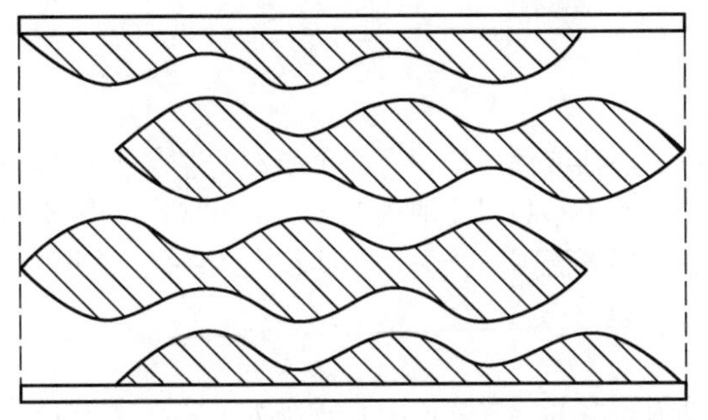

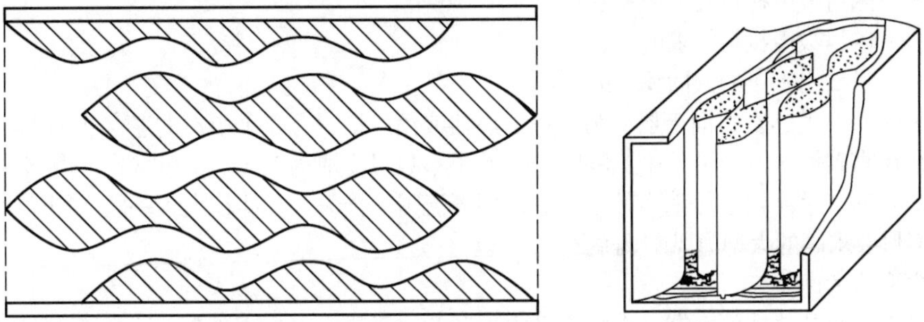

图8-8 声流式消声器

（4）蜂窝式消声器

如果空气动力设备的流量很大，消声器的横截面积也相应增大。这对高、中频消声很不利。将这个大横截面的消声器改造为一系列较小尺寸的直管式消声器并联组合，即构成蜂窝式消声器，如图8-9所示。

蜂窝式消声器的消声量可用式（8-14）和表8-7计算。由于该消声器是多个消声通道并联，而且每个消声通道的尺寸也基本相同，因此，只要计算其中一个直管式消声器的消声量，就可得到整个消声器的消声量。

对蜂窝式消声器，每个单元通道的尺寸，对于圆管，直径不大于200mm；方管不要超过200mm×200mm。这样的设计可以得到兼顾高中低频的良好带宽。在设计整个蜂窝式消声器的横截面积时，为了减少气流阻损，消声器总的通道横截面积，以原气流流动管道横截面积的1.5~2倍为宜。

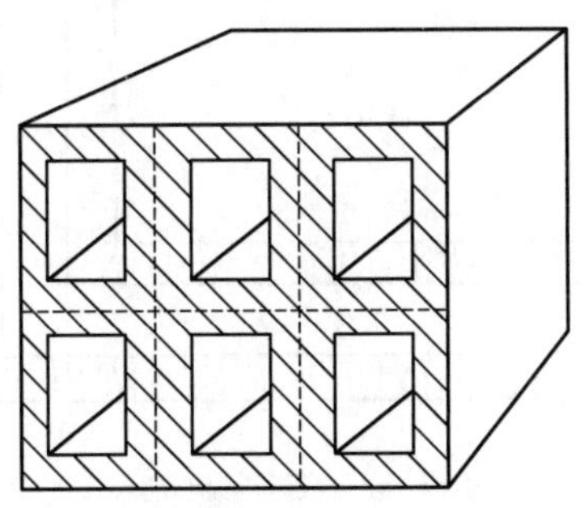

图8-9 蜂窝式消声器

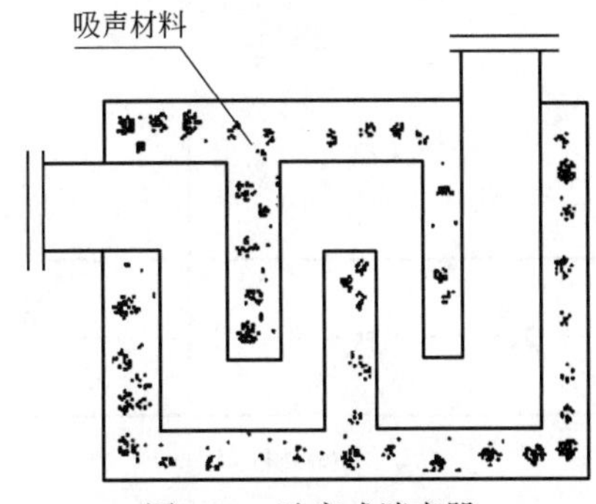

图8-10 迷宫式消声器

蜂窝式消声器的优点是高中频消声效果良好，缺点是结构相对复杂、阻力损失较大、尺寸较庞大，一般适用于风量较大、低流速的场合。

(5) 迷宫式消声器

迷宫式消声器也称小室式消声器。在大型空气动力设备的输气管道中，如在通风空调系统的风机出口、管道分支处，或排气口处，设置体积较大的室或箱，在室或箱中加衬吸声材料和吸声障板，就构成迷宫式消声器，如图8-10所示。

迷宫式消声器兼具阻性消声器和抗性消声器的作用。室中吸声材料具有阻性消声的作用，而小室横截面的扩大与缩小，则具有抗性消声的作用。因此，迷宫式消声器在一个较宽的频率范围内有良好的消声效果。

迷宫式消声器的消声效果与室的大小、小室的数量、通道横截面积、吸声材料的吸声系数、吸声层面积和厚度有关，可用下式进行估算：

$$\Delta L = 10\lg\frac{\alpha S}{S_E(1-\alpha)} \tag{8-19}$$

式中 α——内衬吸声材料的吸声系数；

S——内衬吸声材料的表面积，m^2；

S_E——进（出）口的截面积，m^2。

仅有一个小室的迷宫式消声器称为单室消声器或消声箱，有多个小室的迷宫式消声器叫作多室消声器。在迷宫式消声器的设计中，隔断分割的小室数目宜取为3~5个，迷宫式消声器内的流速宜小于5m/s。迷宫式消声器虽然消声效果良好，但气流阻力损失大、体积大。一般适用于大流量、低流速、消声量要求高的大型通风空调系统。

(6) 弯头式消声器

消声弯头也称弯头式消声器，在空气动力设备的输气管道中常有弯头，若在该弯头内壁衬贴吸声层，则会有明显的消声效果。

图8-11可以形象地说明弯头式消声器的原理。如图8-11（a）所示为没有衬贴吸声材料的弯头，管壁近似为刚性，声波在管道中虽有多次反射，但仍然通过弯头传出去，即使有些声衰减但也是很有限的。图8-11（b）为弯头处衬贴了吸声材料的消声弯头，在AB段，相当于直管式消声器，声波通过时，得到一定程度的降低；在弯头BC段，由于吸声弯头的作用一部分声波被吸收，一部分声波反射回声源，一部分转向垂直方向继续传播。

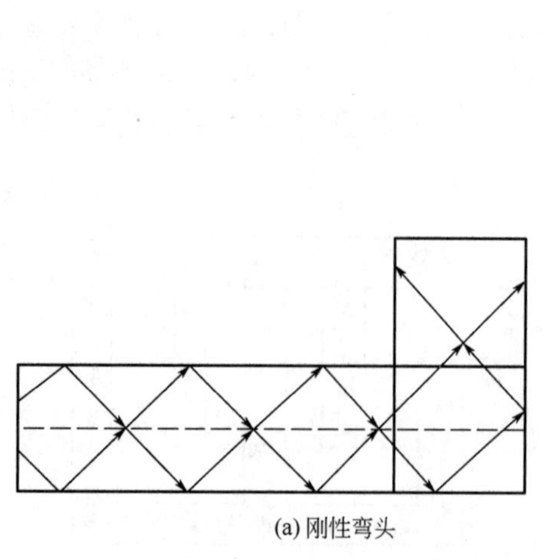

(a) 刚性弯头

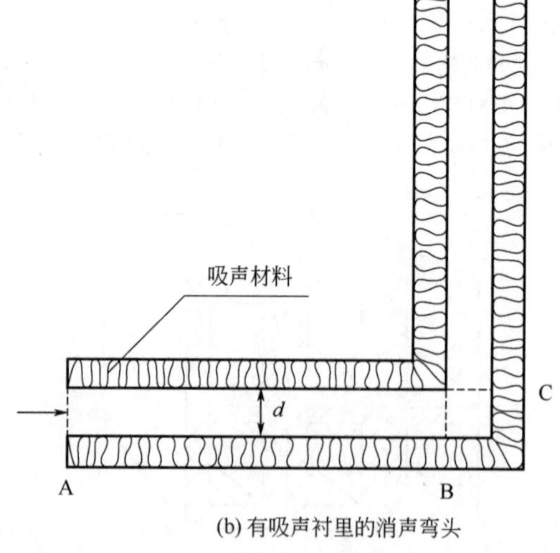

(b) 有吸声衬里的消声弯头

图8-11 直角消声弯头原理

消声弯头有一定的消声效果，结构简单，占用建筑空间少，再加上由于衬贴吸声层而附加的气流阻损不大，因此在通风空调工程中应用较广，有时有的通风空调系统甚至不另外安装消声器，而仅靠在通风空调管道的弯头处设置消声弯头而达到所需要的消声减噪效果。

以直角弯头为例，介绍弯头式消声器消声量的消声效果由哪些因素决定。设弯头的通道宽度为d，如图8-11所示。设λ为声波波长，表8-8给出了同样尺寸的刚性直角弯头和衬贴吸声材料的直角消声弯头的消声量估算值比较。从表8-8中可以看出，消声弯头在低频段消声效果不高，在高频时，消声弯头比无吸声衬贴层的刚性弯头，消声量可高出10dB。弯头上衬贴吸声层的长度一般设计为管道横截面积的2~4倍。

表8-8 刚性直角弯头和衬贴吸声材料的直角消声弯头的消声量估算值比较

刚性直角弯头			衬贴吸声材料的直角消声弯头		
d/λ	无规入射/dB	平面波入射/dB	d/λ	无规入射/dB	平面波入射/dB
0.1	0	0	0.1	0	0
0.2	0.5	0.6	0.2	0.5	0.5
0.3	3.5	3.5	0.3	3.5	3.5
0.4	6.5	6.5	0.4	7.0	7.0
0.5	7.5	7.5	0.5	9.5	9.5
0.6	8.0	8.0	0.6	10.5	10.5
0.8	7.5	8.5	0.8	10.5	11.5
1.0	6	8	1.0	10.5	12
1.5	4	8	1.5	10	13
2	3	7	2	10	13
3	3	8	3	10	14
4	3	10	4	10	16
5	3	11	5	10	18
6	3	12	6	10	19
8	3	14	8	10	19
10	3	15	10	10	20

如果多个消声弯头串联，而各弯头之间的间隔比管道横截面尺寸大得多时，总消声量为一个消声弯头的消声量乘以弯头的个数。当然，弯头个数也应是有限的，因为总消声量还受气流再生噪声的制约。

直角弯头的气流阻力损失、再生噪声都较大，为了降低阻损和气流再生噪声，可将直角弯头的吸声层内壁做成弯曲的流线形，如图8-12所示。这样的消声弯头的阻损要比直角弯头小得多。

(7) 百叶窗式消声器

百叶窗式消声器也称为消声百叶，是模仿百叶窗形式，气流可以通过，但噪声得到降低的长度极短的消声器，如图8-13所示。

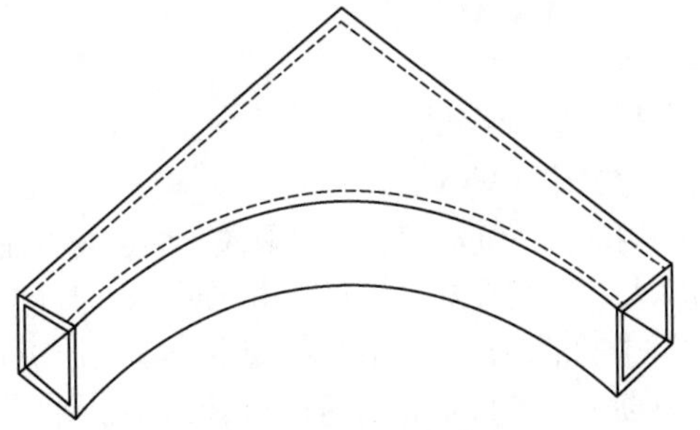
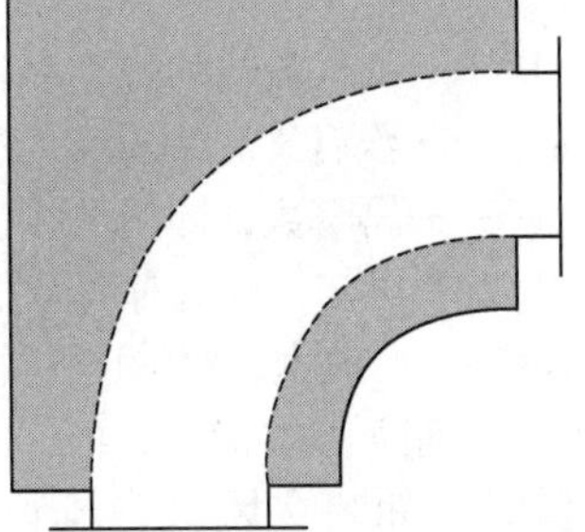

图8-12 改良的消声弯头

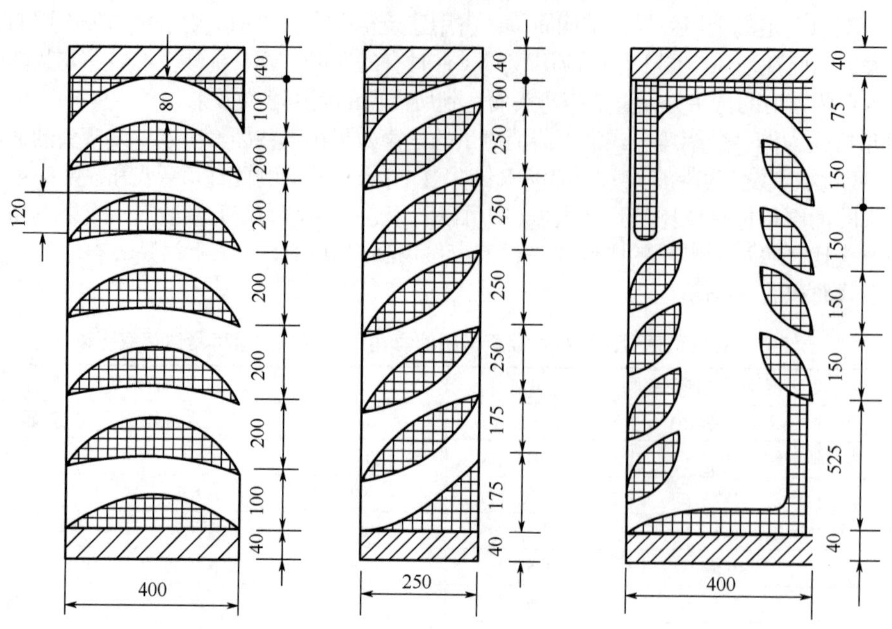

图8-13　百叶窗式消声器

百叶窗式消声器实际是一个极短的片式消声器或折板式消声器或声流式消声器，其长度在200~500mm。消声百叶的高中频消声效果较好，消声量为5~15dB，气流阻力损失也较小。在噪声控制工程中用于大型隔声罩通风散热窗口，或用于高噪声机械设备机房的进排气窗口，既有一定的消声效果，又不影响通风散热，是一种辅助的消声装置。

8.2.2　气流对消声性能的影响

前面介绍的消声量计算公式，都是在忽略气流存在的前提下导出的。但消声器是在气流中工作的，而且气流的存在又影响着消声器的消声性能，所以一个消声器在现场使用的实际消声效果，必须考虑气流对消声性能的影响。

气流对消声器消声性能的影响，主要表现在两方面：一是气流的存在改变了消声器内声衰减规律；二是气流在消声器内产生一种附加噪声，即所谓气流再生噪声。这两个方面是同时起作用的，但其本质各不相同。

(1) 气流对声传播规律的影响

首先，暂且不考虑气流产生的再生噪声问题。气流对声传播规律的影响可具体归结到单位长度消声量［即公式 (8-14) 中的消声系数$\psi(\alpha_0)$］的变化上。理论分析给出如下的近似公式，即

$$\psi'(\alpha_0) = \psi(\alpha_0)\frac{1}{(1+M)^2} \tag{8-20}$$

式中　$\psi'(\alpha_0)$ ——有气流时的消声系数，称为动态消声系数；

$\psi(\alpha_0)$ ——没有气流时的消声系数，称为静态消声系数；

M——马赫数，即消声器内流速与声速之比，$M=v/c$。

由式 (8-20) 可知，气流对消声器性能的影响不仅与气流速度大小有关，而且与气流方向也有关。当流速高时，M值大，对消声性能的影响就大。当气流方向与声传播方向一致时（如装在风机的排气管道上的消声器），M为正值，式 (8-20) 中的消声系数$\psi'(\alpha_0)$ 将变小。当气流方向与声传播方向相反时（如装在风机进风管上的消声器），M为负值，消声系数$\psi'(\alpha_0)$ 将变大。这就是说，顺流与逆流比较起来，逆流较为有利些。

气流在消声管道中的流动速度并不均匀。就同一横截面而言，管道中央气流流速最高，离开中央位置越远，气流流速则越低，到接近管壁处，流速接近零。在顺流时，管道中央声速高，周围壁面声速低。按照声折射原理，声波向管壁弯曲。对阻性消声器来说，周围壁面衬贴吸声材料，刚好将这部分声能吸收。在逆流时，正好相反，声波将从周围壁面向中央弯曲，对阻性消声器是不利的。

在一般工业气流管道中，气流速度都不会太高，即使当流速在30~40m/s时，M在0.1左右，对整个消声器的消声性能的影响并不大，因此，一般可忽略不计。

(2) 气流再生噪声对消声性能的影响

气流不仅对消声器的传播规律有影响，而且在气流通过消声器时，会产生一种气流再生噪声。很显然气流再生噪声相当于在原有噪声上又叠加一种新的噪声，它会影响消声器实际使用效果。气流产生的噪声大小取决于气流速度和消声器结构。一般来说，气流速度越大或消声器内部结构越复杂（如有通道截面突变、折弯等），则产生的噪声也就越大。

分析气流再生噪声的产生机理，大致有两个方面的原因：一是气流经过消声器通道时，因局部阻力或摩擦阻力而产生一系列湍流，相应地辐射一些噪声；二是气流激发消声器构件振动而产生辐射噪声。

由于消声器的部件不可能制作得非常平滑，有时为了改变通道的声阻抗，将消声器做成折弯、截面突变等形式，这样气流在前进中便会产生一系列湍流，这也是再生噪声产生的主要原因。另外，消声器的构件如薄板、空腔、管壁等在气流冲击下发生振动而辐射噪声。有时还可能发生系统共振，辐射出很强的固体再生噪声。

在高速气流下，以前者（湍流）为主。它是一种偶极子辐射，其强度大致按流速的六次方规律变化。实测不同直径、长度的直管阻性消声元件的气流再生噪声与流速关系呈线性。直线方程可用下式表达，即

$$L_{RN}=(18\pm2)+60\lg v \tag{8-21}$$

式中 v——消声器内气流速度，m/s。

式（8-21）也是对式（8-13）的简化。一个消声器具体应用到现场，气流究竟对其性能有多大的影响，必须结合原来的噪声源情况、气流速度大小及消声器结构等因素进行具体分析。设原噪声源发生的噪声级在进入消声器前为L_1，假定暂不考虑气流的影响，噪声级L_1通过消声器后衰减为L_2，测消声器的消声量为L_1-L_2。但实际上气流的影响是存在的，消声器中实际噪声是由噪声源产生的噪声与气流本身的影响声级两部分叠加而成的。设在一定气流速度下，在一定结构的消声器中产生的影响噪声级为L_0（包括气流改变声衰减规律和气流产生再生噪声两部分），则消声器末端（即经过消声器以后）噪声级大小要由L_2与L_0两者叠加来决定，具体可分为如下三种情况。

① 当$L_2 \gg L_0$（两者相差10dB以上）时，则消声器在现场的消声量$\Delta L=L_1-L_2$。这时气流对消声器的消声效果基本没有影响。

② 当$L_2 \ll L_0$（两者相差10dB以上）时，则消声量$\Delta L=L_1-L_0$，表明消声器的消声效果实际上是由气流再生噪声决定的。如果气流速度很高，产生的再生噪声级$L_0>L_1$，这个消声器的消声量即变为负值，表明此消声器不仅没有消声效果，反而成为一个噪声源。

③ 当$L_2 \approx L_0$时，如果$L_2>L_0$，则消声量$\Delta L=L_1-L_2-\varDelta$；如果$L_2<L_0$，则消声量$\Delta L=L_1-L_0-\varDelta$（式中的增量$\varDelta$主要由差值$|L_2-L_0|$决定，其值不大于3dB，参考1.6.4节声级的计算中的图1-17或表1-6）。

总之，在设计消声器时，消声器中的流速不能过高，因为流速过高，不仅消声器的声学性能将受到影响，同时，空气动力性能也会变坏。一般来说，对于空调消声器，流速不应超过10m/s；对压缩机和鼓风机消声器，流速不应超过30m/s；对于内燃机、凿岩机消声器，流速应选在30~50m/s范围内；对于大流量排气放空消声器，流速可选50~80m/s。

8.2.3 阻性消声器的设计要点

阻性消声器的设计要点如下。

（1）确定空气动力设备噪声的基本参数（消声量）

确定需要消声的空气动力机械（或系统）的噪声级和各倍频带声压级，可由测量、估算或查找资料的方法确定；选定消声器的装设位置；确定允许噪声级和各倍频带的允许声压级，应根据国家（行业）相应的标准规范规定的噪声限制值，按照测量出的噪声级与频带声压级减去国家（行业）相应的标准规范允许的噪声级与频带声压级计算得出。

（2）合理选择消声器的结构形式

消声器的结构形式主要根据气流通道截面积尺寸来定。如果进排气管道直径小于300mm，可选择单通道的直管式；如果管道截面尺寸大于300mm而小于500mm时，可在中间放置一片吸声层或一吸声芯，此时，消声器通道有效截面积应扣除吸声层或吸声芯所占去的面积，这样才能保证消声器中的流速不高于原输气管道中的流速；如果进排气管道尺寸大于500mm时，就要设计成片式、蜂窝式或声流式。对于片式，片间距离不要大于250mm，对于蜂窝式，每个蜂窝尺寸不要大于300mm×300mm。无论是片式还是蜂窝式都要注意流速不要超过20m/s。

当需要获得比片式消声器更高的高频消声量时，可选用折板式消声器，折板式消声器适用于压力较高的高噪声设备（如罗茨鼓风机等）消声；当需要获得较大消声量和较小压力损失时，可选用消声通道为正弦波形、流线形或菱形的声流式消声器；在通风管道系统中，可利用沿途的箱、室，设计室式消声器（即迷宫式消声器）；对风量不大、流速不高的通风空调系统，可选用消声弯头；对于缺少安装空间位置的管路系统，可选用百叶窗式消声器。

（3）合理选择吸声材料

吸声材料是决定阻性消声器消声性能的重要因素，在同样长度和横截面的条件下，消声器的消声值大小取决于吸声材料的吸声系数，而吸声材料的吸声系数的大小，不仅与材料的种类有关，而且与其密度和厚度密切相关。

吸声材料的种类很多，如超细玻璃棉、泡沫塑料、膨胀珍珠岩等。由于这类材料柔软多孔，而且孔隙相串联，在500Hz以上都有良好的吸声效果。

在选用吸声材料时，除考虑吸声性能外，还要考虑施工方便、经济耐用，在特殊环境（如高温、潮湿、有腐蚀气体）下，还应考虑耐热、防潮、耐腐蚀等方面的问题。

吸声层的厚度设计，由需要消除的频率决定，如果只是为了吸收高频噪声，吸声材料可以薄些，以超细玻璃棉为例，取25~30mm就可以了，如果为了加强低频噪声的吸收，则可以厚一些（如100mm）。

每种吸声材料都有最佳的密度，如超细玻璃棉填充20~30kg/m³的最为合适，即比自然密度稍大一些即可。根据实践经验，密度增加，其吸收峰会向低频方向移动，对低频声的吸收有好处，但整个吸收峰会下降。

（4）合理选择吸声材料的护面

阻性消声器是在气流之中工作的，因此在设计时对吸声材料必须用牢固的护面（如用玻璃布、穿孔板或铁丝网）固定起来。如果护面的形式不合理，吸声材料会被气流吹跑或者护面装置激起振动等都将导致消声器的性能下降。采用什么样的护面形式要由消声器通道内气流速度来决定，如表8-9所示为在不同气流速度下最佳的吸声材料护面结构形式。

护面材料和护面结构有玻璃纤维布、窗纱、金属网、穿孔板等。在噪声控制工程实践中，最常用的吸声材料护面结构是玻璃纤维布（一般厚度为0.1~0.2mm）加金属穿孔板（板厚1~3mm，孔径4~8mm，穿孔率20%以上）。气流速度越大，孔径应越小。孔的布置可按正方形排列，也可按正三角形排列。

表8-9 在不同气流速度下最佳的吸声材料护面结构形式

允许风速/(m/s)		构造
平行	垂直	
6以下	4以下	1
6~10	4~7	3, 2
10	7	4, 5
10~22	7~15	6, 5
22~30	15~21	6, 7, 5
30~60	21~42	6, 8, 7, 5

注：平行、垂直表示气流对材料表面的流向，“平行”表示吸声结构与气流方向平行；“垂直”表示吸声结构与气流方向垂直。1—无护面结构的吸声材料；2—表面有防护层的吸声材料；3—经表面处理的吸声材料；4—玻璃纤维布或金属网；5—吸声材料；6—穿孔板（穿孔率20%以上）；7—玻璃纤维布；8—金属网。

(5) 根据降噪要求决定消声器的长度

在确定通道截面的情况下，增加消声器饰面长度可以提高消声值。但究竟多长合适，还要根据噪声级大小和现场的降噪要求，根据式（8-14）计算所需消声器的长度。如一个风机噪声远高于车间其他设备的噪声或者要求有较大的消声值，就要把消声器设计得长些；反之就设计得短些。总之要从实际需要和经济实用等方面考虑，根据噪声控制实践，一般现场使用的流体动力设备管道，其消声器的长度应设计为1~3m。

(6) 验算和修正消声效果

根据“高频失效”和气流再生噪声的影响验算消声效果。由于消声器的消声效果与所需要消声的频率范围有关，也与气流再生噪声有关，因此，必须对高频失效频率和再生噪声进行验算。若设备对消声器的压力损失有一定要求，应计算压力损失是否在允许范围内。如果消声器的设计方案不能满足消声要求，就应考虑修改设计，直到得到最佳设计为止。

8.3 抗性消声器

抗性消声器是通过控制声抗大小来消声的，它不使用吸声材料，而是利用管道中的截面突变之类的声阻抗变化，产生反射、干涉等，从而达到消声的目的。对于减弱窄频带的噪声和明显不连续的噪声，采用这种消声器，可得到良好效果。抗性消声器主要分为扩张室消声室和共振腔消声器两种。

8.3.1 扩张室消声器

扩张室消声器是根据管道中声波在截面突变处发生反射原理设计的。

(1) 单节扩张室消声器

单节扩张室消声器是由两个突变截面管道连接构成的，这两个管道分别称为连接管和扩张室，如图8-14所示。连接管截面积为S_1，扩张部分管道截面积为S_2，扩张部分管道长度为l，消声器的扩

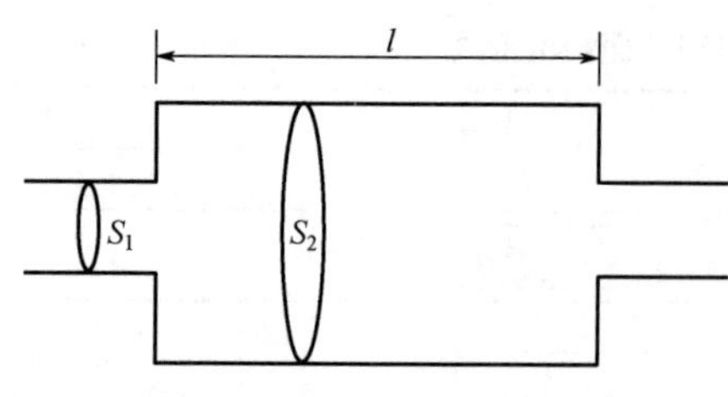

图8-14　单节扩张室消声器

张比$m = S_2/S_1$。

当声波波长远大于消声器各部分尺寸时，管子内的空气柱像活塞一样运动，不同的管子和扩张室的组合，就相当于不同的声质量和声顺（一定体积，具有刚性壁的空腔，如其尺寸比波长小很多，则腔内压缩与膨胀近似为同相位，这样的空腔即可认为是声顺元件）的组合，适当的组合就可阻止某些频率成分的噪声通过消声器，从而达到消声的目的。

① 单节扩张室消声器的消声量　单节扩张室消声器的消声量ΔL可用下式计算，即

$$\Delta L = 10\lg\left[1 + \frac{1}{4}\left(m - \frac{1}{m}\right)^2 \sin^2(kl)\right] \tag{8-22}$$

式中　m——扩张比，$m = S_2/S_1$；

S_1——扩张前的面积，m²；

S_2——扩张后的面积，m²；

l——扩张室消声器的长度，m；

k——波数，$k = 2\pi/\lambda = 2\pi f/c$，m⁻¹。

上述公式用图8-15表示更为直观。从式（8-22）和图8-15中可以看出，单节扩张室消声器的消声量由扩张比m决定，随着扩张比m的增大，消声量也随之增大。

② 单节扩张室消声器的频率特性　从式（8-22）中可以看出，消声量ΔL与$\sin(kl)$有关。因为$\sin(kl)$是周期函数，可见消声量ΔL随kl做周期性的变化（如图8-16所示），当$\sin(kl)=\pm1$时消声量达到最大，即当$kl=\pi/2$的奇数倍，即$kl=(2n+1)\pi/2$时，消声量达到最大值。此时，消声量计算公式可写为

$$\Delta L_{max} = 10\lg\left[1 + \frac{1}{4}\left(m - \frac{1}{m}\right)^2\right] \tag{8-23}$$

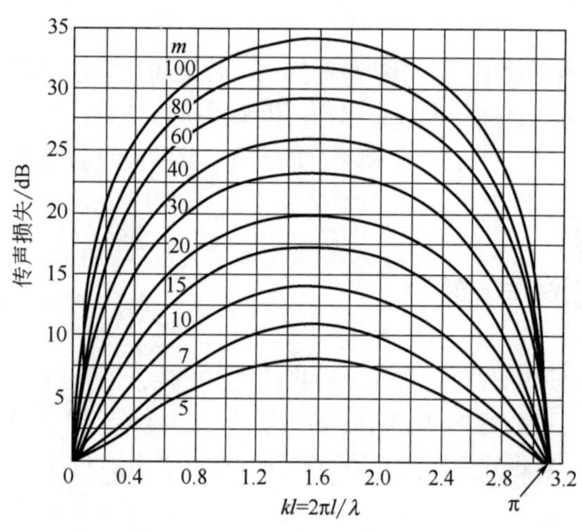

图8-15　单节扩张室消声器消声量

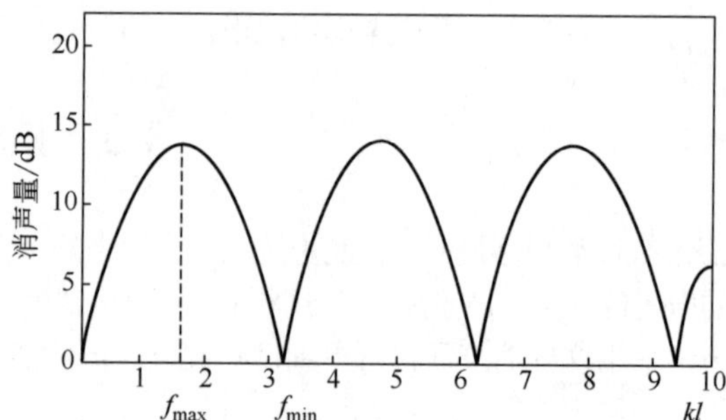

图8-16　单节扩张室消声器的频率特性

由式（8-23）可以看出，单节扩张室消声器的消声量主要由扩张比m决定，通常$m>1$，当$m>5$时消声器才有明显的消声效果。当$m>5$时，消声量计算公式近似为

$$\Delta L_{max} = 20\lg\frac{m}{2} = 20\lg m - 6 \tag{8-24}$$

单节扩张室抗性消声器消声量最大值ΔL_{max}与扩张比m之间的关系见表8-10。

表8-10 单节扩张室抗性消声器消声量最大值ΔL_{max}与扩张比m之间的关系

扩张比m	ΔL_{max}/dB	扩张比m	ΔL_{max}/dB	扩张比m	ΔL_{max}/dB
1	0.0	10	14.1	19	19.5
2	1.9	11	14.8	20	20.0
3	4.4	12	15.6	22	20.8
4	6.5	13	16.2	24	21.6
5	8.5	14	16.9	26	22.3
6	9.8	15	17.5	28	22.9
7	11.1	16	18.1	30	23.5
8	12.2	17	18.6		
9	13.2	18	19.1		

当$kl=\pi/2$的奇数倍，即$kl=(2n+1)\pi/2$时，单节扩张室抗性消声器的消声量达到最大值。因为$k=2\pi/\lambda=2\pi f/c$，所以$2\pi f l/c=(2n+1)\pi/2$。由此可得出最大消声频率和扩张室长度l的关系。

$$f_{max}=(2n+1)\frac{c}{4l} \tag{8-25}$$

式中 c——声速，m/s；

l——扩张室长度，m；

n——0，1，2，3，……

当$n=0$时，得到第一个最大消声频率$f_{max}=c/4l$。将式（8-25）改写为有关扩张室长度l的表达式，即为

$$l=\frac{(2n+1)c}{4f_{max}}=(2n+1)\frac{\lambda}{4} \tag{8-26}$$

由此可以看出，当扩张室长度等于声波波长1/4的奇数倍时，可以在这些频率上得到最大的消声效果。

当kl为π的整数倍时，即$kl=n\pi$时，消声器的消声量为零，在这种情况下，声波会无衰减地通过消声器。这个相应的频率称为通过频率，其计算式为

$$f_{min}=2n\frac{c}{4l}=\frac{nc}{2l} \tag{8-27}$$

将式（8-27）改写为有关扩张室长度l的表达式，即为

$$l=\frac{nc}{2f_{min}}=\frac{n\lambda}{2} \tag{8-28}$$

由此可以看出，当扩张室长度等于声波波长1/2的整数倍时，在这些频率上无消声效果。在这种情况下，声波会无衰减地通过消声器，消声器不起消声作用。

③ 气流对单节扩张室抗性消声器消声性能的影响 气流对单节扩张室抗性消声器消声性能的影响，主要是降低了有效扩张比，因此，降低了消声量。其计算公式为

$$\Delta L=10\lg\left[1+\left(\frac{m_c}{2}\right)^2\sin^2 kl\right] \tag{8-29}$$

式中 m_c——等效扩张比。

当马赫数$M<1$时：

a. 对扩张管：

$$m_c=\frac{m}{1+mM}$$

b. 对收缩管：

$$m_c=\frac{m}{1+m}$$

式中 m——无气流时的扩张比；

M——马赫数。

表8-11给出了不同气流速度下的等效扩张比m_c值。

表8-11 不同流速下的等效扩张比m_c值

m_c 流速/(m/s) m	5	10	15	20	25	30	35	40	45	50
2	1.95	1.90	1.85	1.76	1.75	1.71	1.67	1.62	1.59	1.55
3	2.88	2.78	2.66	2.56	2.48	2.38	2.31	2.24	2.16	2.10
4	3.80	3.60	3.43	3.25	3.10	2.98	2.85	2.75	2.63	2.53
5	4.70	4.40	4.15	3.90	3.70	3.50	3.30	3.17	3.03	2.88
6	5.57	5.10	4.75	4.40	4.20	3.95	3.70	3.55	3.37	3.25
7	6.70	5.80	5.40	5.00	4.70	4.40	4.10	3.80	3.67	3.55
8	7.20	6.50	5.90	5.50	5.10	4.70	4.40	4.20	3.90	3.80
9	8.00	7.30	6.50	5.90	5.50	5.05	4.70	4.50	4.20	4.00
10	8.80	7.75	7.00	6.32	5.80	5.35	5.00	4.65	4.35	4.10
11	9.60	8.40	7.50	6.80	6.20	5.60	5.30	5.00	4.60	4.40
12	10.30	9.00	8.00	7.10	6.40	5.90	5.50	5.20	4.70	4.55
13	11.10	9.50	8.40	7.50	6.70	6.20	5.70	5.40	4.85	4.65
14	11.60	10.00	8.80	7.80	7.00	6.40	5.90	5.60	5.00	4.80
15	12.40	11.30	9.10	8.00	7.20	6.60	6.00	5.80	5.10	4.85
16	13.00	11.00	9.50	8.30	7.50	6.80	6.20	5.60	5.35	4.93

④ 单节扩张室消声器设计注意事项

a. 必须有足够大的扩张比。由上述分析可知，最大消声量是由扩张比m决定的。当m较小时，最大消声量相当小；当m增大时，最大消声量近似按m的对数规律增加。如果要求消声器具有明显的消声效果，那么m就必须有足够大的数值。例如，要求消声器的最大消声量在10dB以上时，则m值必须选定在6以上。

b. 在实际工程中，扩张比m值不允许取得太大。这是因为m不仅受消声器所占空间体积的限制，与此同时，也受声学性能方面的限制。因为扩张室消声器与阻性消声器一样，也存在着高频失效现象。若扩张段的截面积过大，从进口管进入扩张管的声波将以集束方式在扩张室中部穿过，使扩张室不能充分发挥作用，从而使其消声效果急剧下降。扩张室消声器有效消声的上限频率常用下式计算：

$$f_{上}=1.22c/D \tag{8-30}$$

式中 c——声速，m/s；

D——扩张部分的当量直径（对圆形截面，D为直径；对方形截面，D为边长；对矩形截面，D为截面积的平方根）。

由式（8-30）可知，扩张部分的当量直径越大，$f_{上}$值越小，即消声上限频率越低，扩张室消声器的有效消声频率范围就越窄。所以，扩张比m不能选得太大，应使消声量与消声频率两者范围兼顾，统筹考虑。

c. 从式（8-25）中可知，扩张室消声量达最大值时的频率是由比值c/l决定的。要改变消声器的频率特性，主要是改变扩张室的长度l。比如，要想提高扩张室消声器的低频消声性能，就需要加大扩张室长度l。

d. 扩张室消声器除了存在上限频率$f_上$的限制外，还存在下限截止频率$f_下$。在低频范围，当波长远大于扩张室或连接管等长度时，扩张室和连接管可以看作是集总声学元件构成的声振系统。当外来声波在这个系统的共振频率f_r附近时，消声器不但不能消声，反而会对声音产生放大作用。所以在设计抗性消声器时务必注意这一点，以避免发生这种情况。扩张室有效消声的下限截止频率$f_下$可用下式计算，即

$$f_{下}=\frac{\sqrt{2}}{2}\times\frac{c}{\pi}\sqrt{\frac{S}{Vl}} \tag{8-31}$$

式中 c——声速，m/s；

S——连接管的截面积，m²；

V——扩张室的容积，m³；

l——连接管的长度，m。

(2) 改善扩张室消声性能的方法

前面介绍单节扩张室消声器的主要缺点是存在许多通过频率，即当l等于1/2波长及其整数倍时，其消声量等于零，为了消除这个不消声的通过频率，一般是采用内插管法、多节扩张室消声器串联法和内插管开孔消声器法，以消除其通过频率。

① 内插管法 内插管法是把扩张室的进、出口处分别插入长度为$l/2$和$l/4$的两根小管，如图8-17所示，使向前传播的声波遇到管子不同界面与反射的声波相差180°的相位，使二者振幅相等，相位相反，相互干涉，从而达到理想的消声效果。

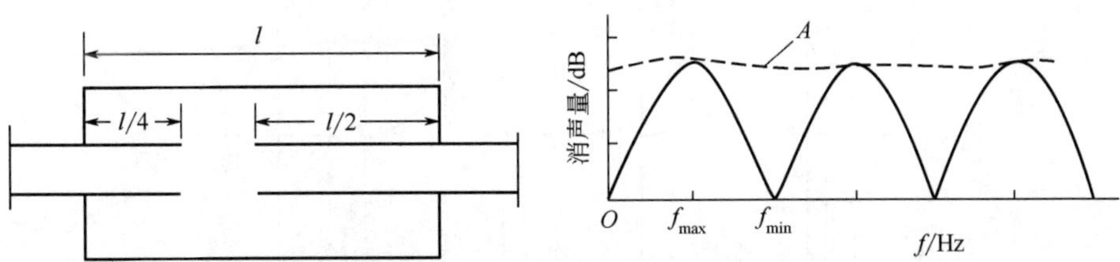

图8-17 内插管消声器及其性能

由理论分析可知，当插入$l_1=l/2$的内接管时，可消除1/2波长的奇数倍通过频率，当插入$l_2=l/4$的内接管时，可消除1/2波长的偶数倍通过频率，如果两者结合，便可在理论上获得没有通过频率的消声性能。

② 多节扩张室消声器串联法 扩张室消声器的另一个缺点是消声的频率范围太窄。在工程上为了进一步提高扩张室消声器的消声效果，通常将几节互不等长的扩张室串联起来，如图8-18所示，使它们的通过频率互相错开，比如使前一节具有的最大消声频率正是后一节的通过频率，这样可以在低频段获得较宽的频带消声量。图8-19所示为工程上常用的一种扩张室消声器，它由两节不同长度分别带内插管的扩张室组成。此消声器吸收了内插管法和多节串联消声器的优点，实践证明它有较好的消声性能。图8-20所示为带内插管双节扩张室消声器的消声性能曲线。

带内插管双节扩张室消声器是由两节带插入内接管的扩张室组成的。第一室的长度l_1大于第二室的长度l_2，使两个扩张室的消声频率曲线相互错开。而插入的内接管长度，第一室分别为$l_3=l_1/2$、$l_4=l_1/4$，第二室分别为$l_5=l_2/2$、$l_6=l_2/4$。图8-20用图形和文字说明该消声器的各部分在消声上的作用。可以看出，在扩张比m足够大时，该消声器在较宽的低、中频率范围内具有相当好的消声效果。

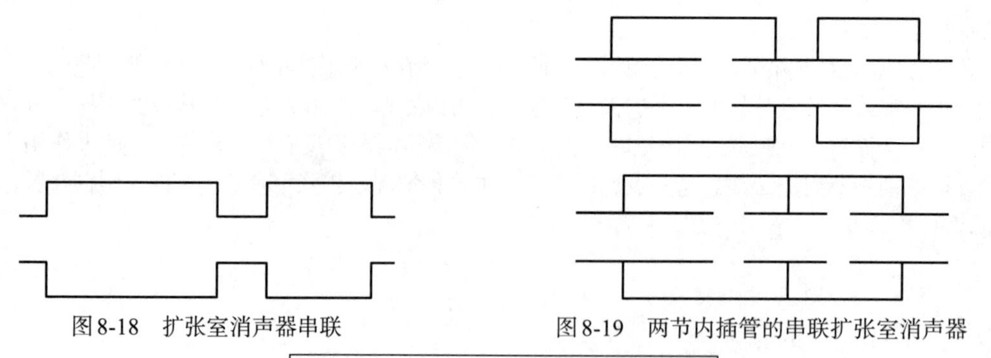

图8-18 扩张室消声器串联

图8-19 两节内插管的串联扩张室消声器

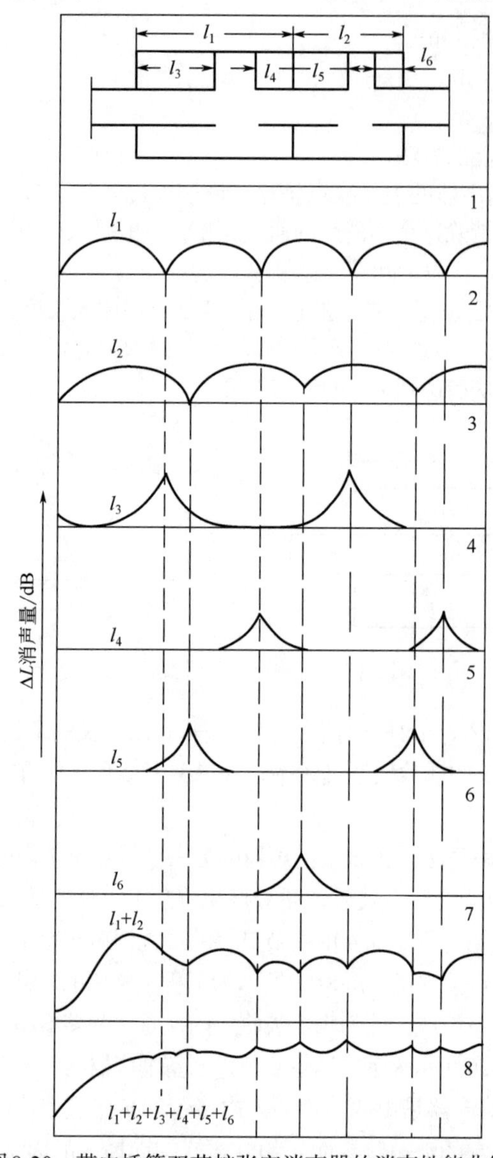

图8-20 带内插管双节扩张室消声器的消声性能曲线

1—第一节扩张室（l_1）无插入管时的消声特性；2—第二节扩张室（l_2）无插入管时的消声特性；3—插入l_3的共振曲线，其峰值频率与第一节扩张室的消声特性的奇数次通过频率相一致；4—插入l_4的共振曲线，其峰值频率与第一节扩张室消声特性的偶数次通过频率相一致；5—插入l_5的共振曲线，其峰值频率与第二节扩张室消声特性的奇数次通过频率相一致；6—插入l_6的共振曲线，其峰值频率与第二节扩张室消声特性的偶数次通过频率相一致；7—第一节、第二节扩张室（不带插入管）消声特性的综合；8—总的消声特性曲线

③ 内插管开孔消声器 扩张室消声器由于通道截面的突然扩张和收缩，将给空气动力设备带来比较大的阻力损失。特别是当气流速度较高时，将会严重影响其空气动力性能。为了改善扩张室抗性消声器的空气动力性能，常用穿孔率大于30%的穿孔管将扩张室消声器的插入内接管连接起来，如图8-21所示。

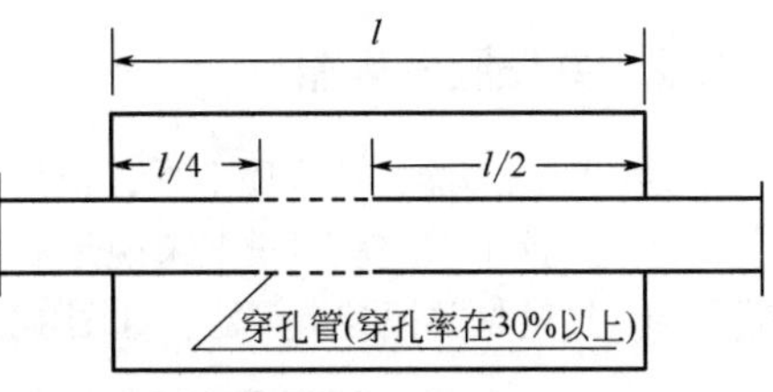

图8-21 内插管开孔消声器

在内插管开孔消声器中，对声波而言，由于穿孔管的穿孔率足够大，仍保持了由截面突变而引起的声阻抗变化，消声性能基本不受影响。对空气动力性能来说，通过一段穿孔管比通过一段截面突变的管道，其阻力损失要小得多。

（3）扩张室消声器的设计

在设计扩张室抗性消声器时，为了得到较高的消声量，必须增大扩张比m。但对一定的管道截面而言，扩张比m增大，会导致扩张部分的截面尺寸增大。从式（8-30）可知，在这种情况下，消声器的上限截止频率会相应变小，其结果是扩张室抗性消声器的有效消声频率范围变窄。而且，在实际的噪声控制工程中，输气管道的截面已经由给定的输气流量确定，当输气量大，管道已经较粗时，很难再加大扩张比。

为了解决上述问题，一个有效的方法就是将一个大通道分割成若干个并联的小分支通道，再在每个分支通道上设计扩张室消声器，如图8-22所示。扩张室消声器的内管管径不宜过大，管径超过400mm时，可采用多管式。这种多管并联扩张室消声器可以在较宽的频率范围获得较高的消声效果。

还有一种有效的方法是将扩张室消声器的进口管与出口管的轴线错开，使声波不能以窄声束的形式穿过扩张室消声器，如图8-23所示。

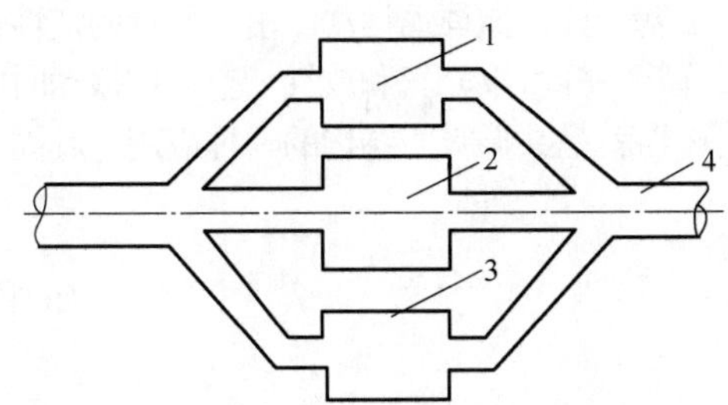

图8-22 多管并联扩张室消声器

1，2，3—扩张室消声；4—管道

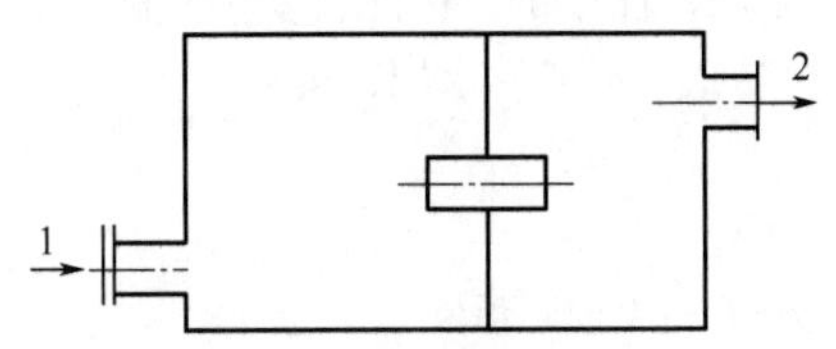

图8-23 进出口管轴线错开的扩张室消声器

1—入口；2—出口

当噪声呈现明显低中频脉动特性，或气流通道内不宜使用阻性吸声材料时（如空气压缩机进、排气口，发动机排气管道等），可选用扩张室消声器。

扩张室消声器的设计程序如下。

① 根据需要的消声频率特性，合理地设计各节扩张室及其插入管长度，以达到合理地分布各节的最大消声频率的目的，从而得到满意的消声频带宽度。

② 根据所需要的消声量，确定扩张比m，进而设计各扩张室截面尺寸。

③ 验算消声器的上、下限截止频率是否包括在所需要的消声范围之内，如不符合，可参考图8-22和图8-23所示的方法，重新修改设计方案，直到满意为止。

④ 如果需要，验算气流速度对消声器消声量的影响，验算在给定的气流速度下，消声量是否还能满足要求，如达不到要求，则需修改设计，直到满意为止。

8.3.2 共振腔消声器

共振腔消声器，从本质上看，也是一种抗性消声器。它是由管道管壁开孔与管壁外一个密闭的空腔连接，这个空腔从声学上来说是一个亥姆霍兹共振器，管道与亥姆霍兹共振器构成一个声学共振系统，这就是共振腔消声器，如图8-24所示。

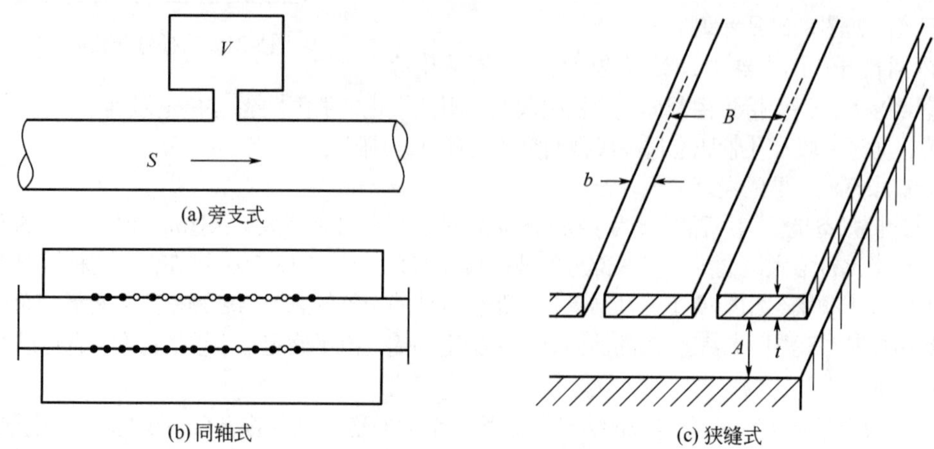

(a) 旁支式
(b) 同轴式
(c) 狭缝式

图8-24 共振腔消声器

（1）共振腔消声器的消声原理及其计算

① 旁支式共振消声器 旁支式共振消声器［如图8-24（a）所示］的消声原理与穿孔板共振结构相似，当声波波长比共振器的几何尺寸大得多时，可以将共振器看成一个声学集总元件。内管上小孔孔颈中具有一定质量的空气柱，在声波的作用下像活塞一样，做往返运动。由于质量的惯性作用，它抗拒运动速度的变化，一定容积的空腔就像空气弹簧一样可以充气和放气，空气柱振动时的摩擦和阻尼，使一部分声能转变为热能。旁支式共振消声器就是共振吸声结构的一种应用，其固有频率f_r可从式（8-32）求出，即

$$f_r = \frac{c}{2\pi}\sqrt{\frac{G}{V}} \tag{8-32}$$

式中 c——声速，m/s；

V——共振器空腔体积，m^3；

G——传导率，m。

传导率是一个具有长度量纲的物理参量，它的定义为颈孔的截面积与颈的有效长度之比，即

$$G = S_0/l_k \tag{8-33}$$

式中 S_0——穿孔截面积，m^2；

l_k——小孔孔颈的有效长度，m；

$$l_k = l + t_k \tag{8-34}$$

式中 l——小孔孔颈长度（如为穿孔板，l即为板厚t），m；

t_k——修正项，对于直径为d的圆孔，$t_k = 0.8d$。

在噪声控制工程实践中，共振器很少是一个孔的，绝大多数是多个孔组成的穿孔板吸声结构。当共振器有n个小孔时，传导率G为

$$G = \frac{S_0}{l_k} = \frac{nS_0}{t + 0.8d} \tag{8-35}$$

当外界声波的频率与共振式消声器的固有频率相同时，这个系统就产生共振，此时振动幅值最大，孔径中的气体运动速度也最高，由于摩擦和阻尼，大量的声能转化为热能，从而达到消声目的。由此可见，共振式消声器在固有频率及其附近有最大的消声量。但当偏离共振频率时，消声量就会显著下降。所以，共振式消声器只在低频一个狭窄的频率范围内具有显著的消声效果。共振式消声器的消声特性如图8-25所示。

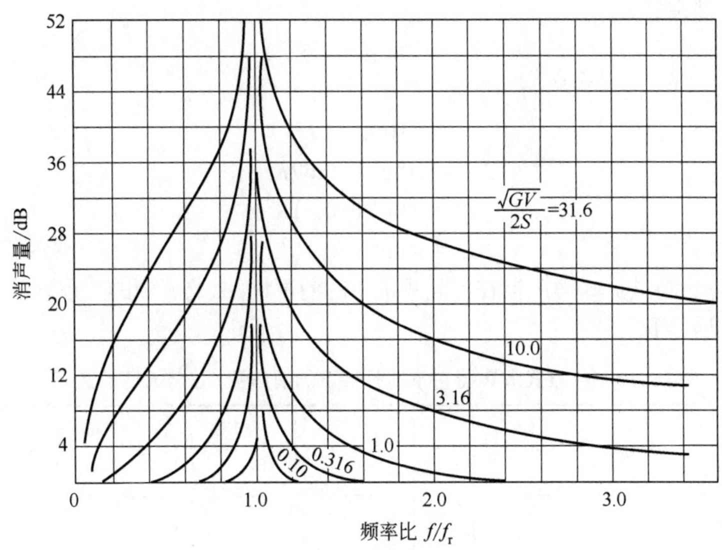

图8-25　共振式消声器的消声特性

共振式消声器对频率f的声波（纯音）的消声量一般用式（8-36）估算，即

$$\Delta L = 10\lg\left[1 + \left(\frac{\sqrt{GV}/2S}{f/f_r - f_r/f}\right)^2\right] \tag{8-36}$$

式中　S——气流通道的横截面积，m^2；

G——传导率，m；

V——空腔体积，m^3。

式（8-36）并没有考虑声阻的因素，因为在通常情况下，在孔颈附近没有阻性吸声材料，声阻很小，可以忽略。

若考虑共振吸声结构声阻的影响，其消声量为

$$\Delta L = 10\lg\left[1 + \frac{1+4r}{4r^2 + (f/f_r - f_r/f)^2}\right] \tag{8-37}$$

式中，$r=SR/(\rho c)$，R为声阻。

由式（8-36）可知，在不考虑声阻的情况下，共振频率上的消声量趋向于无限大，这显然是不合理的，因此计算共振频率上的消声量时必须选用式（8-37）。

式（8-36）反映了这样的规律：共振频率越接近固有频率f_r时，消声量越大，在偏离共振频率时，消声值显著下降。这就说明共振式消声器具有好的选择性，适用于消除某些带有峰值频率的噪声。当共振频率和消声频率确定后，传导率和空腔容积越大，气流通道面积越小，消声量就越大。

式（8-36）是对纯音的消声量进行计算，在工程上通常需要计算的是某一倍频带的消声量。为了估算简单，可用倍频带距共振频率较远的那个截止频量的消声量来表示倍频带的消声量。当共振

频率正是该倍频带的中心频率时，该倍频带的消声量为

$$\Delta L=10\lg(1+2K^2) \tag{8-38}$$

$$K=\sqrt{GV}/2S \tag{8-39}$$

与其相邻的两个倍频程的消声量为

$$\Delta L=10\lg(1+0.16K^2) \tag{8-40}$$

1/3倍频带的消声量为

$$\Delta L=10\lg(1+19K^2) \tag{8-41}$$

与其相邻的4个1/3倍频程的消声量为

$$\Delta L_1=10\lg(1+2K^2) \tag{8-42}$$

$$\Delta L_2=10\lg(1+0.67K^2) \tag{8-43}$$

$$\Delta L_3=10\lg(1+0.31K^2) \tag{8-44}$$

$$\Delta L_4=10\lg(1+0.16K^2) \tag{8-45}$$

为了计算方便，将共振式消声器在不同频带下的消声量ΔL与K值的关系列于表8-12中，供读者在噪声设计过程中查阅。

表8-12　共振式消声器在不同频带下的消声量ΔL与K值的关系

ΔL/dB \ K 频带类型	0.2	0.4	0.6	0.8	1.0	1.5	2	3	4	5	6	8	10	15
倍频程和相邻第一个1/3倍频程 $10\lg(1+2K^2)$	1.1	1.2	2.4	3.6	4.8	7.5	9.5	12.8	15	17	18.6	20	23	27
1/3倍频程 $10\lg(1+19K^2)$	2.5	6.0	9.0	11.2	12.9	16.4	19.0	22.6	25.1	27	28.5	31	33	36.5
相邻第一个倍频程和相邻第四个1/3倍频程 $10\lg(1+0.16K^2)$	0	0	0.2	0.4	0.8	1.5	2.2	3.9	5.5	7.0	8.4	10.5	12.5	16.6
相邻第二个倍频程 $10\lg(1+0.67K^2)$	0	0.5	1.0	1.6	2.2	4.0	6.5	8.5	10.8	12.5	14.0	16.5	18.4	21.8
相邻第三个倍频程 $10\lg(1+0.31K^2)$	0	0.2	0.5	0.9	1.2	2.2	3.5	5.8	8.8	9.5	10.8	13.0	15.0	18.5

② 同轴式共振消声器　同轴式共振消声器［如图8-24（b）所示］的消声量为

$$\Delta L=10\lg\left[1+\frac{1}{4}\left(\frac{S_0/S}{S_0/KG-S_c/S_0\cot kl_c}\right)\right] \tag{8-46}$$

式中　S_0——管壁上开孔的总截面积，m^2；

S——内管道通道截面积，m^2；

K——由式（8-39）决定；

G——传导率；

S_c——共振器空腔截面积，m^2；

l_c——有效长度，m，如孔在空腔中心附近，则$l_c=l/2$。

如有同样大小的n个孔，则传导率

$$G = 1.5\sum_{i=1}^{n} G_i \tag{8-47}$$

式中　G_i——每个孔的传导率。

同轴式共振消声器与带内接管的扩张室抗性消声器，特别是为了改善扩张室抗性消声器的空气动力性能，用穿孔管将扩张室消声器的插入内接管连接起来的那种消声器（如图8-21所示），在外形上相当近似。实际上，这两种消声器在消声性能方面也非常相似。图8-26和图8-27中的点线是一种同轴式共振消声器消声性能实测值，实线是将其作为扩张室抗性消声器计算得到的消声性能理论值。可以看出，两者是很接近的。

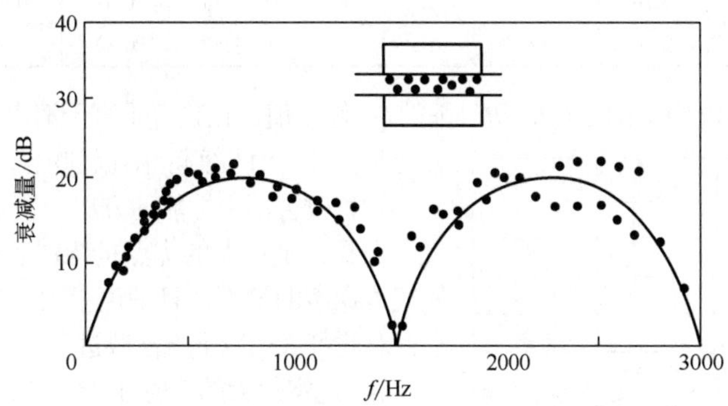

图8-26　某同轴式共振消声器消声性能曲线

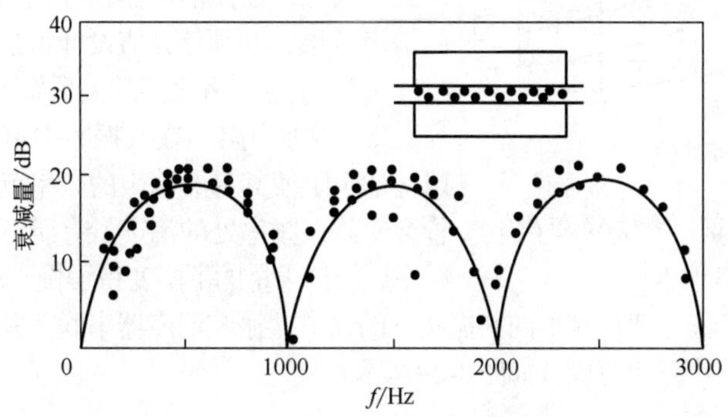

图8-27　某同轴式共振消声器增加空腔长度后的消声性能曲线

③ 狭缝式共振消声器　通常，共振消声器开孔是圆形的，但也有方形孔、矩形孔、狭长孔的，在噪声控制工程实践中，狭长孔的应用较多，这时的消声器称为狭缝式共振消声器［如图8-24（c）所示］。狭缝式共振消声器的消声量计算公式仍为式（8-36），但传导率G的计算变为

$$G = \frac{ab}{t + l_e} = \frac{a}{t/b + l_e/b} \tag{8-48}$$

式中　a——狭缝长度，m；

b——狭缝宽度，m；

t——狭缝厚度，m；

l_e——狭缝厚度修正值，m。

狭缝厚度修正值l_e与共振器空腔的深度A和相邻两个狭缝之间的中心距离B有关。表8-13给出当$b<0.5\lambda$时的l_e/b值，可作为设计参考。

表8-13　不同的b/B、B/A下的l_e/b修正值

B/A \ b/B	0.01	0.02	0.03	0.05	0.10	0.20	0.30	0.40	0.50
50	5.84	5.39	5.12	4.73	4.08	3.10	2.34	1.71	1.19
40	5.08	4.63	4.36	4.00	3.42	2.57	1.97	1.41	0.98
30	4.33	3.88	3.62	3.28	2.76	2.05	1.53	1.12	0.77
20	3.62	3.17	2.91	2.59	2.13	1.54	1.14	0.82	0.57
10	3.00	2.56	2.31	1.99	1.56	1.06	0.77	0.55	0.37
5	2.76	2.32	2.07	1.75	1.33	0.87	0.60	0.43	0.30
0	2.70	2.26	2.01	1.69	1.27	0.82	0.57	0.40	0.27

实践证明，表8-13中不同的b/B、B/A下的l_e/b修正值，在狭缝垂直于消声器通道中声波的传播方向时，理论值与实际值比较吻合。

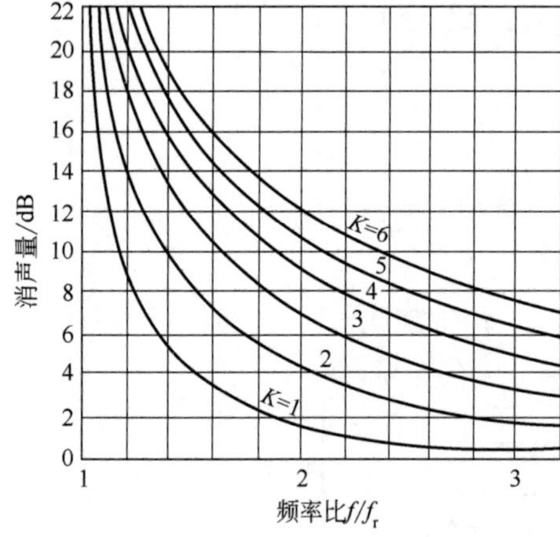

图8-28　共振式消声器的消声量ΔL与K值、f/f_r三者之间的关系

（2）改善消声性能的方法

共振式消声器的优点是特别适宜低、中频成分突出的气流噪声的消声，且消声量大。缺点是消声频带范围窄，对此可采用以下方法改进。

① 选定较大的K值　由图8-25可以看出，在偏离共振频率时，消声量的大小与K值有关，K值大，消声量也大。因此，欲使消声器在较宽的频率范围内获得明显的消声效果，必须使K值设计得足够大。式（8-36）的ΔL、K值与f/f_r三者之间的关系如图8-28所示。

② 增加声阻　在共振腔中填充一些吸声材料，可以增加声阻使其有效消声的频率范围展宽。这样处理尽管会使共振频率处的消声量有所下降，但由于偏离共振频率后的消声量的下降变得缓慢，从整体看还是有利的。

③ 多节共振腔串联　把具有不同共振频率的几节共振腔消声器串联，并使其共振频率互相错开，可以有效地展宽消声频率范围（如图8-29所示）。

（3）共振式消声器的设计

共振式消声器的设计程序如下：

① 确定共振频率和消声量。根据实际消声的要求，首先确定共振频率和某一频率的消声量，实际上，在大多数情况下是确定某一倍频程或1/3倍频程的消声量。

② 确定共振消声器K值。根据要消除的主要频率和消声量，由式（8-38）和式（8-41）或表8-18确定共振消声器相应的K值。

③ 确定共振腔的体积V和传导率G。确定K值后，按式（8-31）和式（8-39）求出共振腔的体积V和传导率G。

由式（8-32）可得：

$$G=\left(\frac{2\pi f_r}{c}\right)^2 V \tag{8-49}$$

由式（8-39）和式（8-49）可得：

$$V=\frac{cKS}{\pi f_r} \tag{8-50}$$

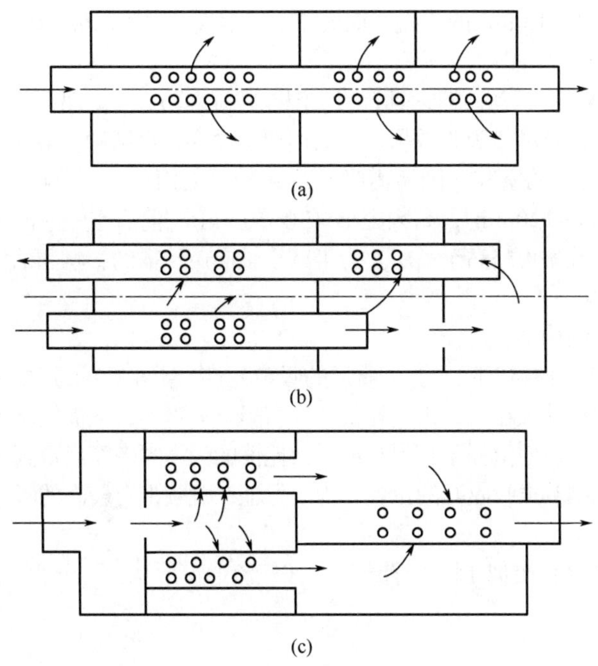

图8-29 不同形式多节共振腔消声器

气流通道截面积S是由管道中的气体流量和气流速度决定的。在条件允许的情况下，应尽可能缩小通道的面积。一般通道截面直径不应超过250mm。如果气流通道较大，可采用多通道共振腔并联的方式（如图8-30所示），图中大通道分成多个共振腔消声器并联。

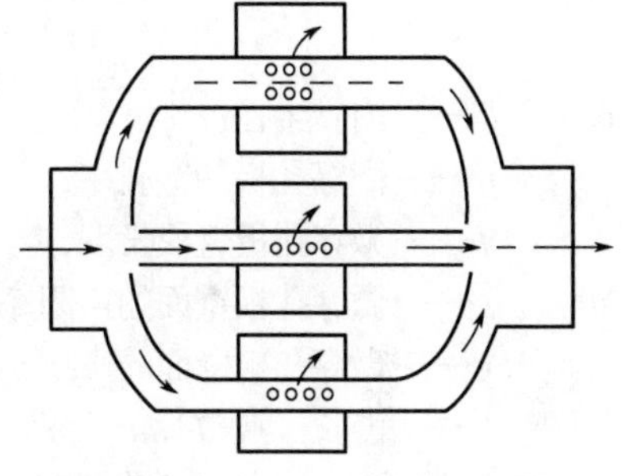

图8-30 多个共振腔消声器并联

④ 设计消声器结构尺寸。对某一确定的V值可以有多种不同的几何形状和尺寸，对某一确定的G值也有多种孔径（3~15mm）、板厚（1~5mm）和穿孔数的组合，在设计中，应根据现场条件和所用板材，首先确定板厚、孔径和腔深等参数，然后再设计其他参数。

⑤ 共振频率和上限截止频率的验算。其共振频率可用式（8-32）估算；共振式消声器也有高频失效问题，其上限截止频率也可用式（8-30）估算。

⑥ 设计注意事项。为取得较好的消声效果，在设计时应注意以下两点。

a. 共振消声器的共振器，各部分尺寸（长、宽、高）都应小于共振频率波长的1/3，因为如不满足此条件时，共振器不能视作声学集总元件。

b. 共振消声器的穿孔应集中在共振腔中部且分布均匀，穿孔部分长度不宜超过共振频率相应波长的1/12。穿孔过密各孔之间相互干扰，使传导率计算值不准，一般情况下，孔心距应大于孔径的5倍。当两个要求相互矛盾时，可将空腔隔成几个小的空腔来分布穿孔位置，总的消声量可近似视为各腔消声量的总和。

8.3.3 微穿孔板消声器

微穿孔板消声器是在共振式吸声结构的基础上发展而来的，其特点是不用任何多孔吸声材料，而是在薄的金属板上钻许多微孔。这些微孔的孔径一般在1mm以下，为加宽吸收频带，孔径应尽可能小，但受制造工艺限制以及微孔易堵塞，故常用孔径为0.50~1.0mm，穿孔率一般为1%~3%。

微穿孔板一般用厚为0.20~1.0mm的铝板、钢板、不锈钢板、镀锌钢板、PC板、胶合板以及特殊纸板等制作。

采用金属结构的微穿孔板消声器，具有耐高温、防湿、防火、防腐等一系列特性，还能够在高速气流下使用。为了获得宽频带吸收效果，一般用双层微穿孔板结构。微穿孔板与风管壁之间以及微穿孔板与微穿孔板之间的空腔，因所需吸收的频带不同而异，通常吸收低频空腔大些（150~200mm），中频小些（80~120mm），高频更小（30~50mm）。前后空腔的比不大于1∶3。前部接近气流的一层微穿孔板穿孔率可略高于后层。为了减小轴向声传播的影响和消声器结构刚度，可每隔500mm加一块横向隔板。

（1）消声原理及其结构

微穿孔板消声器是一种高声阻、低声质量的吸声元件。由6.3.3的分析可知，声阻与穿孔板上的孔径成反比。与一般穿孔板相比，由于孔很小，声阻就大得多，从而提高了结构的吸声系数。低的穿孔率降低了其声质量，使依赖于声阻与声质量比值的吸声频带宽度得到展宽，同时微穿孔板后面的空腔能够有效地控制共振吸收峰的位置。为了保证在宽频带有较高的吸声系数，可用双层微穿孔板结构。

微穿孔板消声器的结构类似于阻性消声器，按气流通道形状，可分为直管式、片式、折板式、声流式等。

（2）消声量的计算

微穿孔板消声器的最简单形式是单层管式消声器，这是一种共振式吸声结构。在噪声控制工程实践中应用的圆形截面微穿孔板消声器消声量的近似计算公式为：

$$\Delta L=\sqrt{\frac{R}{p}}\times\frac{lr}{R\left(r^2+x^2\right)-x/k} \tag{8-51}$$

式中 R——内管半径；

p——微穿孔板的穿孔率；

l——微穿孔板管段长度；

r——微穿孔板壁面的声阻率；

x——微穿孔板壁面的声抗率；

k——波长（波数），$k=\omega/c=2\pi f/c$。

在共振频率处，如通道半径较大，满足近似条件，可应用圆形截面微穿孔板消声器的消声量的近似计算公式（8-51）。当$R>10$cm时，误差不超过5%（1dB），只有当$R<10$cm时，共振频率处误差才较大。这时，如果用式（8-51）进行计算，其计算误差就较大。而在其他情况下，均可应用近似计算公式（8-51）计算消声量。

对于两层微穿孔板串联的双层微穿孔板消声器：

$$\sqrt{\frac{R}{p}}=\sqrt{\frac{R}{p_1}+\frac{R}{p_2}} \tag{8-52}$$

将式（8-52）代入式（8-51），得到圆形截面双层微穿孔板消声器消声量的近似计算公式：

$$\Delta L=\sqrt{\frac{R}{p_1}+\frac{R}{p_2}}\times\frac{lr}{R\left(r^2+x^2\right)-x/k} \tag{8-53}$$

式中 R——内管半径；

p_1，p_2——双层微穿孔板的穿孔率；

l——微穿孔板管段长度；

r——微穿孔板壁面的声阻率；

x——微穿孔板壁面的声抗率；

k——波长（波数），$k = \omega / c = 2\pi f / c$。

8.4 其他类型消声器

8.4.1 阻抗复合式消声器

在噪声控制工程中，噪声以宽频带居多，通常将阻性和抗性两种结构消声器组合起来使用，以控制高强度的宽频带噪声。常用的形式有阻性-扩张室复合式、阻性-共振复合式和阻性-扩张室-共振腔复合式等。如图8-31所示是几种常见的阻抗复合式消声器，可以认为是阻性与抗性在同一频带内的消声量相叠加。但由于声波在传播过程中具有反射、绕射、折射和干涉等性能，所以消声值并不是简单的叠加关系。尤其对于波长较长的声波来说，消声器以阻性、抗性的形式复合在一起将有声

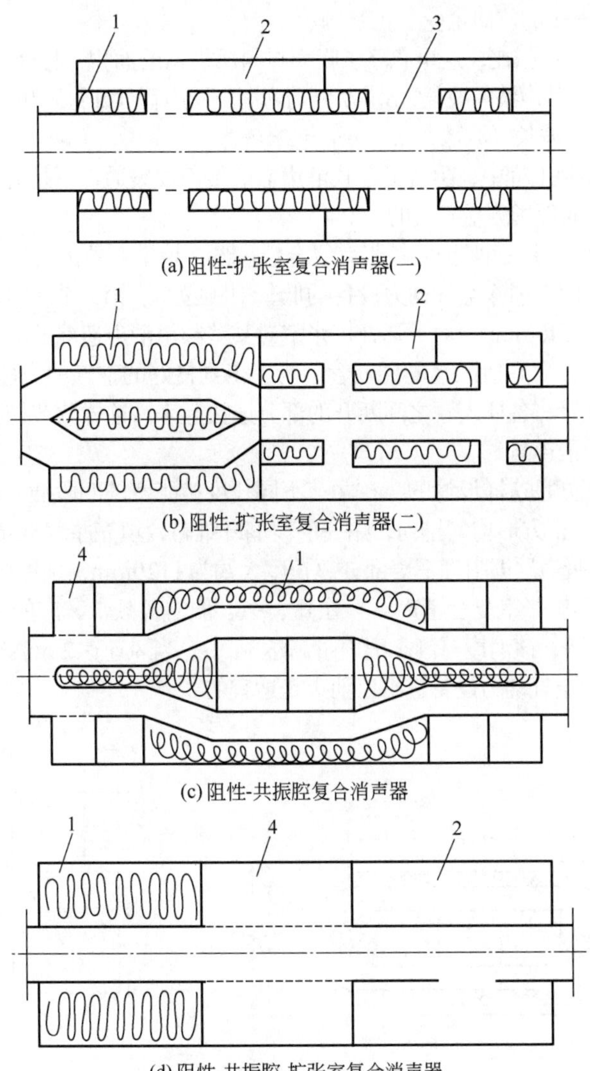

图8-31 几种阻抗复合式消声器

1—吸声材料（阻性）；2—扩张室（抗性）；3—穿孔管（穿孔率25%）；4—共振腔（抗性）

的耦合作用，因此互相有影响。

（1）阻性-扩张室复合消声器

在如图8-31（a）、（b）所示的扩张室的内壁敷设吸声层就成为最简单的阻性-扩张室复合消声器。由于声波在两端的反射，这种消声器的消声量比两个单独的消声器的消声量相加要大。敷有吸声层的扩张室，其传声损失可用式（8-54）计算：

$$\Delta L = 10\lg\left\{\left[\cos\left(h\frac{\sigma L_e}{8.7}\right)+\frac{1}{2}\left(m+\frac{1}{m}\right)\sin\left(h\frac{\sigma L_e}{8.7}\right)\right]^2\cos^2 kL_e+\left[\sin\left(h\frac{\sigma L_e}{8.7}\right)+\frac{1}{2}\left(m+\frac{1}{m}\right)\cos\left(h\frac{\sigma L_e}{8.7}\right)\right]^2\sin^2(kL_e)\right\} \tag{8-54}$$

式中 σ ——粗管中吸声材料单位长度的声衰减（dB/m），这里忽略了端点的反射；

L_e——粗管长度，m；

$\cos(hx)$、$\sin(hx)$ ——x的双曲余弦、正弦函数；

$m=S_2/S_1$——扩张比，这里忽略了吸声材料所占据的面积，且吸声材料的厚度远小于通过其声波的波长，S_1、S_2分别为消声器内管（细管）和外管（粗管）的横截面积；

k——波长（波数），$k=\omega/c=2\pi f/c$。

在实际的噪声控制工程中，阻抗复合式消声器的传声损失通常不是通过上述计算得到的，而是通过模拟仿真、实验或现场测量确定的。

如图8-31（a）所示是一种阻性-扩张室复合消声器，该消声器的抗性部分由两节不同长度的扩张室串联组成，主要用于消除空气动力设备的低、中频噪声。第一节扩张室长1100mm，扩张比为6.25；第二节扩张室长400mm。为了弥补扩张室对某些频率消声遗漏的缺点，在每个扩张室中，从两端分别插入其各自长度1/2和1/4的插入管。为了得到良好的空气动力性能，减少气流阻力损失，用穿孔率25%的穿孔管将各插入管之间断开的部分连接起来。这样两节扩张室串联，可在低、中频范围内有10~20dB的消声量。

消声器的阻性部分是这样设计的，在两节不同长度扩张室的四段插入管上开直径6mm的小孔，其孔心距为10.5mm，正方形均匀排列，贴一层玻璃纤维布，填充厚度50mm，密度为30kg/m³的超细玻璃棉作吸声层。吸声层即阻性消声部分总长度大约为1120mm，预计在高、中频消声20dB。

这样构成的阻性-扩张室复合消声器，在高、中、低的各频带宽广的频率范围内均有良好的消声效果。实验结果表明，该消声器静态消声量高达34dB；当风速达20m/s时，该消声器动态消声量约为27dB，对一般的空气动力设备进出口消声是适宜的。

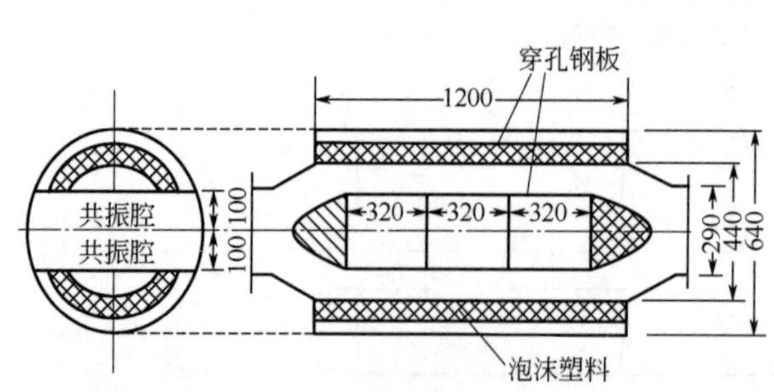

图8-32 LG25/16-40/7型螺杆压缩机上的消声器

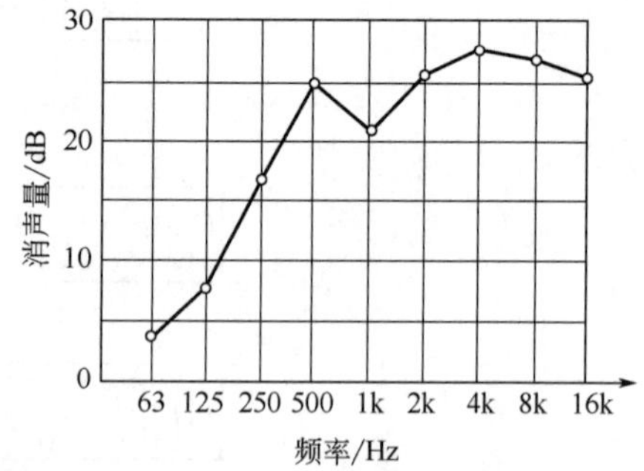

图8-33 LG25/16-40/7型螺杆压缩机上的消声器的消声效果

(2) 阻性-共振腔复合消声器

如图8-32所示是LG25/16-40/7型螺杆压缩机上的消声器。由图可见，它是阻性-共振腔复合消声器，总长1200mm，外径640mm。

该消声器的阻性部分以泡沫塑料为吸声材料，粘贴在消声器的通道周壁上，用以消除压缩机噪声的中、高频成分；共振腔部分设置在通道中间，由具有不同消声频率的三对共振腔串联组成，以消除350Hz以下的低频成分。在共振腔前后两端各有一个吸声尖劈（由泡沫塑料组成），既用以改善消声器的空气动力性能，又利用尖劈加强对高频声的吸收作用，进一步提高消声器的消声效果。如图8-33所示是LG25/16-40/7型螺杆压缩机上的消声器，用插入损失法测得的消声性能。试验证明，该消声器的消声量达27dB，在低、中、高频的宽频范围内均有良好的消声性能。

8.4.2 干涉式消声器

当频率相同、相位差恒定的两列声波在空间叠加时，声波就会产生干涉现象，即在空间形成稳定的声压极大值或极小值，从而使空间的声能分布发生变化。如果两列声波的振幅相同，那么在相位差为π的奇数倍的空间区域，两列声波就完全相互抵消。

干涉式消声器就是在一定的空间区域内借助相干声波的相消性干涉达到消声目的的。根据获得相干声波的方式不同，可把干涉式消声器分成两大类型：一种类型是无源的（被动的），使声波分成两路，在并联的管道内分别传播不同的距离后，再会合在一起，使两列声波在管道下游产生相消性干涉；另一种类型是有源的（主动的），即人为地制造一个与原噪声源频率相同而相位相反的声源，使它们在噪声抑制区产生相消性干涉。

(1) 无源干涉式消声器

如图8-34所示管道系统中装置并联分支管道。设两分支管道的长度分别为l_1和l_2，管道截面面积均为$S_0/2$。入射声波在分支点A处等分成两路，分别经l_1和l_2传播后，在分支点B处会合。如果声传播路程之差等于半波长的奇数倍，即

$$l_1-l_2=(2n+1)\lambda/2 \quad (n=0、1、2、\cdots) \tag{8-55}$$

由此可知，两声波的相位差为π的奇数倍，因此在B处叠加后两者将相互抵消。记相应的频率为f_n，即

$$f_n=(2n+1)\frac{c}{2(l_1-l_2)} \quad (n=0、1、2、\cdots) \tag{8-56}$$

由此可知，对于频率为f_n的声波，不能通过这种有分支的管道传播出去，这种频率叫抵消频率。

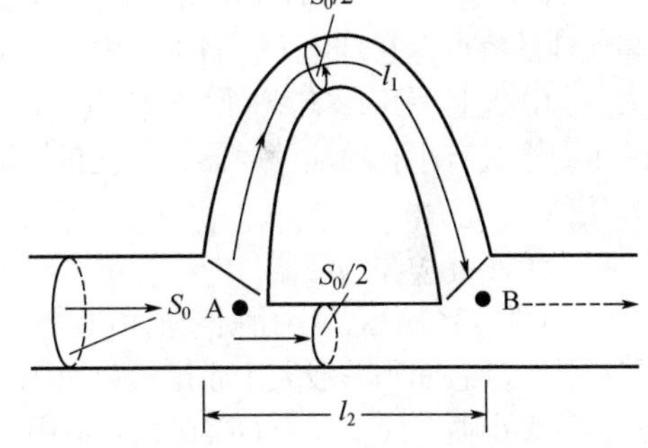

图8-34 无源干涉式消声器

从能量角度来看，干涉式消声器与前述扩张式消声器有本质上的不同。在干涉式消声器中，两分支管道中传播的声波叠加后实际上相互抵消，声能通过微观的涡旋运动转化为热能，即干涉式消声器中存在声的吸收。反之，在扩张式消声器中，管道中传播的声波在声学特性突变处由于声阻抗失配而发生反射，声波只是改变传播方向而并没有被吸收掉。

干涉式消声器的消声特性具有显著的频率选择性，在抵消频率处，消声器具有非常高的消声量。但当频率一旦偏离抵消频率，消声量将急剧下降，其有效消声的频率范围一般只能达到一个1/3倍频程，因此对于宽频带噪声很难具有良好的消声效果。

(2) 有源干涉式消声器

1933年和1936年，德国物理学家Paul Leug根据声波干涉原理分别向德国和美国的专利局提出专利申请并被受理，专利的名称为“消除声音振荡的过程”。现在，人们一般都认为Leug的这项专利是有源噪声控制发展史上的起点。有源噪声控制研究在20世纪80年代中期至20世纪90年代中

期达到高潮，目前仍是噪声控制领域中的一个热门研究领域。有源噪声控制的应用场合包括：管道声场、自由声场，如旷野中的变压器噪声、电站噪声、交通噪声、鼓风机等机械设备向空中辐射的噪声；封闭空间声场，如飞机和船舶舱室、车厢、办公室、工作间中的噪声声场。

对于一个待消除的声波，人为地产生一个与其幅值相同而相位相反的声波，使它们在一定空间的区域内相互干涉而抵消，从而达到在该区域消除噪声的目的，这种消声装置通常称其为有源消声器。由于有源消声器的外加的声波往往需要借助电声技术产生，因此有源消声器有时也称为电子消声器。

20世纪50年代，有源干涉式消声器试验成功，对于30~200Hz频率范围内的纯音，可以得到5~25dB的衰减量。此后，随着电子电路和信号处理技术的发展，包括Jessel、Mangiante、Canevet以及我国声学工作者的一系列应用研究，有源消声技术取得了较大发展。

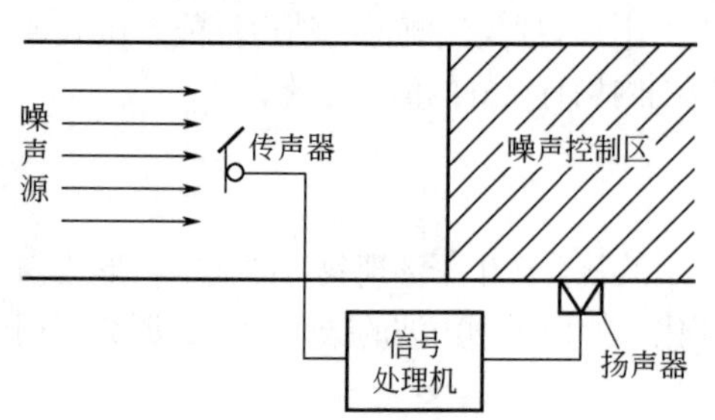

图8-35 有源消声器工作原理示意图

如图8-35所示为有源消声器的工作原理，其工作过程是由传声器接收噪声源传来的噪声并将其转换为电信号，经过微处理机分析、移相和放大后，再激励扬声器发声，它与传过来的原有噪声产生相消性干涉，在噪声控制区获得噪声抑制的效果。有的在噪声控制区再用一个传声器将信号反馈，做进一步处理，使其获得更好的消声效果。由于扬声器具有单指向特性，因此这种电声器件系统要做专门设计。现在对于管道内单频声波的有源消声效果可达50dB以上；对于1000Hz以下的宽带噪声，可降低15dB。

8.4.3 排气放空消声器

排气放空噪声一般都是由高速气流流动的不稳定性所产生的，流动气流一般具有高温、高压、高流速的特点，它是化工、石油、电力、冶金等工业生产中的主要噪声源，其排放的噪声具有强度大、频谱宽且噪声影响范围大的特点。排气放空消声器（亦称排气喷射消声器或排气喷流消声器）的主要形式有小孔喷注消声器、多孔扩散消声器、节流减压消声器、喷雾消声器和引射掺冷消声器等几种。

（1）小孔喷注消声器

如图8-36所示，小孔喷注消声器是一种直径与原排气口相同的消声管，其管壁上开有很多排气小孔，其总面积一般大于原排气口面积，小孔直径越小，降低噪声的效果也越好。小孔喷注消声器以许多小喷口代替大截面喷口，它适用于流速极高的放空排气噪声。

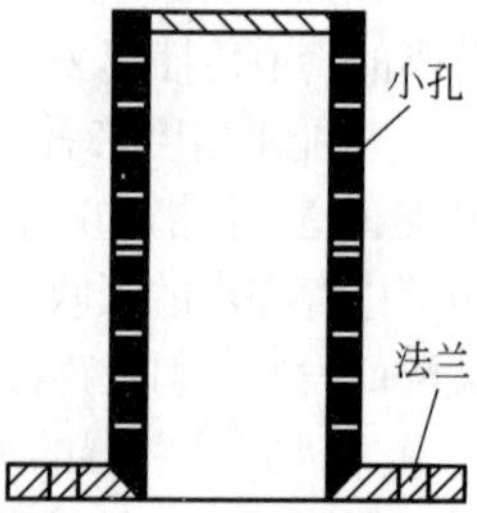

小孔喷注消声器的原理是从发声机理上减小干扰噪声。喷注噪声峰值频率与喷口直径成反比，即喷口辐射的噪声能量将随着喷口直径的变小而从低频移向高频。如果孔径小到一定程度，喷注噪声将移到人耳不敏感的频率范围。根据此原理，将一个大喷口改用许多小孔来代替，在保持相同排气量的条件下，便能达到降低可听声的目的。喷注噪声是宽频带噪声，其峰值频率为

$$f_p = 0.2v/D \tag{8-57}$$

式中 v——喷注速度，m/s；

D——喷口直径，m。

封头

小孔

法兰

图8-36 小孔喷注消声器

在一般的排气放空中，排气管的直径为几厘米，则峰值频率较低，辐射的噪声主要在人耳听阈范围内。而常见小孔喷注消声器的小孔直径为1mm左右，其峰值频率比普通排气管喷注噪声的峰值频率要高几十倍或几百倍，将喷注噪声移到了超声范围。小孔喷注消声器的插入损失可用式（8-58）

计算：

$$\Delta L=-10\lg\left[\frac{2}{\pi}\left(\arctan x_A-\frac{x_A}{1+x_A^2}\right)\right] \tag{8-58}$$

$x_A=0.165D/D_0$（指阻塞情况，其中D为喷口直径，mm；D_0=1mm）。

$$\arctan x_A=\frac{x_A}{1+x_A^2}\left(1+\frac{2}{3}\times\frac{x_A^2}{1+x_A^2}+\frac{2}{3}\times\frac{4}{5}\times\frac{x_A^2}{1+x_A^2}+\cdots\right)$$

当$D\leqslant 1$mm，$x_A\ll 1$时，有

$$\arctan x_A=\frac{x_A}{1+x_A^2}+\frac{2}{3}\times\frac{x_A^2}{1+x_A^2}\times\frac{x_A}{1+x_A^2}$$

则式（8-58）可化简为

$$\Delta L=-10\lg\left(\frac{4}{3\pi}x_A^2\right)\approx 27.5-30\lg D \tag{8-59}$$

由式（8-59）可见，在小孔范围内，孔径减半，可使消声量提高9dB。但从生产工艺出发，小孔的孔径过小，难以加工，又易于堵塞，影响排气量。实用的小孔消声器，孔径一般取1~3mm，尤以1mm为多。小孔消声器的插入损失也可由图8-37中的曲线计算。

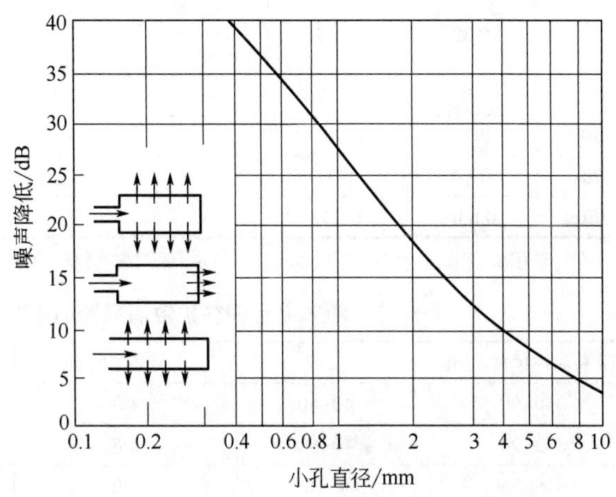

图8-37 小孔喷注消声器噪声降低与孔径关系

设计小孔喷注消声器时，小孔间距应足够大，以保证各小孔的喷注是互相独立的。否则，气流经过小孔形成小孔喷注后，还会会合成大的喷注辐射噪声，从而使消声器性能下降。为此，一般小孔的孔心距取5~10倍的孔径（喷注前驻点压力越高，所需孔心距就越大）。为了保证安装消声器后不影响原设备的排气，一般要求小孔的总面积比排气口的截面积大20%~60%，因此，相应的实际消声量要低于计算值。现场测试表明，在高压气源上采用小孔消声器，单层直径2mm的小孔可以消声16~21dB，单层直径1mm的小孔可以消声20~28dB。如果考虑小孔喷注作用，将冲击噪声的频率推到超高频，以降低对人起干扰作用的A声级，对于小孔径1mm的消声器总的降噪量可达40dB（消除湍流噪声和冲击噪声的总和）。

（2）多孔扩散消声器

多孔扩散消声器是根据气流量通过多孔装置扩散后，速度及驻点压力都会降低的原理设计制作的一种消声器。随着材料工业的发展，已广泛使用多孔陶瓷、烧结金属、多层金属网制成多孔扩散消声器，用以控制各种压力排气产生的气体动力噪声。这些材料本身有大量的细小孔隙，当气流通过这些材料制成的消声器时，气体压力降低，流速被扩散减小，相应地减弱了辐射噪声的强度。同时，这些材料往往还具有阻性材料的吸声作用，自身也可以吸收一部分声能。如图8-38所示是几种多孔扩散消声器的示意图。

小的孔隙对气流通过有一定的阻力，因此在使用中一定要注意其压降。表8-14和表8-15为多层金属网和粉末冶金铜柱扩散消声器的相对压降以及有效面积比的实验值。由表可见，压降不大，在一般情况下是可以忽略的。

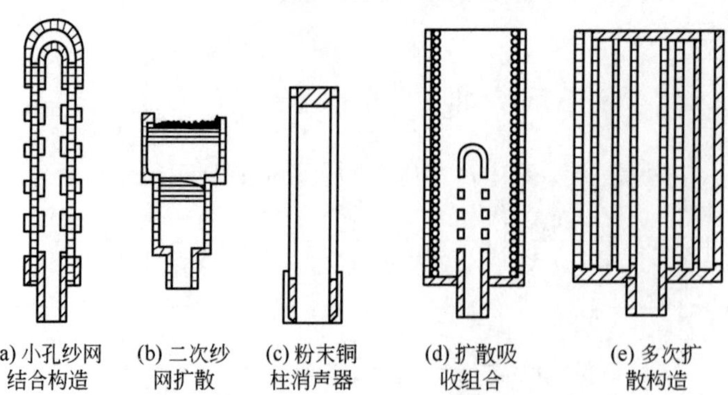

图8-38　多孔扩散消声器示意图

表8-14　多层金属网扩散消声器的相对压降以及有效面积比的实验值

目数	纱径/mm	孔径/mm	层数	有效面积/cm^2	有效面积比$\sigma=A/S$/%	相对压降$\Delta p_s/p_0$
16	0.32	1.19	5	6.6	52.8	0.09
			10	5.3	42.3	0.16
			20	4.2	33.1	0.23
			40	3.5	27.8	0.32
40	0.25	0.42	20	3.8	30.5	0.28
70	0.14	0.21	20	3.5	27.6	0.40
370	0.030	0.039	20	2.6	20.5	0.59

注：A为气流通道面积；S为多孔排气材料面积；Δp_s为通过多孔材料的驻压降；p_0为大气压。

表8-15　粉末冶金铜柱扩散消声器的相对压降以及有效面积比的实验值

粉末铜柱尺寸/mm	目数	有效面积/cm^2	有效面积比$\sigma=A/S$/%	相对压降$\Delta p_s/p_0$
$\phi50\times90$	40~60	8.3	6	0.28
$\phi35\times90$	40~60	5.6	5.6	0.42
$\phi35\times75$	80~100	4.0	4.9	0.61
$\phi35\times90$	120~160	4.0	4.1	0.61
$\phi50\times90$	200~250	2.5	1.74	1.2

（3）节流减压消声器

根据节流降压原理，当高压气流通过具有一定流通面积的节流孔板时，其压力会得到一定程度的降低。通过多级节流孔板串联，就可以把原来高压直接排空的一次大的突变压降分散为多次小的渐变压降。排气噪声功率与压力降的高次方成正比，所以把压力突变排空改为压力渐变排空，便可取得消声效果。

节流降压消声器的各级压力是按几何级数下降的，即

$$p_n=p_sG^n \tag{8-60}$$

式中　p_n——第n级节流孔板后的压强；

p_s——节流孔板前的压强；

n——节流孔板数；

G——压强比，即某节流板后压强与板前压强之比。

各级压强比一般情况下取相等的数值，即$G=p_2/p_1=p_3/p_2=\cdots=p_n/p_{n-1}<1$。对于高压排气的节流降压装置，通常按临界状态设计。表8-16给出了几种气体在临界状态下的压强比G及节流面积的计算公式。

表8-16 几种气体在临界状态下的压强比及节流面积

气体	压强比G	节流面积S/cm²
空气(或O_2,N_2)等	0.528	$S=13.0\mu q_m\sqrt{v_1/p_1}$
过热蒸汽	0.546	$S=13.4\mu q_m\sqrt{v_1/p_1}$
饱和蒸汽	0.577	$S=14.0\mu q_m\sqrt{v_1/p_1}$

注：μ为保证排气量的截面修正系数，通常取1.2~2；q_m为排放气体的质量流量，t/h；v_1为节流前气体比容，m^3/kg；p_1为节流前气体压强，98.07kPa。

在计算出第一级节流孔板通流面积S_1后，可按与比容成正比的关系近似确定其他各级通流面积，然后可以确定孔径、孔心距和开孔数等参数。

按临界降压设计的节流降压消声器，其消声量可用下式估算：

$$\Delta L=10a\lg\frac{3.7\left(p_1-p_0\right)^3}{np_1p_0^2} \tag{8-61}$$

式中 a——修正系数，其实验值为0.9±0.2（当压强较高时，取偏低的数值，如取0.7；当压强较低时，取偏高值，如取1.1)；

p_1——消声器入口压强，Pa；

p_0——环境压强，Pa；

n——节流降压层数。

（4）喷雾消声器

如图8-39所示为喷雾消声器结构示意图。对于锅炉等排放的高温气流噪声，利用向蒸汽喷口均匀地喷淋水雾来达到降低噪声的目的。其消声机理：一方面是喷淋水雾后改变了介质密度ρ及速度c，这两个参数的变化导致了声阻抗的改变，使得声波发生反射现象；另一方面是气、液两相介质混合时，它们之间的相互作用又可消耗掉一部分声能。如图8-40所示是常压下，消声效果与喷水量的关系。

（5）引射掺冷消声器

对于高温气流的噪声源，可用引射掺入冷空气的方法来提高吸声结构的消声性能，达到降噪目的。这种消声器称为引射渗冷消声器，如图8-41所示。该消声器周围设有微穿孔板吸声结构，底部接排气管，消声器外壳开有掺冷孔洞与大气相通。

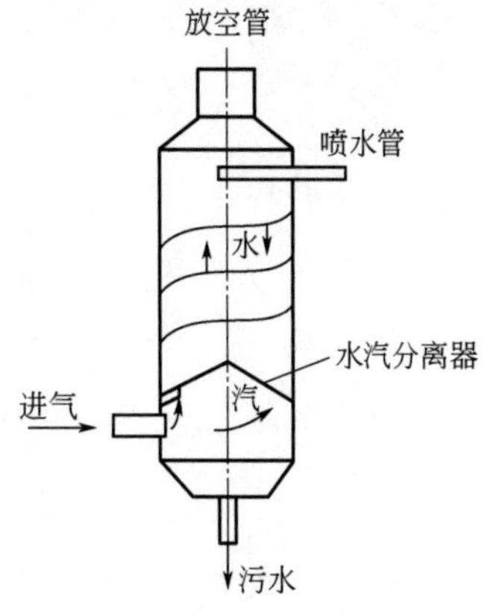

图8-39 喷雾消声器的结构

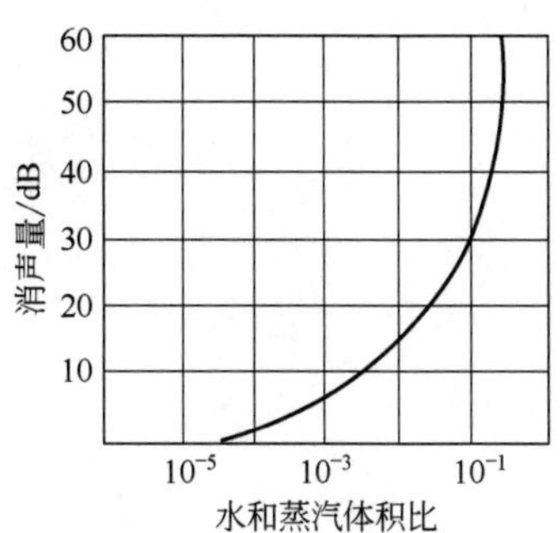

图8-40 消声量与喷水量的关系

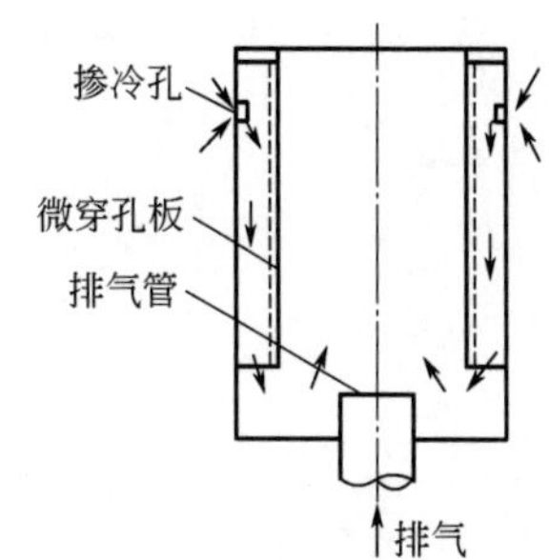

图8-41 引射掺冷消声器的结构

这种消声器的消声原理是：当热气流由排气管排出时，周围形成负压区，从而使外界冷空气，由上半部外壁的掺冷孔进入，途经微穿孔板吸声结构的内腔，从排气管口周围掺入到排放的高温气流中去。消声器的中间通道是热气流，而四周是冷气流，便形成温度梯度，导致各区域的声速不同，造成声波在传播过程中向内壁弯曲。由于其内壁设置了微穿孔板吸声结构，因而恰好能够把声能吸收。

根据声线弯曲原理，可以推导出掺冷结构所需长度的计算公式：

$$L = D\left(\frac{2\sqrt{T_2}}{\sqrt{\sqrt{T_2}-\sqrt{T_1}}}\right)^{\frac{1}{2}} \tag{8-62}$$

式中　D——消声器通道直径，m；

T_1，T_2——掺冷装置内四周、中心温度，K。

习题与思考题

1. 如何评价消声器的消声性能？

2. 多通道阻性消声器有几种？各有什么特点？

3. 抗性消声器常用的有几类？其消声原理是什么？

4. 选用同一种吸声材料衬贴的消声管道，管道截面积2000cm^2。当截面形状分别为圆形、正方形和1∶5及2∶3两种矩形时，试问哪种截面形状的声音衰减量最大？哪种最小？两者相差多少？

5. 一长1m外形直径为380mm的直管式阻性消声器，内壁吸声层采用厚为100mm，密度为20kg/m^{3}的超细玻璃棉。试确定频率大于250Hz的消声量。

6. 试述无源干涉式消声器及管道有源消声原理。

第9章

有源噪声控制技术

从噪声控制策略上讲，噪声控制可以从噪声源、噪声传播途径和噪声接受者三方面入手。本书前面所涉及的噪声控制方法，如隔声处理、吸声处理、振动的隔离、阻尼减振等，其机理在于使噪声声波与声学材料或结构相互作用消耗声能，从而达到降低噪声的目的，属于无源或被动式的方法，称为“无源”或“被动”噪声控制（passive noise control）。总体上讲，无源控制方法对降低中高频噪声更有效，有些方法可以降低低频噪声，但其频段较窄，且所需装置或设备体积庞大而笨重，应用场合和环境受到限制。为了降低低频噪声，有源噪声控制（active noise control，ANC）也被称为主动噪声控制，该技术给出了一种新的解决办法，它的提出与发展适应了现实需求，目前已发展成为与传统噪声控制方法互为补充的一种重要的噪声控制手段。

9.1　有源噪声控制技术概述

9.1.1　有源噪声控制技术的发展历程

（1）有源噪声控制的提出与早期发展

1933年，在哥廷根大学担任助理教授的保罗洛伊（Paul Leug）向德国专利部门递交了申请，提出了有源消噪（active noise cancellation）的概念，并列举了部分可能的应用。次年3月，洛伊分别向美国、法国、意大利和澳大利亚等国提交了专利申请，并于1936年6月9日获得美国专利管理部门的授权，开启了有源噪声控制技术的发展历程。洛伊在美国的专利名称为“消除声音振荡的过程”。在这项专利中，洛伊利用了人们熟知的声学现象：两列频率相同、相位差固定的声波，叠加后会产生相加性或相消性干涉，从而使声能得到增强或减弱。因此，洛伊设想，可以利用声波的相消性干涉来消除噪声。虽然之前有人提出过类似想法，但人们一般都认为，洛伊是清晰理解和描述有源噪声控制原理的第一人，他的这项发明专利被认为是有源噪声控制发展史的起点。

图9-1为洛伊专利的原理图。图中，管道T中的噪声由声源A产生，传声器M检测噪声并将其转换为电信号，该信号由电子线路V放大并实现一定的相移，然后推动扬声器L发声。图9-1中的声波S_1和S_2，分别由声源A和扬声器L产生。洛伊以一正弦波为例指出：所需要的相移可由一传输线实现，改变传输线长度即改变时延，该时延应该等于声波从传声器M传播到扬声器L所需的时间，从而使扬声器发出的声波与原噪声声波相比有180°的相移，并保持幅度相等，也就是说，在扬声器位置处，扬声器发出的声波是原正弦波的“镜像”。于是，两列声波叠加后，该频率的声波在扬声器下游得以抵消。

图9-1说明，要想有好的噪声抵消效果，必须满足两个条件：①准确测量声波从传声器位置传播至扬声器位置所需的声时延；②电子线路V具有良好的幅频和相频特性。遗憾的是，这些今天看似十分简单的要求，20世纪30年代的电子技术水平却难以实现。因此，洛伊的设想在当时并无可行性，以至于在其专利提出20年之内学术界和工程界没有任何响应。

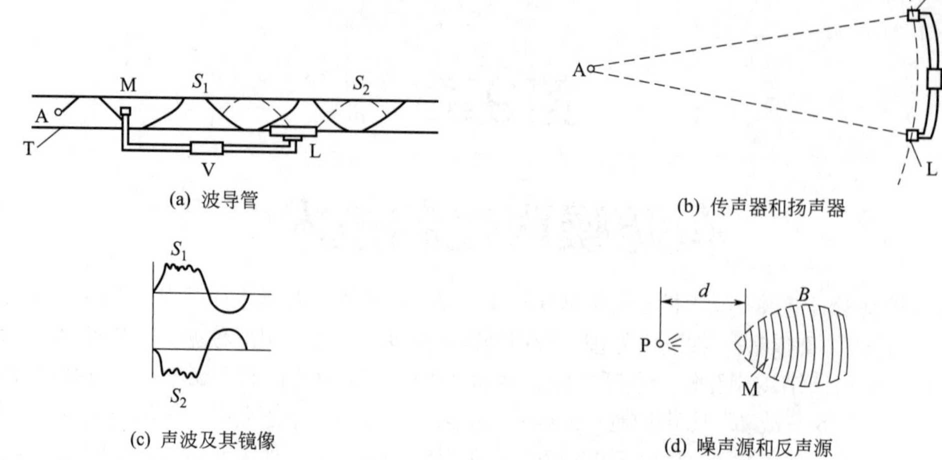

图9-1　洛伊专利原理图

1953年，奥尔森发表了一篇名为《电子吸声器》的论文，再次体现了有源消声的思想。奥尔森提出的电子吸声器如图9-2所示，该吸声器包括一个后端内置吸声材料的空腔、一个传声器、一个放大器和一个扬声器。这个吸声器有两种基本用途：吸收传声器位置处的声波并作为“声压降低器”。为了达到以上目的，可通过调节扬声器锥面的运动幅度使传声器处的总声压起伏接近于零。奥尔森电子吸声器制造“静区”的方法，其原理与洛伊的专利相似。可以说，这是有源降噪概念的一次现实应用。

在奥尔森的论文中，他没有说明传声器与扬声器究竟应该保持多大的距离，也没有考虑电子线路的时延效应，然而，他做到了使电子器件在一定的频率范围内保持线性。虽然如此，电子线路频响特性的不理想仍然使吸声的频率范围受到限制，同时由于受到扬声器频响特性的影响，其低频降噪效果不好。更为不幸的是，随着测量点离传声器的距离增大，降噪效果亦随之快速下降。例如，在离传声器0.3m处，最大降噪量仅有4dB，这使得奥尔森的电子吸声器实用性较差。

通用电气公司的卡弗尝试利用有源控制方法降低变压器的辐射噪声，他的实验系统如图9-3所示。卡弗的实验对象为一个15000kVA的变压器，由数个扬声器作为“反声源”靠近变压器表面降低变压器的辐射噪声。实验结果表明：在变压器正面可获得10dB左右的降噪量，而在极角30°以后，噪声反而被加强了。由于这个原因，该方案在1956年被放弃了，取而代之的是无源噪声控制方法。不过，由于变压器噪声以低频声为主，且具有明显的周期性，这对于发挥有源噪声控制技术非常有利，卡弗的尝试促使后来的人们不断加以研究。

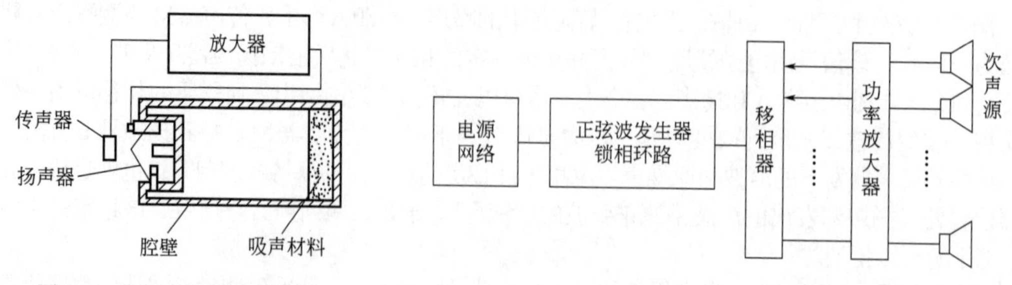

图9-2　奥尔森的电子吸声器

图9-3　卡弗有源消声实验系统框图

1981年，Burgess率先采用自适应控制算法对管道噪声的有源控制进行了计算机仿真研究，开创了自适应有源噪声控制的先河。至此，有源噪声控制的研究正式进入了蓬勃发展时期。目前，美国、英国、德国、日本、澳大利亚、新加坡及印度等国的多家科研机构从事这方面的研究工作，已有大量论文、专利及应用成果问世。

国内有源噪声控制的研究起始于20世纪70年代末期，南京大学声学所沙家正等人早在1979年就开始了有源消声技术的研究，在拓宽管道有源消声器的频带和改进次级声源系统，以及把微机应用于有源消声中都做了大量的工作，并首先从实验上对管道有源消声器的消声机理做了比较全面系统的探讨。此外，该课题组在空间有源消声、有源抗噪声送话器及受话器等方面也取得了显著成果，并在1985年向国家专利局申请了相关的专利。中国科学院声学所马大猷院士等在混响声场及室内声场的噪声有源控制方面进行了深入的分析研究。西北工业大学的陈克安等人在自适应有源噪声控制方面进行了大量的理论分析及实验研究，并于1993出版了国内第一本有源噪声控制的专著《自适应有源噪声控制——原理、算法及实现》。此外，清华大学、北京理工大学、上海交通大学、哈尔滨工业大学、哈尔滨工程大学、吉林大学、海军工程大学、山东科技大学及北京信息科技大学等多所大学也在开展噪声有源控制方面的研究。

以现在的目光来看，无论是奥尔森的电子吸声器还是卡弗的有源消声实验系统，所涉及的声场均属于三维自由声场，由于当时各方面的条件都不成熟，声场分析和系统实现上的难度都非常大。因而，人们将注意力转向相对简单的能产生平面波声场的管道有源噪声控制的研究上。此后，又相继开展了自适应有源噪声控制、有源声控制、有源力控制、有源振动控制及有源声学结构等的研究。

(2) 管道噪声有源控制

当声源位于无限长管道中发声时，声波在管道横截面会形成特定形式的驻波，而在无限制的方向以行波方式传播，这种方式的声波为简正波。在管道内，任意声源都可以激发出许多（阶）简正波，当声源的振动频率小于管道截止频率时，管道中只能传播均匀平面波。在最初的管道噪声有源控制研究中，一般均假设需要抵消的噪声频率小于管道截止频率。这样，拟抵消的噪声场就成为平面波声场，这使得声场分析变得简便且物理意义明晰。对于平面波声场的有源控制，如果简单地采用洛伊专利中的办法会存在如次级声反馈、消声频带受到限制、气流影响降噪效果等问题。为了解决这些问题，研究者们逐步发展了单极、偶极和多极管道有源噪声控制系统，主要目的在于消除次级声反馈。

单极系统中仅包含一个次级声源，洛伊专利中的系统就是一个最简单的单极系统。由于次级声反馈的影响，该系统的稳定性极差，基本没有实用价值。比较有代表性的单极系统包括切尔西的单极系统和紧耦合单极系统。切尔西的单极系统设计了电子网络补偿次级声反馈，使得系统稳定性得到很大改善。困难在于如何制成完全符合要求的补偿电路。紧耦合单极系统中的初级传声器位于次级声源正前方，使得补偿电路传递函数等于−1，这样次级声源发出的声波成为初级噪声的“镜像”。紧耦合单极系统的最大优点在于结构简单，便于实现。不过，它对管道中的高阶简正波及次级声源频响特性的不理想非常敏感，这使得实际应用中难以把握系统的稳定性。

偶极系统是通过构造具有指向性的次级声源来消除次级声反馈。典型的偶极系统有两种，一种是用两个特性相同的扬声器作为次级声源，初级传感器位于两次级声源中间，这样在理想情况下，次级声反馈便被消除了。另一种偶极系统同样用两个特性相同的扬声器作次级声源，不过在第一个扬声器前插入移相器，使得在第二个扬声器以左的声场中，两个扬声器产生的声波相位相反而抵消，此时两个扬声器组合成为一个单指向性的次级声源。

多极系统包含三个以上的次级声源，典型的是斯威巴克斯的多极系统。该多极系统非常复杂，其次级声源阵由两个以上的环形声源构成，每个环形声源又包含四个扬声器。这样安排次级声源的目的在于获得单指向性以消除次级声反馈。

(3) 自适应有源噪声控制

有源噪声控制系统中的控制电路初期均采用模拟电路。但是，在使用过程中模拟电路存在诸多

问题，主要原因在于：一方面，待抵消的噪声（初级噪声）特性几乎总是时变的，控制系统（控制器、初级传感器和误差传感器）传递函数、消声空间中的一些非可控参数（如介质物理参数等）经常随时间发生变化，这就要求控制器传递函数具有时变特性，而模拟电路难以胜任；另一方面，对于复杂的初级声源，以及谋求扩大消声空间时均要求多个次级声源和误差传感器，这种控制器的传递函数十分复杂，用模拟电路无法实现。

人们急需一种具有自动追踪初级噪声统计特性，控制器特性可时变的自适应有源噪声控制系统。随着自适应滤波理论的充分发展，自适应有源噪声控制系统得到快速发展。自适应有源噪声控制系统的核心是自适应滤波器和相应的自适应算法。自适应滤波器可以按某种事先设定的准则，由自适应算法调节其自身的系统特性以达到所需要的输出。

20世纪80年代初期，在通用电气公司工作的摩根和在贝尔实验室工作的博格斯几乎同时独立地提出了著名的滤波FxLMS（filtered-x）算法，博格斯将该算法首次应用于有源噪声控制，并针对管道有源噪声控制进行了计算机仿真研究。FxLMS算法因物理机理明晰、运算量小、实现简单，成为有源控制中的“基准”算法而被广泛运用。

自适应有源噪声控制的主要研究内容包括：①控制方式（前馈控制和反馈控制）的选择；②次级声反馈的影响及其解决办法；③次级通路（次级源到误差传感器之间的传递通路）传递函数对系统性能的影响；④次级通路传递函数的离线与在线建模；⑤单通道自适应有源噪声控制算法瞬态和稳态性能分析；⑥多通道自适应算法性能分析及快速实现；⑦大规模多通道系统的简化实现（分散式控制、集群式控制）；⑧特定条件及特定问题下的自适应算法（如初级噪声为线谱噪声、非线性噪声、脉冲噪声，次级声反馈问题）；⑨自适应控制器的硬件实现及工程化等。

（4）有源声控制

20世纪90年代以前，有源噪声控制中的次级源均为声源（一般为扬声器），因此，这种有源控制方式又称为有源声控制，在有的文献中被称为“以声消声”。有源声控制研究在20世纪80年代中期至90年代中期达到高潮，其中以英国南安普顿大学声与振动研究所（ISVR）的Nelson和Elliott等人的研究最为出色，他们的研究以抵消螺旋桨飞机舱室噪声为主要应用背景。他们以矩形和圆柱结构为飞机舱室的简化模型，建立相应的声学模型，然后推导出声控制方式下的最优次级声源复强度（包括幅度和相位）、封闭空间最小声势能，研究了降噪效果与声场特性、次级声源、误差传感器布放的关系。研究结果对理论分析和实际应用有重要指导意义，有些研究方法（如求解最优次级声源强度的方法）后来被人们广泛采用。他们在实际飞机舱室中进行的一系列实验给人们留下了深刻印象。例如，一架BAe748双发动机48座螺旋桨飞机，其巡航速度为14200r/min，因而其桨叶通过频率基频为88Hz。为了抵消此飞机的舱室噪声，他们用16个扬声器作次级声源、32个传声器作误差传感器，这种次级声源和误差传感器布放有效地将88Hz的基频噪声降低了13dB。这一成功的实验为后续螺旋桨飞机舱室噪声有源控制奠定了基础。此外人们还研究了封闭空间声场中存在结构-声腔耦合时的有源控制规律、声波通过弹性结构透射进入声腔的有源控制、双层结构有源隔声、分布声源控制结构声辐射等。

（5）其他有源控制

有源力控制，有相当一部分噪声是由结构振动辐射引起的。20世纪80年代中期，美国弗吉尼亚理工学院的富勒等人开展了用次级力源控制结构声辐射或声透射的研究，这种方法称为结构声有源控制（active structural acoustic control，ASAC），也被称为有源力控制，指的是通过力源控制结构振动达到降低结构声辐射的一种有源控制方法。

从某种意义上来说，有源力控制就是对结构振动进行控制，只不过控制的目标是声场参量而已，振动有源控制通过外力“主动”地改变结构响应来控制不需要的振动。振动主动控制包括“全”主动控制和“半”主动控制两种类型。“全”主动控制中的次级力源向被控结构提供机械能，而“半”主动控制从总体上来讲仍属于“无源”控制，只是它的某些机械特性由外界控制。总的说来，主动控制的优势在于低频，因此，人们对它的研究很早就开始了，形成了振动控制研究中一个很重要的分支，研究的重点在于控制理论。限于篇幅，本书仅研究与有源力控制相似的振动有源控制系统。

有源声学结构，无论是有源声控制还是有源力控制，整个系统都包含了三个基本要素：次级源（次级声源或次级力源）、误差传感器和控制器。为了扩大消声空间或者消振区域，提高控制效果，这种系统总是多通道的，也就是系统中包含多个次级源和误差传感器。这种系统是分布式的，次级源和误差传感器配置严重依赖于外界环境，它极大地阻碍了有源控制技术的工程应用，因此人们提出了有源声学结构的想法。有源声学结构（active acoustic structures，AAS），它是机敏结构（smart structures）或智能结构（intelligent structures）在振动与噪声控制中的应用。AAS将产生次级声场的分布式次级声源、检测振动与声场信息的误差传感装置、嵌入式的自适应微控制器集于一体。微控制器中的自适应算法将自动调节次级声源输出强度，使整个声学结构随时获得最佳消声性能。大面积的AAS由多个自适应有源声学单元（adaptive active acoustic element）组成。

9.1.2　有源控制系统

(1) 有源控制系统组成

在介绍有源控制系统之前要明确几个有源控制系统的基本定义和概念。一个将要被控制的噪声场称为初级声场（primary sound field），其声源为初级声源（primary noise source），所产生的噪声为初级噪声（primary noise）或初级声波（primary sound wave）。人为产生的、用于抵消初级噪声的“反”噪声称为次级噪声（secondary noise）或次级声波（secondary sound wave），形成的声场为次级声场（secondary sound field）。产生次级噪声的作动器称为次级作动器，如果该作动器为声源，则称为次级声源（secondary sound source）；如果为力源，则称为次级力源（secondary force source）。在空间某初级声波点，通过初级声波与次级声波的相消性干涉达到降噪目的的噪声控制方式称为有源噪声控制，如图9-4所示。

采用有源控制思想构建的抵消初级噪声的系统为有源噪声控制系统，如果系统中的控制器能够依据监测信号不断地调整控制器参数，从而实时改变控制器输出，则此系统称为自适应有源噪声控制系统，如图9-5所示。有源噪声控制系统中的传感器包括参考传感器（reference transducer）和误差传感器（error transducer）。参考传感器有多种形式，如传声器、加速度计、转速传感器等，它采集声信号或振动信号作为前馈控制器的参考信号，误差传感器采集误差信号，它是一种监测信号，作为控制器的输入用于调节控制器参数从而改变其输出。

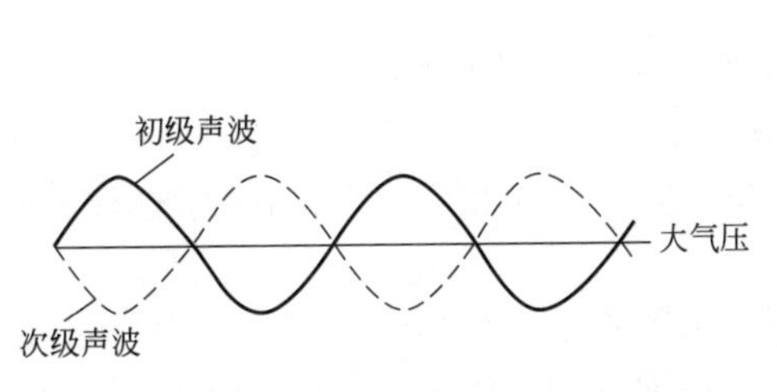

图9-4　有源噪声控制声抵消示意图

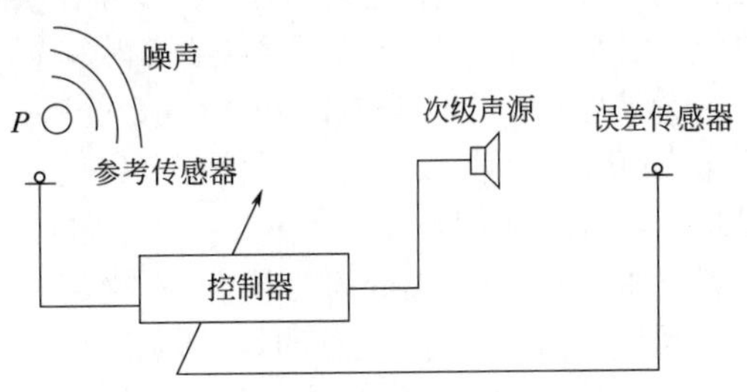

图9-5　自适应有源噪声控制系统示意图

一个有源噪声控制系统包括两个子系统：传感-作动系统和控制器系统。传感-作动系统中的传感器包括参考传感器和误差传感器（如果它们为传声器，则称为参考传声器和误差传声器），作动器为产生次级声场的次级声源（扬声器）或次级力源（激振器），有时简称次级源，控制器包括硬件和软件，其中软件以实现有源控制算法为目的，而硬件为软件提供物理平台。如果有源控制系统只包含一个次级源和一个误差传感器，则该系统为单通道系统（single channel system）；如果包含两个以上的次级源和误差传感器，则该系统为多通道系统（multi-channel system）。如果有源控制算法能够根据误差信号实时调整次级源强度，则该系统为自适应有源噪声控制（adaptive active noise control，AANC）系统。控制器硬件分为模拟和数字两种，模拟控制器一般只适合完成单通道、非自适应有源控制，而数字控制器的功能要强得多，可以实现多通道自适应有源控制。

（2）有源控制系统分类

由于有源控制系统组成复杂、分类方式众多，根据控制方式、次级源类型、误差传感器策略等分类，其分类方法达数十种。具体分类情况列于表9-1。表中每一列任选一项，从左到右排列，就可构成一种类型的有源控制系统，重点介绍以下四种分类方法。

表9-1　有源噪声控制系统的分类

<table>
<tr><th colspan="4">控制方式</th><th colspan="2">次级源类型</th><th colspan="2">误差传感策略</th></tr>
<tr><td rowspan="2">自适应</td><td rowspan="2">前馈</td><td rowspan="2">模拟</td><td rowspan="2">单通道</td><td rowspan="2">分布式</td><td rowspan="2">声控制</td><td rowspan="2">声传感</td><td>远场</td></tr>
<tr><td>近场</td></tr>
<tr><td rowspan="3">非自适应</td><td rowspan="3">反馈</td><td rowspan="3">数字</td><td rowspan="3">多通道</td><td rowspan="3">集中式</td><td rowspan="3">力控制</td><td rowspan="3">结构传感</td><td>位移</td></tr>
<tr><td>速度</td></tr>
<tr><td>加速度</td></tr>
</table>

① 有源噪声控制系统和有源振动控制系统　根据控制目标的不同，有源控制系统可分为有源噪声控制系统和有源振动控制系统。有源噪声控制系统的目标函数是声学参量，如局部空间声压、全空间声功率、辐射/透射声总功率等。主要采用有源声控制、有源力控制、有源声学结构等有源噪声控制方法。有源振动控制系统的目标函数是振动参量，如振动加速度、速度、位移或振动能量，主要采用串联式、并联式有源振动控制的方法。

② 模拟系统和数字系统　根据控制器电路性质选择的不同，有源噪声控制系统可以分为模拟系统和数字系统。这两种系统的控制器分别由模拟电路和数字电路构成。模拟系统构造简单，成本低廉，但它只能完成传递函数简单的单通道控制，系统特性不能适应环境特性的变化。数字系统多由数字信号处理器完成特定算法，通常是自适应的，适合完成多通道和时变环境下的有源噪声控制，可靠性好，但其价格相对较高，电路结构复杂。

③ 前馈系统和反馈系统　根据信号采集和运用方式的不同，有源噪声控制系统分为前馈系统和反馈系统。这两种系统的差别在于前馈系统需要获得参考信号，而反馈系统因无法得到参考信号，整个系统由误差传感器同时检测参考信号和误差信号。一般而言，只要可能人们宁愿采用前馈系统，因为它的稳定性比反馈系统要好得多。

前馈控制系统的结构如图9-6所示。图中，噪声源发出的噪声沿管道向下游传播，参考传声器采集噪声输入信号$x(n)$，误差传声器采集残差信号$e(n)$，送入前馈控制器中，经过自适应控制算法处理，输出控制信号$u(n)$。$u(n)$驱动次级扬声器产生和主噪声幅值相等、相位相反的次级声信号，二者叠加使误差传声器处的噪声得到有效衰减。

反馈控制系统的结构如图9-7所示。与图9-6所示的前馈控制系统相比，反馈控制系统不需要参考传声器来采集参考输入信号，仅采用误差传声器采集残余误差信号$e(n)$，直接根据误差传声器的测量值给出相应的控制输出。反馈控制系统适用于那些无法安装参考传声器或多噪声源的场合，如混响声场的空间降噪及有源头靠等系统中。

④ 单通道系统和多通道系统　根据次级源和误差传感器数量的不同，有源噪声控制系统又可以分为单通道系统和多通道系统。单通道系统中仅包含一个次级源和一个误差传感器，而多通道系

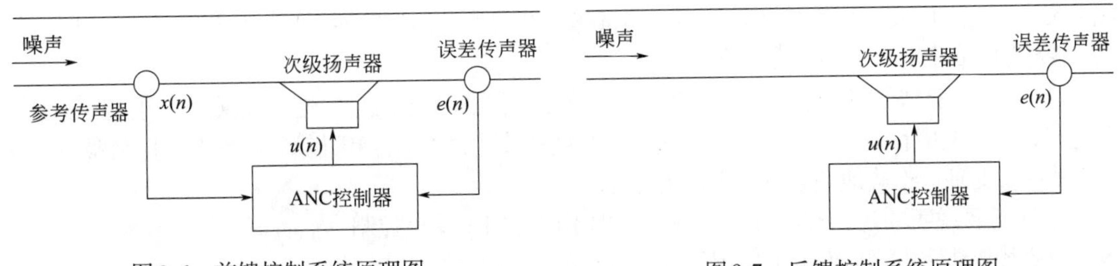

图9-6　前馈控制系统原理图　　图9-7　反馈控制系统原理图

统则包含两个以上的次级源和误差传感器。多数情况下，多通道系统对扩大消声空间、提高降噪量是必需的，但随着通道数的增多，控制器算法的复杂程度将大幅度地增加，这对保持系统的实时性和稳定性都十分不利。多通道系统的实现方式又分为分散式、集中式和集群式三种。

9.1.3　控制效果影响因素

有源控制系统组成复杂，影响因素众多，这里主要讨论对控制效果影响较大的影响因素。以自适应有源噪声控制为例，决定最终降噪量的因素有以下四个方面：

① 系统可能取得的最大降噪量由次级声源的布放（位置及个数）确定，这种降噪量称为理论降噪量。对简单初级声源和规则声学空间，可以通过理论计算获得。

② 对实际系统来说，需要确定一个可以实现的控制目标。理论上的控制目标通常是声功率最小，由于声功率无法用传感器实际检测，实际中通常用有限点的声压平方和代替，由此得到的降噪量（称为基于控制函数的降噪量）显然比理论降噪量要低。

③ 假定自适应控制算法能够收敛到稳定状态，所得到的降噪量并不等于基于控制函数的降噪量，它与算法的稳态性能有关，依赖于控制器结构、算法类型及控制器参数（如收敛系数、滤波器长度、信号处理器字长等）。

④ 对于前馈系统来说，参考信号质量对实际降噪量产生重要影响。具体地说，参考信号与误差传感器处初级声场变量（期望信号）的相关性越高，自适应算法就越能接近它的理想状态，于是，实际降噪量就越接近由控制目标和算法稳态性能共同决定的降噪量。以上四类因素综合决定了有源控制系统的控制效果（如图9-8所示）。

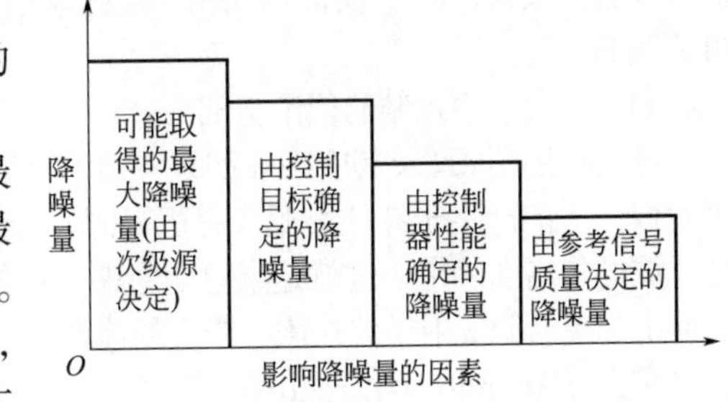

图9-8　有源控制中决定降噪量的因素

对一个实际的有源控制系统，是否能取得好的控制效果，关键的影响因素有：

① 初级源的类型和特征　对于有源声控制，最合适的噪声源是集中参数噪声源（能简化为点声源最好），它可以用尽可能少的次级声源获得最大降噪量。而对于有源力控制，初级结构的振动模态越少越好，这样可以减少次级力源的数量，对优化布放位置也大有好处。

从控制的角度来看，如果初级噪声是单频噪声、离散线谱噪声或窄带噪声，则控制系统更容易收敛到稳定状态，而宽带噪声的控制则要难得多。

② 次级源和误差传感器的位置与个数　为了获得全局空间噪声能量的降低，最好的次级源布放是它能够从空间上完全复制初级声场，也就是使次级声场成为初级声场的“镜像”，而误差传感器应尽量使实际的控制目标逼近理论上的控制目标。

③ 参考信号及其质量　若能够获得参考信号，我们就可以构造前馈控制器，反之，就只能采用反馈控制器。一般说来，前馈控制器结构简单，易于保持稳定；反馈控制器的最大问题是容易造

成系统不稳定，因此，反馈控制是最后一项选择。好的参考信号应该尽量少受到噪声“污染”，与误差传感器处的初级噪声保持最大程度的相关。

④ 自适应算法及其控制器硬件　宽带噪声的抵消效果、系统稳定性、控制器的复杂程度均与自适应算法的类型有关。好的自适应算法应该兼顾收敛性、鲁棒性和计算量三方面。控制器硬件设置以能够实时地、准确地完成自适应算法为目标。

最后需要说明的是，有源控制的基本原理不但适用于噪声控制，而且可应用于控制振动、声场、电磁场等诸多方面，而新的应用领域正在不断地发展和探索中。

9.2 有源噪声控制

如前所述，对噪声的有源控制可分为有源声控制和有源力控制。有源声控制主要是对声场的控制，包括自由声场和有界空间声场的有源控制。有源力控制主要针对结构声辐射，在实际条件下，结构声问题占了相当大比例。所谓结构声，指的是激励力作用于弹性结构引发振动而辐射声波，具体又表现为结构振动声辐射、声透射和声反射等形式。有源力控制也被称为结构声有源控制，通过力源控制结构振动达到降低结构声辐射的一种有源控制方法。

9.2.1 自由声场有源噪声控制

声场中声波由声源发出后，不受边界和其他物体的反射，同时也没有另外的声波干扰，此类声场称为自由声场，也称为无界空间声场。在实际应用有源噪声控制技术的各种场合中，涉及纯粹自由声场的情况并不多见。但是，如果声场边界和声场内物体对声传播的影响比较小，则该声场可近似看作自由声场。因此，在有源噪声控制研究中，我们常常将下列声场近似为自由声场：旷野中的变压器噪声声场、空中航行的飞机向外辐射的噪声声场、水面舰船及水下航行器声辐射在深海中形成的声场、封闭空间中机械设备（如抽风机、鼓风机等）所在位置附近区域声形成的直达声场、公路上行驶的机动车辆所产生的噪声声场（忽略地面反射造成的影响）等。

虽然在实际应用有源噪声控制技术的各种场合中，涉及纯粹自由声场的情况不多见，但是由于自由声场中声传播形式单纯，声场分析方法相对简单，有源噪声控制的物理机理容易理解，因此它的研究历史最长，已经形成了一系列典型的研究方法和成熟的结论，为其他声场中的有源控制提供可借鉴的经验。

（1）有源噪声控制的理论基础

① 惠更斯原理及其应用　如果一声源辐射声波产生声场，则该声场中波阵面上每一个面元均可看成一个能产生子波的声源（惠更斯源），而且，以后任何时刻波阵面的位置和形状都可以由这种子波的包络面确定，这就是惠更斯原理。它说明声场中任意一点的速度势为包围辐射声源的封闭曲面上惠更斯源发射子波在该点产生的速度势叠加之和。数学上，惠更斯原理可进一步由亥姆霍兹-柯希霍夫（Helmholtz-Kirchoff）定理描述。

如果观察点包括声源区域，则声三维空间中的波方程为：

$$\left(\nabla^2-\frac{1}{c_0^2}\times\frac{\partial^2}{\partial t^2}\right)p(r,\ t)=-\rho_0\frac{\partial q(r,\ t)}{\partial t}+\nabla f(r,\ t) \tag{9-1}$$

式中，等号右边两项均为声源扰动项。从物理机理上讲，声源有多种形式，最基本的有单位体积内流体介质质量变化引起的压力脉动和作用在流体上的力，式（9-1）中分别由 $q(r,t)$ 和 $f(r,t)$ 表示。压力脉动可以等效为单极子源，力的作用包括面力和体力两部分，面力分为往复作用力和剪切力，而体力主要指的是重力。有源噪声控制涉及的噪声源中，一般可以忽略剪切力和重力的影响，于是式（9-1）中的力源项可以等效为偶极子声源。如果声源表面以简谐稳态形式振动，则产生的声场也是简谐的。这样式（9-1）可改写为如下形式：

$$(\nabla^2 + k^2)\ p(r) = -\mathrm{j}\omega\rho_0 q(r) + \nabla f(r) \tag{9-2}$$

式中，$k = \omega / c_0$，为波数。式（9-2）称为非齐次亥姆霍兹方程。

假设有一封闭体，其表面积为S。在此区域内，方程（9-2）的解为：

$$p(r) = \int_V Q(r_0) G[r/G(r/r_0)]\mathrm{d}V + \int_S [G(r/r_0)\nabla_0 p(r_0) - p(r_0)\nabla_0 G(r/r_0) \cdot \boldsymbol{n}]\mathrm{d}S \tag{9-3}$$

式（9-3）称为亥姆霍兹-柯希霍夫积分方程，简称亥-柯积分方程。方程中的$Q(r_0) = \mathrm{j}\omega\rho_0 q(r_0) - \nabla \cdot f(r_0)$，为单位体积内的声源强度；$\nabla_0$表示沿$r_0$方向的空间梯度；$\boldsymbol{n}$为曲面$S$外法线方向上的单位矢量；$G(r/r_0)$为格林函数，它是声源强度为1，即$Q(r_0) = \delta(r - r_0)$时非齐次亥姆霍兹方程的解。格林函数最基本的形式为自由空间中的格林函数$g(r/r_0)$，有：

$$g(r/r_0) = \frac{e^{-\mathrm{j}k|r - r_0|}}{4\pi|r - r_0|} \tag{9-4}$$

需要注意的是，式（9-3）的成立要满足如下两个条件：①格林函数$G(r/r_0)$满足非齐次亥姆霍兹方程；②有限值条件和无穷远条件。有限值条件的含义是：如果声源位于封闭体V以内，则封闭体内有限物体发出的声波的振幅在远场将随距离成反比地衰减，是有限的；无穷远条件表明声场在无穷远处没有反射波。

封闭体的选取分为包含声源和不包含声源两种情况，如图9-9所示。如封闭体不包含声源，则方程（9-3）可表示为：

$$p(r) = \int_S [G(r/r_0)\nabla_0 p(r_0) - p(r_0)\nabla_0 G(r/r_0) \cdot \boldsymbol{n}]\mathrm{d}S \tag{9-5}$$

图9-9中，如果封闭体内为自由空间，则$G(r/r_0) = g(r/r_0)$，于是方程（9-5）可进一步表示为：

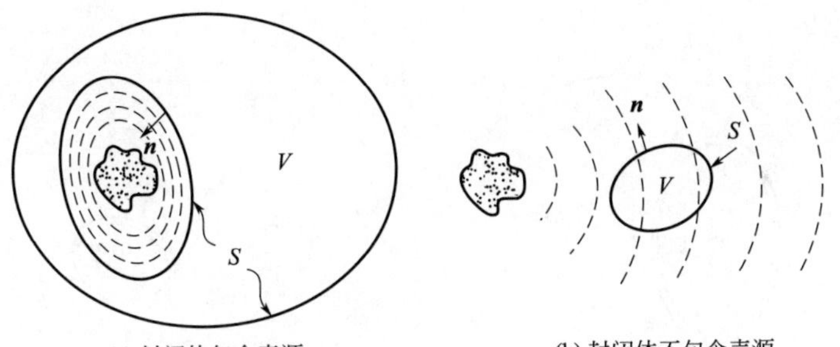

图9-9 求解非齐次赫姆霍茨方程示意图

$$\int_S [g(r/r_0)\nabla_0 p(r_0) - p(r_0)\nabla_0 g(r/r_0) \cdot \boldsymbol{n}]\mathrm{d}S = \begin{cases} p(r),\ r \in V \\ 0,\ r \notin V \end{cases} \tag{9-6}$$

根据质量守恒定理，方程（9-6）左边的两项可分别表示为：

$$-\int_S g(r/r_0)\mathrm{j}\omega\rho_0 u(r_0) \cdot \boldsymbol{n}\mathrm{d}S = \int_S g(r/r_0)\mathrm{j}\omega\rho_0 q(r_0)\mathrm{d}S \tag{9-7}$$

$$-\int_S p(r_0)\ \nabla_0 g(r/r_0) \cdot \boldsymbol{n}\mathrm{d}S = -\int_S f(r_0)\nabla_0 g(r/r_0)\mathrm{d}S \tag{9-8}$$

式中，$q(r_0) = -u(r_0) \cdot \boldsymbol{n}$，表示单位表面积的容积速度；$f(r_0) = p(r_0) \cdot \boldsymbol{n}$，是作用于曲面$S$上单位面积上的力。

可见方程（9-6）左边的两项可以分别等效为单极子和偶极子声源。方程（9-6）实际上是用数学形式表示的惠更斯原理。式（9-7）和式（9-8）进一步表明，惠更斯源可以等效为一个单极子和一个偶极子之和，称为三极子。

惠更斯原理在有源噪声控制中的应用。结合图9-9和方程（9-6）说明：在封闭体V内，声场中任意一点的声压可以看作是曲面S上惠更斯源的辐射声压之和；在封闭体V外，曲面S上的惠更斯源产生的声波的贡献总和为零。于是，我们很自然地联想到，如果在封闭曲面S上布放无穷多个次级声源，这些次级声源的声源幅度与惠更斯源的声源幅度相等，相位相反，那么就可实现曲面S内噪声的完全抵消。

具体来说就是，如果在曲面S上引入连续分布的次级声源层，所产生的声压分布具有以下形式：

$$\int_S [g(r/r_0)\mathrm{j}\omega\rho_0 q_s(r_0) - f_s(r_0)\nabla_0 g(r/r_0)\cdot \boldsymbol{n}]\,\mathrm{d}S = \begin{cases} p(r), & r\in V \\ 0, & r\notin V \end{cases} \tag{9-9}$$

式中，$q_s(r_0)$和$f_s(r_0)$为次级声源强度。如果选择

$$\begin{cases} \mathrm{j}\omega\rho_0 q_s(r_0) = -\nabla_0 p_p(r_0)\boldsymbol{n} \\ f_s(r_0) = p_p(r_0)\boldsymbol{n} \end{cases} \tag{9-10}$$

式中，$p_p(r_0)$是初级声场曲面S上的声压。再次观察一下式（9-7）和式（9-8），可以看出，按式（9-10）确定强度的次级声源可以保证在封闭体V内$p_s(r)=-p_p(r)$。这样，初、次级声源辐射声场叠加后有：

$$p(r) = p_p(r) + p_s(r) = \begin{cases} 0, & r\in V \\ p_p(r), & r\notin V \end{cases} \tag{9-11}$$

式（9-11）表明：如果在曲面S上布放的次级声源具有如式（9-10）规定的声源强度，那么在封闭体V内就能够做到完全的消声，而对封闭体以外的声场没有影响。

具体情形有两种，如图9-10所示（由图9-9转换而来）。图中S'表示由惠更斯源组成的初级声源层，而S为次级声源层。

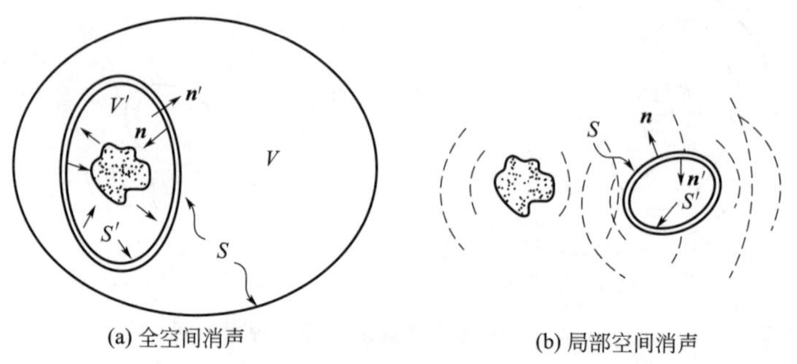

图9-10　惠更斯原理应用于有源噪声控制示意图

在图9-10中，如果要实现真正意义上的消声，声源S'和S的形式应完全一致，且必须重叠在一起。进一步地，图9-10说明，有源消声分为两种情况，即图9-10（a）表示的全空间消声和图9-10（b）表示的局部空间消声。当然，不管是哪一种情况，都要求次级声源为布放在封闭曲面S上的无限多个具有三极子特性的声源（与惠更斯源等幅反相的声源），它们在空间上必须是连续的，满足空间积分的要求。然而，这在实际中是不可能实现的。一种可行的办法是在封闭曲面上布放有限多个集中参数声源（称为离散声源），最常见的离散声源是单极子声源，当然也可以采用更高阶次的声源。满足有源噪声控制准则的次级声源强度为最优次级声源强度。对于复杂的分布式初级声源来说，由于很难得到初级声场的解析表达式，因而也就无法获得最优次级声源强度的解析表达式。

② 振动结构声辐射的集中参数模型　按惠更斯原理，对一个点初级声源，要实现全空间的有源消声，则需要围绕初级声源连续布放无数个三极子次级声源，这在实际中是不可能的。另外，由

于三极子声源构成相对较为困难，实际上，自由声场中有源噪声控制所需的次级声源一般采用有限个的单极子声源。

从理论上讲，若初级声源为单极子声源或者是多个单极子声源的组合，则可很容易地求得次级声源强度值使初、次级声场总的声功率最小（此时的次级声源强度称为最优次级声源强度）。然而，实际中的噪声源只有很少一部分可以看成单极子声源，多数为连续分布声源。

从理论上讲，若初级声源为单极子源或者是多个单极子源的组合，那么就可求得最优次级声源强度以满足有源噪声控制准则（如总辐射声功率最小）。所谓声场的集中参数模型，指的是声学量是集中变量，与空间分布无关。对于任意一个振动结构，我们将结构划分为有限个单元，每个单元的几何尺寸应远小于感兴趣的频率所对应的声波波长。这样，每个面元的辐射声场就可单独计算，将所有面元的辐射声场叠加后就得到总的声场。这种方法看似简单，实际运用起来难度很大，因为我们在计算一个面元的辐射声场时，要求其他面元是静止的。这样，就需要考虑这一面元辐射声波被其余边界面反射和散射的影响，对于复杂的有限结构来说，解决起来并不容易。

一个复杂结构，将整个振动表面划分为足够小（与声波波长相比）的N个单元后，每一个单元可以等效为一个活塞声源。计算出每个单元的净辐射功率后，将所有单元辐射功率相加就可获得机构总的辐射声功率，有：

$$W=\frac{1}{2}\sum_{i=1}^{N}\sum_{j=1}^{N}u_i^* u_j R_{ij} \tag{9-12}$$

式中，u_i、u_j分别为第i、j个单元表面的平均振动速度；*表示对复数变量求共轭；R_{ij}为第i个单元至第j个单元的辐射阻抗的实部，有

$$R_{ij}=\frac{R_0}{S_i S_j}\iint_{S_i}\iint_{S_j}\mathrm{Im}\ \{G(r/r_s)/k\}\,\mathrm{d}S(r_s)\,\mathrm{d}S(r) \tag{9-13}$$

式中，$R_0=k^2\rho c/(4\pi)$；$G(r/r_s)$为振动面元r_s处至r处的自由空间第二类格林函数；Im表示取复数变量的虚部。

这里要指出，如果振动结构为无限大障板上的一块矩形平板，将此平板均分为N个单元，则R_{ij}可以更加具体地表示为：

$$R_{ij}=\frac{\omega^2\rho\Delta S^2}{2\pi c}\left[\frac{\sin(kr_{ij})}{r_{ij}}\right] \tag{9-14}$$

式中，ΔS为每个单元的面积；r_{ij}为第i个单元与第j个单元的距离。

这就是说，从声辐射的角度讲，任意振动均可等效为点声源的集合。而对于每个点声源，可以引入次级声源来加以有源控制，次级声源的形式可以是单极子，也可以是多极子。

(2) 基于单极子源的自由声场有源噪声控制

① 两单极子源的最小声功率　这里假设有一单极子声源（点声源）做简谐振动，其复强度为q（声源振动的幅度和相位，也叫容积速度），那么，它的辐射声功率可以通过声源表面的声压和振动速度来计算，即：

$$W=\frac{1}{2}\mathrm{Re}\{p^* q\} \tag{9-15}$$

对于自由空间中的点声源声场，它可以写为$p=(\mathrm{j}\omega\rho_0 q e^{-\mathrm{j}kr})/(4\pi r)$。虽然在声源位置处由于$r\to 0$使$p$趋于无穷大，但是将此声压表达式代入式（9-15）并求极限，可以得到求声功率的一种简便方法，即：

$$W=\frac{1}{2}Z_0|q|^2 \tag{9-16}$$

式中，$Z_0=\omega^2\rho_0/(4\pi c_0)$，是点声源的辐射阻抗。

如果空间中有两点声源，一个为初级声源，另个为次级声源，声源强度分别为q_s和q_p，彼此相距d。根据式（9-16），可以计算出两声源共同作用后的总声功率，有：

$$W = A\left| q_s^2 \right| + q_s^* B + Bq_s + C \tag{9-17}$$

式中，$A=Z_0/2$；$B=(1/2)Z_0\sin c(kd)q_p$；$C=(1/2)Z_0\left| q_p \right|^2$。

很明显，式（9-17）中最后一项为初级声源单独存在时的辐射声功率，标记为W_{pp}。常数A显然是大于零的，因此式（9-17）这个一元二次方程有最小值。就是说，如果以总声功率为控制目标，我们可以求得最优的次级声源强度和相应的最小的声功率，有：

$$q_{so} = -q_p \sin c(kd) \tag{9-18}$$

$$W_0 = W_{pp}[1-\sin c^2(kd)] \tag{9-19}$$

上式说明，用一个点次级声源控制一个点初级声源，所获得的最小声功率与两声源的频率和距离直接相关。在一定频率下，声源距离越近，有源控制后的声功率（最小声功率）越小；对于确定的初、次级声源间距，频率越低，最小声功率越小。

② 基于单极子源阵的自由声场有源控制　当初级声源频率一定时，次级声源离初级声源越近，控制效果就越好。实际上，初、次级声源的间距会受到约束，不可能无限地靠近，因此人们很自然地想到尝试用一个单极子次级声源来增强有源控制效果。

假设有一个单极子声源阵，由位于r_1，r_2，…，r_N处的N个点声源组成，其声源强度矢量记为$\boldsymbol{q}=[q_{1T}(\omega),q_2(\omega),\cdots q_N(\omega)]^{\mathrm{T}}$。$N$个点声源在每个声源位置处产生的声压用$N$阶列矢量$\boldsymbol{p}$表示，$\boldsymbol{p}=[p(r_1,\omega),p(r_2,\omega),\cdots p(r_N,\omega)]^{\mathrm{T}}$，$\boldsymbol{p}$和$\boldsymbol{q}$可以通过$N\times N$阶声传输阻抗矩阵联系起来，有：

$$\boldsymbol{p} = \boldsymbol{Zq} \tag{9-20}$$

$$\boldsymbol{Z} = \begin{Bmatrix} Z_1(r_1,\ \omega) & Z_2(r_1,\ \omega) & \cdots & Z_N(r_1,\ \omega) \\ Z_1(r_2,\ \omega) & Z_2(r_2,\ \omega) & \cdots & Z_N(r_2,\ \omega) \\ \vdots & \vdots & \cdots & \vdots \\ Z_1(r_N,\ \omega) & Z_2(r_N,\ \omega) & \cdots & Z_N(r_N,\ \omega) \end{Bmatrix} \tag{9-21}$$

由声场的互易性可知，矩阵$\boldsymbol{Z}$是对称的，有$\boldsymbol{Z}=\boldsymbol{Z}^{\mathrm{T}}$。当所有声源均发声后，每个声源都位于自身辐射声压和其他声源辐射声压的包围中，这样声源阵总的输出声功率是所有单个声源净输出声功率的总和，用矢量形式表示为：

$$\boldsymbol{W} = \frac{1}{2}\mathrm{Re}\left[\boldsymbol{p}^{\mathrm{H}}\boldsymbol{q}\right] \tag{9-22}$$

式中，H为对复数矩阵求共轭转置。

将式（9-20）代入式（9-22），同时利用矩阵$\boldsymbol{Z}$的对称性，可得到如下关系式：

$$\boldsymbol{W} = \frac{1}{2}\boldsymbol{q}^{\mathrm{H}}\mathrm{Re}[\boldsymbol{Z}]\boldsymbol{q} \tag{9-23}$$

如果初级声源阵由N个点声源组成，次级声源阵由M个点声源组成，其声源强度矢量分别记为$\boldsymbol{q}_p$和$\boldsymbol{q}_s$ 那么两个声源阵总的输出功率可以表示为：

$$W = \boldsymbol{q}_s^{\mathrm{H}}\boldsymbol{A}\boldsymbol{q}_s + \boldsymbol{q}_s^{\mathrm{H}}B + \boldsymbol{B}^{\mathrm{H}}\boldsymbol{q}_s + C \tag{9-24}$$

式中，$\boldsymbol{A}$是$M\times M$阶复矩阵；$\boldsymbol{B}$是M阶复数列矢量；C是标量。分别为：

$$\begin{gathered} \boldsymbol{A}=(1/2)\mathrm{Re}[\boldsymbol{Z}_S(r_s)],\ \boldsymbol{B}=(1/2)\mathrm{Re}[\boldsymbol{Z}_P(r)\boldsymbol{q}_p], \\ \boldsymbol{C}=(1/2)\boldsymbol{q}_p^{\mathrm{H}}\mathrm{Re}[\boldsymbol{Z}_P(r_P)]\boldsymbol{q}_p \end{gathered} \tag{9-25}$$

由式（9-25）可以看出，W是一个关于次级声源强度的二次型函数，其表达式的第一项和最后一项分别为次级声源阵和初级声源阵单独存在时的输出功率。如果以次级声源强度为自变量，W为应变量作图，可以看到它是一个“碗状”曲面，“碗”的底部就是初、次级声源阵总声功率的最小值。

使方程（9-24）最小的$\boldsymbol{q}_s$称为最优次级声源强度矢量$\boldsymbol{q}_{so}$，有：

$$\boldsymbol{q}_{so} = -\boldsymbol{A}^{-1}\boldsymbol{B} \tag{9-26}$$

将式（9-26）代入式（9-24），得到有源控制后的最小声功率为：

$$W_0 = C - \boldsymbol{B}^{\mathrm{H}}\boldsymbol{A}^{-1}\boldsymbol{B} \tag{9-27}$$

③ 单极子声源阵控制平板声辐射　若初级声源为一分布式声源，情况又将如何？设初级声源为一矩形简支平板，受外力激励辐射噪声，次声声源为点声源阵。我们感兴趣的是，用点声源对分布式声源实施有源控制，次级声声源个数及位置对降噪效果的影响是什么？

为分析方便，假定矩形简支平板位于无限大障板中，其（n，m）阶振动模态的法向速度为$u_p(x, y, \omega)$。此矩形简支平板振动产生初级声场，其远场声压$p_p(r, \omega)$可由瑞利方程求得。引入L个点声源作为次级声源，它们与矩形简支平板一起产生的远场声压可线性叠加，有：

$$p(r, \omega) = p_p(r, \omega) + \sum_{l=1}^{L} p_{sl}(r, \omega) \tag{9-28}$$

已知远场声压，即可求得远场任意一点的声强，然后沿包围声源的封闭曲面对径向声强积分，可获得辐射声功率，有：

$$W = W_p + W_s + \sum_{l=1}^{L} W_l \tag{9-29}$$

式中，W_p、W_s分别是初、次级声源单独存在时的声功率；W_l为第l个次级声源与矩形简支平板辐射声场相干涉产生的声功率。

迈达尼克的研究表明：低频条件下（有源噪声控制感兴趣的频率范围），也就是当声波波长大于平板最大几何尺寸时，平板声辐射可等效为坐落在板四个角落的单极子声辐射，这就是“角落单极子”（comer monopole）模型。根据这一模型， 按平板振动模态的不同，等效单极子的排列分为三种类型（如图9-11所示，其中的+、–符号表示等效声源的相位）：同相位的四个单极子声源（对应“奇-奇”型振动模态，其中“奇”指的是振动模态的序数）；同相位的两个偶极子声源（对应“奇-偶”型或“偶-奇”振动模态）；一个四极子声源（对应“偶-偶”型振动模态）。

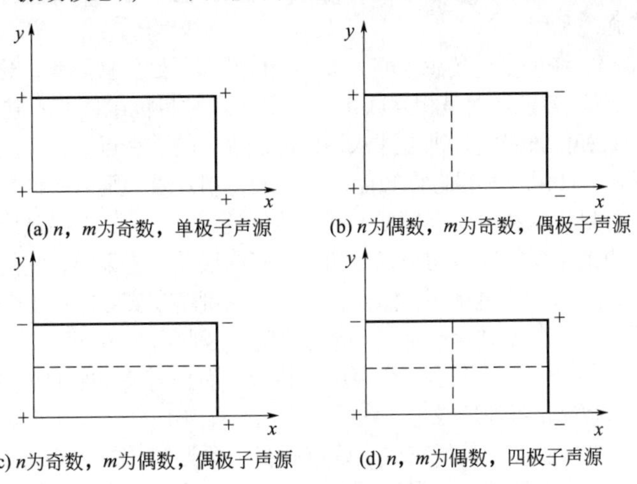

图9-11　角落单极子模型中等效声源的排列顺序

(3) 次级声源和误差传感器的布放

次级声源和误差传感器的布放对有源噪声控制系统至关重要。确定次级声源和误差传感器的个数和在声场中的位置称为布放问题，它既影响有源噪声控制系统的稳定性，又影响有源控制的效果。

① 目标函数的选择　在自由空间中，设初级声源强度为q_p的单极子，它和观察点分别位于r_p

和r_c。忽略时间因子$e^{j\omega t}$，观察点处的初级声场声压为：

$$p(r_e)=\frac{j\omega\rho_0 q_p e^{-jkr}}{4\pi r} \tag{9-30}$$

其中$r=\left|r_p-r_e\right|$。观察点处的质点振动速度为：

$$u(r_e)=\frac{p(r_e)}{\rho_0 c_0}\left(1-\frac{j}{kr}\right)\frac{(r_e-r_p)}{r} \tag{9-31}$$

由此可以推出观察点位置的声动能密度$\varepsilon_k(r_e)$和势能密度$\varepsilon_p(r_e)$，分别为：

$$\varepsilon_k(r_e)=\frac{1}{2}\rho_0\left|u(r_0)\right|^2 \tag{9-32}$$

$$\varepsilon_p(r_e)=\frac{1}{2\rho_0 c_0^2}\left|p(r_e)\right|^2 \tag{9-33}$$

于是，观察点处的声能密度可表示为：

$$\varepsilon(r_e)=\varepsilon_k(r_e)+\varepsilon_p(r_e)=\frac{1}{2}\rho_0\left|u(r_e)\right|^2+\frac{1}{2\rho_0 c_0^2}\left|p(r_e)\right|^2 \tag{9-34}$$

声强分为有功声强和无功声强。有功声强表示与辐射声能相关的垂直于传播方向上波阵面的声能量流，其均值为：

$$I(r_e)=\frac{1}{2}\mathrm{Re}[p(r_e)u(r_e)] \tag{9-35}$$

下面研究有源噪声控制的目标函数。实际上，上面所说的观察点就是误差传感器的具体位置，目标函数既影响误差传感器的类型，又影响有源控制的效果。从理论上来说，自由声场中有源控制的目标可选择如下八种之一，即：a.声场任一点的声势能密度，由式（9-33）可以知道，这相当于要求声场一点的声压振幅最小；b.声场任一点的声动能密度，由式（9-32）可知，这种控制目标相当于要求声场任一点质点振动幅度最小；c.声场任一点的声能密度；d.声场任一点的径向平均有功声强；e.声场中有限点（或多个离散点）位置处的声势能密度和；f.声场中有限点位置处的声动能密度和；g.声场中有限点位置处的声能密度和；h.包围初、次级声源的曲面上有限点位置处的径向平均有功声强之和。

自由空间有源噪声控制的误差传感策略，按误差传感器所处位置不同，分为远场传感和近场传感两种方案。由于各声学参量之间是相互联系的，上述八种目标函数并不独立。研究表明，在远场，如果观察点的个数和位置确定，则上述八种目标是等效的。在近场，情况就要复杂得多。主要结论有：a.在某一区域，如果一种目标函数能取得好的控制效果，则另一种目标函数也能取得好的控制效果；b.没有一种目标函数在所有情况下都是最优的；c.如果要求误差传感器非常接近于次级声源，那么选择有限点的平均径向有功声强之和是最好的误差传感策略，它能够取得接近于最优控制效果，并且所需的观察点个数也不多。然而，声强传感策略在实际应用上会碰到较多困难，原因在于：a.实际声学环境中，声辐射的径向并不容易确定，因此需要传感三维空间三个正交方向的声强；b.声强传感较声压传感不仅需要多一个声压传感器，而且需要复杂的运算；c.自适应有源控制中，声强传感策略导致复杂的控制算法。

② 次级声源和误差传感器的最优布放　确定次级声源类型（单极子或多极子）和误差传感策略后，接下来就要考虑次级声源和误差传感器的最佳位置和个数。在有源控制中，这称为次级声源和误差传感器的最优布放问题。

解决最优布放问题的方法有两种：解析法和优化算法。解析法是在简单声源和简单声场条件下（如自由空间中的集中声源辐射声场），根据声场分析获得目标函数解析表达式后，求解次级声源和误差传感器的最优位置和个数。该方法的优点是物理概念清晰，求解过程简单；其缺点是要求求得目标函数的解析表达式。优化算法则是通过声场测量，在一定优化算法下求解次级声源和误差传感器的最优位置和个数。此算法适用于复杂声源和复杂声场，容易获得全局最优解。在有源噪声控制中，人们已采用过的优化算法有：遗传算法、模拟退火法、子集选择法等。

9.2.2 有界空间声场有源噪声控制

有界空间是相对自由空间而言的，指的是部分或全部被边界所包围的空间。在有源噪声控制中，有界空间有两大类：一类指那些有部分开口的管道空间，如通风管道、输液输气管道、消声器等，其声场称为管道声场；另一类指完全封闭的闭合空间，如交通工具的箱体或舱室（如飞机和船舶舱室、车厢）、生活与工作场所（如客厅、卧室、车间、办公室）、各类堂（如音乐厅堂、会议厅、影像放映厅）等，由此形成的声场为三维封闭空间声场。有界空间声场是实际中最常见的一类声场，它既可以通过内部噪声源产生，也可以由外部噪声通过弹性壁透射或外部载荷激励弹性壁振动向内辐射声波而产生。

在有界空间中，声波的传播由于受到边界约束而与自由空间中的声传播有很大差异。管道空间中，如果管道无限长，则在管道方向上的声传播与自由空间无异，所传播的声波为行波。在管道横截面上，则形成特定形式的驻波或简正波，由零阶简正波（平面波）和高阶简正波（高次波）组成。

在封闭空间中，当声源发出声波向四周传播，在碰到边界产生反射之前的声波为直达声；一次以上的反射声波在空间中产生驻波，形成混响声。按声源频率的高低，混响声场又分为驻波声场和扩散声场。在低频段，声波在空间的传播会形成明显的驻波分布，每一个具有驻波形式的声场分布又称为声模态，相应的声场分析采用简正波理论或波动声学理论；当声源频率逐渐升到所谓的施罗德频率后，一个声模态特征频率的半功率带宽内存在三个以上的声模态时，声场中各点的声能密度从统计的观点来看表现出大致均匀的倾向，此时的声场成为扩散声场，一般采用几何声学或统计声学的方法来研究。本节主要研究两个问题，一是一维管道声场中的平面波和高次波声场的有源控制，二是三维封闭空间中驻波声场和扩散声场的有源控制。分别从全空间和局部空间声场有源控制的角度进行理论分析和控制规律研究，最后研究误差传感策略和误差传感器的优化布放及有源噪声控制的物理机制。

9.2.2.1 管道噪声的有源控制

（1）管道声场的特性分析

① 平面波截止频率　有界空间中的声波不是自由传播的，而要受到空间边界的反射。由于边界反射作用，有界空间内的声波将在一些特定的频率形成一系列驻波，这些三维驻波称为该有界空间的声模态，而某个声模态所对应的频率称为该模态的简正频率。在（x，y，z）三维空间，各声模态用模态序数矢量$\boldsymbol{n}$=(n_1，n_2，n_3）来表示，其中n_1、n_2、n_3为非负整数，分别表示沿x、y、z方向的模态序数。

管道声场是有界空间声场的一种，当声波的传播被约束在一种半封闭的细长管道内时，波在管道边界将会反射而形成特定形式的驻波，而在管道无限制的方向以行波的形式进行传播，我们称它为声波导管的简正波。一个声源可以在管道中激发许多阶简正波，各阶简正波有其特定的简正频率，设管道截面在xy平面，长度分别为L_x、L_y，则各阶声模态的简正频率为：

$$f_n = \frac{c_0}{2}\sqrt{\left(\frac{n_1}{L_x}\right)^2 + \left(\frac{n_2}{L_y}\right)^2} \tag{9-36}$$

其中，（0，0）次波是沿z方向传播的均匀平面波，（0，0）次波以外的声波称为高次波。当声源的振动频率小于某阶简正波的简正频率时，该简正波就不会沿管道传播，而只在截面上形成非均匀的稳态驻波。一般称除了零以外的一个最低简正频率为声波导管的截止频率，所以，当声源的振动频率小于导管截止频率时，管道中的高次波将沿管道方向逐步衰减，最后管道中就只能传播（0，

0）次均匀平面波，这种声场称为一维平面声场。

在管道有源噪声控制中，通常均假设初级噪声频率小于管道截止频率，所以若不作特殊说明，管道噪声有源控制就指一维平面声场的有源控制。管道噪声控制在有源噪声控制研究中占据着非常重要的地位。因为管道噪声的初级声场是一种平面波声场，从而使声场分析大大简化。而且管道噪声广泛存在于社会生活及工农业生产的各个领域，如大型集中空调送排风的管道噪声、煤矿的风井噪声以及热电厂送气和排气的管道噪声、发动机进排气噪声等，因此长期以来，管道噪声有源控制一直是噪声有源控制研究的重点之一。

② 平面波相消干涉原理　两列声波传到介质中的一点时，如果两声波在该点产生的振动是同相的，则这一点的振动就会加强，称为相长干涉。如果两声波在该点产生的振动是反相的，则这点的振动就会彼此抵消而减弱，称为相消干涉。

设两列频率相同、相差固定的平面波，到达声场某一位置的声压p_1、p_2分别为：

$$\begin{aligned} p_1 &= p_{1a}\cos(\omega t-\varphi_1) \\ p_2 &= p_{2a}\cos(\omega t-\varphi_2) \end{aligned} \tag{9-37}$$

式中，p_{1a}，p_{2a}为声压幅值；ω为角频率；φ_1，φ_2为相位。

根据叠加原理，合成声场的平均声能密度为：

$$\bar{\varepsilon} = \overline{\varepsilon_1} + \overline{\varepsilon_2} + \frac{p_{1a}p_{2a}}{\rho_0 c_0^2}\cos\varphi \tag{9-38}$$

式中，$\overline{\varepsilon_1}$为p_1的平均声能密度，$\overline{\varepsilon_1}=\dfrac{p_{1a}^2}{2\rho_0 c_0^2}$；$\overline{\varepsilon_2}$为$p_2$的平均声能密度，$\overline{\varepsilon_2}=\dfrac{p_{2a}^2}{2\rho_0 c_0^2}$；$\rho_0$为声场体积内的介质密度；$c_0$为声波传播速度；$\varphi$为相位差，$\varphi=\varphi_2-\varphi_1$。

式（9-38）表明声场中各位置的平均声能密度与到达指定位置时的两列声波相位差有密切关系：

$$\bar{\varepsilon} = \overline{\varepsilon_1} + \overline{\varepsilon_2} + \varDelta \tag{9-39}$$

当$p_{1a}=p_{2a}$，$\varphi=\pm n\pi$，$n=1，3，5，7，\cdots$时，$\varDelta=-\dfrac{p_{1a}p_{2a}}{\rho_0 c_0^2}$，此时平均声能密度$\bar{\varepsilon}=0$实现相消干涉。

（2）平面波的有源控制

假定管道横截面为S，声源绕管道横截面环形布放，声源强度为q。当声源频率低于管道截止频率时，管道中只传播平面波。在一维空间中，设声源位于x_0，则空间中任一点x处的平面波声压可表示为：

$$p(x) = \frac{\rho_0 c_0}{2S} q e^{-\mathrm{j}k|x-x_0|} \tag{9-40}$$

对于有源前馈控制，若参考传感器能够不受干扰地检测到初级声压获得参考信号，则平面波声场的有源控制将是一件简单的事。典型平面波有源前馈控制系统结构如图9-12所示。

然而，单个声源一般是无指向性的，用它作次级声源，必然会产生“声馈”现象，也就是控制系统中参考传感器不但接收初级声场信号，而且接收次级声场反馈信号，造成系统的不稳定。为了消除次级声反馈，实际中主要有两种解决途径；一是控制器中设计电路或对参考传感器进行特别布放对声反馈进行补偿；二是用多个声源构成单指向性次级声源。对这两种方法，下面分别加以讨论。

① 声反馈补偿　典型的带补偿电路的管道噪声有源控制系统构成如图9-13所示。图中$G(\omega)$为放大、反相电路。补偿电路的传递函数为：

$$H(\omega)=\frac{e^{-\mathrm{j}\omega\tau}}{1-e^{-\mathrm{j}2\omega\tau}} \tag{9-41}$$

式中，τ为时延，是声波从参考传感器传播至次级声源所需的时间。

抵消声反馈的另一方法是布置参考传感器阵，利用不同的参考信号组合抵消其声反馈信号。如图9-14所示为一个双参考传感器单极系统。图中，两个参考传感器（M_1，M_2）对称地布置于次级声源两侧。当次级声源工作时，两个参考传感器接收到相同的次级信号，将它们的输出相减，就可以达到消除次级声反馈信号的目的。

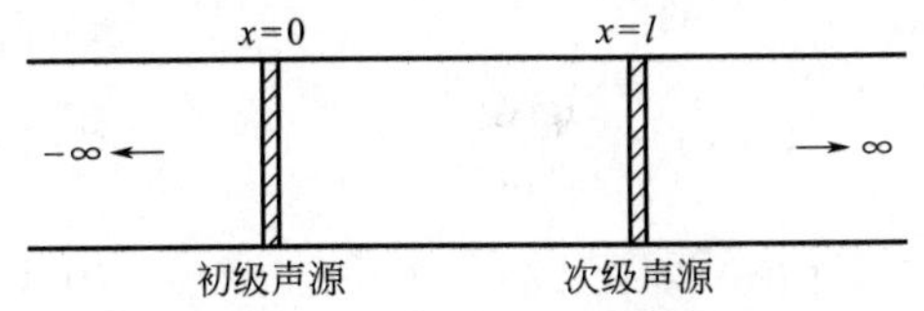

图9-12 平面波声场有源控制示意图

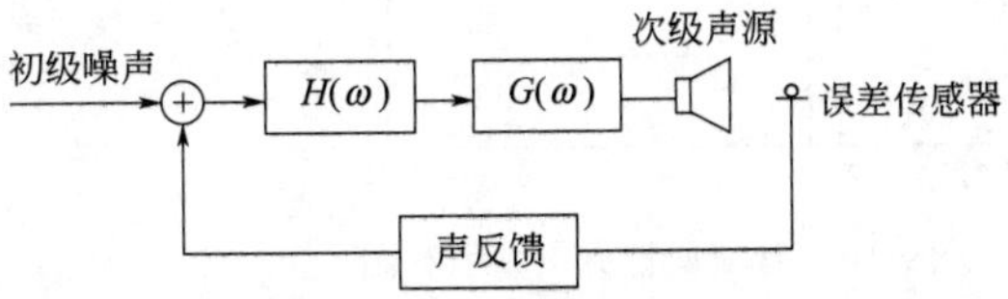

图9-13 带补偿电路的管道噪声有源控制系统

② 指向性次级声源 构造单指向性次级声源的方法很多，如图9-15所示，有一截面积为S的无限长管道，初级声源位于x=0处。在x=L和x=L+d处布置两个单极子次级声源，其强度分别为q_{s1}，q_{s2}。

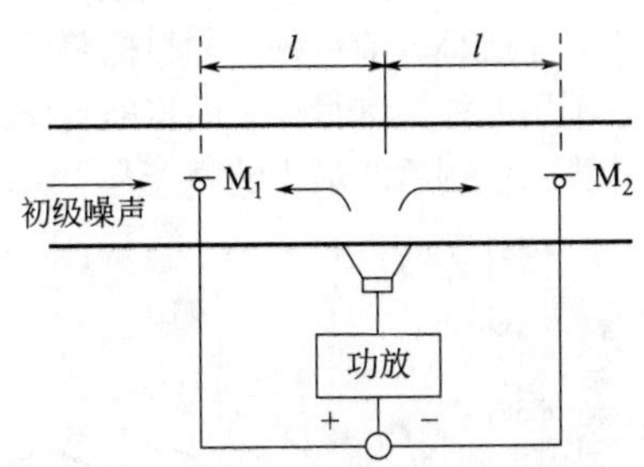

图9-14 双参考传感器单极系统示意图

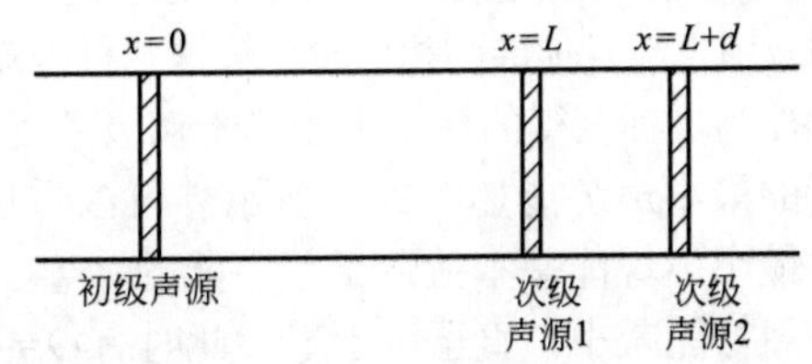

图9-15 双次级声源管道噪声有源控制系统

参考传感器位于初级声源和第一个参考传感器之间，参考信号中次级声反馈声压为：

$$p_r(x)=\frac{\rho c}{2S}q_{s1}e^{-\mathrm{j}k(x+L)}+\frac{\rho c}{2S}q_{s2}e^{-\mathrm{j}k[x+(L+d)]} \tag{9-42}$$

如要消除声反馈，也就是要使$p_r(x)=0$，则两次级声源强度必须满足如下关系：

$$q_{s1}=-q_{s2}e^{-\mathrm{j}kd} \tag{9-43}$$

在这两个次级声源的共同作用下，第二个次级声源以右任一点的次级声压为：

$$\begin{aligned}p_r(x)&=\frac{\rho c}{2S}q_{s1}e^{-\mathrm{j}k(x-L)}+\frac{\rho c}{2S}q_{s2}e^{-\mathrm{j}k[x-(L+d)]}\\&=\frac{\rho c}{2S}q_{s1}e^{-\mathrm{j}k(x-L)}[2\mathrm{j}\sin(kd)]\end{aligned} \tag{9-44}$$

观察式（9-44）发现，次级声源下游声压与一个单极子声源产生的声压类似，而参考传感器接收的信号中消除了声反馈。式（9-44）中，如果$\sin(kd)$=0，则$p_s(x)$=0，这说明，在某些频率（对应于$kd=n\pi$，$n=1$，2，…）处，两次级声源向管道下游辐射的声压为零。显然，在这种情况下，有源控制没有任何效果，也就是说有源降噪频段受到了限制。为了扩展降噪频段，可以采用三个或三个以上的次级声源在初级声源下游沿管道截面布放。另外，管道噪声有源控制中，还应考虑管内流体流速、压力脉动和温度变化等因素，它们对降噪效果和系统的稳定性有重要影响。

（3）有限长管道中的有源噪声控制

管道两端封闭后，沿长度方向将形成简正波。与无限长管道声场有源控制相比，在控制策略和方法上将有所不同。设有一长度为D、横截面积为S的管道，其直径比要抵消的声波波长小很多，取管道左端为坐标原点，如图9-16所示。如果强度为q的声源位于$r=d$处，则声源上游和下游声压为：

$$p(x)=\frac{\rho cQ}{\mathrm{j}S\sin(kD)}\begin{cases}\cos[k(D-d)]\cos(kx), & 0\leqslant x<d\\ \cos[k(D-x)]\cos(kd), & d\leqslant x<D\end{cases} \tag{9-45}$$

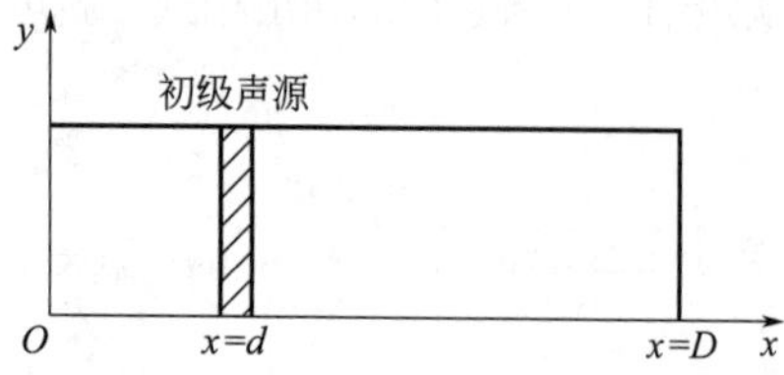

图9-16 有限长管道声场示意图

当$\sin(kD)=0$时，声腔发生共振。管中的声能包括势能和动能两部分，如将势能密度和动能密度记为$U(x)$、$T(x)$，对于平面波有：

$$U(x)=\frac{|p(x)|^2}{4\rho c^2} \tag{9-46}$$

$$T(x)=\frac{1}{4}\rho|u(x)|^2 \tag{9-47}$$

其中，$p(x)$、$u(x)$ 分别为声压和质点振动速度。$U(x)$ 和$T(x)$ 之和的积分则为管中的声能，它应该是常数，有$E_t=\rho Q^2D/(2S)$。如果管的右端为刚性壁，则可计算出管中的声势能为：

$$E_p=\rho\frac{E_t}{4\sin^2(kD)}\left[1+\frac{\sin(2kD)}{2kD}\right] \tag{9-48}$$

设初级声源位于管的左端，强度为Q_p；次级声源位于管的右端，强度为Q_s。在这里，可以选择的有源控制的目标函数有两种：一是总的声能最小；二是声势能最小。前一种控制目标要求误差传感器检测质点振动速度，实现起来较为复杂。通常人们愿意用后一种控制目标，而将前者作为最佳准则，用于与其他准则相比较。按这两种控制目标，可以计算出控制后的最小的声能和声势能。前一种控制目标获得的最小声能等于初级声场声能的一半，后者的最小声势能如图9-17所示。可以看出，当$k>2$以后，最小声势能基本接近于总声能的一半。在此频率之前，声势能减小，直至等于零。此时有$Q_s=-Q_p$。这说明初、次级声源在管的两端以相反相位运动，管内流体作为一个整体运动，声能基本上以动能形式存在，这样以声势能最小为控制目标就达不到目的。

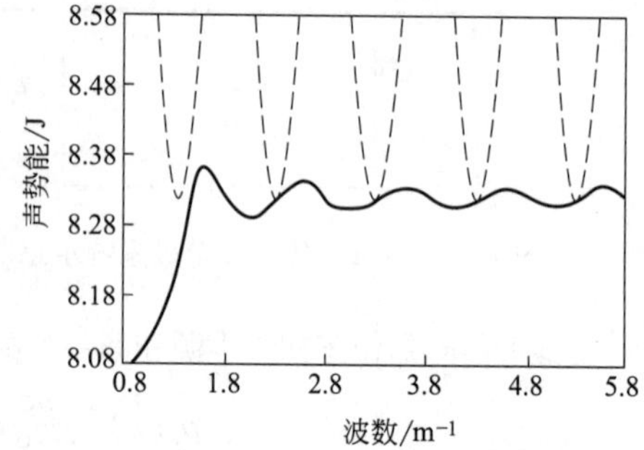

图9-17 有源控制前后的声势能

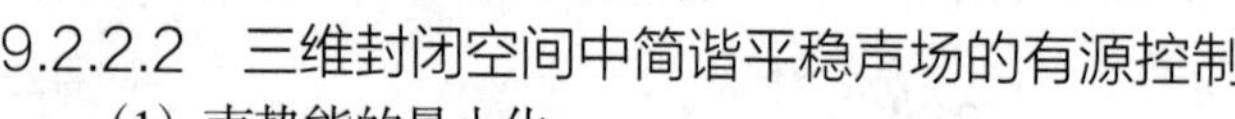

9.2.2.2 三维封闭空间中简谐平稳声场的有源控制

（1）声势能的最小化

设三维封闭空间边界为刚性壁面，研究感兴趣的噪声频段在低频，此时声场分析适合用简正波理论。声场中任一观察点r处的声压可以用有限个声模态叠加表示，略去简谐时间因子$e^{j\omega t}$，有：

$$p(r,\omega)=\sum_{n=1}^{N}f_n(r)a_n(\omega) \tag{9-49}$$

式中 $f_n(r)$，$a_n(\omega)$——第n阶声模态的模态函数和模态幅度；

N——选取的最大声模态数。

如果定义N阶模态函数列矢量为$\boldsymbol{F}(r)$、模态幅度列矢量为$\boldsymbol{A}(\omega)$，则式（9-49）可以改写为另一种形式：

$$p(r,\omega)=\boldsymbol{F}^{\mathrm{T}}(r)\boldsymbol{A}(\omega) \tag{9-50}$$

设空间中有M个次级声源，它们的复强度记为q_{sm}（$m=1$，2，…，M）。当初、次级声源共同作用时，它们产生的声场的模态函数是相同的，模态幅度分别为a_{pn}、a_{sn}（$n=1$，2，…，N），则叠加后的声场模态函数与次级声源强度的关系是：

$$a_n = a_{pn} + a_{sn} = a_{pn} + \sum_{m=1}^{M} B_{nm} q_{sm} \tag{9-51}$$

式中，B_{nm}是第m个次级声源至观察点r的n阶声传输阻抗。叠加后的声场声压可以用矢量形式表示为：

$$p(r,\ \omega) = \boldsymbol{F}^{\mathrm{T}}(r)(\boldsymbol{A}_p + \boldsymbol{B}q_s) \tag{9-52}$$

式中，$\boldsymbol{B}$为$N\times M$阶声传输阻抗矩阵。

如果选取次级声源的个数与声模态个数相等，则矩阵$\boldsymbol{B}$就是一个方阵，令$q_s=-\boldsymbol{B}^{-1}\boldsymbol{A}$，就可使声场中声压处处为零。然而，一般情况下，次级声源数目远远小于声模态数目，即$N\gg M$。因此，为寻找一组合适的次级声源强度，首先需要确定一个目标函数。

在封闭空间声场中，有源控制的目标函数有多种，首选目标是封闭空间中的总的声能量，包括声势能和声动能。由于声势能中仅含声场声压，实际中易于测量，因此，人们一般选总的时间平均声势能为目标函数，有：

$$E_p = \frac{1}{4\rho c^2}\int_V \left| p(r,\ \omega)\right|^2 \mathrm{d}V \tag{9-53}$$

将式（9-52）代入式（9-53）并利用模态函数矢量的正交性，有：

$$E_p = \frac{V}{4\rho c^2}(\boldsymbol{Q}_S^{\mathrm{H}}\boldsymbol{B}^{\mathrm{H}}\boldsymbol{B}\boldsymbol{Q}_S + \boldsymbol{Q}_S^{\mathrm{H}}\boldsymbol{B}^{\mathrm{H}}\boldsymbol{A}_P + \boldsymbol{A}_P^{\mathrm{H}}\boldsymbol{B}\boldsymbol{Q}_S + \boldsymbol{A}_P^{\mathrm{H}}\boldsymbol{A}_P) \tag{9-54}$$

可以看出，声势能E_p是次级声源复强度的二次函数。由于$\boldsymbol{B}^{\mathrm{H}}\boldsymbol{B}$为对称正定矩阵，可以找到唯一的一组次级声源复强度矢量$\boldsymbol{Q}_{SO}$，称为最优次级声源强度，使$\boldsymbol{E}_p$最小，成为$\boldsymbol{E}_{p0}$。用无约束最优化方法，可以求得：

$$\boldsymbol{Q}_{SO} = -(\boldsymbol{B}^{\mathrm{H}}\boldsymbol{B})^{-1}\boldsymbol{B}^{\mathrm{H}}\boldsymbol{A}_P \tag{9-55}$$

$$E_p = \frac{V}{4\rho c^2}[\boldsymbol{A}_P\boldsymbol{A}_P - \boldsymbol{A}_P\boldsymbol{B}(\boldsymbol{B}^{\mathrm{H}}\boldsymbol{B})^{-1}\boldsymbol{B}^{\mathrm{H}}\boldsymbol{A}_P] \tag{9-56}$$

由此，我们可以获得封闭空间中的最佳降噪量$\boldsymbol{AL}_0 = -10\lg(E_{p0}/E_{pp})$，其中$E_{pp} = \frac{V}{4\rho c^2}\boldsymbol{A}_p^{\mathrm{H}}\boldsymbol{A}_p$为初级声源单独作用时空间中的时间平均势能。

(2) 次级声源的布放规律

要有效降低全空间中的声势能，次级声源的布放位置极其重要。有了上述公式，可以研究封闭空间低模态密度混响声场中有源噪声控制规律，归纳出次级声源的布放原则如下：

如果次级声源放置在声模态节线上，那么不管声源强度有多大，它都不能激发这阶声模态；次级声源也不能靠声模态节线太近，如此所需要的次级声源强度就会变得非常大，空间总的声势能将得不到有效控制。

低频条件下，如果次级声源距离初级声源大于声波半波长，也能取得大的降噪量。

如果一个次级声源放置在几个主导声模态的最大幅值处，那么它就可以抵消这几个声模态，而不激发其他声模态。

几个次级声源单独作用不能抵消的声模态，联合作用则可抵消。

9.2.3 结构声辐射的有源噪声控制

前面的研究中，初级噪声主要指的是集中声源发出的噪声，而实际条件下结构声问题占了相当比例。20世纪80年代末的研究表明，点声源控制结构声辐射并不现实，由此促使人们研究基于力源的有源声控制技术，该技术又被称为结构声有源控制，目前已成为有源噪声控制的主要研究方向。

分布式振动结构产生的声场可以等效为有限个集中参数声源声辐射声场的叠加。由惠更斯原理

可知，每个集中参数声源声场可以用无限个点声源完全抵消，由此可以推论，整个振动结构产生的声场是可以用声源加以控制的。对于次级声源类型的选择，主要包括点声源和分布式声源两种。

（1）利用点声源进行声辐射有源控制

对点次级声源抵消矩形简支平板声辐射问题的研究较多。基本研究步骤为：首先，假定在确定频率下，某阶振动模态的法向振动速度已知，计算出该振动模态远场辐射声压；其次，给出点声源在半无限空间中的辐射声压表达式；然后，将上述声压相加得到有源控制后声场总声压，计算出初、次级声场总声功率表达式；一般情况下，总声功率没有解析解，但在低频条件下，可以求得近似的解析表达式，据此，可以求得最优次级声源强度和最小声功率。

一般而言，如果次级声源为点声源，则影响控制效果的主要因素是次级声源的个数和次级声源相对于初级板（矩形平板）的位置。低频条件下，次级声源布放总的原则是：

对于“奇-奇”型振动模态，位于板中央的一个单极子声源即可取得大的降噪效果；如果要采用两个单极子声源，它们应处于平板两相对边界的中央。对于“奇-偶”型振动模态，要取得降噪效果，至少需要两个单极子声源，而且它们构成的偶极子声源，其轴应该与偶极子型的初级声源轴平行。如果与初级声源轴垂直，则不能取得任何降噪效果。对于“偶-偶”型振动模态，则至少需要四个次级声源，且它们应该置于矩形平板的四个角落。最后要注意的是，如果要抵消某阶振动模态辐射声场，次级声源不可放在该振动模态的节线上。

用点声源抵消平板声辐射这一途径的应用范围是十分有限的，原因在于当初级振动结构的几何尺寸与声波波长可以比拟时，要求大量的单极子次级声源，这给实际操作带来困难。

（2）利用分布声源进行声辐射有源控制

采用分布式的次级声源实施有源控制，以机电薄膜（EMFi）声学致动器为例，它的表面积可以做得很大，并且可以弯曲，重量很小。这种分布式次级声源对简化系统结构、提高控制效率将有很大帮助。

① 理论分析　设初级声场来源于无限大障板中矩形平板（这里称为初级板）的振动声辐射。假设有L个分布式声源作为次级声源，将这些次级声源的辐射声场等效为次级板的声辐射。不失一般性，设所有次级声源位于同一平面，它们距离初级板非常近，如图9-18所示。

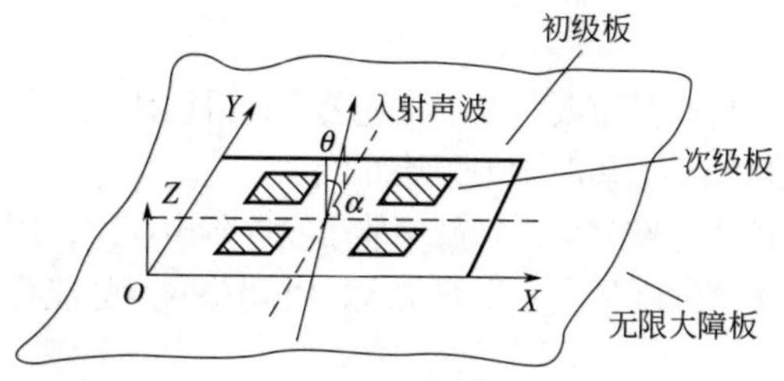

图9-18　分布式次级声源控制结构声辐射概图

这里假设初级板的机械阻抗比次级板的要大得多，则初级板仅受到外力激扰，而忽略次级声场对它的作用。次级板受到的作用力包括次级控制力和初级声场的作用力，其中次级控制力与输入到次级声源的电压成正比。于是，初、次级板的振动方程可以表示为：

$$\boldsymbol{M}_{\mathrm{p}}\boldsymbol{W}_{\mathrm{p}}+\boldsymbol{R}_{\mathrm{p}}\boldsymbol{W}_{\mathrm{p}}+\boldsymbol{K}_{\mathrm{p}}\boldsymbol{W}_{\mathrm{p}}=\boldsymbol{F}_{\mathrm{p}} \tag{9-57}$$

$$\boldsymbol{M}_{\mathrm{s}}\boldsymbol{W}_{\mathrm{s}}+\boldsymbol{R}_{\mathrm{s}}\boldsymbol{W}_{\mathrm{s}}+\boldsymbol{K}_{\mathrm{s}}\boldsymbol{W}_{\mathrm{s}}=\boldsymbol{F}_{\mathrm{sc}}+\boldsymbol{F}_{\mathrm{sp}} \tag{9-58}$$

式中，$\boldsymbol{W}$为板的法向位移矢量；$\boldsymbol{M}$、$\boldsymbol{R}$、$\boldsymbol{K}$为板的质量、阻尼和刚度矩阵；下标p和s分别代表初、次级板；$\boldsymbol{F}_{\mathrm{p}}$初级板的外部激励力矢量；$\boldsymbol{F}_{\mathrm{sc}}$施加于次级板上的控制力矢量；$\boldsymbol{F}_{\mathrm{sp}}$初级声场对次级板的作用力矢量。

利用式（9-57）和式（9-58）求得初、次级板的表面法向振动速度后，即可采用基于结构表面振动速度求辐射声功率的方法求得辐射声功率。经过数学推导，可以得到初、次级板总的声功率，可以表示为：

$$\boldsymbol{W}=\boldsymbol{F}^{\mathrm{H}}\boldsymbol{A}\boldsymbol{F}+\boldsymbol{F}^{\mathrm{H}}\boldsymbol{B}+\boldsymbol{B}^{\mathrm{H}}\boldsymbol{F}+\boldsymbol{C} \tag{9-59}$$

其中，$\boldsymbol{F}$为次级控制力的强度，$\boldsymbol{A}$、$\boldsymbol{B}$为系数矩阵。最后可以得到有源控制后的最小声功率为：

$$\boldsymbol{W}_0=\boldsymbol{C}-\boldsymbol{B}^{\mathrm{H}}\boldsymbol{A}^{-1}\boldsymbol{B} \tag{9-60}$$

② 次级声源布置规律　与点声源控制平板声辐射相比，分布式声源开展结构声辐射时的次级声源布放规律不尽相同，总的原则是：单个次级板可以抵消初级板的“奇-奇”振动模态声辐射；两个次级板可以抵消初级板的“奇-奇”和“奇-偶”振动模态声辐射；四个次级板可以抵消初级板的所有类型的振动模态声辐射。一般说来，次级板的面积越大，降噪效果越好。采用四个次级板，其面积不必覆盖整个初级板，就可取得很好的降噪效果。

(3) 利用振动输入进行声辐射有源控制

前面讲到了运用声源进行结构声辐射的有源噪声控制方法，运用了“以声消声”的思路。由于结构声辐射初级声场源于结构振动声辐射，因此人们很自然地想到了直接在弹性结构上施加作用力控制结构振动以减少声辐射的方法，运用“以振动消振动”从而实现消声的思路。从研究领域看，它属于结构振动有源控制和有源噪声控制两方向的交叉。

① 利用振动输入进行声辐射有源控制一般步骤　首先假设所涉及的声学、振动系统是线性的，同时假定流体介质与结构相比是“轻”的，这样我们可以忽略结构-声耦合作用。下面给出研究力源控制结构声辐射的一般步骤，它们是：a.推导初级力源激励下平板的表面振动速度；b.计算平板振动（初级声场）声辐射功率；c.推导次级力源激励下平板的表面振动速度；d.计算平板振动（次级声场）声辐射功率；e.计算初、次级声场总声功率，并建立声功率与次级力源强度的关系；f.由于总声功率与次级力源强度是二次型函数，因此可以求得使总声功率最小的次级力源强度（称为最优次级力源强度）和相应的最小总声功率。

初级板受到的作用力主要为声波入射和外力作用两种，实际中使用的次级力源主要包括电动致动器、压电陶瓷片，理论上它们分别以点力和分布力表示。如果结构所受外力激扰为$f(x,y)$，则可得到被结构振动模态函数加权后的广义激励力，有：

$$Q_{mn}=\iint_S f(x,y)\phi(x,y)\mathrm{d}x\mathrm{d}y \tag{9-61}$$

对于矩形简支平板，其(m,n)阶模态函数$\phi(x,y)=\sin(m\pi/L_x)\sin(n\pi/L_y)$。于是可以得到不同力源（斜入射平面波、分布作用力和点力）作用下的(m,n)阶广义激励力。

② 物理机制　解释结构声辐射有源控制物理机制，最直接的方法是比较控制前后初级结构振动模态的变化。从这一角度来看，有源控制的机理有两种：模态抑制和模态重构。其中，模态抑制通常用在发生共振声辐射的情况下，通过有源控制，抑制初级结构的振动模态。模态重构通常用于初级结构的非共振声辐射状态，有源控制后，初级结构模态的幅度并不减小，而是重新安排各模态的相位，使结构的声辐射效率降低。

模态重构机理，我们可以用另一种方法加以解释。我们知道，对空间变量的函数做傅里叶变换，可将空间变量转换为波数变量。如果已知初级结构（以矩形简支平板为例）在时域内的第(m,n)阶振动模态，那么，在波数域就有：

$$W_{mn}(k_x,k_y)=A_{mn}\int_0^{L_x}\int_0^{L_y}\sin\left(\frac{m\pi x}{L_x}\right)\sin\left(\frac{m\pi y}{L_y}\right)\mathrm{d}x\mathrm{d}y \tag{9-62}$$

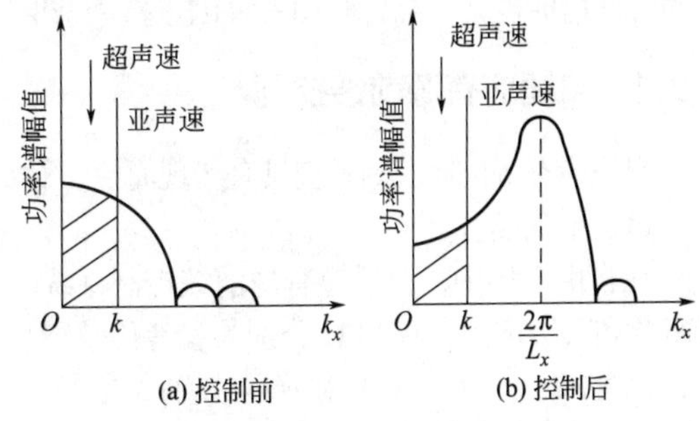

图9-19　有源控制前后波数域声功率分布

将式(9-62)的幅度绘于(k_x,k_y)空间，就可得到波数域结构振动模态自功率谱。以k_x方向为例，它可以分为超声速区和亚声速区［如图9-19(a)］。对声辐射有贡献的是超声速区的振动模态幅度。实施有源控制后，在整个波数域内，结构振动模态总能量并未降低，甚至增加了，但在超声速区内，振动模态的能量降低［如图9-19(b)］，从而导致声辐射功率降低。

9.3 有源噪声控制系统

一个有源噪声控制系统包括控制器和电声器件两部分，控制器的设计是实现有源噪声控制系统的核心任务之一。针对不同的噪声特性和应用环境，有源噪声控制系统有多种分类方法，模拟系统和数字系统、前馈系统和反馈系统、单通道系统和多通道系统等。

模拟系统采用模拟控制器，控制器电路全部由模拟器件组成，其优点是价格便宜、电路简单，能够处理平稳的宽带噪声。但它的电路参数容易受到温度、湿度等环境条件变化和器件老化的影响，构成的传递函数不易调节，同时，它很难控制输入输出关系复杂的多通道系统。数字系统采用数字控制器，数字控制器具有很高的可靠性，能够精确地产生复杂的传递函数，适合多通道系统的控制。更重要的是，在有源噪声控制实际中，需要抵消的噪声（初级噪声）的特性及声空间的物理参数（如温度、气流速度等）常常随时间发生变化，这就要求控制器的传递函数能够时变，也就是要求控制器是自适应的，这种任务只能由数字式控制器来完成。因此，在有源噪声控制中基本上都倾向于采用数字式的自适应控制器。当然，数字式控制器也不是十全十美的，与模拟控制器相比，它的成本要高得多，电路也更复杂。同时控制器本身会带来声时延，对宽带噪声的控制带来不利影响。

在有源噪声控制现场，如果能够采集到与初级信号相关的参考信号，那么就可以采用前馈系统。该系统的稳定性好、实现简单，但如果无法得到参考信号时，就只能采用反馈系统。对于反馈系统，它的稳定性一直是需要特别予以关注的。

从原理上说，单通道系统和多通道系统并没有本质区别，只不过单通道系统中只有一个次级声源和一个误差传感器，而多通道系统有多个次级声源和多个误差传感器，但多通道控制器比单通道控制器在算法和系统特性的复杂程度方面是单通道控制器所不能比拟的。

实际中，之所以需要不同类型的有源控制系统，根本原因就在于初级噪声特性的差异和声空间的不同，具体说来就是：一是初级噪声的统计特性分为确定平稳（或宽平稳）和非平稳，噪声的频谱也分为线谱（或多个线谱）窄带和宽带，而宽带噪声又分为均匀噪声和有色噪声两种；二是在实际环境中，有时能够不受干扰地拾取与初级噪声相关性很强的参考信号，有时就不能；三是在声场方面，有时需要控制全空间的噪声，有时仅需要局部空间的噪声抵消。这样，对于不同的控制目标，系统需要的次级声源和误差传感器的数目是不同的。

一个理想的有源控制系统，希望能够具有这样的特性：尽可能宽的降噪频段，控制器自身参数独立于外界条件，设置简单，具有很强的可靠性和鲁棒性。遗憾的是，这些要求反映到控制器的设计指标中往往是互相矛盾的。因此，只能针对不同的噪声控制条件选择不同的有源控制系统，控制器的设计指标也必须综合利用各种因素折中选取。

9.3.1 自适应有源前馈控制

自适应有源前馈控制系统具有实现简单、稳定性好的突出优点，在有源噪声控制中被广泛采用。

（1）系统模型

在自由声场中，自适应有源前馈控制系统的基本构成如图9-20所示。图中，P和L_s分别为初级噪声源和次级声源，M_r和M_e分别为参考传感器和误差传感器，初级噪声源产生的声信号称为初级信号，记为$p(t)$。$x(t)$、$y(t)$ 和$e(t)$ 分别为参考信号、次级信号和误差信号。参考传感器、次级声源和误差传感器所处的位置分别记为r_r、r_s和r_e。

图9-20给出的自适应有源前馈控制系统的工作过程如下：初级噪声源发出声波，位于r_r处的参考传感器拾取参考信号$x(t)$ 作为控制器的输入。需要指出的是，参考信号也可以是与初级信号$p(t)$相关的其他形式的信号，如振动信号、转速信号等。控制器根据算法规则计算出次级信号$y(t)$，输

出后经功率放大器驱动r_s处的次级声源。初级声源和次级声源产生的声波分别形成初级声场和次级声场，在r_e处误差传声器同时接收到初级声场和次级声场的声压（或其他声学参量），两者叠加后形成误差信号$e(t)$。误差信号输入到控制器中，自适应算法根据预先设定的控制目标调整控制器权系数从而改变次级信号强度（包括幅度和相位）。这样的过程不断持续下去，直至满足控制目标，系统达到稳定状态。

如图9-20所示，控制器传递函数记为$W(\omega)$，并设M_r、L_s和M_e等电声器件的灵敏度分别为$M_r(\omega)$、$L_s(\omega)$和$M_e(\omega)$。在空间中，声波从初级声源P到参考传感器M_r，P到误差传感器M_e，以及次级声源L_s到M_e的声传播通路的传递函数分别记为$H_{pr}(\omega)$、$H_{pe}(\omega)$和$H_{se}(\omega)$，控制器外围电路如A/D转换器、前置放大器、抗混淆滤波器的传递函数为$N_1(\omega)$，D/A转换器、平滑滤波器、功率放大器的传递函数为$N_2(\omega)$。这样，可将图9-20的自适应有源前馈控制系统表示为图9-21的框图形式。

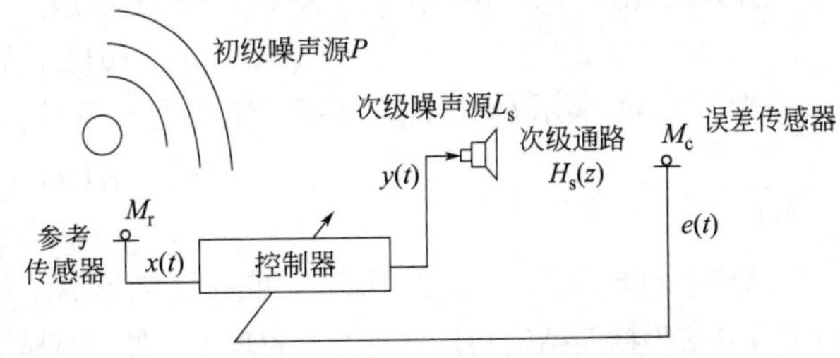

图9-20 自适应有源前馈控制系统示意图

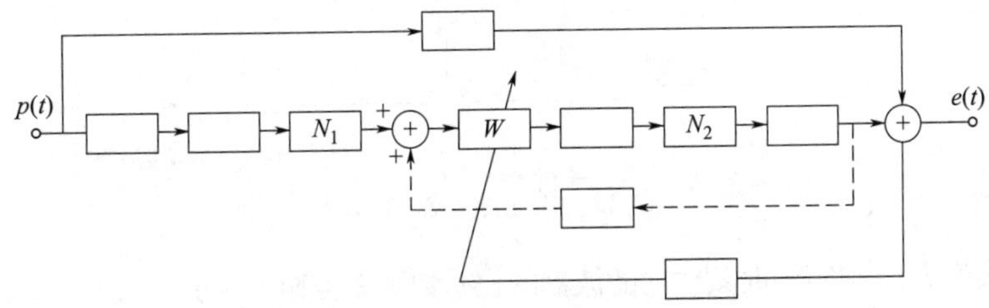

图9-21 自适应有源前馈控制系统框图

图9-21中虚线所表示的通路为次级声反馈通路，记为$H_f(\omega)$，它对系统的稳定性有很大影响，需采用专门的滤波器结构或算法处理，这里先将其忽略。在图9-21中，令

$$H_r(\omega) = H_{pr}(\omega)M_r(\omega)N_1(\omega) \tag{9-63}$$

$$H_p(\omega) = H_{pe}(\omega)M_e(\omega) \tag{9-64}$$

$$H_s(\omega) = H_{se}(\omega)L_s(\omega)M_e(\omega)N_2(\omega) \tag{9-65}$$

于是，图9-21简化为图9-22（a）。我们将传递函数$H_r(\omega)$、$H_p(\omega)$和$H_s(\omega)$表示的通路分别称为参考通路、初级通路和次级通路，它们的脉冲响应分别为$h_r(t)$、$h_p(t)$和$h_s(t)$。由于自适应有源控制器采用数字系统实现，为分析问题方便起见，将系统框图转换到离散域，如图9-22（b）所示。在离散域，控制器传递函数为$W(z)$，有关通路的传递函数分别为$H_r(z)$、$H_p(z)$和$H_s(z)$，它们的脉冲响应分别为$h_r(n)$、$h_p(n)$和$h_s(n)$。

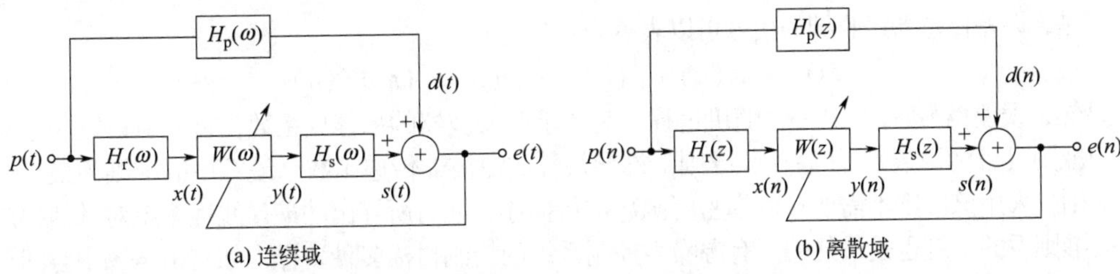

图9-22 自适应有源前馈控制系统简化框图

(2) FxLMS 算法

有源噪声控制算法很多，其中FxLMS 算法是有源噪声控制中最早出现的自适应算法，已成为有源控制算法中的经典和最常用的算法，也成为其他算法比较的标准，因而也称为有源控制中的“基准算法”。这里重点对FxLMS 算法进行介绍。

图9-22（b）中，参考信号与初级信号的关系是：

$$x(n)=p(n)*h_{r}(n) \tag{9-66}$$

式中，“*”表示卷积运算。在误差传感器位置处，期望信号和次级信号分别为：

$$d(n)=p(n)*h_{p}(n) \tag{9-67}$$

$$s(n)=y(n)*h_{s}(n) \tag{9-68}$$

式中，$s(n)$实际上是抵消信号，它是滤波器输出$y(n)$通过次级通路后的响应。控制器最常用的实现方式为横向结构FIR滤波器，为观察方便，现将其重画，见图9-23。

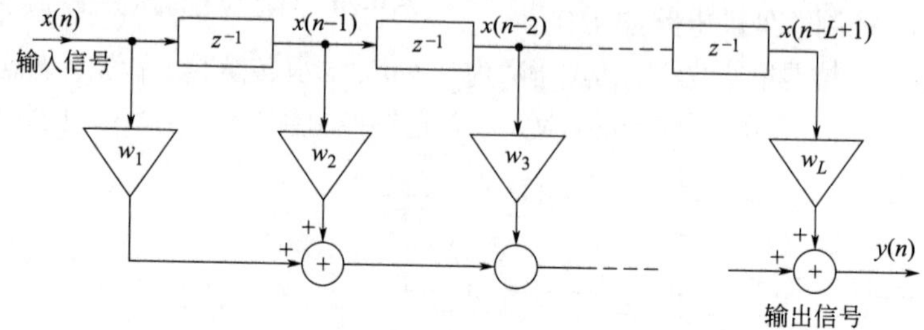

图9-23 横向滤波器结构图

设滤波器长度为L，将第n时刻横向滤波器的权系数和参考输入表示为矢量形式，即：

$$\boldsymbol{W}(n)=[w_{1}(n), w_{2}(n), \cdots, w_{L}(n)]^{T} \tag{9-69}$$

$$\boldsymbol{X}(n)=[x(n), x(n-1), \cdots, x(n-L+1)]^{T} \tag{9-70}$$

次级信号为滤波器输出，它由参考信号计算获得，有：

$$y(n)=\boldsymbol{X}^{T}(n)\boldsymbol{W}(n)=\sum_{l=1}^{L}w_{l}(n)x(n-l+1) \tag{9-71}$$

设初级噪声具有局部平稳特性，可以认为在L时段内自适应滤波器权系数基本保持不变，于是将式（9-71）代入式（9-68），整理得到：

$$S(n)=\sum_{l=0}^{L}w_{l}(n)r(n-l+1)=\boldsymbol{r}^{T}(n)\boldsymbol{W}(n) \tag{9-72}$$

式中，$r(n)$ 称为滤波-x(filtered-x) 信号，由它组成的列矢量称为滤波-x信号矢量，有：

$$\boldsymbol{r}(n)=[r(n), r(n-1), \cdots, r(n-L+1)]^{T} \tag{9-73}$$

滤波-x信号矢量与参考信号矢量的关系是：

$$\boldsymbol{r}(n)=\boldsymbol{X}(n)*h_{s}(n) \tag{9-74}$$

于是，误差传感器接收到的信号可以表示为：

$$e(n)=d(n)+s(n)=d(n)+\boldsymbol{r}^{T}(n)\boldsymbol{W}(n) \tag{9-75}$$

显然，误差信号$e(n)$ 是一个随机过程。为了求解滤波器的最佳权系数，首先应设定一个需要达到的准则（目标函数），然后在此准则下推导最佳的滤波器传递函数。最常用的准则为最小均方误差准则，采用该准则不需要对概率密度函数进行描述，同时所导出的最佳线性系统对其他很广泛的一类准则下的系统也是最佳的。有源噪声控制系统的控制目标多种多样，如自由声场中空间点的声压幅值平方和最小、封闭空间中的声能最小等。一般地，它都可以表示为最小均方误差准则，即将控制系统的目标函数表示为：

$$J(n) = E[e^2(n)] \tag{9-76}$$

式中，$E(\cdot)$ 表示对自变量取时间平均。将式（9-75）代入式（9-76），有：

$$J(n) = E[d^2(n)] + 2E[d(n)\boldsymbol{r}^{\mathrm{T}}(n)]\boldsymbol{W} + \boldsymbol{W}^{\mathrm{T}}E[\boldsymbol{r}(n)\boldsymbol{r}^{\mathrm{T}}(n)]\boldsymbol{W} \tag{9-77}$$

令：

$$\boldsymbol{P} = E[d(n)\boldsymbol{r}(n)] \tag{9-78}$$

$$\boldsymbol{R} = E[\boldsymbol{r}(n)\boldsymbol{r}^{\mathrm{T}}(n)] \tag{9-79}$$

于是，式（9-77）可表示为：

$$J(n) = E[d^2(n)] + 2\boldsymbol{P}^{\mathrm{T}}\boldsymbol{W} + \boldsymbol{W}^{\mathrm{T}}\boldsymbol{R}\boldsymbol{W} \tag{9-80}$$

对于具有平稳特性的参考输入，$J(n)$ 是权矢量的二次型函数。由于矩阵R是正定对称的，表明$J(n)$ 存在一个唯一的最小值，由此求出的权矢量称为最佳权矢量，有：

$$\boldsymbol{W}_0 = -\boldsymbol{R}^{-1}\boldsymbol{P} \tag{9-81}$$

在系统实现时，直接按式（9-81）求解滤波器权系数对信号处理器的计算能力要求很高，而且当参考输入统计特性发生变化时必须重新计算，因此直接求取控制器传递函数往往是不现实的，实际中人们宁愿用递推估计算法。避免求相关矩阵和矩阵求逆的方法之一是按最陡下降法原理递推滤波器权系数。递推的原则是，下一时刻的权矢量等于现在的权矢量减去一个正比于权矢量梯度的变化量，即：

$$\boldsymbol{W}(n+1) = \boldsymbol{W}(n) - \mu\nabla(n) \tag{9-82}$$

式中，μ是收敛系数，是一个控制稳定性和收敛速度的参量。梯度$\nabla(n)$为：

$$\nabla(n) = \left.\frac{\partial J(n)}{\partial \boldsymbol{W}}\right|_{\boldsymbol{W}=\boldsymbol{W}(n)} \tag{9-83}$$

实际应用中，为了简化计算，满足系统实时性要求，一般取单个误差样本$e(n)$ 的平方的梯度作为均方误差梯度$\nabla(n)$的估值，记为$\hat{\nabla}(n)$，有：

$$\hat{\nabla}(n) = \frac{\partial e^2(n)}{\partial \boldsymbol{W}} = 2e(n)\boldsymbol{r}(n) \tag{9-84}$$

将式（9-84）代入式（9-82）即可获得权矢量迭代公式，有：

$$\boldsymbol{W}(n+1) = \boldsymbol{W}(n) - 2\mu e(n)\boldsymbol{r}(n) \tag{9-85}$$

式（9-85）中，由于出现了滤波-x信号矢量，因而相应的算法就称为滤波-xMLS（FxLMS）算法。FxLMS算法特别适合平稳、窄带初级噪声及前馈单通道（无声反馈）系统，然而该算法的瞬态特性和稳态特性都有改进空间，为此，人们提出了多种形式的自适应滤波器结构和算法，目的在于提高收敛速度、减少稳态误差和降低运算量，这里不再详述。

9.3.2　多通道自适应有源前馈控制

（1）系统特性

在许多情况下，我们需要多个次级源和误差传感器来扩大降噪空间、提高降噪量，这样的系统就是多通道有源噪声控制系统。比如，欧盟科技委员会组织开展了飞机舱室噪声有源控制项目，先后在三种螺旋桨飞机和一种喷气式飞机的舱内进行有源噪声控制试验。引入次级声源个数分别为54个、47个、33个和42个，误差传感器分别为48个和32个。采用这样庞大的多通道系统后，将飞机舱室的螺旋桨基频噪声平均降低15~20dB。 Hinchliffe 等人更是构造了一个具有96个传感器（参考传感器和误差传感器）和48个扬声器的大型多通道有源控制系统，将飞机舱内的基频噪声和头二阶谐波噪声分别降低10dB、7dB和3dB。

再比如，大型变压器噪声的声辐射空间大，有源控制系统就不可避免地成为多通道系统。为控制变压器噪声， Ross在其周围共放置了26个次级声源和误差传感器，这一系统对125Hz的噪声在距变压器2m处，平均可以获得10dB以上的降噪量，局部位置的最大降噪量可达30dB左右。多通道系统特性从算法原理上讲与单通道系统并没有根本性的区别，其差异主要体现在：

① 运算量更大。随着通道数的增多，多通道控制算法的运算量大幅攀升。研究表明，如果参考传感器、次级作动器和误差传感器的个数均等于N，那么即使用最简单的多通道FxLMS算法，其运算量也与N^4成正比，这对通道数动辄几十、几百的大规模系统来说，其计算量将十分惊人。

② 稳定性和可靠性更差。随着系统通道数的增多，通道间的相互耦合将会严重影响整个系统的稳定性，使之变得更加脆弱。另外，单个通道算法的失稳将导致整个系统的失稳、单个传感器和作动器的失效将导致整个系统的失效，因此多通道系统的稳定性和可靠性是单通道系统所无法比拟的。

③ 系统更复杂。由于通道数增多，系统实现时传感器、作动器个数增加，通道间连线繁杂，控制器硬件开销庞大，这使得实际系统变得异常复杂。此外，对于不同的应用环境，必须设计专门的系统，使得系统通用性变差，对安装和维修来说都不方便。

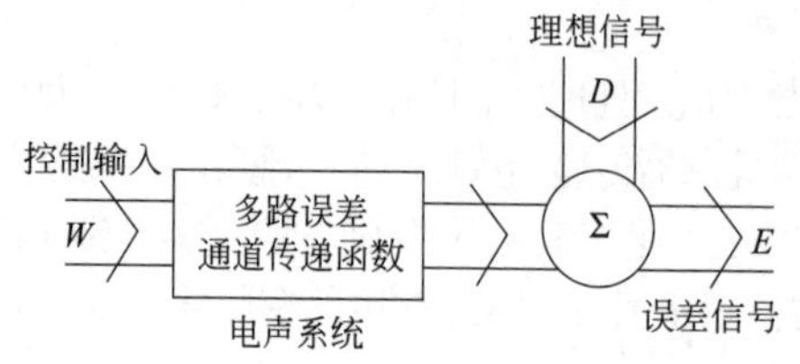

图9-24 基于多通道滤波FxLMS算法的有源控制系统

(2) 多通道滤波FxLMS算法

实现多通道滤波FxLMS算法的有源控制系统框图如图9-24所示。系统中有L个次级源、M个误差传感器。设L个次级源的灵敏度均为1，分别由L个自适应滤波器控制，其输出信号矢量为$\boldsymbol{Y}$（实际上它也是次级源强度矢量）。

期望信号、次级信号和误差信号组成的M阶列矢量分别为$\boldsymbol{D}(\omega)$、$\boldsymbol{S}(\omega)$、$\boldsymbol{E}(\omega)$。从图9-24可以看出，误差信号可以表示为：

$$\boldsymbol{E}(\omega)=\boldsymbol{D}(\omega)+\boldsymbol{S}(\omega)=\boldsymbol{D}(\omega)+\boldsymbol{C}(\omega)\boldsymbol{Y}(\omega) \tag{9-86}$$

式中，$\boldsymbol{C}(\omega)$为$M\times L$矩阵，它的第（m，l）个分量表示第l个次级源至第m个误差传感器之间次级通道的传递函数。

为了推导适合多通道系统的自适应算法，先定义目标函数。单通道系统的目标函数一般为误差信号的均方和。对于多通道系统，为了使整个消声空间的声能量（对于振动有源控制则指整个结构的振动能量）在控制后均有所降低，一般将控制器的目标函数设定为：

$$\boldsymbol{J}=\boldsymbol{E}^{\mathrm{H}}\boldsymbol{A}\boldsymbol{E}+\boldsymbol{Y}^{\mathrm{H}}\boldsymbol{B}\boldsymbol{Y} \tag{9-87}$$

式中，$\boldsymbol{A}$、$\boldsymbol{B}$为加权矩阵，它们是正定的。

为了分析方便，设$\boldsymbol{A}$为M阶单位矩阵，$\boldsymbol{B}$为常系数β乘以$L\times L$阶单位矩阵。于是，式（9-87）变为：

$$\boldsymbol{J}=\boldsymbol{E}^{\mathrm{H}}\boldsymbol{E}+\beta\boldsymbol{Y}^{\mathrm{H}}\boldsymbol{Y} \tag{9-88}$$

式（9-88）右边第一项是为了保证总的声或振动能量的降低，第二项则是为了约束次级源处的声或振动能量在有源控制后不至于增加得太多。基于最陡下降法原理，可以推导出多通道自适应算法有：

$$\boldsymbol{Y}(n+1)=(1-\mu\beta)\boldsymbol{Y}(n)-\mu\boldsymbol{C}\boldsymbol{E}(n) \tag{9-89}$$

式中，μ为收敛系数。

9.3.3 有源反馈控制系统

在噪声与振动有源控制中，常常碰到无法获得参考信号的情形，这时就必须采用反馈控制。对于反馈控制系统，关键的问题是确定系统参数，以保持它的稳定性。从系统实现的角度看，可以进一步将其分为模拟反馈系统和数字反馈系统。

(1) 模拟反馈控制系统

一单通道有源反馈控制系统，其原理图和系统框图如图9-25所示。如果参考信号是一随机过程，其功率谱为$S_{dd}(\omega)$，误差信号的功率谱可表示为：

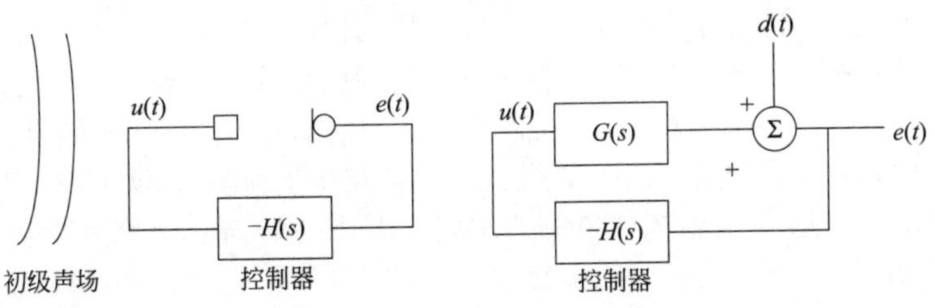

图9-25　单通道反馈有源控制系统框图

$$S_{ee}(\omega)=S_{dd}(\omega)\frac{1}{\left|1-G(\mathrm{j}\omega)C(\mathrm{j}\omega)\right|^2} \tag{9-90}$$

这样，对某一特定频率，为了使$S_{ee}(\omega)$最小，则要求$\left|1-G(\mathrm{j}\omega)C(\mathrm{j}\omega)\right|^2$最大。为此，假定：

$$G(\mathrm{j}\omega)C(\mathrm{j}\omega)=K(\omega)e^{-\mathrm{j}\phi(\omega)} \tag{9-91}$$

于是，有：

$$\left|1-G(\mathrm{j}\omega)C(\mathrm{j}\omega)\right|^2=1+K^2(\omega)-2K(\omega)\cos\phi(\omega) \tag{9-92}$$

因此，广义地说，如果在有源控制器的设计中，只要$C(\mathrm{j}\omega)$已知，我们就可以设计$G(\mathrm{j}\omega)$，使得在每个频率下净增益$K(\omega)$最大，而相移维持在180°内，从而实现使控制器中$S_{ee}(\omega)$最小的功能。

（2）基于内模型控制的自适应反馈有源控制系统

下面讨论用数字系统实现自适应反馈控制。自适应前馈有源控制系统，无论是系统结构，还是自适应算法，都很成熟。因此，人们自然希望借助前馈有源控制系统的结构和算法实现反馈控制。采用最多的是基于内模型控制的有源控制系统，如图9-26所示。

图9-26中，离散时间域的误差信号为：

$$e(n)=d(n)+y(n)*P(n) \tag{9-93}$$

所谓内模型结构，就是在系统中增加一个次级通道模型（如图9-26）。系统中，有：

$$e_0(n)=d(n)-y(n)*P_0(n) \tag{9-94}$$

将式（9-93）代入式（9-94），有：

$$e_0(n)=d(n)+y(n)*[P(n)-P_0(n)] \tag{9-95}$$

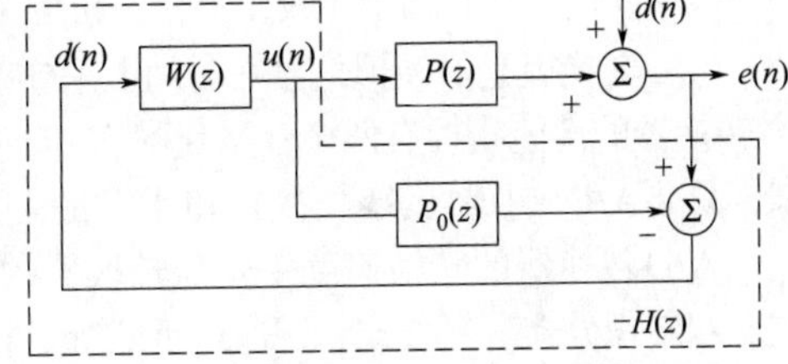

图9-26　基于内模型控制的有源控制系统

如果能够做到使$P(n)=P_0(n)$，则$e_0(n)=d(n)$，这样就可以作为参考信号，反馈系统就演变为前馈系统了。

实际上，$P_0(n)$与$P(n)$之间出现偏差是难免的。设相对误差为ΔP，则有：

$$P=P_0(1+\Delta P) \tag{9-96}$$

设ΔP的上限为$l(\omega)$，即$|\Delta P|\leqslant l(\omega)$，那么系统稳定条件为：

$$\left|HP_0 l(\omega)\right|\leqslant 1 \tag{9-97}$$

在内模型结构中，$e_0(n)$为参考信号，$e(n)$为误差信号，用前馈自适应算法（如滤波FxLMS算法）即可实现有源反馈控制。

9.3.4　自适应有源控制器

有源噪声控制系统包括控制器和传感作动两部分，其中传感作动部分中的传感指的是拾取参考信号和误差信号的参考传感器和误差传感器，作动指的是次级源，分为次级声源和次级力源，前者通常为扬声器，后者通常为激振器。传感作动部分这里不再详述。

控制器完成参考信号和误差信号的采集、信号处理、计算结果的输出功能。控制器的实现方式有模拟电路和数字电路方式，分别称为模拟控制器和数字控制器，前者一般只适用于控制较简单的单通道系统；自适应有源控制算法只能利用数字控制器实现，也称为自适应有源控制器。自适应有源控制器包括硬件和软件两部分。硬件部分包括数字信号处理器及其外围电路，软件部分实现自适应算法。

图9-27为单通道自适应有源控制器的硬件组成示意图，系统输入分别为参考信号$x(t)$和误差信号$e(t)$，系统输出为次级信号$y(t)$。图9-27给出的控制器又可分为外围电路和数字信号处理器两部分，下面分别介绍。

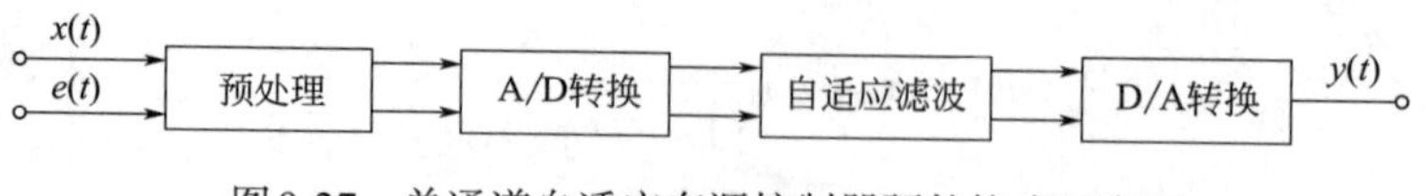

图9-27　单通道自适应有源控制器硬件构成示意图

（1）外围电路

外围电路的功能在于完成外部输入信号的调制，并将其转换为数字信号，供数字信号处理器完成控制算法，同时它还对输出的数字信号加以调制并将其转换为模拟信号。总之，有源控制器的外围电路主要完成A/D转换、D/A转换和信号调制。

有源控制器外部输入信号对前馈系统来说包括参考信号和误差信号，对反馈系统来说仅有误差信号。A/D转换的基本要求由采样定理规定，若一个模拟信号的上限频率为f_h，则保持该信号采样后频率成分不失真的必要条件是采样频率$f_s \geqslant 2f_h$。在有源噪声控制中，初级噪声为低频噪声，其频率一般不会超过1kHz，因此，实际系统中的采样频率在5kHz左右已能满足要求。

为了满足采样定理和保持一定的参考输入幅度，A/D转换前需进行电压放大和抗混淆滤波。如果系统采样频率为f_s，抗混淆滤波就是要滤除模拟信号中$f_s/2$以上的频率成分，以保证A/D转换后的离散时间信号在频谱上不发生混淆。抗混淆滤波器为一个低通滤波器，其截止频率为$f_s/2$。

A/D转换就是对模拟信号在时间上采样，在幅度上量化。在有源噪声控制中，我们最关心的A/D转换器的性能指标有两个：量化噪声和转换速度。量化噪声与A/D转换器的字长有关。一般说来，只要A/D转换器的字长在12以上，量化噪声对有源控制器性能造成的影响就可忽略不计。

A/D转换器的转换速度主要与转换器的类型有关。从工作原理上分，A/D转换器主要有并行式、双斜积分式、斜坡式、逐次逼近式等。相对来说，并行式A/D转换器的转换速度较快，但随着分辨率的提高，成本会迅速增加。与完成自适应算法所需的时间相比，A/D转换的时间应该在它的10%以下。对于多通道系统，选择快速的A/D转换器相当重要。

有源控制器输出的是次级信号。对次级信号进行D/A转换之前需要插入重建滤波器，其目的在于平滑D/A转换后的阶梯信号。D/A转换器通常带有一个零阶保持器，其输出为模拟信号。零阶保持器的频率响应是不断衰减的低通函数组成的“台阶”，重建滤波器的功能在于滤除第一个低通响应以外的信号频率成分。

D/A转换将数字量转换为模拟量，通过功率放大后驱动次级声源。有源噪声控制中，需要关心的D/A转换器的性能指标主要是建立时间，它与所用元器件有关，特别与一些开关器件和放大器有关。一般而言，D/A转换的建立时间都很短，不会对有源控制器性能造成大的影响。

在设计抗混淆滤波器和重建滤波器时，除了关注它们的截止频率和幅频响应外，还应该特别注意它们的时间延迟。因为这些时间延迟作为次级通路时延特性的一部分，对系统的稳定性有重要影响。如果抗混淆滤波器和重建滤波器的相频响应为$\varphi(\mathrm{j}\omega)$，则它们的时延特性可用群延迟$\tau_g(\mathrm{j}\omega)$表示，则有：

$$\tau_g(\mathrm{j}\omega) = \mathrm{d}\varphi(\mathrm{j}\omega)/\mathrm{d}\omega \tag{9-98}$$

滤波器相频响应与滤波器的类型、参数及用途有关。

（2）数字信号处理器

有源控制器中数字信号处理的根本目的就是实现有源控制算法。此外，对于工程应用来说，它还包括系统自检、故障诊断、状态检测等多种功能，这就构成了有源控制器的软件。从理论上讲，实现有源控制软件的硬件平台有以下五种。

① 单片微控制器　单片微控制器简称单片机，由运算器、控制器、存储器、输入输出设备构成，集成在一块芯片上，是一个最小系统的微型计算机，它与计算机相比，只是缺少了外围设备。单片机有8位、16位和32位等种类，目前高端的32位单片机主频已经超过300MHz，性能直追20世纪90年代中期的专用处理器。当前的单片机系统已经不只在裸机环境下开发和使用，大量专用的嵌入式操作系统被广泛应用在全系列的单片机上，有些高端单片机甚至可以直接使用专用的Windows和Linux操作系统。

单片机具有体积小、控制功能强、功耗低、环境适应能力强、扩展灵活和使用方便等优点，但它的运算能力是有限的。因此，用单片机可以构成某些运算不太复杂的有源控制系统，如采用快速算法的单通道系统和基于控制理论设计的有源控制系统。

② DSP　DSP（digital signal processing）即通常所说的数字信号处理技术，由于DSP采用哈佛结构体系、多总线结构、流水线操作、硬件乘法器和高效的乘法累加指令（MAC）以及独立的传输总线及控制器，因此它是一种特别适合进行数字信号处理运算的微处理器，可实时快速地实现各种数字信号处理算法。利用DSP实现有源控制器是目前各种有源控制系统的主要实现方式。

③ 工业控制计算机　工业控制计算机简称“工控机”，包括计算机和过程输入输出通道两部分。工控机具有显著的计算机属性和特征，如具有计算机的中央处理器、硬盘、内存、外设及接口，并有实时的操作系统、控制网络、协议、计算能力、友好的人机界面等。利用工控机强大的计算能力和良好的软件编程功能，可以实现某些通道数较少的多通道系统，用以保证有源控制器的通用性和可维护性。

④ 专用器件　为了进一步提高运算速度，减少有源控制系统开发成本，可以设计和生产专用的有源控制芯片，它不但能将有源控制算法集成在芯片内部用硬件实现，而且可以将传感-作动器件或设备的接口集成在芯片中，使之成为真正意义上的微型控制器。不过，这种方法只能在有源控制技术高度成熟、有源噪声控制的应用实现产业化、所需要的控制系统可大规模量产的情况下采用，只有这样才能降低控制器成本，为市场所接受。

⑤ 实时仿真系统　在有源噪声控制实验研究或现场试验中，研制专门的基于单片机或DSP的有源控制器需要专业的研究人员，并耗费大量时间，可采用实时仿真系统快速方便地搭建一套有源控制系统。实时仿真系统是一种全新的基于模型的工程设计应用平台，它包括实时仿真机和半实物仿真系统软件。研究者可在该平台上实现工程项目的设计、实时仿真、快速控制原型验证、硬件回路测试等任务。目前，典型的实时仿真系统是由德国dSPACE公司开发的一套基于Matlab/Simulink的控制系统及半实物仿真软硬件工作平台。

习题与思考题

1. 简述有源噪声控制技术的发展历程。
2. 简述有源控制系统的组成及其分类，影响有源噪声控制效果的因素有哪些？
3. 有界空间中声波的传播与自由空间中声波的传播有哪些差异？什么是有界空间有源噪声控制？
4. 简述什么是结构声有源噪声控制。
5. 针对不同的噪声特性和应用环境，有源噪声控制系统可以分为哪几类？
6. 描述自适应有源前馈控制系统的系统模型，并简述其特点。
7. 简述自适应有源控制器的作用与分类。
8. 简述利用数字信号处理器实现有源控制软件的硬件平台有哪些？

第10章

振动控制技术

10.1 振动控制的基本方法

振动是普遍存在的现象，振动的来源可分为自然振源和人工振源两大类：自然振源如地震、海浪和风振等；人工振源如各类动力机器的运转、交通运输工具的运行、建筑施工打桩和人工爆破等。本章所有关于振动控制的内容均针对人工振源，本节主要讨论常规工程中经常应用的控制振动的技术措施。

振源产生振动，通过介质传至受振对象（人或物），因此，振动污染控制的基本方法也就分三个方面：振源控制、传递过程中的振动控制和对受振对象采取控制措施。

10.1.1 振源控制

（1）采用振动小的加工工艺

强力撞击在机械加工中常常见到，会引起被加工零件、机器部件和基础振动。控制此类振动的有效方法是在不影响产品加工质量等的情况下，改进加工工艺，即用不撞击的方法来代替撞击方法，如用焊接代替铆接、用压延代替冲压、用滚轧代替锤击、以液压代替冲压以及以液动代替气动等。

（2）减少振源的扰动

振动的主要来源是振源本身的不平衡力和力矩引起的对设备的激励。减少或消除振动源本身的不平衡力（即激励力）和力矩，改进振动设备的设计和提高制造加工装配精度，使其振动达到最小，是控制振动最有效的方法。

① 旋转机械　这类机械有电动机、风机、泵类、蒸汽轮机、燃气轮机等。此类机械，大部分属高速旋转类，如每分钟在千转以上，因而其微小的质量偏心或安装间隙的不均匀常带来严重的振动危害。为此，应尽可能地调整好其静态及动态平衡，提高其制造质量，严格控制其对中要求和安装间隙，以减少离心偏心惯性力的产生。对旋转设备用户而言，在保证生产工艺等需要的前提下，应尽可能选择振动小的设备。

② 旋转往复机械　此类机械主要是曲柄连杆机构组成的往复运动机械，如柴油机、空气压缩机等。对于此类机械，应从设计上采用各种平衡方法来改善其平衡性能。故对用户而言，可在保证生产需要的情况下，选择合适型号和质量好的往复机械。

③ 传动轴系的振动　传动轴系的振动形式随各类传动机械的要求不同而各异，会产生扭转振动、横向振动和纵向振动。对这类轴系通常应使其受力均匀，传动扭矩平衡，并应有足够的刚度等，以改善其振动情况。

④ 管道振动　工业用各种管道愈来愈多，随传递输送介质（气、液、粉等）的不同而产生的管道振动也不一样。通常在管道内流动的介质，其压力、速度、温度和密度等随时间而变化，这种变化又常常是周期性的，如与压缩机相衔接的管道系统，由于周期性地注入和吸走气体，激发了气流脉动，而脉动气流形成了对管道的激振力，产生了管道的机械振动。为此，在管道设计时应注意

适当配置各管道元件，以改善介质流动特性，避免气流共振减少脉冲压力。

⑤ 改变振源（通常是指各种动力机械）的扰动频率　在某些情况下，受振对象（如建筑物）的固有频率和扰动频率相同时，会引起共振，此时改变机器的转速、更换机型（如柴油机缸数的变更）等，都是有效的防振措施。

⑥ 改变振源机械结构的固有频率　有些振源，本身的机械结构为壳体结构，当扰动频率和壳体结构的固有频率相同时，会引起共振，此时可采用改变设施的结构和总体尺寸，局部加强（如筋、多加支承节点），或在壳体上增加质量等方法。上述方法均可改变机械结构的固有频率，避免共振。

⑦ 加阻尼以减少振源振动　对于一些薄壳机体或仪器仪表柜等结构，粘贴弹性高阻尼结构材料增加其阻尼，以增加能量逸散，降低其振幅，抑制振动。

10.1.2 振动传递过程中的控制

（1）加大振源与受振对象之间的距离

振动在介质中传播，由于能量的扩散和土类等对振动能量的吸收，一般是随着距离的增加振动逐渐衰减，所以加大振源与受振对象之间的距离是振动控制的有效措施之一。一般采用以下几种方法。

① 建筑物选址　对于精密仪器、设备厂房，在选址时要远离铁路、公路以及工业强振源。居民楼、医院、学校等建筑物选址时，也要尽量远离强振源。反之，在建设铁路、公路和具有强振源的建筑物时，也要尽可能远离精密仪器厂房、居民住宅、医院和一些其他敏感建筑物（如古建筑物）。对于防振要求较高的精密仪器设备，还应考虑远离由于海浪和台风影响而产生较大地面脉动的海岸。据国外资料报道，在同样地质条件下，海岸边地面脉动幅值要比距海岸200m处的脉动幅值大三倍以上。

② 厂区总平面布置　工厂中防振等级较高的计量室、中心实验室、精密机床车间（高精度螺纹磨床、光栅刻线机等）等在条件许可的情况下最好单独建设，并远离振动比较大的车间，如锻工车间、冲击车间以及压缩机房等。在厂区总体规划时，应尽可能将振动较大的车间布置在厂区的边缘地段。

③ 车间内的工艺布置　在不影响工艺的情况下，精密机床以及其他防振对象，应尽可能远离振动较大的设备。对于计量室以及为其他精密设备改善环境条件的空调制冷设备，也应尽可能使它们远离防振对象。

④ 其他方法　将动力设备和精密仪器设备分别置于楼层中不同的结构单元内，如将动力设备设置在伸缩缝、沉降缝、抗振缝的两侧，这样振源的传递路线要比直接传递长得多，对振动衰减有一定效果。缝的要求除应满足工程上的要求外，不得小于5cm；缝中不需其他材料填充，但应采取弹性的盖缝措施。有桥式起重机的厂房附设防振要求较高的控制室时，控制室应与主厂房全部脱开，避免桥式起重机开动或刹车时振动直接传到控制室。

（2）隔振沟（防振沟）

对冲击振动或频率大于30Hz的振动，采取隔振沟有一定的隔振效果；对于低频振动则效果甚微。隔振沟的效果主要取决于沟深H与表面波的波长λ之比。对于减少振源振动向外传递而言，当振源距隔振沟一个波长λ时，H/λ为0.6以上才有效果；对于防止外来振动传至精密仪器设备，该比值要达到1.2才行。

10.1.3 设备隔振措施

迄今为止，在振动控制中，隔振是投资不大，却行之有效的方法，尤其是在受空间位置限制或工艺需要时，无法加大振源与受振对象之间的距离，此时更凸显隔振的优越性。

隔振分两类：一类为主动隔振（也称其为积极隔振），另一类为被动隔振（也称其为消极隔振）。主动隔振就是减少动力设备产生的扰力向外传递，对动力设备所采取的隔振措施（即减少振动的输出）。被动隔振就是减少外来振动对防振对象的影响，对防振对象（如精密仪器）采取的隔振措施（即减少振动的输入）。无论何种类型的隔振，都是在振源或防振对象与支承结构之间加隔振器件。通常讲的隔振技术通常是指主动隔振技术。

值得注意的是，近年来，国内外学者的研究和实践表明，对动力机器采取隔振措施对保护机器本身精密部件和模具等也有好处，故人们更加乐意采取隔振措施。

10.2 隔 振 技 术

隔振，就是在振动源与地基等结构或机器设备之间装设隔振器或隔振垫层，用弹性连接代替刚性连接，以隔绝或减弱振动能量的传递，从而达到减振降噪的目的。机械设备与地基之间是近刚性的连接，当设备运转产生一个干扰力$F=F_0\sin(\omega t)$时，这个干扰力便会百分之百地传给地基，由地基向四周传播。如果将设备与地基的连接改为弹性连接，如图10-1所示，由于弹性装置的隔振作用，设备产生的干扰力便不能全部传递给地基，只传递一部分或完全被隔绝。由于振动传递被隔绝，固体声被降低，因而就能收到降低噪声的效果。

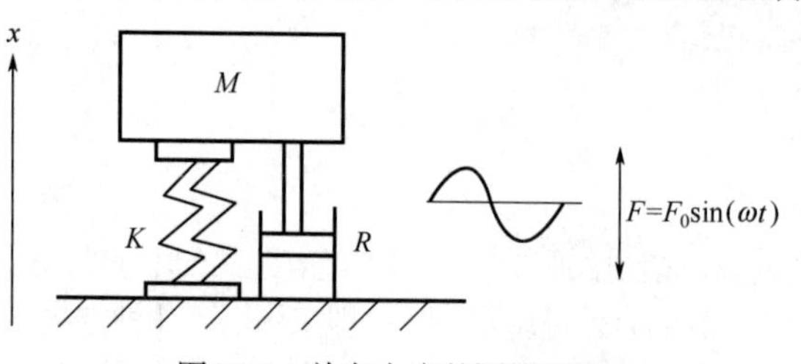

图10-1 单自由度的隔振系统

10.2.1 隔振原理

假设机器的质量为M，隔振器可以看成是一个刚度为K的弹簧与一个阻尼系数（或称摩擦系数）为R的阻尼器，并联在机器与刚性地基之间，组成单自由度的隔振系统（如图10-1所示）。这个隔振系统的共振频率f_0用下式表示为

$$f_0 = \frac{1}{2\pi}\sqrt{\frac{K}{M}\left(1 - \frac{R}{R_c}\right)} \tag{10-1}$$

$$R_c = 2\sqrt{KM} \tag{10-2}$$

式中 K——弹簧的刚度，N/m；

M——机器的质量，kg；

R/R_c——阻尼比，常用ζ表示，即$\zeta=R/R_c$；

R——阻尼器的阻尼系数，N/(m·s)；

R_c——隔振系统的临界阻尼系数，表示外力停止作用后，使系统不能产生振动的最小阻尼系数。

由式（10-1）可以看出，当阻尼比R/R_c=1时，振动被抑制，共振频率f_0=0；当R/R_c=0时，即系统无阻尼或阻尼很小以致可以忽略，这时式（10-1）简化为

$$f_0=\frac{1}{2\pi}\sqrt{\frac{K}{M}} \tag{10-3}$$

这个振动系统在第1章已讨论过，其振动方程见式（1-13）。

机器在隔振器上的最大位移x_m用下式表示为

$$x_m = \frac{F_0/K}{\sqrt{\left[1-\left(\frac{f}{f_0}\right)^2\right]^2 + 4\left(\frac{f}{f_0}\right)^2\left(\frac{R}{R_c}\right)^2}} = \frac{F_0/K}{\sqrt{\left[1-\left(\frac{f}{f_0}\right)^2\right]^2 + \left[2\zeta\left(\frac{f}{f_0}\right)\right]^2}} \tag{10-4}$$

描述隔振效果的一个重要物理量是在一个交变外力作用下的机器位移，与在同样大小的静态外力作用的机器静态下沉量之比值，该比值称为动态放大系数，用D表示，其数学表达式为

$$D=\frac{x_m}{F_0/K}=\frac{1}{\sqrt{\left[1-\left(\frac{f}{f_0}\right)^2\right]^2+\left[2\zeta\left(\frac{f}{f_0}\right)\right]^2}} \tag{10-5}$$

显然，隔振系统的动态放大系数D与f/f_0和R/R_c（阻尼比$\zeta=R/R_c$）有关，这种关系如图10-2所示。

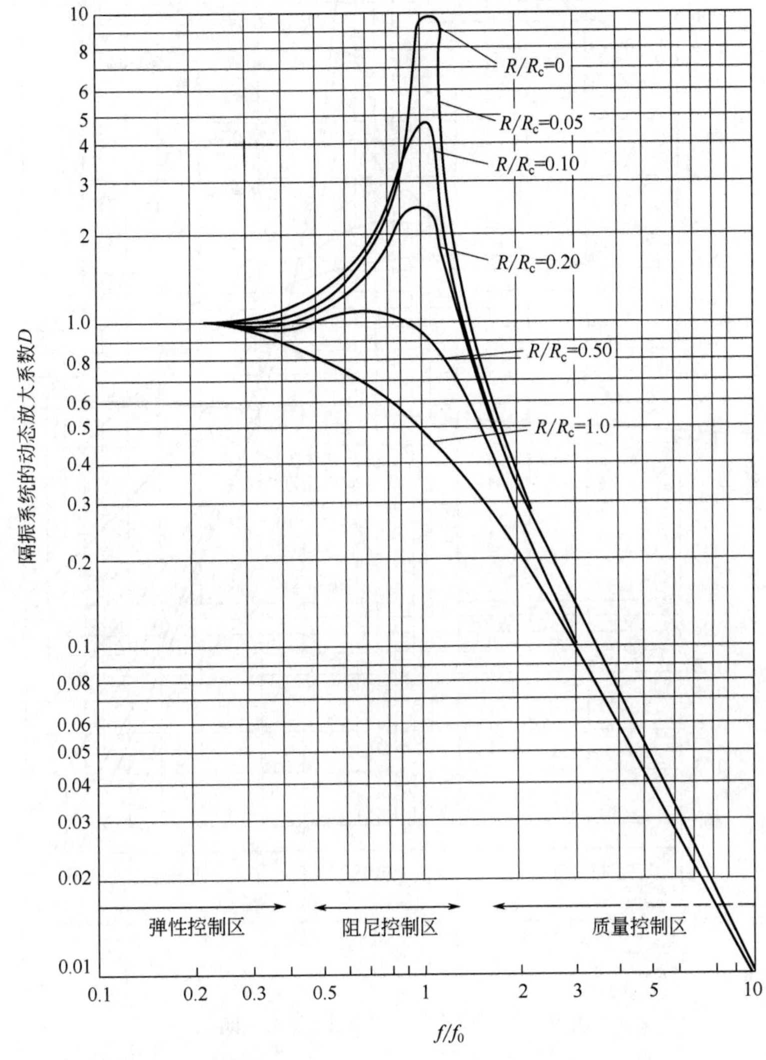

图10-2　隔振系统的动态放大系数D与f/f_0和R/R_c的关系

由式（10-5）和图10-2可以看出，在外干扰力频率f趋于系统共振频率f_0时，机器的振幅增加，当$f=f_0$时，振幅最大。

知道了一个隔振系统的特征参量，由式（10-5）或图10-2可以估算出机器振动的振幅，并根据技术要求来判断这个振幅是否满足要求。

表征隔振效果的物理量很多，而最常用的是传递率T。传递率T是通过隔振元件传递过去的力与总干扰力之比，即T=传递力/干扰力。T值越小，表明通过隔振元件传递过去的力就越小，其隔振

效果就越好。如果基础与地板是刚性连接，则传递率T=1，即干扰力全部传给地板，说明没有隔振作用；如果在基础与地板之间装设隔振装置，使传递率T=0.2，则意味着传递过去的力只是干扰力的20%，即干扰力的80%被隔绝了。因此，传递率T的理论计算是隔振理论的关键所在。

传递率T和动态放大系数D是受迫振动的两个方面，只是不同的表现形式而已。传递率T表示了隔振器的力传递状态，它不仅与外干扰力频率f和隔振系统共振频率f_0有关，也与隔振器的阻尼系数R和系统临界阻尼系数R_c有关，这种关系表现在图10-3上。图中几条不同的曲线代表不同的阻尼情况。

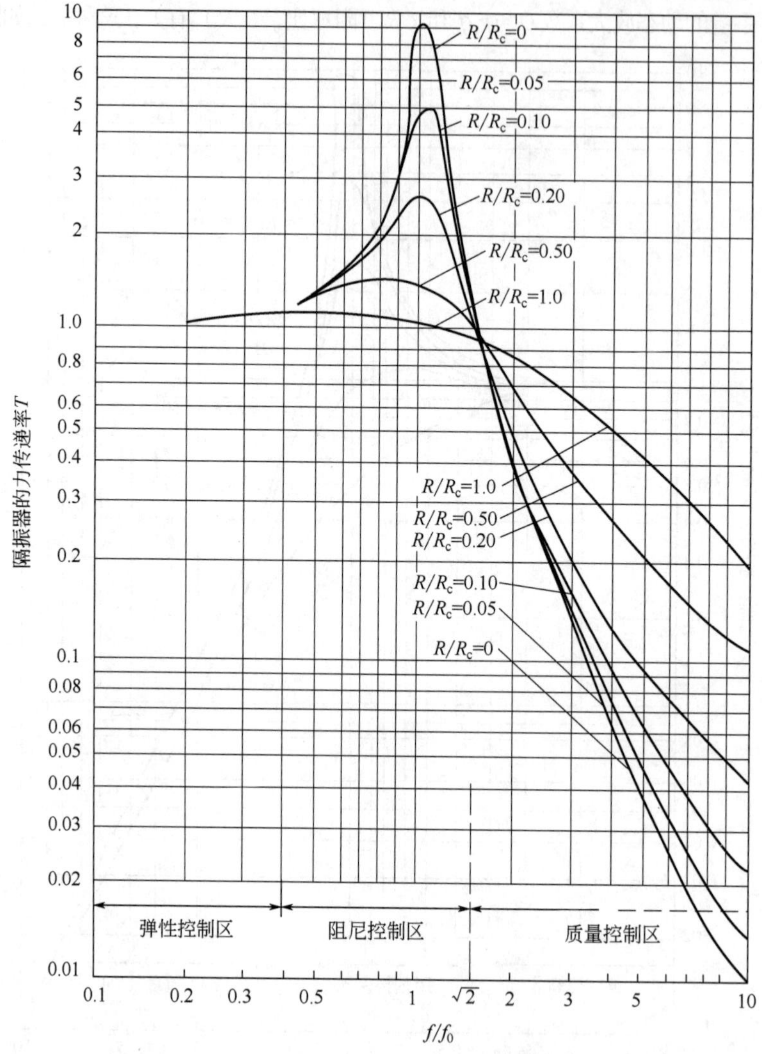

图10-3 传递率T与频率比f/f_0关系曲线

知道了阻尼比和频率比就可以利用下式求出传递率T。

$$T=\sqrt{\frac{1+4\zeta^2\left(\frac{f}{f_0}\right)^2}{\left[1-\left(\frac{f}{f_0}\right)^2\right]^2+\left[2\zeta\left(\frac{f}{f_0}\right)\right]^2}} \tag{10-6}$$

（1）传递率T与频率比f/f_0的关系

由图10-3可以看出：

① 当f/f_0≪1时，传递率T稍稍大于1，外干扰力频率比系统的固有频率低，外力主要受弹簧弹性力的抵抗，干扰力通过弹簧毫不减少地传给基础，此时机器的振幅$x=F_0/K$，即与隔振系统的劲度成反比，隔振系统不起隔振作用，$f \ll f_0$的频率范围称为弹性控制区或劲度控制区。

② 当f/f_0=1时，传递率T最大。此时，T>1说明隔振措施极不合理，不仅不起隔振作用，反而放大了振动的干扰，甚至发生共振，这是隔振设计中应绝对避免的。受R/R_0（即阻尼比ζ）值的影响，在这个区域内增加阻尼系数R可以大幅度降低隔振器的T值。因此，在共振频率f_0附近的范围称为阻尼控制区。

③ 当$f/f_0>\sqrt{2}$时，T值小于1，隔振系统起隔振作用，且f/f_0比值越高，隔振效果越好，工程中一般取为2.5~5。此时机器的振幅$x=F_0/M$，即与机器质量成反比，故$f \gg f_0$的范围称为质量控制区。在这一区域内，隔振系统才能发挥其隔振效果，所以也称其为隔振区。设计或选用隔振器，主要应用隔振区的隔振效果。

（2）如何使频率比$f/f_0>\sqrt{2}$

① 关于设备干扰力频率f。要想得到尽可能低的力传递率，需使频率比$f/f_0>\sqrt{2}$，工程上一般采取降低隔振系统的共振频率f_0的办法解决。干扰力频率f常常是现有设备的固有参数不可改动，表10-1列出了一些机械设备的干扰力的基频。

表10-1 一些机械设备的干扰力的基频

设备类别	振动基频
风机类	①轴的转数；②轴的转数×叶片数
电动机	①轴的转数；②轴的转数×极数
齿轮	轴的转数×齿数
轴承	轴的转数×珠子数/2
压缩机、内燃机	轴的转数
变压器	交流频率×2

② 隔振系统的固有频率f_0的确定。由于设备外力频率f与设备本身重力作用下的弹性支座的静态下沉量d_{cm}（cm）有着重要关系。因此隔振系统的固有频率f_0可用式（10-7）和式（10-8）两个近似公式求出。

对于钢弹簧：

$$f_0 = 4.98/\sqrt{d_{cm}} \approx 5/\sqrt{d_{cm}} \tag{10-7}$$

对于橡胶等弹性材料：

$$f_0 = \frac{5}{\sqrt{d_{cm}}} \times \frac{\sqrt{E_d}}{\sqrt{E_s}} \tag{10-8}$$

式中 E_d，E_s——材料的动态和静态弹性模量。

由式（10-7）得知，任何一个重物压在任何一个弹簧上，只要知道弹簧被压短了多少厘米，就可估算出这个隔振系统的固有频率f_0。

③ 在实际隔振工程中，降低隔振系统固有频率f_0一般采取以下方法。

a. 增加设备的质量。设备的共振频率的高低与其本身的质量大小成反比，要降低f_0，隔振系统就应该从增加机器设备的质量M或减少隔振器的劲度K着手。对于质量比较小的设备，如风机、泵、空气压缩机等常采用增加设备质量来降低共振频率，这种方法通常是将设备安装在预制混凝土的底座上，隔振器置于混凝土底座与地基之间。如图10-4所示为几种隔振器的安装方法。

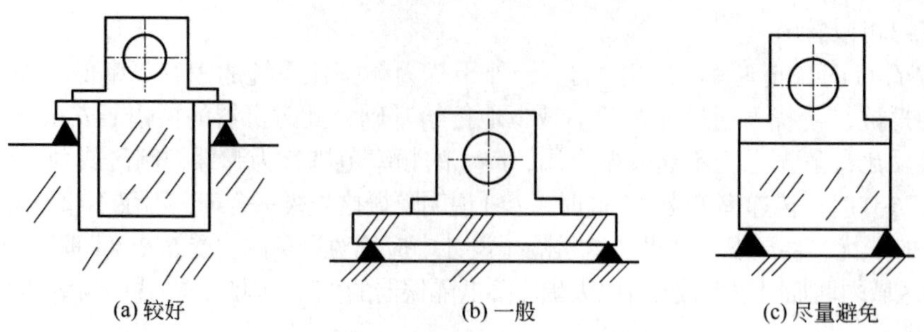

图10-4　几种隔振器的安装方法

上述方法一般要求混凝土底座的质量比设备大2倍以上，而且设备的重心越低越好。对各种机器隔振系统的附加质量块的质量与机器质量比值的推荐范围，见表10-2。对于支承在楼板上的机器可采用推荐值的下限，对于支承在地面上的机器可采用推荐值的上限。

表10-2　附加质量块质量与机器质量比值推荐范围

机器名称	离心泵	离心风机	往复空压机	柴油机
比值	1∶1	2∶1~3∶1	3∶1~6∶1	4∶1~6∶1

b. 降低隔振器的劲度。大多数提高隔振器隔振效果的方法是降低隔振器的劲度，但降低隔振器的劲度往往使隔振器的静态下沉量过大，这样会使隔振器上面的机器在运转时的稳定性变差。为了保证有较好的稳定性，一般考虑在隔振器的上方加一个大质量的混凝土底座，以降低机器的重心，同时大面积底座有益于机器的稳定性。此外，还可以在机器上加设侧壁缓冲器等稳定装置，或采用气体弹簧代替一般隔振器。

应该指出，前面提到的要想得到好的隔振效果，必须使$f/f_0>\sqrt{2}$，但在实际隔振设计中常选f/f_0为2.5~5。虽然在理论上是f/f_0比值越大越好，但设计过低的f_0不仅工艺困难，造价高，而且当$f/f_0>5$以后，对提高隔振效果也是缓慢的。

（3）阻尼在隔振中的作用

隔振设计中不仅要使频率比$f/f_0>\sqrt{2}$，同时还要在隔振区内尽可能降低隔振器的阻尼系数。实际上任何隔振器都具有一定的阻尼系数，因为任何装有隔振器的机器在启动过程中，转速总是逐渐提高到一定稳定的工作运转速度，其中必然经过系统的共振频率，如若隔振器的阻尼系数很小，机器启动通过共振区会产生激烈的振动，引起设备振幅过大，尤其当设备启动较慢时，强烈的振动可能会损坏机器设备。因此，设计隔振器时，就不能无限制地减少阻尼系数，要适当牺牲隔振器在稳定状态下的隔振效果，有时还需要外部阻尼器或用限制装置来约束和抑制通过共振区时的启动机器的振动和摇摆。

从隔振角度看，实用最佳阻尼比在0.04~0.2之间，在此范围内，加速和停车所造成的共振响应不会过大。表10-3列出了典型隔振器的阻尼比及其最大力传递率。

表10-3　典型隔振器的阻尼比及其最大力传递率

材料	阻尼比R/R_c	最大力传递率
钢弹簧	0.005	100.00
天然橡胶隔振器	0.05	10.00
氯丁橡胶隔振器	0.05	10.00
硅橡胶隔振器	0.15	3.50

续表

材料	阻尼比 R/R_c	最大力传递率
低温橡胶隔振器	0.12	4.50
摩擦阻尼弹簧	0.33	1.50
金属网阻尼弹簧	0.12	4.00
空气阻尼弹簧	0.11	3.00
毛毡和软木	0.06	8.00
气体弹簧	可变化	100.00

在实际隔振设计中，常常为了简便，把阻尼比一项忽略掉，即令 R/R_c=0（ζ=0），这时振动力传递率公式（10-6）简化为：

$$T=1/[1-(f/f_0)^2] \tag{10-9}$$

式中 f——振源的激发力频率，Hz；

f_0——隔振系统的共振频率，Hz。

知道了频率比就可以求出传递率了，设计时可用式（10-9）计算。了解了隔振的一般原理，根据已知的振源激振频率f和给定的传递率T，就可设计隔振器。采取隔振处理而获得的噪声降低分贝值，可用下式进行估算。

$$\Delta L=20\lg(1/T) \tag{10-10}$$

式中 ΔL——由振动辐射的噪声降低值，dB；

T——振动力传递率。

总之，系统共振频率f_0与f相比，要尽量低，这是达到良好隔振效果的指导思想。要实现这一点，需要加大机器和台座的质量或选择柔软的弹簧隔振器，在保持机器不摇摆的情况下得到较大的静态下沉量。

10.2.2 隔振器件

隔振的重要措施是在设备基础上安装隔振器或隔振材料，使设备和基础之间的刚性连接变成弹性支撑。隔振器件具体应根据隔振要求、安装隔振器的位置和允许空间等客观条件进行选择。隔振器件分类比较复杂，按材料或结构形式，一般将隔振器件分为隔振器、隔振垫和柔性接管三类，具体见表10-4。工程中广泛使用的隔振器件的隔振特性见表10-5。

表10-4 隔振器件分类

隔振器	橡胶隔振器
	全金属隔振器(螺旋弹簧隔振器、蝶簧隔振器、板簧隔振器和钢丝绳隔振器等)
	空气弹簧
	弹性吊钩(橡胶类、金属弹簧类或复合类)
隔振垫	橡胶隔振垫
	玻璃纤维垫
	金属丝网隔振垫
	软木、毛毡、乳胶海绵等制成的隔振垫
柔性接管	可曲挠橡胶接头
	金属波纹管
	橡胶、帆布、塑料等柔性接头

表10-5　部分隔振器件隔振特性

隔振器或隔振材料	频率范围	最佳工作频率	阻尼	缺点	备注
金属螺旋弹簧	宽频	低频(在静态偏移量大时)	很低,仅为临界阻尼的0.1%	易传递高频振动	广泛应用
金属板弹簧	低频	低频	很低		特殊情况使用
橡胶	取决于成分和硬度	高频	随硬度增加而增加	载荷易受到限制	
软木	取决于密度	高频	较低,临界阻尼的6%左右		
毛毡	取决于密度和厚度	高频	高		常用厚度1~3cm
空气弹簧	取决于空气容积		低	结构复杂	

（1）隔振器

① 金属弹簧隔振器　金属弹簧隔振器广泛应用于工业振动控制中，其优点是：能承受各种环境因素，在很宽的温度范围（−40~150℃）和不同环境条件下，可以保持稳定的弹性、耐腐蚀、耐老化；设计加工简单、易于控制，可以大规模生产，且能保持稳定的性能；允许位移大，在低频可以保持较好的隔振性能。其缺点是阻尼系数很小，因此在共振频率附近有较高的传递率；在高频区域，隔振效果差，使用中常需在弹簧和基础之间加橡胶、毛毡等内阻较大的垫子。

最常用的是圆柱螺旋弹簧和板条式弹簧两种，如图10-5所示。螺旋弹簧隔振器适用范围广，可用于各类风机、球磨机、破碎机、压力机等。只要设计选用正确，就能取得较好的防振效果。

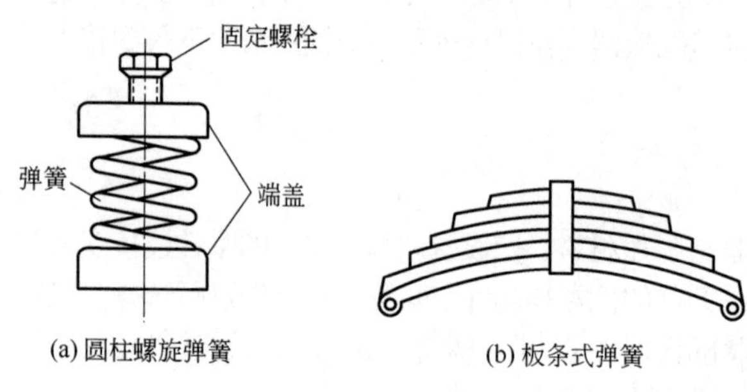

(a) 圆柱螺旋弹簧　(b) 板条式弹簧

图10-5　金属弹簧隔振器

金属圆柱螺旋弹簧隔振器的使用和设计程序为：a. 确定被隔离机器设备的重量和可能的最低激振力频率，欲求的隔振效率和安装支点的数目；b. 根据图10-6，由激振力频率和隔振效率可查得钢弹簧的静态压缩量x；c. 由机器设备总质量W和安装支点数N，确定选用弹簧的刚度为

$$K=\frac{W}{Nx} \tag{10-11}$$

知道了弹簧的刚度，即可按要求从生产厂家的产品目录中选择或是自行设计加工制造。螺旋弹簧的竖向刚度计算公式为

$$K=\frac{Gd^4}{8n_0D^3} \tag{10-12}$$

式中，G为弹簧的剪切弹性系数，对于弹簧钢常取8×10^6N/cm²；n_0为弹簧有效工作圈数；D为弹簧圈平均直径，cm；d为弹簧条直径，cm。d可由下式求出

$$d=1.6\sqrt{\frac{kW_0C}{r}} \tag{10-13}$$

式中，C为弹簧圈直径D与弹簧条直径d之比值，即D/d，一般取4~10；k为系数，等于$(4C+2)/(4C-3)$；W_0为一个弹簧上的载荷，N；r为弹簧材料的允许扭应力N/cm²，对于弹簧钢，取值为4×10^4N/cm²。

弹簧的全部圈数n应包括有效工作圈数n_0和不工作圈数n'，即$n=n_0+n'$。当$n_0<7$时，取$n'=1.5$圈；当$n_0>7$时，取$n'=2.5$圈。未受载荷的弹簧高度H可由下式计算：

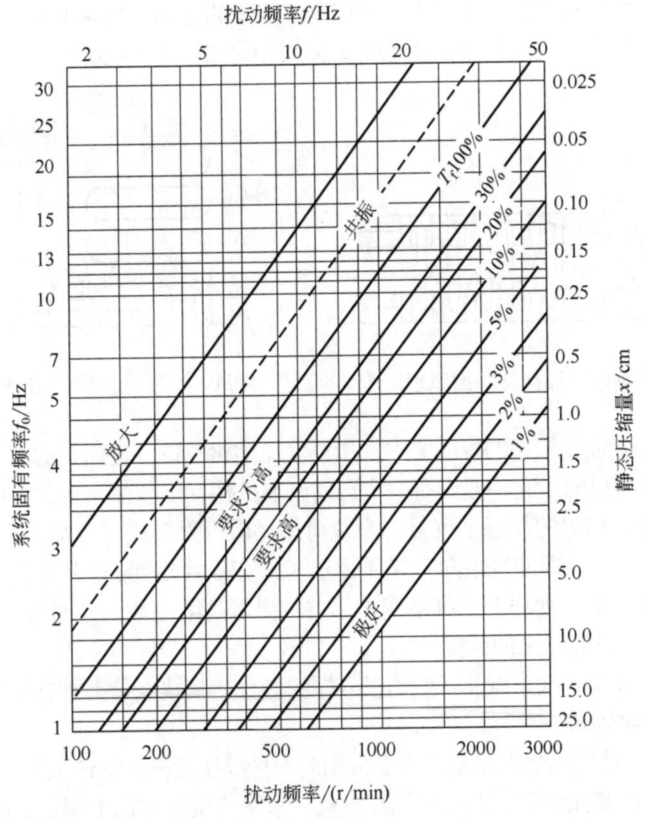

图10-6　隔振设计图

$$H=nd+(n-1)d/4+x \tag{10-14}$$

一般情况下，H与D的比值应不大于2，即$H/D\leqslant 2$。

螺旋弹簧隔振器的优点是：有较低的固有频率（5Hz以下）和较大的静态压缩量（2cm以上），能承受较大的负荷而且弹性稳定，耐腐蚀，耐老化，经久耐用，在低频可以保持较好的隔振性能。其缺点是：阻尼系数很小（0.01~0.005），在共振区有较高的传递率，而使设备产生摇摆；由于阻尼比低（$\zeta\zeta_0$=0.05），在高频区隔振效果差，使用时往往要在弹簧和基础之间加橡胶、毛毡等内阻较大的垫子，以及内插杆和弹簧盖等稳定装置。

板条式弹簧隔振器是由钢板条叠加制成的，利用钢板之间的摩擦，可获得适宜的阻尼比。这种隔振器只在一个方向上有隔振作用，多用于火车、汽车的车体减振和只有垂直冲击的锻锤基础隔振等。

② 全金属钢丝绳隔振器　全金属钢丝绳隔振器是以多股不锈钢丝的绞合线，均匀地按对称或反对称方式，在耐蚀金属夹板上以螺旋状缠绕后，用适当方式固连而成。其隔振原理如图10-7所示，是利用螺旋环状多股钢丝绞合线在负荷作用下所具备的非线性弯曲刚度和多股钢丝间由于相对滑移而产生的非线性干性阻尼，大量吸收和耗散系统运动能量，改善系统运行时的动态平稳性，保护设备安全工作。

全金属钢丝绳隔振器具有变刚度和变阻尼特性。此类隔振器当动载荷增加时，动刚度随之增加，从而抑制隔振器的振幅，增加隔振设备的稳定性。由于该种隔振器在高频低振幅时，阻尼小，而低频大振幅时阻尼大，因此无论在共振区还是在隔振区都能获得最小的传递率，通常其阻尼比的变化范围为0.15~0.20。

③ 空气弹簧　由橡胶袋充气而成的气垫隔振器，亦称空气弹簧。这种隔振器的隔振效率高，固有频率低（通常在1Hz以下），而且具有黏性阻尼，因此也能隔绝高频振动；弹簧软、安装高度

低、水平稳定性好、承受载荷能力范围大，可用调节内压的方法来适应承受不同的载荷；在载荷变动的情况下，也能保持固有频率不变。其原理及基本结构如图10-8所示。

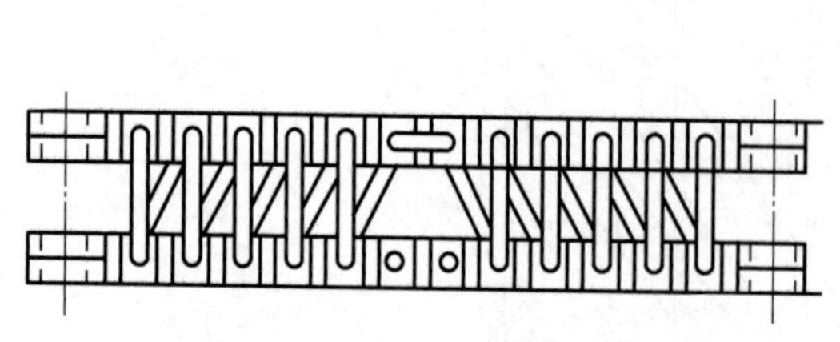

图10-7 全金属钢丝绳隔振器隔振原理

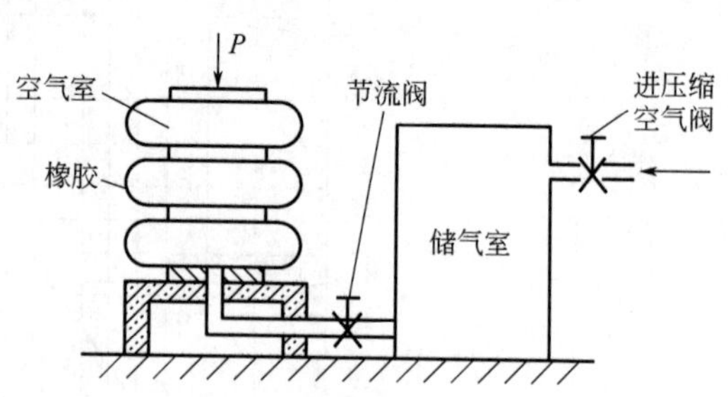

图10-8 空气弹簧工作原理及其基本结构

空气弹簧是在一个强度较高的橡胶腔内，用空气压缩机打进一定压力的空气，使其具有一定的弹性，从而达到隔振的目的。它一般设有一定自动调节机构，当载荷改变时，可以自动调节橡胶腔内的压力，使机器保持稳定的静态下沉量。当载荷加大后，先形成一个加大的静态下沉量。此时，自动调节机构行程开关，立即使气泵向空气弹簧充气，从而加大刚度使其重新顶起来，恢复到原先的下沉量。如果载荷减少，则静态下沉量变小，空气弹簧高度变大，此时空气又自动从腔中跑出，减小其刚度，结果又恢复到原来的位置。

空气弹簧多用于火车、汽车以及一些消极隔振的场合。其缺点是需要有压缩气源和一套比较繁杂的辅助系统，造价比较高。

④ 橡胶隔振器　橡胶隔振器也是工程上常用的一种隔振元件，其最大优点是具有一定的阻尼，在共振点附近有较好的减振效果，并且可以在垂直、水平、旋转方向上隔振，刚度具有较宽的范围可供选择。这类隔振器是由硬度合适的橡胶材料制成的，可开沟槽、镂空，也可根据需要做成各种

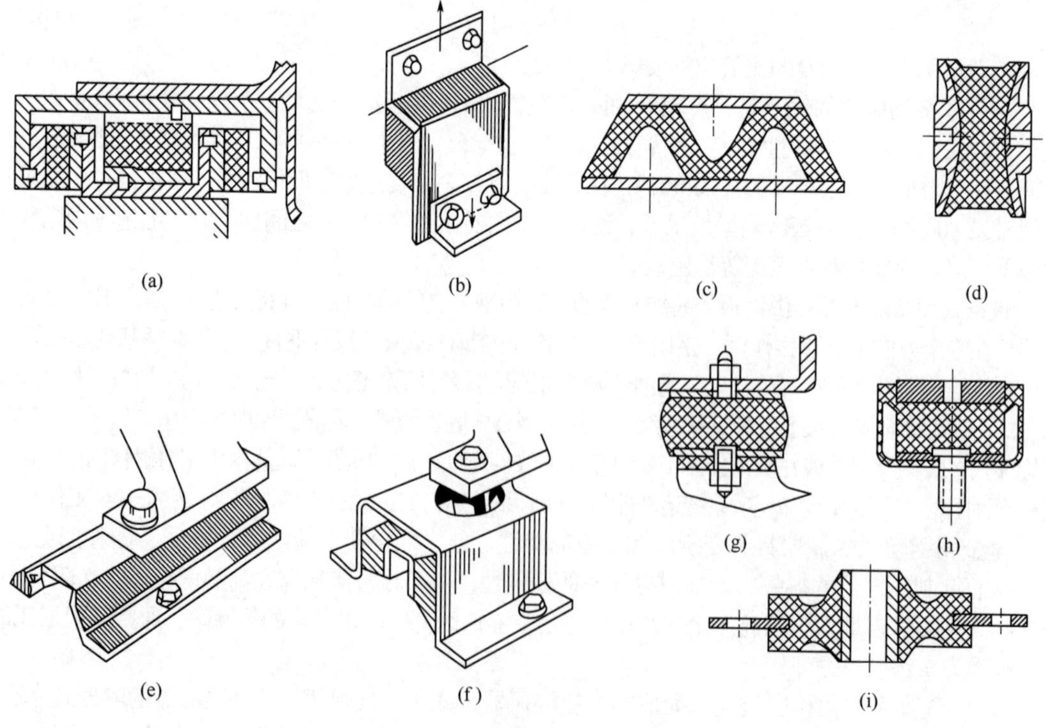

图10-9 几种常见的橡胶隔振器

形状，既可承受剪切力，也可承受压缩力，但承受拉力能力较小。根据其特性常做成如图10-9所示的预制构件。

橡胶隔振器的设计主要是选用硬度合适的橡胶材料，根据需要设计其形状、面积和高度。材料的厚度d和所需的面积S由下式确定：

$$d = xE_d/\sigma \tag{10-15}$$

$$S = P/\sigma \tag{10-16}$$

式中，x为最大静态压缩量；E_d为橡胶的动态弹性模量；σ为橡胶的允许负载，kg/cm^2；P为机器设备质量，kg。

动态弹性模量E_d和允许负载σ是橡胶减振材料的两个主要参数，一般由实验测得。表10-6给出了几种橡胶的主要参数。

表10-6 几种橡胶的主要参数

材料名称	允许负载$\sigma/(kg/cm^2)$	动态弹性模量$E_d/(kg/cm)$	E_d/σ
软橡胶	1~2	50	25~50
软硬橡胶	3~4	200~250	50~83
有槽缝或圆孔橡胶	2~2.5	40~50	18~25
海绵状橡胶	0.3	30	100

目前，国内已有许多系列化的橡胶隔振器，负荷可以从几十千克到1000kg以上，最大压缩量可达4.8cm，最低固有频率的下限控制在5Hz附近。这类产品，由于安装方便，效果明显，在工业和民用设备减振工程中得到了广泛应用。

⑤ 弹性吊架　弹性吊架，亦称弹性吊钩，实际上也是一种隔振器，只不过支承方式是悬挂式的。被悬挂的物体可以是振源，主要有振动的风管、水管、气管等，有时也悬挂风机等动力设备；悬挂的物体还可以是精密仪器等，以隔绝外界振动向其传递。

弹性吊钩的基本结构可分为三部分：外壳、弹性体和连接部分。外壳有密封型的，如管形和立方形；也有半敞开型的，大都用钢板做成U形或矩形。弹性体可以为弹簧、橡胶或二者复合，一般来说二者复合既能隔离低频振动，又能隔离高频振动和固体声。从安装方便角度考虑，连接结构形式也多种多样。上述三部分以不同变换和组合，形成不同型号或系列的弹性吊架。如图10-10所示为BTD型弹性吊架示意图。目前国内各类弹性吊架承载范围已达到$10\sim10^7$N，固有频率2~7Hz。

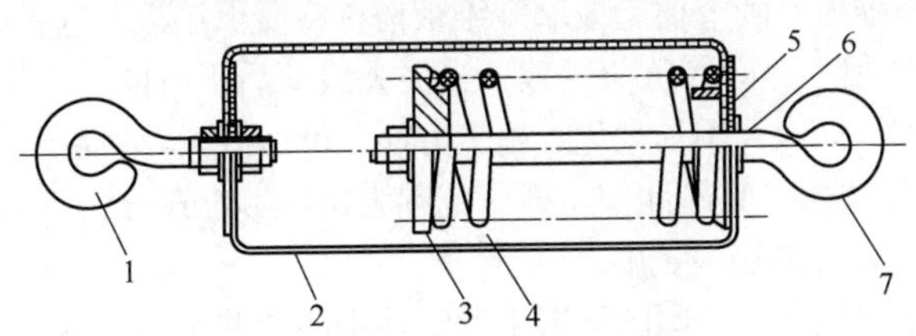

图10-10 BTD型弹性吊架示意图

1—固定拉钩；2—边框；3—压簧板；4—弹簧；5—限位环；6—限位垫片；7—拉簧钩

(2) 隔振垫

隔振垫也是经常采用的一种隔振器件。各种橡胶板、软木、玻璃棉毡、岩棉毡等都可以用来做隔振垫，其特点是安装使用方便，价格便宜，厚度自己控制。

① 橡胶隔振垫　橡胶隔振垫是常用的隔振材料，有各种成型产品出售。其结构通常为10~20mm厚的橡胶板（硬度可以为40~90），两侧带有槽沟或高度不同的凸台以增加受力时的变形量。使用时可以直接把隔振垫放在设备下面而不必改造基础。常见的有肋状垫、开孔的镂孔垫、钉子垫

及WJ型橡胶垫等，如图10-11所示。

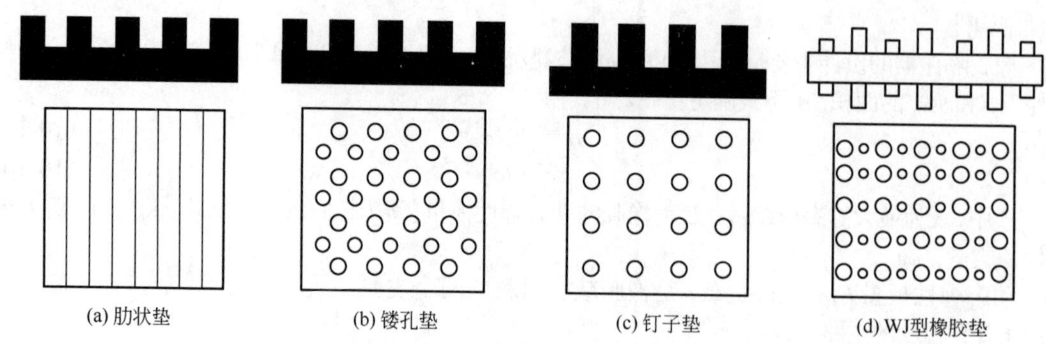

图10-11　橡胶隔振垫常见形式

WJ型橡胶垫是一种新型橡胶垫，在橡胶垫的两面有4个不同直径和不同高度的圆台，分别交叉配置。当WJ型隔振垫在载荷作用下，较高的圆凸台受压变形，较低的圆凸台尚未受压时，其中间部分受载而弯成波浪形，振动能量通过交叉凸台和中间弯曲波来传递，能较好地分散并吸收任意方向的振动。由于圆凸台面斜向地被压缩，便起到制动作用，在使用中不需要紧固措施即可防止机器滑动，承载越大，越不易滑移。橡胶隔振垫的刚度是由橡胶的弹性模量和几何形状决定的。由于表面是凸台及肋状等形状，故能增加隔振垫的压缩量，使固有频率降低。凸台（或其他形体）的疏松情况直接影响隔振垫的技术性能。表10-7给出了WJ型系列橡胶隔振垫的主要参数。

表10-7　WJ型系列橡胶隔振垫的主要参数

型号	额定载荷/(kgf/cm^{2}①)	极限载荷/(kgf/cm^2)	额定载荷下形变/mm	额定载荷下固有频率/Hz	应用范围
WJ-40	2~4	30	4.2±0.5	14.3	电子仪器、钟表、工业机械、光学仪器等
WJ-60	4~6	50	4.2±0.5	13.8~14.3	空压机、发电机组、空调机、搅拌机等
WJ-85	6~8	70	3.5±0.5	17.6	冲床、普通车床、磨床、铣床等
WJ-90	8~10	90	3.5±0.5	17.2~18.1	锻压机、钣金加工机、精密磨床等

① 1kgf/cm^2=98.0665kPa。

② 酚醛树脂玻璃纤维板　酚醛树脂玻璃纤维板俗称冷藏保温板。这种材料的相对变形量很大(可超过50%)，残余变形很小，即使负荷过载，当失去载荷后仍可恢复，是一种良好的隔振材料。此外，此材料还具有耐腐、防火、不易老化、施工方便、价格低廉等一系列优点。

玻璃纤维板作为弹性垫层，其最佳作用载荷范围为0.4~0.6kgf/cm^2，静态压缩量应为原始量的40%以上，这样才能获得较好的隔振效果。

③ 软木板　用软木隔振，在我国的隔振工程实践中历史悠久。软木板的固有频率，取决于它的密度和载荷。软木具有质轻、耐腐蚀、保温性能好、施工方便等特点，并有一定的弹性和阻尼，适用于高频或冲击设备的隔振。

为了增加软木隔振器的机械强度，可用软木板拼装成组，四周用钢箍箍牢。软木隔振器的四周，用不承重的聚苯乙烯包围起来更美观耐用。

软木板的承压力不宜超过80kPa，在此范围内，静态弹性模量E_s为4000kN/m^2，动、静弹性模量之比可取2.0，阻尼比可取0.05~0.07。静刚度k_s可按下式计算：

$$k_s = E_s S/H \tag{10-17}$$

式中，S为承压面积；H为软木板厚度。

(3) 管道补偿软连接装置

振动机械设备一般通过管道系统与外界相连接，各种管道不论是水管、风管、气管还是油管等，大都应该加接管道补偿软连接装置。加软连接装置可减少沿管道传递的振动、补偿由于温度变化引起的管道伸缩以及安装过程中的误差，从而方便安装。

软连接装置种类很多，可根据使用场合要求和流体种类及压力大小等因素来选取。通常分三大类：橡胶软连接管，全金属软连接管，以及帆布、塑料类软连接管。

① 橡胶软连接管　橡胶软连接管又称管道橡胶柔性连接管、橡胶软接头、避振喉和可曲挠橡胶接头等。橡胶软连接管总体上可分为同心同径、同心异径、偏心异径三种形式；按结构形式可分为单球体、双球体、弯球体三种形式；按连接形式分为法兰连接、螺纹连接两种形式；按工作压力分为0.6MPa、1.0MPa、1.6MPa、2.0MPa等4种形式。

橡胶软连接管一般由内胶层、织物（一般用帘子布）增强层、钢丝圈、外胶层经硫化成橡胶件后与金属松套法兰或平形活接头（螺纹连接）组成，其结构形式如图10-12所示。

橡胶软连接管的工作压力和真空度一般均符合表10-8的要求。实验压力是工作压力的1.5倍，爆破压力是工作压力的三倍。

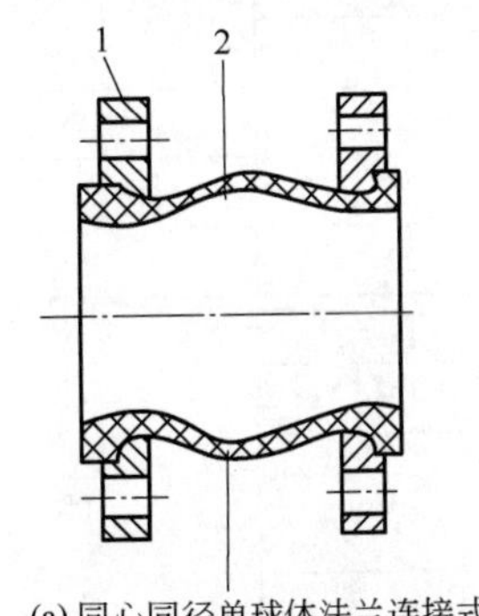

(a) 同心同径单球体法兰连接式

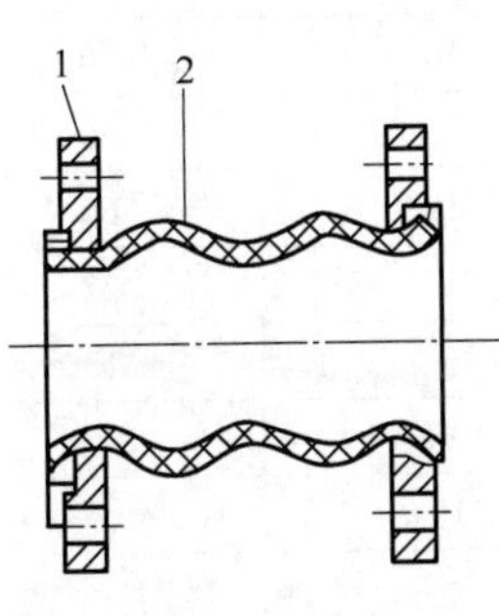

(b) 同心同径双球体法兰连接式

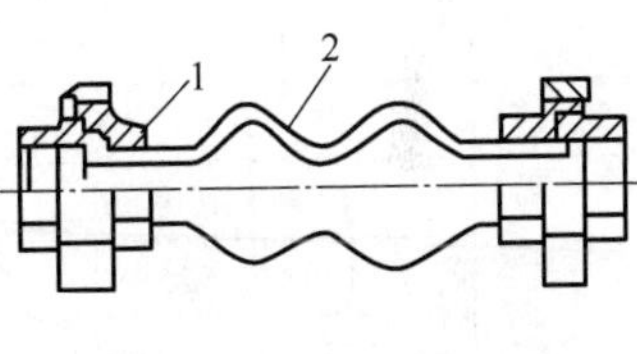

(c) 同心同径双球体螺纹连接式

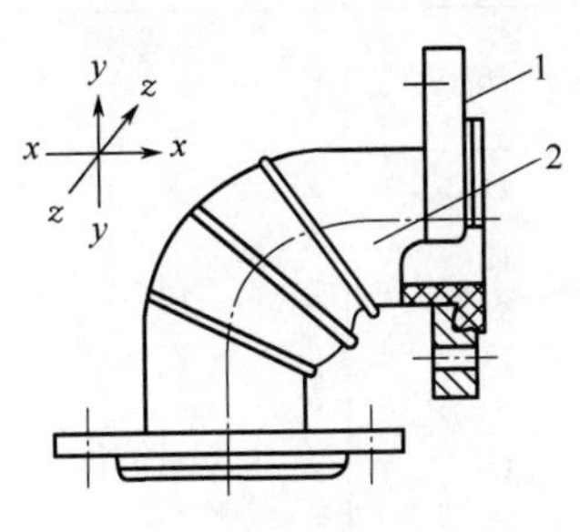

(d) 弯球体法兰连接式

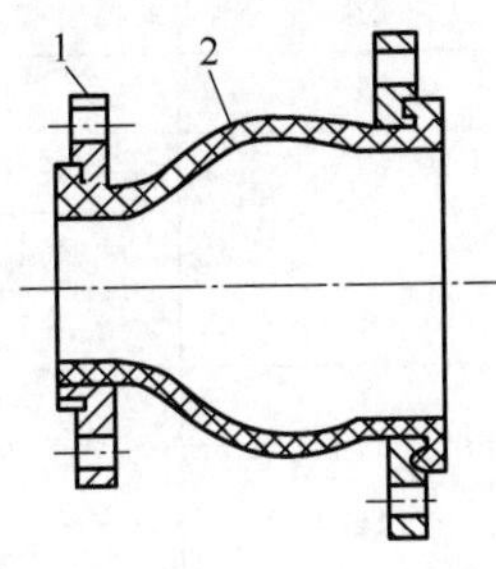

(e) 同心异径单球体法兰连接式

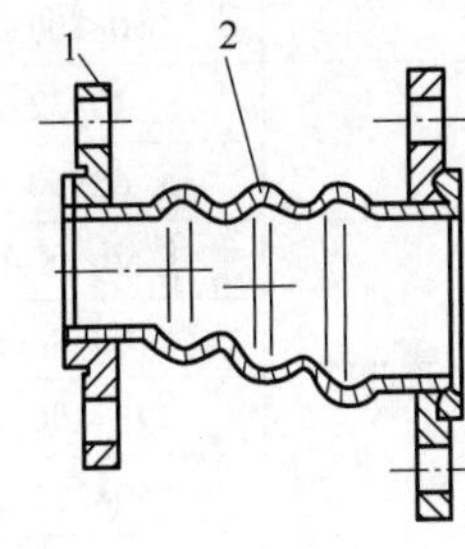

(f) 偏心异径法兰连接式

图10-12　常用的几种橡胶软接管

1—法兰盘或螺栓接口；2—橡胶接管

表10-8　橡胶软连接管的工作压力和真空度

公称通径 DN/mm	项目	指标			
15~100	工作压力/MPa	0.6	1.0	1.6	2.5
	真空度/kPa	40	53	86	100
125~300	工作压力/MPa	0.6	1.0	1.6	
	真空度/kPa	40	53	86	
350~1600	工作压力/MPa	0.6			
	真空度/kPa	40			

橡胶软连接管的位移及偏转角一般均满足表10-9的要求。表中轴向伸长、轴向压缩、横向位移和偏转角度的定义为：轴向位移，橡胶软连接管在中轴线上的伸长量或压缩量；轴向伸长，橡胶软连接管在中轴线上长度增加的轴向位移［如图10-13（a）所示］；轴向压缩，橡胶软连接管在中轴上长度减少的轴向位移［如图10-13（b）所示］；横向位移，橡胶软连接管在与中轴相垂直的两个端面中心的相对位移［如图10-13（c）所示］；偏转角度，橡胶软连接管两个端面的中心线与原中轴线形成的夹角［如图10-13（d）所示］，偏转角为$\alpha_1+\alpha_2$。

表10-9 橡胶软连接管的位移和偏转角

类型	公称通径DN/mm	轴向伸长/mm	轴向压缩/mm	横向位移/mm	偏转角度$\alpha_1+\alpha_2$
KDTF	32~50	6	10	10	15°
	65~100	8	15	12	
	125~200	12	18	16	
	250~400	14	22	20	10°
	500~1600	16	25	22	5°
KSTF	32~80	30	50	45	40°
	100~150	35	50	40	35°
	200~300	35	60	35	30°
KSTL	15~65	6	22	22	45°
KYTF	65×50~100×65	7	13	11	10°
	100×80~125×80	8	15	12	
	125×100~150×100	10	19	13	
	150×125~200×125	12	20		
	200×150~250×150			14	
	250×200~300×250	16	25	22	
KTPF	40×32~65×40	6	8	10	10°
	65×50~80×50	7	10		
	80×65~100×65		13	11	
	100×80~125×80	8	15	12	
	125×100~150×100	10	19	13	
	150×125~250×125	12			
	200×150~250×150		20	16	
	250×200~300×250	16	25	22	

类型	公称通径DN/mm	各向允许位移					
KWTF	50~300	X	X'	Y	Y'	Z	Z'
		16	20	20	16	16	16

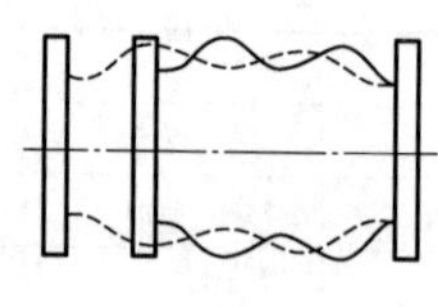
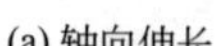

(a) 轴向伸长

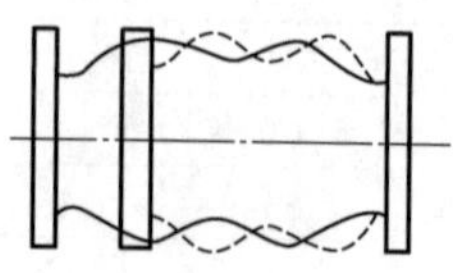

(b) 轴向压缩

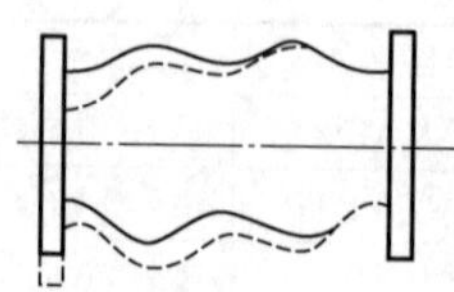

(c) 横向位移(错位)

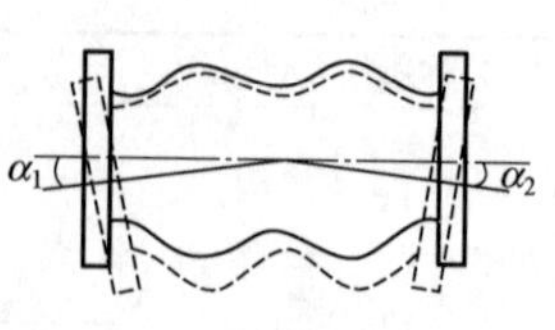

(d) 偏转角度

图10-13 橡胶软接管的位移和偏转角

在橡胶软连接管中，适用的介质为水、海水、热水、空气、压缩空气、弱酸、弱碱等。由于橡胶软连接管具有耐压高、弹性好、位移变形量大、安装灵活并且有一定的隔振和隔绝固体传声的特点，故可广泛应用于给排水、暖通空调、消防、压缩机、制药、造纸、船舶、化工、卫生、风机等管道系统。

在安装与使用橡胶软连接管时应注意如下事项：

a. 橡胶软连接管温度范围标注为−20~115℃，应理解为：其常规适用温度为−20~70℃，瞬间温度可达+115℃。如果使用温度为70~115℃，则用户需在订货时声明，生产厂可采用特种橡胶加工制作。

b. 为了取得更好的隔振降噪效果，橡胶软连接管尽可能配置在垂直和水平的两个方向上（如图10-14所示）。

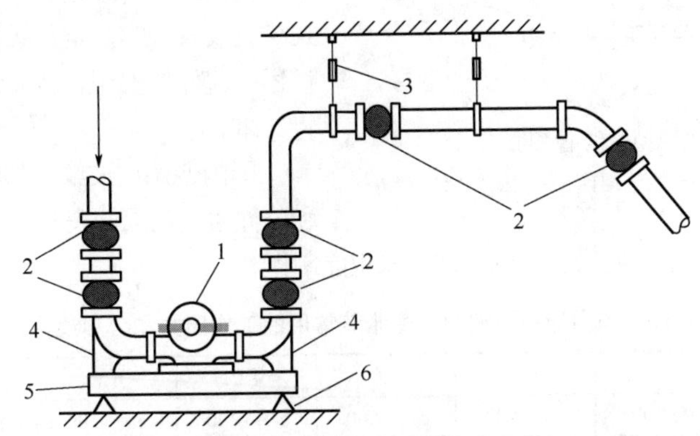

图10-14 橡胶软连接管安装位置

1—水泵；2—橡胶接头；3—弹簧吊架；4—管道支架；5—底座；6—隔振器

c. 橡胶软连接管不能承受轴向外载荷拉力和压力。如其不能承受管道重量，管道重量可以用吊架或支架承受（如图10-14所示）。

d. 用法兰连接的橡胶软连接管，在安装时连接法兰的螺栓要从法兰的内侧分别伸向法兰的两端，要加垫片和弹簧垫片，螺栓要对角逐步（分2~3次）拧紧。

e. 用活接头连接的橡胶接头，在安装时，左右两端的活接头不要调换，应按原套装配，否则可能会引起产品的泄漏和损坏。

f. 设备与管道之间配置橡胶软连接管后，可降低设备的振动沿管道的传递。但仍有一部分振动会继续沿管道传递；同时管道内介质在流动时（尤其是经过阀门、变径或弯头时）还会产生新的振动，因此在管道与建筑物围护结构（如墙体、楼板等）的连接处还要采用相关隔离措施（如图10-14所示）。

② 全金属补偿软连接管　全金属补偿软连接管应用较广泛，通常由不锈钢制成。与橡胶软连接管相比，具有耐高温和耐腐蚀的特点。某些类型的全金属软连接管可以做成耐高压和大位移补偿量的，但其本身价格较贵、安装要求较高。

全金属补偿软连接管从不同的角度可有不同的分类方法：按结构可分为波纹管膨胀节和金属软接管两类，波纹管膨胀节又可分为轴向型、带座轴向型、外压轴向型、复式拉杆型和铰链型等；按工作压力可分为低压、中压和高压三类，一般低压为0.1~2.5MPa，中压为4~10MPa，高压为6.4~23MPa。按耐温程度又可分为工作温度≤450℃和工作温度≤550℃两类，前者可用于输送蒸气、热水或其他热介质等，后者可用于柴油机、汽油机排气管道等。

在此主要给出几类常用的全金属软连接管的基本性能参数，供读者设计选择，其详细性能指标应仔细阅读厂商说明书。

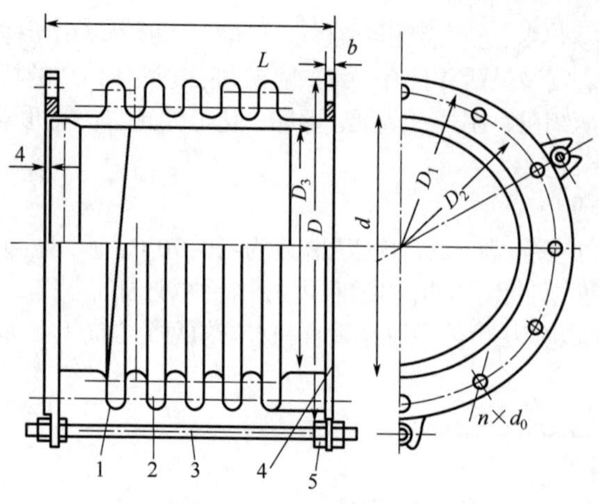

图10-15 通用型波纹管膨胀节
1—导管；2—波纹管；3—定位螺栓；4—法兰；5—螺母

a. 通用型波纹管膨胀节。通用型波纹管膨胀节的结构如图10-15所示。波纹管膨胀节的核心部分为波纹管，通常由不锈钢制成。不锈钢板（通常为0.3~0.5mm）可分为单层与多层（取决于工作压力）；波纹有单纹和多纹之分，主要取决于轴向位移补偿量和轴向刚度。在波纹管的内部往往还有导流筒，用以导流减少压力损失。接头部分为端管和法兰，一般为碳钢或低合金钢，采用钎焊或氩弧焊的方式与波纹管焊牢。定位螺栓主要在运输和安装过程中起保护作用，待安装、调整完毕后，应将其卸下。

国内通用型波纹管膨胀节常用的工作压力和公称通径范围如表10-10所示，超出表10-10所示范围的波纹管膨胀节，实力较强的生产厂家也能制作。

表10-10 国内通用型波纹管膨胀节常用的工作压力和公称通径范围

工作压力/MPa	0.1	0.25	0.6	1.0	1.6	2.5	4.0
公称通径范围/mm	50~4000	50~1600	50~1600	50~1200	50~1200	50~1200	50~600

b. 带座轴向波纹管膨胀节。带座轴向波纹管膨胀节的结构如图10-16所示，法兰、端管、波纹管及小拉杆的功能与通用型基本相同；中间接管是为了连接两边两个波纹管；支座是安装支承的需要；两个波纹管是为了增加轴向位移补偿量和降低轴向刚度。国内带座轴向波纹管膨胀节常用的工作压力和公称通径范围如表10-11所示。

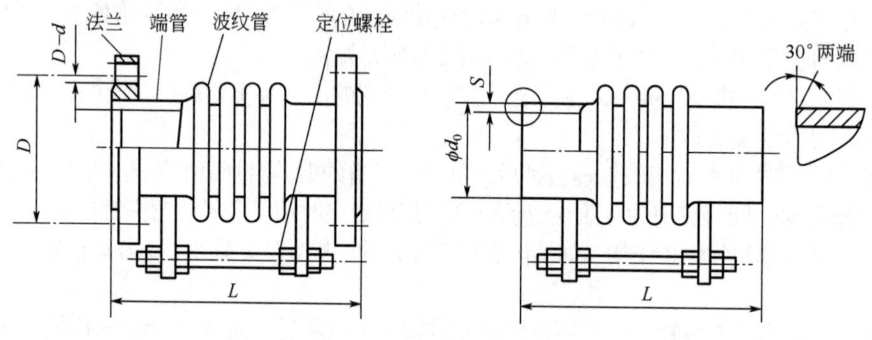

图10-16 带座轴向波纹管膨胀节

表10-11 国内带座轴向波纹管膨胀节常用的工作压力和公称通径范围

工作压力/MPa	0.1	0.25	0.6	1.0	1.6	2.5	4.0
公称通径范围/mm	50~1600	50~1600	50~1600	50~1200	50~1200	50~1200	50~600

c. 内燃机用不锈钢波纹管膨胀节。内燃机用不锈钢波纹管膨胀节主要用于内燃机排气管路，作为管路热胀冷缩的补偿装置。在系统中能承受管路热胀应力和脉冲引起的振动，故亦有隔振作用。内燃机用不锈钢波纹管膨胀节的工作范围如表10-12所示。

某些专用的波纹管膨胀节工作压力可达0.35MPa，使用温度可高达650℃。

表10-12 内燃机用不锈钢波纹管膨胀节的工作范围

工作压力/MPa	0.05~0.1
公称通径/mm	65~1500
使用温度/℃	≤550

d. 金属软接管。金属软接管具有能自由弯曲、防振和耐高低温等独特性能，是橡胶（或塑料）软连接管和刚性管道所无法比拟的。因此，广泛应用于各种橡胶机械、电力、化工、纺织印染、塑料、造纸、建筑机械、港口码头中的油气储罐等设备中。金属软接管的结构如图10-17所示，主要由金属波纹管、网套和接头三部分组成。

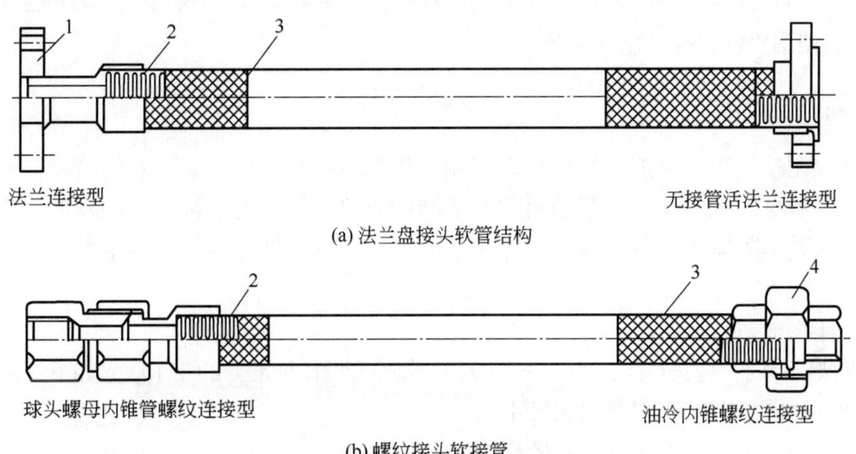

图10-17 金属软接管结构

1—法兰；2—波纹管体；3—网套；4—螺纹接头软接管

金属波纹管：作为金属软接管本体的金属波纹管有螺旋形和环形两大类。一般来说，螺旋形金属软接管公称通径范围为6~40mm，是用无缝薄壁金属管坯旋压成形的；通径为40~400mm的金属软接管是用有缝薄壁金属管液压而成的环形波纹管。

网套：网套由若干根金属丝或金属带（材料为不锈钢丝）按一定顺序编织成网笼状，套压在波纹管外面。它不仅可以保证在径向、轴向上的静负荷及流体沿着管道流动时产生脉冲作用的条件下能安全可靠地工作，同时还可保证其纹理部分不直接受到磕碰、摩擦等方面的机械损坏。

接头：接头是金属软接管与管道或设备相连接的部件，它保证流体在管路系统中能正常工作。最常用的接头有螺纹连接、快速接头和法兰连接三种形式。小通径（ϕ6~40mm）的金属软接管以螺纹接头和快速接头为主；大、中通径（ϕ40~400mm）的金属软接管以法兰连接为主，亦可做成法兰型快速接头。接头材料由碳钢、不锈钢及黄铜等材料制成。接头与金属软接管接是用钎焊（通径ϕ6~40mm）和氩弧焊（ϕ40~400mm）焊牢的。

目前，金属软接管的公称通径和工作压力的范围如表10-13所示。

表10-13 金属软接管工作压力和公称通径范围

结构形式	工作压力/MPa	公称通径 *DN*/mm
螺纹连接 螺旋形波纹管	高压6.4~35 中压4~10 低压1~2.5	4~50

续表

结构形式	工作压力/MPa	公称通径DN/mm
法兰连接DN≤32mm	0.25~2.5	10~400
螺旋形波纹管DN≥40mm		
环形波纹管		

③ 帆布、塑料类软连接管　帆布、塑料类软连接管通常用于通风管道，适用于大风量、大口径、低压情况下，其弹性补偿量一般比金属的要高。由于其无定型产品，可用塑料焊接或帆布缝纫，故常由用户自己配做，常用钢丝或卡环直接在管道上夹紧使用。工业上大多数的通风机械都采用这种方式，使用比较方便，经济实惠。

10.2.3 隔振设计

在振动控制技术中，隔振是目前振动控制工程上应用最为广泛和有效的措施。利用隔振器以降低因机器本身的扰力作用引起的机器支承结构或地基的振动，称为主动隔振；为减少精密仪器和设备或其他隔振体在外部振源的作用下的振动，称为被动隔振。在本书中主要讨论主动隔振设计。

（1）获取隔振设计资料

进行隔振设计时，应按GB 50463—2019《工程隔振设计标准》的要求收集如下资料。

① 隔振对象的型号、规格及轮廓尺寸。

② 隔振对象的质量中心位置、质量及转动惯量。

③ 隔振对象底座尺寸、附属设备、管道位置、灌浆层厚度、地脚螺栓和预埋件的位置。

④ 与隔振对象和基础相连接的管线资料。

⑤ 当隔振器支承在楼板或支架上时，提供支承结构的设计资料；当隔振器支承在基础上时，提供工程地质勘察资料、地基动力参数和相邻基础的有关资料。

⑥ 当振动作用为周期扰力时，提供频率、扰力值、抗力矩值、作用点的位置和作用方向；当振动作用为随机扰力时，提供频谱资料、作用点的位置和作用方向；当振动作用为冲击扰力时，提供冲击质量、冲击速度及两次冲击的间隔时间等资料。

⑦ 隔振对象支承处干扰振动的幅值和频率特性等资料。

⑧ 隔振对象的环境温度及腐蚀性介质影响的资料。

⑨ 隔振对象的容许振动标准。

（2）选择隔振台座与隔振方式

① 隔振台座的设置　隔振器可直接设置在机器的机座下，也可设置在与机座刚性连接的基础下面，通常称与机座刚性连接的基础为隔振台座或刚性台座。刚性台座从材料角度可分为两类：一类是由槽钢、角钢等焊接而成的；另一类是由钢筋混凝土浇筑而成的。在下列情况下，应设置刚性台座。

a. 机器机座的刚度不足。

b. 直接在机座下设置隔振器有困难。

c. 为了减少被隔振对象的振动，需要增加隔振体系的质量和质量惯性矩。

d. 被隔振对象由几部分或几个单独的机器组成。

② 隔振方式的选择　隔振方式通常分为支撑式、悬挂式和悬挂支撑式。

支撑式（如图10-18所示），隔振器设置在被隔振设备机座或刚性台座下；悬挂式（如图10-19所示），直接将隔振设备的底座挂在刚性吊杆上。悬挂式可用于隔离水平方向振动。

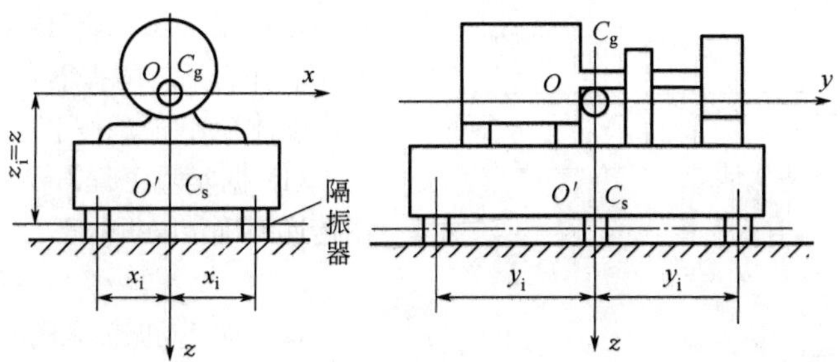

(a) 独立隔振台垂直振动

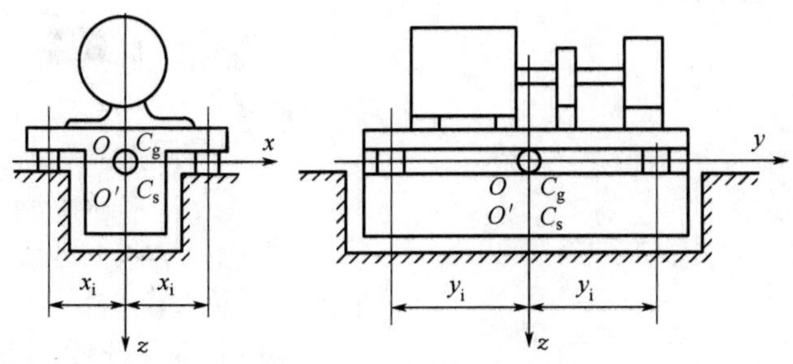

(b) 设备和基础重心较高降低重心的隔振台

图10-18 支撑式隔振方式

选择隔振方式同时应考虑以下要求：

a. 设计的隔振器应便于安装、维修和更换，有利于生产和操作。

b. 应尽可能缩短隔振体系的重心与扰力作用线之间的距离。

c. 隔振器在平面上的布置，应力求使其刚度中心与隔振体系（包括隔振对象及刚性台座）的重心在同一垂直线上。对于积极隔振，当难以满足上述要求时，则刚度中心与重心的水平距离不应大于所在边长的5%，此时垂直向振幅的计算可不考虑回转的影响。对于消极隔振，应使隔振体系的重心与刚度中心重合。

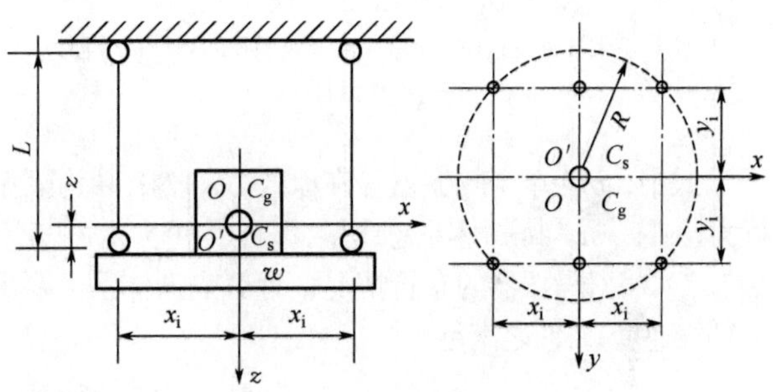

图10-19 悬挂式隔振方式

d. 对于附带有各种管道系统的设备（如柴油发电机组），除设备本身要采用隔振器外，管道和设备之间应加柔性接头；管道与天花板、墙体等建筑构件连接处均应安装弹性连接件（如弹性吊架或弹性托架），必要时，导电电线也应采用多股软线或其他软连接措施。此部分要求如图10-20所示。

e. 隔振体系的固有频率ω_0应低于干扰频率ω，至少应满足$\omega/\omega_0>1.41$。一般情况下，可在2.5~4.5范围内选取。当振源为矩形或三角形脉冲时，脉冲作用时间t_0与隔振体系固有周期T之比，应分别符合$t_0/T\leqslant0.1$或0.2。

f. 隔振体系应具有足够的阻尼。当设备在开机或停机过程中，扰频经过共振区时，为了避免出现过大的振动位移，一般阻尼比取0.06~0.10；对冲击振动，阻尼比宜在0.15~0.30范围内选择；消极隔振的台座因操作原因产生振动时，应有阻尼，以使其迅速平稳，一般阻尼比宜取0.06~0.15。

（3）确定隔振参数

需确定的隔振基本参数有：隔振体系的质量m和质量惯性矩J、隔振器的刚度k和阻尼比ζ、隔振体系的隔振效率（传递率）和被隔振体的容许振动线位移（容许振动速度）等。可假定隔振体系为单

自由度体系（对一般简单的隔振工程，如刚性台座制作合适，隔振器布置合理，也可视为单自由度体系），然后按下列步骤进行详细计算。

① 据实际工程需要，确定振动传递率T，由传递率确定隔振效率I。

$$I=1-T \tag{10-18}$$

② 确定隔振体系的固有频率ω（rad/s）。

$$\omega_0=\omega\sqrt{\frac{T}{1+T}} \tag{10-19}$$

③ 根据实际结构情况，确定隔振体系的总质量m。

④ 计算隔振体系的总刚度。

$$k=m\omega_0^2 \tag{10-20}$$

式中，k为隔振体系总刚度，kN/m；m为隔振体系总质量，t。

⑤ 计算隔振器数量N。

$$N=k/k_i \tag{10-21}$$

式中，k_i为所选用的单个隔振器的刚度，kN/m。

⑥ 核算隔振器的总承载能力。

$$Np_i\geqslant W+1.5p_d \tag{10-22}$$

$$W=mg \tag{10-23}$$

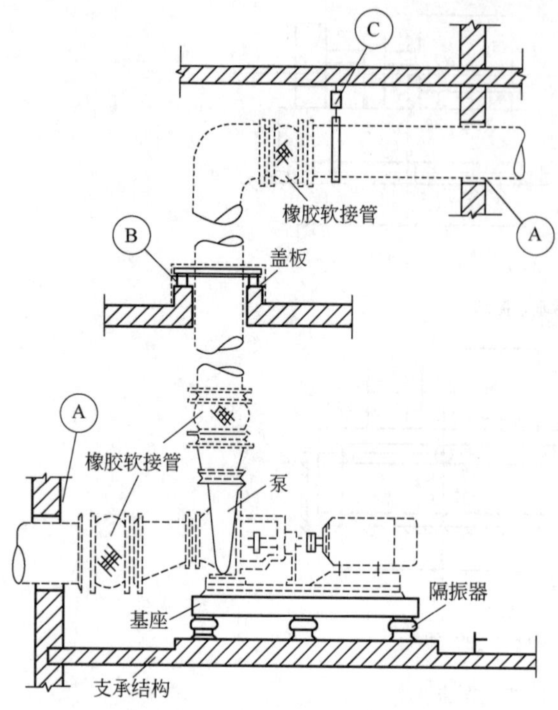

图10-20 管道的柔性连接

A—管道穿墙柔性处理；B—管道穿楼板或屋顶的弹性板处理；C—管道弹性吊挂

式中，p_i为单个隔振器容许承载力，kN；W为隔振体系总重量，kN；p_d为作用在隔振器上的干扰力，kN；m为隔振体系总质量，t；g为重力加速度（9.81m/s²）。

⑦ 根据隔振器的布置情况，计算隔振体系上要求振动控制点的最大振动线位移A_{max}（或最大振动线速度），使之满足

$$A_{max}\leqslant[A] \tag{10-24}$$

式中，$[A]$为容许振动线位移。

⑧ 调整隔振体系总质量m、总刚度k等，使之满足振动传递率T（或隔振效率I）和控制点的最大线位移。

10.3 阻尼减振技术

在噪声治理工程中常用的阻尼减振方法基本体现在两方面：①对于一些具有薄壳机体的结构，如汽车、火车、舰船、飞机及管道系统、仪器仪表柜等在其壳体表面粘贴黏弹性高的阻尼材料（阻尼漆、阻尼板等）增加其阻尼，以增加能量耗散，降低振幅；②采用高黏弹性结构代替常规金属（板、梁等）结构。用金属板制成的机罩、风管以及飞机、汽车、舰船的壳体等金属结构，常因为振动的传导发生剧烈振动，辐射较强的噪声。金属结构振动往往存在一系列共振峰，相应的噪声也具有与结构振动一样的频率谱，即噪声谱也有一系列峰值，每个峰值频率对应一个结构共振频率。由结构振动引起的噪声称为结构噪声。治理结构噪声应先从减少振源激振力着手，并减少噪声辐射面积，去掉不必要的金属板面；与此同时将振源与易于辐射噪声的金属结构之间的刚性接触改变为软连接（如用帆布或波形橡胶管连接风机管道）以切断或减弱振动的传递。在金属结构上涂敷一层

阻尼材料，也是一种降低结构振动与减少噪声的有效措施。这种方法我们称之为阻尼减振或抑振。

一个振动系统的振动特征与其自身的三个物理量——劲度、质量和阻尼的大小密切相关，本节主要介绍阻尼减振原理、阻尼减振材料和阻尼基本结构。

10.3.1　阻尼减振原理

阻尼是指阻碍物体的相对运动，并把运动能量转变为热能的一种作用。一般金属材料（如钢、铅、铜等）的固有阻尼都很小，所以，常用外加阻尼材料的方法来增大其阻尼。阻尼可使沿结构传递的振动能量衰减，还可减弱共振频率附近的振动。事实上，阻尼对降低结构在共振频率上的振动是很有效的，如图10-21所示。其振动结构有三个共振频率，在这三个频率上传递率出现峰值，涂以阻尼材料后，传递率不再出现峰值。此处振动传递率定义为结构振动振幅与激振力之比值。

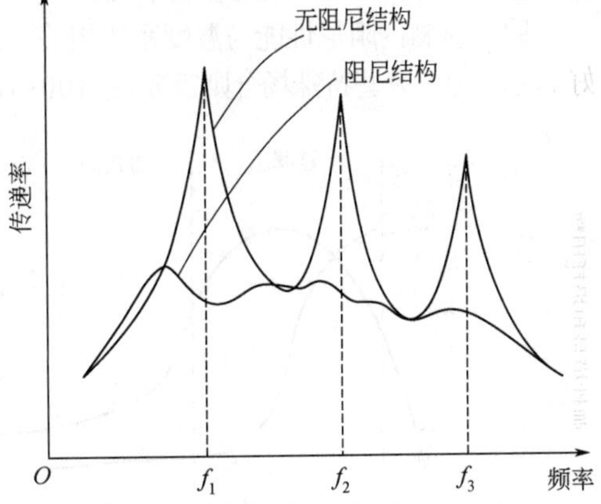

图10-21　阻尼对降低结构共振的作用

阻尼材料是具有内损耗、内摩擦的材料，如沥青、软橡胶以及其他一些高分子涂料。采取阻尼措施之所以能够降低噪声，主要是由于阻尼能减弱金属板弯曲振动的强度。其降噪过程是，当金属发生弯曲振动时，其振动能量迅速传给紧密涂贴在薄板上的阻尼材料，引起阻尼材料内部的摩擦和互相错动。由于阻尼材料的内损耗、内摩擦大，金属板振动能量有相当一部分转化为热能而耗散掉，从而减弱薄板的弯曲振动。与此同时，阻尼可缩短薄板被激振的振动时间。比如，不加阻尼材料的金属薄板受撞击后，要振动2s才停止；而涂上阻尼材料的金属薄板受同样大小的撞击力，其振动的时间要缩短很多，可能只有0.1s左右就停止了。许多心理声学专家指出，50ms是听觉的综合时间。如果发声的时间小于50ms，人耳要感觉此声音是困难的。金属薄板上涂贴阻尼材料而缩短激振后的振动时间，从而也就降低金属板辐射噪声的能量，达到控制噪声的目的。

10.3.2　阻尼减振材料

（1）减振合金

减振合金又称阻尼合金或低噪声合金。它既能吸收振动能量又能满足结构要求，把它制成片、圈、塞等各种形状的制品，安装在振动冲击和发声强烈的机件上，或把它作为结构材料直接代替机械振动和发声的部件，可以减少机械噪声的辐射。对于振源集中的机械来说，减振合金将会使整机噪声有明显下降。因此用减振合金来控制机械噪声是一项极为简单而有效的声源控制措施。

近年来国内不少科研单位为解决工厂机械噪声问题，如纺织机、冲床、剁锉机等依靠撞击和冲击力做功的机械设备噪声，研制出了各类减振合金，如BJ系列的BJ-1锰铜锌，BJ-2和BJ-3铁铬铝、铁铬钼减振合金，MC-77锰铜型、AJ-1型铁磁型等高阻尼合金都有比较好的减振降噪效果，同时在加工、耐高温等方面均有比较理想的效果。

减振合金之所以能消耗振动的能量，主要是因为合金内部存在一定的可动区域，当它受到外力作用即振动时，具有阻尼松弛作用，由于摩擦、振动产生滞后损耗，振动能转化为热能而被消耗掉。

减振合金不仅可以减少机械及其部件所产生的噪声，而且能吸收振动能量，使振动极快地衰减，避免由于机件的激烈振动而引起的疲劳损伤，可以延长机件的使用寿命。

噪声与振动控制工程中选用的减振合金应具有阻尼性能好，兼有钢铁良好的硬强度性能，易于机械加工，并根据使用要求具有耐腐蚀、耐高温和成本低等特性。

对于不同的机械噪声源，要有针对性地采取相应的措施，因此，在应用减振合金时，需先认真分析，准确判定机械噪声发声部位，即进行声源定位，了解噪声振动产生的原因、辐射噪声机件的特性，如尺寸、形状、工作状况等，否则，不仅会浪费材料，而且降噪效果也可能达不到理想的效果。

（2）减振阻尼涂料

使用金属板材做隔声罩、隔声屏或通风管道等隔声装置时，由于金属板材容易受激振而辐射噪声，为了更有效地抑制振动，需在薄钢板上紧紧贴上或喷涂上一层内摩擦阻力大的黏弹性、高阻尼材料（如沥青、石棉漆、软橡胶或其他黏弹性高分子涂料配制成的阻尼浆）。这种措施称为阻尼减振，它是噪声与振动控制的重要手段之一。

阻尼材料的阻尼性能与温度密切相关，在工程实践中常用的阻尼结构可以在常温状态下起到良好制振作用，有些特殊场合则需要在-100~1000℃的温度范围内使用阻尼材料。

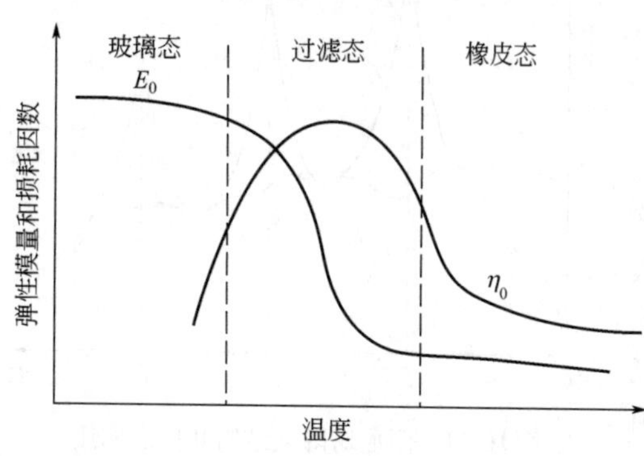

图10-22　弹性模量E_0和损耗因数η_0与温度的关系

弹性模量E_0和损耗因数η_0与温度的关系如图10-22所示。一般阻尼材料（如橡胶类、高分子聚合物以及沥青作为基料的阻尼材料），在低温区呈现玻璃态。在这种状态下，虽然弹性模量大，但损耗因数极小。一般阻尼材料在高温区呈现软的橡皮态，弹性模量与损耗因数均很小。在上述两种状态下阻尼材料都不能发挥减振效能，处于两态中间的过渡态是温度适中区，损耗因数最大，弹性模量适中，是阻尼材料的最佳适用温度。典型阻尼材料的损耗因数可以从10^{-4}变化到1.0或2.0，弹性模量可以从$2N/cm^2$变到$2\times10^4N/cm^2$。

阻尼材料的性能与其振动频率亦有关系。在低频区域，橡胶类阻尼材料能很好地“顺从”激振力的作用，应变与应力几乎没有相位差，故损耗因数很小；在高频区阻尼材料又显得很硬，损耗因数亦小；只是在其中某一段频率，才具有较好的阻尼性能。

在选用阻尼材料时应注意使用环境的温度和振动频率特性，这样才能取得阻尼减振的效果。加厚阻尼层可以使适用的温度和频率范围有所扩展。

表10-14列出了室温下声频范围内几种结构材料的损耗因数。表10-15列出了几种阻尼涂料的损耗因数和动态弹性模量。

表10-14　室温下声频范围内几种结构材料的损耗因数

材料	损耗因数	材料	损耗因数
铝	10^{-2}	镁	10^{-4}
黄铜、青铜	$<10^{-3}$	石块	$(5\sim7)\times10^{-3}$
砖	$(1\sim2)\times10^{-2}$	木、丛木	$(0.8\sim1)\times10^{-3}$
混凝土(轻质)	1.5×10^{-2}	灰泥、熟石膏	5×10^{-2}
混凝土(多孔)	1.5×10^{-2}	人造荧光树脂	$(2\sim4)\times10^{-2}$
混凝土(重质)	1.5×10^{-2}	胶合板	$(1\sim1.3)\times10^{-2}$
铜	2×10^{-3}	沙(干燥)	0.6~0.12
软木	0.13×10^{-2}	铜、生铁	$(1\sim6)\times10^{-3}$
玻璃	$(0.6\sim2)\times10^{-3}$	锡	2×10^{-3}
石膏板	$(0.6\sim3)\times10^{-3}$	木纤维板	$(1\sim3)\times10^{-2}$
铅	$(0.5\sim2)\times10^{-2}$	锌	3×10^{-4}

表 10-15 几种阻尼涂料的损耗因数和动态弹性模量

材料名称	密度/(1000kg/m³)	频率/Hz	$\eta_0/10^{-2}$	$E_0/(10^{-9}\mathrm{N/m^2})$
E-6涂料	0.971	41.64	5.6	9.5
E-6涂料	1.17	38.78	19	8.56
防振胶-1	1.50	40.57	13	1.9
防振胶-2	1.28	40.84	25	7.94
防振胶-3	0.375	38.48	24	0.477
634#环氧树脂	1.36	40.14	78	0.114
环氧树脂(硅石粉填充)	0.938	40.60	42	0.171
沥青(石棉绒填充)	1.04	34.00	2.3	0.0109
船漆(硅石粉填充)	1.34	38.08	42.6	0.108

阻尼材料是由良好的胶黏剂并加入适量的增塑剂、填料、辅助剂组成的，胶黏剂通常用沥青、橡胶、塑料类等，对于塑料类胶黏剂，可用两种不同的均聚物进行共聚。

沥青是常用的建筑材料，为碳氢化合物的胶体结构，除天然沥青外，通常又分为石油沥青与煤沥青，它们都是石油工业与煤炭工业提炼后的残留材料。沥青比较容易取得，使用方便，因此是最早用来作为阻尼材料的胶黏剂，但是其缺点是弹性模量E_0和损耗因数η_0都不够高，而且温度敏感性强，性能不够稳定；温度稍高时容易流淌，温度稍低又易脆易裂。由石油直接蒸馏而剩余的材料称直馏沥青，如在蒸馏过程中将空气吹进直馏沥青中，在230~280℃因氧化而发生脱氢、重缩合反应，则成为高黏度、高弹性的硬质沥青。这就是吹制沥青，吹制沥青的黏度较直馏沥青高，感温性小。

为了改善沥青的使用性能，可采用掺入橡胶、树脂及利用催化剂的方法。掺入橡胶的沥青，系在沥青中掺入2%~5%的粉状、液态或固态的橡胶；掺入树脂的沥青，系在沥青中掺入石油系树脂，例如聚乙烯、聚丙烯等。上述方法都能改进沥青的低温脆性与高温的稳定性并增加抗冲击性、耐磨性与耐用性。采用沥青为胶黏剂的阻尼材料，通常配制成阻尼涂料，涂料使用方便，不拘于构件的形状，可采用喷涂或分层涂刷。为了加强沥青涂层的强度、黏滞性与减少感温性，可加填充料或纤维性材料。

高分子物质中，有天然产的材料，但大部分是人工合成的高分子材料，如醋酸纤维、氯化橡胶；另外是由低分子化合物进行聚合反应而合成的合成高分子材料，如氯乙烯、聚乙烯等。通常用于阻尼材料的合成高分子材料，主要为合成树脂与合成橡胶，合成树脂又分为热塑性和热固性两种。塑料便是以合成树脂为主要成分，并在其中加入填充料、增塑剂、稳定剂、着色剂等形成的。

合成橡胶与合成树脂不同的地方，是合成橡胶没有结晶部分，典型的合成橡胶有苯乙烯与丁二烯的共聚物SBR（丁苯橡胶）、丙烯腈与丁二烯的共聚物NBR（丁腈橡胶）、氯丁二烯的聚合物（氯丁橡胶）、异丁烯与甲基丁二烯的共聚物JTR（丁基橡胶的前身）等。

10.3.3 阻尼基本结构

由于大多数金属材料的损耗因数（亦称损耗因子）较小，金属构件自由振动时衰减得很慢，为此，人们采用外加阻尼材料来抑制结构振动，提高结构的抗振性、稳定性，从而得到降低噪声的阻尼结构。常见的阻尼结构可分为自由阻尼层结构和约束阻尼层结构。

（1）自由阻尼层结构

自由阻尼层结构是将黏弹性阻尼材料，牢固地粘贴或涂抹在作为振动构件的金属薄板的一面或两面。金属薄板为基层板，阻尼材料形成阻尼层，如图10-23（a）、（b）所示。从图中可以看出，当基层板做弯曲振动时，板和阻尼层自由压缩和拉伸，阻尼层将损耗较大的振动能量，从而使振动减弱。

自由阻尼层结构的损耗因子与阻尼层的厚度等因素的关系可用下式近似表示：

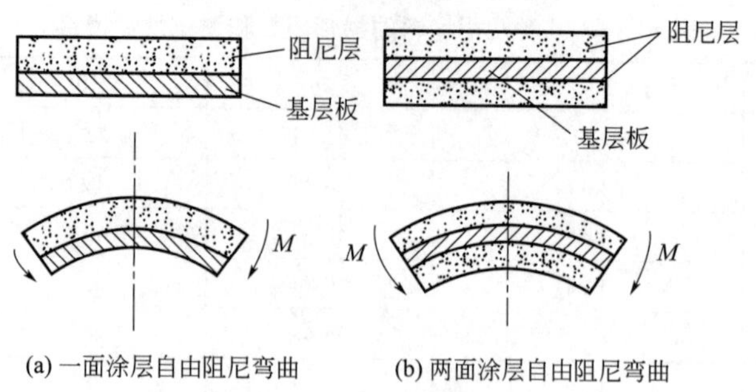

图10-23 自由阻尼层结构

$$\eta = 14\left(\frac{\eta_2 E_1}{E_2}\right)\left(\frac{d_2}{d_1}\right)^2 \tag{10-25}$$

式中 η——基层板与阻尼层组合的损耗因子；

η_2——阻尼材料的损耗因子；

E_1——基层板的弹性模量，Pa；

E_2——阻尼材料的弹性模量，Pa；

d_1——基层板的厚度，mm；

d_2——阻尼材料层的厚度，mm。

由式（10-25）可以看出，损耗因子与相对厚度d_2/d_1的平方成正比；d_2/d_1的值一般取2~4为宜。比值过小，收不到应有的阻尼效果；比值过大，阻尼效果增加不明显，会造成阻尼材料的浪费。从实验研究中发现，对于薄金属板，厚度在3mm以下，可收到明显的减振降噪效果；对于厚度在5mm以上的金属板，减振降噪效果则不够明显，还造成阻尼材料的浪费。因此，阻尼减振降噪措施一般仅适用降低薄板的振动。这种阻尼结构措施，涂层工艺简单，取材方便。但阻尼层较厚，外观不够理想。一般用于管道包扎、消声器及隔声设备易振动的结构上。

（2）具有间隔层的自由阻尼层结构

为了进一步增加阻尼层的拉伸与压缩，可在基层板与阻尼层之间再增加一层能承受较大剪切力的间隔层。增加层通常设计成蜂窝结构，它可以是黏弹性材料，也可以是类似玻璃纤维那样依靠库仑摩擦产生阻尼的纤维材料。增加层的底部与基层板牢固黏合，而顶部与阻尼层牢固黏合。其结构如图10-24所示。

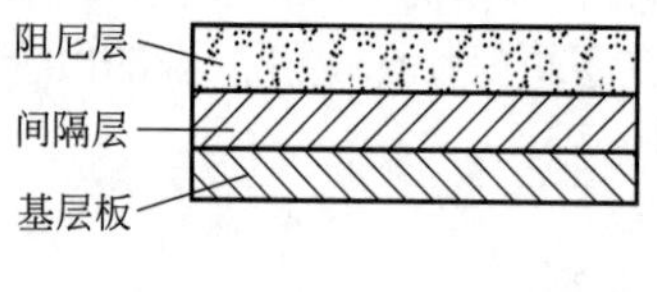

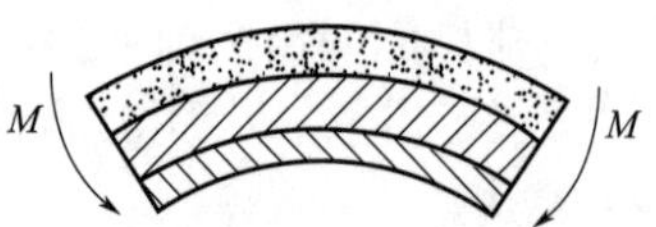

图10-24 具有隔层的自由阻尼层结构

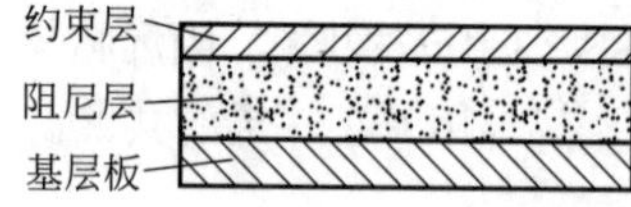

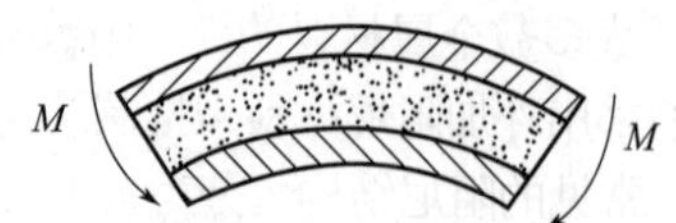

图10-25 约束阻尼层结构

（3）约束阻尼层结构

若将阻尼层牢固地粘贴在基层金属板后，再在阻尼层上部牢固地黏合刚度比较大的约束层（通常是金属板），这种结构称为约束阻尼层结构，如图10-25所示。图中，当基层板发生弯曲变形时，约束层相应弯曲与基层板保持平行，其长度仍几乎保持不变。此时阻尼层下部将受压缩，而上部受到拉伸，即相当于基层板相对于约束层产生滑移运动，阻尼层产生剪应变，不断往复变化，从而达到消耗机械振动能量的目的。

约束阻尼层结构与自由阻尼层结构不同，运动形式也不同，约束阻尼层结构可提高机械振动能量的消耗。一般选用的约束层是与基层板材料相同、厚度相等的对称型结构，也可选择约束层厚度仅为基层板的1/4~1/2的结构。

(4) 复合阻尼层结构

除了上述介绍的几种阻尼结构外，复合阻尼结构在减振降噪工程中也得到了应用，它是用薄黏弹性材料将几层金属板粘接在一起的具有高阻尼特性，并保持金属板强度的约束阻尼层结构。阻尼层厚度约为0.1mm，在常温和高温（100ºC）下具有良好的阻尼特性；它对振动能量的耗散，从一般普通弹性形变做功的损耗，提高为高弹性形变的做功损耗，使形变滞后应力的程度增加。另外，这种约束阻尼结构，在受激振时，其层间形成的剪应力和剪应变远远大于自由阻尼结构拉压变形所耗散的能量，损耗因子一般在0.3以上，最大峰值可达0.85，并且具有宽频带控制特性，在很大的频率范围内起到抑制峰值的作用。

复合阻尼层结构通常为2~5层，基层板常选用不锈钢、耐摩擦钢。复合阻尼层结构已普遍应用于普通工程机械中，如电动机机壳、空压机机壳、凿岩机内衬、隔声罩及消声器钢板结构等。实践证明，减振降噪效果良好。

采用上述几种阻尼结构时，要充分保证阻尼层与基层板的牢固粘接，防止开裂、脱皮等。如形成“两层皮”，再好的阻尼材料，也不会收到好的减振降噪效果。同时，还应考虑阻尼结构的使用条件，如防燃、防油、防腐蚀、隔热等方面的要求。

习题与思考题

1. 质量为500kg的机器支撑在刚度为k=900N/cm的钢弹簧上，该机器的转速为3000r/min，因转动不平衡而产生1000N的干扰力，设系统的阻尼比ζ=0，试求传递到基础上的力的振幅值。

2. 有一台转速为800r/min的机器安装在钢架上，系统总质量为2000kg，试设计钢弹簧隔振装置，要求在振动干扰频率附近降低振动级20dB，设弹簧圈的直径为4cm，钢的切变模量为8×10^5kg/cm^2，允许扭转张力为4.3×10^3kg/cm^2。

3. 一台风机安装在一厚钢板上，如果在钢板的下面垫4个钢弹簧，已知弹簧的静态压缩量为x=1cm，风机的转速为900r/min，弹簧的阻尼忽略不计，试求隔振比和传递效率。

4. 有一台转速为1500r/min的机器，在未做隔振处理前，测得基础上的力振级为80dB（指此频率），为了使机器的力振级降低20dB，问需要选取静态压缩量为多大的弹簧才能满足要求？设阻尼比ζ=0。

5. 一台风机连同机座总重量为8000N，转速为1000r/min，试设计一种隔振装置，将风机的振动激励力减弱为原来的10%。

6. 有一台自重600kg的机器，转速为2000r/min，安装在1m×2m×0.lm的钢筋混凝土底板上，选用6块带圆孔的橡胶作隔振垫块，试计算橡胶垫块的厚度和面积，设钢筋混凝土的密度为2000kg/m^3。

7. 某机组设备重为8000N，转速为2000r/min，安装在1.5m×2.5m×0.7m的钢筋混凝土底板上，试设计设备的隔振装置，并要求振动级降低20dB。

8. 一台机械设备转速为800r/min，安装在钢架上，系统总质量为8000kg，试设计4个钢弹簧对角线布置，要求振动干扰频率附近降低振动级20dB。

9. 一机组重1000kg，转速为2400r/min，质量均匀分布，要求选用4个钢弹簧隔振，使力传递率为0.1。试问弹簧的静态压缩量为多少？每个弹簧的力常数为多少？

下篇 应用篇

第11章

噪声控制技术应用

噪声控制途径不外乎三个方面：一是从声源上进行控制，称为积极主动治理或有源噪声控制；二是在传播途径上加以控制，即消极被动治理，又称为无源噪声控制；三是在接受者身上采取隔离措施，减小噪声对接受者的危害。无源噪声控制是一种传统的、有效的、常用的技术，包括消声、吸声、隔声、隔振、阻尼减振等。本章重点对吸声、隔声、消声无源噪声控制和有源噪声控制技术等应用情况进行介绍。

11.1　吸声降噪技术应用

利用吸声处理在噪声传播途径上进行噪声控制是一种传统的、常用的、有效的方法之一，在工业生产和民用建筑中广泛使用。实际上，消声隔声等噪声控制措施也要利用吸声材料和吸声结构。在室内，声源发出的声音遇到墙面、顶棚、地坪及其他物体表面时，都会发生反射现象。当机器设备在室内开动时，人们听到的噪声除了直达声外，还可听到由这些表面多次来回反射而形成的反射声，也可称为混响声。人们的主观感觉是，同一台机器，在室内（一般房间）开动比在室外开动要响。实测结果也表明，一般室内比室外高3~10dB。如果在室内顶棚和四壁安装吸声材料或悬挂吸声体，将室内反射声吸收掉一部分，室内噪声级将会降低，这种控制噪声的方法称为吸声降噪。虽然吸声降噪是一种消极的做法，但随着噪声控制工业的发展，吸声降噪技术又有新的进展。一般来说，吸声处理只能降低反射声的影响，对直达声是无能为力的，故不能希望通过吸声处理而降低直达声，吸声措施的降噪效果是有限的。吸声材料（结构）种类很多，根据材料结构的不同可以分为多孔吸声材料、共振吸声结构、特殊吸声结构等。

11.1.1　多孔吸声材料应用

多孔吸声材料是普遍应用的吸声材料，主要包括纤维材料和泡沫材料，按其选用的物理特性和外观主要分为有机纤维吸声材料、无机纤维吸声材料、金属纤维吸声材料、泡沫吸声材料、泡沫金属吸声材料等。

（1）多孔泡沫玻璃吸声材料应用实例

某隔热材料厂仪表室内噪声大，混响严重。采用多孔吸声材料进行噪声治理。该仪表室长宽高为7.76m×3.74m×3.10m。吸声处理前墙面及顶棚均为石灰粉刷，地面为水泥地坪，采用泡沫玻璃制品做吸声处理。共计吸声表面积100m^{2}左右，顶棚贴厚度为20~40mm尺寸为200mm×300mm劈形泡沫玻璃制品，呈交错状排列以增加吸声表面积。墙面贴实厚度为30mm尺寸为200mm×300mm平板形泡沫玻璃制品，墙裙部分用穿孔三夹板作为护墙板，地面未作处理。

对仪表室降噪效果进行测量，测量时采用1/3倍频程，选择3个测量点，一点设在房间中央，其他两点离反射面1m，声源置于房间一角，对采用吸声处理前后的房间混响时间进行比较，检验泡沫玻璃制品的吸声效果。试验结果如表11-1所示，说明多孔泡沫玻璃吸声材料制品具有良好的吸声性能，就中心频率500Hz而言，其混响时间从4.63s下降到0.2s，效果显著。

表 11-1　降噪测试结果

中心频率/Hz	125	250	500	1000	1600
吸声处理前混响时间/s	5.50	5.78	4.63	4.23	3.27
吸声处理后混响时间/s	0.73	0.26	0.20	0.25	0.21
降噪量ΔL/dB	8.8	13	14	12	12

上海地铁站环控机房设有风机、水泵、空调箱及冷水机组等众多分散布置声源，地下机房面积1000m²，机房呈封闭型。为此，机房噪声较地面机房同声级噪声增大10dB，风机最大声功率级达115dB 。因此，无论何处直达声均较强。同时，由于机房是钢筋混凝土结构，如不做建筑吸声处理，其间接反射声大，混响时间亦长， 经计算以频率500Hz为例， 其混响时间长达13s 之久。为此，除对声源采取消声、隔声和隔振等技术措施外，在机房墙裙之上的墙面和顶板处贴实多孔泡沫玻璃制品做吸声处理 ，以降低反射声减少混响时间，并达到吸声降噪目的，使机房内噪声达到允许标准。采用尺寸300mm×300mm，厚度为30~50mm 泡沫玻璃制品，即制品最小厚度为30mm，最大厚度为50mm，其表面层呈楔形，作锯齿顺序排列，并在每块制品之间留有纵向和横向缝隙，以增加吸声面积。降噪效果如表11-2所示。

表 11-2　降噪效果表

中心频率/Hz	125	250	500	1000	1600
吸声处理后混响时间/s	3.70	0.94	0.62	0.71	0.65
降噪量ΔL/dB	9.1	14.2	13.2	12.6	13.0

(2) 某冷冻压缩机房吸声降噪实例

① 概况　某冷冻压缩机房的尺寸为10.8m（长）×9.8m（宽）×5.5m（高）。屋顶为钢筋混凝土预制板，壁面为砖墙水泥粉刷，两侧墙上有大片玻璃窗，共计52m²，约占整个墙面面积的44%。机房内安装有6台压缩机组，其中2台8ASJ17型，转速为720r/min，3台S8-12.5型和1台4AV-12.5型机组，转速为960r/min。压缩机组位置和噪声测点布置如图11-1所示。当3台机组（其中8ASJ17型1台和S8-12.5型2台）运转时，机房内的平均噪声级为89dB；当6台机组全部运转，机房内噪声级高达92dB。为了改善工人劳动条件，消除噪声对人体健康的影响，需对其进行噪声治理。

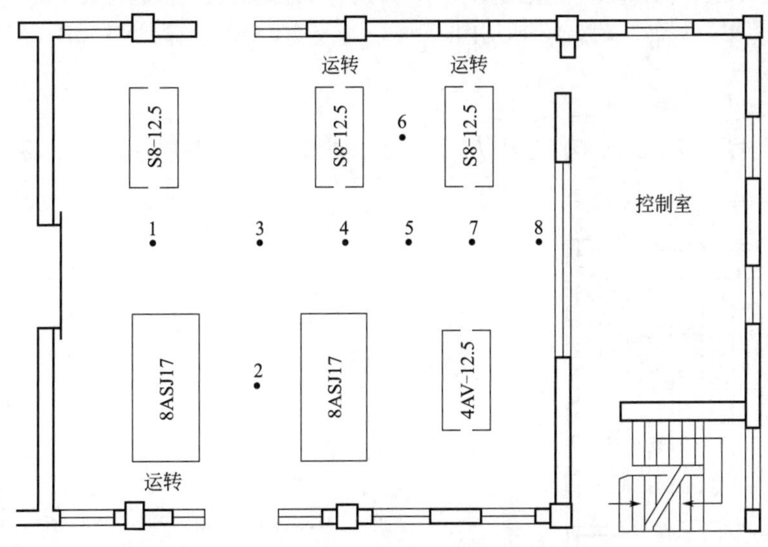

图 11-1　压缩机房内机组位置和噪声测点布置

由于机组操作人员需要根据机器发出的噪声判断其运转是否正常，为此选择吸声降噪方法进行噪声治理。

② 吸声材料和布置　选用的吸声材料为蜂窝复合吸声板，它由硬质纤维板、纸蜂窝、膨胀珍珠岩、玻璃纤维布及穿孔塑料片复合而成，厚度为50mm，分单面和双面。吸声体构造如图11-2所示。

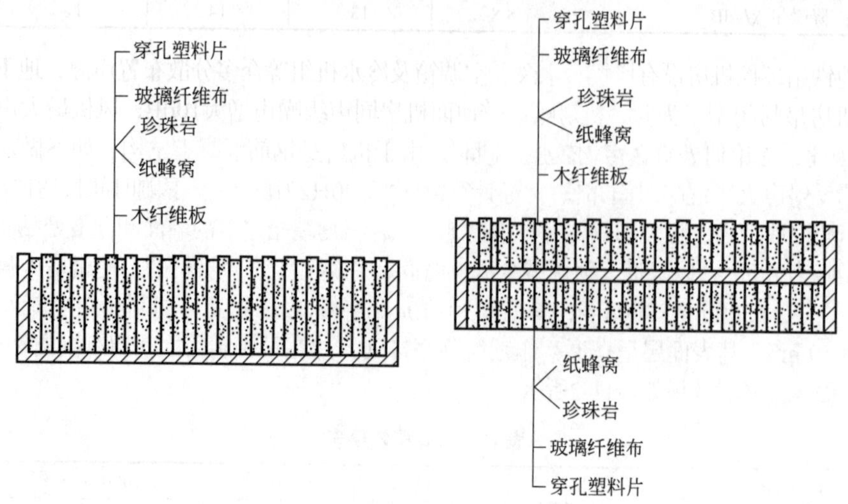

图11-2　蜂窝复合吸声板结构

该吸声体具有较高的刚度，能承受一定的冲击，不易损坏，吸声效率高等特性。吸声材料布置在机房内四周墙面和平顶上。为了使吸声材料不易受碰撞而损坏，单面蜂窝复合板安装在台底以上的墙面上，材料后背与墙面之间留有5cm空气层，吸声材料面积为72m²，约占墙面面积的31.7%。平顶为双面蜂窝复合吸声板浮云式吊顶，吸声板之间留有较大空档，使其上下两面均能起吸声作用。材料面积为44m²，约占平顶面积的42%。平顶的吸声处理布置如图11-3所示。

③ 降噪效果　吸声降噪处理后，机组运转情况和吸声处理前相同，在原来的噪声测点进行了声压级测量，机房内平均噪声级已降到80.7dB（A）。吸声降噪前、后机房内的平均声压级如图11-4所示。试验结果表明，低频的降噪量比较小，中高频的降噪量比较大，这与吸声材料的吸声特性是吻合的。本工程吸声降噪效果明显，机房内的噪声已从89dB（A）下降到80.7dB（A），噪声效果明显，工人反映良好。

(3) 某大学报告厅建声设计

某大学报告厅建成于2009年，主要以会议、演讲使用为主，满场座位468个，设计观众厅容积

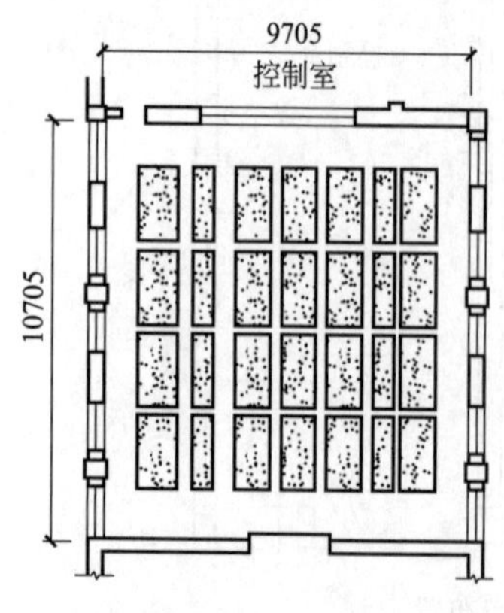

图11-3　平顶吸声材料布置

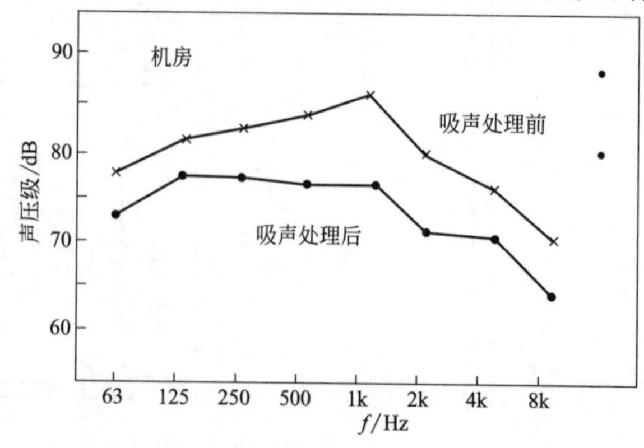

图11-4　吸声降噪前后实测的平均声压级

为4100m³，按声学要求属于以语言使用为主的大厅。建筑声学设计主要包括报告厅容积确定及体型设计、报告厅混响设计、报告厅背景噪声控制等内容。

图11-5为报告厅平面图及侧墙反射声声线图，图11-6为报告厅剖面及顶棚反射声覆盖区域示意图。

根据报告厅主要以语言使用为主的功能要求，设计满场中频（500Hz）混响时间（0.8±0.1）s。观众厅要求混响时间特性为中高频基本平直，低频允许有一定提升，高频允许有一定降低。因报告厅的每座容积率为9m³/座，而混响时间要求相对又偏短，因此在建声设计中就必

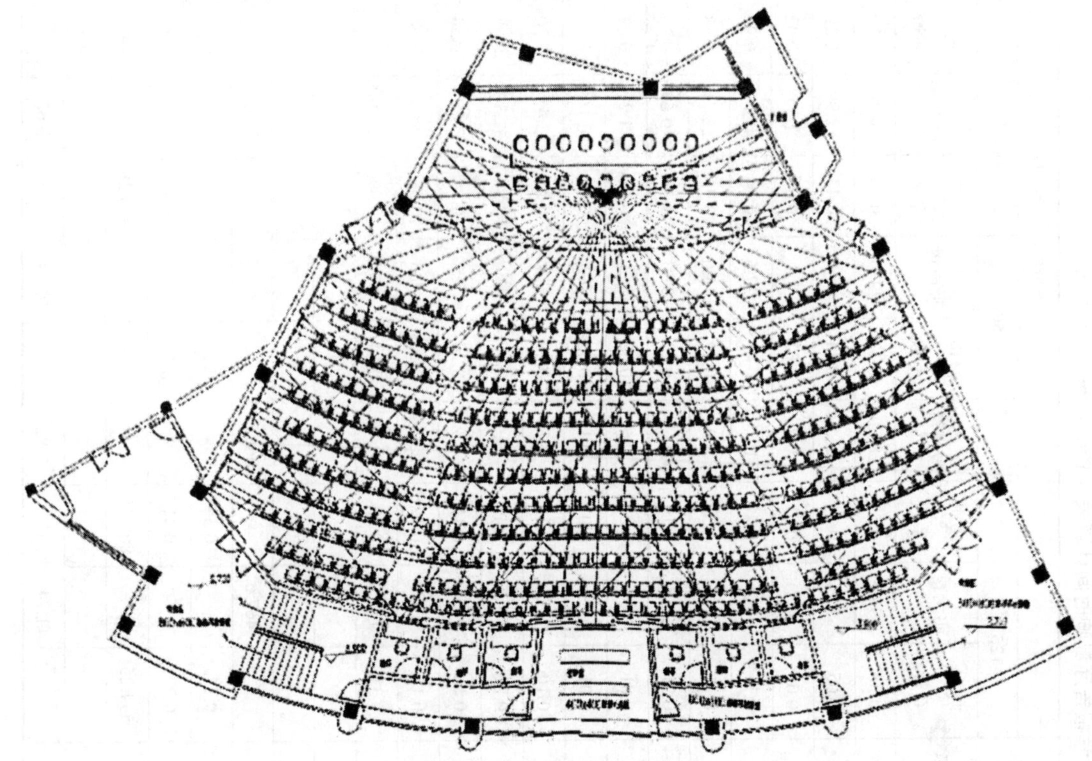

图11-5　报告厅平面及侧墙反射声声线分析图

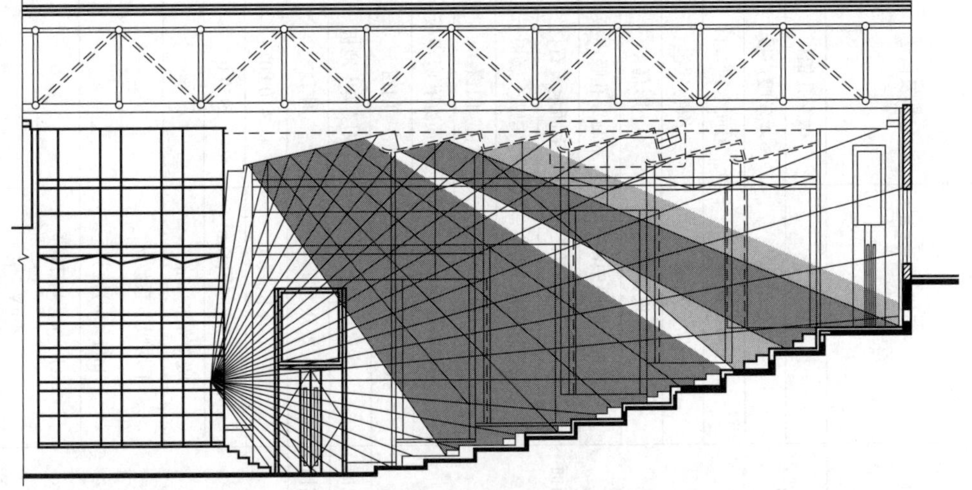

图11-6　报告厅剖面及顶棚反射声覆盖区域分析图

表 11-3　某大学报告厅混响时间计算表（V=1400m³，S=1959m²）

项目	部位	材料及做法	面积/m²	倍频带中心频率/Hz											
				125		250		500		1000		2000		4000	
				吸声系数	吸声量	吸声系数	吸声量	吸声系数	吸声量	吸声系数	吸声量	吸声系数	吸声量	吸声系数	吸声量
1.天花板	报告厅顶部	微穿孔铝板	520.0	0.38	197.6	0.55	286.0	0.43	223.6	0.50	260.00	0.29	150.8	0.07	36.4
	主席台顶部	木丝吸声板	193.0	0.05	9.7	0.14	27.0	0.34	65.6	0.43	82.99	0.39	75.3	0.53	102.3
2.墙面	主席台侧墙	毛面米黄石材	68.7	0.01	0.7	0.01	0.7	0.02	1.4	0.02	1.37	0.02	1.4	0.03	2.1
	主席台后墙	织物软包	56.3	0.11	6.2	0.29	16.3	0.49	27.6	0.74	41.67	0.98	55.2	0.96	54.1
	主席台投影幕	影幕	30.7	0.11	3.4	0.29	8.9	0.49	15.0	0.74	22.71	0.98	30.1	0.93	29.5
	报告厅侧墙中部	木制穿孔吸声板	107.1	0.21	22.5	0.19	20.3	0.29	31.3	0.38	40.69	0.38	40.7	0.54	57.8
	报告厅侧墙上部	毛面米黄石材	60.0	0.01	0.6	0.01	0.6	0.02	1.2	0.02	1.2	0.02	1.2	0.03	1.8
	报告厅侧墙下部	实贴金属板	8.2	0.01	0.1	0.01	0.1	0.02	0.2	0.02	0.16	0.02	0.2	0.03	0.2
	门窗	门窗	21.8	0.10	2.2	0.15	3.3	0.20	4.4	0.25	5.45	0.30	6.5	0.30	6.5
	报告厅后墙	木质穿孔吸声板	150.9	0.21	31.7	0.49	73.9	0.29	43.8	0.38	57.34	0.38	57.34	0.54	81.5
	报告厅后部门窗	门窗	29.0	0.10	2.9	0.15	4.3	0.20	5.8	0.25	7.24	0.30	8.7	0.30	8.7
3.地面	主席台地面	双层实木地板	193.0	0.15	29.0	0.12	23.2	0.10	19.3	0.08	15.4	0.08	15.4	0.08	15.4
4.座椅	观众厅	座椅	520.0	0.31	161.2	0.38	197.6	0.54	280.8	0.50	260.00	0.72	474.4	0.88	457.6
5.计算	室内总体积 V/m³	4100.0													
	室内总内表面积 S/m²	1959.0													
	吸声量 $S\times\alpha$/m²				467.6		662.3		719.7		796.3		817.2		853.9
	平均吸声系数 $\overline{\alpha}$			0.24		0.34		0.37		0.41		0.42		0.44	
	$-\ln(1-\alpha)$换算			0.27		0.41		0.46		0.52		0.54		0.57	
	$-\ln(1-\alpha)\times S$换算			534.25		808.28		896.93		973.28		944.17		950.44	
	−4mV											36.90		90.20	
	满场混响时间/s				1.24		0.82		0.74		0.68		0.67		0.63

图11-7　报告厅内景照片

须考虑采取较多的吸声措施，以使观众厅内有足够的吸声量。由观众席混响时间计算结果分析表明，在中频段观众席所需吸声量约为总吸声量的2/5左右，其建筑声学装修所需吸声量则为总吸声量的3/5左右；而在中高频范围内观众席吸声量占所需吸声量的3/5左右。报告厅内的吸声量计算如表11-3所示（取室内温度为20℃，湿度为60%，材料均为声学统计面积）。

竣工后进行混响时间等声学指标验收测试，空场混响时间测试结果列于表11-4，达到了设计目标。图11-7为报告厅内景实照。

表11-4　某大学报告厅混响时间实测值（空场）

频率/Hz	125	250	500	1000	2000	4000
混响时间/s	1.09	0.99	0.86	0.76	0.68	0.65

11.1.2　共振吸收结构的应用

当吸声材料和结构的自振频率与声波的频率一致时，发生共振，声波激发吸声材料和结构产生振动，并使振幅达到最大，从而消耗声能，达到吸声的目的。因此共振吸声材料和结构的吸声特征呈现峰值吸声的现象，即吸声系数在某一个频率达到最大，离开这个频率吸声系数逐渐降低，在远离这个频率的频段则吸声系数很低。主要对中低频有很好的吸声特性。

共振吸声结构一般包括薄板共振吸声结构、薄膜共振吸声结构、穿孔板共振吸声结构、微穿孔板共振吸声结构等。玻璃、胶合板、石膏板、石棉水泥板或金属板均可以作为共振吸声结构。因为低频声比高频声更容易激起薄板振动，所以它具有低频吸声特性。工程中常用的薄板共振吸声结构的共振频率范围为80~300Hz，其吸声系数为0.2~0.5。皮革、人造革、塑料薄膜等具有不透气、柔软、受张拉时有弹性等特征，这些材料与其背后的空气层形成共振系统，吸收共振频率附近的声能。通常薄膜的共振频率在200~1000Hz，最大吸声系数为0.3~0.4，一般可视为中、低频吸声材料。穿孔板共振吸声结构在吸声降噪中被广泛应用。如将穿孔板共振吸声结构应用在天花板或墙面上，以增加壁面声吸收，减小反射声。穿孔板共振吸声结构除了良好的吸声性能以外，还有许多其他的优点，具有护面保护作用、装饰效果、较好的流体通过性，还能防尘防沙等。共振频率在100~4000Hz，最大吸声系数为 0.3~0.5。

(1) 石膏穿孔吸声结构在直播教室吸声降噪中的应用

某大学直播教室主要功能为讲课，兼作电视教学节目同期传输的制作。在开课班级较多的情况下，通过网络数字信息传输到其他教室，实现远程网络教学。音质设计为了提高语言清晰度，最佳混响时间采取0.5s。拟采用石膏穿孔吸声结构作为吊顶，降低室内混响时间。空腔共振吸声结构主要由下列4个部分构成，见图11-8。

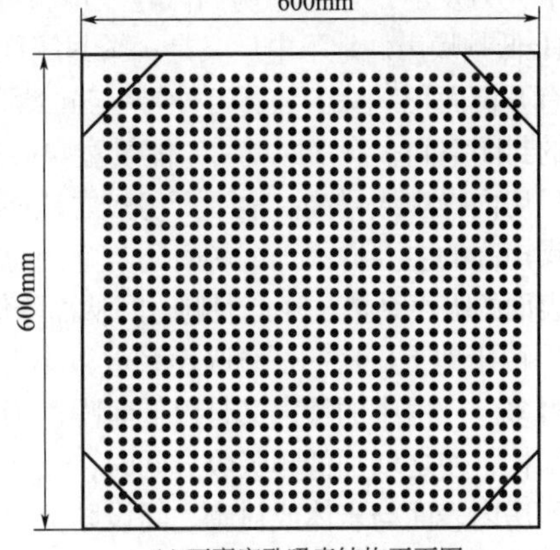

(a) 石膏穿孔吸声结构平面图

(b) 石膏穿孔吸声结构剖面图

图11-8　空腔共振吸声结构

该结构面板采用某厂生产的纸面石膏穿孔板，规格

为600mm×600mm×9mm，孔径6mm，孔距18mm，穿孔率8.7%。后板采用和面板规格相同的材料，不穿孔。空腔填充材料为某厂生产的密度为0.3kg/m³的0.5kg超细玻璃棉。侧板为15mm厚600mm×82mm木板。

① 吸声结构的组装　先在楼板下做好轻钢龙骨格栅，用挂件把直径为100mm的圆钢管与轻钢龙骨相连。直径为100mm的圆钢管之间由直径为10mm的圆钢筋拉牢，避免水平方向的移动。最后把空腔共振吸声结构预留的4根直径为6mm的圆钢筋搁置在直径为100mm的圆钢管上并焊牢。

② 吸声结构的测试　经过测试，该结构各频率平均吸声系数$\overline{\alpha}=0.63$，单只平均吸声量$\overline{A}=0.28\text{m}^2$（等效吸声面积），并具有较好的吸声频率特性（详见表11-5）。

表 11-5　共振吸声结构吸声频率特性

频率/Hz	125	250	500	1000	2000	4000
吸声系数	0.40	0.89	0.66	0.64	0.52	0.36
吸声量/m²	0.27	0.41	0.34	0.26	0.21	0.16

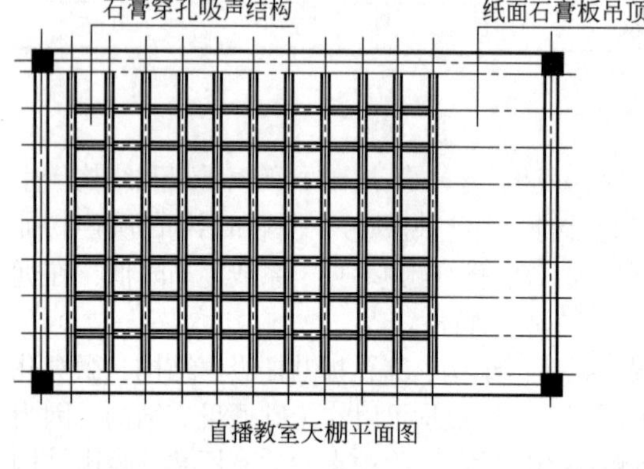

图 11-9　顶棚平面图

直播教室的容积为132m³，按赛宾公式估计，室内界面需提供42赛宾的吸声量。教室可容纳30人左右，按每人加座椅提供0.3赛宾吸声量计算，30人有9赛宾。剩余的33赛宾由空腔共振吸声结构承担，需33÷0.66=50(m²)。因此，只要在顶棚上满布上述吸声结构就能满足设计要求。具体设计见图11-9。

建成后，在座椅未布置的条件下，空场测试，混响时间0.54s（500Hz），符合设计要求。经过业主试用，得到一致好评。

(2) 共振吸收结构在某地下发电厂的应用

某地下发电厂是一个单机装机容量10万kW的地下火力发电厂。主厂房内汽轮发电机的噪声近110dB，来源于主机的旋转噪声，其峰值频率为50Hz低频噪声。地下电厂又是一个封闭厂房，四周和顶部都是坚硬的岩体，或内表面喷射混凝土，没有开窗面积（除少数通道外），与同类型地面厂房比较，吸声性能很差。设备辐射的噪声在低吸收的封闭空间多次来回反射，能量衰减很慢，形成持续嗡嗡的混响声，使厂房内噪声级增高。地下厂房较之地面厂房的混响时间长是地下厂房噪声高的主要原因。混响时间与室内总的吸收单位成反比。增加房内表面的吸声系数是降低混响时间从而降低噪声的主要措施。

由于地下厂房的低频吸声系数很小，则低频混响时间较中、高频长得多。厂房中的噪声又是以低频噪声为主，所以选择和设计低频吸声结构，使之增加低频吸收。同时，还要考虑地下厂房防水防潮，须在厂房内表面与岩体或衬砌之间设防潮层，砌筑防潮墙。为此，我们将吸声和防潮措施结合起来，设计一种既是低频吸声墙又是防潮墙的构造，即用预制钢筋混凝土槽形板，把槽口面向厂房，外挂穿孔钢丝网水泥板贴沥青矿棉毡及空腔构成。按亥姆霍兹共振器的原理设计，即由一个有刚性壁的空腔和连通空腔的颈组成。具体尺寸为穿孔板厚2cm，穿孔直径2cm，空腔20cm深。用三种穿孔率来加宽吸声频带，40cm×40cm的一个单元，采用2孔（穿孔率0.39%）、13孔（穿孔率2.55%）、41孔（穿孔率8.05%）三种，为照顾中高频吸收，在槽板室

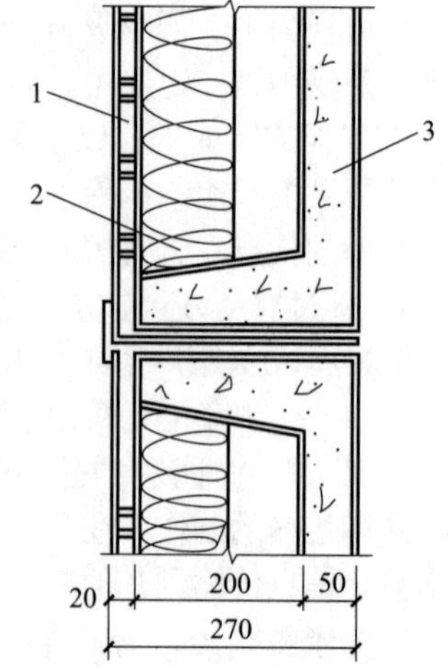

图 11-10　低频吸声结构简图

1—20厚穿孔钢丝网水泥板；2—50厚沥青矿棉毡；3—防潮槽板

腔内靠穿孔板一侧加填5cm厚的沥青矿棉毡，在实验室40cm×40cm截面的驻波管内做吸声性能试验。该低频吸声结构的造构图、三种穿孔面板的穿孔排列及吸声性能分别见图11-10~11-12。

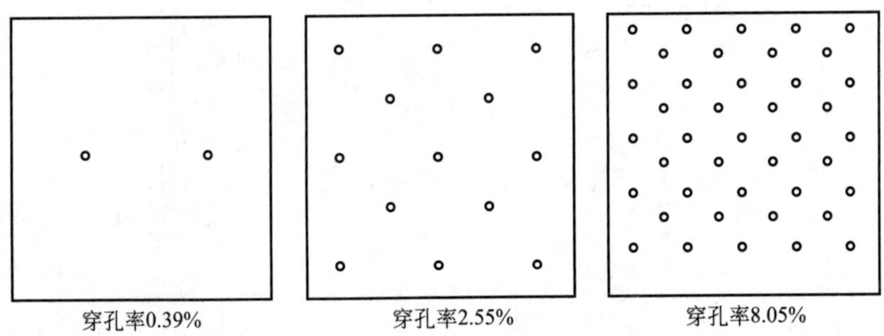

图11-11　三种穿孔板面板的穿孔排列

实际施工中，考虑到便于安装，使穿孔面板与槽形板尺寸一致，为100cm×100cm。防潮墙板肋厚为25cm，槽底板厚5cm，空腔高度为20cm。与此同时边框还有一定厚度，实际上每个单元空腔体积实为95cm×80cm×20cm。面板厚为2cm、穿孔直径2cm、空腔内靠面板后贴5cm沥青矿棉毡。按三种不同穿孔率组合，石板数量比1（穿孔率0.33%共8孔）：1（穿孔率2.5%共61孔）：2（穿孔率9.1%共221孔）。

对低频吸声结构的吸声降噪效果在竣工后做了实地测量。吸声结构安装前后汽轮机厂房混响时间的变化如图11-13所示。不难看出：低、中频混响时间有了显著降低，125Hz的混响时间由原来的6.8s降到2.5s，中、高频也有所改善。吸声结构安装后在厂房内用高音喇叭放广播时清晰度很高、彻底改变了嗡嗡响的弊病。由地面同类厂房转到地下厂房工作的工人同志们反映：地下厂房的噪声干扰程度主观感觉低于地面厂房。在地下和地面同类厂房的汽轮机值班桌旁测量比较噪声的倍频程声压级，也证明了这一点，见图11-14。由于安装了低频吸声结构，地下厂房的中低频噪声确实比地面厂房的低。实践证明：在以低频噪声为主的地下厂房中，根据实际情况，把吸声和防潮措施结合起来，做成防潮低频吸声墙，这种结构是合理的，同时效果是显著的。

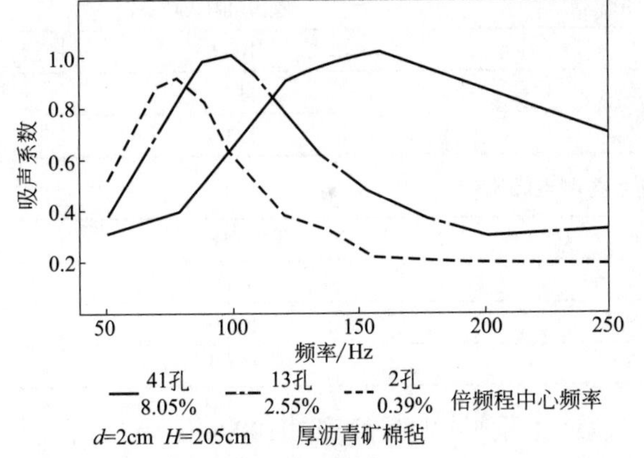

图11-12　三种穿孔率的低频吸声结构的吸声性能

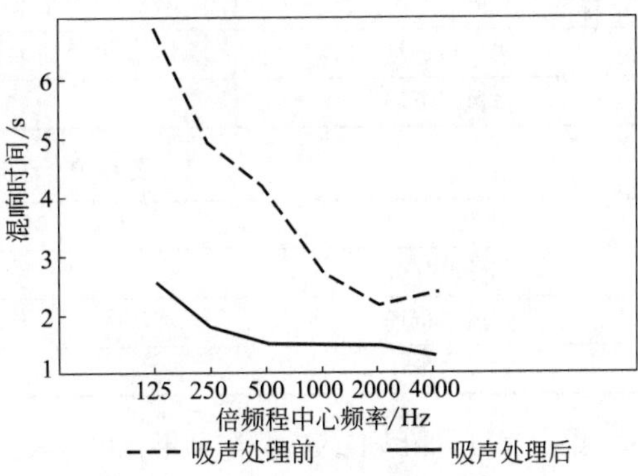

图11-13　吸声处理前后混响时间的变化

(3) 穿孔板共振吸声结构在沥青摊铺机噪声控制中的应用

某沥青摊铺机的噪声源主要包括发动机噪声、风冷系统噪声、进气系统和排气系统噪声、振捣和振动机构噪声、板件振动辐射噪声等。通过试验分析，得到各噪声源对驾驶员耳旁噪声的贡献度，其中进风口噪声占53.66%，排风口噪声占28.75%。在发动机转速为2400r/min 、振动振捣不工作时的驾驶员耳旁噪声窄带频谱如图11-15所示。

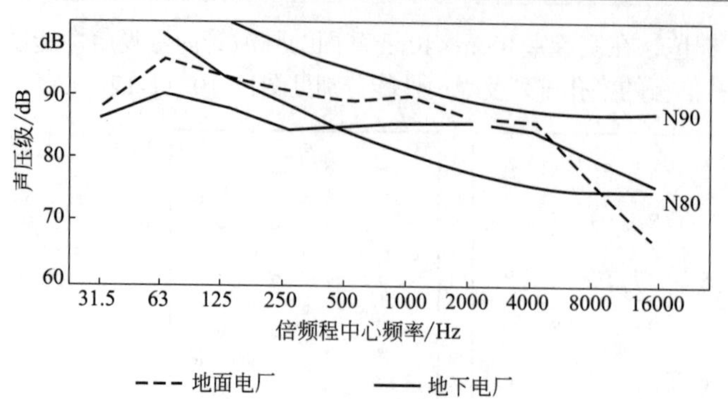

图11-14 汽轮机值班桌位置噪声

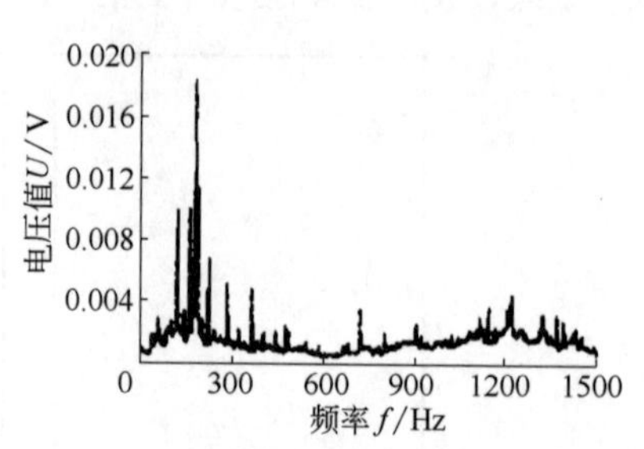

图11-15 驾驶员耳旁噪声频谱图

由图11-15可知，最大噪声峰值处的频率为180Hz，100~400Hz的中低频段噪声较为突出。该机的主要噪声源是进风口和排风口噪声，要降低其噪声，就要根据噪声特性对这两处进行降噪处理。采取的措施如下：①改变进排风口的方向，减少辐射噪声对驾驶员耳旁噪声的影响；②在进排风口各设计一个吸声结构，吸声结构的吸声频带覆盖进排风口噪声的主要频率成分。吸声结构中填充吸声材料来吸收高频噪声，用穿孔板结构来降低低频噪声。表11-6和表11-7给出了进排风口穿孔板吸声结构的结构参数，改进前后的噪声测试结果如表11-8、表11-9所示。

表11-6 进风口穿孔板吸声结构参数

孔径/mm	孔数	穿孔率/%	板厚/mm	板面积/m^2	腔深/mm
2.5	400	0.36	2	0.43×0.72	140

表11-7 排风口穿孔板吸声结构参数

孔径/mm	孔数	穿孔率/%	板厚/mm	板面积/m^2	腔深/mm
2.5	600	0.38	2	0.43×0.72	180

表11-8 改进前各测点噪声值

测点	噪声/dB	噪声/dB(A)
驾驶员耳旁	102.0	100.6
进风口近场	119.5	119.0
排风口近场	131.6	123.3

表11-9 改进后各测点噪声值

测点	噪声/dB	噪声/dB(A)
驾驶员耳旁	98.6	92.3
进风口近场	106.8	105.0
排风口近场	108.0	101.0

根据表11-8和表11-9的测试结果，可以看出，改进后驾驶员耳旁噪声级由100.6dB（A）下降到92.3dB（A），降低了8.3dB（A），取得了明显的降噪效果；改进后的进风口近场噪声级由119dB（A）下降到105dB（A），降低了14dB（A）；排风口近场噪声级降低了22.3dB（A），降噪效果很明显。

（4）微穿孔板吸声结构在航空发动机上的应用

目前，采用最广泛的航空发动机消声方案是基于共振吸声结构制造的蜂窝穿孔板共振吸声结构。该结构由一定厚度的蜂窝芯材和上下两层面板组成，其中上面板为钻有一定数量、一定大小孔眼的穿孔板。这种结构中，每个蜂窝芯格都可以看作是一个独立的亥姆霍兹共振腔，当声波进入蜂窝芯格后，蜂窝芯格中的空气被扰动，从而声波变成热能消散掉，起到降噪的作用。由于蜂窝板重量轻、强度高、刚性大、稳定性好，降噪效果良好，目前这种吸声结构已经广泛用于发动机短舱进气道、核心机匣、反推力装置及风扇涵道等部位。

由于发动机的工作状况是变化的，相应风扇/压气机的声源特性也在变化。因此，需要一种先进的声衬满足发动机不同工况下的降噪要求。传统的声衬是由背腔里的蜂窝结构加一层穿孔板，再配上刚性背板构成，如图11-16所示。这样的构造基于一维亥姆霍兹共振器原理。这类声衬在共振频率附近有很好的吸声效果，但在其他频段效果不佳，这就是所谓的声衬吸声频带过窄问题。

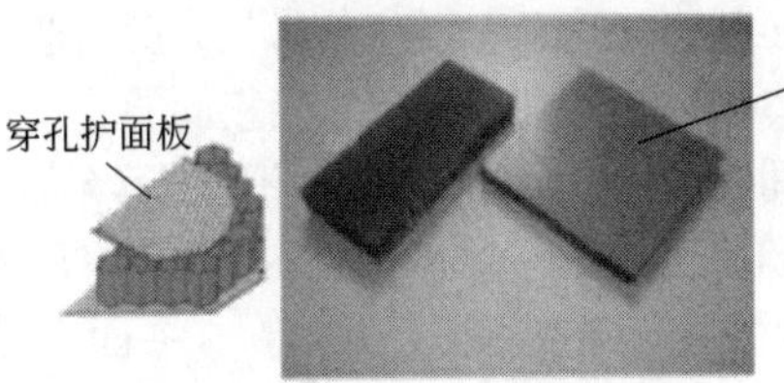

图11-16　单自由度共振吸收结构

中航复合材料有限责任公司自“十二五”开始研制多自由度消声蜂窝及其共振吸声结构，对内嵌多自由度消声蜂窝的关键制备技术进行探索研究。目前已成功研制出内嵌微穿孔板式和内嵌消声帽式两种多自由度吸声降噪蜂窝，如图11-17所示。对其20mm厚吸声结构进行吸声系数测试的结果（如图11-18所示）表明，其在1000~6000Hz 范围内均具有较高的吸声效果，吸声频带基本覆盖3个音倍频，属于宽频吸声材料。通过增加结构厚度或者调整结构参数，有望在500~1000Hz范围内获得更高的吸声效果。

(a) 内嵌微穿孔板式

(b) 内嵌消声帽式

图11-17　内嵌式多自由度消声蜂窝

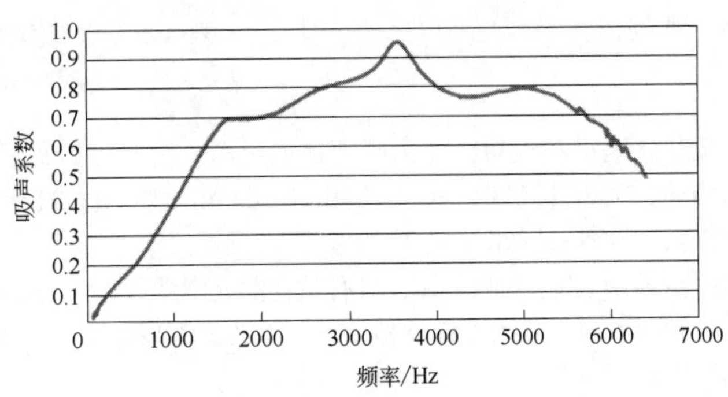

图11-18　吸收系数测试结果（厚度：20mm）

11.1.3　其他吸声结构应用

工程应用中，除了多孔吸声材料和共振吸声结构以外，还有很多特殊的吸声结构。为了提高吸声效果、节省吸声材料和便于装拆，工程上常将吸声结构做成定型产品，由专门厂家生产，用户只需按需要购买成品悬挂或吊挂起来即可。特殊吸声结构有各种空间吸声体、吸声尖劈、吸声帷幕、

吸声隔声屏障、薄塑吸声体、纸蜂窝吸声体、吸声板、吸声砖等。特殊吸声结构安装方便、灵活，吸声系数高，种类规格多，可商品化。

（1）空间吸声体应用

将吸声材料离散地悬空吊置后，由于材料的暴露表面增大，加上声波衍射影响，其吸声性能将比同面积材料紧贴墙面时有很大提高。这种空间吸声体在国外又称高效吸声体，这在大空间中尤为适用。它还具有构造简单轻巧、吊装灵活、造型多变、装饰效果特殊以及方便顶部管线的安装和维修，适应屋顶采光等许多特点。当它们的悬吊高度允许大幅度下降时，在一定程度上还可以起到减少有效空间的作用。因此空间吸声体兼具经济、实用、美观的优点，在我国的应用历史较长。

某展览室为8.3m×4.865m×2.8m的长方形房间，房间三面为墙体［墙体上分布有亚克力（聚甲基丙烯酸甲酯）宣传栏及LED屏幕］，一面为玻璃幕墙结构，如图11-19 所示。该展览室主要用于展览宣传以及远程会议，但室内亚克力宣传栏以及玻璃幕墙的设计使其内部混响时间过长，严重干扰室内会议传声质量。

开展展览室混响时间测量，测得该房间内500~2000Hz的混响时间较长，展览室内交流及远程会议语言清晰度受到影响。综合展览室使用频率、使用方式以及室内布置，在展览室四周设置12组矩形微孔软膜空间吸声体，如图11-20所示。

图11-19　展览室实景

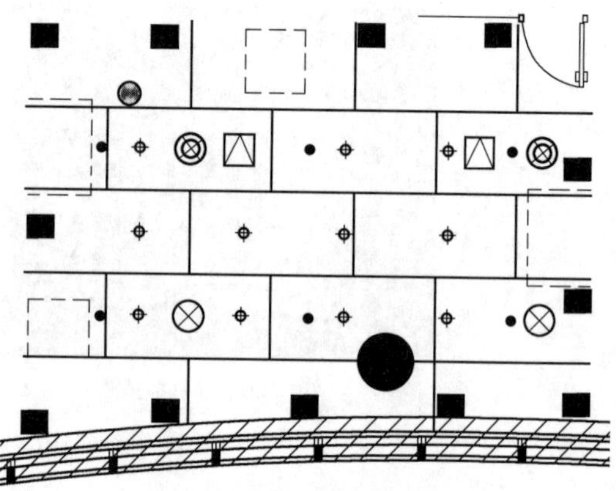

图11-20　吸声体结构布置图

（方块为微孔软膜空间吸声体放置位置）

空间吸声体采用微孔软膜天花板材料作为吸声体面材料，材料参数见表11-10。展览室采用12 组矩形微孔软膜吸声体，吸声体高度为 1m，边长为 0.25m，如图11-21所示。吸声体吸声频率主要集中在 500~4000Hz，吸声特性如图11-22所示。

在展览室内放置矩形微孔软膜空间吸声体，可有效耗散光滑壁面产生的反射声，降低展览室内的混响时间，如图11-23所示。吸声体可将展览室内500~2000Hz范围内的混响时间降低至1.3~1.45s，改善了展览室内声环境。

（2）吸声尖劈应用

吸声尖劈结构广泛用在消声室和半消声室的建造以及需要全吸声终端的管道中，在不降低尖劈结构吸声性能的前提下减少尖劈的长度对上述应用具有重大的价值。

表11-10　微孔软膜天花板材料参数

孔径/mm	穿孔率/%	厚度/mm
0.2	0.13	0.2

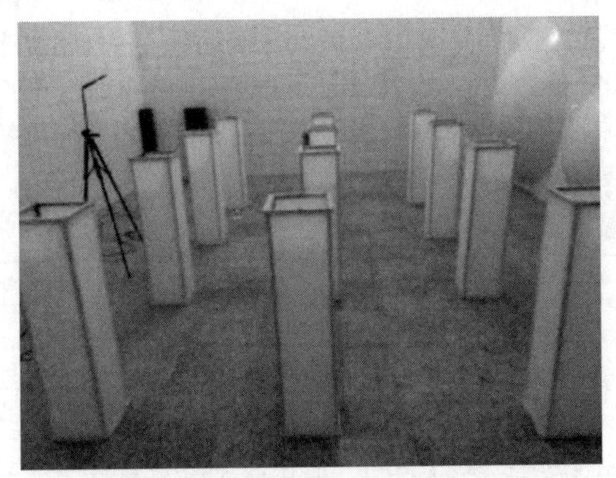

图11-21 微孔软膜空间吸声体混响实验

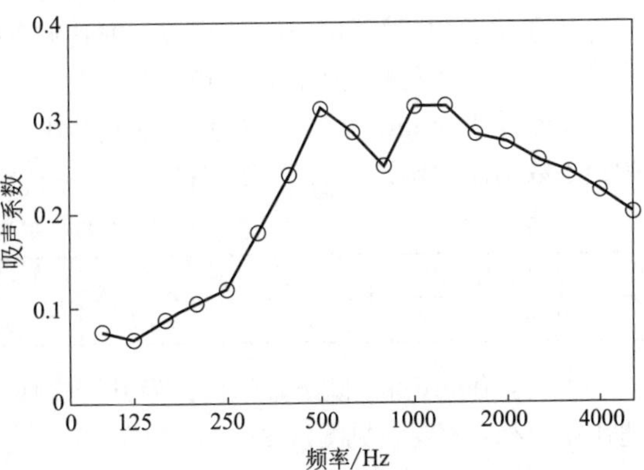

图11-22 微孔软膜空间吸声体吸声性能

安阳钢铁公司富氧站有十几排纵横交错的输氧气管道和阀门，因阀门、弯头、变径头等多处形成的涡流涡阻，造成车间内噪声特别强烈，高达102~105dB。操作工人进入车间10s，就会发生耳鸣、目眩、头胀等反应，对工人身体健康危害较大，因此该处的噪声治理工作被列为公司环保计划。工程设计中，消声多用平板式吸声体。但平板式吸声体对低频噪声没有明显效果。而且在公司富氧站的噪声治理中，由于现场不可能采用包扎、隔声等措施，只能采取吸声处理。经过方案论证，最终采用了“吸声尖劈”结构。

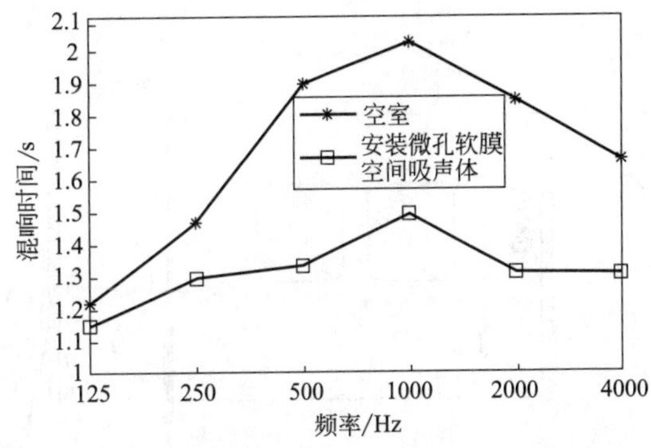

图11-23 展览室改造前后混响时间对比

安阳钢铁公司富氧站车间长15m，宽9m，高6m，输氧管道布于房间地面高约1m处，$\phi150$管道每隔0.5m一排，共10排，$\phi250$管道两列，阀门30个，三通30个，弯头30个，变径头30个，这些突变拐弯涡流涡阻形成的噪声频谱属于中低频范围。

① 设计安装60组吸声尖劈，每组6个，共10排，吊挂在声源上方。

吸声尖劈由尖劈和连接固定尖劈的底座两部分组成（见图11-24）。尖劈内部框架可用$\phi5$圆钢或$\delta1.2$薄板折弯成30mm×30mm角钢组焊而成，内芯则用超细玻璃棉填充，以玻璃布包扎。尖劈外面护面层采用金属薄穿孔板（其结构剖面见图11-25），防腐喷漆后不仅寿命长、不易燃，还可加宽吸声频率，对低频率有较好的吸声效果，从而弥补了超细玻璃棉高频吸声效果好，而低频吸声略差的不足。

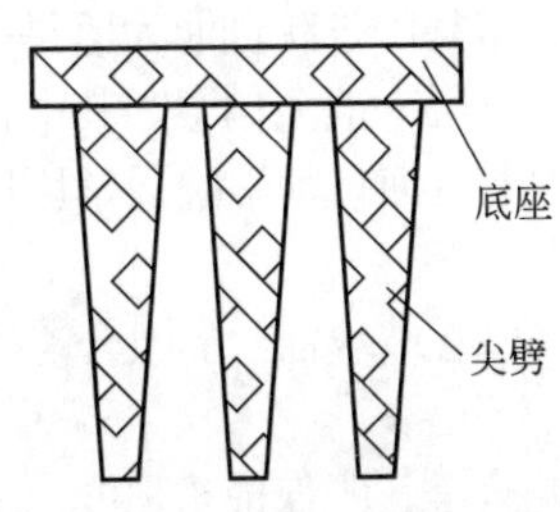

图11-24 吸声尖劈结构

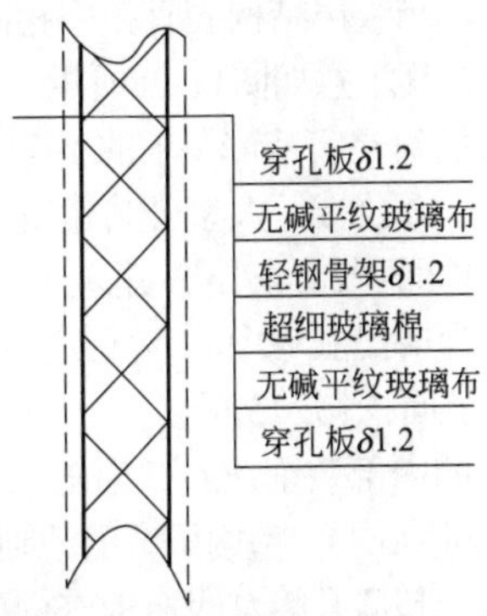

图11-25 外面护面层结构剖面

由于尖劈的端部面积小，当声波入射到吸声层，尖劈端面的声阻抗就会从接近空气特性阻抗逐步增大到接近多孔材料阻抗从而被吸收。尖劈长800mm，空腔为120mm，劈部长680mm，底部长400mm、宽400mm，尖劈个数为3的吸声尖劈，采用超细玻璃棉做吸声材料，它的低、中、高频率吸声系数均在99%以上，详见表11-11。

表 11-11　尖劈吸声性能参数

频率/Hz	60	70	80	100	125	200	400
吸声系数/%	98.7	99.7	99.2	99.5	99.5	99.8	99.4

② 采用隔声屏以防声音外传，为方便检修，采用带走轮移动式隔声屏，同时在隔声屏上设计进出小门和观察窗，见图11-26。

③ 由于该车间为了保证空气流通，防止漏气造成危害，禁止封闭，因此4个采光窗安装了消声通风窗，见图11-27。

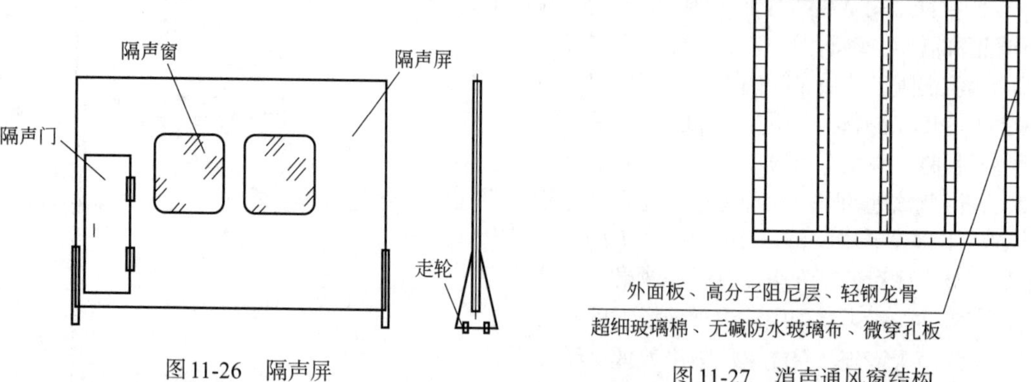

图 11-26　隔声屏

图 11-27　消声通风窗结构

吸声尖劈是利用特殊阻抗的逐渐变化，由尖劈端面特性阻抗接近空气特性阻抗，逐步过渡到接近吸声材料的特性阻抗，从而达到最高的声吸收效果，其平均吸声系数可达到1.0。此设计确保了最大程度地降低车间内的混响声。设计隔声屏的目的是把声音阻挡在一个小空间内不外漏，可保证吸声尖劈的吸声效果。消声通风窗的设计既保证了车间内的通风又保证了不漏声，而且还尽可能地降低了车间外的环境噪声影响。经测试，治理后车间内平均噪声降低到92~86dB，隔声屏外为73~67dB，车间外为77~71dB。由此可见，吸声尖劈治理噪声效果良好。

（3）铝蜂窝吸声结构应用

蜂窝吸声结构属于共振吸声结构的一种，与多孔吸声材料不同，共振吸声结构的吸声原理主要是当声波频率与吸声结构固有频率相同时，声波激发吸声结构发生共振，引起声能衰减，从而达到吸声的目的，其示意如图11-28所示。

随着人们对建筑装饰要求的不断提高，以及声学装饰材料的日益成熟，近年来超微孔蜂窝吸声板在体育馆、办公楼等大型公共建筑中得到了推广使用。七台河市技师学院创业大厦是一座综合性建筑，建筑总面积28547m^2，建筑总高度50.0m。共有15层，地下1层，地上14层。其中，地下一至地上三层，为市民服务中心，建筑面积15272m^2；四层及以上为七台河技师学院教学用房和创业指导中心，建筑面积13275m^2。

从建筑的内部装饰来看，原来吊顶采用的是“铝合金方通+离心玻璃棉”的组合。通过现场检测，混响时间为6.1s，室内语音的清晰度较差。

于是选择超微孔蜂窝吸声板进行重新改造，主体材料选择铝合金，既保证了强度，又可控制自重。蜂窝板的固定材料使用氟碳进行喷涂，既可以提高材料强度，延长使用寿命，同时又具有较好的美观性。吸声结构由不同腔体深度的微穿孔板结构平行排列组成，复合微穿孔板结构的相关参数为：板材厚度为0.6mm，孔间距为0.5mm，穿孔率为1%，三个腔体深度分别为D_1=50mm、D_2=100mm、D_3=25mm。

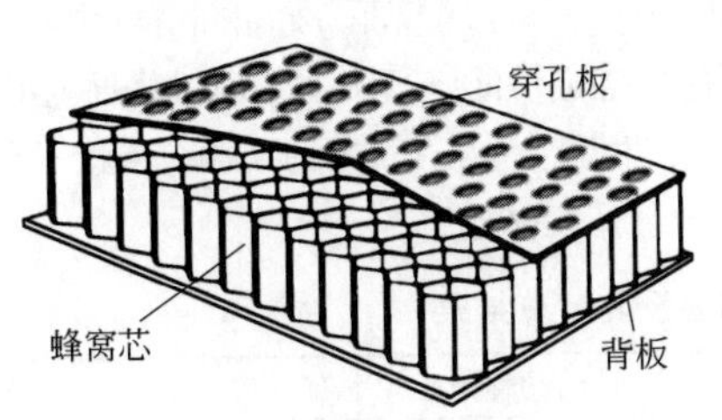

图11-28　单自由度蜂窝吸声结构示意图

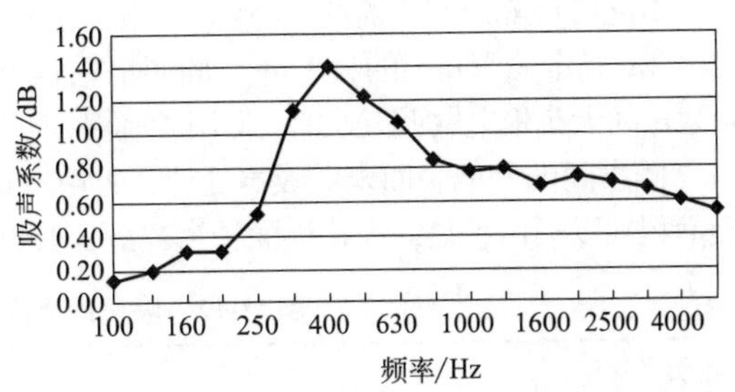

图11-29　100~4000Hz各频段的吸声系数

当f=430Hz时，声能主要流入腔体2，腔体2发生共振将声能消耗；当f=600Hz和860Hz时，腔体1和腔体3发生共振。复合微穿孔板的吸声系数随频率变化的曲线如图11-29所示。当声源频率接近复合微穿孔板结构的某一共振频率时，复合微穿孔板结构会发生局部共振，将声能量消耗；与单层微穿孔板结构相比，不同腔体深度复合微穿孔板结构若要达到良好的吸声特性，需要低声阻，其共振频率的偏移取决于内部共振器的相互作用；复合微穿孔板结构的吸声性能会随着腔体的宽度和排列顺序的变化而变化。声学检测结果显示：在400Hz频率时吸声系数达到1.41，在500Hz时达到1.22，其降噪吸声系数达到0.81。

将原来的吊顶装饰材料全部拆掉后，重新安装规格为60mm×120（H）mm 的超微孔蜂窝吸声板。在施工结束后，重新进行现场检测，混响时间为2.7s，室内语音的清晰度有了明显提高，说明此类材料的声学效果良好。分别选取该建筑的2层、6层和10层进行噪声测量，在使用声学装饰材料之前，测量平均值分别为69dB、62dB和48dB；利用超微孔蜂窝吸声板进行改造之后，测量平均值分别为61dB、50dB和40dB。对比发现，使用声学装饰材料后室内噪声平均下降了8~12dB，效果明显。

11.2　隔声降噪技术应用

隔声是噪声控制工程中常用的有效方法之一。利用隔声材料和隔声结构隔离或阻挡声能的传播，把噪声源引起的吵闹环境限制在局部范围内，或在吵闹的环境中隔离出一个安静的场所。常用的隔声结构包括隔声间、隔声罩、隔声屏等。

11.2.1　隔声间

隔声间可分为两种类型，一类是由于机器体积较大，设备检修频繁又需要进行手工操作，此时只能采用一个很大的房间把机器围护起来，并设置门、窗和通风管道。此类隔声间类似一个很大的隔声罩，只是人能进入其间。另一类隔声间则是在高噪声环境中隔出一个安静的环境，以供工人观察控制机器运转或是休息用。下面的实例就属于第二种隔声间。

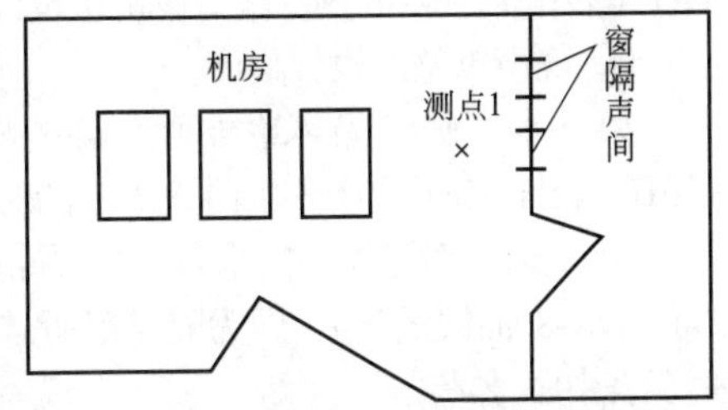

图11-30　机房与隔声间的布置

某柴油电站机房需要建造一个隔声间，机房内设备与隔声间的平面布置如图11-30所示。隔声间的具体设计要求为：隔声间上隔墙的隔声量计算结果见表11-12；在面对设备的20m²墙上设置两扇窗和一扇门，两扇窗的面积为2m²，门的面积为2.2m²；隔声间主要供操作人员休息（机房设备

可间隔进行巡回检查）用，标准取*NR*-60。

① 确定隔声间所需的实际隔声量。由隔声间外围测点1所测的噪声声压级见表11-12序号1行，各声压级噪声值减去隔声间噪声的允许值，即取*NR*-60曲线对应的各倍频程声压级数值，见表序号2行，由此可得隔声间所需的实际隔声量*R*，结果列于表序号3行。

② 确定隔声间内的吸声量。如前所述，增加室内的吸声量，可以提高隔声间的隔声效果。通过在隔声间天花板上做吸声处理，选用矿渣棉、玻璃布、穿孔纤维板护面，其吸声系数见表序号4行。

隔声间的其他表面未做吸声处理，吸声量很小可忽略。因此，隔声间内的吸声量A就等于天花板面积乘以吸声系数，天花板面积为22m^2，其计算结果见表11-12序号5行。

表 11-12 隔声间上隔墙的隔声量及其计算结果

序号	项目	倍频程中心频率/Hz					
		125	250	500	1000	2000	4000
1	隔声间外声压级(测点1)/dB	96	90	93	98	101	100
2	隔声间内允许声压级*NR*-60/dB	74	68	64	60	58	56
3	所需降噪量/dB	22	22	29	38	47	44
4	隔声间吸声处理后的吸声系数α	0.32	0.63	0.76	0.83	0.90	0.92
5	隔声间内吸声量$A=\alpha S$(S为天花板面积，S=22m^2)	7.04	13.86	16.72	18.26	19.8	20.24
6	A/S(S为隔声面积，S=20m^2)	0.35	0.69	0.83	0.91	0.99	1.0
7	$10\lg(A/S)$	−4.6	−1.61	−0.81	−0.41	−0.04	0
8	$\overline{R}=R-10\lg(A/S)$	26.6	23.61	29.81	38.41	47.04	44

③ 计算修正项$10\lg(A/S)$。S是隔声面积，这里主要计算面对噪声最强的隔墙，S=20m^2，修正项的计算结果见表11-12序号7行。

④ 计算隔声墙所应具有的倍频程隔声量。由式$R=\overline{R}+10\lg(A/S)$有$\overline{R}=R-10\lg(A/S)$，即用表中的序号3行与序号7行相减，便可求出隔墙所需要的隔声量R，列于表序号8行。

⑤ 选用墙体与门窗结构。由表11-12中序号8行的R值，可计算出墙体的平均隔声量$\overline{R}$=34.9dB ≈ 35dB。这样，可选出相应墙体与相应的门、窗结构，使组合结构的隔声量$\overline{R}$满足35dB的要求，一般墙体的隔声量比门、窗高出10~15dB就可以了。

11.2.2 隔声罩

用隔声罩把声源封闭起来，以降低噪声的干扰是一个经济有效的好办法。将噪声源封闭在一个相对小的空间内，以降低噪声源向周围环境辐射噪声的罩形结构称隔声罩。根据噪声源设备的操作、安装、维修、冷却、通风等具体要求，可采用适当的隔声罩形式。常用的隔声罩有活动密封型、固定密封型、局部开敞型等结构形式。下面的实例就属于固定密封型隔声罩。

某发电机组的外形如图11-31所示，距该机器表面1m远的噪声频谱见表11-13序号1行所列，机器在运转中需通风散热，试为该机组设计一个隔声罩。

① 隔声罩壁的设计程序：

第一步，确定隔声罩外所允许的噪声级，选*NR*-80曲线作为该机组的噪声标准，A声级为85dB，表11-13序号2行列出了*NR*-80的对应值。

第二步，确定隔声罩所需的实际隔声量。由机组的噪声频谱（表11-13序号1行）减去表中序号2行（*NR*-80曲线的值），即为隔声罩所需的实际隔声量（如差值为负或0，则表示不进行隔声处理），列于表中序号3行。

第三步，确定罩内的吸声材料。吸声材料吸声系数，直接影响隔声罩的实际隔声量。选择50mm

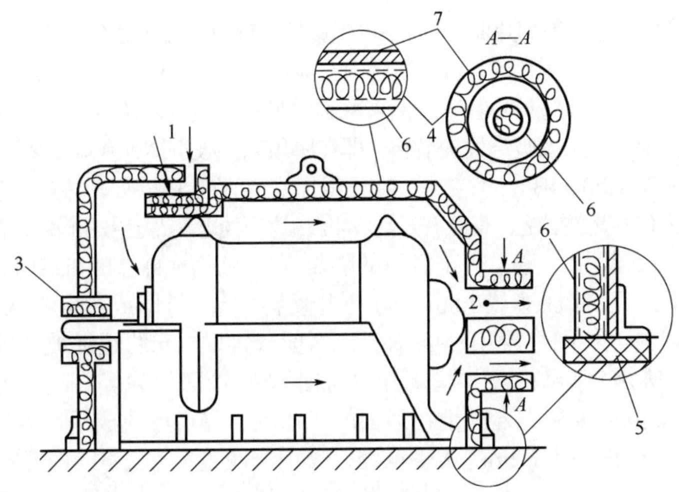

图 11-31 隔声罩的设计结构

1，2—空气热交换用消声器；3—传动轴用消声器；4—吸声材料；5—橡胶垫；6—穿孔板或丝网；7—钢板

表 11-13 发电机组隔声罩隔声设计数据表

序号	项目	倍频程中心频率/Hz					
		125	250	500	1000	2000	4000
1	距机器1m处声压级/dB	99	109	111	106	101	97
2	机旁允许声压级*NR*-80/dB	96	91	88	85	83	81
3	隔声罩所需实际隔声量/dB	3	18	23	21	18	16
4	罩内加衬吸收层的吸声系数α	0.10	0.35	0.85	0.85	0.86	0.86
5	修正项10lgα	−10	−4.6	−0.7	−0.7	−0.65	−0.65
6	罩壁板应有的隔声量$\overline{R}$/dB	13	22.6	23.7	21.7	18.65	16.65
7	1.5mm厚钢板的隔声量/dB	21	22	27	32	39	43

厚的超细玻璃棉（密度20kg/m^3），用玻璃布和穿孔钢板护面（穿孔率p=25%），其吸声系数见表11-13中序号4行。

第四步，计算隔声罩的隔声量R，由吸声系数α计算隔声量的修正项10lgα，见表11-13中序号5行。

由式$\overline{R} = R - 10\lg\alpha$，即由表11-13中序号3行减去序号5行便可得到罩壁所需要的隔声量$\overline{R}$（理论隔声量），列在表11-13中序号6行。

第五步，根据需要的$\overline{R}$（理论隔声量）值，选1.5mm厚钢板即能满足此罩的设计要求，钢板的隔声值列于表11-13中序号7行。

② 根据设备的通风散热要求，在隔声罩进风口和出风口设计两个消声器，消声器的消声值不低于该隔声罩的隔声量。

③ 隔声罩与轴的接触处，用一个有吸声饰面的圆形消声器环抱起来，以防漏声。

④ 隔声罩与地面接触处加橡胶垫或毛毡，以便隔振和密封。

11.2.3 隔声屏

在声源和受声点之间，插入一个有足够面密度的密实材料的板或墙，使声波传播有明显的附加衰减，这样的“障碍物”称为隔声屏，隔声屏可分为室内隔声屏与室外隔声屏。下面的应用实例属于室内隔声屏。

某单位发电机组车间有两台100kW的柴油发电机组（两台机组轮流工作，用一备一），机组工作时车间内噪声特别强烈，在距机组1m处测得中心频率500Hz的倍频程声压级达115dB，A声级达105dB，严重影响了工作人员的身心健康。拟采取室内吸声和设置隔声屏的方法来降低其噪声。

针对上述噪声情况，先采取吸声处理措施，即在屋顶悬挂吸声体，在墙面装置部分吸声板，但仅靠吸声措施，噪声只能降低10dB（A）左右，在机组1m处仅降低5dB（A）左右，这说明机组1m处是以直达声为主，所以单靠吸声措施，难以有效地降低噪声。因此，决定再加设隔声屏来降低其噪声。

在距机组0.6m处，设置一道平行于机组的隔声屏。隔声屏的选材和结构如下：隔声屏的高度为2m，宽度为4m，顶部加遮檐0.8m，向机组倾斜45°，制作成单元拼装式，竖直拼缝用“工”字形橡胶条密封。中间夹层用1mm钢板，两面各铺贴5cm的超细玻璃棉吸声材料，密度为20kg/m³，为防止吸声材料散落，衬玻璃布外加钢丝网护面。为提高隔声屏的刚度，四周边缘用3mm型钢加强。隔声屏用螺栓固定在地面的浅槽内，隔声屏建成后，离机组lm处，完全处于声影区内，对于离地面高为1.2m的接受点处，噪声衰减很大，A声级的降噪量达25dB。室内离机组较远的其他位置的A声级基本降到了90dB以下。

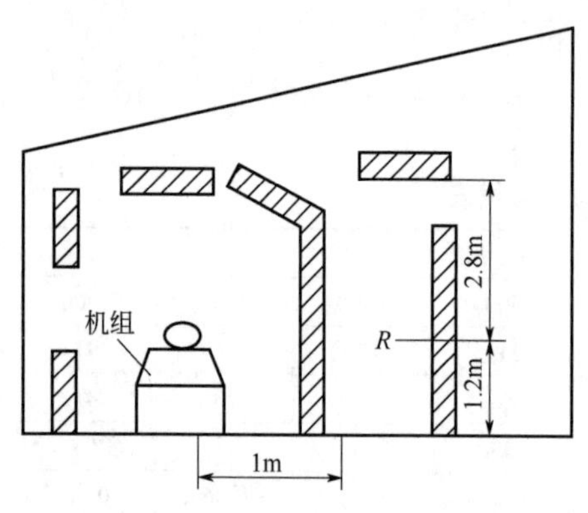

图 11-32　发电机组隔声屏布置图

上述的降噪措施使噪声衰减量增加，这是发生在隔声屏后的声影区内，对于车间的空间平均降噪声仅达10dB左右，近似等于远离机组的降噪量。如图11-32所示为柴油发电机组隔声屏的布置。

用在室外的隔声屏大多是为了阻挡公路、铁路上车辆交通噪声的，这些强烈噪声对沿线两侧的居民、医院、学校、机关等特定区域造成了严重危害。也有少数隔声屏建立在工厂高噪声车间外墙，以防止对邻近居民的干扰。

防止交通噪声的隔声屏，屏障表面也应加吸声材料，否则，噪声在道路两侧面对面的隔声屏表面多次反射，使隔声屏起不到应有的降噪效果。为此，要在隔声屏表面进行吸声处理，在面对道路的一侧及道路两侧设置的面对面隔声屏表面进行吸声处理，是十分必要的。

11.3　消声降噪技术应用

消声器是一种既能让气流顺利通过又能使噪声降低的装置，一般安装在空气动力设备的气流通道或进、排气口上。或者说，消声器是一种在允许气流通过的同时，又能有效地阻止或减弱声能向外传播的设备，是控制气流噪声通过管道向外传播的有效工具。消声器是应用最多、最广的降噪设备。消声器在工程实际中已被广泛应用于鼓风机、通风机、罗茨风机、轴流风机、空压机等各类空气动力设备的进排气口消声；空调机房、发电机房等建筑设备机房的进出风口消声；通风与空调系统的送回风管道消声；各类柴油发电机、飞机、轮船、汽车等发动机的进排气消声；等等。消声器按其消声原理及结构的不同，可以分为阻性消声器、抗性消声器、阻抗复合式消声器、微穿孔板消声器等类型消声器。一个性能良好的消声器，可使气流噪声降低20~40dB。

11.3.1　阻性消声器的应用

阻性消声器是利用声阻消声的，声抗的影响可忽略不计。阻性消声器是用吸声材料（一般是多孔吸声材料）按一定排列方式固定在气流通道（或管道）内壁构成的。它通过吸声材料吸收声能而使噪声衰减，也就是说，阻性消声器主要是利用多孔吸声材料降低噪声的。当声波进入阻性消声器时，一部分声能在多孔材料的孔隙中摩擦而转化成热能耗掉，使通过消声器的声波减弱，噪声降低。阻性消声器对中、高频的噪声消声效果好，对低频噪声消声性能较差。按气流通道几何形状的不同，阻性消声器可以分为直管式、片式、折板式、迷宫式、蜂窝式、声流式等。下面列举两个应用实例以及消声元件在消声器试验台上的试验数据。

(1) 阵列式阻性消声器应用实例

某燃气发电厂装机容量为859.04MW，为其配套的大型空冷岛位于主厂房南侧，距南厂界约17m，距东侧敏感点居民住宅约90m。厂界以南40m处执行GB 12348—2008《工业企业厂界环境噪声排放标准》4类区标准，即昼间L_{eq}≤70dB（A），夜间L_{eq}≤55dB（A）；北厂界、西厂界和厂界以东80m处执行GB 12348—2008《工业企业厂界环境噪声排放标准》2类区标准，即昼间L_{eq}≤60dB（A），夜间L_{eq}≤50dB（A）；东厂界外敏感点居民住宅处执行GB 3096—2008《声环境质量标准》2类区标准，即昼间L_{eq}≤60dB（A），夜间L_{eq}≤50dB（A）。空冷平台长97.4m，宽47.8m，顶柱高34m，共有32台风机，4（垂直于A列方向）×8（平行于A列方向）布置。单台风机风量为544m^3/s，其额定功率为160kW，声功率级≤91dB（A），风机直径约9m，风机单元尺寸为12.0m×11.6m。根据专业声学计算，为达到厂界噪声排放标准，空冷岛需采取整体降噪措施，整体降噪量≥12dB（A）；为保证通风冷却效率，要求降噪措施的附加阻力损失≤12Pa。空冷岛采用的主要降噪措施包括：

① 空冷岛风机入口处设置阵列式消声器。在空冷岛下方设置阵列式消声器，由12700个消声单元按阵列的方式布置，通过合理设置消声单元的截面尺寸、长度、数量和间距来满足消声和气流阻力损失两方面的要求。阵列式消声器是在传统片式消声器基础上发展而来的新型消声器，在原理上两者都属于典型的阻性消声器，两种消声器的截面构造如图11-33所示。阻性消声器的消声量与消声器的长度和周长成正比，与消声器截面的流通面积成反比。在任意尺寸条件下，如果要保持相同的流通比，阵列式结构的消声体的单元厚度恒大于片式结构的消声片，通道宽度恒小于片式结构的片间距，因此，采用阵列式结构，消声的频率范围比片式结构更宽，低频更低，高频更高；只要流通比不大于75%，其吸声周长恒大于片式结构，因此，在任何频率下，其消声量都大于片式结构。图11-34为典型阵列式消声器照片。阵列式消声器与传统阻性片式消声器相比其优势在于气流可以在水平横向及垂直纵向四个方向流动，能够更好地与轴流风机的螺旋状气流走向达成"自适应"匹配，能更好地顺应风机群复杂多变的气流组织走向，因而在风冷平台的特定条件下比传统的片式消声器具有更小的阻力损失，对应的风机系统日常运行的能耗损失也就更小。

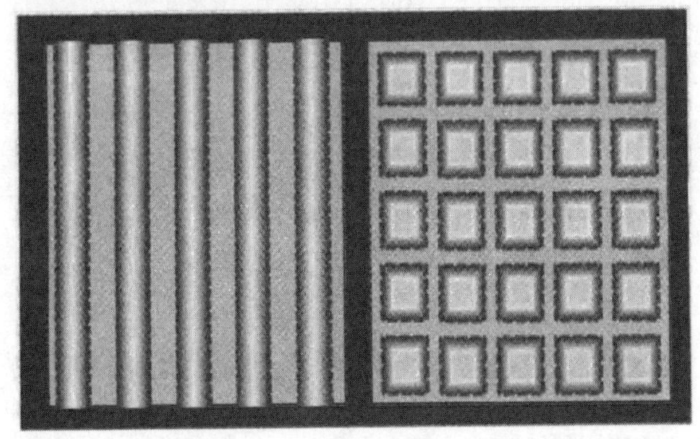

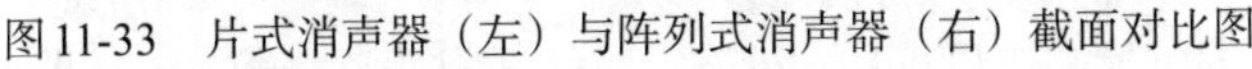

图11-33　片式消声器（左）与阵列式消声器（右）截面对比图

图11-34　典型阵列式消声器照片

为了考虑进风平衡性，同时也考虑到位于中间的风机距离厂界较远，噪声距离衰减较大，对进风阵列式消声器进行了进一步的优化：四周的风机对应的阵列式消声器消声量设计为12dB（A），中部风机的消声器设计消声量为9dB（A），中部阵列式消声器的阻力损失小于四周的阵列式消声器，

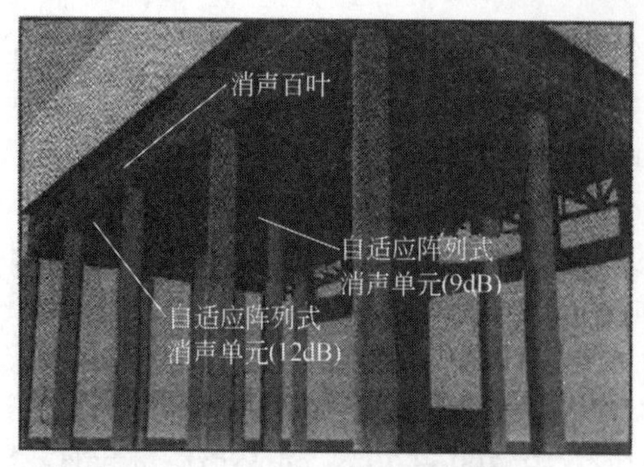

图 11-35 典型阵列式消声器照片

以有利于中间风机的进风，让空冷平台整体进风更均匀。阵列式消声器的布置见图11-35。

空冷平台本身受环境风影响较为明显，增加消声器阵列相当于在风机下端增加了导流整流装置，对风机进风口流场进行合理调整，部分弱化了环境风引起的局部涡流效应；由于对气流的阻挡作用，消声器仍对整个平台的压力和流量造成了一定损失，但损失程度非常小。根据仿真计算，增加自整流消声器后，空冷平台流量降低5%左右。

② 空冷岛四周设置挡风墙和吸声结构。现有挡风墙高13m，在挡风墙的内侧加装吸声结构，吸声层与挡风墙钢结构之间形成空气层，可提高低频消声量，使改造后的挡风墙具有更好的隔声及吸声两种效果。

③ 空冷岛下方增加风导流消声结构，为了尽量增加进风面积，除了在空冷平台底部安装进风阵列式消声器之外，在四周侧面设置通风百叶，尽量改善空冷平台的进风条件。空冷平台西侧由于面向厂区内部，因此不采取措施，敞开通风。空冷平台的挡风墙与消声百叶效果图如图11-36所示。

降噪效果：空冷岛产生的噪声污染主要对东南侧敏感点影响较大，未采取噪声治理措施前，东厂界处和最近居民住宅处噪声级最高达到65dB（A）；采取降噪措施后，东厂界和东南侧敏感点居民住宅处的噪声级由65dB（A）降到50dB（A），满足预期降噪要求。

（2）某铸造厂进风口噪声器设计

某铸造厂冲天炉使用的鼓风机型号为LGA-60/5000，风量Q为1m³/s，风机进口直径为ϕ250mm，在进口1.5m处，测得噪声倍频程声压级见表11-14，试设计一个阻性消声器，消除进风口的噪声。

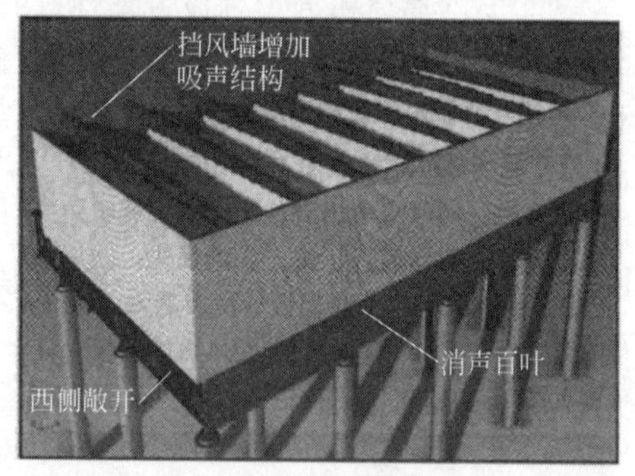

图 11-36 空冷平台挡风墙与消声百叶效果图

表 11-14 LGA-60/5000 型鼓风机进气口消声器参数设计

序号	项目	倍频程中心频率/Hz								A声级
		63	125	250	500	1000	2000	4000	8000	
1	倍频程声压级/dB	108	112	110	116	108	106	100	92	117
2	NR-85/dB	103	97	92	87	84	82	81	79	90
3	消声器应有的消声量/dB	5	15	18	29	24	24	19	13	27
4	消声器周长与截面之比(P/S)	16	16	16	16	16	16	16	16	
5	材料吸声系数α_0	0.30	0.50	0.80	0.85	0.85	0.86	0.80	0.78	
6	消声系数$\psi(\alpha_0)$	0.24	0.75	1.2	1.3	1.3	1.3	1.2	1.2	
7	消声器所需长度/m	1.30	1.25	0.94	1.39	1.15	1.15	0.99	0.68	
8	气流再生噪声L_{RN}/dB									83

① 确定消声器的消声量。LGA-60/5000型进气口测得的噪声倍频程声压级，见表11-14中的序号1行，安装消声器后，在进气口1.5m处噪声应控制在NR-85曲线内，其倍频程声压级见表11-14中序号2行，经计算所需消声器的消声量见表11-14中序号3行。

② 确定消声器的结构。根据该风机的风量和进口直径，可选定直管式阻性消声器，消声器截面周长与截面积之比，见表11-14中序号4行。

③ 选择吸声材料。根据噪声频谱特性，吸声材料可选用超细玻璃棉。由噪声的倍频程声压级来看，该噪声虽然以中、高频为主，但125Hz、250Hz为中心频率的低频也有一定的消声需要。因

此，吸声层厚度取150mm，填充密度为20kg/m³。

④ 选择吸声材料的护面。根据气流速度，吸声层护面采用一层玻璃纤维布加一层钢制穿孔板，板厚2mm，孔径6mm，孔间距为11mm。这种结构的吸声系数见表11-14中的序号5行，由吸声系数查表8-7得消声系数$\psi(\alpha_0)$的值，见表11-14中序号6行。

⑤ 消声器长度设计。由式（8-14）可计算出各频带所需消声器的长度

$$L=\frac{\Delta L}{\psi(\alpha_0)(P/S)}$$

如63Hz、125Hz，则有：

$$L_{63}=\frac{\Delta L}{\psi(\alpha_0)(P/S)}=\frac{5}{0.24\times 16}=1.30(\mathrm{m})$$

$$L_{125}=\frac{\Delta L}{\psi(\alpha_0)(P/S)}=\frac{15}{0.75\times 16}=1.25(\mathrm{m})$$

依次求出各频带所需要的长度，列于表11-14中的序号7行。为了满足各频带降噪量的要求，消声器的设计长度取最大值。该消声器取L=1.4m。

根据上述分析与计算，消声器的设计方案如图11-37所示。

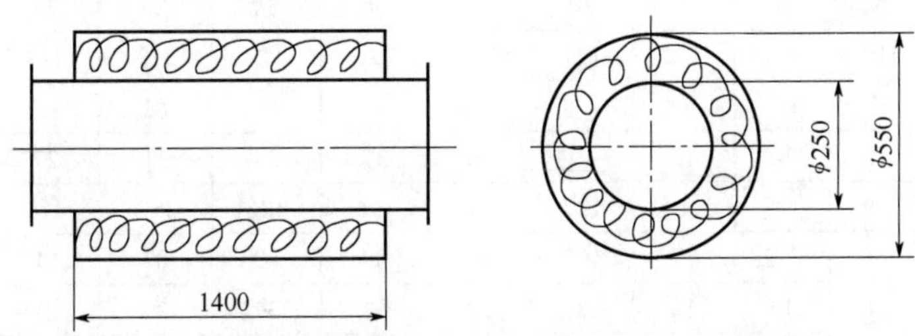

图11-37 风机进口直管式阻性消声器

⑥ 验算。

a. 验算高频失效频率及其影响。

由式（8-15）可得

$$f_{\mathrm{H}}=1.85c/D=1.85\times 340/0.25=2516(\mathrm{Hz})$$

在中心频率4kHz的倍频带内，其消声器对于高于2516Hz的频率段，消声量将降低，上面设计的消声器长度为1.4m，在8kHz的消声量：

$$\Delta L=\psi(\alpha_0)PL/S=1.2\times 1.4\times 16=26.88(\mathrm{dB})$$

但由于高频失效，按式（8-16）计算，在中心频率8kHz的倍频带内的消声量为：

$$\Delta L=(3-n)\Delta L/3=(3-1)\times 26.88/3=17.92(\mathrm{dB})$$

在上述计算过程中，取8kHz近似为倍频带内，消声量为17.92dB，由表11-14中序号3行可以看出，8kHz所需的消声量为13dB，所以，即使高频失效导致消声器消声量下降，本设计的消声器的消声量仍能满足降噪要求。

b. 验算气流再生噪声。

消声器内流速：

$$v=Q/S=1/[\pi\times(0.25/2)^2]=20.38(\mathrm{m/s})$$

由式（8-21）有：

$$L_{\mathrm{RN}}=(18\pm 2)+60\lg v=(18\pm 2)+60\lg 20.38=(18\pm 2)+78=(96\pm 2)(\mathrm{dB})$$

气流再生噪声近似接受点声源，在自由场传播情况下，式（1-47）折合离进口1.5m处的噪声级：

$$L_{\mathrm{A}}=L_{\mathrm{RN}}-20\lg r-11=98-20\lg 1.5-11=83(\mathrm{dB})$$

计算得气流再生噪声级为83dB（A），与降噪标准的表11-14中序号2行比较，噪声级控制在90dB（A）以内，可以看出，气流再生噪声对消声器性能影响可忽略。

（3）阻性消声器元件性能试验

为了使读者更有效地掌握消声器的设计和应用方法，特别介绍一组消声元件在消声器试验台上的试验数据，如表11-15~表11-19所示。

表 11-15 阻性消声元件试验数据（一）

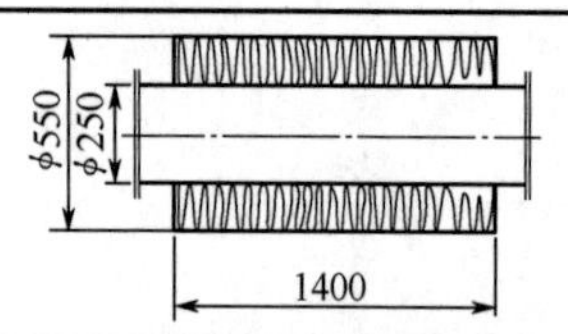

试验元件如左图所示（单位：mm）
吸声材料：超细玻璃棉，填充密度30kg/m³
护面结构：一层玻璃布加一层穿孔板，穿孔率p=25%

序号	工况/(m/s)	项目	噪声级/dB		倍频带的声压级								阻力损失/Pa
			A声级	C声级	63Hz	125Hz	250Hz	500Hz	1000Hz	2000Hz	4000Hz	8000Hz	
1	静态	L_1	119	127	112	127	131	127	117	112	119	99	
		L_2	90	109	107	107	99	87	83	83	91	78	
		ΔL	29	18	5	20	32	30	34	29	28	21	
2	4.5	L_1	119	127	112	127	131	126	118	113	119	101	1.96
		L_2	91	113	99	108	101	89	84	82	92	77	
		ΔL	28	14	13	19	30	37	34	31	27	24	
3	9	L_1	119	127	112	127	130	126	126	112	118	100	6.86
		L_2	90	112	97	107	101	89	89	83	91	78	
		ΔL	29	15	15	20	29	37	37	29	27	22	
4	13.5	L_1	118	127	112	127	130	126	117	111	119	100	15.68
		L_2	92	114	98	108	102	92	85	83	91	78	
		ΔL	26	13	14	19	28	34	32	29	29	22	
5	18	L_1	119	127	112	127	130	126	118	112	119	100	76.44
		L_2	96	114	100	108	102	93	86	83	91	78	
		ΔL	23	13	12	19	28	33	32	29	28	22	
6	22.5	L_1	119	127	113	127	130	126	117	112	119	99	45
		L_2	99	114	99	109	105	96	89	83	90	77	
		ΔL	20	13	14	18	25	30	28	27	29	22	
7	27	L_1	118	127	113	127	130	125	118	112	119	100	70.5
		L_2	105	116	101	108	106	100	94	87	90	77	
		ΔL	13	11	12	19	24	25	24	25	29	23	
8	31.5	L_1	118	127	112	127	130	125	116	112	120	100	94
		L_2	109	116	100	108	107	105	97	90	91	78	
		ΔL	8	11	12	19	23	20	19	22	29	22	
9	36	L_1	119	126	113	126	130	125	117	112	119	101	111.7
		L_2	11	118	108	107	108	106	101	93	91	80	
		ΔL	8	8	5	19	22	19	16	19	28	21	
10	40.5	L_1	119	127	113	125	130	125	117	113	120	100	148.9
		L_2	114	120	104	108	109	109	104	96	92	82	
		ΔL	5	7	9	17	21	16	13	17	28	18	

表11-16 阻性消声元件试验数据（二）

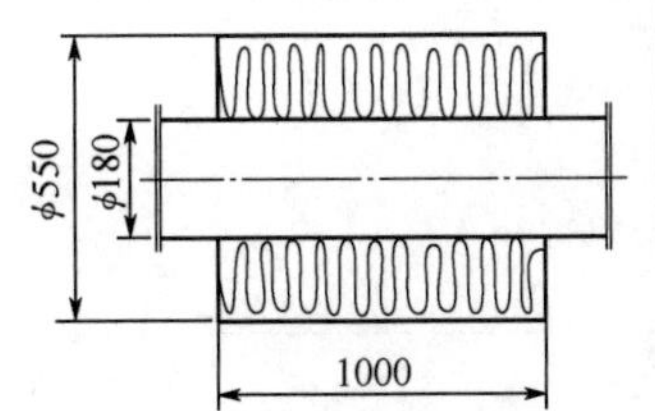

试验元件如左图所示(单位:mm)
吸声材料:超细玻璃棉,填充密度30kg/m^3
护面结构:一层玻璃布加一层穿孔板,穿孔率p=25%

序号	工况/(m/s)	项目	噪声级/dB A声级	噪声级/dB C声级	倍频带的声压级 63Hz	125Hz	250Hz	500Hz	1000Hz	2000Hz	4000Hz	8000Hz	阻力损失/Pa
1	静态	L_1	119	125	111	123	129	124	115	113	117	100	
		L_2	93	103	97	101	86	86	79	81	98	78	
		ΔL	26	22	14	22	43	38	36	32	19	22	
2	4.5	L_1	119	125	110	121	130	124	115	114	116	99	9.8
		L_2	93	106	98	101	88	88	79	81	97	78	
		ΔL	26	19	12	20	42	36	36	33	19	21	
3	9	L_1	118	124	110	121	129	124	115	114	116	100	19.6
		L_2	93	107	98	100	90	89	80	81	97	79	
		ΔL	25	17	12	21	39	35	35	33	19	21	
4	13.5	L_1	118	125	111	121	129	124	115	114	117	100	35.2
		L_2	94	107	99	100	92	90	82	81	97	79	
		ΔL	24	18	12	21	37	34	33	33	20	21	
5	18	L_1	118	125	110	121	128	123	115	115	117	100	58.8
		L_2	96	107	99	101	95	94	84	81	96	79	
		ΔL	22	18	11	20	33	29	30	34	21	21	
6	22.5	L_1	118	124	111	121	128	123	115	114	117	100	88.2
		L_2	100	108	100	101	99	96	91	84	95	80	
		ΔL	18	16	11	20	29	27	24	30	22	20	
7	27	L_1	118	124	112	122	128	124	115	114	118	100	121.5
		L_2	105	112	101	104	100	100	94	87	95	79	
		ΔL	13	12	11	18	28	24	21	27	23	21	
8	31.5	L_1	118	124	112	121	128	129	115	114	117	100	160.7
		L_2	109	113	102	104	103	104	99	92	95	80	
		ΔL	9	11	10	17	25	19	16	22	22	20	
9	36	L_1	118	124	112	122	128	123	115	114	118	100	215.6
		L_2	112	116	103	104	103	106	102	96	95	82	
		ΔL	6	8	9	18	25	17	13	18	23	18	
10	40.5	L_1	118	128	112	121	128	123	115	115	118	100	954.5
		L_2	115	118	103	103	104	108	105	100	96	85	
		ΔL	3	7	9	18	24	15	10	15	22	15	

表 11-17　阻性消声元件试验数据（三）

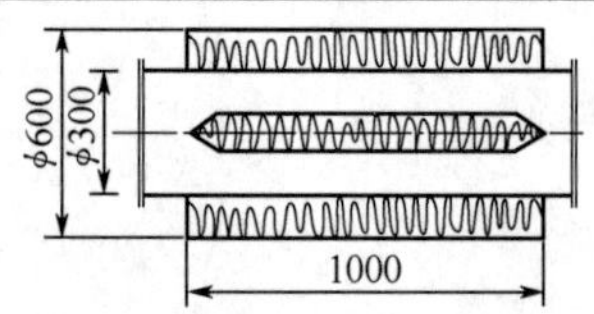

试验元件如左图所示（单位：mm）

吸声材料：超细玻璃棉，填充密度 30kg/m³

护面结构：一层玻璃布加一层穿孔板，穿孔率 p=25%

序号	工况/(m/s)	项目	噪声级/dB		倍频带的声压级								阻力损失/Pa
			A声级	C声级	63Hz	125Hz	250Hz	500Hz	1000Hz	2000Hz	4000Hz	8000Hz	
1	静态	L_1	115	122	113	115	127	122	115	109	109	89	
		L_2	89	105	106	109	109	95	82	82	91	74	
		ΔL	26	17	7	6	18	27	27	27	18	15	
2	4.5	L_1	116	125	113	117	127	122	114	109	110	91	9.8
		L_2	92	110	105	108	109	96	82	81	88	73	
		ΔL	24	13	8	9	18	26	32	28	22	18	
3	9	L_1	116	123	113	117	127	122	114	109	110	91	41.1
		L_2	92	110	106	109	109	96	82	81	89	74	
		ΔL	24	13	7	8	18	26	32	28	21	17	
4	13.5	L_1	114	123	114	117	127	122	114	109	111	91	96
		L_2	91	109	105	103	109	97	82	80	87	73	
		ΔL	23	14	9	9	18	25	32	29	24	18	
5	18	L_1	115	123	114	117	127	122	114	109	111	90	174.4
		L_2	94	108	107	107	109	96	84	80	85	73	
		ΔL	21	15	7	10	18	26	30	29	26	17	
6	22.5	L_1	115	123	115	117	127	122	114	109	111	91	264.6
		L_2	98	110	107	108	110	99	87	83	88	76	
		ΔL	17	13	8	9	17	23	27	26	23	26	
7	27	L_1	115	123	116	116	126	123	114	109	111	91	382.2
		L_2	100	112	108	100	110	99	89	86	88	76	
		ΔL	15	11	8	16	16	24	25	23	23	15	
8	31.5	L_1	115	123	117	117	126	122	113	109	111	91	529.2
		L_2	104	112	108	106	108	100	94	90	89	80	
		ΔL	11	11	9	11	11	22	19	19	22	11	
9	36	L_1	115	123	117	118	125	122	113	109	111	90	664.4
		L_2	107	115	109	108	110	101	95	93	89	81	
		ΔL	8	8	8	10	15	21	18	16	22	19	
10	40.5	L_1	116	124	115	117	125	122	113	109	110	91	846.7
		L_2	113	116	108	106	106	106	101	95	92	85	
		ΔL	3	8	7	9	16	20	13	13	19	6	

表 11-18　阻性消声元件试验数据（四）

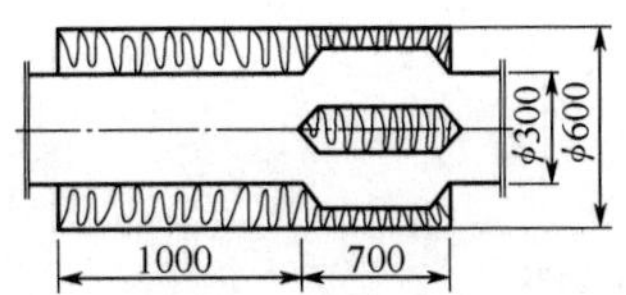

试验元件如左图所示（单位：mm）
吸声材料：超细玻璃棉，填充密度30kg/m³
护面结构：一层玻璃布加一层穿孔板，穿孔率p=25%

序号	工况/(m/s)	项目	噪声级/dB		倍频带的声压级								阻力损失/Pa
			A声级	C声级	63Hz	125Hz	250Hz	500Hz	1000Hz	2000Hz	4000Hz	8000Hz	
1	静态	L_1	114	122	110	117	127	122	114	109	109	90	
		L_2	77	98	96	95	89	78	67	69	79	67	
		ΔL	37	24	14	22	38	44	47	40	30	22	
2	4.5	L_1	115	122	111	117	127	122	114	108	109	91	17.6
		L_2	81	111	102	98	91	80	69	68	79	67	
		ΔL	34	11	9	19	36	42	45	40	30	24	
3	9	L_1	114	122	113	117	127	122	114	108	109	91	47
		L_2	85	116	103	98	92	81	70	63	79	67	
		ΔL	29	6	10	19	35	41	44	40	30	24	
4	13.5	L_1	114	122	113	118	127	122	114	109	110	91	107.8
		L_2	88	114	100	97	93	83	75	71	78	68	
		ΔL	26	8	13	21	34	39	39	38	32	23	
5	18	L_1	114	122	114	118	127	122	114	109	111	91	196
		L_2	95	113	105	100	96	83	82	77	77	63	
		ΔL	19	9	9	18	31	33	32	32	34	23	
6	22.5	L_1	114	123	114	118	127	122	113	109	110	91	301.8
		L_2	100	115	103	94	95	96	88	85	81	70	
		ΔL	14	6	11	19	29	28	25	27	31	21	
7	27	L_1	114	122	114	118	126	122	113	109	111	91	441
		L_2	105	117	106	101	102	99	92	81	82	74	
		ΔL	9	5	8	17	24	25	21	22	29	15	
8	31.5	L_1	115	123	115	118	125	122	113	109	111	91	599.7
		L_2	109	118	107	103	103	103	96	92	87	78	
		ΔL	6	5	8	15	22	19	17	17	24	13	
9	36	L_1	115	123	115	118	125	122	113	109	111	92	784
		L_2	112	118	105	103	104	107	100	97	90	81	
		ΔL	3	5	10	15	21	15	13	12	21	11	
10	40.5	L_1	116	124	115	118	125	122	113	109	7111	92	989.8
		L_2	114	120	106	105	106	109	104	101	93	85	
		ΔL	2	4	9	13	19	13	9	8	18	7	

表 11-19 阻性消声元件试验数据（五）

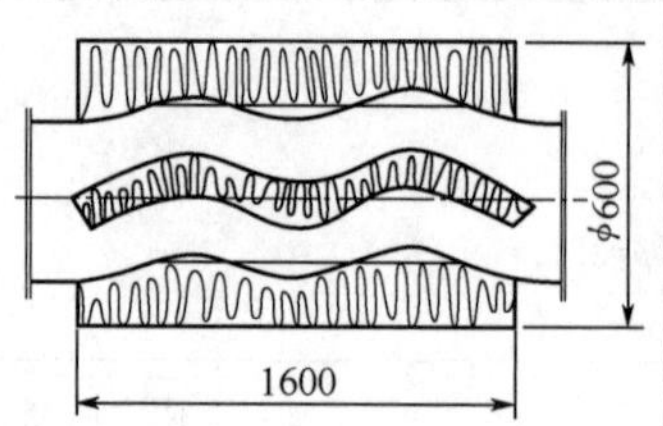

试验元件如左图所示(单位:mm)
吸声材料:超细玻璃棉,填充密度30kg/m^3
护面结构:一层玻璃布加一层穿孔板,穿孔率p=25%

序号	工况/(m/s)	项目	噪声级/dB		倍频带的声压级								阻力损失/Pa
			A声级	C声级	63Hz	125Hz	250Hz	500Hz	1000Hz	2000Hz	4000Hz	8000Hz	
1	静态	L_1	115	121	111	116	124	122	111	109	110	95	
		L_2	73	102	107	100	88	69	58	65	52	42	
		ΔL	42	20	4	16	36	53	53	44	58	53	
2	4.5	L_1	115	121	112	116	124	122	113	109	112	96	39.2
		L_2	81	110	107	99	90	72	61	66	59	35	
		ΔL	34	11	5	17	34	50	52	43	53	61	
3	9	L_1	115	121	113	115	124	122	112	109	113	97	156.8
		L_2	84	110	108	98	91	78	70	72	67	44	
		ΔL	31	11	5	17	33	44	42	37	46	53	
4	13.5	L_1	115	121	112	116	124	122	111	110	112	96	382.2
		L_2	90	107	108	99	92	80	78	76	81	55	
		ΔL	25	13	4	17	32	42	33	34	31	41	
5	18	L_1	115	121	114	116	123	122	110	110	112	94	623.2
		L_2	98	110	109	98	94	93	87	88	81	65	
		ΔL	17	11	5	18	29	29	23	22	31	21	
6	22.5	L_1	115	121	114	117	124	122	112	111	114	97	970.2
		L_2	105	112	110	100	96	97	94	94	82	71	
		ΔL	10	9	4	17	28	25	18	17	32	26	
7	27	L_1	115	122	114	117	123	122	111	110	113	95	1372.0
		L_2	107	113	110	101	97	97	94	98	93	75	
		ΔL	8	9	4	16	26	25	17	12	20	20	

在消声器元件试验中，声学性能采用“末端声压级差”法测试，即在消声器的进口端测得噪声级（包括各倍频程声压级）L_1，在消声器的出口端测得噪声级（包括各倍频程声压级）L_2，两者之间的差值为消声量。

在消声器元件试验中，空气动力性能用阻力损失计算，单位为Pa。

分析试验结果可知，对同一种消声元件，消声量随着气流速度的增高而降低，阻力损失则随着气流速度的增高而增大，即随着气流速度的增高，消声器的声学性能和空气动力性能都将变差。对不同的消声元件，结构复杂的消声元件比结构简单的消声元件的声学性能和空气动力性能受气流影响更为严重。例如，折板式消声器与直管式消声器相比，结构复杂的折板式消声器，其声学性能和空气动力性能受气流影响要大得多。

11.3.2　抗性消声器的应用

抗性消声器是通过管道截面的突变或者旁接共振腔的方法，利用声波的反射、干涉等来达到消声的目的，中、低频消声性能好，能在高温、高速、脉动气流下工作，适合消除空压机、内燃机和汽车排气噪声。常见的抗性消声器有扩张式消声器和共振式消声器两种。下面介绍两个扩张式抗性消声器和一个共振式消声器的应用实例。

【例11-1】 某空压机的进气管直径为200mm，进气噪声在125Hz有一峰值，现拟设计一个扩张室消声器装在空压机进气口上，要求消声器在125Hz有15dB的消声量。

【解】

① 确定扩张室的长度。

要求最大消声频率分布在中心为125Hz的倍频程内，根据式（8-26）有：

当n=0时，$l = \dfrac{c}{4f_{\max}} = \dfrac{340}{4 \times 125} = 0.68\text{（m）}$

② 确定扩张比及扩张室直径。

根据要求的消声量，由表8-10查得m=12，并知进气口直径为200mm，相应的截面积：

$$S_1 = \pi d_1^2/4 = 0.2^2 \times 3.14/4 = 0.0314\text{（m}^2\text{）}$$

扩张室的截面积：

$$S_2 = mS_1 = 12 \times 0.0314 = 0.3768\text{（m}^2\text{）}$$

扩张室直径：

$$D = \sqrt{\frac{4S_2}{\pi}} = \sqrt{\frac{4 \times 0.3768}{3.14}} = 0.693(\text{m}) = 693(\text{mm})$$

由上述计算的有关数值，确定并插入管长度为680/2、680/4，设计方案如图11-38。为了改善其空气动力性能，减小阻力损失，内插管中间的680/4一段穿孔，其穿孔率p>30%。

③ 验算扩张室消声器上、下限截止频率。

由式（8-30）计算上限截止频率：

$$f_{上} = 1.22c/D = 1.22 \times 340/0.693 \approx 600\text{Hz}$$

由式（8-31）计算下限截止频率：

$$f_{下} = \frac{\sqrt{2}}{2} \times \frac{c}{\pi}\sqrt{\frac{S}{Vl}}$$

$$= \frac{\sqrt{2}}{2} \times \frac{c}{\pi}\sqrt{\frac{S_1}{(S_2 - S_1)\,l^2}}$$

$$= \frac{\sqrt{2}}{2} \times \frac{340}{3.14}\sqrt{\frac{0.0314}{(0.3768 - 0.0314) \times 0.68^2}}$$

$$\approx 34(\text{Hz})$$

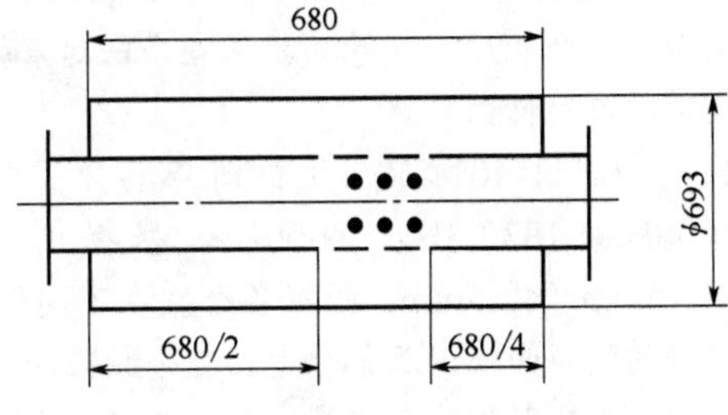

图11-38　扩张室消声器设计方案

经验算得知，该消声器的$f_{上}$≈600Hz，$f_{下}$≈ 34Hz，所需要消声的频率峰值为125Hz，包括在上、下限频率之内，所以上述设计方案是合理的。

【例11-2】 某型柴油发电机组噪声辐射大，尤其是发动机排气噪声明显高于其他噪声。利用扩张式消声器对发电机组排气噪声进行治理。

【解】

① 对发电机组的排气噪声进行测试和频谱分析　首先对发电机组排气噪声进行测试和频谱分析，找出其较突出的高声频段，这些频段就是消声器设计时需要重点消声的频段。柴油发电机组排气噪声频谱如图11-39所示，可以看出，发电机组整个频段内的排气噪声均很高，尤其是500~

8000Hz的中高频段。

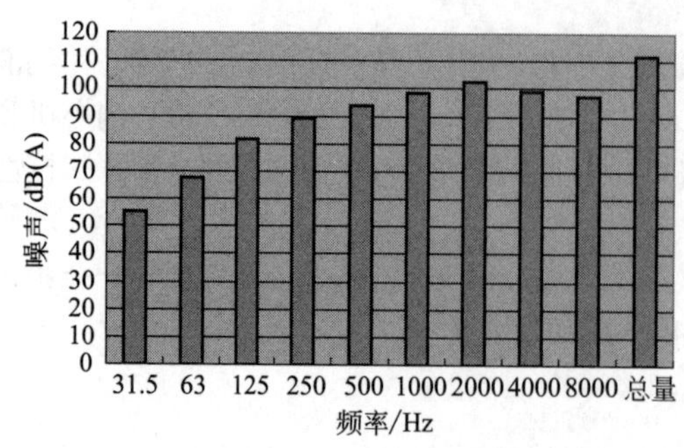

图11-39 某型柴油发电机组排气噪声频谱图

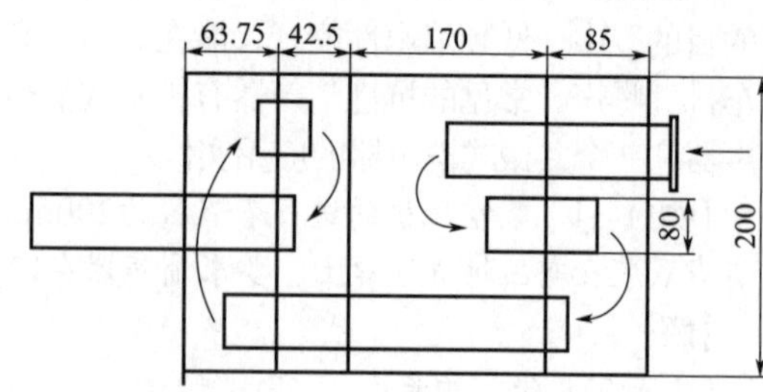

图11-40 柴油发电机组扩张式消声器

② 扩张式抗性消声器设计 这里抗性消声部分主要采用扩张式消声。扩张式消声器是根据管道中声波在截面突变处发生反射而衰减噪声的原理设计的，最简单的扩张式消声器是单扩张室消声器。其消声量为：

$$D = 10\lg\left[1 + \frac{1}{4}\left(m - \frac{1}{m}\right)^2 \sin^2(kl)\right]\text{dB} \tag{11-1}$$

式中，D为消声量；m为扩张比；l为消声器长度，m；$k=2\pi/\lambda$为波数，而λ为波长。

由此可以看出，当$k_1=(2n-1)\pi/2$或$l=(2n-1)\lambda/4$，即当l等于$\lambda/4$的奇数倍时，$\sin^2(kl)=1$，$n=1, 2, 3, \cdots$，D达到最大值；当$k_1=n\pi$或$l=n\lambda/2$，即l等于$\lambda/2$整数倍时，$\sin^2(kl)=0$，D最小为零，这一频率的声波完全通过。最大消声量D_m为：

$$D_m = 10\lg\left[1 + \frac{1}{4}\left(m - \frac{1}{m}\right)^2\right]\text{dB} \tag{11-2}$$

其中 $$f_N=(2N+1)c/(4l) \quad (N=0、1、2\cdots) \tag{11-3}$$

从式（11-3）可以看出，消声量最大的频率是扩张室的长度l为其四分之一波长的奇数倍的频率。

为避免传声损失在某些频率出现低谷，通常有两种办法：一是插入内接管的方法；二是采用将两个或多个长度不相等的扩张室串联起来的方法。这样可使其低谷相互错开，以达到各频率传声损失较均匀的特性。

如图11-40所示，抗性消声器分了四个消声室，四个室的最大消声频率分别定为500Hz、1000Hz、1333.3Hz、2000Hz。根据式（11-3）可算出其相应的室长l分别为70mm、85mm、63.75mm、42.5mm，根据各个室在不同频段上的不同消声特性，用Matlab软件绘出四个室在整个频段的消声曲线以及各个室在整个频段的消声情况，扩张比为m=40，如图11-41所示，图中的1、2、3、4号线分别为四个消声室在整个频段上的消声情况。从两张图中可以看出各室的消声频率有很好的互补性，使整个消声器在整个频段内都有较大较均匀的消声量，没有出现个别频率的噪声消声效果特别差的情况。同时采用插入管的办法，使每个室的进气管长度为室长的一半，出气管为室长的四分之一，以消除各室通过频率的噪声。从而使消声器在整个频段上有更加均匀的消声量。

③ 控制效果 将扩张式消声器安装到发电机组排气管上，经测试，排气噪声降低25dB左右，达到了设计要求。总结，抗性扩张式消声器的性能影响因素有：a. 扩张比m决定抗性消声器消声量的大小；b. 扩张室的长度及插入管的长度决定抗性消声器的消声频率特性；c.结构形式，如多节串联提高消声性能、插入管错位可改善高频消声性能等。

【例11-3】 某气流通道直径为150mm，试设计一只共振腔消声器，使其在125Hz的倍频带上有15dB的消声量。

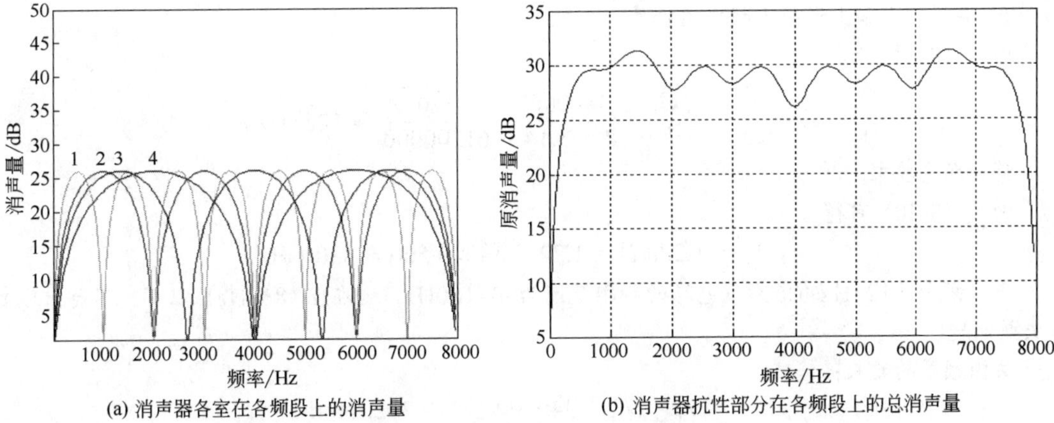

(a) 消声器各室在各频段上的消声量　(b) 消声器抗性部分在各频段上的总消声量

图11-41　各频段上消声器各室消声量及抗性部分总消声量图

【解】

① 确定共振频率和消声量　由题意可知，共振频率为125Hz的倍频带，消声量15dB。

② 确定共振消声器K值

由式（8-38）可得

$$\Delta L = 15 = 10\lg\left(1 + 2K^2\right)$$

由上式求出K值，K=3.913≈4或直接查表8-12可得K=4。

③ 确定共振腔的体积V和传导率G　首先求出通道截面面积S，已知管径150mm，因此，通道截面面积S为

$$S = \pi d^2/4 = 3.14 \times 150^2/4 = 17662.5\ (\text{mm}^2)$$

然后根据式（8-50）求出共振腔体积V

$$V = \frac{cKS}{\pi f_r} = \frac{340000 \times 4 \times 17662.5}{3.14 \times 125} = 61200000\ (\text{mm}^2)$$

最后根据式（8-49）求出传导率G

$$G = \left(\frac{2\pi f_r}{c}\right)^2 \times V = \left(\frac{2 \times 3.14 \times 125}{340000}\right)^2 \times 61200000 = 326\ (\text{mm})$$

④ 设计消声器结构尺寸　选用穿孔管壁厚度t=2mm，孔径为6mm，根据式（8-35）$G = nS_0/(t + 0.8d)$求得穿孔管壁开孔数

$$n = \frac{G(t + 0.8d)}{S_0} = \frac{326 \times (2 + 0.8 \times 6)}{\frac{\pi}{4} \times 6^2} = 78\ (\text{个})$$

设计一个与管道同心的圆形共振腔消声器，其内径为150mm，外径为500mm，共振腔所需长度为：

$$L = \frac{V}{\frac{\pi}{4}(d_2^2 - d_1^2)} = \frac{4 \times 61200000}{3.14\,(500^2 - 150^2)} = 342.69\ (\text{mm})$$

根据上述计算结果，可设计一个其共振腔长度为345mm，外腔直径为500mm，腔的内径为150mm，管壁厚2mm，在气流通道的共振腔中部均匀排列78个孔，孔径为6mm的共振腔消声器，如图11-42所示。

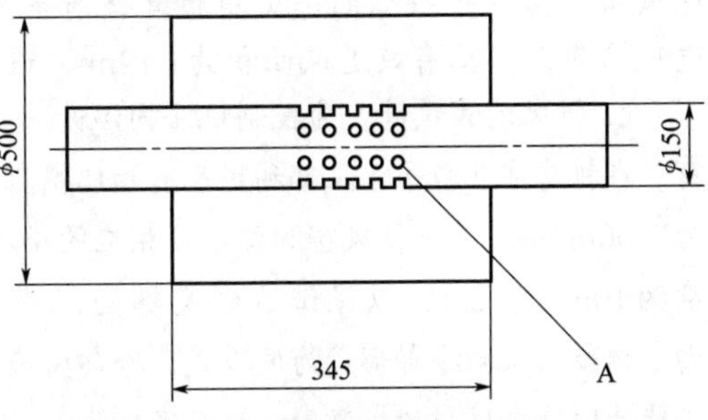

图11-42　共振腔消声器设计示意图

A—孔径6mm、开孔78个均布

⑤ 共振频率和上限截止频率的验算

由式（8-32）可得

$$f_r = \frac{c}{2\pi} \times \sqrt{\frac{G}{V}} = \frac{340000}{2 \times 3.14}\sqrt{\frac{326}{61200000}} \approx 125(\text{Hz})$$

符合题意要求。

由式（8-30）可得

$$f_{上} = 1.22c/D = 1.22 \times 34000/500 \approx 830（\text{Hz}）$$

中心频率为125Hz的倍频带包括的频率范围为90~180Hz，远在$f_{上}$（830Hz）以下，不会出现高频失效问题。

共振频率的波长：

$$\lambda_r = c/f_r = 340000/125 = 2720(\text{mm})$$

$$\lambda_r/3 = 2720/3 \approx 907(\text{mm})$$

上述设计的共振腔的长、宽、腔深尺寸都小于共振频率波长的1/3，故该设计方案可用。该消声器的各参数值如图11-42所示。

11.3.3 其他类型消声器的应用

工程上经常应用的消声器除了阻性消声器、抗性消声器外，还有阻抗复合消声器、微穿孔板消声器等，下面介绍一个阻抗复合型消声器和微穿孔板消声器的应用实例。

【例11-4】 某台站自建一个柴油发电机房，内设12V-135D型柴油发电机组1台（发动机功率179kW，转速1500r/min；发电机功率120kW，风冷式），机房面积约25m²，高约5m。由于机房的总体布局和单体设计时都未考虑噪声控制问题，因此，当柴油发电机运行时，噪声为113dB（A），严重污染周围环境。在距机房北侧约25m的居民楼噪声高达90dB（A）以上，使该柴油发电机房的噪声治理成了亟待解决的环保问题。

【解】

① 治理技术要求　机房内噪声要求降低6~10dB（A），居民楼处环境噪声应降至55dB（A）以下。机房内的温升应控制在15℃以下，当室外气温为35℃时，机房内温度应≤45℃；当室外气温为20℃时，机房内温度应为30~35℃。治理后柴油发电机的功率损耗应不大于10%~15%。

② 主要技术措施

a. 机房隔声、吸声设计。为改善操作者的工作环境，机房南侧、西侧原有木门外新增加钢质隔声门，以减小机房噪声向外辐射。机房内噪声高达112~113dB（A），机房内顶棚和四壁能安装吸声结构的地方做吸声处理，降低机房内噪声。

b. 进风消声设计。为了有效控制机房西、北侧窗户向外辐射噪声，在两侧窗外设计安装了集进风采光隔声于一体的进风阻抗复合消声器。其上部为采光隔声窗罩，下部为L型阻性片式进风消声器，总有效进风面积为1.12m²，设计进风流速为4m/s左右，详见图11-43和图11-44。

c. 排风消声设计。为控制机房内温升，在隔声采光窗西、北两侧墙下方设计安装了进风消声窗。在机房穿孔板吊顶上部利用原有西墙高窗窗洞增设了两台SF-5-6型低噪声排风轴扇（每台风量为7700m³/h），并在排风窗洞外增设相应的排风消声箱（有效排风面积为0.42m²，消声箱内排风速度为10m/s左右），以保证达到足够的消声和通风散热效果，详见图11-43和图11-45。另外，由于该柴油机的冷却形式为风冷式，冷却风扇位于柴油机组前端，靠近机房北侧进风消声窗，为防止柴油机冷却风扇的排风影响机房通风降温，设计中增设了冷却风扇导风管，引导热风至穿孔板吊顶上部，再经轴扇排至室外，既有利于机房通风散热，也有助于降低机房内噪声。

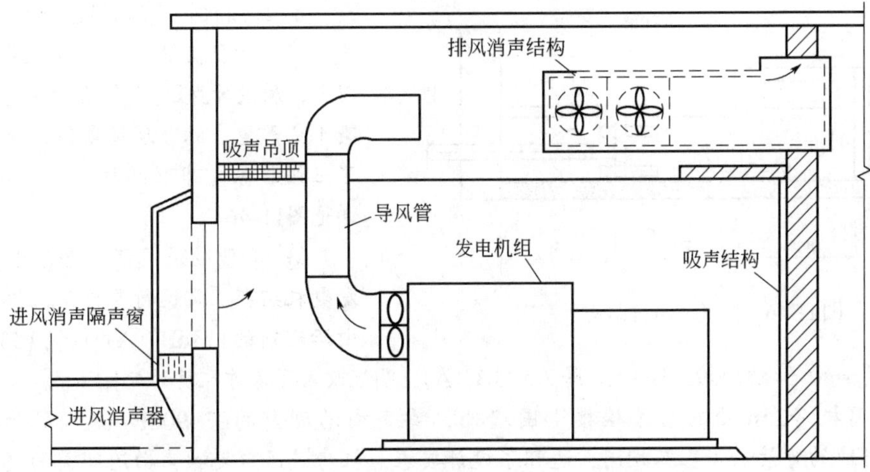

图 11-43　发电机房噪声综合治理示意图

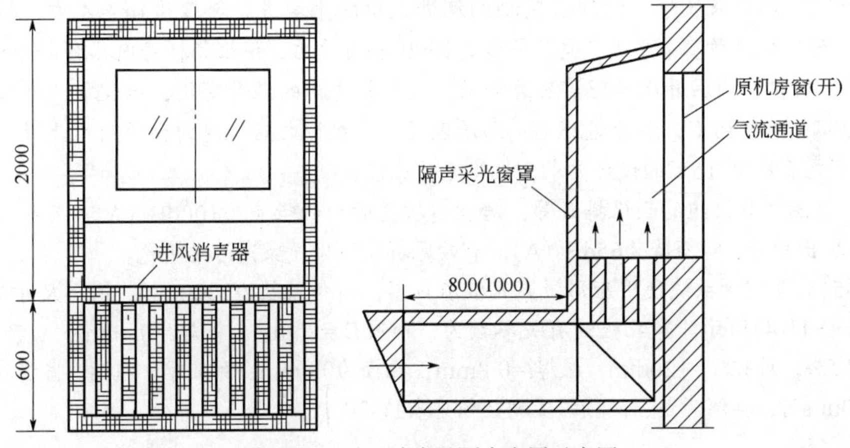

图 11-44　进风消声及隔声窗罩示意图

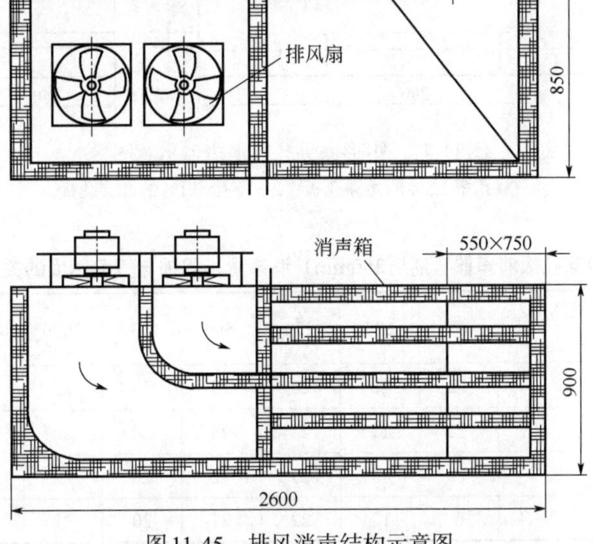

图 11-45　排风消声结构示意图

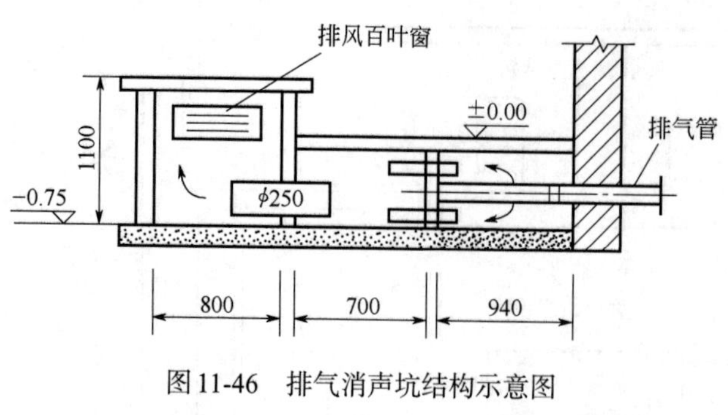

图11-46　排气消声坑结构示意图

d. 柴油机排气消声坑设计。柴油机排气噪声以中低频声为主，声级高达100dB以上，原设计2根排气管直通室外，噪声污染十分严重。结合现场条件，现设计安装了三级扩张室串联的抗性迷宫式消声坑，详见图11-46。

③ 治理效果　经综合治理后，柴油发电机组在正常运行条件下，机房内噪声由治理前的113dB（A）降为103dB（A），值班室内噪声由治理前的92dB（A）降为59dB（A），明显改善了操作人员的工作环境。

在距离机房25m处的居民楼楼下围墙处，噪声由治理前的87~90dB（A）降为48~51dB（A），与当地的背景噪声基本相同，达到了设计要求。机房进风口处噪声由治理前的103dB（A）降为68dB（A）；机房内排风消声箱口处噪声由治理前的100dB（A）降到70dB（A）以下。

机房通风散热效果良好，治理后实测两侧进风口的平均进风速度为4m/s左右，排风风速为10m/s左右，进排风风量基本平衡，总换气量为15000m³/h左右，保证了机房内具有良好的通风散热与降温效果，使机房内温升比治理前显著降低。实测机房内的温升变化，治理前，开机20min后，机房内由20℃上升至45℃，温升达25℃；而治理后，开机1h之后机房内由原21℃上升至29℃，温升仅8℃，满足了温升<15℃的设计要求，机组运转正常。

另外，柴油发电机组的两根排风管，治理前排气管口的噪声为100dB（A），安装排气消声坑后，在消声坑出口处，噪声降为65dB（A），有效地解决了排气噪声污染问题。

【例11-5】　某空调系统使用矩形微穿孔板消声器，消声器长为2000mm，通道尺寸为250mm×700mm，如图11-47所示。穿孔板的有关参数为：前腔D_1=80mm，板厚t=0.8mm，孔径为0.8mm，穿孔率p_1=2.5%；后腔D_2=120mm，板厚t=0.8mm，孔径为0.8mm，穿孔率p_2=1%。当消声器中气流速度为7~20m/s时，其消声量、阻损的实测数值见表11-20。

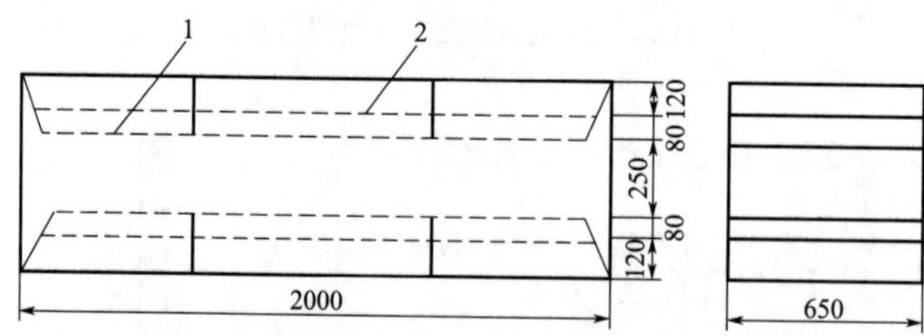

图11-47　矩形微穿孔板消声器示意图

1—穿孔率2.5%的微穿孔板；2—穿孔率1%的微穿孔板

表11-20　矩形微穿孔板消声器（通道250mm）消声量、阻损与气流速度的关系　　单位：ΔL/dB

倍频带中心频率/Hz V/(m/s)	63	125	250	500	1000	2000	4000	8000	阻损/Pa
7	12	18	26	25	20	22	25	25	0
11	12	17	23	23	20	20	26	24	0
17	11	15	23	22	20	22	23	23	0
20	6	12	22	21	20	21	21	20	7

【例11-6】 某柴油机排气口上安装声流式消声器，如图11-48所示。该消声器长为2000mm，大腔设计参数为：前腔D_1=80mm，微穿孔板厚t=0.8mm，孔径为0.8mm，穿孔率p_1=2.5%；后腔D_2=120mm，微穿孔板厚t=0.8mm，孔径为0.8mm，穿孔率p_2=1%。小腔设计参数：前腔D_1=10mm，微穿孔板厚t=0.8mm，孔径为0.8mm，穿孔率p_1=5%；后腔D_2=200mm，微穿孔板厚t=0.8mm，孔径为0.8mm，穿孔率p_2=3%。在消声器实验台上对声流式微穿孔板消声器进行静态、动态的声学性能和空气动力性能试验。试验结果如表11-21所示。由表可知，消声器在气流速度7m/s的条件下，其阻损仅在5Pa以下。

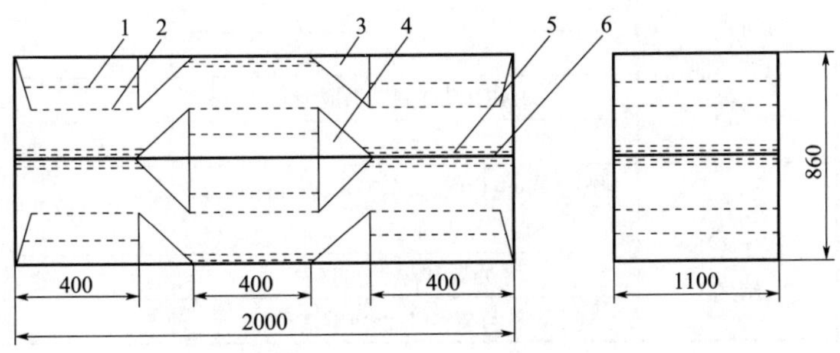

图11-48　声流式微穿孔板消声器

1—穿孔率1%的微穿孔板；2—穿孔率2.5%的微穿孔板；3，4—共振腔；5—穿孔率3%的微穿孔板；6—穿孔率5%的微穿孔板

表11-21　声流式微穿孔板消声器消声量、阻损与气流速度的关系　　单位：ΔL/dB

倍频带中心频率/Hz V/(m/s)	63	125	250	500	1000	2000	4000	8000	阻损/Pa
0	18	28	29	33	30	42	51	41	0
7	16	25	29	33	23	32	41	35	5
10	15	23	26	29	22	30	35	33	49
14	13	19	20	24	20	26	34	30	80
22	4	10	12	19	19	27	33	28	320
25	2	3	4	14	16	25	32	24	430

11.4　有源降噪技术应用

有源噪声控制研究的着眼点和生命力在于工程应用和产业化。国内外众多研究者多年来不懈努力的目标也在于发展一种成熟的、可应用于噪声控制工程的新技术。因此，将有源噪声控制技术应用于实际工程是这项技术历经多年而不衰、蓬勃发展的源泉所在。

纵观有源噪声控制技术近几十年的发展历程及现状，可将有源噪声控制技术按成熟度分为四大类：成熟技术、半成熟技术、开发中的技术及处于实验研究中的技术。这些处于不同状态的技术的应用场合、发展状态或存在的制约因素等见表11-22。

表11-22　按技术成熟度分类的有源噪声控制技术

序号	成熟度	技术状态	应用场合	发展状态
1	成熟	技术成熟 推广应用	护耳器	推广应用
			螺旋桨飞机舱室	推广应用
			汽车车厢	推广应用

续表

序号	成熟度	技术状态	应用场合	发展状态
2	半成熟	技术可行需要解决应用问题	管道	成本约束
			变压器	控制系统复杂
			声场控制	应用环境复杂
3	开发中	降噪效果通过现场试验验证	风扇	成本约束
			声屏障	系统复杂
			窗户	成本约束
			家电	成本约束
			fMRI（功能磁共振成像）	系统复杂
			舰艇	技术不成熟
4	实验研究	仅有实验结果	封闭空间（电梯内、火车车厢、婴儿保育箱、卧室）	控制效果与系统实现有疑问
			脉冲噪声（火炮、打鼾）	系统实现有疑问
			设备与结构（智能声学结构）	需进一步理论研究

总的看来，从技术成熟度和商业推广价值的角度看，目前技术较为成熟且应用前景较好的有源噪声控制技术应用方向包括：①管道噪声有源控制，如进排风管道、发动机进排气管道等；②有源降噪耳机与头靠；③舱室噪声有源控制，如螺旋桨飞机舱、轿车车厢、火车车厢内有源噪声控制等。

11.4.1 管道噪声有源控制

管道噪声主要指的是中央空调、大型输液和输气管道、通风管道中的噪声，以及鼓风机、发动机等工业设备的进、排气噪声等。控制管道噪声的传统方法是利用无源消声器，这种消声器存在低频效果不好、体积庞大、压力损失大等问题。有源消声器一般可以消除两个倍频程的低频随机噪声，降噪量可达15~20dB，对于单频噪声，降噪量可达20~30dB，典型的消声频段为40~400Hz的低频段。

在20世纪70年代和80年代，管道噪声有源控制研究形成了热潮，目前已经有几个型号的有源消声器投入使用，并已有可自编程序／自适应的（标准化）模块化系统量产，市场销售价格也在不断下降。然而，有源消声器也是有缺点的，主要是它的价格相对较高，需要专业安装和调试，需要定期的检查维修（正常环境下，每隔3~5年就要更换一次次级声源），并且它主要控制一阶截止频率以下的噪声，而且需要较长的管道（3m以上）。下面介绍两个管道噪声有源控制实例。

（1）离心机风扇噪声的有源控制

离心机安装在一直径0.61m的管道内。管内噪声主要包含59Hz和118Hz两个分量，其中118Hz分量最大，它在管道内的声压级为140dB，在管道出口处为125dB。为了控制此类噪声，研制了专用于管道噪声有源控制的设备dX-30数字噪声控制器。

dX-30数字噪声控制器是一个单通道有源控制系统，用一个扬声器和传声器作为次级声源和误差传感器。为了解决管道噪声有源控制中次级声反馈问题，采用IIR滤波器和滤波-U算法。为计算滤波-U信号，用离线自适应建模方法获得次级通路传递函数的估计值。系统硬件包括参考传感器（传声器）、误差传感器（传声器）、大功率的扬声器（次级声源）以及TMS320C25数字信号处理器。

TMS320C25是TMS320系列数字信号处理器的第二代产品，是在TMS32020基础上发展起来的，通过更快的指令周期及改进的附加功能增加算法功能，具有32位内部哈佛结构和16位外部接口。对实现滤波-U算法来说，TMS320C25的主要特性有：100ns的指令周期、单周期的乘法-累加指令、浮点操作、具有自适应滤波指令等。

开启dX-30数字噪声控制器后，管道中59Hz和118Hz两个噪声分量被大大降低，降噪量分别为

25dB和30dB，图11-49给出了控制器启动前后管道出口处噪声谱。dX-30数字噪声控制器也可应用于宽带噪声的有源控制，降噪效果如图11-50所示。实验中发现，如果能够对次级通路在线建模，实时获取次级通路传递函数，则系统能够更加适应外界环境的变化，系统的长期稳定性更好。

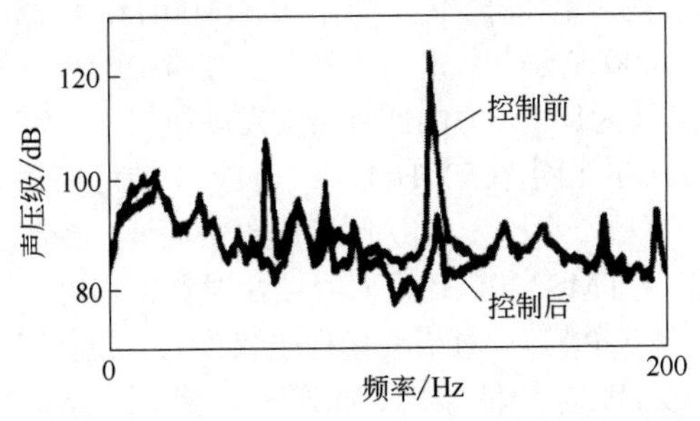

图11-49　排风扇管道出口处的噪声频谱

图11-50　管道宽带噪声有源控制降噪量频谱图

(2) 有源消声器应用于车辆排气噪声的有源控制

这里介绍一个有源消声器用于重型载货汽车排气噪声的有源控制案例。该有源消声器与一个简化结构的“无源消声器”串联使用，简化结构无源消声器装在发动机排气管一侧，有源消声器装在排气管尾部，整个系统的剖面图和总体示意图如图11-51所示。

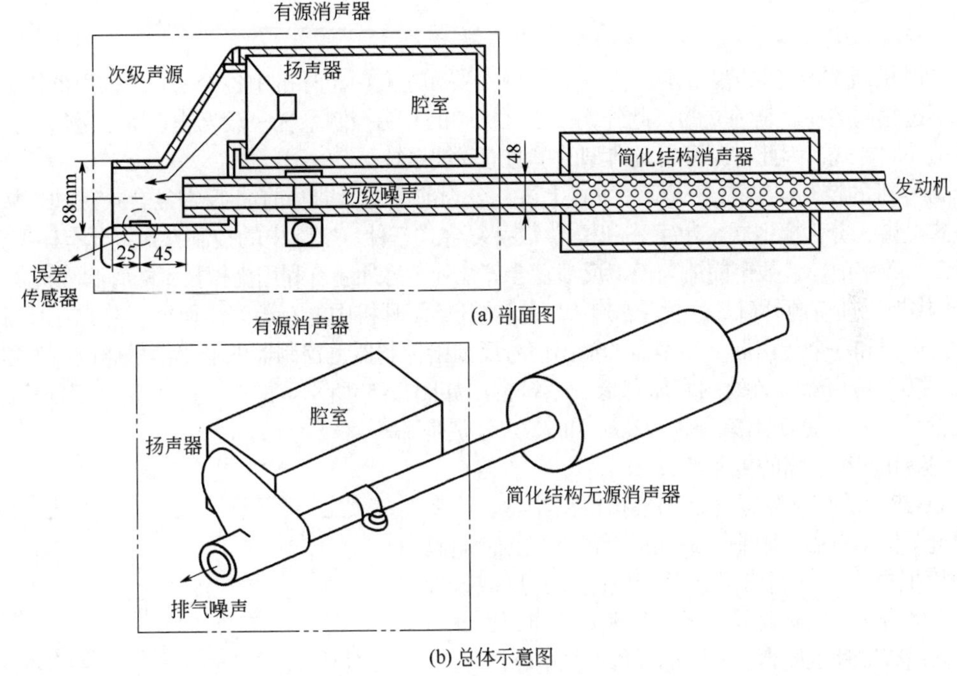

图11-51　车用有源消声器系统示意图

图中的有源消声器是一个单通道有源噪声控制系统，作为次级声源的扬声器装在封闭声腔内，封闭声腔的几何尺寸为0.17m×0.46m×0.17m，内壁为0.1m厚的胶合板，外壁为钢板。扬声器的直径为152mm，功率为40W。误差传感器为商用电容传声器，直径为12.7mm，位于管道出口。该传声器带有风罩，用于保护传声器在高温下长期工作。整个有源消声器的长、宽、高分别为0.6m、0.17m和0.26m。另外，简化结构无源消声器的入口和出口管直径为50mm，最大直径0.2m，长度为

0.5m，消声频段为300~1500Hz。

一个加速度计粘贴在发动机圆管筒外，其输出信号通过一个四阶低通滤波器后，传输给A/D板。A/D和D/A 转换器均为12位字长，采样频率为2kHz。扬声器工作频率设定在40~1000Hz，由输出功率为400W的功率放大器驱动。实验中的载货汽车载重量为1t，动力由四缸柴油发动机提供。需要控制的噪声设定在500Hz以下，该频率恰好在管道截止频率下，因此，初级噪声属于平面波。控制系统硬件为TMS320C31数字信号处理器，它可以插入计算机插槽与计算机交换程序和数据。控制器为FR滤波器，采用滤波FxLMS算法。利用自适应离线建模方法，用FxLMS算法建模估计次级通路传递函数。有源消声器和简化结构无源消声器组合后，有源消声器启动前后排气噪声频谱图如图11-52所示，可以看出，有源消声器启动后能够增加2~10dB的降噪量，它基本上可以消除排气噪声的二次和四次谐波。在300Hz以下低频噪声段具有较好的消声效果。

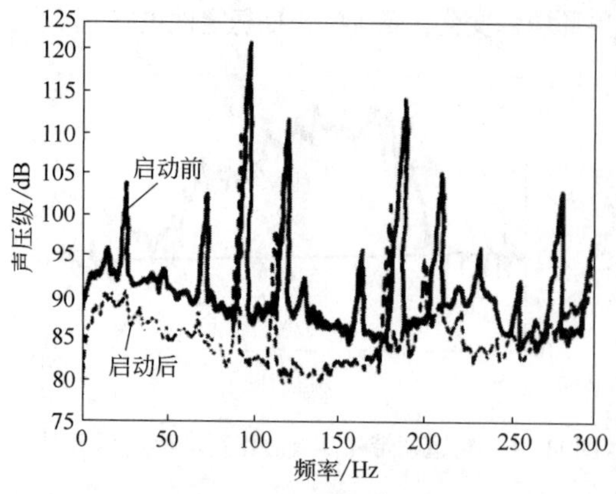

图11-52　有源消声器启动前后排气噪声频谱图

11.4.2　耳机与头靠噪声有源控制

(1) 有源耳机

有源耳机通常需要保护人的两只耳朵，因此需要在左右两个耳机中各安装一个扬声器作为次级声源，不过它们的控制是独立的。此外，由于耳机中的有源控制系统一般无法获得参考信号，必须采用反馈控制方式，因此有源耳机是典型的单通道反馈系统。

有源耳机的控制器结构，从反馈方式上讲，分为前馈、反馈和前馈-反馈复合式三种；从电路实现方式上讲，分为模拟式、数字式和模拟-数字复合式三种。实际中的控制方式主要有模拟反馈、数字反馈、数字前馈、数字前馈与模拟反馈复合等几种，另外还有利用虚拟技术的有源耳机。

① 模拟反馈有源耳机。20世纪50年代人们就开始了耳机中的有源降噪研究，首先在耳罩中放置一个扬声器和一个传声器，传声器的输出信号反馈给控制器，控制器的输出信号通过放大器驱动扬声器，实现传声器位置处的声压降低，系统框图如图11-53所示。图中，$d(t)$ 是初级噪声，$u(t)$ 是次级信号，$e(t)$ 是误差信号，$-H(s)$ 和$G(s)$ 分别是反馈控制器和次级通路的传递函数。

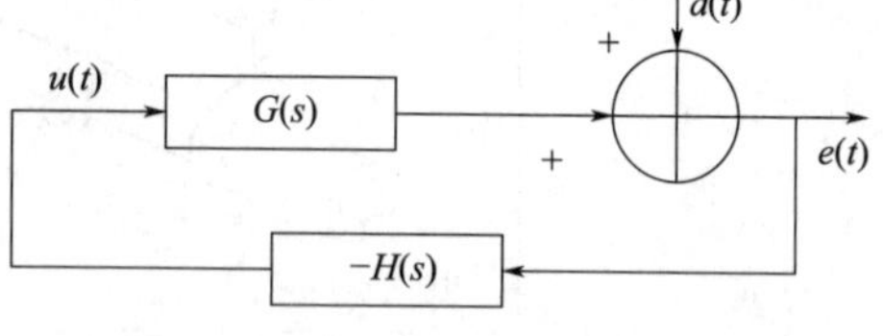

图11-53　模拟反馈有源耳机系统框图

图11-53中的控制器很容易用模拟电路实现。事实上，受电子技术发展的限制，最初的有源耳机控制电路都采用模拟电子元件制成。其反馈电路具有反应速度快、降噪频带宽、实现容易、成本低廉等优点，因此目前低端商用有源耳机控制器大多仍采用模拟电路。

② 数字有源耳机。数字系统有很多优势，如精度高、可靠性好，最重要的是可以设计出功能多样的补偿电路，或者运用自适应算法等，这使得有源耳机的性能更佳，同时可以使耳机从单纯降噪变为可供语音通信和娱乐，使有源耳机的应用面扩大。图11-54为正在销售的数字式有源耳机的外形及其控制模块。

数字耳机分为反馈式和前馈式两种。反馈式无需参考信号，但控制系统容易失稳，产生啸叫；前馈式耳机的降噪量和稳定性都要好得多，但由于需要获取参考信号，因而只能应用于某些可拾取初级噪声的场合，如飞机、坦克舱室内，不能用于人员四处走动的情形。此外，数字耳机的成本相对较高，一般只用在高端产品中或特殊场合下，如军用和专业监听等。

(a) 外形

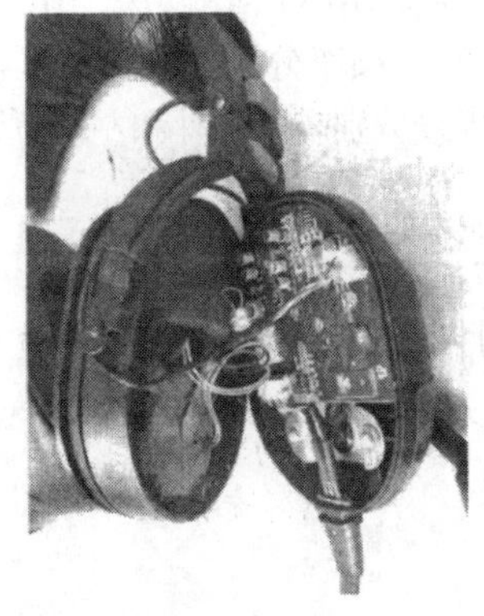

(b) 控制模块

图 11-54　数字式有源耳机

③ 模拟-数字复合式有源耳机。将模拟反馈系统和数字前馈系统整合到一起，利用模拟电路实现速度较快的反馈部分，而用数字电路实现自适应前馈控制，这样它能有效地减小次级通路特性的被动，使得系统的鲁棒性更强，同时可实现对宽带噪声和窄带噪声的降噪。

④ 采用虚拟技术的有源耳机。最近出现了将虚拟低音处理单元与有源降噪结合的技术。虚拟低音技术使得300Hz以下频率的低频音在有源噪声控制的基础上被额外降低，而300~600Hz部分噪声反而得到加强，相当于将低频音“搬移”到了高频部分。此外，还可以将虚拟传声器方法应用于有源耳机中，提高了耳道口的窄带噪声降噪量。

除了降低低频噪声外，有源耳机在改善音质方面还有独特优势。在无源耳机设计中，由于扬声器体积受限于耳罩声腔体积，使其低频音质先天不足，但利用有源技术就比较容易做到。具体来说，就是在利用有源方式控制噪声的同时，通过设计电子线路进行补偿，修正包括声腔、扬声器在内的整个系统的频响特性，从而改善耳机音质，还可以针对特殊人群设计出具有不同风格的耳机产品。同时，有源耳机还可通过对电路的改进，设计出一些特殊的功能，如实现高品质的声音还原，使耳机达到专业监听级的要求。

有源耳机是有源噪声控制技术发展中最早进入市场的产品，也是当前最成熟的应用技术。目前，有源耳机已成为常见的在销售电声产品，在互联网上可以搜索到几十家知名的有源耳机生产厂家，如美国的博士（Bose）公司、NCT 公司、森海塞尔、索尼、华为、小米公司等。目前，采用有源控制技术的耳机已成为高端耳机的标志。有源降噪头靠由于对人的坐姿有严格要求，进展相对缓慢。

(2) 有源头靠

人佩戴耳机长途旅行或工作会带来不舒适感，为此人们提出了研制有源头靠的想法。有源头靠是在座椅上人的双耳位置两侧布置次级声源和误差传感器，构建有源噪声控制系统，用于降低进入耳膜处的噪声声压。相较于有源耳机，人在使用有源头靠时没有佩戴耳机带来的压迫和负重感，头部可以自由活动，因此受到欢迎。

有源头靠实际上是两个独立的有源控制系统，分别用于降低左、右两耳的噪声，其特殊性在于：在设计有源头靠时，为了便于人头活动，误差传感器通常距离人耳或耳膜的位置较远，这样就无法保证耳膜处的噪声声压最小。为了解决这一问题，可以采用虚拟误差传感技术，也就是用实际误差传感器预测消声点（虚拟误差传感器位置）声压的办法。图11-55给出了一种具有虚拟误差传感功能的有源头靠结构图。这是一个双通道自适应有源噪声控制系统，两个扬声器作为次级声源，扬声器直径为100mm，装在一块铝板上，通过导轨可以在水平方向和垂直方向移动。实际

误差传感器位于人耳外部，它的位置可以调节。为了获得真实的系统性能，实验中配备了一个人头模型。控制系统采用FxLMS算法，用自适应离线建模方法估计次级通路传递函数。控制系统运行后，初级噪声频率分别为160Hz和480Hz时，左、右耳处不同位置的降噪量如图11-56所示，图中的实线和虚线分别表示右耳和左耳位置的降噪量。

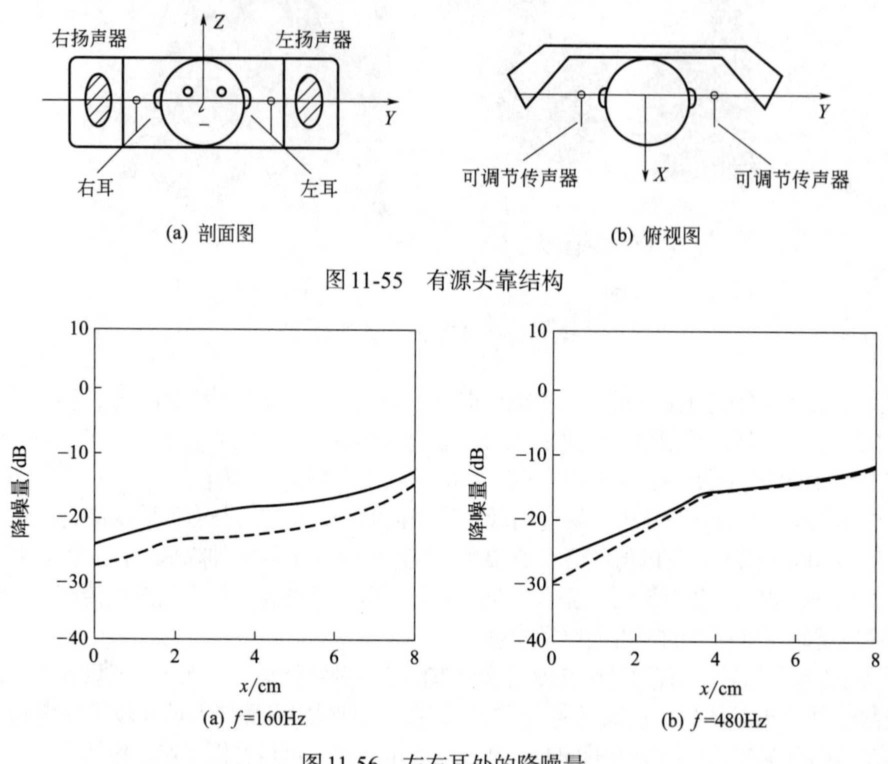

图11-55 有源头靠结构

图11-56 左右耳处的降噪量

11.4.3 舱室噪声有源控制

舱室噪声有源控制是噪声有源控制技术的一个重要方向。

(1) 汽车车内有源噪声控制

车内噪声作为影响驾乘人员乘坐舒适性、听觉损害程度、语言清晰度以及对车外各种声响信号（听觉标识）识别能力的重要因素，逐渐受到人们的关注。降低车内噪声、提升车内声环境品质、改善汽车的乘坐舒适性已成为当前及今后相当长一段时间内汽车业发展的重要趋势。

车内噪声有源控制不仅可以降低车内噪声级，而且可以修正噪声频谱，从而改善车内环境声品质，这成为提升整车品质的有效途径。另外，利用有源控制方法降低车内噪声，除了在车厢内安装基于次级声源的有源控制系统外，还可以通过有源减振方法降低发动机向车体的振动传递，从而降低车内噪声，这里只讨论有源噪声控制方法。汽车车内噪声有源控制案例较多，这里以本田旅行车车内噪声有源控制为例介绍车内有源噪声控制方法。

本田公司开发了一种与车载音频系统集成在一起的有源噪声控制系统，用于降低车内道路噪声的低频部分（一种嗡嗡声）。该系统已批量生产，安装在本田雅阁旅行车上，是世界上第一款用于降低道路噪声，并与汽车音频系统结合的有源控制系统。该系统采用反馈控制策略、模拟电路，利用车载扬声器。道路噪声的来源多样，人们无法采集良好的参考信号，因而这里采用反馈控制方式。前门扬声器利用有限元法计算车内声场，发现前排座位处存在一个声模态，其特征频率约为

40Hz，车外的道路噪声在此频率处产生明显的嗡嗡声，因此将有源控制的目标设定为前排座位处的40Hz嗡嗡声。图11-57为系统结构框图，在车内的安装位置如图11-58所示。

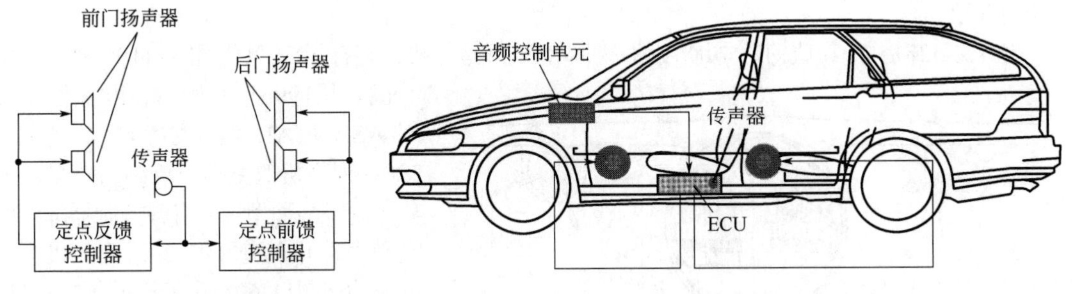

图11-57 控制系统框图　　图11-58 控制系统安装示意图

整个有源控制系统的电子控制单元（electronic control unit，ECU）置于驾驶员座位下。声场分析结果显示，在前排座位从底到顶的区域内，40Hz声波的相位相同，因此将传声器安装在ECU电路板上置于驾驶员座位下可以控制前排座位的嗡嗡声。定点反馈控制器和前门扬声器用于降低前排座位的嗡嗡声，定点前馈控制器和后门扬声器用于降低后排座位的嗡嗡声。也就是说，驾驶员座位下的传声器被反馈控制器作为误差传感器，被前馈控制器作为参考传感器。声场分析表明，左右声场的相位没有本质差别，因而前排和后排座位左右两边的扬声器可同时控制。

为了降低传感器、控制器和扬声器的成本，本田公司采用了如下办法：①前排座位使用反馈控制方式降低40Hz嗡嗡声，后排座位采用前馈控制方式，限制有源控制后噪声的增加；②用模拟电路实现固有固定传递函数的控制器；③将车载音频系统中的扬声器作为次级声源，同时将传声器镶嵌在ECU电路板上。需要特别注意的是，开门和关门时车内声场会发生巨大变化，引起次级通路传递函数的巨变，从而引起系统的不稳定，此时次级声源会产生啸叫，本田公司采取的主要措施是在ECU中加入限幅电路，从而抑制次级声源的最大声级。有源控制系统测试完毕后安装在实际旅行车内，图11-59给出了汽车以50km/h 的速度在粗糙路面行驶时，有源控制系统开启前后前排位置的声压级。可以看出，40Hz左右的降噪量达10dB（C）以上，测试表明后排位置处的声压级没有增加，达到了预期效果。

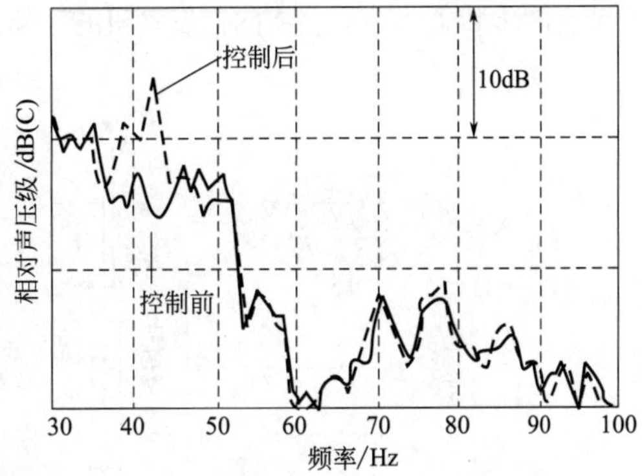

图11-59 前排位置处有源噪声控制效果

(2) 飞机舱内噪声有源控制

降低飞机舱内的噪声一直是飞机设计和产品改进中的一项重要内容。传统的减振降噪技术对控制中高频噪声有效，其运用已非常成熟，改进的余地越来越小。飞机舱内噪声分为结构声和空气声两种，主要源于发动机产生的结构振动声辐射和高速运动体的空气动力性噪声的传播。从理论上讲，飞机舱室噪声有源控制的途径有两种：一种是在机身外发动机或螺旋桨附近安装次级声源控制螺旋桨噪声；另一种是在舱内实施有源控制。相对来说，第一种方案实施困难，效果较差，基本无人采用。第二种方案更加现实，具体方法有三种：①直接在机壳上施加次级力源，减少机壳结构向舱内的声辐射能量；②在飞机内壁板上施加次级力源，通过内壁板的振动控制降低舱内声能量：③在舱壁附近或舱内安装集中参数扬声器或平面扬声器，将其作为次级声源降低舱内声能量。此外，有人将飞机上的音频娱乐系统与有源控制系统结合在一起，其中的扬声器既作为音频广播，又作为有源控制系统的次级声源，这样做可以减小有源控制系统的重量，降低成本。有源降噪技术在不同类型的飞机舱内噪声控制中得到了应用，这里以德国道尼尔328系列飞机舱室噪声有源控制为例进行介绍。

道尼尔328是德国道尼尔公司研制的一种涡桨支线运输机，装有2台普惠公司PW119系列涡桨发动机。从1996年开始，在欧盟框架计划 ASANCAII 项目支持下，以道尼尔328系列飞机舱室噪声控制为背景，成功研制了两种型号的有源控制器降低舱室噪声，并在道尼尔328系列飞机上测试成功。图11-60给出了道尼尔328飞机有源控制系统示意图。图11-61为控制滤波器结构图。该系统采用前馈有源控制方案，关键问题在于参考信号的获取。飞机上的转速计输出正弦信号，其频率与带通滤波器一致，它与要抑制的噪声分量的频率一致，因而可用作参考信号。舱内噪声以螺旋桨噪声为主，其频率为叶片通过频率及其谐波，它们与发动机转速有关。然而，道尼尔328飞机上的两台发动机的转速是分别独立控制的。在两台发动机上分别安装转速计就会得到两个参考信号，而它们是不相关的。不过好在飞机上安装有同步装置，一般会将两台发动机的转速同步。

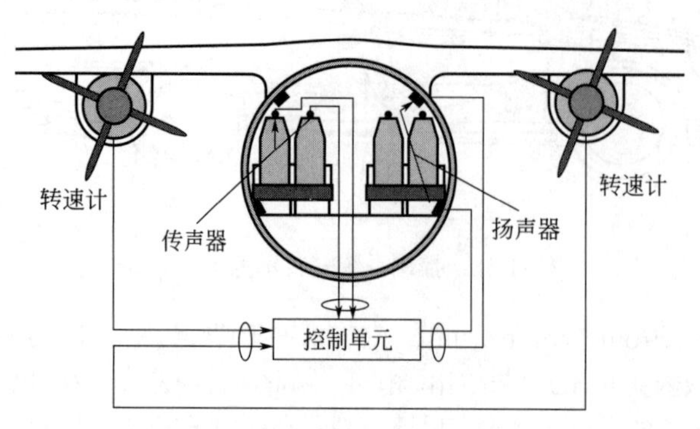

图 11-60 道尼尔 328 飞机有源噪声控制系统示意图

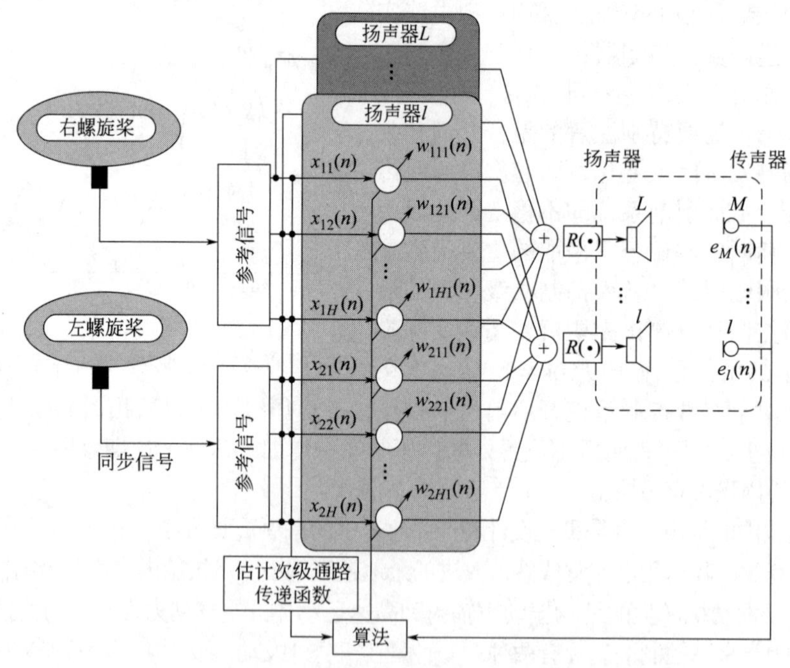

图 11-61 道尼尔 328 飞机有源噪声控制系统滤波器结构

试验中，布置了32个次级声源和48个误差传感器，误差传感器放置在乘客座椅的耳部位置高度，其平面位置如图11-62中的黑点。

误差传感器位置的降噪效果如图11-63所示，图中的白色和黑色柱状图分别为有源控制系统开启前后该位置的声压级，两个柱状图之间标示的数值为降噪量，单位为dB。测量结果表明，飞机整机的平均降噪量达10dB，局部降噪量可达23.7dB，这充分证实了有源噪声控制技术的实用性，目前这项技术已成功应用于道尼尔328系列飞机上。

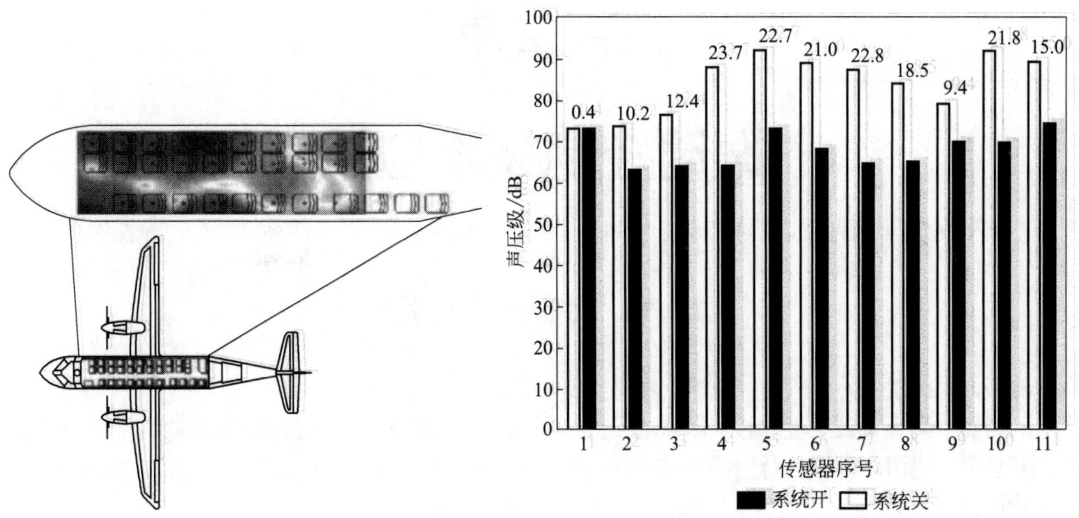

图11-62 道尼尔328飞机舱内误差传感器布局图 图11-63 道尼尔328飞机舱内不同误差传感器处降噪量

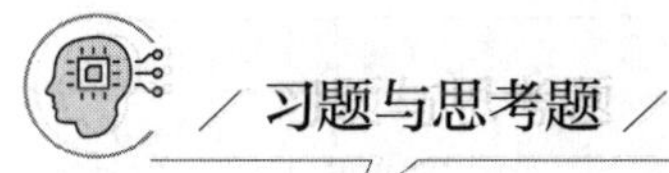

习题与思考题

1. 试设计一单节扩张室消声器，要求在125Hz有最大消声量15dB，设进气口管径为150mm，管长为3m，管内气流温度为常温。

2. 在管径为100mm的常温气流通道上，设计一个单腔共振消声器，要求在125Hz倍频带上有15dB的消声量。

3. 某风机的风量为2100m³/h，进气口直径为200mm。风机开动时测得其噪声频谱，从125Hz~4kHz中心频率声压级依次为105dB、102dB、101dB、93dB、94dB、85dB。试设计一个阻性消声器消除进气噪声，使之满足*NR*-85标准的要求。

4. 某风机的出风口噪声在200Hz处有一明显峰值，出风口管径为20cm，试设计一个扩张式消声器与风机配用，要求在200Hz处有20dB的消声量。

5. 某城市施工使用350hp（1hp=745.7W）高速柴油机提供动力，在排气口45°方向、距排气口1m处测得单台柴油机排气噪声级高达110dB，频谱呈明显低频性（以63Hz和125Hz为最高，分别达119.5dB和117dB），但在中、高频也达到相当高的声级（84~103dB），试设计一个微穿孔板-扩张式复合消声器，在63~8000Hz的频率范围内消声量达30dB以上。

6. 有一高压过热水蒸气排气口，排气口直径为150mm，排放蒸汽压力达200kPa，气体比容为2m³/kg，瞬时排放蒸汽流量为0.1kg/s，试设计一个节流减压消声器，要求消声器的插入损失大于35dB。

7. 简述目前技术较为成熟且应用前景较好的有源噪声控制技术的应用方向。

8. 有源耳机的控制方式有哪些？简述车内噪声有源控制的主要方法。

第12章

振动控制技术应用

本章重点介绍工程上常用的隔振技术和阻尼减振技术的应用。

12.1　隔振技术应用

隔振方式通常分为支承式、悬挂式和悬挂支承式等三种。

隔振器、隔振垫及柔性连接管等隔振元件的主要性能指标包括：固有频率（或刚度）、载荷范围、阻尼比、使用寿命等。对于一个高质量的可靠的隔振系统弹性支承的设计，不但有理论问题，更重要的是工程实践经验。表12-1列出了各种隔振元件的性能，可供参考。

表 12-1　各类隔振元件的性能比较

性能项目	钢螺旋弹簧	钢蝶形弹簧	不锈钢钢丝绳弹簧	橡胶隔振器	橡胶空气弹簧	橡胶隔振垫
适用频率范围/Hz	2~10	8~20	5~20	5~30	0.5~5	10~30
多方向性	○	×	△	△	○	△
简便性	○	○	△	△	▽	△
阻尼性能	×	△	△	○	△	△
高频隔振及隔声	×	▽	○	○	△	△
载荷特性的直线性	▽	▽	○	○	○	○
耐高、低温	△	△	○	▽	▽	▽
耐油性	△	△	△	▽	▽	▽
耐老化	△	△	△	▽	▽	▽
产品质量均匀性	△	△	○	▽		▽
耐松弛	△	△	○	○	○	○
耐热膨胀	△	△	○	▽	○	○
价格	便宜	中	高	中	高	中
重量	重	中	轻	中	重	轻
与计算特性值的一致性	△	△	○	○	○	○
设计上的难易程度	△	△	○	○	×	○
安装上的难易程度	▽	△	○	▽	×	○
寿命	△	△	○	▽	○	○

注：△—优；○—良；▽—中；×—差。

频率范围：为获得良好的隔振效果，隔振系统的固有频率与相应的激励频率之比应小于$1/\sqrt{2}$（一般推荐1/4.5~1/2.5）。

当固有频率f_0=20~30Hz时，可用橡胶隔振垫及压缩型橡胶隔振器。当固有频率f_0=2~10Hz时，可选用钢螺旋弹簧隔振器、剪切型橡胶隔振器、复合隔振器。当固有频率f_0=0.5~2Hz时，可选用钢螺旋弹簧隔振器、空气弹簧隔振器。

从表12-1可以查出各类隔振元件的大致适用频率范围，这也不是绝对的，还必须考虑其他因素的影响。

静载荷与动载荷：隔振元件选择得是否恰当，另一个重要因素是每一个隔振器或隔振垫的载荷是否合适，一般应使隔振元件所受到的静载荷为额定或最佳载荷的90%左右，动载荷与静载荷之和不超过其最大允许载荷。对于隔振垫，允许载荷或推荐载荷是指单位面积的载荷。另外，还应注意以下几点：

① 各隔振器的载荷力求均匀，以便采用相同型号的隔振器，对于隔振垫则要求各个部分的单位面积的载荷基本一致，在任何情况下，实际载荷不能超过最大允许载荷；

② 当各支承点的载荷相差甚大必须采用不同型号的隔振器时，应力求它们的载荷在各自许用范围之内，而且应力求它们的静变形一致，这不仅关系到机组隔振后振动的状况，而且关系到隔振装置的固有频率及隔振效果；

③ 值得强调的是，在楼层上安装的设备如风机、水泵、冷冻机以及其他振动扰力较大的机器或设备，要想取得良好的隔振效果，尤其是一些高级建筑及对噪声有特殊要求的场合应选用固有频率低于3Hz的钢螺旋弹簧隔振器，以使隔振效率高于95%，使隔振器的工作频率低于楼板结构的基频；

④ 在同一设备上选用的隔振器型号一般不超过两种，应考虑隔振器安装场所的温度、湿度、腐蚀等条件，这些直接影响隔振元件的寿命；

⑤ 对隔振元件的重量、尺寸、结构、价格及安装便利性等诸因素做综合全面考虑。

12.1.1　隔振器的应用

隔振器是一种弹性支承元件，是经专门设计制造的具有单个形状的、使用时可作为机械零件来装配安装的器件。最常用的隔振器有橡胶隔振器、钢螺旋弹簧隔振器、钢蝶形弹簧隔振器、不锈钢钢丝绳隔振器、橡胶复合隔振器以及空气弹簧隔振器等。

公建配套设施中经常用到的机电设备如水泵、水箱、空调机组、热泵机组、冷冻机、电机、冷却塔、变压器、电抗器、柴油发电机组、动力管道、空压机等动力设备都会产生振动和噪声，这些振动和噪声都可能影响周围环境，成为一种污染源，需要进行治理。在一些工业企业中除上述设备外，还可能遇到诸如发动机、变速箱、锻压设备、破碎机等振动和噪声对周围环境的影响问题，还可能有类似于三坐标测量机、激光测量机、光学仪器等精密仪器需要非常稳定、安静的工作环境，若周围存在着振动，会影响其工作精度。上述常见机电设备都需要采取积极或消极隔振措施。一般来说，振动引起噪声，有些振动通过固体传递并激发二次噪声，成为难隔、难吸、难消的低频声。要解决这些问题，最有效的措施之一是在这些动力设备的基础或吊装上采用隔振装置，以隔离振动和噪声的传递。下面介绍两个隔振器应用实例。

（1）发电机组隔振实例

上海某酒店项目地下机房内安装了2台柴油发电机组，设备型号为C690D5，其单台设备质量为4700kg，转速为1500r/min 。由于柴油发电机组由柴油发动机和电机等组成，其功率较大，运行时会产生较大的振动和噪声，故业主要求达到95%以上的隔振效率。

每台柴油发电机组下面安装6只或6只以上的AT3型或BT3型可调节的水平弹簧减振器，挠度为25mm、50mm，固有频率为3.2Hz、2.5Hz。也可选用ZD型阻尼弹簧复合减振器。本项目业主结合声学顾问及项目监理的要求，选择了AT3型减振器直接置于设备底部的方式，如图12-1所示。

隔振设计计算，隔振设备名称/型号：C690D5柴油发电机组；转速：1500r/min；运行质量：4700kg；减振体系总质量（W）：5640kg（含20%安全系数）。选用减振器，每台选用6只：W/6=940kg/只（即单只载荷）；减振器类型：弹簧减振器；规格：AT3-1000。单只竖向刚度K=20kg/mm。

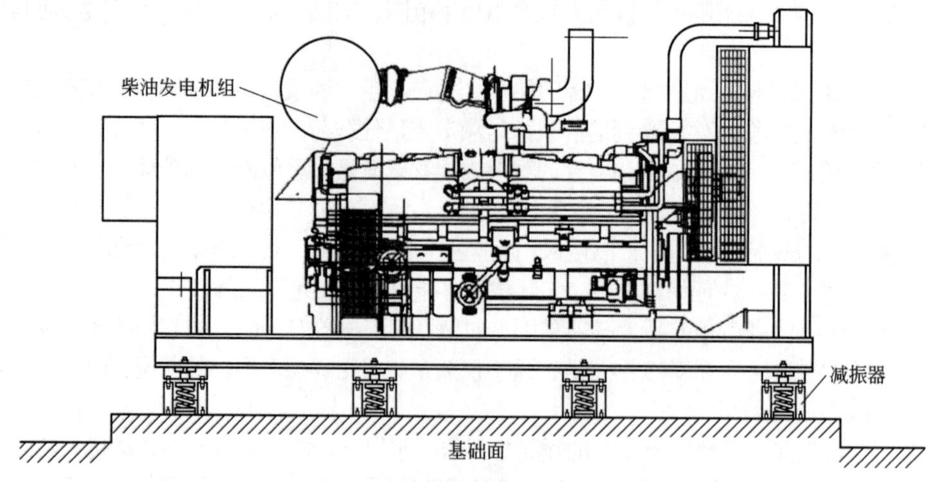

图12-1　柴油发电机组隔振示意图

设备干扰频率：$f=n/60=25\text{Hz}$。隔振系统固有频率f_0：

$$f_0=\frac{1}{2\pi}\sqrt{\frac{9800}{\delta}}=2.3(\text{Hz}) \tag{12-1}$$

式中，δ为减振器压缩变形量，$\delta=W/K=47\text{mm}$。

频率比：$\lambda=f/f_0=10.9$，f为扰动频率（Hz）。

隔振效率T计算：$T=(1-\eta)\times 100\%$

$$\eta=\sqrt{\frac{1+(2D\lambda)^2}{(1+\lambda^2)^2+(2D\lambda)^2}}=0.015 \tag{12-2}$$

式中，η为传递率；D为阻尼比，D=0.065。

$$T=(1-\eta)\times 100\%=98\% \tag{12-3}$$

振动衰减量：$N=12.5\lg(1/\eta)=22\text{dB}$

设备安装调试完成后，对柴油发电机组隔振效果进行隔振效率实测，隔振效率达到98%，优于设计要求。

（2）动力管道隔振实例

随着国家环保要求的提高，工程对设备底部隔振一般都较为重视，但容易对动力管道的振动处理有所疏忽。动力管道如冷热水管、风管、输气管等，其一方面和动力设备相连，动力设备的振动通过管道向外传播；另一方面动力管道内输送的物质由于有一定速度和冲击力也会产生二次振动。虽然动力管道上多数已安装了诸如橡胶挠性接管、金属软管、波纹补偿器等“软接管”，但由于设备运行后其内压较大，这些“软接管”刚度增加，隔振效率有限，一般隔振效率在40%左右，再加上管道二次振动，因此当水泵、空调机组等动力管道用钢架支承或悬吊在楼面、楼顶、墙体上时，其振动和振动造成的固体传声直接传递到相邻的楼层、房间内，从而大大影响了周围的环境，所以固定时要对这些管道进行隔振处理。

某酒店项目中，冷冻机房内所有动力管道均需进行隔振处理。根据工程提供的资料，动力管道有落地式以及悬吊式，转速一般为1450r/min，业主要求达到90%以上的隔振效率。

隔振方式的确定。落地式隔振管道安装于龙门架上，龙门架落地支承于地基上，管道与龙门架之间安装管道管夹橡胶隔振座，龙门架支撑下部使用可调式弹簧减振器进行隔振处理。管道管夹橡胶隔振座可选用GT、GZ、GJ 等型号，可调节式弹簧减振器可选用AT3、BT3等型号，上下双层隔振效果更好。管道落地式隔振如图12-2所示。

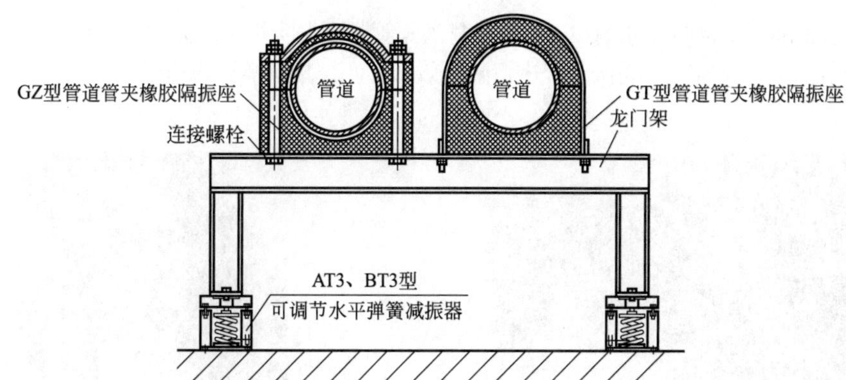

图12-2　管道落地式隔振示意图

落地式隔振，设备名称：DN300动力管道；设备转速：1450r/min；管道长度：4m；管道每米质量：165kg；管道总质量：660kg；减振体系总质量（W）：924kg（含40%安全系数）。选用减振器，每台选用2只：W/2=462kg/只（即单只载荷）；减振器型号：可调节水平弹簧减振器；规格：AT3-500。单只竖向刚度K=20kg/mm。

设备干扰频率：$f=n/60=24.2\text{Hz}$。隔振系统固有频率f_0：

$$f_0=\frac{1}{2\pi}\sqrt{\frac{9800}{\delta}}=3.3(\text{Hz}) \tag{12-4}$$

式中，δ为减振器压缩变形量，$\delta=W/K=462/20=23(\text{mm})$。

频率比：$\lambda=f/f_0=7.3$，f为扰动频率（Hz）。

隔振效率T计算：$T=(1-\eta)\times 100\%$

$$\eta=\sqrt{\frac{1+(2D\lambda)^2}{(1+\lambda^2)^2+(2D\lambda)^2}}=0.03 \tag{12-5}$$

式中，η为传递率；D为阻尼比，D=0.06。

$$T=(1-\eta)\times 100\%=97\% \tag{12-6}$$

振动衰减量：$N=12.5\lg(1/\eta)=19(\text{dB})$

悬吊式隔振，设备名称：DN300动力管道；设备转速：1450r/min ；管道长度：4m；管道每米质量：165kg；管道总质量：660kg；减振体系总质量（W）：924kg（含40%安全系数）。选用减振器，每台选用2只：W/2=462kg/只（即单只载荷）；减振器型号：可调节水平弹簧减振器；规格：AT4-500。单只竖向刚度K=20kg/mm。

设备干扰频率：$f=n/60=24.2\text{Hz}$。隔振系统固有频率f_0：

$$f_0=\frac{1}{2\pi}\sqrt{\frac{9800}{\delta}}=3.3(\text{Hz}) \tag{12-7}$$

式中，δ为减振器压缩变形量，$\delta=W/K=462/20=23(\text{mm})$。

频率比：$\lambda=f/f_0=7.3$，f为扰动频率（Hz）。

隔振效率T计算：$T=(1-\eta)\times 100\%$

$$\eta=\sqrt{\frac{1+(2D\lambda)^2}{(1+\lambda^2)^2+(2D\lambda)^2}}=0.03 \tag{12-8}$$

式中，η为传递率；D为阻尼比，D=0.06。

$$T=(1-\eta)\times 100\%=97\% \tag{12-9}$$

振动衰减量：$N=12.5\lg(1/\eta)=19(\text{dB})$

落地式管道隔振实物照片如图12-3所示。悬吊式管道隔振实物照片如图12-4所示。

设备安装调试完成后，对隔振系统进行隔振效率实测，现场实测隔振效率为96%，达到了设计要求。

图 12-3 落地式管道隔振实物照片

图 12-4 悬吊式管道隔振实物照片

12.1.2 隔振垫的应用

隔振垫是利用弹性材料本身的自然特性实现振动隔离的隔振器材，其一般没有确定的形状尺寸(橡胶隔振垫除外，它有确定的形状与一定尺寸)，可根据具体需要来拼排或裁切，常见的隔振垫有毛毡、软木、橡皮、海绵、玻璃纤维及泡沫塑料等，而目前在工程中得到广泛应用的是专用橡胶隔振垫。

橡胶隔振垫之所以应用广泛，是因为它具有持久的高弹性，有良好的隔振、隔冲击和隔声性能，造型和压制方便，可自由地选择形状和尺寸，以满足刚度和强度的要求；具有一定的阻尼性能，可以吸收机械能量，对高频振动能量的吸收尤为突出；由于橡胶材料和金属表面间能牢固地粘接，易于制造安装，价格低廉。

当然，与橡胶隔振器一样，橡胶隔振垫也有它的弱点，如易受温度、油质、臭氧、日光及化学溶剂的侵蚀，造成性能变化及老化，易松弛，因此寿命一般约为8年，但无以上侵蚀时寿命可超过10年。橡胶隔振垫的适用频率范围为10~15Hz（多层叠放可低于10Hz），橡胶隔振垫的刚度由橡胶的硬度、成分以及形状所决定。下面介绍一个橡胶隔振垫应用实例。

(1) 实例概述

变压器、电抗器应用十分广泛，多数安装于建筑物的设备层内，其振动会对周围环境带来污染，但以往不太重视变压器和电抗器的振动影响问题，待环境受到影响后，再去采取隔振措施，十分被动，也较难取得理想的效果。因此，在设计和安装变压器、电抗器时就采取隔振措施是十分必要的。某酒店项目中，一楼变电房内安装了多台变压器，其中一台容量较大，系35kV干式变压器，自身质量达43t，业主要求达到95%以上的隔振效率。

(2) 隔振方式的选定

由于变压器或电抗器的干扰频率都比较高，一阶干扰频率为50Hz，二阶为100Hz，三阶为200Hz，都属于高频干扰。变压器或电抗器隔振有三种方式可供选择：

① 变压器、电抗器直接安装弹簧减振器。在基础面和变压器或电抗器之间直接安装减振器，如图12-5所示，这种方式的条件是变压器底座机架刚度大，承载强度好。可在变压器底座机架下面直接安装JZD 型防剪切阻尼弹簧减振器，具有防剪切功能，水平刚度大，被隔振设备稳定性好。四角4个减振器上部需与底座机架连接固定，下部不需固定，其余中间减振器可不固定，当设备重心有偏差时可移动中间减振器位置，使各减振器受载高度基本一致，设备保持水平。

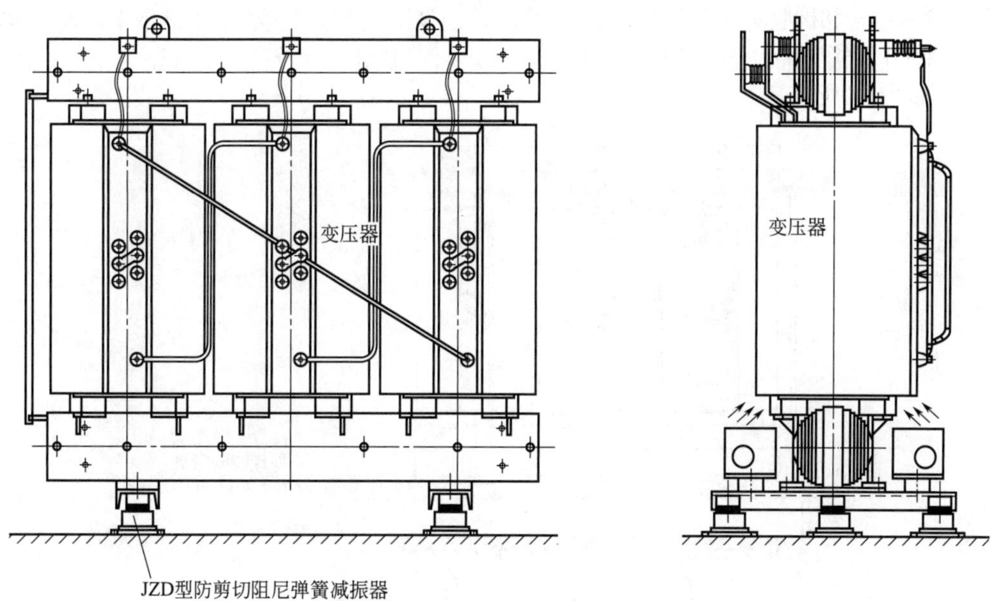

图 12-5 变压器或电抗器下面直接安装弹簧减振器示意图

② 配置隔振台座和双层隔振。当变压器或电抗器底座机架刚度和强度较差时，就需要在变压器或电抗器的底座机架下部设计、安装强度较高的钢筋混凝土隔振台座（或钢架型隔振台座），如图12-6所示。在变压器和隔振台座之间安装GL型橡胶隔振垫，在隔振台座和地基之间安装ZD型阻尼弹簧复合减振器或JG型橡胶剪切隔振器，形成双层隔振。

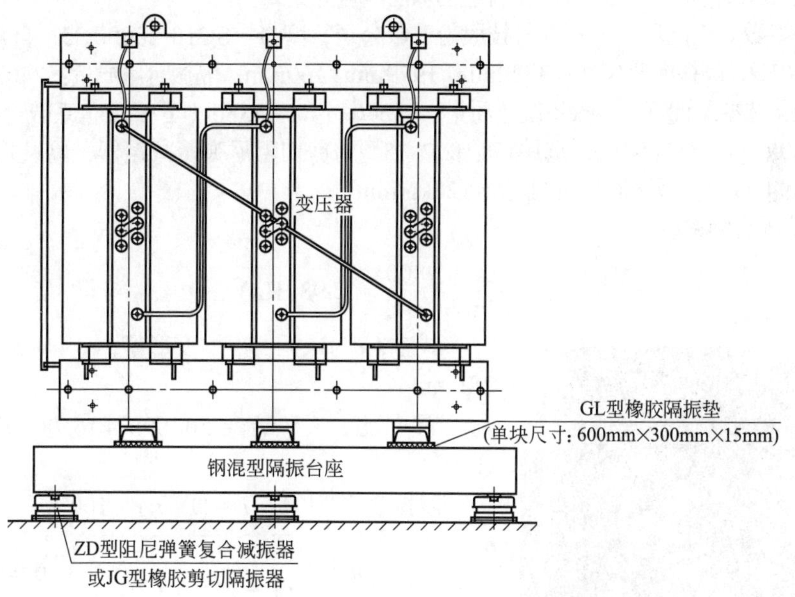

图 12-6 配置隔振台座的变压器双层隔振示意图

GL型橡胶隔振垫安装在变压器底座机架与隔振台座之间，能起到复合隔振和干摩擦固定的作用，GL型橡胶隔振垫每块规格600mm×300mm×15mm，上部为平面，下部为凹槽形。ZD型阻尼弹簧减振器或JG型橡胶剪切隔振器直接安装在隔振台座与地基之间，不需固定连接，当设备重心有偏差时可移动中间减振器位置，使各减振器受载高度基本一致，设备保持水平。

③ 浮筑结构和橡胶隔振垫双层隔振。在整个变压器房或者变压器区域下部采用浮筑结构隔振隔声，再将GL型橡胶隔振垫安装在变压器底座机架与浮筑结构（浮筑层）之间，形成双层复合隔振结构，如图12-7所示。

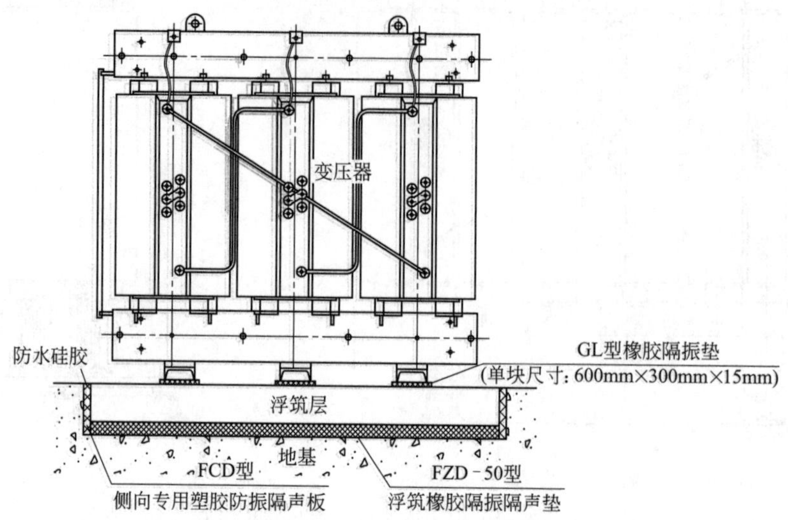

图12-7 变压器浮筑结构和橡胶隔振垫双层隔振示意图

浮筑层下面满铺FZD-50型浮筑橡胶隔振隔声垫，侧向安装 FCD型侧向专用塑胶防振隔声板，在变压器机架和浮筑层之间安装GL型橡胶隔振垫，结构稳定，隔振效果优良。业主在综合了隔振效果及性价比后，选择了第二种隔振方式。

(3) 隔振设计计算（采用配置隔振台座的双层隔振方案）

① 设备参数。生产厂家：三变科技股份有限公司；型号：SC10-20000/35；自重：43640kg；干扰频率f：50Hz；隔振台座尺寸：3722mm×1979mm×160mm；隔振台座质量：740kg。

② 减振器选型及计算。减振系统总质量：43640+740=44380（kg）；安全系数：30%；运行质量：W=44380kg×1.3=57694kg，选用17个JZD-15型防剪切阻尼弹簧减振器，单只减振器承载W=57694/17=3394（kg）。减振器竖向刚度K=120kg/mm。

隔振系统固有频率f_0：

$$f_0 = \frac{1}{2\pi}\sqrt{\frac{9800}{\delta}} = 2.98(\mathrm{Hz}) \tag{12-10}$$

图12-8 变压器隔振照片

式中，δ为减振器压缩变形量，$\delta = W/K = 3394/120 = 28(\mathrm{mm})$。

频率比：$\lambda = f/f_0 = 50/2.98 = 16.78$，$f$为扰动频率(Hz)。

隔振效率T计算：$T = (1-\eta)\times 100\%$

$$\eta = \sqrt{\frac{1+(2D\lambda)^2}{(1+\lambda^2)^2+(2D\lambda)^2}} = 0.009 \tag{12-11}$$

式中，η为传递率；D为阻尼比，D=0.065。

$$T = (1-\eta)\times 100\% = 99.1\% \tag{12-12}$$

振动衰减量：$N = 12.5\lg(1/\eta) = 25(\mathrm{dB})$

(4) 实际安装及使用效果

变压器隔振照片如图12-8所示。设备安装调试完成后，对变压器隔振效果进行测试，现场实测隔振效率为96%，达到设计目标及项目要求。

12.1.3　隔振技术应用实例

实例1：某工厂锅炉房有一台4-62-8#引风机、一台4-72-4#鼓风机。在离鼓风机1m处噪声 A声级高达100dB，频谱呈中高频。引风机噪声A声级是99dB，C声级高达102dB，频谱呈宽带噪声特性。测量了四个居民住宅院，A 声级最高70dB， C声级75dB；三层办公室A声级56dB， C声级62dB。噪声严重影响职工和附近居民的身心健康。

对锅炉房噪声采取了消声、减振、隔声、吸声等综合控制措施。

① 消声器。引风机进气口噪声是锅炉房最主要的噪声源。根据引风机的噪声频谱，设计了阻性消声器。消声器长1.4m，内径400mm，外径560mm。吸声材料用超细玻璃棉，玻璃棉密度是20kg/m³。外壁用2mm钢板。消声器结构见图12-9。

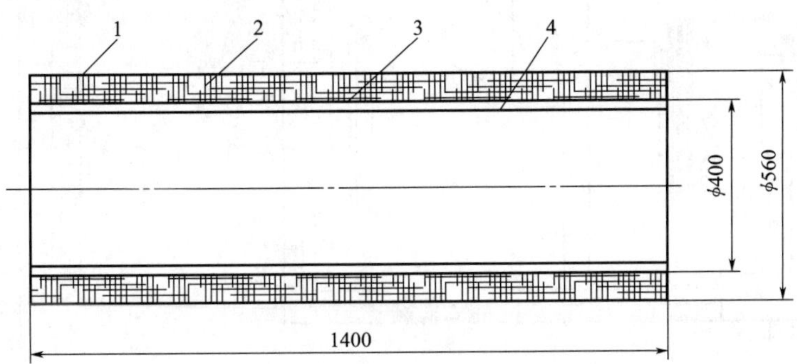

图12-9　消声器结构示意

1—2mm钢板；2—超细玻璃棉；3—玻璃布；4—钢板网或穿孔护面板

② 减振。鼓风机安装在高架子上，锅炉房的噪声和振动都很大。附近居民反映，坐在椅子上，就像全身过电一样。为了解决问题，风机与管道的连接采用软连接，把管道埋在地下。安装风机时，在风机与基础之间加橡胶减振垫。在基础的周围挖10cm宽的减振沟，沟内填满沙子，见图12-10。在基础侧面用沙子作为减振材料，对降低音频振动有一定效果。

③ 隔声吸声。为了控制机壳辐射噪声，在锅炉房内建一隔声间，隔声间长5.7m、宽3m。将鼓风机、引风机都放在隔声间内。隔声间选用24砖墙，发泡混凝土板做顶盖。在隔声间的内壁，用吸声砖饰面。吸声砖砌成方格形，最下面一层平放，从第二层开始立放，与最底下一层吸声砖的外边对齐，使吸声砖与隔声砖墙之间留一空隙。这样，声波可与吸声砖的六面接触，以充分利用吸声面积，见图12-11。为了增加吸声砖墙的强度，在吸声砖墙中放一木圈梁。

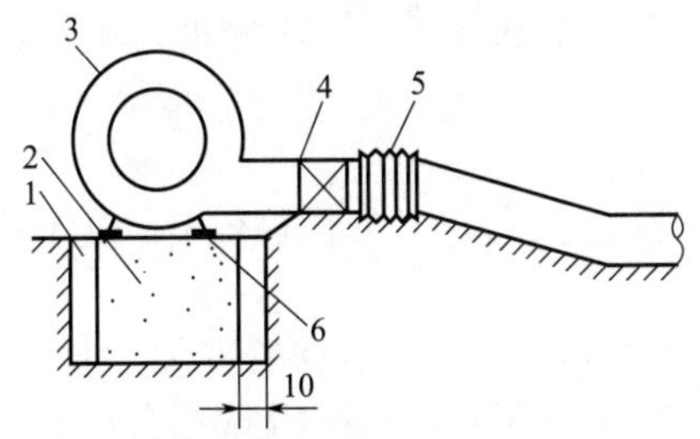

图12-10　风机基础减振示意图

1—沙子；2—混凝土基础；3—风机；4—风量调节闸板；5—软连接管；6—橡胶减振垫

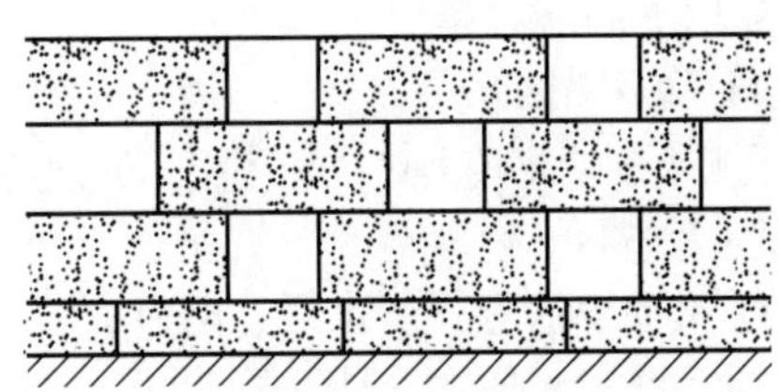

图12-11　吸声砖砌成方格示意图

④ 散热通风。为了解决隔声间温度高影响电动机正常运转问题，该厂在电动机与引风机之间砌一道吸声砖墙，把电动机与引风机分放在吸声砖墙的两侧。电动机与引风机连接部分在吸声砖墙留孔，孔与电动机轴之间放一层石棉垫，见图12-12。

在隔声墙上留有自然通风口。进气口在墙的下部，一个是宽 800mm、 高700mm，另一个是宽 1100mm、高600mm。这两个口对机器维修也很方便。出气口在墙的上部，尺寸为宽700mm 、高750mm。为了减少漏声，在进出口设有隔声屏。隔声屏用2mm钢板和玻璃棉、玻璃布制成。隔声屏距吸声砖墙180mm，每边比洞口长250mm，见图12-13。

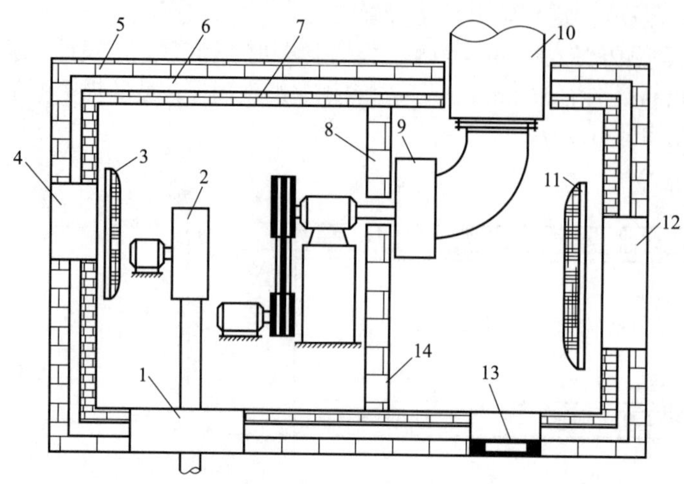

图 12-12　隔声间示意图

1—800mm×700mm进气口；2—鼓风机；3—隔声屏；4—出气口；5—隔声墙；6—间隙；7—吸声砖墙；8—隔声间内吸声隔热砖墙；9—引风机；10—消声器；11—隔声屏；12—1100mm×600mm进气口；13—双层隔声门；14—观察孔

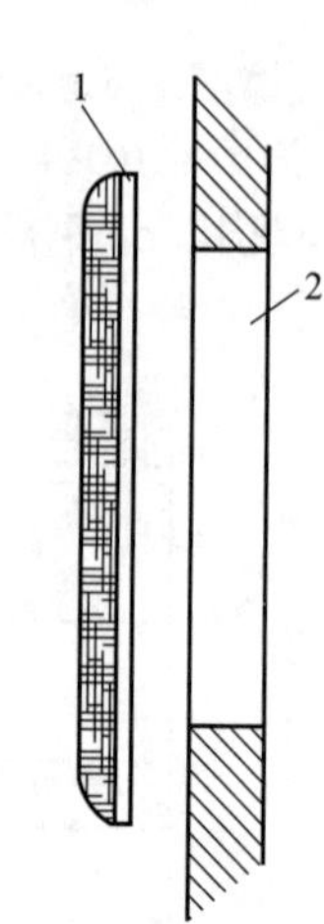

图 12-13　进出风口隔声屏示意图

1—隔声屏；2—进出风口

减噪效果：该厂锅炉房采用噪声综合治理措施后，噪声明显降低。锅炉房内工人操作处由99dB（A）降到74dB（A），大大低于国家标准85dB（A）。三层办公室由56dB（A）降到45dB（A），居民院内由60~70dB（A）降到39~55dB（A），全部达到国际标准化组织（ISO）推荐标准。现在，工人在锅炉房说话可以听清了，住厂职工可以充分休息，办公效率有所提高，居民也满意。

实例2：上海北外滩白玉兰广场办公项目中，其办公大楼35层为设备层，泵房使用了较多的卧式水泵，其中一台“空调热水循环泵”功率达到90kW，会产生非常大的振动能量，若不加以有效的隔振处理，其产生的振动能量传递至建筑物结构上，不仅影响楼上楼下的房间噪声环境，而且会对建筑物本身结构造成隐患。根据工程提供的参数，此“空调热水循环泵”为某进口品牌的卧式端吸泵，型号为NLG200/400-90/4，其单台水泵质量达1345kg，设备转速为1450r/min，业主要求达到95%以上的隔振效率。

（1）确定隔振方式

由于水泵功率较大且位于楼层间的设备房内，位置相当敏感，为了保证隔振效率，设计了三种方式供工程选择。

① 常规隔振方式。水泵、电机、隔振台、隔振器以及进出口管道软接管安装，如图12-14所示。这种方式的隔振，是隔振器明露、敞开安装于钢筋混凝土隔振台座或钢架隔振台座下方，设备安装于隔振台座上。隔振台座厚度一般≥100mm，可根据水泵大小而定，安装ZD或ZT型阻尼弹簧复合减振器，一般减振器数量为每台6只或6只以上，可根据各种台座的长、宽和减振体系的重量而定。减振器可直接安装于隔振台座与基础间，上下一般不需固定，安装后通过调节中间减振器位

置来使各减振器受载高度、减振器载荷基本一致。ZD型减振器最佳载荷时的固有频率在3Hz左右。水泵进出口管道支撑隔振选用AT3型或BT3型可调式弹簧减振器和GZ型管道管夹隔振座进行隔振处理，管道上安装XGD型橡胶挠性接管或RGF型不锈钢金属软管进行隔振处理。

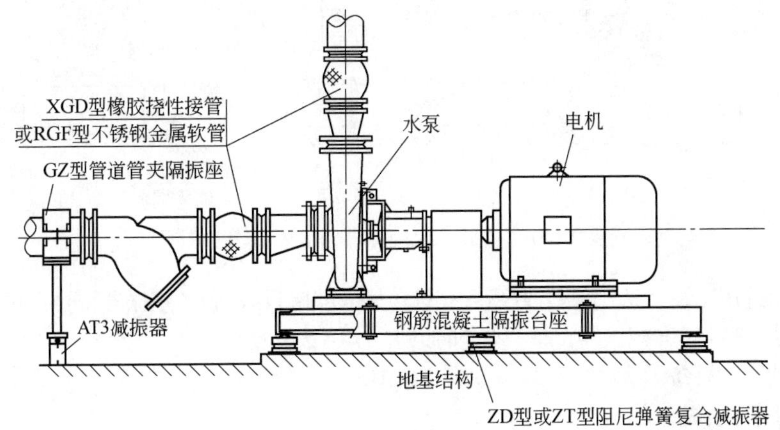

图12-14　卧式水泵常规隔振示意图

② 旁托隔振方式。水泵安装于钢筋混凝土隔振台座上部（一般此种形式的台座质量为水泵质量的1.5~2倍），台座长度方向两侧设有旁托支架，选用AT3型或BT3型可调节水平弹簧减振器安装于旁托支架下部，台座底面与地面间距一般为60mm左右。此种隔振形式使设备重心下降，配重大，台面振幅小，被隔振设备稳定性好，如图12-15所示。

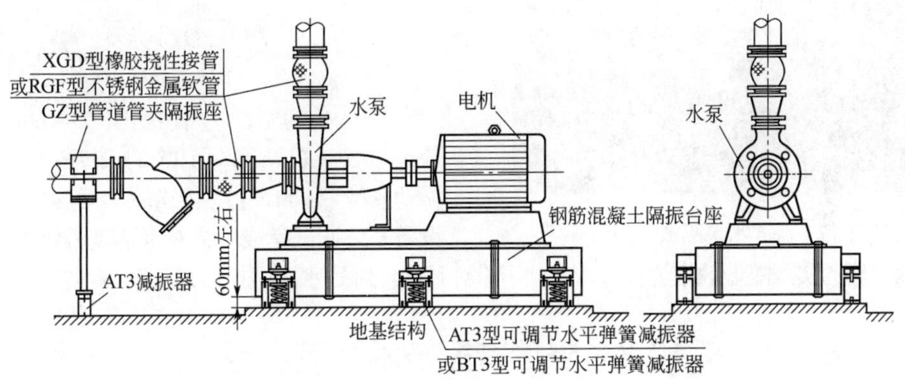

图12-15　卧式水泵隔振器旁托隔振示意图

③ 内嵌隔振方式。这种方式的隔振是将隔振器嵌装于钢筋混凝土隔振台座内，如图12-16所示。钢筋混凝土隔振台座内安装AT3型或BT3型可调节水平弹簧减振器，隔振台座质量为水泵质量的1.5~2倍，台座内部设有减振器安装位置，台座底面与地面间距一般为60mm左右。此种方式具有台座配重大、台面振幅小、被隔离设备稳定性好等特点，设备安装后也较整齐、美观。

AT3型可调节水平弹簧减振器最大载荷时的挠度为25mm，固有频率3.2Hz；BT3型可调节水平弹簧减振器最大载荷时的挠度为50mm，固有频率2.2Hz。单个产品极限载荷均不小于160%的最大工载荷。业主在征询了声学顾问公司并综合了隔振效果及性价比后，选择了第二种旁托隔振方式。

（2）隔振计算

① 设计参数。隔振设备名称：空调热水循环泵；型号：NLG200/400-90/4；转速：1450r/min；质量：1345kg；设计减振台座质量：2665kg；减振体系总质量（W）：5213kg（含30%安全系数）。

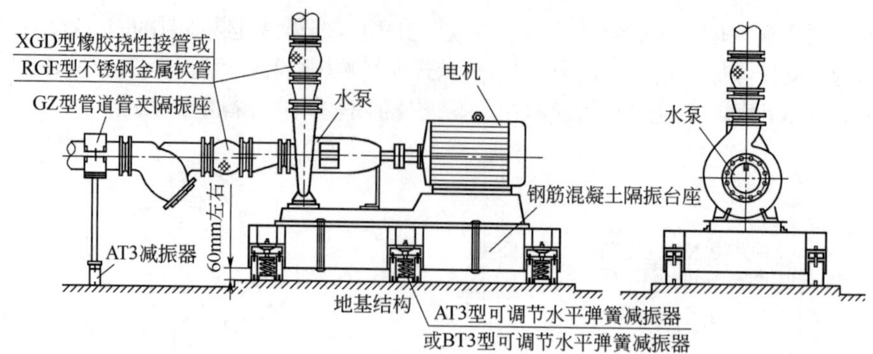

图12-16 卧式水泵隔振器内嵌隔振示意图

② 减振器选用。每台选用6只：$W/6=869$kg/只（即单只载荷）；减振器型号：可调节水平弹簧减振器；规格：AT3-1000减振器，单只竖向刚度$K=40$kg/mm。

③ 设计计算。设备干扰频率：$f=n/60=24.2$Hz。

隔振系统固有频率f_0：

图12-17 卧式水泵隔振实照

$$f_0=\frac{1}{2\pi}\sqrt{\frac{9800}{\delta}}=3.4(\text{Hz}) \qquad (12\text{-}13)$$

式中，δ为减振器压缩变形量，$\delta=W/K=869/40=22(\text{mm})$。

频率比：$\lambda=f/f_0=7.1$，f为扰动频率（Hz）。

隔振效率T计算：$T=(1-\eta)\times 100\%$

$$\eta=\sqrt{\frac{1+(2D\lambda)^2}{(1+\lambda^2)^2+(2D\lambda)^2}}=0.03 \qquad (12\text{-}14)$$

式中，η为传递率；D为阻尼比，D=0.06。

$$T=(1-\eta)\times 100\%=97\% \qquad (12\text{-}15)$$

振动衰减量：$N=12.5\lg(1/\eta)=19(\text{dB})$

设备安装调试完成后，对水泵隔振效果进行隔振效率实测，现场实测隔振效率为96%，达到了设计目标。卧式水泵隔振照片见图12-17。

12.2 阻尼减振技术及其应用

控制振动及其传递的三个基本因素是弹簧或隔振器的刚度、被隔离物体的质量以及系统支承的阻尼。阻尼性能参数较难测试，减噪效果不易预估。因此，在一般情况下首先采用增加质量、改变刚度、加装隔振器或动力吸振器等方法来控制振动。在某些特殊的场合，例如对一些薄板结构的振动控制，就需要采取阻尼减振的方法。阻尼减振可以抑制共振频率下的振动峰值，减少振动沿结构的传递，降低结构噪声。

阻尼减振技术近年来得到了迅速的发展，利用阻尼材料的特性以及阻尼结构的合理设计，达到减振降噪的目的。阻尼减振包括减振合金和阻尼减振材料，阻尼减振材料按其结构和使用形式又分为阻尼板材和阻尼涂料。

12.2.1 减振合金的应用

减振合金也称高阻尼合金，通过材料内部的各种阻尼机制吸收外部振动能量，并将其转化成热能而耗散。减振合金的阻尼性能比一般金属材料大得多，具有金属材料的强度和其他力学性能，可直接用于制造承受振动的结构件，而不用附加其他减振措施。减振合金的制造工艺简单，是一种积极有效的阻尼技术。减振合金按振动衰减机理可分为复合型、超塑性型、铁磁性型、位错型、位错-孪晶型和孪晶型六种。

高性能的减振合金在航空、航天和航海领域中有着不可替代的作用，另外还能用于工业、汽车、建筑、家电等行业，对降低环境噪声，改善人们的生活环境有着重要的作用。因此减振合金的应用领域将会越来越大。

根据减振合金的特点，应该从下述三个方面考虑应用减振合金。一是减少振动，如减少导弹控制台和陀螺仪等精密仪器受发射时的冲击；二是防止噪声，如减少潜艇和鱼雷螺旋桨的噪声、避免自艇被敌舰声呐捕获；三是提高疲劳寿命，如可延长减振合金的涡轮机叶轮寿命。

减振合金的应用范围很广，在航天工业上，可用于火箭、导弹和喷气机等使用的操纵台和陀螺仪等精密仪器以及发动机罩和涡轮机叶轮等有关机械。在汽车工业上，有车身、制动器盘、转动件、变速器和滤气器等。在土木建筑业，有桥梁、凿岩机和钢质楼梯等。在机器制造业，有锻压机、链式输送机用的链条导轨和各种齿轮等。在铁路交通上，有车轮和钢轨等。在造船工业，有转动机件和螺旋桨等。在家用电器上，有空调器、洗衣机、大功率直流开关和变压器等所用的消声罩、音频放大器的扩音零件、电唱机心轴和各种螺钉等。在办公机器上，有打字机和打孔机等。

几种典型的减振合金的用例和效果如表12-2所示。

表 12-2　减振合金的应用和效果

合金名称	用例	效果
Sonstone	潜艇螺旋桨	已经有十多年的使用实绩
	链式传送机导轨	从92dB降至87dB
	高速纸带穿孔打字机	降低14dB
	机械滤波器罩	
	凿岩机杆	从111dB降至98dB
	滚珠轴承	降低6dB
	消声车轮	
Incramute	科特雷尔式高温静电集尘器锤	降低13~30dB
	圆盘锯	
	电粉碎机	
Silentalloy	直流螺线管铁芯	降低4dB
	铁路线路修复机	
	大功率直流开关	降低2~4dB
	活塞头	
	门扇、挡板、办公机器	
压延球铁	圆盘锯	降低10dB
Fe-Cr-Al	M113型装甲车	以50英里[①]每小时行驶，降低10dB

① 1英里=1.609km。

（1）减振合金在齿轮中的应用实例

电影放映机中的传动齿轮虽然采用了螺旋齿轮传动方式，但齿轮的冲击仍然是主要噪声。首先，由于系统中存在间歇运动件，冲击载荷是不可避免的；其次，对于小模数齿轮来说，刀具制造精度、热处理后的精加工工艺等方面仍存在一些尚未解决的问题，致使齿轮制造质量不是十分理想。根据仪表齿轮尺寸小，噪声主要来自齿轮冲击及某些齿轮对强度要求不十分高等因素，我们选择用Cu-Al-Zn来制造系统中的齿轮。该合金加工工艺性较好，阻尼特性较理想。在同一间歇运动部件上，更换齿轮前后的噪声值及其谱分析结果如表12-3所示。根据测试数据，可得出如下结论：一是Cu-Al-Zn 合金制成的齿轮可以降低啮合频率噪声，即572Hz处的噪声峰值大大低于原齿轮在此频率下的噪声峰值；二是新齿轮使机头噪声下降3dB左右；三是对于传递功率不大的齿轮，为了降低噪声，可以利用整体减振合金结构。

表12-3 减振合金齿轮应用前后噪声对比

序号	噪声级/dB(A)		测试条件
	原齿轮	Cu-Al-Zn齿轮	
1	61	59	部分齿轮接通
2	68	66.5	机头全部开动

（2）BJ系减振合金在机械上的应用

BJ系减振合金的内耗是普通钢材的40倍以上，使用温度范围较大，可以焊接，耐腐蚀，可以在多种机械上应用。近年来，先后在印刷机、电机、制钉机、织布机、剁锉机等多种常用工业机械的振动机件上应用，均取得了较好的降噪效果。

在不同的机械上，由于其发声机制的复杂程度不一样，发声件的多少也各异，尽管同样在个别发声机件上应用减振合金，但其整机噪声的下降量是不相同的。现介绍其中部分机械的应用及试验情况以供参考。

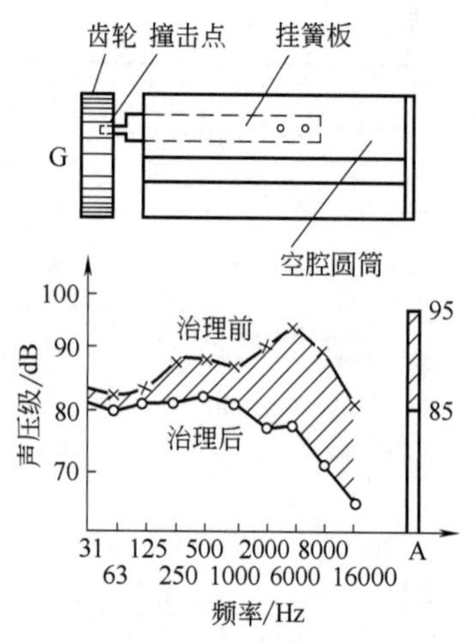

图12-18 四开平台印刷机的噪声治理及其降噪效果

① 四开平台印刷机。该型印刷机在运转中，单机操作噪声级为95dB（A），车间噪声在100dB（A）左右。主要噪声源来自转动齿轮和挂簧板之间周期性的敲击，是典型的机械性撞击噪声。其主振源来自挂簧板，挂簧板又刚性连接在一个空腔钢筒上，又将振动传给钢筒，引起钢筒共振，见图12-18。在治理中，仅将挂簧板用BJ-1型减振合金制作，代替原钢制机件，既消除了挂簧板本身的振动，又减弱了钢筒的共振，仅此一项，就可使其整机噪声下降10dB（A）。改进后的印刷机，既不影响操作也不妨碍维修保养。

② 电动机。电动机广泛应用于各个领域，其中微型电动机的应用已从工业生产部门扩大到各种家用电器上，其噪声和振动直接影响到家用电器的质量。电动机噪声有电磁噪声、风扇噪声、轴承噪声、机壳噪声等，其中机壳噪声主要是由轴、转子、轴承等部件在旋转中产生的振动传递而引起的。因此，减弱或隔绝上述振动的传递，可以降低机壳噪声的辐射。一台三相180W、转速为1495r/min的异步微型电动机，采用BJ-2型减振合金制作一轴承套垫，装在电动机前盖处的201型普通级滚动轴承处，以减弱电动机外壳的振动，就可使机械噪声下降3~4dB，见表12-4，其降噪量是相当明显的。

表12-4 电动机加装减振合金轴承减振垫前后噪声对比

不同条件下的声压级/dB	频率/Hz					
	500	1000	2000	4000	8000	16000
前盖无轴承减振垫	48	49	47	57	53	35
前盖有轴承减振垫	41	39	43	55	51	32
降噪量	7	10	4	2	2	2

(3) 减振合金在舰船上的应用实例

下面介绍一下减振合金在舰船上的应用。减振合金的独特之处是可制成船舶噪声源中的强烈振动部件。它能吸收衰减振动能，防止疲劳破坏，防振，降低噪声。

① 防止疲劳破坏。舰船上有些主辅机的构件，由于长期受周期性外力的作用，而引起疲劳破坏。若采用减振合金制成就可以降低动载应力强度。因为减振合金受到周期性外力作用时振幅较小，使应力减小，从而延长了使用寿命。

② 防振。减振合金具有较高阻尼性能，因而遇到有些不可能设计正规阻尼系统的时候，用这种合金作支架是十分有效的。例如舰船上无减振系统的柴油机支架，导航、无线电、水声、指挥仪等精密仪器的座架都可以用。

③ 降低噪声抑制振动。降低噪声是近代研制减振合金的首要任务。无论在军用或民用方面都有不少应用减振合金的事例，收到了明显效果。

制造舰艇和鱼雷的螺旋桨，避免“蜂音”。螺旋桨“蜂音”是桨叶片共振时发出的一种强大响声，呈线状谱，比邻近谱高出10dB以上，频率范围10~1000Hz或稍高些。严重影响艇的隐蔽性，干扰声呐工作，削弱战斗力。另外，也易引起疲劳损坏。螺旋桨产生“蜂音”后，可进行叶梢随边处理，但较难掌握叶梢锉削程度，锉得太少不能消除“蜂音”，锉得太多会改变桨的其他性能参数。更好的方法就是用减振合金制造，可以避免“蜂音”。例如奥白龙级潜艇、五叶桨，“蜂音”十分严重。采用英国减振合金制造螺旋桨后，不再有“蜂音”，至今没发生什么问题。该合金还先后用在法国、瑞典、丹麦、意大利等数条潜艇上，可制成直径4~5m、7~10t重的多叶螺旋桨。

制成的螺旋桨可减轻尾部振动。采用减振合金桨后，因内耗大的桨叶吸收和衰减流场对其的作用力，这样减少了轴承力对尾部的作用，而一般螺旋桨用的铜合金没有这种功能。

④ 其他方面的应用。减振合金有着广阔的应用前景，例如舰船柴油机的部件、支架，潜艇主辅机机座，通风机框架、叶片，透平机叶片，阀、高压水泵、液压泵、变速箱等都可应用减振合金。国产减振合金已用在民用方面，可降低噪声3~15dB。

12.2.2　减振阻尼涂料的应用

阻尼涂料是以天然或合成的高分子树脂为基料，通过加入适量颜填料及各种助剂、辅助材料，经一定工艺配制而成，是一种涂覆在各种金属板状结构表面上，具有减振、隔声、绝热和一定密封性能的特种涂料。它是黏弹性阻尼材料的一种特殊形式，所用聚合物与普通黏弹性阻尼材料没有本质的差别。

阻尼涂料广泛应用于航天器、飞机、船舶、车辆和各种机械设备的减振、降噪。各种隔声板材内表面涂以阻尼材料可提高其隔声性能，涂料可以用刷或喷的方法直接涂覆于结构表面，施工简便，施工前应仔细除油和除锈。工程上，有时会用到灌注型阻尼涂料和阻尼腻子。灌注型阻尼涂料用于腔体结构的减振，阻尼腻子用于填充阻尼胶板间的缝隙，使阻尼处理部位连成整体，防止外来介质如水、油等从缝隙间渗入而对阻尼胶板造成侵蚀。

阻尼涂料的施工方法比较简单，涂覆前应将被涂表面除油、除锈。阻尼涂料一般直接涂覆在金属板表面上，它具有优良的附着力和抗冲击性能，也可与环氧类底漆配合使用。施工时应多次涂刷，每次不宜过厚，等干透后再涂第二层，固化时间为涂层硬干时间，以保证一定的弹性模量，使用前应将涂料充分搅匀。施工环境应保持良好通风，严禁明火。

涂覆在金属结构上的阻尼材料不仅可以有效地抑制结构在固有频率上的振动，而且还能大幅度地降低结构噪声。如在火车、汽车、飞机的客舱内壁涂阻尼材料，可以有效地降低噪声，改善环境。地铁电车的车轮采用五层约束阻尼层，噪声由114dB下降到89dB，其阻尼材料重量占车轮的4.2%。锯片在采用约束阻尼层后，噪声从95dB下降到81dB。1mm厚的铝板在阻尼处理后的隔声性能也有显著提高。

阻尼减振还可以延长金属结构在振动环境中的使用寿命。经过阻尼处理的结构件，其损耗因数η增加，在共振频率下的放大因数（Q）下降，故能延长结构件的疲劳寿命。此外，电子仪器支撑装置或线路板采取约束阻尼处理后，不但可以大幅度降低这些系统的放大因数（Q）和共振峰值，而且还能减弱振动能量，提高电子仪器的使用寿命。印刷电路板采用阻尼板后，放大因数（Q）可从40下降到4，并抑制了高次谐波共振峰。

以上所述的自由阻尼与约束阻尼均可称为附加阻尼，近些年来对附加阻尼的研究有了一定的发展，其结构形式和应用也得到进一步拓展。

如图12-19（a）所示为自由阻尼层（也称非约束阻尼层），是在振动体上直接喷涂一层阻尼材料，方法简单、成本低、阻尼性能尚可，常用于金属薄板表面，如车、船、飞机壳体；如图12-19（b）所示为多层约束阻尼层，在黏弹性材料上附加一薄层或多层刚性金属材料，当振动体变形时，起约束作用的刚性材料不易变形，从而增加了黏弹性材料的剪切变形，提高其阻尼性能；如图12-19（c）所示为多层间隔约束阻尼层，把起约束作用的刚性金属板材料按一定间隔排列在黏弹性材料中，其阻尼效果会更好；如图12-19（d）所示为阻尼夹心镶板，可安置于振动系统中，使阻尼材料产生较大的变形而消耗振动能量；如图12-19（e）所示为共振阻尼装置，是由阻尼材料和质量块组成的装置，相当于高阻尼的单自由度系统，附加在振动体上将产生谐振，使阻尼材料产生更大的变形，发挥更好的阻尼作用；如图12-19（f）所示为共振梁阻尼装置，与图12-19（e）所述的装置相比，其工作原理基本相同，但有更多的阻尼材料发挥阻尼作用，明显增加了阻尼效果。

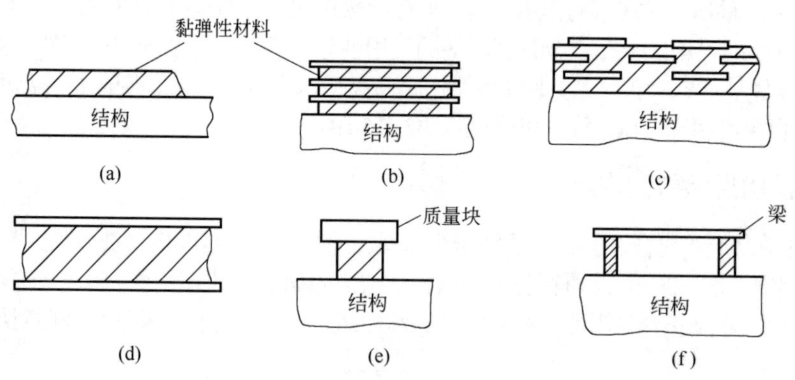

图12-19 几种附加阻尼结构

附加阻尼还有各种形式。如图12-20所示为典型多层薄板梁的阻尼结构横截面，在梁由于振动产生变形时，夹在薄板中间的阻尼材料产生剪切变形而发挥阻尼的作用。

如图12-21所示为典型的由外体、嵌入体、黏弹性材料组成的梁的横截面，在梁振动产生变形时，嵌入体与外体之间的相对运动使中间的黏弹性材料产生剪切变形，而消耗振动的能量。这种阻尼层未与振动体牢固黏合的插入阻尼，还有多种形式。这类附加阻尼的共同优点是，不改变原设计的结构和刚度而提高其阻尼性能。

下面介绍几个阻尼涂料在舰船减振中的应用实例。经过大量的研究，船舶噪声主要由其自身设备工作时以及外界风浪等拍击船体发出的不同频率和不同强度的声音无规律地组合而成，其包括存在于舱室部位的空气噪声、存在于船体结构中的结构噪声（即振动）以及存在于船体周围水介质中的水噪声。

① 阻尼涂料在军舰上的应用（如图12-22所示）。为降低某型舰的振动和噪声，提高安静性和

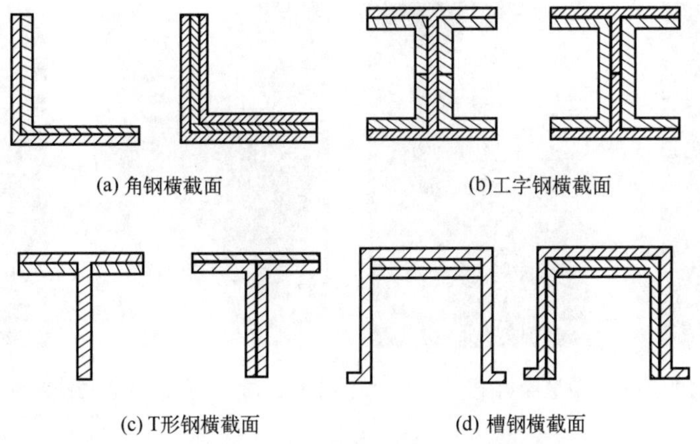

图 12-20　典型多层薄板梁的阻尼结构横截面

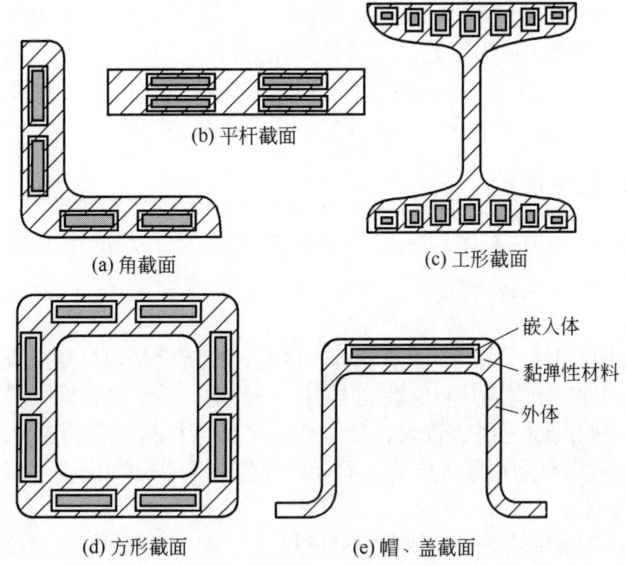

图 12-21　外体、嵌入体、黏弹性材料组成的阻尼结构梁的横截面

战术性能，在机舱、舵机舱、集控室、空调机室等部位使用了Air++3109舰船用阻尼涂料。使用单位认为：该涂料具有可常温固化、附着力好、易于厚涂、无毒等优点，解决了传统橡胶型阻尼片材不宜在复杂曲面施工、与甲板敷料配套差的难题，是一种新型的高性能阻尼涂料。经试航测试，使用阻尼涂料的部位振动明显下降，舱室的空气噪声也下降了6~10dB，受到设计单位和造船厂的一致称赞。

② 阻尼涂料在海监船上的应用（如图12-23所示）。某海监船主要用于南海海区的巡逻、海上安全监督管理、海上交通事故调查处理、海上搜救和污染监测及履行国际公约等，是迄今为止我国海事系统最大吨位、装备最先进的海上巡视船，是全国海事系统第一艘拥有直升机起降平台、直升机库和飞行指挥塔等全套船载系统的海巡船。这条船的装备在一定程度上可以缩小我国与世界其他海事大国在装备上的差距，有效维护我国海洋权益。

为减轻船体振动和舱室噪声，保证各精密仪器正常工作并提高舱室的舒适性和安静性，在与一种阻尼板材比照后，选用Air++3109舰船用阻尼涂料对船体及相关舱室进行阻尼处理。无论是施工工艺还是减振降噪效果，船厂和船东均感到十分满意，认为Air++3109舰船用阻尼涂料施工工艺简单，产品性能优越，质量可靠，而且外观比传统的阻尼涂料有了很大改善。

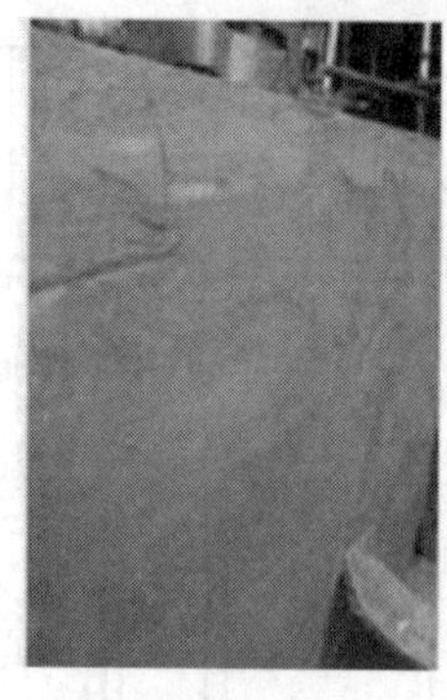

图12-22 Air⁺⁺3109舰船用阻尼涂料施工现场

图12-23 Air⁺⁺3109多功能水性阻尼涂料施工现场

③ 阻尼涂料在豪华游艇上的应用。与常规船相比，高速船主机功率大、转速高；同时船体结构较薄，结构响应相对较大，因此振动和噪声的控制更为困难。太阳鸟游艇股份有限公司166设计的豪华游艇为解决振动和噪声问题，曾采取了不少措施，均未取得理想的效果。

经多方咨询并实地考察，从阻尼性、工艺性等指标综合比较，该公司决定在豪华游艇上使用Air⁺⁺3109舰船用阻尼涂料。与同型船对比实验表明：使用阻尼涂料可有效地降低结构噪声，如客舱噪声下降了9dB（A），驾驶室噪声下降了8dB（A），受到用户高度评价。

12.2.3 阻尼减振板材的应用

阻尼减振板材在工程上应用较多，按阻尼板材材料的不同可以分为橡胶阻尼板材、沥青型阻尼板材和聚氨酯阻尼板材等。

（1）橡胶阻尼板材

橡胶自身具有良好的弹性，而且可天然获取，因此，传统上是阻尼减振应用的首选材料。橡胶阻尼材料种类繁多，不同组分构成其阻尼性能不同。一般地，用于制备橡胶阻尼板材的聚合物基体中，丁基橡胶和丁腈橡胶的阻尼系数较大，是制作阻尼减振材料的常用原料。丁苯橡胶、氯丁橡胶、硅橡胶、聚氨酯橡胶等的阻尼系数中等，而天然橡胶和顺丁橡胶的阻尼系数最小。

（2）沥青型阻尼板材

沥青阻尼材料是目前常见的一种黏弹性阻尼材料，大多以沥青和再生橡胶为主体材料，辅以填料及特种助剂制备而成。但是沥青阻尼材料由于模量过低，一般不能单独成为工程中的结构材料，它必须要黏附于机械结构或工程结构件上，形成结构阻尼层。当机械振动时，沥青阻尼层随着机械结构产生弯曲振动，产生拉伸与压缩的交变应力与应变，使沥青阻尼耗损机械振动能量，从而起到减振和降噪效果。在机械结构中，增大机械结构阻尼损耗因子，是抑制振动响应，特别是共振响应的主要因素和重要途径。

沥青阻尼材料在工程上的应用主要分为四大类，即自黏型、热熔型、复合型和磁性型。但是，由于沥青在长期使用中会释放出大量含硫、氮化合物等对人有害的物质，因此，无沥青型阻尼材料越来越受重视，如一些汽车公司采用的无沥青阻尼材料的主要成分是聚丙烯酸酯和聚醋酸乙烯酯类。

（3）聚氨酯阻尼板材

聚氨酯是一类重要的功能性高分子阻尼材料，体内存在着所谓的软段相区和硬段相区，是一种多相体系。组成聚氨酯的组分是具有极性的官能基（如有机二异氰酸酯或多异氰酸酯与二羟基或多羟基化合物），使高分子长链之间不但可形成极有效的物理氢键现象，且彼此有较高的相容性、高弹性和耐磨性。同时，聚氨酯的氢键还表现出一定的微相分离特性，即在微观尺度形成两相结构，这有助于获得较高的损耗因子。

聚氨酯是极具应用价值的阻尼材料，也是PN阻尼材料最常用的基材之一。通常来说，聚氨酯基PN主要包括聚氨酯和另外一种高分子，后者主要包括有聚甲基丙烯酸酯、聚苯乙烯、不饱和聚酯、环氧基树脂、丙烯基酚醛树脂和各种丙烯酸高聚物。此种聚合物不仅具有较好的阻尼性能，而且具有优良的耐老化性能和耐油性能。除高阻尼性能外，聚氨酯阻尼材料还具有良好的力学性能和加工性能，因此被广泛地用于商业生产中，而且应用形式多样，如胶黏剂、涂料、泡沫材料和弹性体等。但是，其低刚度和高热膨胀系数的特点制约了其作为工程结构材料的应用。

下面介绍一个阻尼板材应用实例。某企业海绵钛破碎车间振动噪声剧烈，其钛锭碰撞料管振动产生的辐射噪声是最主要的噪声。

① 破碎车间噪声源分析。每条海绵钛破碎生产线包括三套基本相同的投料、筛选、粉碎、传送设备。如图12-24所示为一套粉碎循环装置中的料管空间布局示意图。在整个生产过程中，钛块在料管中落下并碰撞金属管道，从而向外辐射高强度的噪声，图12-25为现场料管的局部布置图。

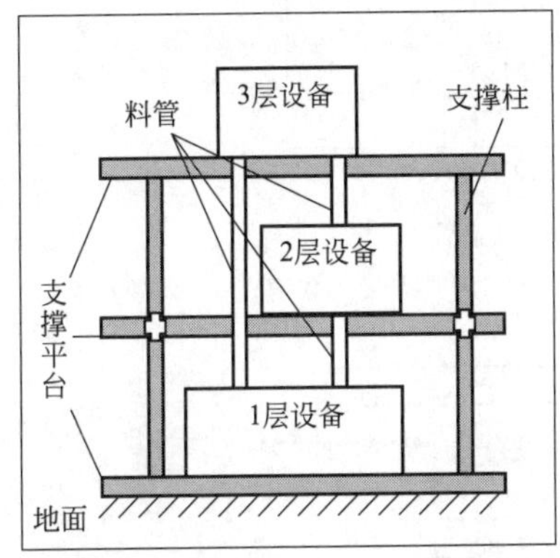

图12-24　料管的空间布局示意图

图12-25　现场料管的局部布置图

② 落料管减振降噪处理。由于约束阻尼结构设计不会改变原有结构的几何参数和工作性能参数，具有明显的减振降噪效果和可靠性，容易被工程采纳和接受，故选用洛阳双瑞橡塑有限公司生产的DM-1型约束阻尼板作为减振降噪材料。该型阻尼板是由阻尼橡胶和钢板按一定厚度比复合而成的一种约束型阻尼产品，其约束层为1mm厚不锈钢，其阻尼层为4mm厚橡胶，阻尼橡胶密度1400~1500kg/m^3，使用温度−30~60℃，氧指数大于35.0%，阻尼损耗因子1.03~1.19。它通过约束型阻尼板和振体间的弯曲变形造成对阻尼材料的剪切力，使振动能量通过阻尼材料形变而转变为热能被耗散，从而降低振体的振动和声辐射。

根据阻尼板在料管上的敷设位置，对料管外表面和阻尼板粘贴表面进行打磨与清洗处理，采用洛阳双瑞橡塑科技有限公司生产的ZJ-504型胶黏剂，将约束阻尼板粘贴在料管外表面，并采用螺栓紧固。图12-26为一层料管表面敷设阻尼板前后对比图，图12-27为二层料管处理后的情况，可见约束阻尼板处理后的管道外观良好，对原有设备的使用性能和几何结构未造成影响。

图12-26　一层料管阻尼板辐射前后对比图

图12-27　二层料管处理后的情况

③ 降噪效果与对比。改造后，对降噪减振效果进行了测试。图12-28和图12-29分别为一层料管处噪声和振动1/3倍频程频谱图。由图12-28可见，在125~500Hz频带内，改造前后噪声相差不大，在20~125Hz和500~2500Hz频带，改造后噪声明显低于改造前噪声。由图12-29可见，整个频带内，改造后的振动值均小于改造前振动值，可说明DM-1约束阻尼材料具有明显的减振降噪功能。

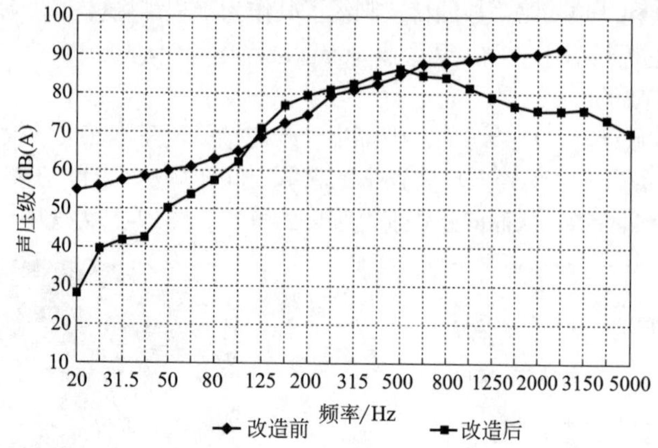

图12-28 一层料管噪声1/3倍频程频谱图（参考声压2×10^{-5}Pa）

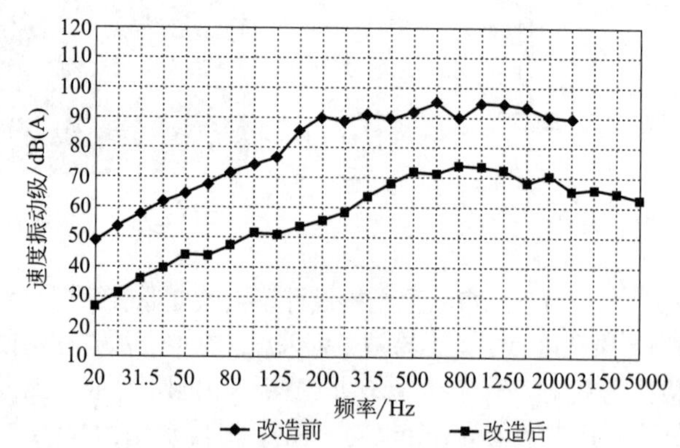

图12-29 一层料管振动1/3倍频程频谱图（参考速度5×10^{-8}m/s）

表12-5为一层料管改造前后噪声总声压级和振动总速度级，测试频带为20~2500Hz，可知改造后振动总速度级降低21.0dB（A），理论上噪声也应降低相应数量级，但由于车间内部其他噪声源的影响，噪声测试值降低5.7dB（A）。理论上噪声降低量应与振动速度级下降水平一致，但实际测试时振动测试传感器只布置于被测设备上，所以测试值只包含被测设备的振动而不包含其他未测设备的振动，但噪声测试传感器不但记录被测设备辐射噪声，而且记录了如破碎机、高压冷却气体或其他干扰噪声源的数据，因此噪声降低量与振动速度级下降水平不一致。

表12-5 一层料管改造前后噪声与振动速度级

项目	改造前	改造后	插入损失
噪声总声压级/dB(A)	99.1	93.4	5.7
振动速度总级/dB(A)	102.4	81.4	21.0

注：插入损失为正值表示噪声或振动降低；参考声压2×10^{-5}Pa，参考速度5×10^{-8}m/s。

图12-30和图12-31分别为二层料管处噪声和振动1/3倍频程频谱图。由图12-30可见，在降噪改造后整体噪声显著小于处理前。由图12-31可见，除40~63Hz频带外改造后振动小于改造前，且在2500Hz处，改造后振动衰减更快，由此可说明DM-1约束阻尼材料具有明显减振降噪功能。

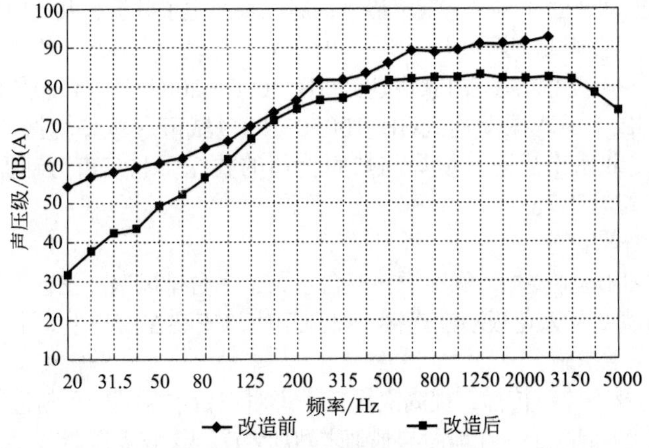

图12-30　二层料管噪声1/3倍频程频谱图（参考声压级2×10^{-5}Pa）

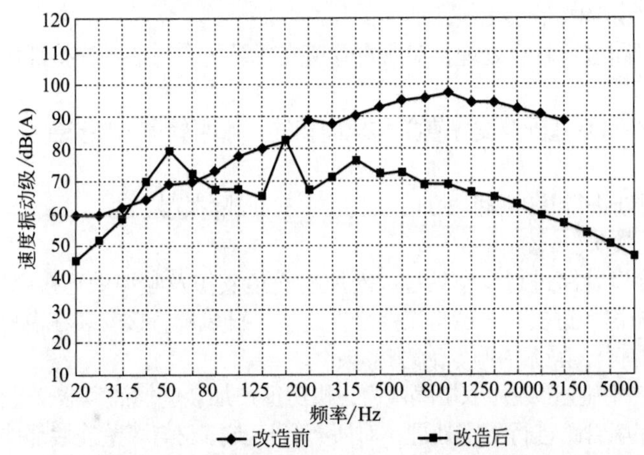

图12-31　二层料管振动1/3倍频程频谱图（参考速度5×10^{-8}m/s）

表12-6为二层料管改造前后噪声总声压级和振动总速度级，测试频带为20~2500Hz，可知改造后振动总速度级降低18.6dB（A），理论上噪声也应降低相应数量级，但由于车间内部其他噪声源的影响，改造后噪声降低8.6dB（A）。

表12-6　二层料管改造前后噪声与振动速度级

项目	改造前	改造后	插入损失
噪声总声压级/dB(A)	99.8	91.2	8.6
振动速度总级/dB(A)	105.9	87.3	18.6

注：插入损失为正值表示噪声或振动降低；参考声压2×10^{-5}Pa，参考速度5×10^{-8}m/s。

料管上安装DM-1约束阻尼板后振动平均下降19.8dB（A），噪声平均下降7.2dB（A），取得了良好的降噪效果。

12.3　振动控制工程实例

12.3.1　热力站振动与噪声治理

宣武门西大街热力站位于居民楼地下室，热力站动力设备产生的振动与噪声经墙体管路等固体媒介及空气媒介造成振动及固体声、空气声传播，居民家产生了共振、共鸣效应，严重干扰了机房上方居民的正常生活。经测试，噪声级为55~65dB（A），振动级>70dB。为了有效地控制振动与噪声，改善居民的生活环境，使居民室内噪声达到GB 3096—2008《声环境质量标准》规定的昼间55dB（A）、夜间45dB（A），振动达到GB 10070—88《城市区域环境振动标准》规定的昼间70dB、夜间67dB。受北京市生态环境局与热力公司的委托，北京市劳动保护科学研究所对该站噪声与振动进行了综合治理。

（1）污染状况及治理措施

① 水泵房。水泵房内主要振动噪声源：三台水泵，一台排风扇。三台水泵基础及支撑直接与地面相连，管道又与墙壁及天花板刚性连接，排风扇直接安装在窗户上，未加任何消声、隔声措施，噪声十分严重。采取措施：

a. 为了隔绝振动及固体声传播，提高隔振效率，对三台水泵基础重新进行隔振设计，把原水泵基础打掉，改为钢架加混凝土，在地面与基础之间加装DJ-4橡胶隔振器。

b. 撤销泵房内排风扇，窗户全部改做双层隔声窗，窗上加装进气消声器，进行自然换风。

c. 机房内墙壁及顶部做部分吸声处理。

d. 机房内所有管路进行悬空处理，对所有管道支撑及所有与墙壁连接部件均加GD隔振垫进行隔振处理。

② 补水泵房。补水泵基础及支撑直接与地面相连，水泵管道与墙壁刚性连接，未加任何隔振措施。采取措施：

a. 补水泵台座重新进行基础隔振处理，加装DJ-3橡胶隔振器。

b. 补水泵加装软接头。

c. 机房内所有穿墙管路进行悬空处理，对所有管道支撑及与墙壁连接部件均加GD隔振垫。

③ 板式换热器机房。过去，管道与墙壁刚性连接，排风扇直接安装在窗户上，噪声十分严重，而又未加任何消声、隔声、隔振措施。治理措施：

a. 撤销排风扇，窗户全部改做双层隔声窗，机房窗户加装进气消声器，进行自然换风。

b. 机房内所有穿墙管路进行悬空处理，对所有管道支撑及与墙壁连接部件均加GD隔振垫进行隔振处理。

④ 分离缸机房。过去，管道与墙壁刚性连接，排风扇直接安装在窗户上，噪声十分严重，而又未加任何消声、隔声、隔振措施。治理措施：

a. 机房窗户封闭，机房内加装两台排风扇，窗户改装排气消声器，进行强制通风。

b. 机房内所有穿墙管路进行悬空处理，对所有管道支撑及与墙壁连接部件均加GD隔振垫进行隔振处理。

⑤ 厨房卫生间。过去，厨房卫生间排风扇风量过大，并直接安装在窗户上，噪声十分严重，未采取任何消声、隔声措施；机房与厨房卫生间之间设有普通门，噪声干扰室内外环境。治理措施：

a. 厨房卫生间内排风扇进行更新改造。

b. 厨房卫生间与机房之间加装隔声门。

⑥ 配电室。过去，配电室门、窗户未采取任何隔声措施，使得水泵房噪声干扰配电室、值班室及居民环境。治理措施：

a. 配电室与水泵房之间加装隔声门一套。

b. 配电室加装隔声窗。

⑦ 值班室。过去，值班室门未采取隔声措施，噪声干扰室内环境。治理措施：值班室与配电室之间加装隔声门一套，以保证工作人员正常工作和休息。

（2）治理后达到的技术指标

经过治理，北京市生态环境局监测中心对该热力站进行了验收，测试数据见表12-7和表12-8。

表 12-7 热力站噪声振动治理后测试结果（一）

编号	测点	噪声值/dB(A)	备注
1	水泵房	71.9	
2	值班室	43.7	
3	配电室内	50.0	
4	居民室内	39.2	昼间
5	居民室内	37.0	夜间
6	居民室内	36.6	夜间

注：夜间室内本底值37dB（A）；昼间室内本底值39dB（A）。

表 12-8 热力站噪声振动治理后测试结果（二）

编号	测点	振动垂直/dB(A)	振动水平/dB(A)
1	泵房基座	97	82
2	泵房地面	<60	<60
3	居民板凳上	<60	<60
4	居民地面上	<60	<60
5	居民沙发上	<60	<60
6	居民沙发上	<60	<60

从以上数据可以看出，测试结果与本底值差别不大，居民室内噪声与振动达到了国家标准。此项工程受到了北京市生态环境局、北京热力公司及居民的好评。

12.3.2 水泵噪声与振动治理

某小区B 座水泵位于公寓的地下一层，其产生的噪声与振动干扰了楼上的居住环境。为了有效地控制水泵所产生的噪声与振动，工程部委托北京市劳动保护科学研究所对其进行综合治理。

该小区为高档别墅，参照GB 3096—2008《声环境质量标准》、GB 10070—88《城市区域环境振动标准》和GB 50118—2010《民用建筑隔声设计规范》，建议别墅内噪声<35dB（A）。

（1）治理前测试数据

① B座106套房

a. 噪声：（泵开机）42dB（A）；

b. 振动：（窗台上）70dB。

② 水泵房

a. 噪声：73dB（A）；

b. 振动：设备基础上77.5dB，距泵1m地面上67dB。

（2）水泵振动与噪声控制方案

过去，水泵基础及支撑直接与地面相连，管道又与墙壁及天花板刚性连接，又未加任何消声、隔声措施。采用以下措施控制噪声：

① 为了隔绝振动及固体声传播，提高隔振效率，水泵基础重新进行隔振。把原基础打掉，改为钢架加混凝土。在地面与基础之间加装 DJ-4橡胶隔振器，穿墙管道悬空，水泵加避振喉，管道加弹簧吊架。

② 为控制噪声，水泵加隔声罩，罩内加排风机作为强制通风，同时加装进、排气消声器。

（3）治理后测试结果

① 扣除外部环境影响，106套房室内噪声<30dB（A）。

② 106套房室内振动已全部消除。

③ 水泵房噪声60dB（A），振动≤50dB。

从以上结果可以看出，噪声与振动不但达到了合同要求，而且效果十分显著，达到了疗养院标准噪声［≤35dB（A）］。水泵隔振安装方式示意图如图12-32~图12-37所示。

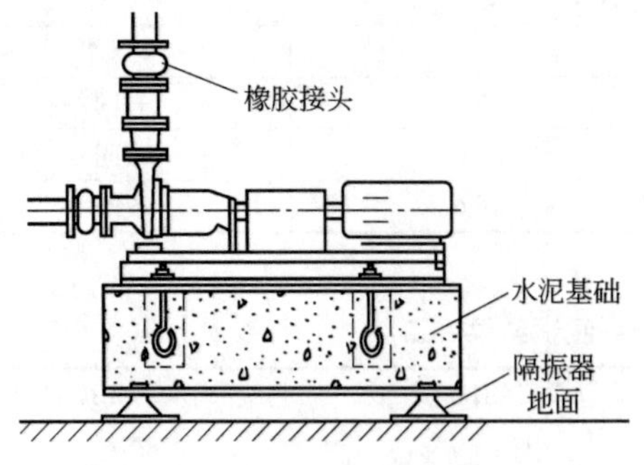

图12-32　放在地面上的水泵隔振示意图

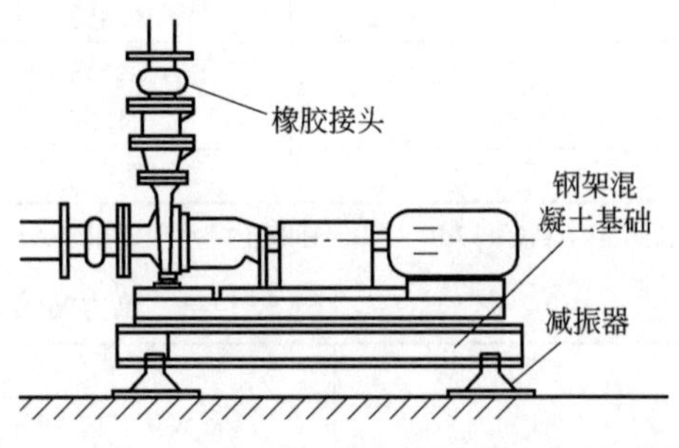

图12-33　放在楼板上的水泵隔振示意图

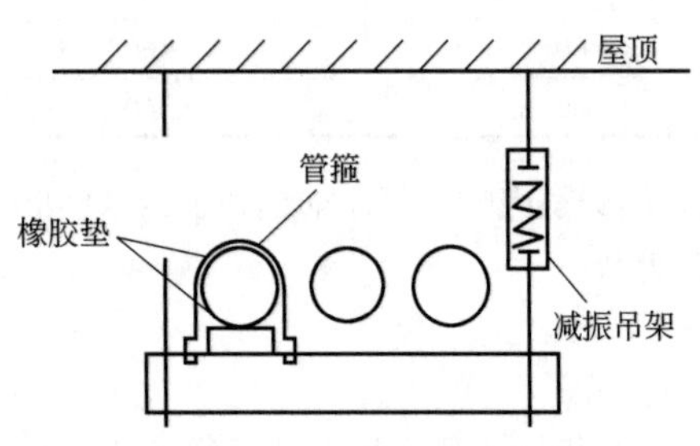

图12-34　架空管道隔振示意图

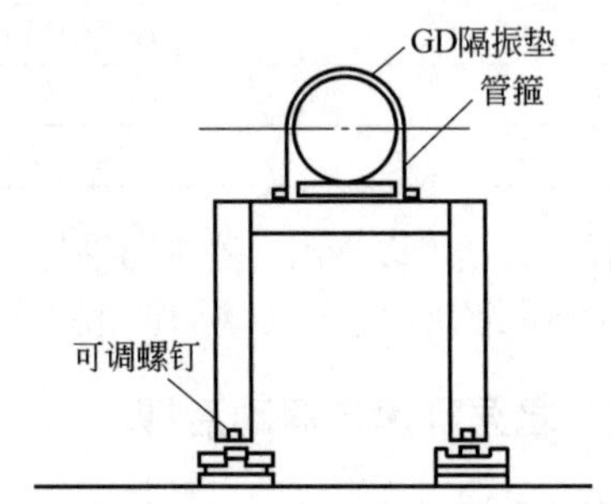

图12-35　在支架上的管道隔振示意图

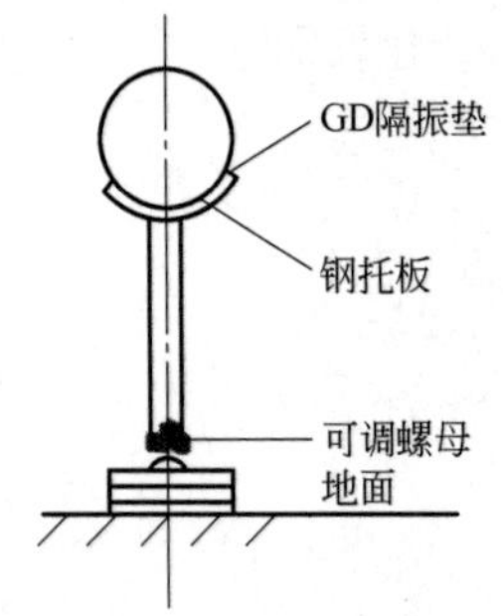

图12-36　小型管道用钢托板支架隔振示意图

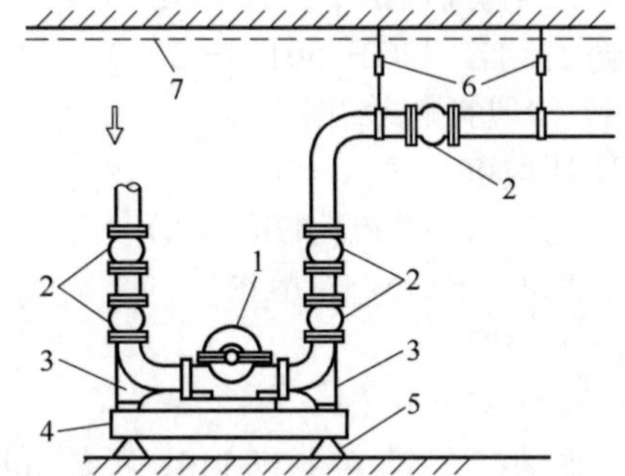

图12-37　水泵系统隔振降噪局部示意图

1—水泵；2—橡胶接头；3—管道支架；4—钢混基础；5—减振器；6—减振吊架；7—吸声吊顶

12.3.3　排风机振动与噪声治理

（1）概述

现代工程中会大量使用通风设备，其隔振问题比较普遍。例如上海某项目地下一层设备房内有多台风机，既有落地式安装，又有悬吊式安装。根据工程提供的参数：落地式安装风机型号为HTFC-V-9#A，其单台设备质量为1625kg，转速为1450r/min；悬吊式安装风机型号为 HTFC-Ⅱ-

28″A，其单台设备质量为871kg，转速为1450r/min。业主要求达到95%以上的隔振效率。

（2）确定隔振方式

落地式安装的风机，每台风机隔振一般选用6只或6只以上的减振器，以便调节减振器载荷，使各个减振器的载荷基本一致。为减少风机振动向外传递，在风机的进出管道上需要安装风管软接。根据不同转速、干扰频率可选用JG型橡胶隔振器或ZD型阻尼弹簧复合减振器隔振。风机落地安装隔振示意图如图12-38所示。

悬吊式安装的风机，每台风机隔振一般选用4只减振器。为减小风机振动向外传递，在风机的进出管道上需要安装风管软接。根据不同转速、干扰频率可选用AT4型吊架弹簧橡胶复合减振器或XHS型吊架弹簧减振器。风机悬吊安装隔振示意图如图12-39所示。

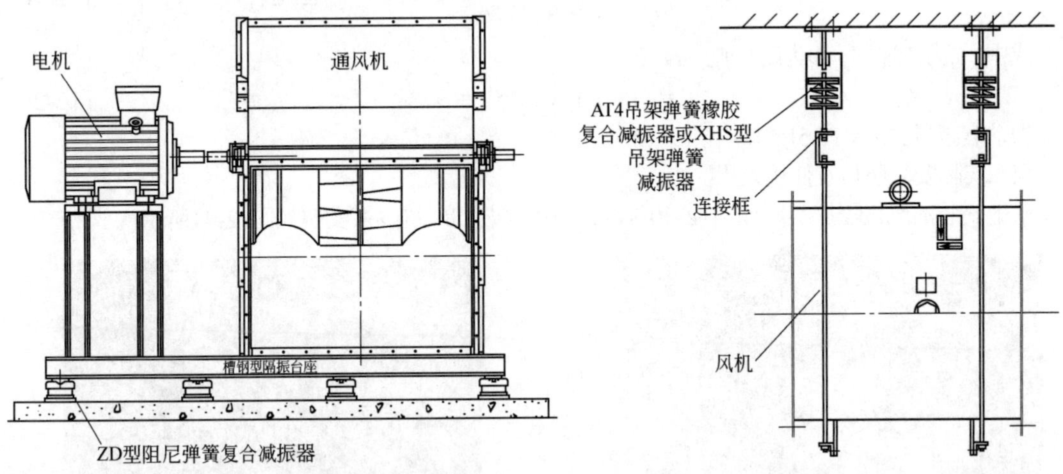

图12-38　风机落地安装隔振示意图

图12-39　风机悬吊安装隔振示意图

（3）隔振设计计算

① 落地式风机隔振计算。隔振设备型号：HTFC-V-9#A转速：1450r/min；质量：1625kg；设计减振台座质量：200kg；减振体系总质量（W）：2373kg（含30%安全系数）。选用减振器，每台选用8只：$W/8$=297kg/只（即单只载荷）；减振器型号：阻尼弹簧复合减振器；规格：ZD-320减振器，单只竖向K=12.7kg/mm。

设备干扰频率：$f=n/60$=24.2Hz。隔振系统固有频率f_0：

$$f_0=\frac{1}{2\pi}\sqrt{\frac{9800}{\delta}}=3.3(\text{Hz}) \tag{12-16}$$

式中，δ为减振器压缩变形量，$\delta=W/K=297/12.7=23$（mm）。

频率比：$\lambda=f/f_0=7.3$，f为扰动频率（Hz）。

隔振效率T计算：$T=(1-\eta)\times 100\%$

$$\eta=\sqrt{\frac{1+(2D\lambda)^2}{(1+\lambda^2)^2+(2D\lambda)^2}}=0.03 \tag{12-17}$$

式中，η为传递率；D为阻尼比，D=0.06。

$$T=(1-\eta)\times 100\%=97\% \tag{12-18}$$

振动衰减量：$N=12.5\lg(1/\eta)=19$（dB）

② 悬吊式风机隔振计算。

隔振设备型号：HTFC-Ⅱ-28″A；转速：1450r/min；质量871kg；减振体系总质量（W）：

1132kg（含30%安全系数）。选用减振器，每台选用4只：$W/4$=283kg/只（即单只载荷）；减振器型号：吊架弹簧橡胶复合减振器；规格：AT4-300减振器，单只竖向刚度K=12kg/mm。

设备干扰频率：$f=n/60=24.2\text{Hz}$。隔振系统固有频率f_0：

$$f_0=\frac{1}{2\pi}\sqrt{\frac{9800}{\delta}}=3.3(\text{Hz}) \tag{12-19}$$

式中，δ为减振器压缩变形量，$\delta=W/K=297/12.7=23(\text{mm})$。

频率比：$\lambda=f/f_0=7.3$，f为扰动频率（Hz）。

隔振效率T计算：$T=(1-\eta)\times100\%$

$$\eta=\sqrt{\frac{1+(2D\lambda)^2}{(1+\lambda^2)^2+(2D\lambda)^2}}=0.03 \tag{12-20}$$

式中，η为传递率；D为阻尼比，D=0.06。

$$T=(1-\eta)\times100\%=97\% \tag{12-21}$$

振动衰减量：$N=12.5\lg(1/\eta)=19$（dB）

(4) 实际安装照片及使用效果

落地安装的风机隔振实照如图12-40所示，悬吊安装的风机隔振实照如图12-41所示。

图12-40　风机落地安装隔振照片

图12-41　风机悬吊安装隔振照片

设备安装调试完成后，对风机隔振效果进行隔振效率实测，落地式风机现场隔振效率为97%，悬吊式风机现场隔振效率为96%，达到设计目标及项目要求。

习题与思考题

1. 简述振动控制的基本方法和隔振元件的选用原则。
2. 最常用的隔振器和隔振垫有哪些？目前在工程中应用最广泛的是什么隔振垫？
3. 阻尼减振的原理是什么？工程上常用的阻尼材料有哪些？
4. 阻尼减振合金按振动衰减机理可分为哪些类型？
5. 简述阻尼涂料的用法和主要应用领域。
6. 简述工程上常用的阻尼减振板材的类型。

附　　录

附录1　噪声与振动标准目录（术语）

序号	标准编号	标准名称
1	GB/T 2298—2010	机械振动、冲击与状态监测 词汇
2	GB/T 2900.86—2009	电工术语 声学和电声学
3	GB 3102.7—1993	声学的量和单位
4	GB 3238—1982	声学量的级及其基准值
5	GB 3239—1982	空气中声和噪声强弱的主观和客观表示法
6	GB 3240—1982	声学测量中的常用频率
7	GB/T 3241—2010	电声学 倍频程和分数倍频程滤波器
8	GB/T 3947—1996	声学名词术语
9	GB/T 4963—2007	声学标准等响度级曲线
10	GB/T 14574—2000	声学 机器和设备噪声发射值的标示和验证
11	GB/T 51306—2018	工程振动术语和符号标准
12	JB/T 7439.4—1994	实验室仪器术语 噪声测量仪器
13	JB/T 7439.5—1994	实验室仪器术语 振动测量仪器
14	JB 8429—1996	机械噪声词汇
15	JJF 1034—2020	声学计量术语及定义
16	JJF 1156—2006	振动 冲击 转速计量术语及定义
17	MH/T 9003—2008	电声学 航空噪声测量仪器在运输类飞机噪声合格评定中测量1/3宽带倍频声压级装置的性能要求
18	SJ/T 9148—2013	电声学 飞机噪声测量仪器 运输机噪声评定用1/3倍频程声压级测量系统的性能要求

附录2　噪声与振动标准目录（评价导则）

序号	标准编号	标准名称
1	GBZ/T 229.4—2012	工作场所职业病危害作业分级 第4部分:噪声
2	GB/T 1094.101—2008	电力变压器 第10.1部分:声级测定 应用导则
3	GB/T 3222.1—2022	声学 环境噪声的描述、测量与评价 第1部分:基本参量与评价方法
4	GB/T 3222.2—2022	声学 环境噪声的描述、测量与评价 第2部分:声压级测定
5	GB/T 6075.1—2012	机械振动 在非旋转部件上测量评价机器的振动 第1部分:总则
6	GB/T 6075.2—2012	机械振动 在非旋转部件上测量评价机器的振动 第2部分:功率50MW以上,额定转速1500r/min、1800r/min、3000r/min、3600r/min陆地安装的汽轮机和发电机

续表

序号	标准编号	标准名称
7	GB/T 6075.3—2011	机械振动 在非旋转部件上测量评价机器的振动 第3部分：额定功率大于15kW额定转速在120r/min至15000r/min之间的在现场测量的工业机器
8	GB/T 6075.4—2015	机械振动 在非旋转部件上测量评价机器的振动 第4部分：具有滑动轴承的燃气轮机组
9	GB/T 6075.5—2002	在非旋转部件上测量和评价机器的机械振动 第5部分：水力发电厂和泵站机组
10	GB/T 6075.6—2002	在非旋转部件上测量和评价机器的机械振动 第6部分：功率大于100kW的往复式机器
11	GB/T 6075.7—2015	机械振动 在非旋转部件上测量评价机器的振动 第7部分：工业应用的旋转动力泵（包括旋转轴测量）
12	GB/T 7777—2021	容积式压缩机机械振动测量与评价
13	GB/T 11348.1—1999	旋转机械转轴径向振动的测量和评定 第1部分：总则
14	GB/T 11348.2—2012	机械振动 在旋转轴上测量评价机器的振动 第2部分：功率大于50MW，额定工作转速1500r/min、1800r/min、3000r/min、3600r/min陆地安装的汽轮机和发电机
15	GB/T 11348.3—2011	机械振动 在旋转轴上测量评价机器的振动 第3部分：耦合的工业机器
16	GB/T 11348.4—2015	机械振动 在旋转轴上测量评价机器的振动 第4部分：具有滑动轴承的燃气轮机组
17	GB/T 11348.5—2008	旋转机械转轴径向振动的测量和评定 第5部分：水力发电厂和泵站机组
18	GB/T 13860—1992	地面车辆机械振动测量数据的表述方法
19	GB/T 14259—1993	声学 关于空气噪声的测量及其对人影响的评价的标准的指南
20	GB/T 14367—2006	声学 噪声源声功率级的测定 基础标准使用指南
21	GB/T 14790.1—2009	机械振动 人体暴露于手传振动的测量与评价 第1部分：一般要求
22	GB/T 14790.2—2014	机械振动 人体暴露于手传振动的测量与评价 第2部分：工作场所测量实用指南
23	GB/T 17248.1—2022	声学 机器和设备发射的噪声 测定工作位置和其他指定位置发射声压级的基础标准使用导则
24	GB/T 17249.1—1998	声学 低噪声工作场所设计指南噪声控制规划
25	GB/T 17249.2—2005	声学 低噪声工作场所设计指南 第2部分：噪声控制措施
26	GB/T 17249.3—2012	声学 低噪声工作场所设计指南 第3部分：工作间内的声传播和噪声预测
27	GB/T 19052—2003	声学 机器和设备发射的噪声 噪声测试规范起草和表述的准则
28	GB/T 20431—2006	声学 消声器噪声控制指南
29	GB/T 21232—2007	声学 办公室和车间内声屏障控制噪声的指南
30	GB/T 35854—2018	风力发电机组及其组件机械振动测量与评估
31	GB 50190—2020	工业建筑振动控制设计标准
32	GB 50463—2019	工程隔振设计标准

附录3 噪声与振动标准目录（通用测试方法）

序号	标准编号	标准名称
1	GB/T 3767—2016	声学 声压法测定噪声源声功率级和声能量级 反射面上方近似自由场的工程法
2	GB 3768—2017	声学 声压法测定噪声源声功率级和声能量级 采用反射面上方包络测量面的简易法
3	GB/T 6881.1—2002	声学 声压法测定噪声源声功率级混响室精密法
4	GB/T 6881.2—2017	声学 声压法测定噪声源声功率级和声能量级 混响场内小型可移动声源工程法硬壁测试室比较法

续表

序号	标准编号	标准名称
5	GB/T 6881.3—2002	声学 声压法测定噪声源声功率级混响场中小型可移动声源工程法 第2部分:专用混响测试室法
6	GB/T 6882—2016	声学 声压法测定噪声源声功率级和声能量级 消声室和半消声室精密法
7	GB/T 8910.1—2004	手持便携式动力工具 手柄振动测量方法 第1部分:总则
8	GB/T 8910.2—2004	手持便携式动力工具 手柄振动测量方法 第2部分:铲和铆钉机
9	GB/T 8910.3—2004	手持便携式动力工具 手柄振动测量方法 第3部分:凿岩机和回转锤
10	GB/T 8910.4—2008	手持便携式动力工具 手柄振动测量方法 第4部分: 砂轮机
11	GB/T 8910.5—2008	手持便携式动力工具 手柄振动测量方法 第5部分: 建筑工程用路面破碎机和镐
12	GB/T 10894—2004	分离机械 噪声测试方法
13	GB/T 10895—2004	离心机 分离机 机械振动测试方法
14	GB/T 13364—2008	往复泵机械振动测试方法
15	GB/T 14573.1—93	声学 确定和检验机器设备规定的噪声辐射值的统计学方法 第一部分:概述与定义
16	GB/T 14573.2—93	声学 确定和检验机器设备规定的噪声辐射值的统计学方法 第二部分:单台机器标牌值的确定和检验方法
17	GB/T 14573.3—93	声学 确定和检验机器设备规定的噪声辐射值的统计学方法 第三部分:成批机器标牌值的确定和检验简易(过渡)法
18	GB/T 14573.4—93	声学 确定和检验机器设备规定的噪声辐射值的统计学方法 第四部分:成批机器标牌值的确定和检验方法
19	GB/T 16404—1996	声学 声强法测定噪声源的声功率级 第1部分:离散点上的测量
20	GB/T 16404.2—1999	声学 声强法测定噪声源的声功率级 第2部分:扫描测量
21	GB/T 16404.3—2006	声学 声强法测定噪声源的声功率级 第3部分:扫描测量精密法
22	GB/T 16538—2008	声学 声压法测定噪声源声功率级 现场比较法
23	GB/T 16539—1996	声学 振速法测定噪声源声功率级 用于封闭机器的测量
24	GB/T 17247.1—2000	声学 户外声传播衰减 第1部分:大气声吸收的计算
25	GB/T 17247.2—1998	声学 户外声传播的衰减 第2部分:一般计算方法
26	GB/T 17248.2—2018	声学 机器和设备发射的噪声 在一个反射面上方可忽略环境修正的近似自由场测定工作位置和其他指定位置的发射声压级
27	GB/T 17248.3—2018	声学 机器和设备发射的噪声 采用近似环境修正测定工作位置和其他指定位置的发射声压级
28	GB/T 17248.4—1998	声学 机器和设备发射的噪声 由声功率级确定工作位置和其他指定位置的发射声压级
29	GB/T 17248.5—2018	声学 机器和设备发射的噪声 采用准确环境修正测定工作位置和其他指定位置的发射声压级
30	GB/T 17248.6—2007	声学 机器和设备发射的噪声 声强法现场测定工作位置和其他指定位置发射声压级的工程法
31	GB/T 18699.1—2002	声学 隔声罩的隔声性能测定 第1部分:实验室条件下测量(标示用)
32	GB/T 18699.2—2002	声学 隔声罩的隔声性能测定 第2部分:现场测量(验收和验证用)
33	GB/T 19889.1—2005	声学 建筑和建筑构件隔声测量 第1部分:侧向传声受抑制的实验室测试设施要求
34	GB/T 19889.2—2022	声学 建筑和建筑构件隔声测量 第2部分:测量不确定度评定和应用
35	GB/T 19889.3—2005	声学 建筑和建筑构件隔声测量 第3部分:建筑构件空气声隔声的实验室测量
36	GB/T 19889.4—2005	声学 建筑和建筑构件隔声测量 第4部分:房间之间空气声隔声的现场测量
37	GB/T 19889.5—2006	声学 建筑和建筑构件隔声测量 第5部分:外墙构件和外墙空气声隔声的现场测量
38	GB/T 19889.6—2005	声学 建筑和建筑构件隔声测量 第6部分:楼板撞击声隔声的实验室测量

续表

序号	标准编号	标准名称
39	GB/T 19889.7—2022	声学 建筑和建筑构件隔声测量 第7部分:撞击声隔声的现场测量
40	GB/T 19889.8—2006	声学 建筑和建筑构件隔声测量 第8部分:重质标准楼板覆面层撞击声改善量的实验室测量
41	GB/T 19889.10—2006	声学 建筑和建筑构件隔声测量 第10部分：小建筑构件空气声隔声的实验室测量
42	GB/T 19889.14—2010	声学 建筑和建筑构件隔声测量 第14部分:特殊现场测量导则
43	GB/T 19889.18—2017	声学 建筑和建筑构件隔声测量 第18部分:建筑构件雨噪声隔声的实验室测量
44	GB/T 20246—2006	声学 用于评价环境声压级的多声源工厂的声功率级测定 工程法
45	GB/T 21230—2014	声学 职业噪声暴露的测定 工程法
46	GB/T 22156—2008	声学 机器与设备噪声发射数据的比较方法
47	GB/Z 38251—2019	声学 换流站声传播衰减计算 工程法
48	SJ/T 11572—2016	运输环境下晶体硅光伏组件机械振动测试方法

附录4 噪声与振动标准目录（测量设备制造和校准规范）

序号	标准编号	标准名称
1	GB/T 3785.1—2010	电声学 声级计 第1部分:规范
2	GB/T 3785.2—2010	电声学 声级计 第2部分:型式评价试验
3	GB/T 3785.3—2018	电声学 声级计 第3部分:周期试验
4	GB/T 4129—2003	声学 用于声功率级测定的标准声源的性能与校准要求
5	GB/T 13436—2008	扭转振动测量仪器技术要求
6	GB/T 13824—2015	旋转与往复式机器的机械振动 对振动烈度测量仪的要求
7	GB/T 15173—2010	电声学 声校准器
8	GB/T 17561—1998	声强测量仪用声压传声器对测量
9	GB/T 32706—2016	实验室仪器和设备安全规范 噪声测量仪器
10	GB 50800—2012	消声室和半消声室技术规范
11	JJF 1142—2006	建筑声学分析仪校准规范
12	JJF 1143—2006	混响室声学特性校准规范
13	JJF 1146—2006	消声水池声学特性校准规范
14	JJF 1147—2006	消声室和半消声室声学特性校准规范
15	JJF 1185—2007	速度型滚动轴承振动测量仪校准规范
16	JJF 1371—2012	加速度型滚动轴承振动测量仪校准规范
17	JJG（船舶）11—1994	半消声室性能校验规程
18	JJG（机械）97—1992	滚动轴承用加速型振动测量仪检定规程
19	JJG 992—2004	声强测量仪检定规程

附录5 噪声与振动标准目录（产品限值要求）

序号	标准编号	标准名称
1	GB/T 1094.10—2022	电力变压器 第10部分:声级测定
2	GB 3096—2008	声环境质量标准
3	GB/T 3853—2011	船用柴油机轴系振动测量方法

续表

序号	标准编号	标准名称
4	GB/T 4583—2007	电动工具噪声测量方法 工程法
5	GB/T 4980—2003	容积式压缩机噪声的测定
6	GB/T 5898—2008	手持非电类动力工具噪声测量方法 工程法(2级)
7	GB 6376—2008	拖拉机 噪声限值
8	GB 10069.3—2008	旋转电机噪声测定方法及限值 第3部分：噪声限值
9	GB 11871—2009	船用柴油机辐射的空气噪声限值
10	GB 12348—2008	工业企业厂界环境噪声排放标准
11	GB 12523—2011	建筑施工场界环境噪声排放标准
12	GB/T 13165—2010	电弧焊机噪声测定方法
13	GB/T 13669—1992	铁道机车辐射噪声限值
14	GB/T 14097—2018	往复式内燃机 噪声限值
15	GB/T 14790.1—2009	机械振动 人体暴露于手传振动的测量与评价 第1部分:一般要求
16	GB/T 14790.2—2014	机械振动 人体暴露于手传振动的测量与评价 第2部分:工作场所测量实用指南
17	GB 16170—1996	汽车定置噪声限值
18	GB 16710—2010	土方机械 噪声限值
19	GB/T 18698—2002	声学 信息技术设备和通信设备噪声发射值的标示
20	GB 19606—2004	家用和类似用途电器噪声限值
21	GB 19872—2005	凿岩机械与气动工具 噪声限值
22	GB 19997—2005	谷物联合收割机 噪声限值
23	GB 22337—2008	社会生活环境噪声排放标准
24	GB/T 24388—2009	折弯机械 噪声限值
25	GB/T 24389—2009	剪切机械 噪声限值
26	GB/T 26483—2011	机械压力机 噪声限值
27	GB 26484—2011	液压机 噪声限值
28	GB 27694—2011	工业车辆安全 振动的测量方法
29	GB/T 28245—2012	自动锻压机 噪声限值
30	JB/T 8690—2014	通风机 噪声限值
31	JB 9969—1999	棒料剪断机、鳄鱼式剪断机、剪板机 噪声限值
32	JB/T 9971—1999	弯管机、三辊卷板机 噪声限值
33	JB/T 9973—1999	空气锤 噪声限值
34	JB 9976—1999	板料折弯机、折边机 噪声限值

附录6　噪声与振动标准目录（产品测试方法）

序号	标准编号	标准名称
1	GBZ/T 189.8—2007	工作场所物理因素测量 第8部分:噪声
2	GBZ/T 189.9—2007	工作场所物理因素测量 第9部分:手传振动
3	GB 1495—2002	汽车加速行驶车外噪声限值及测量方法
4	GB/T 1859.1—2015	往复式内燃机 声压法声功率级的测定 第1部分:工程法
5	GB/T 1859.2—2015	往复式内燃机 声压法声功率级的测定 第2部分:简易法
6	GB/T 1859.3—2015	往复式内燃机 声压法声功率级的测定 第3部分:半消声室精密法
7	GB/T 1859.4—2017	往复式内燃机 声压法声功率级的测定 第4部分:使用标准声源简易法

续表

序号	标准编号	标准名称
8	GB/T 2820.9—2002	往复式内燃机驱动的交流发电机组 第9部分:机械振动的测量和评价
9	GB/T 2820.10—2002	往复式内燃机驱动的交流发电机组 第10部分:噪声的测量(包面法)
10	GB/T 2888—2008	汽车加速行驶车外噪声限值及测量方法
11	GB/T 3449—2011	声学 轨道车辆内部噪声测量
12	GB/T 3450—2006	铁道机车和动车组司机室噪声限值及测量方法
13	GB/T 3770—1983	木工机床噪声声功率级的测定
14	GB/T 3871.8—2006	农业拖拉机 试验规程 第8部分:噪声测量
15	GB/T 4098—2020	燃气轮机和燃气轮机机组 气载噪声的测量 工程法/简易法
16	GB/T 4214.1—2017	家用和类似用途电器噪声测试方法 通用要求
17	GB/T 4214.2—2020	家用和类似用途电器噪声测试方法 真空吸尘器的特殊要求
18	GB/T 4214.3—2023	家用和类似用途电器噪声测试方法 洗碗机的特殊要求
19	GB/T 4214.4—2020	家用和类似用途电器噪声测试方法 洗衣机和离心式脱水机的特殊要求
20	GB/T 4214.5—2023	家用和类似用途电器噪声测试方法 电动剃须刀、电理发剪及修发器的特殊要求
21	GB/T 4214.6—2008	家用和类似用途电器噪声测试方法 毛发护理器具的特殊要求
22	GB/T 4214.7—2020	家用和类似用途电器噪声测试方法 滚筒式干衣机的特殊要求
23	GB/T 4214.8—2021	家用和类似用途电器噪声测试方法 电灶、烤箱、烤架、微波炉及其组合器具的特殊要求
24	GB/T 4214.9—2021	家用和类似用途电器噪声测试方法 风扇的特殊要求
25	GB/T 4214.10—2021	家用和类似用途电器噪声测试方法 确定和检验噪声明示值的程序
26	GB/T 4214.11—2021	家用和类似用途电器噪声测试方法 电动食品加工器具的特殊要求
27	GB/T 4214.12—2021	家用和类似用途电器噪声测试方法 风扇式加热器的特殊要求
28	GB/T 4214.13—2021	家用和类似用途电器噪声测试方法 吸油烟机及其他烹饪烟气吸排装置的特殊要求
29	GB/T 4214.14—2021	家用和类似用途电器噪声测试方法 电冰箱、冷冻食品储藏箱和食品冷冻箱的特殊要求
30	GB/T 4214.15—2021	家用和类似用途电器噪声测试方法 储热式室内加热器的特殊要求
31	GB/T 4214.16—2022	家用和类似用途电器噪声测试方法 废弃食物处理器的特殊要求
32	GB 4569—2005	摩托车和轻便摩托车 定置噪声限值及测量方法
33	GB/T 4595—2020	三轮汽车和低速货车加速行驶车外噪声限值及测量方法(中国Ⅰ、Ⅱ阶段)
34	GB/T 4760—1995	声学消声器测量方法
35	GB/T 4964—2010	内河航道及港口内船舶辐射噪声的测量
36	GB/T 5111—2011	声学 轨道机车车辆发射噪声测量
37	GB/T 5265—2009	声学 水下噪声测量
38	GB 7016—1986	固定电阻器电流噪声测量方法
39	GB/T 7111.1—2002	纺织机械噪声测试规范 第1部分:通用要求
40	GB/T 7111.2—2002	纺织机械噪声测试规范 第2部分:纺前准备和纺部机械
41	GB/T 7111.3—2002	纺织机械噪声测试规范 第3部分: 非织造布机械
42	GB/T 7111.4—2002	纺织机械噪声测试规范 第4部分:纱线加工、绳索加工机械
43	GB/T 7111.5—2002	纺织机械噪声测试规范 第5部分:机织和针织准备机械
44	GB/T 7111.6—2002	纺织机械噪声测试规范 第6部分:织造机械
45	GB/T 7111.7—2002	纺织机械噪声测试规范 第7部分:染整机械
46	GB 9661—88	机场周围飞机噪声测量方法
47	GB/T 9911—2018	船用柴油机辐射的空气噪声测量方法
48	GB/T 10068—2020	轴中心高为56mm及以上电机的机械振动 振动的测量、评定及限值
49	GB/T10069.1—2006	旋转电机噪声测定方法及限值 第1部分:旋转电机噪声测定方法
50	GB/T 10284—2016	林业机械 便携式风力灭火机 噪声的测定

续表

序号	标准编号	标准名称
51	GB/T 10910—2020	农业轮式拖拉机和田间作业机械 驾驶员全身振动的测量
52	GB 12525—90	铁路边界噪声限值及其测量方法
53	GB/T 13670—2010	机械振动 铁道车辆内乘客及乘务员暴露于全身振动的测量与分析
54	GB 14227—2006	城市轨道交通车站站台声学要求和测量方法
55	GB/T 14259—93	声学 关于空气噪声的测量及其对人影响的评价的标准的指南
56	GB 14892—2006	城市轨道交通列车噪声限值和测量方法
57	GB/T 15371—2008	曲轴轴系扭转振动的测量与评定方法
58	GB/T 15658—2012	无线电噪声测量方法
59	GB 16169—2005	摩托车和轻便摩托车 加速行驶噪声限值及测量方法
60	GB/T 16405—1996	声学 管道消声器无气流状态下插入损失测量 实验室简易法
61	GB/T 16955—1997	声学 农林拖拉机和机械 操作者位置处噪声的测量 简易法
62	GB/T 17250—1998	声学 市区行驶条件下轿车噪声的测量
63	GB/T18204.1—2013	公共场所卫生检验方法 第1部分:物理因素
64	GB/T 18313—2001	声学 信息技术设备和通信设备空气噪声的测量
65	GB/T 18490.3—2017	械安全 激光加工机 第3部分:激光加工机和手持式加工机及相关辅助设备的噪声降低和噪声测量方法(准确度2级)
66	GB/T 18697—2002	声学 汽车车内噪声测量方法
67	GB/T 19118—2015	三轮汽车和低速货车 噪声测量方法
68	GB/T 19512—2004	声学 消声器现场测量
69	GB 19757—2005	三轮汽车和低速货车加速行驶车外噪声限值及测量方法(中国Ⅰ、Ⅱ阶段)
70	GB/T 19846—2005	机械振动列车通过时引起铁路隧道内部振动的测量
71	GB 20062—2017	流动式起重机 作业噪声限值及测量方法
72	GB 21231.1—2018	板料折弯机、折边机 噪声限值
73	GB 21231.2—2018	流动式起重机 作业噪声限值及测量方法
74	GB/T 21271—2007	真空技术 真空泵噪声测量
75	GB/T 22036—2017	轮胎惯性滑行通过噪声测试方法
76	GB/T 22157—2018	声学 测量道路车辆和轮胎噪声的试验车道技术规范
77	GB/T 22516—2015	风力发电机组 噪声测量方法
78	GB 24929—2010	全地形车加速行驶噪声限值及测量方法
79	GB/T 25516—2010	声学 管道消声器和风道末端单元的实验室测量方法 插入损失、气流噪声和全压损失
80	GB/T 25753.4—2015	真空技术 罗茨真空泵性能测量方法 第4部分:噪声的测量
81	GB/T 25982—2010	客车车内噪声限值及测量方法
82	GB/T 26548.1—2018	手持便携式动力工具 振动试验方法 第1部分:角式和端面式砂轮机
83	GB/T 26548.2—2011	手持便携式动力工具 振动试验方法 第2部分:气扳机、螺母扳手和螺丝刀
84	GB/T 26548.3—2017	手持便携式动力工具 振动试验方法 第3部分:抛光机、回转式、滑板式和复式磨光机
85	GB/T 26548.4—2020	手持便携式动力工具 振动试验方法 第4部分:直柄式砂轮机
86	GB/T 26548.5—2017	手持便携式动力工具 振动试验方法 第5部分:钻和冲击钻
87	GB/T 26548.6—2018	手持便携式动力工具 振动试验方法 第6部分:夯实机
88	GB/T 26548.7—2020	手持便携式动力工具 振动试验方法 第7部分:冲剪机和剪刀
89	GB/T 26548.8—2021	手持便携式动力工具 振动试验方法 第8部分:往复式锯、抛光机和锉刀以及摆式或回转式锯
90	GB/T 26548.9—2017	手持便携式动力工具 振动试验方法 第9部分:除锈锤和针束除锈器
91	GB/T 26548.10—2021	手持便携式动力工具 振动试验方法第10部分:冲击式凿岩机、锤和破碎器

续表

序号	标准编号	标准名称
92	GB/T 26548.11—2021	手持便携式动力工具 振动试验方法 第11部分:石锤
93	GB/T 26548.12—2021	手持便携式动力工具 振动试验方法 第12部分:模具砂轮机
94	GB/T 28386—2012	印刷、纸加工、造纸机械和辅助设备的噪声测量方法 准确度等级2和3
95	GB/T 28543—2021	电力电容器噪声测量方法
96	GB 28784.2—2014	城市轨道交通引起建筑物振动与二次辐射噪声限值及其测量方法标准
97	GB 28784.3—2012	电信设备噪声限值要求和测量方法
98	GB 28784.4—2017	建筑施工场界环境噪声排放标准
99	GB/T 29529—2013	泵的噪声测量与评价方法
100	GB/T 32524.1—2016	声学 声压法测定电力电容器单元的声功率级和指向特性 第1部分:半消声室精密法
101	GB/T 32524.2—2016	声学 声压法测定电力电容器单元的声功率级和指向特性 第2部分:反射面上方近似自由场的工程法
102	GB/T 32789—2016	轮胎噪声测试方法 转鼓法
103	GB/T 33928—2017	往复式内燃机 排气消声器测量方法 声压法排气噪声声功率级和插入损失及功率损失比
104	GB/T 34074—2017	数码照相机 噪声的测量
105	GB/T 34877.3—2017	工业风机 标准实验室条件下风机声功率级的测定 第3部分:包络面法
106	GB/T 34887—2017	液压传动 马达噪声测定规范
107	GB/T 36079—2018	声学 单元并排式阻性消声器传声损失、气流再生噪声和全压损失系数的测定 等效法
108	GB/T 40578—2021	轻型汽车多工况行驶车外噪声测量方法
109	GB/T 41161—2022	往复式内燃机 燃烧噪声测量方法
110	JT/T 646.1—2016	公路声屏障 第1部分:分类
111	JT/T 646.2—2016	公路声屏障 第2部分:总体技术要求
112	JT/T 646.3—2017	公路声屏障 第3部分:声学设计方法
113	JT/T 646.4—2016	公路声屏障 第4部分:声学材料技术要求及检测方法
114	JT/T 646.5—2017	公路声屏障 第5部分:降噪效果检测方法
115	JB/T 4330—1999	制冷和空调设备噪声的测定
116	JB 6331.1—1992	铸造机械噪声的测定方法 声功率级测定
117	JB/T 7253—2016	摆线针轮减速机 噪声测定方法
118	JB/T 7476—2007	办公设备噪声测试方法
119	JB/T 9953—2020	木工机床 噪声声压级测量方法
120	JB/T 10421—2004	摩托车齿轮 噪声测量方法
121	JB/T 10504—2005	空调风机噪声声功率级测定 混响室法
122	JB/T 12332—2015	往复式内燃机 空气滤清器噪声测量方法
123	JB/T 12333—2015	往复式内燃机 冷却风扇噪声测量方法
124	JB/T 12334—2015	涡轮增压器 噪声测试方法
125	JB/T 13712—2019	建筑施工机械与设备 噪声测量方法及限值
126	DL/T 501—2017	高压架空输电线路可听噪声测量方法
127	DL/T 1084—2021	风力发电场噪声限值及测量方法
128	DL/T 1327—2014	高压交流变电站可听噪声测量方法
129	DL/T 1540—2016	油浸式交流电抗器(变压器)运行振动测量方法
130	DL/T 2207—2021	电力电容器噪声测量方法
131	NB/T 10090—2018	螺杆膨胀机与被驱动机械发出的空间噪声的测量
132	NB/T 10458—2020	交流-直流开关电源 半消声室内空气噪声测试方法

续表

序号	标准编号	标准名称
133	QC/T 70—2014	摩托车和轻便摩托车发动机噪声测量方法
134	QC/T 203—1995	矿用自卸汽车驾驶室噪声 测量方法及限值
135	QC/T 1132—2020	电动汽车用电动动力系噪声测量方法
136	QB/T 1177—2007	工业用缝纫机 噪声级的测试方法
137	QB/T 4705—2014	家用和类似用途电器噪声测试方法 按摩椅的特殊要求
138	MT/T 515—1995	煤矿岩巷掘进机械设备噪声测定方法
139	CJ/T 312—2009	建筑排水管道系统噪声测试方法
140	SF/T 0109—2021	环境损害司法鉴定中居住环境噪声的测量与评价
141	HJ 906—2017	功能区声环境质量自动监测技术规范
142	CB/Z 255—1988	潜艇螺旋桨噪声测量方法
143	SJ 2488—1984	电子设备用变压器、阻流圈和铁芯噪声测试方法
144	LY/T 2487—2015	木质地板冲击噪声测试方法
145	YD/T 1816—2008	电信设备噪声限值要求和测量方法
146	JGJ/T 170—2009	城市轨道交通引起建筑物振动与二次辐射噪声限值及其测量方法标准

参 考 文 献

[1] 杨贵恒. 柴油发电机组实用技术技能. 2版. 北京：化学工业出版社，2022.
[2] 杨贵恒. 电气工程师手册（供配电专业篇）. 2版. 北京：化学工业出版社，2022.
[3] 杨贵恒. 通信电源系统考试通关宝典. 北京：化学工业出版社，2021.
[4] 薛竞翔，郭彦申，杨贵恒. UPS电源技术及应用. 北京：化学工业出版社，2021.
[5] 杨贵恒. 电子工程师手册（基础卷）. 北京：化学工业出版社，2020.
[6] 杨贵恒. 电子工程师手册（提高卷）. 北京：化学工业出版社，2020.
[7] 杨贵恒，甘剑锋，文武松. 电子工程师手册（设计卷）. 北京：化学工业出版社，2020.
[8] 张颖超，杨贵恒，李龙. 高频开关电源技术及应用. 北京：化学工业出版社，2020.
[9] 杨贵恒. 电气工程师手册（专业基础篇）. 北京：化学工业出版社，2019.
[10] 强生泽，阮喻，杨贵恒. 电工技术基础与技能. 北京：化学工业出版社，2019.
[11] 严健，杨贵恒，邓志明. 内燃机构造与维修. 北京：化学工业出版社，2019.
[12] 杨贵恒. 发电机组维修技术（第2版）. 北京：化学工业出版社，2018.
[13] 杨贵恒. 噪声与振动控制技术及其应用. 北京：化学工业出版社，2018.
[14] 强生泽，杨贵恒，常思浩. 通信电源系统与勤务. 北京：中国电力出版社，2018.
[15] 杨贵恒，张颖超，曹均灿. 电力电子电源技术及应用. 北京：机械工业出版社，2017.
[16] 杨贵恒. 通信电源设备使用与维护. 北京：中国电力出版社，2016.
[17] 陈克安. 有源噪声控制. 2版. 北京：国防工业出版社，2014.
[18] 周新祥，于晓光. 噪声控制与结构设备的动态设计. 北京：冶金工业出版社，2014.
[19] 盛美萍，王敏庆，马建刚. 噪声与振动控制技术基础. 3版. 北京：科学出版社，2017.
[20] 吕玉恒. 噪声与振动控制技术手册. 北京：化学工业出版社，2019.
[21] 潘仲麟，翟国庆. 噪声控制技术. 北京：化学工业出版社，2006.
[22] 高红武，徐静，李俊鹏. 噪声控制技术. 武汉：武汉理工大学出版社，2014.
[23] 方丹群，张斌，孙家麒，等. 噪声控制工程学（上、下册）. 北京：科学出版社，2013.
[24] 李耀中，李东升. 噪声控制技术. 2版. 北京：化学工业出版社，2019.
[25] 赵玫，周海亭，陈光冶，等. 机械振动与噪声学. 北京：科学出版社. 2004.
[26] 欧珠光. 工程振动 2版. 武汉：武汉大学出版社. 2010.
[27] 高淑英，沈火明. 振动力学 2版. 北京：中国铁道出版社，2016.
[28] 马大猷. 噪声与振动控制工程手册. 北京：机械工业出版社，2002.
[29] 赵良省. 噪声与振动控制技术. 北京：化学工业出版社，2004.
[30] 汤大友，王军玲. 机场噪声污染防治对策研究. 北京：中国电力出版社，2016.
[31] 吕玉恒，燕翔，冯苗锋，等. 噪声控制与建筑声学设备和材料选用手册. 北京：化学工业出版社，2011.
[32] 周亚丽，张奇志. 有源噪声与振动控制原理、算法及实现. 北京：清华大学出版社，2014.
[33] 潘钧. 沫玻璃制品的吸声效果和应用［J］. 地下工程与隧道，1993（1）：27-30.
[34] 左言言，周晋花，刘海波，等. 穿孔板吸声结构的吸声性能及其应用［J］. 中国机械工程，2007：778-780.
[35] 纪双英，郝巍，刘杰. 共振吸声结构在航空发动机上的应用进展［J］. 航空工程进展，2019：302-308.
[36] 王月月，赵俊娟，李贤徽，等. 微孔软膜空间吸声体应用案例解析［J］. 声学技术，2019：383-385.
[37] 魏松，徐宁，张兴刚，等. DM-1 阻尼板应用于料管减振降噪处理［J］. 环境工程，2015：203-205.